“大国三农”系列规划教材

普通高等教育“十四五”规划教材

植物检疫学

Plant Quarantine Science

李志红◎主编

中国农业大学出版社
China Agricultural University Press
·北京·

内容简介

本教材与时俱进、守正创新，系统论述了植物检疫学的理论、方法、技术与应用，内容丰富、素材新颖且适用范围较为广泛；包括9章38节，涉及植物检疫起源与发展，植物检疫学理论基础，植物检疫法规，植物检疫程序，植物检疫技术，植物检疫性病原物及其防控，植物检疫性害虫及其防控，检疫性杂草及其防控，植物检疫学面对的挑战、机遇与对策，各章均提供思维导图、课前思考题、学习重点、章节小结、课后习题及参考文献；属新形态教材，为学习者提供了延伸阅读材料。为党育人、为国育才，本教材注重“两性一度”“三全育人”，思政教育润物无声，专业教育理实并重。本教材由我国从事植物检疫学人才培养、科学研究和社会服务工作的一线教师及来自海关、农业、林业等机构的检疫人员共同编写完成。

图书在版编目（CIP）数据

植物检疫学 / 李志红主编. --北京：中国农业大学出版社，2024.3

ISBN 978-7-5655-3088-3

Ⅰ.①植… Ⅱ.①李… Ⅲ.①植物检疫-高等学校-教材 Ⅳ.①S41

中国国家版本馆CIP数据核字（2023）第204809号

书　名 植物检疫学

Zhiwu Jianyixue

作　者 李志红 主编

策划编辑 梁爱荣　　**责任编辑** 梁爱荣

封面设计 李尘工作室

出版发行 中国农业大学出版社

社　址 北京市海淀区圆明园西路2号　　**邮政编码** 100193

电　话 发行部 010-62818525，8625　　读者服务部 010-62732336

编辑部 010-62732617，2618　　出 版 部 010-62733440

网　址 http://www.caupress.cn　　**E-mail** cbsszs@cau.edu.cn

经　销 新华书店

印　刷 运河（唐山）印务有限公司

版　次 2024年3月第1版　2024年3月第1次印刷

规　格 185 mm × 260 mm　16开本　23.25印张　580千字

定　价 88.00元

编审人员

主　编　李志红（中国农业大学）

副主编　柳丽君（中国农业大学）

　　　　赵守歧（全国农业技术推广服务中心）

　　　　张国珍（中国农业大学）

　　　　石　娟（北京林业大学）

　　　　罗来鑫（中国农业大学）

　　　　杨　定（中国农业大学）

　　　　叶保华（山东农业大学）

参　编（以姓氏拼音为序）

　　　　蔡　明（辽宁省绿色农业技术中心）

　　　　蔡学清（福建农林大学）

　　　　陈仲兵（上海海关动植检处）

　　　　丁建云（北京市植物保护站）

　　　　杜智欣（南宁海关技术中心）

　　　　范在丰（中国农业大学）

　　　　方　焱（天津海关动植物与食品检测中心）

　　　　冯士骞（中国农业科学院植物保护研究所）

　　　　伏建国（南京海关动植物与食品检测中心）

　　　　傅怡宁（上海海关动植物与食品检验检疫技术中心）

　　　　耿　建（海关总署广东分署）

　　　　龚伟荣（江苏省植物保护植物检疫站）

　　　　郭韶堃（中国农业大学）

　　　　和淑琪（云南农业大学）

　　　　蒋　娜（中国农业大学）

　　　　康芬芬（天津海关动植物与食品检测中心）

　　　　李潇楠（全国农业技术推广服务中心）

　　　　李轩昆（中国农业大学）

　　　　李一帆（西北农林科技大学）

　　　　李亦松（新疆农业大学）

　　　　梁巧玲（伊犁职业技术学院）

　　　　刘　慧（全国农业技术推广服务中心）

　　　　刘　琦（新疆农业大学）

　　　　刘大伟（东北农业大学）

　　　　刘佳琪（海关总署）

刘静远（上海海关动植物与食品检验检疫技术中心）
刘若思（中国海关科学技术研究中心）
罗金燕（上海市农业技术推广服务中心）
吕　飞（太仓海关）
吕文诚（烟台海关）
吕文刚（佛山海关综合技术中心）
秦誉嘉（中国农业大学）
商明清（山东省农业技术推广中心）
史　丽（内蒙古农业大学）
王　磊（华南农业大学）
王　焱（上海市林业总站）
王　颖（中国农业大学）
王高平（河南农业大学）
王巧铃（西安海关）
王晓亮（全国农业技术推广服务中心）
王寅鹏（上海海关动植检处）
吴志刚（中国农业大学）
谢　敏（上海浦东国际机场海关）
谢　勇（云南农业大学）
徐　晗（中国检验检疫科学研究院）
徐　业（江西农业大学）
杨　龙（华中农业大学）
杨　毅（中国热带农业科学院环境与植物保护研究所）
杨明禄（塔里木大学）
杨倩倩（中国计量大学）
张　皓（西北农林科技大学）
张　岳（中国农业科学院农业环境与可持续发展研究所）
张国良（中国农业科学院农业环境与可持续发展研究所）
张俊华（中国检验检疫科学研究院）
赵伟全（河北农业大学）
赵紫华（中国农业大学）
周　玲（上海海关龙吴海关）
周　涛（中国农业大学）

主　审　王福祥（全国农业技术推广服务中心）
梁忆冰（中国检验检疫科学研究院）

前 言

为党育人、为国育才，是高等院校的根本使命。

教研相长，薪火相传。植物检疫学是研究植物检疫的一门科学，是综合研究检疫性有害生物等入侵防控原理、方法和技术，形成植物检疫策略与措施，并应用于植物检疫实践，以实现预防生物入侵、保护生物安全、促进经贸发展宗旨的应用科学。1990 年，在北京农业大学金瑞华教授、雷新云教授、张元恩教授、陈宏老师等引领下，攻读学士学位的我迈进了植物检疫学的大门。1997 年，在梁忆冰研究员、沈佐锐教授、王慧敏教授等指导下，刚刚留校任教的我开启了植物检疫学系列课程的主讲工作和检疫性有害生物入侵防控的科研工作。自 2004 年起，中国农业大学在植物保护一级学科下自主设置"植物检疫与农业生态健康"硕士和博士专业，"植物检疫与入侵生物学"是主要研究方向。不忘初心、牢记使命，在近 30 年的植物检疫学人才培养、科技创新和社会服务的实践中，我与同事们、同行们一起潜心探索、积极进取。

与时俱进、守正创新。近年来，全球安全问题更为突出，生物入侵带来更大威胁，植物检疫等生物安全工作备受重视，植物检疫学取得更多新进展。在我国，总体国家安全观深入人心，《中华人民共和国生物安全法》于 2020 年公布、2021 年起施行，"十四五"国家重点研发计划项目等大力支持外来有害生物入侵机制和植物检疫关键技术研究，自 2016 年起中国农业大学等受邀参加联合国粮食及农业组织《国际植物保护公约》（FAO–IPPC）高级别会议及全球项目，自 2022 年起由中国农业大学牵头、中国农业科学院植物保护研究所和南京农业大学共建"农业农村部植物检疫性有害生物监测防控重点实验室"，自 2023 年起由中国农业大学牵头、全国 30 余所院校共建"植物检疫学课程群虚拟教研室"。在国际层面，联合国大会批准 2020 年为"国际植物健康年"、5 月 12 日为"国际植物健康日"，FAO–IPPC 植物检疫共同体能力建设成为共识，高质量共建"一带一路"、培养植物检疫学等生物安全专业人才受到更多关注。新的时代、新的征程，根据构建人类命运共同体、建设世界一流大学和一流学科、培养德才兼备专业人才的重大需求，在中国农业大学教学改革项目、各兄弟院校同行和植物检疫机构专家的大力支持下，我担当此次《植物检疫学》教材的主编工作。

踔厉奋发，勇毅前行。本教材系统论述了植物检疫学的理论、方法、技术与应用，内容丰富、素材新颖且适用范围较为广泛。本教材包括 9 章 38 节，涉及植物检疫起源与发展，植物检疫学理论基础，植物检疫法规，植物检疫程序，植物检疫技术，植物检疫性病原物及其防控，植物检疫性害虫及其防控，检疫性杂草及其防控，植物检疫学面对的挑战、机遇与对策，各章均提供思维导图、课前思考题、学习重点、章节小结、课后习题及参考文献。本教材属新形态教材，为学习者提供了植物检疫实例分析等延伸阅读材料。本教材注重“两性一度”“三全育人”，思政教育润物无声，专业教育理实并重。本教材由来自中国农业大学、全国农业技术推广服务中心、北京林业大学、山东农业大学等高等院校、科研院所、植物检疫机构的66位编委共同编写完成，字里行间浸润着每一位编委的心血与付出。本教材主编及副主编的分工如下：第1章由李志红、赵守歧主要负责；第2章由李志红、柳丽君、张国珍主要负责；第3章由赵守歧、李志红主要负责；第4章由李志红、赵守歧主要负责；第5章由李志红、罗来鑫主要负责；第6章由张国珍、石娟、罗来鑫主要负责；第7章由柳丽君、石娟、杨定、李志红主要负责；第8章由柳丽君、叶保华、李志红主要负责；第9章由李志红、赵守歧主要负责。由于学识和经验所限，本教材定有不足之处，敬请批评指正！

本教材特邀全国农业技术推广服务中心王福祥研究员以及中国检验检疫科学研究院梁忆冰研究员主审了书稿，他们给予的宝贵意见提升了教材的质量，在此特别致谢！本教材编写过程中，得到了诸多前辈、领导和专家的悉心指点，得到了FAO夏敬源先生、中国农业大学国家级教学名师彩万志教授的特别指导，得到了中国科学院动物研究所张润志研究员、中国检验检疫科学研究院詹国平研究员、全国农业技术推广服务中心冯晓东研究员等的大力支持，在此谨表衷心感谢！本教材得到了中国农业大学教改项目、国家重点研发计划生物安全关键技术研究专项（2022YFC2601500）、国家玉米产业技术体系（CARS-02）的相关资助，得到了中国农业大学出版社的全力支持，得到了中国农业大学植物保护学院院领导和师生们的关心帮助，在此一并特别感谢！本教材目前所列参考文献难免挂一漏万，在此向所有作者一并致谢！

立德树人，任重道远。植物检疫学，一起学习、共同成长！谨以此书敬献给在植物检疫等生物安全领域里辛勤耕耘的劳动者！

李志红
2023年11月18日于北京

目录 contents

第1章

植物检疫起源与发展

本章简介

检疫起源于卫生检疫。植物检疫迄今已有360余年的发展历史。植物检疫是植物保护的首要措施，是旨在防止检疫性有害生物的传入或扩散而开展的确保其官方控制的一切活动，法制性是其基本属性之一。作为防止生物入侵，保护生物安全、促进经贸发展的一种强制性措施，植物检疫受到联合国粮食及农业组织、世界贸易组织等国际组织以及各国（地区）的高度重视。在奋力谱写中国式现代化新篇章的进程中，我国植物检疫正担当新的使命。本章在介绍植物检疫起源的基础上，详细论述了植物检疫的基本概念、宗旨和属性，并对全球和我国植物检疫的主要发展进行了分析。

学习目的

使学习者明确并掌握植物检疫的起源、概念、宗旨和属性。

思维导图

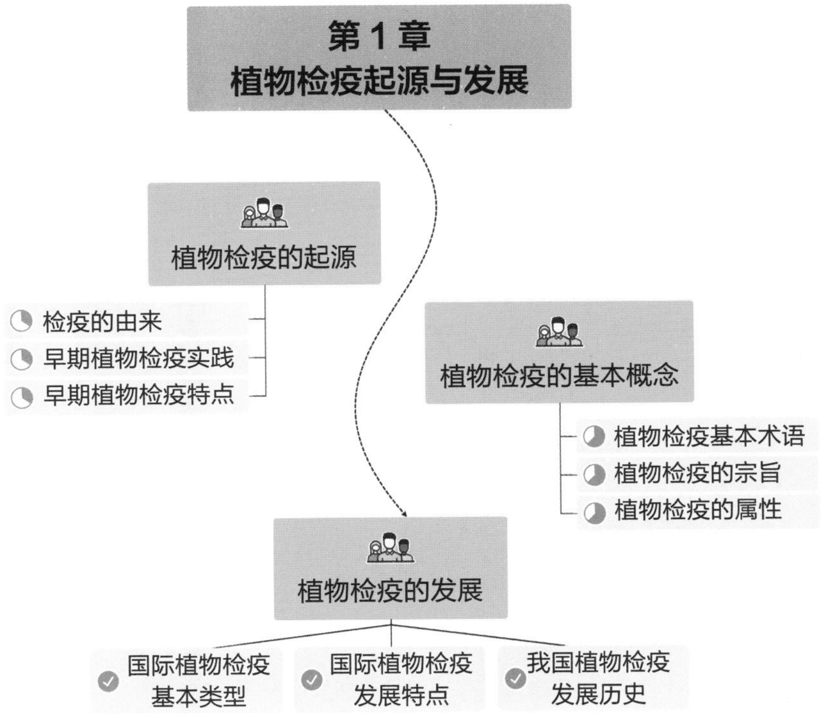

课前思考

❖ **三个关系**：植物检疫与动物检疫和卫生检疫的关系如何？植物检疫与植物保护的关系如何？进出境植物检疫与国内植物检疫的关系如何？

❖ **两个为什么**：为什么植物检疫受到全球官方高度重视？为什么普通百姓不了解或者不熟悉植物检疫？

1.1 植物检疫的起源

学习重点

- 明确卫生检疫、动物检疫和植物检疫的关系；
- 掌握植物检疫早期实践及其共同特征。

检疫属强制性措施，包括卫生检疫、动物检疫和植物检疫。通过对检疫由来和早期植物检疫实践的学习，能够逐步分析、理解三类检疫间的关系和早期植物检疫实践的共同特征。

1.1.1 检疫的由来

“检疫”对应的英文为“quarantine”，基本含义是“隔离”。一般文献资料认为，“quarantine”来源于拉丁文“quarantum”，而“quarantum”的本意为“四十”或“四十天”。那么，隔离与四十天有怎样的联系呢？在14世纪中叶，欧洲大陆流行黑死病（black death）、霍乱（cholera）、黄热病（yellow fever）等传染病，严重威胁着人类的生命安全。为了阻止上述传染病的传入，威尼斯共和国采取了一项强制性的措施，即要求外来船舶和人员在进港前必须滞留、隔离40 d，经40 d的观察证明船上人员没有感染上述传染病时，才允许船舶进港、人员上岸。这就是人类历史上检疫的最早萌芽（李志红、杨汉春，2021）。

上述针对黑死病、霍乱、黄热病等的强制性隔离措施，对当地阻止人类传染病的传播蔓延发挥了重要的作用。此后，许多国家（地区）陆续效仿这种做法，逐渐发展形成了被国际上普遍认同的卫生检疫（health quarantine）。与人类传染病给人体健康所带来的危害一样，危险性植物有害生物和动物疫病对植物、动物、环境以及人类自身的安全也具有相当大的直接或间接威胁。那么，如何预防危险性植物有害生物和动物疫病的传播蔓延呢？上述卫生检疫的措施给人类以启迪，并被逐步应用于针对危险性植物有害生物和动物疫病的检疫，进而形成了当今的植物检疫（plant quarantine）和动物检疫（animal quarantine）（图1-1）。

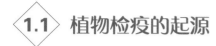

图1-1 卫生检疫、植物检疫和动物检疫关系示意图

卫生检疫、动物检疫、植物检疫三者之间既有区别，又有联系（表 1–1）。三类检疫是防控人类传染病和危险性动物疫病及植物有害生物在全球进行传播、扩散的重要措施，受到各国及国际组织等高度关注。

表 1-1　三类检疫的比较

异同比较	卫生检疫	动物检疫	植物检疫
不同点	防控对象为人类传染病	防控对象为危险性动物疫病	防控对象为危险性植物有害生物
相同点	均为强制性措施		

1.1.2　早期植物检疫实践

在 2021 年由李志红、杨汉春主编的《动植物检疫概论》第 2 版中，针对全球早期动植物检疫实践进行了分析。在早期植物检疫实践中，来自欧洲的实例具有一定的代表性。

1660 年，法国卢昂（Leon）地区通过法令用以铲除小檗并禁止其传入。小檗是小麦秆锈病（wheat stem rust）病原菌的中间寄主植物，该病害是一种危害小麦茎秆的真菌病害，严重威胁小麦生产。这是文献记载中植物检疫的早期范例，也是人类首次运用法律手段来防止植物有害生物的传入。

1872 年，法国颁布了禁止从国外输入葡萄枝条的法令。这一法令与原产北美洲东部、入侵欧洲且严重影响葡萄生长的害虫——葡萄根瘤蚜（*Daktulosphaira vitifoliae*）密切相关。据文献报道，1858 年葡萄根瘤蚜随葡萄枝条的输出传到了欧洲，并于 1860 年传入法国；在 20 余年的时间里，葡萄根瘤蚜危害并毁坏了法国近 1/3 的葡萄园（约 200 万 hm^2），使该国的葡萄酿酒业这一支柱产业遭受了沉重的打击。

19 世纪 70 年代，欧洲国家先后颁布针对马铃薯甲虫（*Leptinotarsa decemlineata*）的检疫法令。当时，马铃薯甲虫在美国的传播以及造成的危害非常严重。为了防止马铃薯甲虫的传入，1875 年俄国颁布法令不仅禁止美国的马铃薯进口，而且也不准做包装材料用的马铃薯茎叶进口；1877 年英国在利物浦港码头发现 1 头活体马铃薯甲虫，该疫情立即引起政府的重视，随即制定和颁布了《毁灭性昆虫法令》（Destructive Insects Act）。

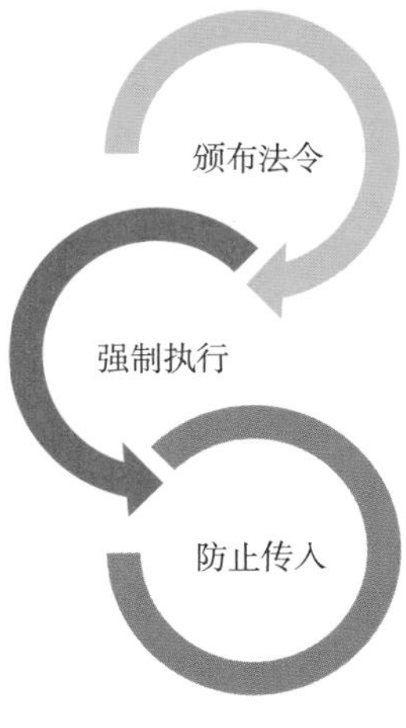

图 1–2　早期植物检疫实践的共同特征

1.1.3　早期植物检疫特点

上述早期植物检疫实践具有哪些共同特征呢？第一，从其形式来看，均以颁布法令为突出特征；第二，从其力度来看，均以强制执行为突出特征，表现为禁止贸易或者根除相关寄主；第三，从其目的来看，均以达到防止危险性植物有害生物传入为突出特征（图 1–2）。

小结

植物检疫、动物检疫均借鉴于卫生检疫，均是强制性措施，分别防控危险性植物有害生物、动物疫病和人类传染病的传播和扩散。植物检疫已有 360 余年的发展历史，早期植物检疫实践体现出了颁布法令、强制执行、防止传入的共同特征。

1.2 植物检疫的基本概念

学习重点

- 掌握植物检疫的五个术语；
- 明确植物检疫的三个宗旨；
- 明确植物检疫的五个属性。

经过360余年的发展，植物检疫已成为全球范围内防控生物入侵、保护生物安全和促进经贸发展的重要领域和主要措施。结合我国植物检疫实例，掌握植物检疫五个基本术语的含义，并进一步明确植物检疫的三个宗旨和五个属性，是非常必要的。

植物检疫实例1-1：我国海关从入境旅客携带物中截获检疫性有害生物

据海关报道，2019年3月，广州海关隶属广州白云机场海关在入境旅客携带物检疫中截获外来入侵物种“田园杀手”非洲大蜗牛（*Lissachatina fulica*）（图1-3）。海关关员在对一名外国留学生携带的进境行李进行检查时，发现其包内夹带两只活体蜗牛，当事人表示准备将两只蜗牛作为宠物申报携带入境。经鉴定，这两只活体蜗牛为检疫性有害生物非洲大蜗牛，海关已依法没收并做检疫处理。

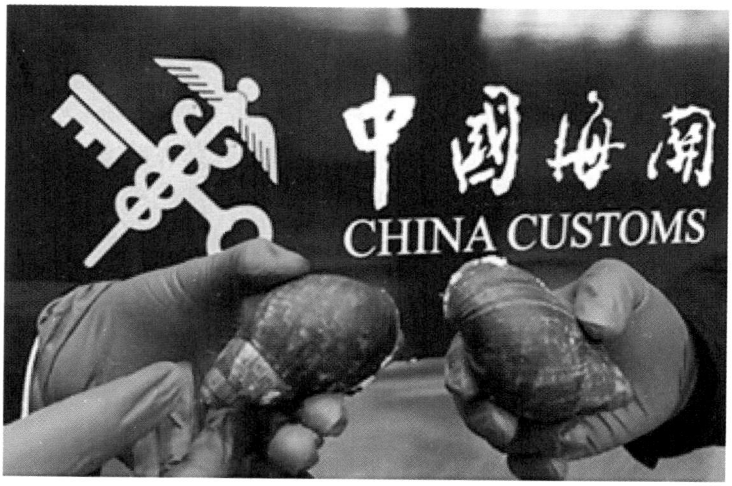

图1-3 广州白云机场海关截获非洲大蜗牛（引自广州海关相关报道）

1.2.1 植物检疫基本术语

植物检疫，与时俱进。当前，在国际植物检疫领域中，有诸多术语，其中“检疫性有害生物”“限定的非检疫性有害生物”“限定的有害生物”“植物检疫”和“植物检疫措施”是最基本的术语，而进一步认识“有害生物”这一术语的含义是理解、掌握上述植物检疫基本术语的基础。参考当今植物检疫相关国际标准（ISPM 5 Glossary of Phytosanitary Terms）等，并结合对植物检疫实例1-1的分析，现对上述术语进行概括。

有害生物（pest）：任何对植物或植物产品有害的植物、动物或病原体的种、株（品）系或生物型（any species, strain or biotype of plant, animal or pathogenic agent injurious to plants or plant products）。在植物检疫实例 1-1 中，被海关截获的是非洲大蜗牛，是一种软体动物，被称为“田园杀手”，能够严重危害多种水果和蔬菜，是典型的有害生物。

检疫性有害生物（quarantine pest）：对受其威胁的地区具有潜在经济重要性，但尚未在该地区发生或虽已发生但分布不广，并进行官方防控的有害生物（a pest of potential economic importance to the area endangered thereby and not yet present there, or present but not widely distributed and being officially controlled）。在植物检疫实例 1-1 中，非洲大蜗牛原产非洲地区，目前在我国南方部分地区有分布和危害报道，被我国列为进境检疫性有害生物。

限定的非检疫性有害生物（regulated non-quarantine pest）：也称为管制的非检疫性有害生物，是一种非检疫性有害生物，但它在供种植用植物中存在危及这些植物的原定用途而产生无法接受的经济影响，因而在输入的缔约方领土内受到限制（a non-quarantine pest whose presence in plants for planting affects the intended use of those plants with an economically unacceptable impact and which is therefore regulated within the territory of the importing contracting party）。在植物检疫实例 1-1 中，非洲大蜗牛被我国列为检疫性有害生物，它不是限定的非检疫性有害生物。

限定的有害生物（regulated pest）：也称为管制的有害生物，是一种检疫性有害生物或限定的非检疫性有害生物（a quarantine pest or a regulated non-quarantine pest）。在植物检疫实例 1-1 中，非洲大蜗牛被我国列为进境检疫性有害生物，属于限定的有害生物。

植物检疫（plant quarantine）：旨在防止检疫性有害生物传入或扩散或确保其官方防控的一切活动（all activities designed to prevent the introduction or spread of quarantine pests or to ensure their official control）。当前，植物检疫的防控对象不仅仅是检疫性有害生物，还包括限定的非检疫性有害生物。官方防治（official control），指的是积极实施强制性植物检疫法规及应用强制性植物检疫程序，目的是为了根除或封锁检疫性有害生物或管理限定非检疫性有害生物（the active enforcement of mandatory phytosanitary regulations and the application of mandatory phytosanitary procedures with the objective of eradication or containment of quarantine pests or for the management of regulated non-quarantine pests）。在植物检疫实例 1-1 中，植物检疫贯穿了实例的整个过程，如海关关员对入境留学生携带的包裹进行查验，进而发现了该留学生所携带的活体蜗牛，经鉴定为检疫性有害生物非洲大蜗牛，随后对其进行了无害化处理。

植物检疫措施（phytosanitary measure）：旨在防止检疫性有害生物的传入和扩散或限制限定的非检疫性有害生物的经济影响的任何法律、法规或官方程序（any legislation, regulation or official procedure having the purpose to prevent the introduction or spread of quarantine pests, or to limit the economic impact of regulated non-quarantine pests）。在植物检疫实例 1-1 中，植物检疫措施包括法律法规和检疫程序，如海关对入境旅客携带物实施检疫，所依据的是《中华人民共和国进出境动植物检疫法》《中华人民共和国进出境动植物检疫法实施条例》《中华人民共和国禁止携带、寄递进境的动植物及其产品和其他检疫物名录》《中华人民共和国进境植物检疫性有害生物名录》等法律法规，并涉及了查验、鉴定、处理等检疫程序。

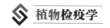

1.2.2　植物检疫的宗旨

植物检疫的宗旨是什么？也就是其主要目的何在？纵观全球植物检疫 360 余年的实践，特别结合近年的发展，可将其概括为防入侵、保安全、促发展，具体主要体现在三个方面，一是防止检疫性有害生物的传入和扩散以及限定的非检疫性有害生物的危害，二是保护农林牧渔业生产安全、人体健康及生态安全，三是促进国际及国内经济贸易的发展（图 1–4）。

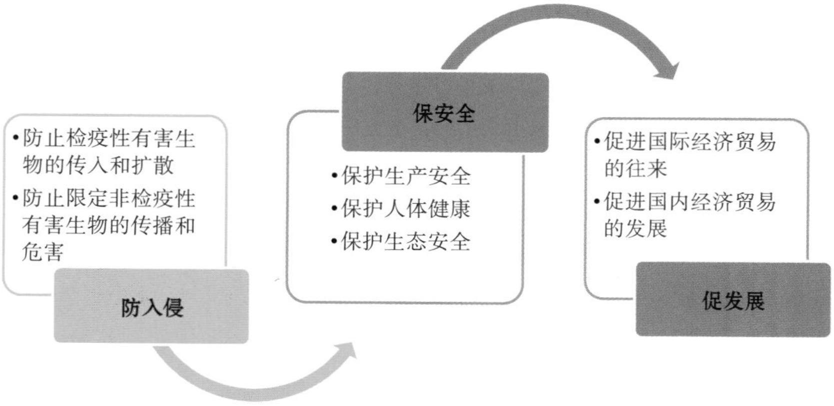

图 1–4　植物检疫宗旨示意图（李志红制作）

1）防入侵

防入侵指的是防止生物入侵（biological invasion），具体主要是防止检疫性有害生物的传入和扩散。联合国粮食及农业组织（Food and Agriculture Organization of the United Nations，FAO）1951 年通过了《国际植物保护公约》（International Plant Protection Convention，IPPC），明确规定植物及植物产品的进出口贸易必须经过植物检疫，确保其不携带检疫性有害生物。诸多国家（地区）针对其自身特点，规定了检疫性有害生物，目的就是在植物检疫工作中对其进行重点防控，防止传入和扩散。随着全球化（globalization）的发展，生物入侵对生物安全（biosecurity）构成了极大的威胁，生物入侵防控需求愈发迫切。近年来，植物检疫作为防控生物入侵的重要手段，在全世界范围内受到了更多的关注，得到了更快速的发展。通过我国植物检疫机构的不懈努力，小麦印度腥黑穗病菌（*Tilletia indica*）、谷斑皮蠹（*Trogoderma granarium*）、地中海实蝇（*Ceratitis capitata*）、法国野燕麦（*Avena sterilis* subsp. *ludoviciana*）等全球重要检疫性有害生物尽管口岸截获的频次高、入侵我国的风险大，但至今未见传入我国的报道。同时，在植物检疫实例 1–1 中，活体非洲大蜗牛来自非洲，该有害生物既被我国列为进境检疫性有害生物也被列为外来入侵物种，我国海关在进境旅客携带物中将其截获并销毁，达到了防控检疫性有害生物再次入侵的目的。

2）保安全

保安全指的是保护生物安全，具体主要是保护大农业生产安全、人体健康及生态安全。我国是一个农业大国，也是人口大国，绿水青山是我们的金山银山。我国于 2001 年加入世界贸易组织（World Trade Organization，WTO），随着市场的进一步开放，植物有害生物的入侵风险愈来愈高，我国的生物安全面临着更大的威胁。有关报道显示，中国农产品贸易规模由 2001 年的 279 亿美元增至 2020 年的 2468 亿美元，稳居全球第二大农产品贸易国、第一大进口国、第五大出口国。目前，我国的植物检疫划分为进出境植物检疫（习称外检）和国内植物检疫（习称内检）两个部分。2018 年机构改革后，主管进出境植物检疫工作的部级机关是海关总署，主管国内植物检疫（包括农业植物检疫和林业植物检疫）的部级机关分别是农业农村部和自然资源部。我国植物检疫机构共同努力，截获、阻截检疫性有害生物的传入和扩散，发挥保护生物安全的重要作用。例如，有关数据显示，“十二五”期间我国进境植物检疫截获有害生物 8945 种 351 万次；2017 年我国进境植物检疫截获有害生物 5956 种 105 万次，其中检疫性有害生物 379 种 10.5 万次；2022 年我国从旅客携带、寄递等渠道截获禁止入境的活体动植物 5644 批次，从进境货物、集装箱、木质包装中截获检疫性有害生物 6.3 万种次。

3）促发展

促发展指的是促进经贸发展，具体主要是促进全球经济贸易的发展。植物及植物产品进出口，在全球经济贸易中占有特殊地位，植物检疫有效地保障了进出口贸易的进行并促进了贸易的发展。近年来，我国植物检疫机构全力克服新冠疫情的影响，与主要贸易国植物检疫机构共同努力，进一步促进了国外植物及植物产品的进口贸易，同时也促进了我国植物及植物产品出口创汇。例如，2019 年 7 月 29 日，海关总署发布关于进口俄罗斯大麦植物检疫要求的公告，允许符合检疫要求的俄罗斯大麦进口；2020 年 7 月 16 日，海关总署发布关于进口柬埔寨鲜食杧果植物检疫要求的公告，允许符合检疫要求的柬埔寨鲜食杧果进口；2021 年 8 月 31 日，海关总署发布关于进口南非鲜食柑橘植物检疫要求的公告，允许符合检疫要求的南非鲜食柑橘进口；2022 年 2 月 18 日，海关总署发布关于进口缅甸玉米植物检疫要求的公告，允许符合检疫要求的缅甸玉米进口；2022 年 7 月 29 日，海关总署发布关于中国鲜梨出口厄瓜多尔植物检疫要求的公告，允许符合检疫要求的中国鲜梨出口厄瓜多尔；2023 年 9 月 18 日，海关总署发布关于进口委内瑞拉鲜食鳄梨植物检疫要求的公告，允许符合检疫要求的委内瑞拉鲜食鳄梨进口。

1.2.3 植物检疫的属性

植物检疫历经 360 余年的发展，可从 5 个方面认识、掌握其基本属性，即法制性、预防性、技术性、国际性和综合性（图 1–5）。李志红和杨汉春主编的《动植物检疫概论》第 2 版（2021 年）从动植物检疫层面对上述 5 个属性进行了阐述；针对植物检疫，结合近年国内外植物检疫相关实例，进一步分析如下。

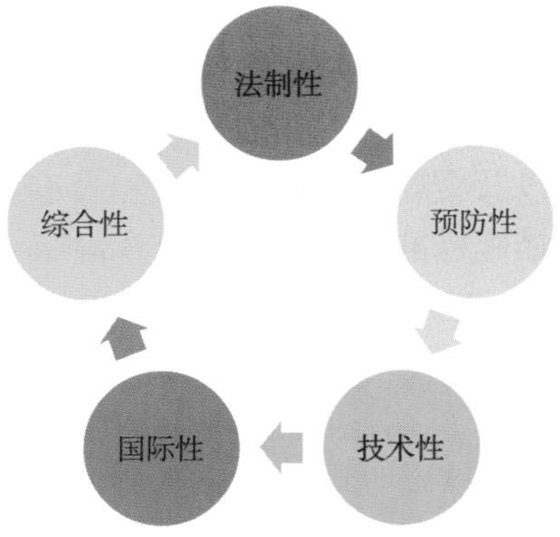

图 1–5 植物检疫的基本属性

1）法制性

法制性是植物检疫与生俱来的基本属性之一。根据 IPPC 的规定，植物及植物产品出口前必须由出口方国家植物保护机构进行植物检疫，检疫合格并签发《植物检疫证书》；植物及植物产品到达进口方口岸时，进口方国家植物保护机构将查验《植物检疫证书》等并进行植物检疫。植物检疫领域的国际法规、区域性法规、双多边协议等，使植物检疫工作更加规范、透明和协调。法制性是植物检疫最为突出的属性，管理部门的立法和执法是做好植物检疫工作的基础；同时，实现植物检疫的主要目的，也离不开公众的知法和守法。在植物检疫实例 1–1 中，我国海关依据《中华人民共和国进出境动植物检疫法》《中华人民共和国进境植物检疫禁止进境物名录》《中华人民共和国进境植物检疫性有害生物名录》等相关法规开展旅客携带物检疫。

2）预防性

预防性是植物检疫的基本属性之一。通过植物检疫，主要预防检疫性有害生物的传入和扩散。植物检疫必须有风险分析和疫情预警机制，而这一预警机制的建立正是植物检疫预防性的特点所决定的。最常见的预警方式是发布警示通报，被列在警示通报上的是那些特别需要防止传入的植物有害生物。例如，根据我国《出入境检验检疫风险预警及快速反应管理规定》等，2020 年 8 月 31 日海关总署发布了《关于加强进口澳大利亚大麦小麦检疫的警示通报》，主要原因是来自澳大利亚的大麦和小黑麦被我国海关连续检测出含有法国野燕麦等多种检疫性有害生物而未获准入，主要措施是加强对进口澳大利亚大麦小麦检疫，特别是杂草、软体动物等检疫性有害生物的现场查验和实验室检测。在植物检疫实例 1-1 中，经我国植物检疫风险评估，非洲大蜗牛属于禁止进境物和检疫性有害生物，一经发现依法没收并做无害化处理。

3）技术性

技术性是植物检疫的基本属性之一。植物检疫技术主要包括风险分析技术、检疫抽样技术、检测鉴定技术、检疫处理技术和疫情监测技术。植物检疫领域对技术先进性的要求高，例如风险分析技术中的定量风险评估、检测鉴定技术中的分子检测鉴定、检疫处理技术中的溴甲烷替代等。在植物检疫实例 1-1 中，从旅客携带物中查获软体动物、将该软体动物鉴定为非洲大蜗牛并判定属于我国进境检疫性有害生物和外来入侵物种，均体现了植物检疫的技术性。植物检疫对检测鉴定技术的主要要求是精准、快速、便捷。近十年来，DNA 条形码（DNA barcoding）、聚合酶链式反应（Polymerase Chain Reaction, PCR）、实时荧光 PCR（Real-time PCR）、重组酶聚合酶扩增（Recombinase Polymerase Amplification, RPA）、芯片（chip）等分子检测鉴定技术的研究与应用多见报道。

4）国际性

国际性是植物检疫的基本属性之一。植物和植物产品国际贸易涉及进出口国家（地区），植物检疫建立在国际合作的基础之上。在植物检疫领域中，双边合作、多边合作、区域合作以及全球合作的必要性和紧迫性与日俱增。FAO-IPPC 在全球范围内的实施、国际植物检疫措施标准（International standards for phytosanitary measures，ISPM）的制修订及实施、各成员国植物检疫能力建设等，均是植物检疫国际性属性的突出体现。我国高度重视植物检疫领域国际合作，积极参加 FAO 等国际组织相关活动，发挥大国担当，并在植物检疫双多边合作机制上做出了诸多探索。自 2013 年以来，我国相继提出"一带一路"倡议（the belt and road initiative）（图 1-6）、构建人类命运共同体（building a human community with shared destiny），受到全球的高度关注，同时也为植物检疫国际合作指明了前进的方向。在植物检疫实例 1-1 中，进境旅客携带物检疫是植物检疫的重要工作内容，涉及国际航班、旅客及其携带物，在海关执法过程中充分体现了植物检疫国际性的基本属性。

5）综合性

综合性是植物检疫的基本属性之一。植物检疫的综合性主要表现在植物检疫是一个综合体系，既表现在其管理对象的错综复杂，又表现在其管理手段的有机综合，还表现在其学科专业的广泛交叉。植物检疫的管理对象既包括法定的检疫性有害生物，也包括植物有害生物的各种载体（如植物、植物产品、装载容器、包装物、铺垫材料、运输工具等），同时还涉及受检疫法规约束的公民和法人。植物检疫的管理手段包括法律手段、行政手段和技术手段，

图 1-6 中国一带一路网

（引自：https://www.yidaiyilu.gov.cn/）

并实施于植物及植物产品流通的全过程；截至目前，我国植物检疫工作程序包括检疫申报、现场检验、实验室检测、检疫处理、检疫出证，同时，检疫准入、检疫审批、疫情监测、境外预检、隔离检疫、产地检疫和调运检疫等也已运用到植物检疫实践中。人才培养，特别是高级专业人才培养，是植物检疫可持续发展的保证；我国非常重视植物检疫相关学科和专业的建设，植物保护学、林学一直是我国培养植物检疫专业人才的传统一级学科。在植物检疫实例 1-1 中，涉及了旅游者、携带物等特殊管理对象，涉及了现场检验、实验室检测、检疫处理等植物检疫程序以及法律手段、行政手段和技术手段等管理手段，该实例中体现了植物检疫综合性的属性。

有关植物检疫的属性和特征，我国学者多有论述。例如，曹骥以“预见性、法制性、技术性、地区性”概括了植物检疫的基本属性，林火亮从实施手段的法制性、涉及范围的社会性、机构职能的行政性、所起作用的防御性、技术要求的特殊性 5 个方面分析了植物检疫的特征，胡白石和许志刚主编的《植物检疫学》第 4 版（2023 年）将植物检疫的特点总结为 6 个方面，即预防性、法制性与技术性、涉外性、先进性、公益性、应急性，并指出预防性、法制性与技术性、涉外性是植物检疫的 3 个最基本的特征。

小结

限定的有害生物包括检疫性有害生物和限定的非检疫性有害生物。检疫性有害生物是对受其威胁的地区具有潜在经济重要性，但尚未在该地区发生或虽已发生但分布不广，并进行官方防控的植物有害生物。植物检疫是旨在防止检疫性有害生物传入或扩散或确保其官方控制的一切活动，防入侵、保安全、促发展是其宗旨，法制性、预防性、技术性、国际性和综合性是其基本属性。

1.3 植物检疫的发展

学习重点

- 掌握植物检疫基本类型和发展特点；
- 掌握我国植物检疫的发展历史和主要实践；
- 明确进出境植物检疫与国内植物检疫的关系、植物检疫与植物保护、植物检疫学与植物保护学科的关系。

从全球来看，植物检疫经过360余年的探索形成了5种基本类型和5个发展特点，学习、掌握植物检疫的基本类型和发展特点，能够进一步提高对国际植物检疫的认识。自1928年起，我国植物检疫历经3个发展阶段，形成了具有特色的管理体系和学科体系，老一辈专家做出了突出的贡献。明确进出境植物检疫与国内植物检疫、植物检疫与植物保护、植物检疫学与植物保护学科的关系，能够进一步提升对我国植物检疫的认识。

1.3.1 国际植物检疫基本类型

根据自然环境条件、经济发展水平、植物检疫措施等特点，可将国际植物检疫划分为5种基本类型，即环境优越型、发达国家大陆型、经济共同体大陆型、发展中国家大陆型以及工商业城市型（图1-7）。比较、分析上述国际植物检疫5种基本类型间区别与联系（表1-2），能够进一步理解全球植物检疫的发展现状。

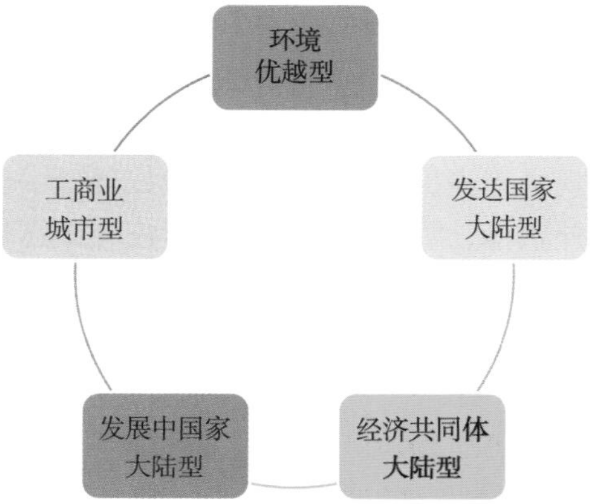

图1-7 国际植物检疫的基本类型

表1-2 国际植物检疫基本类型的比较

植物检疫类型	进境检疫	出境检疫	代表性国家
环境优越型	极为严格	相对宽松	澳大利亚、新西兰、日本等
发达国家大陆型	彼此之间相对宽松 彼此之外非常严格	相对宽松	美国、加拿大等
经济共同体大陆型	彼此之间极为宽松 彼此之外较为严格	相对宽松	欧盟国家
发展中国家大陆型	对特殊国家（地区）、特殊物品非常严格	较为严格	中国、印度、蒙古、塔吉克斯坦、塞尔维亚、埃塞俄比亚、巴西、阿根廷等
工商业城市型	对植物繁殖材料相对较为严格、对植物产品相对宽松	相对宽松	新加坡等

环境优越型的国家（地区），主要指岛屿型或半岛型国家（地区），如澳大利亚、新西兰、日本和韩国等；其对进境植物检疫要求极为严格，出境检疫相对宽松且根据进口国要求出证。发达国家大陆型的国家（地区），主要指地理位置毗邻的经济发达国家（地区），如美

国和加拿大；其彼此之间的进境检疫相对宽松，在对待其他国家时进境检疫相对严格，出境检疫相对宽松且根据进口国要求出证。经济共同体大陆型的国家（地区），主要指地理位置相邻且构成了经济共同体的国家（地区），如欧洲联盟，简称欧盟（European Union，EU）；欧盟成员之间的常规进境检疫非常宽松，几近取消，但欧盟以外的国家（地区）的进境检疫较为严格，出境检疫相对宽松且根据进口国要求出证。发展中国家大陆型国家（地区），主要指经济尚不发达的大陆型国家（地区），如中国、印度、塞尔维亚、巴西、阿根廷等；其对特殊国家（地区）、特殊物品的进境检疫非常严格，出境检疫也较为严格。工商业城市型国家（地区），主要指以工商业为主的城市化国家（地区），如新加坡等；其对植物繁殖材料实施相对较为严格的进境检疫，对植物产品进境检疫宽松，其出口检疫相对宽松且根据进口国要求出证。

植物检疫实例 1-2：新西兰针对进境旅客携带物进行检疫（图 1-8）

2023 年 5 月，中国农业大学师生前往新西兰基督城参加第 4 届国际生物入侵大会（International Congress of Biological Invasions，ICBI），由奥克兰国际机场入境，并亲历针对进境旅客携带物的严格检疫。飞机降落前，首先播放了新西兰检疫宣传片，从中旅客能够了解与植物检疫相关的规定，如新鲜水果等不允许携带入境、入境申报单填写注意事项等；随后，乘务员发放入境申报单，旅客按要求填写，主要是说明是否有需要申报的物品，如植物和植物产品等。飞机降落后，旅客步行到托运行李转盘前，新西兰检疫人员引导着检疫犬随机抽查旅客随身携带的行李；在托运行李转盘附近，新西兰检疫人员引导着检疫犬对托运行李进行随机抽查。如果入境申报单上没有需要申报的物品，旅客走绿色通道，再次有新西兰检疫人员引导着检疫犬对行李进行逐一查验，如图 1-8 所示，中国农业大学师生的行李正在被检疫犬进行查验；查验通过后，即入境新西兰，转乘其国内航班前往基督城。该实例说明新西兰针对旅客携带物的进境检疫极为严格，目的是防止检疫性有害生物等的传入。

图 1-8　新西兰旅客携带物进境检疫

（李志红摄于奥克兰国际机场，2023 年）

植物检疫实例 1-3：我国针对输华大豆进行检疫（图 1-9）

图 1-9 我国进口大豆现场查验（吕文诚提供）

二维码 1-1
我国针对输华大豆进行检疫

1.3.2 国际植物检疫发展特点

国际植物检疫的发展特点，主要体现在 5 个方面（图 1-10）：①植物检疫法律法规更加综合；②植物检疫实施范围不断扩大；③植物检疫政策措施及时调整；④植物检疫科技水平逐步提高；⑤植物检疫宣传教育普遍加强。通过实例，比较、分析国际植物检疫的 5 个发展特点（表 1-3），能够进一步提高对全球植物检疫发展规律的认识。

图 1-10 国际植物检疫的发展特点示意图（李志红制作）

表 1-3 国际植物检疫发展特点的比较

发展特点	特点描述	代表性实例
植物检疫法律法规更加综合	早期植物检疫法规一般为专项法规，后续逐步发展为针对植物检疫的综合性法规，当前检疫法规等进一步融合，发展为更为综合型的生物安全法规	20 世纪 60 年代新西兰相继公布了《植物引进条例》和《植物保护法》，1993 年制定了世界上第一部《生物安全法》
植物检疫实施范围不断扩大	早期植物检疫的范围只是植物及植物产品，后续可能传带植物有害生物的其他载体均被列入了植物检疫范围之内	大多数国家（地区）对入境的交通工具、集装箱等进行严格的检疫，特别是对其食品库等进行严格监管、对垃圾实行无害化处理；近年来很多国家（地区）对转基因材料实施了更为严格的检疫措施
植物检疫政策措施及时调整	针对植物疫情的变化，各国（地区）及时调整植物检疫政策、措施并做出科学应对	随着植物有害生物分布、危害以及截获等情况的变化，大多数国家（地区）都会以风险分析为前提，调整其检疫性有害生物的种类
植物检疫科技水平逐步提高	科学技术的进步为植物检疫提供了先进的仪器、设备和方法，植物检疫科技水平逐步提高，向着精准、快速、便捷的方向不断迈进	组学（omics）、大数据（big data）和人工智能（artificial intelligence，AI）的发展，促进了植物有害生物入侵机制研究，促进了植物检疫技术的创新
植物检疫宣传教育普遍加强	有关植物检疫的宣传教育在全球范围内得到全面加强，有关的植物检疫宣传广泛普及，有关的植物检疫教育迅速发展，企业和公众越来越主动地认知和配合植物检疫工作	2018 年 12 月，联合国大会宣布将 2020 年作为“国际植物健康年”（International Year of Plant Health），2021 年 12 月联合国第 75 届大会将每年的 5 月 12 日确定为“国际植物健康日”（International Day of Plant Health）。在我国，自 2016 年起每年 4 月 15 日是“全民国家安全教育日”（National Security Education Day）；近年来有关机构利用各类媒体进行植物检疫宣传，走进百姓生活；进入 21 世纪以来，部分高水平院校相继建设面向本科生和研究生的新课程、新专业，系统性地培养植物检疫专业人才

1.3.3 我国植物检疫发展历史

我国的植物检疫已有一百余年的发展历史，总体可划分为 3 个发展阶段，即植物检疫的孕育与建立阶段、植物检疫的开拓与进取阶段、植物检疫的改革与创新阶段（图 1–11）。学习、掌握植物检疫的发展阶段、主要实践及老一辈专家的重要贡献，并明确进出境植物检疫与国内植物检疫、植物检疫与植物保护、植物检疫学与植物保护学科的关系，能够进一步提升对我国植物检疫的认识水平并积极投身到植物检疫的事业中来。

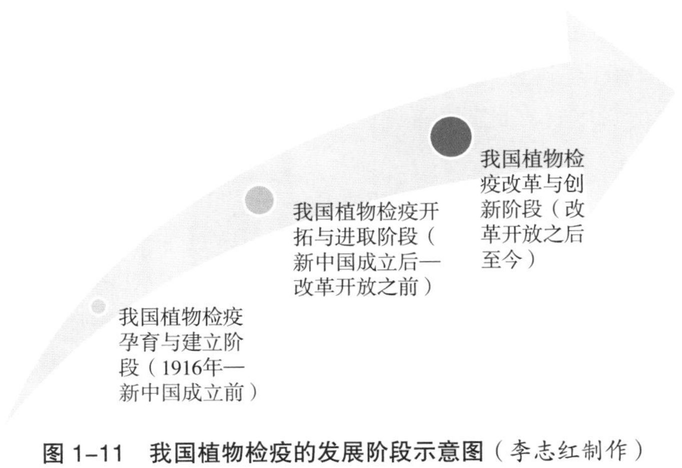

图 1–11 我国植物检疫的发展阶段示意图（李志红制作）

1）我国植物检疫的发展阶段与主要实践

（1）植物检疫的孕育与建立（1916年—新中国成立前） 我国有关植物检疫的思想和建议，最早出现于1916年，邹秉文先生（中国植物病理学教育的先驱，商品检验局的创始人）撰文《植物病理学概要》，强调植物检疫的重要性。在治病方法中，邹先生指出："治病方法有四：一曰禁病（exclusion），禁止外来病之入境也；二曰除病（eradication），除已在境之致病植也；三曰防病（protection），防护植物不为致病植侵害也；四曰御病（immunization），改良植种使能御病，虽有致病植不能侵入，治植病者所用，不外此也。"同时指出，"禁病，其法有二：一曰检阅，于两省两国交界之间及轮舟口岸，对于生植之运入，非有证明无病之担保，均须派人检阅果不藏有致病植，方准入境。二曰禁入，某国或某省有某种危险病害之发生，或其致病植不易检阅时，则政府宜定一例，凡各种植物为此致病植所可寄生者，均不得入境"。1927—1929年，我国另一位著名的植物病理学家朱凤美先生在《中国农学会丛刊》上分3期发表论文《植物之检疫》，论述植物检疫的必要性和重要性，文中就病虫害问题写道"实民生所关，亦国家命脉之所系，而其灾患之减轻与消弭，乃治国之要计，爱民之真旨也。彼东西方先进诸邦，均以政治学问之全力，从事与此，良有以哉。"针对输入和输出植物检疫，进一步论述道"吾人不欲保护国内农林植物则已，否则不可不行植物输入检疫，以防病虫害之蔓延也；吾人不欲发展国外农产贸易则已，否则不可不行输出检疫，以坚消费国之信用也。"

我国最早的植物检疫机构是1928年在上海、广州、天津等地先后成立的"农产物检查所"，最早的植物检疫法规是1928年公布的《农产物检查条例》以及1929年制定的《农产物检查条例实施细则》《农产物检查所检验病虫害暂行办法》《农产物检查所检查农产物处罚规则》等。1929年，当时的工商部在上海、青岛、汉口、天津和广州等地设立了商品检验局，邹秉文先生出任中国第一个商品检验局——上海商品检验局的首任局长，这些机构的主要任务有二：一是检验出口商品质量，维护出口商品信誉；二是防止有毒有害的商品进口。1930年，农矿、工商两部合并改建为实业部，商品检验局改属实业部领导，各地商检局根据实际情况接管了农产物检查所，统一管理进出口商品检验。1935年，上海商品检验局将农产品检验处植物有害生物检验组扩建为"植物有害生物检验处"，这是我国植物检疫发展过程中最早的一个专业单位，该处规定检验的植物产品有种子、苗木、粮谷、豆类、水果、蔬菜和中药材等项，设置有植物病理、园艺害虫、粮谷害虫和熏蒸消毒4个实验室。中国植物检疫历史上第一次熏蒸处理工作就是由上海商品检验局的植物有害生物检验处来完成的，即在1935年用二硫化碳对进口的100 t美国棉种进行了熏蒸处理。抗日战争和解放战争给刚刚起步的我国植物检疫造成了恶劣的影响，在此期间的植物检疫基本处于停顿状态，同时也使许多植物有害生物在此期间由境外传入。

（2）植物检疫的开拓与进取（新中国成立后—改革开放之前） 中华人民共和国的成立揭开了我国植物检疫的崭新一页。1949年10月，中央贸易部国外贸易司设立了商品检验处，并在天津、上海、广州、青岛、汉口、重庆等地恢复设立了商品检验局。1952年，中央对外贸易部成立，设立了商品检验总局，下设农产品检验处负责植物检疫工作。新中国成立初期，我国农副产品主要是输往苏联和东欧国家，由于这些国家对植物检疫要求比较严格，所以贸易部及时组织各地商品检验局，根据对外贸易的要求研究确定了进出口商品检验对象，制定了《输出入植物有害生物检验暂行办法》和《输出入植物熏蒸消毒办法》等规定。1951年，贸易部委托北京农业大学（现中国农业大学）举办植物检疫专业培训班，学员毕业后被分配到各地商检局，开展对外植物检疫工作。1954 年，对外贸易部公布《输出入植物检疫暂行办法》和《输出入植物应施检疫种类与检疫对象名单》；对外贸易部与邮电部联合发出《关于邮寄输入植物检疫补充规定的联合通知》并附《邮寄输入植物检疫补充规定》，这为输入邮寄植物及植物产品的检疫奠定了基础。1956 年，对外贸易部通知各口岸商检局参考《安东口岸旅客携带输入植物检疫办法（草案）》，在海关协助下，开展入境旅客携带物植物检疫。1958 年，商品检验总局在上海召开全国植物检疫会议，会议指出“植物检疫工作，根据国家各部门之间的分工，应由农业部门统一办理”。

20 世纪 60 年代初期，植物检疫的工作重点从过去侧重出口检疫逐渐转向于进口检疫，且颇见成效。各地在进境植物检疫中多次截获检疫性病虫害。1963 年，召开输出入植物检疫技术交流会议，会议明确了植物检疫工作中的一些具体问题，并对以后的工作提出了 3 点建议，即加强植物检疫工作的技术组织领导、加强试验研究和资料积累及加强与有关部门的联系工作。1964 年，农业部、对外贸易部联合向国务院上报《关于农业部接管对外植物检疫的请示报告》，经国务院同意，进出境植物检疫正式归属农业部管理。1965 年，国务院同意农业部在国境口岸设立动植物检疫所，负责进出境动植物检疫工作。“文化大革命”期间，刚刚步入正轨的我国植物检疫受到了极大的冲击和破坏，如农业部负责植物检疫的主管部门——植保局被撤销；初建的口岸动植物检疫所其机构也发生很大变化，有的划归海关，有的回到商检局，有的划到了卫生检疫部门。但是，由于对外贸易的需要，大多数检疫工作者坚守岗位，进行正常的进出境植物检疫工作，使中国的对外贸易并未因植物检疫而受到影响。1966 年农业部对《进口植物检疫对象名单》进行了及时调整，1974 年制定了《对外植物检疫操作规程》，这些措施对当时的植物检疫工作起到了一定的指导、统一和规范的作用。

（3）植物检疫的改革与创新（改革开放之后至今） 自 1978 年 12 月十一届三中全会召开后，我国植物检疫事业进入了一个飞速发展的新时期。1980 年，口岸动植物检疫工作恢复归口农业部统一领导。1981 年，农业部成立“中华人民共和国动植物检疫总所”（后更名为“中华人民共和国动植物检疫局”），负责全国口岸进出境动植物检疫工作。1991 年《中华人民共和国进出境动植物检疫法》颁布，1997 年《中华人民共和国进出境动植物检疫法实施条例》施行。“加强检疫管理，提高检疫质量”是这一时期口岸动植物检疫工作的重点。据有关统计资料，1991 年出境植物及其产品检疫 33863 批次，重量为 9019803 t；木材 285836 m^3，花卉、种苗 2758154 株；1992 年出境植物及其产品检疫 322036 批次，重量为 37690420 t；木材 772621 m^3，花卉、种苗 9652078 株，比上一年分别增长 8.5、3.17、1.7 和 2.5 倍；到 1995 年，出境植物及其产品检疫增至 533831 批次，比 1992 年增加了 65.76%；进境植物及其产品检疫也在增加，1992 年比 1991 年增长 8.3%，1995 年比 1992 年增加了 187.30%。各口岸动植物检疫机关认真执法、严格把关，每年在进口的动植物、动植物产品和其他检疫物中发现和截获大量的危险性病虫害。

加入 WTO 给我国植物检疫事业发展带来前所未有的机遇和巨大的挑战。为了适应新的发展形势，1998 年，由原国家商品检验局、国家动植物检疫局、国家卫生检疫局 3 家机构调整后组建了“中华人民共和国出入境检验检疫局”（副部级单位），归属海关总署，内设动植物监管司，全面负责进出境动植物检疫工作。2001 年，国家质量技术监督局与国家出入境检验检疫局合并组建“中华人民共和国质量监督检验检疫总局”（正部级单位），进出境动植物检疫工作仍由动植物监管司全面负责。全球化的发展，对我国植物检疫提出了更高的要求，构建人类命运共同体、共同做好检疫性有害生物的全球防控成为共识。2018 年 3 月，中共中央印发了《深化党和国家机构改革方案》；根据该改革方案，将国家质量监督检验检疫总局的出入境检验检疫管理职责和队伍划入海关总署，组建农业农村部、自然资源部，我国进出境植物检疫、农业植物检疫和林业植物检疫工作分别由这 3 个部级单位进行管理。2020 年 10 月 17 日我国公布《中华人民共和国生物安全法》，并自 2021 年 4 月 15 日起施行，我国植物检疫相关法律法规正在修订中。

在“一带一路建设”“构建人类命运共同体”建设中，我国多部门联防联控，植物检疫事业正在不断前进、蓬勃发展。在深入学习宣传贯彻党的二十大精神、奋力谱写中国式现代化新篇章中，植物检疫担当新使命，在国家生物安全、国际和平发展中做出新贡献。例如，2021 年 3 月，为了加强针对进境检疫性有害生物、全国检疫性有害生物和全国林业检疫性有害生物红火蚁（*Solenopsis invicta*）的防控，农业农村部、住房和城乡建设部、交通运输部、水利部、卫生健康委、海关总署、国家林草局、国家铁路局、国家邮政局等九部门联合印发《关于加强红火蚁阻截防控工作的通知》，要求各地坚持政府主导，强化部门协同，建立联防工作机制，落实防控任务，齐抓共管，形成合力，切实强化对红火蚁防控及检疫工作，保障农林业生产、生态环境和人民生命安全。又如，2023 年 9 月 15 日，中欧班列国际合作论坛在我国江苏省连云港市举行，来自国家发展改革委发布的数据受到世界瞩目：10 年来，中欧班列已累计开行 7.7 万列，运送货物 731 万标箱，货值超 3400 亿美元，通达欧洲 25 个国家的 217 个城市；在促进中欧班列的发展中，我国植物检疫机构发挥了重要作用。再如，2023 年 10 月 17—18 日在北京举行了第三届“一带一路”国际合作高峰论坛（the third Belt and Road Forum for International Cooperation）主题为“高质量共建‘一带一路’，携手实现共同发展繁荣”，来自 130 多个国家、30 多个国际组织的代表参加了此次论坛。

2）我国老一辈专家在植物检疫领域的重要贡献

在我国植物检疫百余年的发展进程中，老一辈专家开拓进取、躬耕奋进，为植物检疫事业做出了重要贡献。老一辈专家是我们的楷模，将激励后人继续勇毅前行。

邹秉文（1893-1985）：农学家、植物病理学家、农业教育和社会活动家，一级教授，我国高等农业教育的主要奠基人之一，我国植物检疫奠基人。1915 年毕业于康奈尔大学植物病理学专业，获学士学位。1916 年回国任金陵大学教授，主讲植物病理学和植物学课程，是在我国课堂上讲授植物病理学的第一人；撰文《植物病理学概要》，强调植物检疫的重要性。1917 年转入国立南京高等师范学校担任农业专修科首任主任，倡导教学与研究、推广相结合的教育理念，创立了我国第一批农事试验场。1921 年南京高等师范学校并入国立东南大学，邹秉文继续担任农科主任，并于 1923 年牵头完成了我国第一本大学植物学教科书《高等植物学》。与工科主任茅以升、商科主任杨杏佛一起被誉为“东南三杰”。1928 年受邀筹建上海商品检验局并担任首任局长，他厉行检验，防止劣质商品输出影响我国声誉；建立了生丝、茶叶等检查所，从洋人手中收回被他们操纵已久的商品检验权力。1943 年起兼任 FAO 筹备委员会副主席、FAO 首任中方执行委员。

朱凤美（1895—1970）：植物病理学家，我国植物病理学的奠基人之一。1917 年毕业于南京第一农业学校并留校任助教，1918—1921 年赴日本鹿儿岛高等农业学校学习，1927 年再次赴日留学于东京帝国大学农学部，专攻植物病理学。1927—1929 年，在《中国农学会丛刊》上分 3 期发表论文《植物之检疫》，论述植物检疫的必要性和重要性。1930 年回国，任浙江大学农学院教授，兼任浙江省昆虫局技师，1933 年任中央农业实验所技正，进行麦类病害防治研究。他极度重视全国新的植物检疫性病害的鉴定，如云南水稻的一柱香、安徽大小麦的麦角病、山东的甘薯线虫病等，并收集大量文献写成专题教材在全国植物检疫训练班上讲授。1963 年，浙江东部稻区水稻新病害突然暴发，上海市郊县亦相继发病，朱凤美率先响应华东科学技术委员会号召，会同王鸣岐、陈鸿逵两位教授商讨开展现场调查及组织协作问题。他深入浙江重病区余姚一带调查研究，认为这一病害与当时日本最新报道的黑条矮缩病相似。他提请科委组织江、浙、沪有关科学家分工协作研究，在短时间内证实这种病害就是水稻黑条矮缩病，其传毒介体为灰稻虱。华东科委为有效地控制这一病害的蔓延，在浙江义乌县召开了水稻黑条矮缩病现场防治讨论会；随后又在上海市召开了包括全国 22 个省（自治区、直辖市）共 160 余人的水稻病毒病防治研究讲习班。此举为防控水稻黑条矮缩病在我国的蔓延起到了重要作用。

俞大绂（1901—1993）：农业教育家，我国植物病理学、植物检疫和微生物学的主要奠基人之一，中国科学院学部委员（院士）。1924 年毕业于南京金陵大学农学院，获学士学位，留校任助教、讲师。1928 年赴美国留学，1932 年获爱荷华州立大学博士学位，由于学习成绩优异，获美国大学金钥匙奖。1932 年夏回国任南京金陵大学教授，从事植物病理学的教学和科研工作。后调入北京农业大学工作，先后开设了植物病理学、植物病原细菌学、植物检疫、普通微生物学和微生物遗传学等课程。1954 年春，浙江黄岩柑橘地区暴发了柑橘疮痂病和黑点蚧虫害，为了防止该病虫害蔓延，俞大绂受农业部委托，带领北京农业大学师生，奔赴现场进行防治和检疫工作，采用喷施混配农药的措施，获得既治病又杀虫的双重效果，有效地阻止了病虫害的蔓延，同时也培养了一批植物检疫技术人才，为我国开展植物病虫害的检疫工作奠定了基础。俞大绂是位爱国主义者，他是看到当年祖国的贫穷、农业的落后、植物病害的严重才立志学农的。1980 年，俞大绂教授为解决北京农业大学刚从外地迁回北京办学所面临的困难，写信给时任国务院副总理的万里同志，坦言："新中国成立前，国民党几次要接我走，我都拒绝了；英国三次让我去，我不去；在美国我的老师叫我去，我也没去，当时我是北大农学院院长，我想还是把中国的农业教育搞好。我年近八十，组织上让我担任农大校长，我迫切希望在有生之年，能看到学校赶快恢复起来，为实现祖国农业现代化贡献力量。"

周明牂（1907—2005）：农业昆虫学家、农业教育家，植物抗虫性学科的奠基人，植物检疫专家，中国农业大学一级教授。1929 年毕业于南京金陵大学，随后赴美国康奈尔大学留学，获得硕士和博士学位。入选美国 Sigma Xi 科学研究荣誉学会会员，获美国大学金钥匙奖。在美学习期间，充分利用学校图书馆珍藏图书，广泛搜集资料，并结合国内有关文献，编写了我国第一部作物害虫名录《中国经济植物害虫 · 害螨初步名录》。1933 年回国，先后在浙江大学、国立广西大学、福建农学院、福建省研究院、北京大学、北京农业大学等多家机构任教。新中国成立前夕，他几次断然拒绝了国民党要他赴台的利诱与威胁，迎来了新中国的成立；新中国成立后，他全身心地投入到新中国的农业教育和科研事业中，为我国的植物保护事业做出了杰出贡献。他长期担任中国昆虫学会、中国植物保护学会的领导工作，率代表团参加了 1957 年在东柏林召开的国际植物检疫工作会议、1960 年在莫斯科召开的中苏植物检疫双边协定修订会议。1957—1966 年兼任中国农科院植保所副所长。改革开放后，为我国的检疫机构恢复重建、植物检疫科研和教学做出了重要贡献。

陈善铭（1909—1993），植物病理学家、农业教育家，植物检疫专家。1931年毕业于清华大学，后留校任教，1936年赴美国明尼苏达大学攻读硕士和博士学位。1945年回国后，应聘于中央农业实验所；1957年，中国农业科学院成立，陈善铭任植物保护研究所研究员、副所长和顾问。1953年陈善铭陪同苏联专家考察了我国植物检疫情况，了解到这项工作在我国还十分薄弱，建议有关部门引起高度重视。此后，农业部筹建了植物检疫实验室，陈善铭受聘为该实验室顾问。在此期间，他对检疫对象的确定、工作人员的配备等提出了许多建设性的意见，并同曹骥等一同对来自苏联的大量引种材料进行严格的检疫。1960年农业部植物检疫实验所因故撤消，他力主将该所研究骨干调到中国农业科学院植物保护研究所，为后续植物检疫科研工作保存技术力量。1957年他在民主德国召开的国际植物检疫会议上，提出了将小麦矮腥黑穗病作为检疫对象，以保障我国小麦安全生产，维护了我国的利益。此后，他先后代表我国就烟草检疫问题与保加利亚、阿尔巴尼亚谈判，挽回了不必要的经济损失。他坚持植物检疫原则，捍卫国家长远利益，对我国的植物检疫工作做出了重要贡献。

沈其益（1909—2006）：著名科学家、教育家和社会活动家，棉花病理学科的奠基人，中国农业大学一级教授。1933年毕业于国立中央大学，获理学士学位，师承邓叔群教授；1937年赴英国留学，1939年获伦敦大学皇家学院哲学博士学位。大学毕业后，沈其益留在国立中央大学工作，1934年转到中央棉产改进所负责棉病研究室工作并编写完成了《中国棉作病害》，这是我国第一本全面描述棉作病害的书籍。20世纪60年代，棉花枯黄萎病蔓延到全国各地，棉花减产严重，以陕西关中棉区为甚。1972年，农业部邀请沈其益主持棉花枯黄萎病防治的科研课题，他与陕西专家俞启葆、仇元等一起从事棉花枯黄萎病的研究，并倡导成立了棉花枯黄萎病综合防治协作组合作攻关。他们请各省负责调查本省发病情况，对从不同棉区分离到的76个棉花枯萎病菌菌株，统一进行生理型鉴定。他亲自制定计划，进行严格的科学试验，确定了以推广种植抗病品种为主的防治策略，并培育出不少抗病、丰产、优质的棉花新品种。沈其益还不顾年迈体衰，亲自到江苏常熟等地考察，见到当地引种具有高抗丰产优质等特点的陕401抗病品种取得大丰收时，他感到十分欣慰。沈其益与中国农大植保系的李庆基、张元恩教授一起从事棉花枯萎病的抗病机理的研究，发现棉株中过氧化物同工酶与棉株抗感性有密切相关性，因此它可作为筛选抗病品种的生物化学指标。沈其益率领研究组完成的“棉花枯萎病综合防治研究”获1978年全国科学大会奖，“中国棉花枯黄萎病菌‘种’及生理型鉴定、抗病性区试及其在抗病品种选育上的作用”获1986年农牧渔业部科技进步二等奖。1992年，沈其益出版了《棉花病害—基础研究与防治》一书，距他出版的第一本棉病著作已近60年。沈其益在入党感言中写道“全心全意为人民服务，为科教兴国、科教兴农开展各项工作，这是我作为共产党员矢志不渝的终生愿望”。

裘维蕃（1912—2000）：植物病理学家、植物病毒学家、菌物学家、农业教育家，中国科学院学部委员（院士），中国农业大学教授。1935年毕业于金陵大学植物病理学系，获学士学位；1947年获美国威斯康星大学哲学博士学位，并入选美国Sigma Xi科学研究荣誉学会会员。1948年回国后被聘为国立清华大学农学院副教授，1949年转任北京农业大学副教授、教授，1980年当选中国科学院院士。裘维蕃曾多次受国家的委托参加对外植物检疫活动。20世纪50年代朝鲜战争期间，分析从朝鲜战场和我国东北上空美国空军投下的植物材料，发现含有大量的大豆紫斑病菌，该病原菌会导致大豆籽粒变紫或变黑，降低商品价值，影响种子发芽率。裘维蕃提出有针对性的防治措施，保护了我国东北地区的大豆生产。1972 年 12 月，受农业部委派，作为中方谈判代表团的首席谈判专家，对从美国进口小麦携带小麦矮腥黑穗病菌问题进行了交涉，取得了胜利，迫使美方退货并道歉，捍卫了国家的尊严和利益。20 世纪 80 年代，作为全国人大常委会委员，为《中华人民共和国进出境动植物检疫法》制定做出了重要贡献。1996 年，联合中国工程院院士卢良恕等八位著名农业科学家致信党和国家领导人，呼吁要重视小麦矮腥黑穗病的危害。

宋彦人（1912—1988）：中国植物保护事业的主要奠基人之一，植物检疫专家，1954—1982 年近 30 年间，他先后 3 次出任中华人民共和国农业部植物保护局局长。1933 年考入国立北平大学农学院农业生物学系，1936 年 2 月参与筹建了中华民族解放先锋队（简称“民先队”）国立北平大学农学院分队。宋彦人为全面发展中国的植物保护事业做出了重要贡献，他做出了一系列具体贯彻落实“防重于治”植保方针的重大决策，开拓并发展了植物检疫、病虫预测预报、农药检定等植物保护事业。他为建立与发展中国植物检疫工作不遗余力，是最积极的组织者。他和林英等主持建立了植物检疫实验所和各省植物检疫站，制定了植物检疫法规，实现了对内检疫和对外检疫的统一领导以及同一些国家签订了双边检疫协定。凡发现重大危险性病虫，他都组织专家、教授深入现场调查，并向当地领导反复宣传检疫工作的重要性。为防止国内外危险性病虫的传播蔓延，保护农作物的安全生产，他立下了不朽功勋。

曹骥（1916—2001）：农业昆虫学家、植物检疫专家，1991 年当选为世界生产力科学院院士，主要从事粮棉害虫、果树害虫和植物检疫性害虫防治研究。1935 年，考入清华大学生物系。1939 年于西南联大毕业后，考入中央大学农科研究所经济昆虫组，成为邹钟琳教授的第一位研究生，学习昆虫生态学和农业昆虫学等，同时从师金善宝教授读作物学。1941 年夏获得理科硕士学位。1947 年 9 月，到美国明尼苏达大学昆虫系攻读博士研究生课程。当得知中华人民共和国成立的消息后深受鼓舞，未等举行学位授予典礼，就毅然于 1949 年底乘船回国。1950 年 2 月，曹骥到华北农业科学研究所病虫害系任副研究员。1957 年，中国第一个专门从事植物检疫的研究机构——农业部植物检疫实验室成立，他服从工作需要，调入该实验室主持检疫性果虫的研究，研究苹果绵蚜和葡萄根瘤蚜。1961 年随该实验室合并到中国农业科学院植物保护研究所，仍从事植物检疫性害虫研究。1961 年，苏联和东欧国家称中国出口的大麻籽内含有食心虫茧，并声称要改从其他国家（如意大利）进口大麻籽。此刻，曹骥受命研究解决大麻食心虫的检疫技术。在没有助手的情况下，他只身奔赴内蒙古大麻产区，在不到两年的时间内，经过艰苦而又严谨的试验研究，证实了大麻籽内所含大麻食心虫幼虫不能越夏，提出了只要将混有大麻食心虫的大麻籽贮存一年即可出口的科学报告。这一结果得到进口国家的认可，从而及时解决了中国大麻籽出口换汇中的技术难题。20 世纪 80—90 年代，曹骥等主编《植物检疫手册》，发表“浅谈我国进口植物检疫对象”“试论植物检疫综合治理的涵义及措施”等论文，对我国植物检疫产生重要影响。

黄可训（1917—2015）：昆虫学家、农业教育家，国际植物检疫专家，中国农业大学教授。1942 在金陵大学农学院获得农学学士学位。1942 年 8 月—1944 年 11 月留校任助教，并攻读研究生。1945—1946 年考取官费留美，在康奈尔大学昆虫系进修。1946 年，回国任职北京大学农学院昆虫学系。1949 年任职北京农业大学，历任北京农业大学植保系昆虫学教研组主任及昆虫专业主任。1979 年 10 月—1983 年 11 月由中国选派为驻联合国粮农组织亚太地区植物保护官员。早在 20 世纪 50 年代初，黄可训便参与了外贸部商品检验局新中国第一批植物检疫人员的培训工作，这批学员成为各口岸植物检疫的骨干。他认为，植物检疫是植物保护学科中的重要组成部分，是一门横跨自然、社会的系统科学，必须培养人才。1987年秋，在他的关怀与支持下，北京农业大学植保系开设了硕士研究生和大学本科生两门不同层次的植物检疫学课程；1988年又在他的积极倡导下，在全国率先设立了植物检疫专门化，聘请了兼职教授，组编并正式出版了国内外第一本高等农林院校的植物检疫学教材；1992—1994年，他培养了中国第一位植物害虫检疫方面的博士。1988年黄可训作为国家动植物检疫总所专家顾问和北京动植物检疫所技术顾问，对《中华人民共和国进出境动植物检疫法》的研讨、制订与公布，对外植物检疫有害生物名录的研讨与修订，以及对口岸动植物检疫管理体制改革的论证等，均起到了积极的推动和指导作用。1991年，黄可训主持了苹果蠹蛾在山东、辽宁、河北、新疆等地苹果、梨主要生产及出口基地的分布调查研究课题。研究结果澄清了40多年来，被英联邦农业局（CAB International）所公布的苹果蠹蛾世界分布图中，有关该虫在中国东部主要苹果及梨生产基地分布的错误结论。这一成果得到了CABI及国际上的承认，对促进中国苹果和梨的出口创汇，加强水果进口检疫，做出了重要贡献。1992—1994年，他指导并参与的该研究成果获得1994年农业部科技进步二等奖。嗣后，他又参与和指导了苹果蠹蛾在中国的危险性评估研究（国家自然科学基金和农业部“八五”重点科研资助的“苹果蠹蛾”课题），该研究对进一步探索苹果蠹蛾危险性评估的内容、方法和步骤，以及对中国植物检疫主管部门制定苹果蠹蛾的检疫决策，提供了科学依据。

曾士迈（1926—2014）：植物病理学家、农业教育家，我国植物病害流行学的奠基人，中国工程院院士，中国农业大学教授。1948年毕业于北京大学农学院获学士学位，后留校任教，1949年并入北京农业大学担任植保系助教、讲师、副教授、教授，1995年当选中国工程院院士。曾士迈在创设植物病害流行课程、深化小麦条锈病大区流行的认识、摸索植物病害流行的定量研究方法、开拓植物病害流行学和植物免疫学的交叉领域研究，以及倡导植保系统工程和宏观植物病理学研究等方面做出了显著成绩。20世纪70年代，在国内率先将系统分析和计算机模拟方法引入植物病害流行学研究，研制出国内第一个植物病害流行计算机模拟模型。多次参加国际植物保护事宜，为我国赢得了声誉。1964—1966年，受农业部委派执行文教援越任务，在越南南方进行热带作物病害研究和师资培训工作，并获得胡志明勋章。1974—1975年，被农业部派往墨西哥考察水稻。1980–1981年，被农业部派往美国考察有害生物综合治理。1990年，应联合国环保总署邀请赴苏联（塔什干）为有害生物综合治理国际培训班讲课。1996年联合中国工程院院士卢良恕、中国科学院院士裘维蕃等8位著名农业科学家致信党和国家领导人，呼吁要重视小麦矮腥黑穗病的危害。

3）我国进出境植物检疫与国内植物检疫、植物检疫与植物保护、植物检疫学与植物保护学科

在本章1.1植物检疫的起源，阐述了植物检疫与动物检疫和卫生检疫的关系，分析其异同。在此基础上，结合我国植物检疫和植物保护领域发展及现状，进一步掌握进出境植物检疫与国内植物检疫、植物检疫与植物保护、植物检疫学与植物保护学科的关系，将加深学习者对植物检疫人才培养、科学研究与防控实践的认识，并为后续学习第2章至第8章奠定坚实的基础。

（1）进出境植物检疫与国内植物检疫　与国外植物检疫相比，历经百余年的发展，我国已形成了具有中国特色的植物检疫管理格局。在国外，植物检疫通常归口到农业管理机构进行管理。在我国，植物检疫包括进出境植物检疫和国内植物检疫，而国内植物检疫又划分为农业植物检疫和林业植物检疫两部分。自 2018 年机构改革以来，我国进出境植物检疫的部级管理机构是中华人民共和国海关总署，我国农业植物检疫的部级管理机构是中华人民共和国农业农村部，我国林业植物检疫的部级管理机构是中华人民共和国自然资源部国家林业和草原局（副部级）。海关总署下设直属海关、隶属海关等植物检疫相关机构，农业农村部、自然资源部国家林业和草原局下设专门的国家级内检机构，各省（自治区、直辖市）级、市级及县也设有相应的植物检疫相关机构。例如，在进出境植物检疫管理机构中，北京海关是海关总署下属的正厅（局）级海关，首都机场海关、北京大兴机场海关、中关村海关、海淀海关、平谷海关等是北京海关的下属机构。又如，在国内农业植物检疫管理机构中，北京市农业农村局主管北京农业植物检疫工作，具体执行机构包括北京市植物保护站以及各区县植物检疫机构。在我国，进出境植物检疫和国内植物检疫相互配合，共同防控检疫性有害生物等的传入和扩散。

（2）植物检疫与植物保护　从全球来看，植物检疫的防控对象已从检疫性有害生物发展为限定的有害生物。在有害生物类群中，除了检疫性有害生物、限定的非检疫性有害生物，还有其他的病虫草害。植物保护（plant protection），通常是指采取经济、科学的方法用于保护人类目标植物免受有害生物危害的一切活动。植物检疫，是旨在防止检疫性有害生物传入或扩散和确保其官方防控的一切活动。关于植物检疫与植物保护的关系，我国学者多有论述。曾士迈先生在《植保系统工程导论》（1994）中特别指出“植物检疫是植物保护系统工程中的一个极其重要的子系统，是植物保护的边防线，必须严防密守。新的危险性有害生物一旦传入，往往后患无穷，没有检疫的防治永远是被动挨打的防治”，阐明了植物检疫与植物保护的关系。2023 年，胡白石、许志刚主编的《植物检疫学》第 4 版中，指出“植物检疫是植物保护的措施之一，是植物保护措施中最具有前瞻性和强制性的一项措施”，并从防控对象、法律法规、经济重要性、防控要求、防控措施、特点等方面比较了植物检疫与植物保护的差别。综上，植物检疫是植物保护的重要组成部分，是最具预防性和强制性的植物保护措施，发挥防入侵、保安全、促发展的关键作用。

（3）植物检疫学与植物保护学科　植物检疫学（plant quarantine science），是一门研究植物检疫的科学，是一门研究检疫性有害生物等入侵防控原理、方法和技术，促进植物检疫发展，以实现预防生物入侵、保护生物安全、促进经贸发展宗旨的科学。在胡白石、许志刚主编的《植物检疫学》第 4 版中也对植物检疫学进行了阐述：是植物保护学科的一个分支学科，主要研究各种有害生物的生物学特性和风险类型，充分运用风险分析机制来确定应检疫的有害生物名单，制定完善的国家检疫政策法规，在服务国际、国内贸易过程中，防止植物危险性有害生物随着人员和贸易货物流动而传播扩散，以确保本国农林业生产和生态安全。植物保护学（plant protection science），是一门研究植物保护的科学。韩召军在《植物保护学通论》中指出，植物保护是综合利用多学科知识，以经济、科学的方法，保护人类目标植物免受有害生物危害，提高植物生产投入的回报，以维护人类的物质利益和环境利益的应用科学，是既有基础理论又有应用技术研究的一门科学。

从全球来看，植物保护学不断发展，形成了诸多基础研究和应用研究分支学科，如植物病理学、农业昆虫学、杂草学、农业鼠害学、植物检疫学、农药学、有害生物综合治理等，并逐步发展成为综合性的植物保护学科。目前，在我国农业高等院校中，本科生多以“植物保护专业”进行培养，一些高校设置了“动植物检疫专业”植物检疫方向，中国农业大学于2023年设置了“植物生物安全”微专业并开展本科人才培养的新探索；在研究生培养中，农学学科下设有植物保护学一级学科，并设置植物病理学、农业昆虫与害虫防治、农药学3个二级学科，同时一些高等院校自主设置了相关二级学科 / 专业，用于培养植物检疫等方面的硕士和博士，如中国农业大学于2004年自主设置了“植物检疫与农业生态健康”专业，下设“植物检疫与入侵生物学”方向，专门培养植物检疫等生物入侵防控的高级专业人才。综上所述，我国非常重视植物检疫人才培养工作，积累了宝贵的经验，为我国和世界输送了一大批优秀的高级专业人才，受到FAO及很多国家的高度关注。

综上所述，我国植物检疫事业的发展，需要检疫管理机构、教育科研部门、技术推广部门、国内外企业及广大公众的全面参与、深度合作，更需要一代又一代检疫人在人才培养、科学研究与防控实践中不忘初心、砥砺前行。面向人类命运共同体、面向未来生物入侵防控与生物安全，我国植物检疫事业任重而道远（图1–12）。

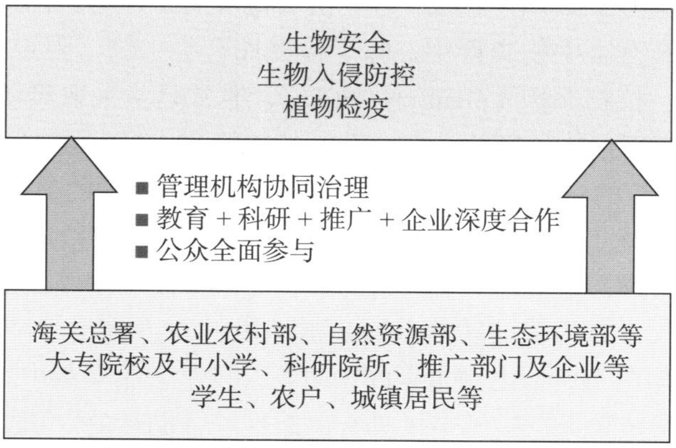

图1–12　我国植物检疫的现状与未来发展示意图（李志红制作）

小结

植物检疫主要包括环境优越型、发达国家大陆型、经济共同体大陆型、发展中国家大陆型和工商业城市型5种基本类型，具备法制性、预防性、技术性、国际性和综合性5个基本属性，体现出5个发展特点，即植物检疫的法律法规更加综合、实施范围不断扩大、政策措施及时调整、科技水平逐步提高、宣传教育全面加强。我国植物检疫已有一百余年的发展历史，历经植物检疫的孕育与建立阶段、植物检疫的开拓与进取阶段、植物检疫的改革与创新阶段3个发展阶段，检疫管理机构、教育科研部门、技术推广部门、国内外企业及公众全面参与、深度合作，共同推进植物检疫事业的新发展。

【课后习题】

1. 植物检疫、动物检疫、卫生检疫有什么区别和联系？
2. 什么是限定的有害生物、检疫性有害生物、限定的非检疫性有害生物？
3. 什么是植物检疫？请结合实例简述植物检疫的目的、属性及类型。

4. 植物检疫发展特点有哪些？如何提高全球公众的植物检疫意识？

5. 请结合实例，简述我国植物检疫的发展阶段及其特点。

6. 请结合实例，分析植物检疫与植物保护、植物检疫学与植物保护学科之间的关系。

【参考文献】

曹骥. 1994. 试论植物检疫综合治理的涵义与措施. 植物检疫, 8(6): 355-357.

曾士迈. 1994. 植保系统工程导论. 北京：北京农业大学出版社.

陈仲梅，黄冠胜. 1992. 中国植物检疫大事年表（补遗）(1914—1991). 植物检疫, 6(5): 400-401.

陈仲梅，黄冠胜. 1992. 中国植物检疫大事年表（续）(1914—1991). 植物检疫, 6(4): 318-321.

陈仲梅，黄冠胜. 1992. 中国植物检疫大事年表（1914—1991）. 植物检疫, 6(3): 226-236.

韩召军. 2001. 植物保护学通论. 北京：高等教育出版社.

胡白石，许志刚. 2023. 植物检疫学. 4 版. 北京：高等教育出版社.

黄冠胜. 2014. 中国特色进出境动植物检验检疫. 北京：中国质检出版社.

李尉民. 2020. 国门生物安全. 北京：科学出版社.

李志红，杨汉春. 2021. 动植物检疫概论. 2 版. 北京：中国农业大学出版社.

商鸿生. 2017. 植物检疫学. 2 版. 北京：中国农业出版社.

王春林. 1999. 植物检疫理论与实践. 北京：中国农业出版社.

王义桅. 2015. “一带一路”：机遇与挑战. 北京：人民出版社.

夏红民. 1998. 中国的进出境动植物检疫. 北京：中国农业出版社.

朱水芳. 2019. 植物检疫学. 北京：科学出版社.

IPPC Secretariat. 2023. Glossary of phytosanitary terms. International Standard for Phytosanitary Measures No. 5. Rome. FAO on behalf of the Secretariat of the International Plant Protection Convention.

第 2 章

植物检疫学理论基础

本章简介

植物检疫学是研究植物检疫的一门科学，其理论基础至关重要。植物病原物、害虫及杂草等有害生物及其传播载体、传播途径、入侵过程、入侵机制是采取植物检疫策略和措施的理论基础。本章在介绍植物检疫学基本含义和研究范畴的基础上，阐述了植物有害生物和检疫物的类别及特点，分析了有害生物的人为传播途径和自然传播途径，论述了进入、定殖、扩散、暴发的入侵过程和繁殖体压力假说、内在优势假说、竞争力增强进化假说、天敌解脱假说、互利助长假说、干扰假说等基本入侵机制，并进一步提出了植物有害生物检疫的主要策略、措施和标准。

学习目的

使学习者明确植物检疫学的理论基础，掌握植物有害生物的传播途径、入侵过程及入侵机制。

思维导图

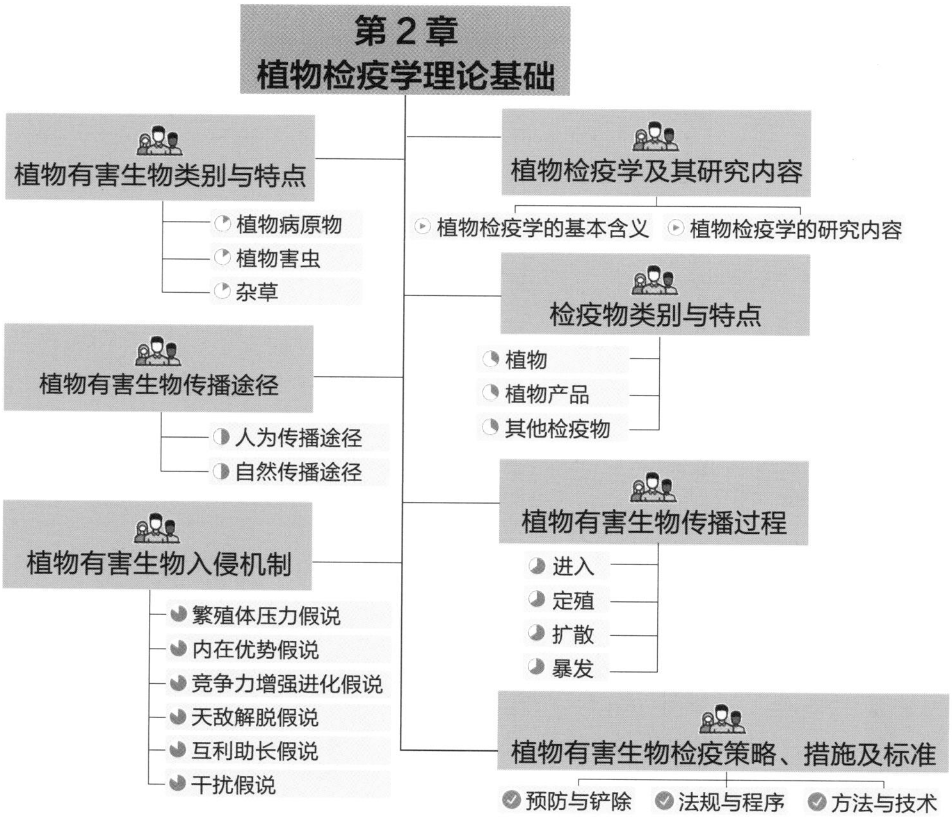

课前思考

❖ **二个途径**：人为传播途径和自然传播途径，对于有害生物来说哪条途径更为有效？对于植物检疫来说哪条途径更可控制？

❖ **四个阶段**：进入、定殖、扩散、暴发是一个连续的过程吗？在这一入侵过程中，植物检疫在哪个阶段更能发挥效力？

❖ **六个假说**：繁殖体压力假说、内在优势假说、竞争力增强进化假说、天敌解脱假说、互利助长假说、干扰假说，分别对应于生态学的哪个层次？植物检疫学为什么要重视入侵机制的研究？

2.1 植物检疫学及其研究内容

学习重点

- 明确植物检疫学的基本含义；
- 掌握植物检疫学的研究范畴及主要内容。

在第 1 章中，初步比较、分析了植物检疫学与植物保护学科的关系。进一步学习、掌握植物检疫学的基本含义、研究范畴及主要研究内容，能够为分析、理解植物有害生物及其传播载体、传播途径、入侵过程、入侵机制、检疫策略与措施等奠定基础。

2.1.1 植物检疫学的基本含义

如第 1 章所述，植物检疫学（plant quarantine science）是一门研究植物检疫的科学，具体而言，植物检疫学是一门综合研究检疫性有害生物等入侵防控原理、方法和技术，形成植物检疫策略与措施，并应用于植物检疫实践，以实现预防生物入侵、保护生物安全、促进经贸发展宗旨的科学。在针对植物检疫学基本含义的描述中，包括了其研究对象、研究方法、研究内容、研究目标和研究目的（图 2-1）。

从研究对象来看，植物检疫学研究的是植物检疫，而植物检疫旨在防止检疫性有害生物传入或扩散或确保其官方防控的一切活动。因此，植物检疫的理论与实践正是植物检疫学的研究对象。从研究方法来看，植物检疫学采取的是综合研究法，这是由植物检疫理论与实践的综合性所决定的，在这一综合研究法中涉及植物保护学、生物学、生态学、系统工程学、法学、经济学、贸易学等基本研究方法。从研究内容来看，植物检疫学重点研究的是检疫性有害生物和限定的非检疫性有害生物及其入侵防控原理、方法和技术，包括植物有害生物及其传播载体、传播途径、入侵过程、入侵机制、检疫策略与措施。从研究目标来看，植物检疫学既要形成植物检疫的新理论，也要建立植物检疫的新方法，同时更要研发植物检疫的新技术，从而形成植物检疫的策略、法规和程序并应用于植物检疫的实践。从研究目的来看，植物检疫学的研究成果是植物检疫的理论基础、技术支撑和决策依据，其目的是实现植物检疫的宗旨，即预防生物入侵、保护生物安全、促进经贸发展。

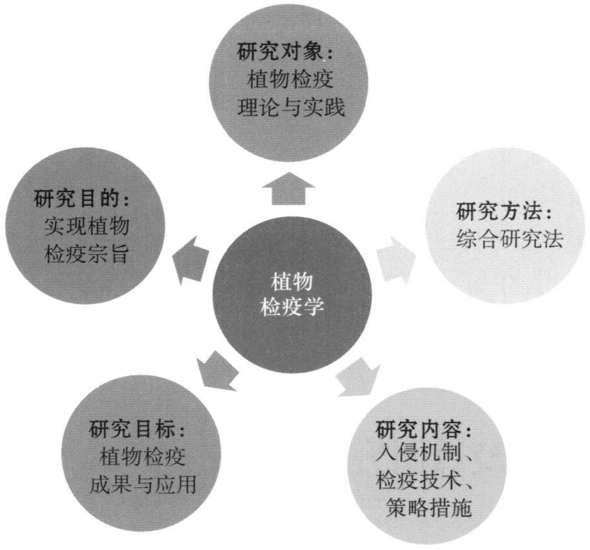

图 2-1 植物检疫学基本含义示意图（李志红制图）

2.1.2 植物检疫学的研究内容

植物检疫学是植物检疫的理论基础、技术支撑和决策依据，为植物检疫保驾护航。在植物检疫 360 余年的实践过程中，植物检疫学的研究范畴也在与时俱进。在以往的植物检疫学研究范畴中，主要涉及检疫性有害生物及其植物检疫关键技术。随着植物检疫实践需求增加和现代科学技术进步等，植物检疫学的研究范畴在逐步拓展。如图 2-2 所示，在当前的植物检疫学研究范畴中，有害生物入侵机制的研究备受关注，涉及有害生物的入侵过程（如进入、定殖、扩散、暴发）和入侵控制因子（如传播途径、环境适应、寄主选择、种间协同、种间竞争等）及其分子机制；同时，以入侵机制为基础，研究植物检疫关键技术（如有害生物风险分析、检疫抽样、检疫鉴定、检疫处理和疫情监测）和植物检疫策略与措施，并在植物检疫实践中进行应用。

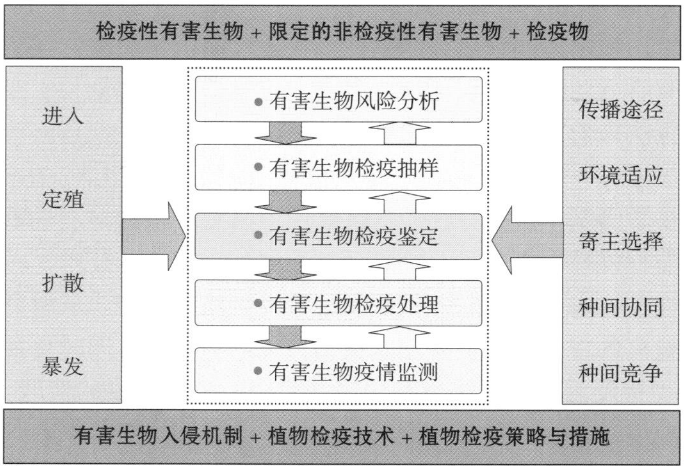

图 2-2 植物检疫学研究范畴示意图（李志红制图）

近年来，我国植物检疫学研究取得了诸多发展。在检疫性有害生物入侵机制研究方面，针对玉米褪绿斑驳病毒（maize chlorotic mottle virus，MCMV）、松材线虫（*Bursaphelenchus xylophilus*）、橘小实蝇（*Bactrocera dorsalis*）等检疫性有害生物均有高水平研究报道；在植物检疫关键技术方面，农作物有害生物定量风险评估技术获农业农村部主推技术并进行推广应用，玉米褪绿斑驳病毒、谷斑皮蠹等检疫性有害生物的重组酶聚合酶可视化分子鉴定技术已有新报道，粉蚧类、皮蠹类、实蝇类等检疫性害虫的溴甲烷替代处理技术实现新突破，基于基因组序列分析的实蝇类监测溯源技术取得了新进展；在植物检疫策略与措施方面，在相关研究的基础上，我国与俄罗斯、缅甸、越南、柬埔寨、南非、赞比亚、墨西哥、委内瑞拉等多个“一带一路”沿线国家签订了植物检疫议定书，全国农业植物检疫性有害生物名单修订发布并实施，多项植物检疫国家标准发布并实施。同时，农业农村部植物检疫性有害生物监测防控重点实验室于 2022 年成立，该实验室由中国农业大学牵头，中国农业科学院植物保护研究所和南京农业大学共建。农业农村部植物检疫性有害生物监测防控重点实验室等机构努力进取、通力合作，将进一步推进我国植物检疫学的研究进展。

小结

从研究对象、研究方法、研究内容、研究目标和研究目的来分析，植物检疫学是一门研究植物检疫的科学。当前植物检疫学的研究范畴包括有害生物入侵机制、检疫关键技术、植物检疫策略与措施及其植物检疫应用。

2.2 植物有害生物类别与特点

学习重点

- 明确植物有害生物的类别；
- 掌握植物有害生物不同类别的主要特点。

在第 1 章中，了解了植物有害生物术语的含义。植物有害生物包括病原物、害虫和杂草三大类，每一大类又划分为不同类别，各具特点。进一步学习、掌握植物有害生物的类别与特点，能够为分析、理解其传播载体、传播途径、入侵过程、入侵机制、检疫策略与措施等奠定基础。

2.2.1 植物病原物

植物病原物（plant pathogen）是指可以在植物上寄生，并具有破坏植物特性的有害生物。植物病原物在特定的环境下，引发植物的病害即侵染性病害（infectious disease）或传染性病害（contagious disease）。根据分类地位，一般将植物病原物分为菌物、原核生物、病毒与类病毒、植物寄生线虫 4 个类别（表 2–1）。

表 2-1 植物病原物的类别与分类地位

<table>
<tr><th>类别</th><th>病原物</th><th>界</th></tr>
<tr><td rowspan="4">菌物</td><td>真菌</td><td>真菌界</td></tr>
<tr><td>卵菌</td><td>藻物界</td></tr>
<tr><td>黏菌</td><td rowspan="2">原生动物界</td></tr>
<tr><td>根肿菌</td></tr>
<tr><td rowspan="2">原核生物</td><td>细菌</td><td rowspan="2">真细菌界</td></tr>
<tr><td>植原体
螺原体</td></tr>
<tr><td rowspan="2">病毒与类病毒</td><td>病毒</td><td>称德病毒界
正 RNA 病毒界
副 RNA 病毒界</td></tr>
<tr><td>类病毒</td><td>—</td></tr>
<tr><td>植物寄生线虫</td><td>线虫</td><td>动物界</td></tr>
</table>

菌物：菌物为真核生物，营养方式为异养，典型的营养体为多细胞菌丝体。菌丝可以分化形成吸器、附着胞、假根等变态结构和菌核、菌索、子座等特殊菌丝组织。典型的菌物通过形成无性孢子或有性孢子进行繁殖。引起植物病害的菌物包括真菌、卵菌、黏菌、根肿菌等，主要归属于真菌界、藻物界以及原生动物界。这些病原菌通过伤口、自然孔口侵入植物引起发病。无性孢子在病原菌的传播和扩散中起到重要作用，有性孢子具有抵御不良环境的作用，是许多病害的主要初侵染来源，也是病原菌随种子、繁殖材料等远距离传播的主要形式。目前记载的植物病原菌物有 8000 余种，由其引发的病害占植物病害的 70%～80%，常见病害有白粉病、黑粉病、锈病等，部分病害的大区域流行给农业带来重大损失，如小麦条锈病。许多病原真菌具有检疫重要性，如小麦矮腥黑穗病菌（*Tilletia controversa*）、马铃薯癌肿病菌（*Synchytrium endobioticum*）、苜蓿黄萎病菌（*Verticillium albo-atrum*）等。对植物造成严重威胁的卵菌主要集中在霜霉目和指梗霉目，具有检疫重要性的如大豆疫病菌（*Phytophthora sojae*）。

原核生物：是无双层膜结构的细胞核和各种单细胞微生物的统称，DNA 分散在细胞质中形成核区，但没有核膜包围；有细胞器，细胞器中只有核糖体和液泡。原核生物细胞多为球形或短杆状，少数呈螺旋状或不定形。植物病原原核生物以细菌为主，此外有植原体和螺原体，是仅次于真菌和病毒的第三大类植物病原物。细菌大多数为兼性寄生，可在人工培养基上生长，而植原体和螺原体是专性寄生菌。细菌通过雨水等外力传播，由自然孔口或伤口侵入，少数种类可以从未角质化的表皮侵入，在薄壁组织、维管束等特定部位繁殖蔓延；通过效应子、酶和毒素的作用，在寄主植物的感病品种上诱发病害，在非寄主植物或寄主植物抗性品种上可诱导抗病防卫反应。细菌侵染后可引起多种症状，常见有坏死、腐烂、萎蔫、畸形、变色、黄化、矮缩等。病原细菌还可通过土壤、植物组织、种子和介体（昆虫、线虫）等传播，种子和其他繁殖材料是远距离传播的最重要途径。目前已知的病原细菌的种类有 400 余种，包括革兰氏阳性和革兰氏阴性细菌，以革兰氏阴性细菌为主；由细菌引起的植物病害有 500 余种。植物病原细菌具有检疫重要性，如柑橘黄龙病菌（*Candidatus* Liberibacter asiaticus，CLas 和 *Candidatus* Liberibacter africanus，CLaf）、梨火疫病菌（*Erwinia amylovora*）、玉米细菌性枯萎病菌（*Pantoea stewartii* subsp. *stewartii*）等。具有检疫重要性的植原体包括苹果丛生植原体（Apple proliferation phytoplasma）等。

病毒与类病毒：植物病毒无细胞结构，有简单的结构，其基本形态为病毒粒体（virion）或病毒颗粒（virus particle），大小为 10 ～ 100 μm，具有多种形状，如线状、球状、杆状等。类病毒又称感染性 RNA、病原 RNA，是一种和病毒相似的感染性核酸，与病毒的区别在于仅为裸露的 RNA 分子，棒状结构，无衣壳蛋白及 mRNA 活性。植物病毒可侵染各种植物，症状表现因病毒的种类或株系、寄主种类、品种、生育期及受害器官和部位的不同而异，可分为花叶、环斑、畸形、变色、坏死 5 个类型；有些病毒侵染寄主后不产生可见症状，称为无症带毒；有些在特定条件下（如高温或低温）下可暂时隐去症状，称为隐症。植物病毒主要从机械或传毒介体所造成的微伤口侵入植物，少数通过内吞噬作用进入寄主细胞，通过介体（昆虫、线虫、菌物、螨类、寄生性植物等）和非介体（机械传播或称汁液传播、种子和花粉、营养繁殖材料）传播。昆虫介体是病毒自然传播的主要途径，已知有 400 余种昆虫能传播 31 种以上的植物病毒，其中 70% 属半翅目昆虫，主要是蚜虫、叶蝉、飞虱和粉虱等。非介体传播中，已知 20% 的植物病毒可由种子传播；少数病毒，如樱桃卷叶病毒（cherry leaf roll virus，CLRV），可通过花粉传播。种子、花粉和繁殖材料的调运是植物病毒远距离传播的主要方式。至 2023 年，国际病毒分类委员会公布的病毒总数（含亚病毒）为 11273 种，其中植物病毒包括类病毒和病毒卫星有 2000 余种。很多植物病毒具有检疫重要性，如番茄环斑病毒（Tomato ringspot virus, ToRSV）、MCMV 等；类病毒中如马铃薯纺锤块茎类病毒（Potato spindle tuber viroid, PSTVd）、椰子死亡类病毒（Coconut cadang-cadang viroid, CCCVd）等。

植物寄生线虫：是一类两侧对称的低等蠕虫形无脊椎动物，假体腔、不分节，个体小，长为 0.3 ～ 1 mm，也有的长达 4 mm，宽为 15 ～ 35 μm。大多数雌雄同型，均为线性，有些为雌雄异型，雌虫成熟后膨大成柠檬形或梨形。线虫在植物上穿刺吸食和在组织内造成的创伤，以及食道分泌物的破坏作用，对寄主植物造成危害，同时也为土壤中其他病原物的侵入创造条件，有些线虫还可以传播某些植物病毒和病原菌。植物寄生线虫具有一定的寄主专化性和寄生范围，可寄生在植物的各个部位，但大多数在地下部位危害，症状表现为根结、肿瘤、须根增生和根系受损，植物地上部症状表现为黄萎、矮化、发育不良、结实不良等。根据德利和布拉克斯特的分类系统，植物寄生线虫主要分布在小杆目（Rhabditia）和嘴刺目（Enoplida）。目前已报道的植物寄生线虫超过 200 属 5000 种，对农、林业造成明显经济损失的种类多属于其中的 20 多属。具有检疫重要性的多属于根结属、胞囊属、球胞囊属、穿孔属、滑刃属、长针属等，如香蕉穿孔线虫（*Radopholus similis*）、松材线虫（*Bursaphelenchus xylophilus*）、马铃薯金线虫（*Globodera rostochiensis*）等。

2.2.2 植物害虫

植物害虫主要包括有害昆虫、害螨和有害软体动物，其中以有害昆虫种类最多。

1）**有害昆虫**

昆虫属节肢动物门昆虫纲，是地球上数量最繁盛的动物类群。目前，已记载的种类约有 100 万种，占动物界已知种类的 2/3。昆虫中有 48.2% 的为植食性，28% 为捕食性，17.3% 为腐生性，2.4% 为寄生性。绝大部分有害昆虫以幼虫取食造成危害，一些类群如叶甲、金龟甲等成虫、幼虫均可造成危害。昆虫危害植物后的危害状表现因昆虫口器类型、寄主受害部位的不同而异，如叶甲类危害寄主叶片形成孔洞、缺刻，蚜虫危害形成卷缩等；葡萄根瘤蚜在葡萄根部形成根瘤，而在叶片上形成虫瘿。在昆虫的33个目中，对农林业具有经济重要性的种类主要集中在鞘翅目、半翅目、鳞翅目、双翅目和缨翅目等；在外来入侵昆虫中也以鞘翅目、半翅目和鳞翅目和双翅目昆虫种类为主，例如，在入侵意大利的923种外来昆虫中，鞘翅目和半翅目昆虫分别占38%和23%。昆虫是外来生物入侵的优势类群，根据我国2007—2017年口岸检疫截获数据分析，所截获的外来有害昆虫逐年上升，由9万种次增至40余万种次，平均占全部截获有害生物种次的50%以上。具有检疫重要性的有害昆虫多属于鞘翅目、半翅目、鳞翅目、双翅目和等翅目等，如谷斑皮蠹（*Trogoderma granarium*）、马铃薯叶甲（*Leptinotarsa decemlineata*）、葡萄根瘤蚜（*Phylloxera vitifoliae*）、新菠萝灰粉蚧（*Dysmicoccus neobrevipes*）、苹果蠹蛾（*Cydia pomonella*）、美国白蛾（*Hyphantria cunea*）、地中海实蝇（*Ceratitis capitate*）、黑森瘿蚊（*Mayetiola destructor*）、红火蚁（*Solenopsis invicta*）等。

2）害螨

螨类属于节肢动物门蛛形纲的蜱螨目。植物害螨均为植食性，或在田间取食农林作物，如叶螨、瘿螨、跗线螨、真足螨、粉螨等；或在仓储中取食贮藏的食品，如粉螨、尘螨和薄口螨等，有些种类还可引起人体皮炎及哮喘等疾病。害螨口器均为刺吸式，大多数以口针刺入植物组织中吸食汁液进行危害，而瘿螨对植物的破坏作用主要由唾液造成。害螨危害可造成寄主叶片变色、脱落等。农业上常见的危害严重的害螨有朱砂叶螨（*Tetranychus cinnabarinus*）、二斑叶螨（*Tetranychus urticae*）等。木薯单爪螨（*Mononychellus tanajioa*）曾被列为我国进境检疫性有害生物，我国目前的检疫性有害生物名单中没有螨类。

3）有害软体动物

软体动物门种类丰富，为动物界的第二大门。目前已记载11万多种，形态特征为体柔软而不分节，一般分为头部、足部和内脏囊三部分，大多数具有由外套膜表皮细胞所分泌的贝壳，少数种类贝壳退化或消失，但是在幼体期一般都经过贝壳的阶段。软体动物门分为7个纲，危害农林作物的主要是生活在陆地上的腹足纲肺螺类。腹足纲为软体动物门最大的一个纲，栖息于海洋、淡水以及陆地上，占软体动物的80%。腹足纲种类的身体不对称，头部发达，长有1～2对可伸缩反转的触角。目前，列入我国和世界各国检疫性有害生物名录的均为陆生种类。这些种类具有类似锉刀的齿舌和角质的颚片，以颚片固定食物，以齿舌舐刮食物，在植物上形成的典型危害状为孔洞或幼芽或嫩枝被咬断，而不会在叶片边缘形成缺刻。绝大多数陆生软体动物可取食多种植物叶片、嫩芽、嫩枝而对农业、林业和园艺业造成不同程度的危害，一些种类还可传播一些植物病原菌和人畜共患病，如非洲大蜗牛、福寿螺等。很多软体动物都具有检疫重要性，如非洲大蜗牛（*Lissachatina fulica*）、玫瑰蜗牛（*Euglandina rosea*）、地中海白蜗牛（*Cernuella virgate*）、乳状耳形螺（*Otala lactea*）等。

2.2.3 杂草

杂草是指在特定阶段特定范围内出现的一类不为人类需要或不希望出现的本地或非本地植物。杂草从自然植被演化而来，与栽培植物相对。杂草会影响人类的生产活动，造成直接或间接的经济损失、生物多样性丧失、景观破坏等。

根据不同的标准，杂草具有不同的分类方式。根据其生存的环境和危害的对象来分，可以分为作物田杂草（cropland weeds）、草地杂草（rangeland weeds）、森林杂草（forest weeds）、水生杂草（aquatic weeds）、环境杂草（environmental weeds）、寄生性杂草（parasitic weeds）。根据其生活史来分，可以分为一年生杂草（annual weeds）、二年生杂草（biennial weeds）和多年生杂草（perennial weeds）。一年生杂草是指种子发芽、开花、结果的整个生命周期在一年内完成，以种子繁殖，幼苗不能越冬，每年只结实一次。二年生杂草是需要度过两个完整的夏季才能完成它的生长发育周期，多以种子繁殖，一般在夏、秋季发芽，以幼苗或根越冬，翌年夏秋开花结实，但也有的种类在春天发芽，当年开花结实，整个生命周期跨越两个年度。多年生杂草可在田间生存 3 年以上，一年中可多次开花结实，以越冬芽、根茎、块茎、块根及鳞茎等在土壤中越冬。按照危害程度的不同，可分为恶性杂草、主要杂草、常见杂草和一般杂草。其中，恶性杂草和主要杂草是农田综合防治的主要对象。全球有花植物约 25 万种，其中 8000 种是与农业有关的杂草，约 250 种可以在农业中造成严重危害。中国田园杂草 1290 种，恶性杂草与主要杂草 129 种。外来植物入侵是各国田间杂草的重要来源，在全球已知的 468 种外来入侵植物中含有大量杂草。

根据分类地位的不同，杂草分为双子叶杂草和单子叶杂草。单子叶杂草主要是禾本科杂草，双子叶杂草包括菊科、列当科、茄科、旋花科、大戟科、苋科、十字花科等，不同科的杂草各有其特性和危害特点。禾本科杂草的根多为须根系，叶片长条形；该类杂草繁殖力较强、蔓延迅速、发生量大，极易与农田作物竞争水肥，多集中在夏秋两季危害，如检疫性有害生物毒麦（*Lolium temulentum*）、假高粱（*Sorghum halepense*）、法国野燕麦（*Avena ludoviciana*）等。菊科杂草具有种子寿命长、生命力顽强、繁殖力强、适应性强等特点，无论在贫瘠的土壤上还是肥沃的土壤上，都能生长得很好，且极具竞争性，如检疫性有害生物意大利苍耳（*Xanthium orientale* subsp. *italicum*）、豚草（*Ambrosia artemisiifolia*）等。列当科是寄生性农田杂草，多种农作物都是列当的寄主，其生长所需要的水分和养分都需要用吸盘从寄主作物的根部吸收，造成寄主植株生长缓慢、矮化、黄化或枯死，造成农作物产量和品质下降，严重时可能会导致绝收，如检疫性有害生物向日葵列当（*Orobanche cumana*）、瓜列当（*Orobanche aegyptiaca*）等。茄科杂草适应性强、繁殖速度快，属于竞争型杂草，如检疫性有害生物刺萼龙葵（*Solanum rostratum*）、北美刺龙葵（*Solanum carolinense*）等。旋花科杂草多为草本、亚灌木或灌木，茎缠绕或攀援，叶互生，螺旋排列，寄生种类无叶或退化成小鳞片，花通常单生，或少花至多花呈伞状花序，果实通常为蒴果；由于其花粉呈椭圆形有纵带，被称为旋花科；该科杂草为寄生性杂草，通过形成特殊的吸盘吸收寄主植物的水分和营养，如检疫性有害生物日本菟丝子（*Cuscuta japonica*）等。大戟科最大的特征是大戟花序，多为木本、草本或多浆肉质植物，单叶，互生，果实为蒴果；该科除了是竞争型杂草之外，植物汁液多为白色，有毒；如齿裂大戟（*Euphorbia dentata*）被我国列为进境检疫性杂草，多有截获。苋科有很强的繁殖能力和适应性，可很快形成自己的种群，与农作物争夺水肥危害作物，如检疫性有害生物长芒苋（*Amaranthus palmeri*）、西部苋（*Amaranthus rudis*）等。十字花科杂草主要的形态特征是有十字型花冠，多为一年生或多年生草本植物，果实为长短角果，结实量大，是竞争型杂草，如被我国列为进境检疫性有害生物的疣果匙荠（*Bunias orientalis*）等。

小结

从分类地位、危害特点来看，植物有害生物可分为植物病原物、植物害虫和杂草，其包括的类别和种类复杂多样，危害特点各不相同。学习、掌握不同类别植物有害生物的特性、危害特点以及检疫性有害生物代表种类，能够为植物检疫学研究和植物检疫实践奠定基础。

2.3 检疫物类别与特点

学习重点

- 明确检疫物的基本类别；
- 掌握检疫物的主要特点。

检疫物是植物有害生物传入和扩散的载体，包括植物、植物产品和其他检疫物。学习、掌握检疫物的基本类别和主要特点，能够为理解植物有害生物传播途径、入侵过程、入侵机制、检疫策略与措施等奠定基础。

2.3.1 植物

根据植物检疫法规，依法检疫的植物是指栽培植物、野生植物及其种子、种苗和其他繁殖材料等。依法实施进出境检疫、国内农业检疫和国内林业检疫的植物主要包括 3 类，即通过贸易、科技合作、赠送、援助等方式进出境或国内调运的植物，旅客携带的进境植物，以及邮寄进境的植物。如表 2–2 所示，从进出境或国内调运方式、主要植物类别、植物具体实例的角度，对进出境检疫及国内检疫的 3 类植物进行了比较。

表 2-2 进出境检疫及国内检疫 3 类植物的比较

类别	进出境或国内调运方式	主要植物类别	植物具体实例
1	以贸易、科技合作、赠送、援助等方式进出境或国内调运	农业科研单位和生产单位引进的种子、种苗、接穗及观赏植物	水稻、小麦、玉米、棉花、油料、柑橘、苹果、蔬菜、花卉、林木种苗等
2	旅客携带进境	盆栽花卉，绿化和观赏树苗，粮食和蔬菜种子，果树苗木、接穗、插条等	兰花、杜鹃、玉米、辣椒等
3	邮寄进境	蔬菜、瓜果种子及各种花卉繁殖材料	甘蓝、胡萝卜、各种多肉植物等

近年来，跨境贸易和人员流动日趋频繁，从旅客携带物和邮寄进境物中截获的禁止进境物和有害生物增势明显。据报道，2015—2018 年，上海口岸共截获非法携带、邮寄进境的植物种子种苗等繁殖材料 7380 批，从中检测发现有害生物 3867 批，涉及检疫性有害生物 113 批，包括多种全国首次截获的检疫性有害生物。

2.3.2 植物产品

根据植物检疫法规，依法检疫的植物产品指来源于植物未经加工或虽经加工但仍有可能传播植物有害生物的产品。依法实施进出境检疫的植物产品主要包括 3 类，即通过贸易、科技合作、赠送、援助等方式进出境的植物产品，旅客携带进境的植物产品，以及邮寄进境的植物产品。如表 2–3 所示，从进出境方式、主要植物产品类别、植物产品具体实例的角度，对进出境检疫 3 类植物产品进行了比较。

表 2-3 进出境检疫 3 类植物产品的比较

类别	进出境方式	主要植物产品类别	植物产品具体实例
1	以贸易、科技合作、赠送、援助等方式进出境	进境较多的有粮谷、水果和木材，出境较多的有水果	大豆、水稻、小麦、大麦、玉米、柑橘、苹果、猕猴桃、香蕉、榴梿、龙眼、杧果、山竹、鳄梨、蓝莓、石榴、松属原木等
2	旅客携带进境	水果、蔬菜、干果以及粮食、药材、烟叶等	山竹、辣椒、豆类等
3	邮寄进境	粮食、干果、药材等	豆类等

从进境的植物产品中常有检疫性有害生物的截获报道。例如，据羊城晚报报道，2023 年 5 月 30 日拱北海关所属中山港海关关员在中山港客运口岸从一名进境旅客携带物中截获一批鲜食苹果，发现部分苹果有虫洞痕迹，遂将该批苹果截留并送实验室检测，后经拱北海关技术中心检测鉴定苹果中的害虫为检疫性有害生物橘小实蝇，海关已对截获物进行无害化处理。又如，据青岛海关网站报道，2023 年 8 月青岛海关所属黄岛海关对一批进口原木进行现场查验时截获一头活体昆虫，海关关员随即送实验室进行检测，经青岛海关技术中心鉴定该虫为检疫性有害生物白条天牛（*Batocera lineolata*），这是青岛海关首次截获该种昆虫。再如，据北京日报报道，2023 年以来大陆海关从台湾地区输入大陆的杧果中多次截获检疫性有害生物大洋臀纹粉蚧（*Planococcus minor*），海关总署决定自 2023 年 8 月 21 日起暂停台湾地区杧果输入大陆，并已通过《海峡两岸农产品检疫检验合作协议》联系渠道向台湾方面通报，要求台湾方面进一步完善植物检疫管理体系。

2.3.3 其他检疫物

根据植物检疫法规，依法检疫的其他检疫物包括装载容器（图 2–3）、包装物、铺垫材料和运输工具（图 2–4）。装载容器是指可多次使用、易受动物疫病和植物有害生物污染并用于装载进出境货物的容器，如笼、箱、桶、筐等。目前，集装箱是应用最广的装载容器。此外，在国际运输中，大多数植物和植物产品需要牢固地包装和铺垫物，这些材料多为植物性产品，且为质次又未经特殊加工处理的材料，极易携带和传播植物有害生物。运输工具主要包括 3 类：①来自植物疫区的运输工具（如船舶、飞机、火车等），特别是可能隐藏病虫的处所（如餐车、配餐间、厨房、储藏室等）；②进境的废旧船舶，包括供拆船用的废旧钢船以及我国淘汰的远洋废旧钢船；③装载出境植物、植物产品和其他检疫物的运输工具。

图 2-3　经中欧班列运抵口岸的待检集装箱及货物
（李志红摄，陕西西安，2021 年）

图 2-4　经卡拉苏口岸出境的待检车辆及货物
（李志红摄，新疆喀什，2018 年）

从进境的集装箱、运输工具中常有检疫性有害生物的截获报道。例如，2017 年 3 月 22 日，原南京出入境检验检疫局在对一批来自德国、装载洗碗机的 2 个 40 ft 集装箱进行现场查验时，从 1 个集装箱的箱门口边缝处发现少量的油菜籽，检验检疫人员当即决定对该箱进行掏箱查验、彻底清扫，共收集到 0.41 kg 油菜籽。经实验室检测，从油菜籽中鉴定出我国进境检疫性有害生物油菜茎基溃疡病菌（*Leptosphaeria maculans*）。

小结

植物、植物产品、集装箱、包装物、铺垫材料和运输工具等均为检疫物，这些检疫物是植物有害生物特别是检疫性有害生物和限定的非检疫性有害生物的载体，在植物检疫学的研究中，检疫物、其所携带的有害生物及其进出境或国内调运方式等备受关注。

2.4 植物有害生物传播途径

学习重点

- 明确植物有害生物传播途径的基本类别；
- 掌握植物检疫中有害生物人为传播途径和自然传播途径的主要形式。

植物有害生物通过一定的途径（pathway）从一个区域传播到另一区域，如从一个国家（地区）传播到另一国家（地区）。根据 ISPM 5，植物有害生物传播途径是指任何可使有害生物进入或扩散的方式（any means that allows the entry or spread of a pest）。植物有害生物的传播途径包括人为传播途径和自然传播途径两个基本类别。学习、掌握植物有害生物传播途径基本类别的主要特点以及与植物检疫的关系，能够为理解植物有害生物入侵过程、入侵机制、检疫策略与措施等奠定基础。

2.4.1 人为传播途径

人为传播途径（man-made pathway of entry or spread）是植物有害生物进入或扩散的基本类别，是主要途径之一，包括引种、货物贸易、人员往来等。如前所述，植物有害生物可以随植物、植物产品、装载容器、包装物、铺垫材料、运输工具等检疫物进行人为传播。如表 2–4 所示，引种、货物贸易、人员往来是植物有害生物人为传播途径的主要形式，其检疫物及传带的检疫性有害生物有所不同。有关报道显示，“十三五”期间，我国海关在口岸累计截获植物有害生物 8858 种、360 万次，其中检疫性有害生物 520 种、40.13 万次，这些有害生物的传播途径均是人为传播途径，涉及引种、货物贸易和人员往来。

表 2-4 植物有害生物人为传播途径主要形式的比较

主要形式	具体描述	检疫物举例	传带的检疫性有害生物举例
引种	从其他国家（地区）引进植物繁殖材料	种子、种苗、接穗等	柑橘黄龙病菌、黄瓜绿斑驳花叶病毒、葡萄根瘤蚜、薇甘菊等
货物贸易	从其他国家（地区）进口植物、植物产品	货物（如粮谷、水果、蔬菜、花卉、观赏植物、草坪等）、集装箱、包装物、铺垫材料、运输工具等	小麦矮腥黑穗病菌、油菜茎基溃疡病菌、谷斑皮蠹、橘小实蝇、新菠萝灰粉蚧、扶桑绵粉蚧、红火蚁、地中海白蜗牛、假高粱、法国野燕麦等
人员往来	会议、留学、旅游、探亲等	旅客携带物，如种子、水果、宠物害虫等	玉米褪绿斑驳病毒、地中海实蝇、非洲大蜗牛等

2.4.2 自然传播途径

自然传播途径（natural pathway of entry or spread）是植物有害生物进入或扩散的基本类别，是主要途径之一，包括有害生物自主传播和借助介体传播等。在借助介体传播中，主要包括借助风传播、借助雨和水流传播、借助媒介动物传播等。如表 2–5 所示，有害生物自主传播、借助风传播、借助雨和水流传播、借助媒介动物传播是植物有害生物自然传播途径的主要形式，其传带的检疫性有害生物和非检疫性有害生物各有代表。在植物有害生物类群中，杂草的自然传播方式更为突出，例如紫茎泽兰等，其种子可随风进行远距离传播；检疫性有害生物既有人为传播途径也有自然传播途径，如红火蚁，可以通过有翅蚁的飞行进行自然扩散，也可以通过水流等进行自然扩散，更重要的是通过引进草坪、苗木的贸易、调运等人为传播途径进行传播。

表 2-5　植物有害生物自然传播途径主要形式的比较

主要形式	具体描述	检疫性有害生物举例	非检疫性有害生物举例
有害生物自主传播	有害生物爬行、飞行等	害虫，如马铃薯叶甲、红火蚁、非洲大蜗牛等	迁飞性害虫，如草地贪夜蛾、沙漠蝗等
有害生物借助介体传播	借助风	小麦矮腥黑穗病菌、紫茎泽兰等	多堆柄锈菌、加拿大一枝黄花等
	借助降雨和水流	红火蚁等	凤眼莲等
	借助媒介动物	梨火疫病菌、玉米褪绿斑驳病毒、柑橘黄龙病菌、松材线虫、假苍耳等	甘蔗花叶病毒等

小结

植物有害生物的传播途径包括人为传播途径和自然传播途径两个基本类别。检疫性有害生物主要通过人为传播途径和自然传播途径进行传播扩散。在植物有害生物类群中，杂草类主要通过自然传播途径进行传播扩散。人为传播途径是植物检疫主要阻截的途径。

2.5 植物有害生物传播过程

学习重点

- 明确植物有害生物进入、定殖、扩散、暴发的基本含义；
- 掌握植物检疫在有害生物传播过程不同阶段的主要作用。

植物有害生物通过一定的过程（process）从原区域传播到新区域，如从一个国家（地区）传播到另一国家（地区），受到植物检疫等外来物种入侵防控领域特别关注。就一个植物有害生物的传播过程而言，包括进入、定殖、扩散、暴发 4 个基本阶段（图 2-5）。在从原区域传播到新区域的过程中，植物有害生物也可通过人为传播途径和 / 或自然传播途径从新区域传播至另一个新区域。学习、掌握植物有害生物传播途径基本阶段的主要特点以及植物检疫的主要作用，能够为理解植物有害生物入侵机制、检疫策略与措施等奠定基础。

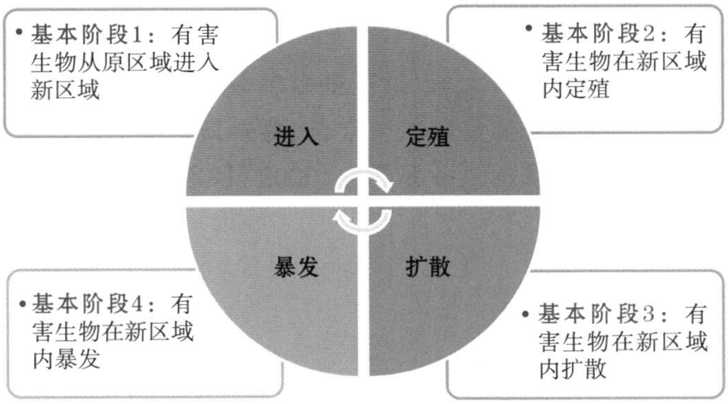

图 2–5 植物有害生物传播过程中的 4 个基本阶段（李志红制图）

2.5.1 进入

进入（entry），是植物有害生物传播过程的第一个阶段，指有害生物从原区域进入新区域。有害生物通过植物、植物产品等人为传播途径和/或自主传播、借助介体传播等自然传播途径，从一个国家（地区）进入另一国家（地区），这是植物检疫等外来物种入侵防控领域最为关注的传播过程。例如，在 ISPM 5 中，"进入"被界定为一种有害生物进入该有害生物尚未存在或虽已存在但分布不广且正在进行官方防治的地区（movement of a pest into an area where it is not yet present, or present but not widely distributed and being officially controlled）。植物有害生物进入阶段是植物检疫发挥阻截和根除作用的关键阶段，例如我国进境植物检疫、农业植物检疫和林业植物检疫均特别关注检疫性有害生物和限定的非检疫性有害生物在进入阶段的防控措施。

植物有害生物在进入阶段，通过人为传播途径的主要涉及进出境检疫的国门口岸或国内农业或林业的检疫站，一旦发生未能截获等问题，有害生物特别是检疫性有害生物和限定的非检疫性有害生物将随着检疫物从输出方进入输入方；通过自然传播途径的主要涉及农田、林地、公园等场所，一旦发生未能监测等问题，有害生物特别是检疫性有害生物和限定的非检疫性有害生物将从输出方进入输入方的相关场所。

2.5.2 定殖

定殖（establishment），是植物有害生物传播过程的第二个阶段，指有害生物进入新区域后能够长期生存下来。有害生物通过人为传播途径和/或自然传播途径，进入一个国家（地区）后，适应当地环境、建立种群并长期生存，这是植物检疫等外来物种入侵防控领域重点关注的传播过程。例如，在 ISPM 5 中，"定殖"被界定为当一种有害生物进入一个地区后在可预见的将来能长期生存（perpetuation, for the foreseeable future, of a pest within an area after entry）。植物有害生物定殖阶段是植物检疫发挥阻截和根除作用的重要阶段，例如我国进境植物检疫、农业植物检疫和林业植物检疫均高度关注检疫性有害生物和限定的非检疫性有害生物在定殖阶段的防控措施。

植物有害生物定殖阶段是有害生物种群建立的阶段，即有害生物种群持续生长定居并产生稳定繁殖的现象。植物有害生物的定殖受到许多生物因子或非生物因子的影响，如有害生物的个体大小、繁殖特性、竞争力和可塑性等生物因子，非生物因子如定殖地区的水分、光照、温度、土壤营养成分等。例如，被我国列为进境检疫性有害生物的紫茎泽兰可通过无融合生殖方式产生大量种子进行快速定殖，被我国列为进境、全国农业和全国林业的检疫性有害生物红火蚁只需一头已交配的雌蚁就可完成定殖过程。

在全球植物检疫领域，将有害生物进入和定殖两个阶段统称为传入（introduction）。在ISPM 5 中，将“传入”界定为导致有害生物定殖的进入（the entry of a pest resulting in its establishment）。植物有害生物，特别是检疫性有害生物一旦传入，如不能及时发现和根除，将引起进一步的扩散和危害，乃至暴发成灾。

2.5.3 扩散

扩散（spread），是植物有害生物传播过程的第三个阶段，指有害生物传入新区域后其地理分布范围的扩展。有害生物传入一个国家（地区）后，通过人为传播途径和/或自然传播途径，扩展其在该国（地区）的地理分布范围，这是植物检疫等外来物种入侵防控领域重点关注的传播过程。例如，在 ISPM 5 中，“扩散”被界定为有害生物在一个地区内地理分布的扩展（expansion of the geographical distribution of a pest within an area）。植物有害生物扩散阶段是植物检疫发挥阻截和根除作用的重要阶段，例如我国农业植物检疫和林业植物检疫均高度关注检疫性有害生物和限定的非检疫性有害生物在扩散阶段的防控措施。

植物有害生物在进入和定殖后，种群经过潜伏阶段的适应调整，在适宜条件下发展到一定数量并进一步扩散。扩散途径多样化，可加剧植物有害生物的扩散和危害。例如被我国列为检疫性有害生物的红火蚁，其蚁群可通过每次迁移 4～5 m 进行扩散，也可以通过婚飞进行 300～500 m 的扩散，还可以借助水流进行更远距离的扩散，更可以借助货物运输实现数千公里以上的扩散，前三种方式属于自然传播途径，第四种方式属于人为传播途径。在我国，红火蚁的扩散备受关注。

2.5.4 暴发

暴发（outbreak），是植物有害生物传播过程的第四个阶段，指有害生物在新区域内种群突然大量增加并造成灾害。植物有害生物经过上述进入、定殖和扩散阶段，种群数量积累到一定程度即达到暴发阶段。从生物入侵的角度来讲，这是从量变到质变的过程。暴发阶段通常会造成严重的经济、生态和社会影响。有害生物传入一个国家（地区）后进一步扩散并暴发成灾，或者有害生物入侵一个国家（地区），这是植物检疫等外来物种入侵防控领域关注的传播过程，更是外来入侵物种防控等领域重点关注的传播过程。例如，在 ISPM 5 中，“暴发”也称“突发”，被界定为最近监测到的一个有害生物种群，包括侵入，或者在一个地区已经定殖的有害生物种群突然大量增加（a recently detected pest population, including an incursion, or a sudden significant increase of an established pest population in an area）。

在植物有害生物暴发阶段，需要更多的人力、物力和时间来进行防控，我国植物保护重大病虫害防治领域和外来入侵物种防控领域等可发挥其重要作用以降低有害生物在新区域的种群数量和危害水平，我国农业植物检疫和林业植物检疫能够发挥一定的作用，但由于检疫性有害生物在新区域的种群数量过大往往无法根除。例如，迁飞性害虫草地贪夜蛾，于 2019 年 1 月入侵我国云南地区，后扩散并暴发成灾，该虫不是我国的检疫性有害生物，通过农业农村部植物保护重大病虫害防治和外来入侵物种防控进行管理；部分入侵我国局部地区的检疫性有害生物，如梨火疫病菌、马铃薯甲虫、假高粱等，我国采取植物检疫措施减少其分布并降低其危害，同时严防其从国外再次传入。

小结

植物有害生物的传播过程包括进入、定殖、扩散、暴发 4 个基本阶段，各具特点。植物检疫在有害生物传播过程不同阶段均能发挥其防控作用，而进入、定殖和扩散阶段是植物检疫发挥阻截和根除作用的重要阶段，涉及进境植物检疫、农业植物检疫和林业植物检疫。

2.6 植物有害生物入侵机制

学习重点

- 掌握植物有害生物的主要入侵机制；
- 明确植物有害生物入侵机制对植物检疫学研究和植物检疫实践的意义。

植物有害生物通过一定的入侵机制（invasion mechanism）从原区域传播到新区域并成为外来入侵物种（invasive alien species, IAS）。外来物种入侵机制是入侵生物学（invasion biology）领域的研究热点，国内外学者针对其提出了诸多入侵假说（invasion hypotheses）。在众多的入侵假说中，繁殖体压力假说、内在优势假说、竞争力增强进化假说、天敌解脱假说、互利助长假说、干扰假说均为生物入侵经典假说，也是植物有害生物入侵机制的基本假说，涉及个体、种群、群落和系统生态层次（图 2-6）。通过我国关于植物有害生物特别是检疫性有害生物入侵机制研究的实例分析，能够进一步拓展对该领域研究方法和研究进展的认识。掌握植物有害生物的入侵机制及其对植物检疫学和植物检疫实践的意义，能够为进一步理解植物有害生物检疫策略与措施奠定基础。

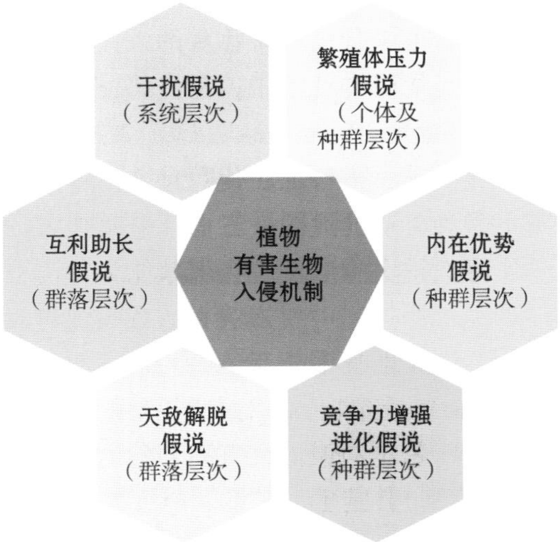

图 2-6 植物有害生物入侵机制基本假说（李志红制图）

2.6.1 繁殖体压力假说

繁殖体压力假说（propagule pressure，PP）是外来物种入侵机制的经典假说，指的是高繁殖体压力是生物入侵成功的一个原因。繁殖体是外来物种入侵的重要方式，繁殖体的进入能够形成一定的繁殖体压力。繁殖体压力主要包括 3 个方面，一是一次进入的数量；二是繁殖体进入的频率；三是繁殖体的质量。PP 是基于生物入侵过程而提出的一个关键假说，繁殖体压力的上述 3 个方面都是引起生物入侵的重要原因，繁殖体压力的本质是揭示生物入侵潜力大小的，即繁殖体压力越大，生物入侵的潜力就越大，成功入侵的可能性就越大（Lockwood et al, 2005, 2009）。

从外来物种繁殖体自身的生物学特性来看，物种的生殖方式和繁殖能力的大小对繁殖体压力会产生重要影响。繁殖体压力单次进入数量、频率、繁殖体质量 3 个方面的组合加上繁殖体本身的生物生态学特征，这使得外来物种的入侵过程非常复杂，甚至出现动态的变化。繁殖体压力能够从外来物种如何在新的生态系统中定殖，在考虑繁殖体压力与建群效应及繁殖体压力与影响成功定居的各因素之间的关系时，不仅需要考虑繁殖体压力，还需要综合考虑生态系统生境特征和入侵物种自身的特性。

PP 是植物有害生物入侵机制的基本假说。具有繁殖能力的植物有害生物就是繁殖体，繁殖体是植物病原物、害虫、杂草等有害生物从原区域入侵新区域的重要方式。具有繁殖能力的植物有害生物进入新区域的数量越大、频率越高、质量越强，其成功定殖、扩散、暴发的可能性越大。PP 是植物检疫学研究和植物检疫实践的重要理论基础，在进境植物检疫、农业植物检疫和林业植物检疫中在口岸、检疫站对检疫物进行查验，目的就是阻截外来有害生物的进入，降低繁殖体压力，避免生物入侵。

2.6.2 内在优势假说

内在优势假说（inherent superiority，IS）是外来物种入侵机制的经典假说，指的是具有高繁殖力的外来物种在与本地物种的竞争中更容易获得竞争优势。IS 认为外来物种通过种间互作影响本地物种，降低本地物种繁殖能力，而自身繁殖能力更强，更能够成功入侵。内在优势强调了外来物种本身，采用适合度来代表外来物种的入侵力，很多证据表明物种间竞争依赖于适合度高低，适合度高的物种能够在竞争中占据优势，适合度低的物种在竞争中逐步减少甚至消亡（Gould and Gorchov, 2000； Borer et al, 2009）。

许多入侵植物通过产生大量的种子来增加后代数量，甚至不少入侵植物能够通过无性繁殖产生后代。繁殖能力实际上是种群适合度的一方面，繁殖能力的提高能够极大促进种群适合度。不同物种之间的竞争实际上很大程度反应在繁殖能力（内禀增长率）的竞争，入侵物种从繁殖能力方面的提高能够在入侵过程中获得巨大的竞争优势，从而入侵成功。繁殖能力假说由内禀增长率而来，生物的内禀增长率是竞争力的重要方面，内禀增长率大的物种在资源竞争过程中有更大的优势，因此 IS 实际上是内禀增长率的延伸。

IS 是植物有害生物入侵机制的基本假说。具有高繁殖力的植物病原物、害虫、杂草等有害生物，在从原区域进入新区域后，其定殖、扩散、暴发的可能性都更大，即能够成功入侵新区域。例如，被我国列为检疫性有害生物的杂草（如假高粱）和害虫（如橘小实蝇等）均具有高的繁殖力，二者均已是我国的外来入侵物种。IS 是植物检疫学研究和植物检疫实践的重要理论基础，在植物检疫学的研究中需关注外来有害生物与本地有害生物繁殖力的比较，针对那些高繁殖力的外来有害生物在进境植物检疫、农业植物检疫和林业植物检疫中更需特别阻截，重点防控。

2.6.3 竞争力增强进化假说

竞争力增强进化假说（evolution of increased competitive ability，EICA）是外来物种入侵机制的经典假说，是指在外来物种进入新区域后，由于缺乏具有协同进化历史专一性天敌等原因，原来用于抵御天敌或者不利环境的资源会被进行重新分配，转而将资源重新分配到种群的增长和繁殖方面，从而提高外来物种的竞争能力，实现成功入侵（Gill, 1974; Blossey and Notzold, 1995; Callaway and Ridenour, 2004）。

EICA 提出后受到了广泛的关注，并且有多个实验证据证实了其有效性，例如外来物种到了新区域后，通过适应性进化产生了个体更大、繁殖能力更强的特征，这主要是通过调整生活史策略的结果。例如，千屈菜（*Lythrum salicaria*）原产于欧洲大陆，18 世纪早期传入北美，北美地区没有取食千屈菜的植食性昆虫，即专一性天敌。研究者选择了美国一地区（外来入侵物种千屈菜分布区）和瑞士一地区（本地物种千屈菜分布区），在这两个地区采集千屈菜样品并进行对比，结果发现美国千屈菜的干重和植株高度都明显超过瑞士，形成了明显的生活史特征转变。之后，更多的证据表明植物入侵种群比原产地种群有更高的存活率、生长速度、开花数以及结实率，这些都有效支持了 EICA。EICA 的核心是外来物种是否产生了表型分化，这些分化的表型是其成功入侵的主要原因。

EICA 是植物有害生物入侵机制的基本假说，有助于植物有害生物，特别是杂草，从原区域进入新区域后的成功入侵。EICA 也是植物检疫学研究和植物检疫实践的重要理论基础，在植物检疫学的研究中需关注新区域外来有害生物与原区域本地有害生物表型的比较及机制研究，在进境植物检疫、农业植物检疫和林业植物检疫中针对那些具有高 EICA 的外来有害生物需进一步加强阻截和监测。

2.6.4 天敌解脱假说

天敌解脱假说（enemy release，ER），也称为天敌逃逸假说、天敌释放假说，最早由 Darwin 于 1859 年提出，是外来物种入侵机制的经典假说，主要指有些外来物种在原区域种群密度低，在新区域种群却呈现高密度。ER 从群落食物网的角度上阐述了外来物种入侵机制，主要有两个假设条件，第一，天敌对外来物种种群增长起着主要的限制和调节作用，能够有效地抑制种群增长；第二，外来物种在原区域存在大量的广谱性天敌和专一性天敌，专一性天敌对外来物种的调控作用起着主导作用。在这两个假设条件下，新区域的专一性天敌较少，失去了对外来物种的有效调控，这种情况下外来物种种群会迅速扩大，形成优势并排斥本地物种，造成生态灾难。

进入 21 世纪后，入侵生物学领域的学者们对天敌解脱假说做了全面的总结和阐述，提出了外来物种传入新区域后，天敌更倾向于取食本地物种，并且专一性天敌缺乏，天敌取食的不对称性造成外来物种获得了极大竞争优势从而造成入侵（Keane and Crawley, 2002）。该研究比较了外来入侵物种在入侵地的天敌组成，例如垂枝桦（*Betula pendula*）在入侵地南非有广谱性天敌 42 种，无专一性天敌；千屈菜入侵北美后有广谱性天敌 49 种，专一性天敌仅有 6

种；麒麟草（*Solidago altissima*）入侵瑞士后有广谱性天敌 12 种，专一性天敌仅有 2 种。因此，专一性天敌的缺乏是导致外来入侵物种种群增长及暴发的重要原因，因此引进专一性天敌进行外来入侵物种的防控也成为很多国家生物防治选择。

ER 是植物有害生物入侵机制的基本假说，植物有害生物特别是杂草和害虫从原区域进入新区域后得以定殖、扩散和暴发。ER 也是植物检疫学研究和植物检疫实践的重要理论基础，如紫茎泽兰（*Eupatorium adenophora*）被我国列为进境检疫性有害生物、外来入侵物种，其入侵我国云南后因为摆脱了专一性天敌的控制等原因，入侵态势无法控制且迅速蔓延。植物检疫学研究需进一步关注检疫性有害生物在原区域和新区域广谱性天敌和专一性天敌的比较研究，同时在天敌引进过程中应进一步加强进境植物检疫、农业植物检疫和林业植物检疫力度。

2.6.5 互利助长假说

互利助长假说（mutualist facilitation，MF）是外来物种入侵机制的经典假说，指两个或多个物种以各种方式促进彼此，提高它们在新区域生存的概率或加剧对新区域生态环境等的影响（Simberloff and Von Holle, 1999）。互利助长假说主要考虑了物种之间的互利关系，这些互利关系可能发生在物种之间相互关系的各个方面。在外来物种的入侵过程中，大量证据表明种间互利是引起外来物种定殖、扩散以及暴发的重要原因。

生物入侵过程中，两个或多个物种通过互助行为产生互惠效果，协同现象在外来物种与外来物种之间，外来物种与本地物种之间，动物、植物及微生物之间都可以发生。例如，外来传粉昆虫随外来植物的共同入侵，二者相互促进；又如外来植物加速本地取食该植物的外来动物和本地动物的生长，而外来动物和本地动物通过取食、收集植物枝条筑巢或者通过携带植物种子等促进外来植物的扩散和暴发；再如，外来物种与环境微生物的互利，微生物在助长外来物种入侵过程起到了关键作用。

MF 是植物有害生物入侵机制的基本假说，在植物病原物、害虫、杂草从原区域入侵新区域的过程中特别是扩散和暴发阶段的实例较多。MF 也是植物检疫学研究和植物检疫实践的重要理论基础，如松材线虫被我国列为进境检疫性有害生物、全国林业检疫性有害生物和外来入侵物种，其与墨天牛属昆虫、蓝变真菌之间形成了互利关系，并促进了该线虫在我国的入侵，对松属植物造成严重危害（Lu et al, 2016 ；Ning et al, 2023）。植物检疫学研究需进一步关注检疫性有害生物与寄主植物、共生微生物、外来入侵物种及本地其他有害生物互利关系的研究，在互利关系基础之上，有针对性地进行进境植物检疫、农业植物检疫和林业植物检疫的精准防控。

2.6.6 干扰假说

干扰假说（disturbance, DS）是外来物种入侵机制的经典假说，该假说认为人类活动或者自然因素突然变化造成对生态系统的干扰将提高外来物种对生态环境的入侵（Elton, 1958）。这个假说主要体现在两方面：一方面，干扰打破了原有生态系统的平衡，使群落中物种丰富度降低，能够增加生态系统的可利用资源，从而减小竞争压力，造成外来物种对生态系统的入侵；另一方面，干扰可改变群落组成和结构，在生态系统中形成空余生态位（empty niche），从而间接影响群落的可入侵性，造成外来物种的入侵。干扰能够产生与外来物种匹配的条件，或者外来物种对干扰的适应性和可塑性更强，进而使外来物种成功入侵新区域。

在农业生态系统中，农业集约化是典型的人为干扰，其强度代表了人为干扰的强度。大量研究表明，人为干扰是促进生物入侵的重要原因，包括土地开垦、农业集约化增加、人工造林、围湖造田、草地改良、灌溉以及其他人类活动，这些人类活动对外来物种所进入的新区域的环境条件有巨大的影响，很多环境条件的改变对新区域中本地物种不利，本地物种的数量降低甚至丧失，所出现的空余生态位给外来物种提供了更多的定殖、扩散和暴发的机会。

DS 是植物有害生物入侵机制的基本假说，在外来植物病原物、害虫、杂草从原区域进入新区域后，新区域受到的干扰强度越大，外来有害生物更容易定殖、扩散和暴发。DS 也是植物检疫学研究和植物检疫实践的重要理论基础。在重要农业害虫中，如马铃薯甲虫、稻水象甲（*Lissorhoptrus oryzophilus*）、苹果蠹蛾、橘小实蝇等，被我国列为检疫性有害生物和外来入侵物种，其主要寄主植物分别为马铃薯、水稻、苹果和柑橘，而马铃薯、水稻、苹果和柑橘是我国的重要农业产业，农田、果园等集约化种植区域受到的人为干扰大，加速了这些外来害虫的入侵。植物检疫学研究需进一步关注检疫性有害生物与人为干扰和自然干扰的生态系统关系研究，特别是检疫性有害生物对新区域环境因素（如气候、土壤等）的适应机制研究，在此基础上，进一步加强进境植物检疫、农业植物检疫和林业植物检疫实践。

近年来，我国学者针对外来入侵物种烟粉虱、检疫性有害生物 / 外来入侵物种橘小实蝇和松材线虫等开展了入侵机制研究，提出了非对称交配互作假说，揭示了适应假说、种内杂交假说、互利助长假说的分子机制等。在植物检疫学领域，我国需大力加强检疫性有害生物入侵机制研究，以便为植物检疫实践提供更多理论基础。

植物有害生物入侵机制拓展学习：

我国植物有害生物入侵机制研究实例 2-1：烟粉虱入侵机制研究

我国植物有害生物入侵机制研究实例 2-2：果实蝇属及其代表种橘小实蝇入侵机制研究

我国植物有害生物入侵机制研究实例 2-3：松材线虫入侵机制研究

二维码 2-1
烟粉虱入侵
机制研究

二维码 2-2
果实蝇属及其代表种
橘小实蝇入侵机制研究

二维码 2-3
松材线虫入侵
机制研究

小结

繁殖体压力假说、内在优势假说、竞争力增强进化假说、天敌解脱假说、互利助长假说、干扰假说等是外来物种入侵机制经典假说，也是植物有害生物入侵机制的基本假说。我国学者针对烟粉虱、橘小实蝇和松材线虫等开展了一系列入侵机制研究，取得了重要研究进展。我国需大力加强检疫性有害生物入侵机制研究，为植物检疫实践提供更多理论基础。

2.7 植物有害生物检疫策略、措施及标准

学习重点

- 明确植物有害生物的主要检疫策略；
- 明确植物有害生物的主要检疫措施；
- 明确植物有害生物的主要检疫标准。

植物检疫策略、措施及标准属于植物检疫学的研究范畴，同时指导着植物检疫的实践。在本章植物有害生物及其传播载体、传播途径、入侵过程、入侵机制的学习基础上，结合植物检疫应用实例，明确植物检疫的主要策略、措施和标准，并形成扎实的植物检疫学理论基础，对后续系统地学习植物检疫法规、程序、技术、检疫性有害生物及其防控和分析植物检疫学面对的挑战、机遇和对策具有重要意义。

植物检疫策略、措施和标准之间的关系如图 2-7 所示，其中，植物检疫策略是防控方针，是制定植物检疫措施和标准的依据，主要包括预防与铲除；植物检疫措施是强制方法，是实施植物检疫策略的手段、是制定植物检疫标准的根据，主要包括法规与程序；植物检疫标准是应用方案，是植物检疫策略和措施应用过程中的具体方法与技术。

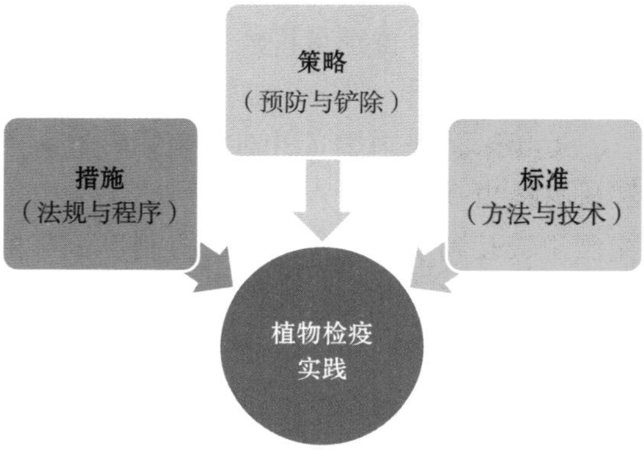

图 2-7　植物检疫策略、措施和标准关系示意图
（李志红制图）

植物检疫实例 2-4：

我国海关从入境船舶上截获检疫性有害生物印缅乳白蚁（*Coptotermes gestroi*）。据“海关发布”报道，2023 年 9 月，南京海关所属太仓海关关员在对入境船舶开展登临检疫工作时，在该货舱的底部发现大量活体昆虫。海关关员立即对虫害区域进行封闭管理，并进一步取样（图 2-8A），样品送实验室进行检测鉴定。经鉴定，确认样品为我国进境检疫性有害生物乳白蚁属（非中国种）中的印缅乳白蚁（图 2-8B），此次截获昆虫数量近 3000 头。太仓海关出具了《检验检疫处理通知书》，并对检疫处理进行了全程监管。

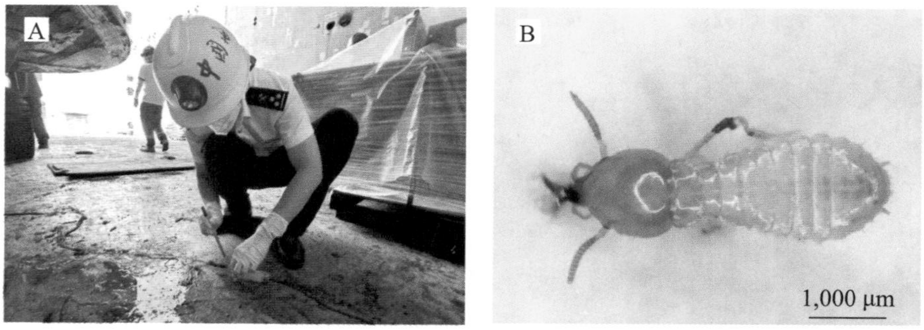

图 2-8　太仓海关截获印缅乳白蚁（引自海关相关报道）

2.7.1 预防与铲除

如第 1 章植物检疫与植物保护的关系所阐述，植物检疫是植物保护的重要组成部分，防控对象是限定的有害生物，包括检疫性有害生物和限定的非检疫性有害生物，其中检疫性有害生物是植物检疫的主要防控对象。植物检疫策略（phytosanitary strategy），指的是对检疫性有害生物等限定有害生物的防控方针，是制定植物检疫措施和标准的依据。总体而言，植物检疫采取的是预防、铲除或抑制的防控方针。

预防（prevention），是植物检疫的主要策略，即采取各种植物检疫措施和标准以防止检疫性有害生物的传入和扩散。在预防策略中，往往有紧急行动（emergency action），即在现有植物检疫措施未涉及的新的或意料之外的情况下，为防止有害生物进入、定殖或扩散而迅速采取的一种官方行动。铲除（eradication），也称根除，是植物检疫的主要策略，即发现检疫性有害生物时采取全群治理（total population management，TPM）的策略进行铲除，利用各项植物检疫措施和标准将检疫性有害生物灭活或使其后代不育。抑制（suppression），即在受有害生物危害的区域内应用各项植物检疫措施和标准降低有害生物的种群数量；这里的有害生物主要指的是限定的非检疫性有害生物，当检疫性有害生物已发展成为外来入侵物种且种群数量大难以根除时，抑制也是一种策略；与铲除策略中的 TPM 不同，通常采取有害生物综合治理（integrated pest management，IPM）的策略进行抑制。

在植物检疫实例 2-4 中，我国采取预防策略将乳白蚁属（非中国种）列为进境检疫性有害生物，严防该属非中国种的传入和扩散；印缅乳白蚁是该属中的非中国种，我国在入境船舶检疫中发现了该检疫性有害生物，对该船舶所携带的印缅乳白蚁进行了检疫处理，而船舶检疫处理一般采用熏蒸处理，目的就是将所截获的印缅乳白蚁杀灭，这是典型的铲除策略。从该实例中发现，我国采取了预防和铲除的植物检疫策略对进境检疫性有害生物印缅乳白蚁进行防控。

2.7.2 法规与程序

如第 1 章植物检疫措施（phytosanitary measure）术语所述，指的是旨在防止检疫性有害生物的传入或扩散或限制限定的非检疫性有害生物的经济影响的任何法律、法规或官方程序。植物检疫措施是对检疫性有害生物等限定的有害生物进行防控的强制方法，主要包括法规（含法律）与程序，是实施植物检疫策略的手段，也是制定植物检疫标准的根据。在植物检疫措施中，往往有紧急措施（emergency measure），即在新的或意料之外的无法通过现有植物检疫措施予以解决的情况下，为预防有害生物进入、定殖或扩散而迅速确立的一项官方措施，一项紧急措施可以是或不是临时措施（provisional measure）。

在 ISPM 5 中，将植物检疫法规（phytosanitary regulation）界定为防止检疫性有害生物的传入或扩散或者限制限定的非检疫性有害生物的经济影响而作出的官方规定，包括制定植物检疫出证程序（official rule to prevent the introduction or spread of quarantine pests, or to limit the economic impact of regulated non-quarantine pests, including establishment of procedures for phytosanitary certification）。这里的官方规定，包括植物检疫国际法规、区域法规、双边或多边协议、各国或各地法规以及强制性技术标准等（详见第 3 章），在相关法规之中含有对植物检疫官方程序的规定。植物检疫程序（phytosanitary procedure），是指官方规定的执行植物检疫措施的任何方法，包括与限定的有害生物有关的检查、检测、处理、监管等。在植物检疫实践中，包括若干植物检疫程序（详见第 4 章），如检疫准入、检疫许可（审批）、检疫申报（报检）、现场检验、实验室检测、检疫处理、出证放行等基本程序，有的检疫物还会涉及检疫监管、境外预检、隔离检疫、产地检疫、调运检疫、疫情监测等综合程序。

在植物检疫实例 2–4 中，我国海关针对入境船舶和截获的进境检疫性有害生物印缅乳白蚁采取了相关植物检疫措施，涉及法规和程序。海关关员对入境船舶开展登临检疫，主要依据的是《国际植物保护公约》《中华人民共和国进出境动植物检疫法》《中华人民共和国进出境动植物检疫法实施条例》《中华人民共和国进境植物检疫性有害生物名录》等植物检疫法规。同时，在该实例中，首先海关在货舱底部截获了印缅乳白蚁，先后经历了检查、封闭管理、取样、实验室检测鉴定的检疫程序，确定疫情后海关采取了检疫处理并对处理过程进行了全程监管，而这些也是植物检疫程序。

2.7.3　方法与技术

植物检疫预防和铲除策略、植物检疫法规和程序措施，均需要在植物检疫实际工作中加以实施和应用，这就离不开应用方案。植物检疫标准（phytosanitary standard），是植物检疫的应用方案，是植物检疫策略和措施应用过程中的具体方法与技术。在 ISPM 5 中，将标准界定为经一致同意制定并得到一个公认机构批准的文件，它为普遍和反复应用提供规则、准则，或为活动范围及其结果规定特征，旨在执行一个规定的条款时取得最佳效果（Document established by consensus and approved by a recognized body that provides for common and repeated use, rules, guidelines or characteristics for activities or their results, aimed at the achievement of the optimum degree of order in a given context）。少数强制性标准属于法规与程序的范畴，而绝大多数推荐性标准属于方法与技术的范畴。植物检疫标准主要包括国际植物检疫措施标准（ISPM）和各国植物检疫标准。在我国，植物检疫标准包括进出境植物检疫标准、农业植物检疫标准和林业植物检疫标准，划分为国家标准、行业标准和地方标准等。

在针对检疫性有害生物和限定的非检疫性有害生物防控实践中，阻截（exclusion）和封锁（containment）是最为突出的方法。阻截，是指应用植物检疫措施防止某种有害生物进入某个地区或在某个地区定殖（application of phytosanitary measures to prevent the entry or establishment of a pest into an area）。封锁，是指在受侵染的地区及其周围用植物检疫措施来防止一种有害生物的扩散（application of phytosanitary measures in and around an infested area to prevent spread of a pest）。通过阻截和封锁，能够防控限定的有害生物的进入、定殖和扩散。

植物检疫实践离不开技术。植物检疫技术主要包括有害生物风险分析技术、检疫抽样技术、检测鉴定技术、检疫处理技术和疫情监测技术（详见第 5 章）。植物检疫技术必须能够满足植物检疫实际工作的需求，形成了 3 个主要特点：①准确与快速相统一、植物检疫技术既要准确又要快速，准确是基本特点，快速是当代经济贸易发展背景下的又一特色。②传统与现代相结合。植物检疫技术离不开传统技术，也离不开现代技术，涉及生物技术、信息技术中的传统技术与现代技术，也涉及定性技术和定量技术。③研究与应用相联系。植物检疫技术研究是其应用的基础，植物检疫技术应用是其研究的目的，研究与应用共同促进了植物检疫技术以及植物检疫的发展。通过全球科技工作者以及植物检疫工作者的共同努力，植物检疫技术研究与应用蓬勃发展、合作共享。在植物检疫技术研究方面，一般通过国际项目、国家项目、行业项目等开展植物检疫科学研究与技术开发，研究成果一般以论文（综述论文、研究论文、学位论文等）、专利（如发明专利、实用新型专利等）等方式来体现；高等院校、科研机构以及植物检疫技术部门等是植物检疫科学研究与技术创新的主体。在植物检疫技术应用方面，一般通过检疫准入、检疫抽样、检测鉴定、检疫处理、疫情监测等，将植物检疫科学技术的研究成果进行应用；应用成果一般以法规（如检疫性有害生物名录、双边或多边协议等）、标准（如国际标准、国家标准、行业标准）及官方记录（如截获记录、监测记录）等方式来体现；植物检疫机构及其授权的第三方（如高等院校、科研机构、企业等）是植物检疫技术应用的主体。

通过植物检疫实例 2-4，分析我国海关关员采取的具体方法与技术，涉及了阻截方法以及检疫抽样技术、检测鉴定技术和检疫处理技术。在该实例中，我国海关采取阻截方法截获了印缅乳白蚁并对其进行了杀灭处理，同时，海关根据《出入境船舶检验检疫查验规程（SN/T 1308—2003）》《植物检疫抽样技术规则（SN/T 3462—2012）》《乳白蚁属（非中国种）检疫鉴定方法（SN/T 5007—2017）》《DNA 条形码方法 第 1 部分：检疫性乳白蚁（SN/T 4876.1—2017）》等行业推荐标准并采取相关技术进行了检查、抽样、鉴定和处理。

小结

植物检疫策略、措施及标准属于植物检疫学的研究范畴，同时指导着植物检疫的实践。植物检疫策略是防控方针，预防与铲除是其主要策略；植物检疫措施是强制方法，主要包括法规与程序；植物检疫标准是应用方案，涉及具体的方法与技术。

【课后习题】

1. 请结合实例，分析植物检疫学的研究范畴及主要内容。
2. 植物有害生物、检疫物及传播途径间的关系如何？
3. 植物有害生物的入侵过程包括哪几个阶段？在这几个阶段，植物检疫能发挥哪些作用？
4. 请检索文献，分析、比较繁殖体压力假说、内在优势假说、竞争力增强进化假说、天敌解脱假说、互利助长假说、干扰假说等的异同。
5. 植物检疫学为什么要重视有害生物入侵机制研究？
6. 请结合实例，分析植物检疫策略、措施及标准的内在关联。

【参考文献】

胡白石，许志刚. 2023. 植物检疫学. 4 版. 北京：高等教育出版社.

黄冠胜. 2014. 中国外来生物入侵与检疫防范. 北京：中国质检出版社.

李志红，杨汉春. 2021. 动植物检疫概论. 2 版. 北京：中国农业大学出版社.

万方浩，侯有明，蒋明星. 2015. 入侵生物学. 北京：科学出版社.

赵紫华. 2021. 入侵生态学. 北京：科学出版社.

Blossey B, and Notzold R. 1995. Evolution of increased competitive ability in invasive nonindigenous plants – A hypothesis. Journal of Ecology, 83: 887–889.

Borer ET, Adams VT, Engler GA, et al. 2009. Aphid fecundity and grassland invasion: Invader life history is the key. Ecological Applications, 19: 1187–1196.

Callaway RM, and Ridenour WM. 2004. Novel weapons: invasive success and the evolution of increased competitive ability. Frontiers in Ecology and the Environment, 2: 436–443.

Casotte MW, McMahon SM, Fukami T. 2006 . Conceptual ecology and invasion biology: reciprocal approaches to nature. Berlin: Springer.

Davis MA. 2009. Invasion biology. Oxford: Oxford University Press.

Elton CS. 1958. The ecology of invasions by animals and plants. Chicago: The University of Chicago Press.

Gill DE. 1974. Intrinsic rate of increase, saturation density, and competitive ability.2. Evolution of Competitive Ability. American Naturalist, 108: 103–116.

Gorth G, McKirdy S. 2014. The handbook of plant biosecurity. Berlin: Springer.

Gould AMA, Gorchov DL. 2000. Effects of the exotic invasive shrub Lonicera maackii on the survival and fecundity of three species of native annuals. American Midland Naturalist, 144: 36–50.

IPPC Secretariat. 2023. Glossary of phytosanitary terms. International Standard for Phytosanitary Measures No. 5. Rome. FAO on Behalf of the Secretariat of the International Plant Protection Convention.

Jeschke JM and Heger T. 2018. Invasion biology: Hypotheses and evidence. CABI.

Keane RM, Crawley MJ. 2002. Exotic plant invasions and the enemy release hypothesis. Trends in Ecology & Evolution, 17: 164–170.

Liu SS, De Barro PJ, Xu J, et al. 2007. Asymmetric mating interactions drive widespread invasion and displacement in a whitefly. Science, 318: 1769–1772.

Lockwood JL, Cassey P, Blackburn T. 2005. The role of propagule pressure in explaining species invasions. Trends in Ecology & Evolution, 20: 223–228.

Lockwood JL, Cassey P, Blackburn T M. 2009. The more you introduce the more you get: the role of colonization pressure and propagule pressure in invasion ecology. Diversity and Distributions, 15: 904–910.

Lu M, Hulcr J Sun JH. 2016. The role of symbiotic microbes in insect invasions. Annual Review of Ecology, Evolution, and Systematics, 47: 487–505.

Ning J, Gu X, Zhou J, et al. 2023. Palmitoleic acid as a coordinating molecule between the invasive pinewood nematode and its newly associated fungi. ISME J. https://www.nature.com/articles/s41396-023-01489-8.

Pimentel D. 2011. Biological invasions. Wyoming: CRC Press.

Simberloff D, Von Holle B. 1999. Positive interactions of nonindigenous species: invasional meltdown. Biological Invasion, 1: 21–32.

Wang Y, Li Z, Zhao Z. 2023. Population mixing mediates the intestinal flora composition and facilitates invasiveness in a globally invasive fruit fly. Microbiome, 11: 213, https://doi.org/10.1186/s40168-023-01664-1.

Zhang Y, Liu S, Meyer MD, et al. 2022. Genomes of the cosmopolitan fruit pest *Bactrocera dorsalis*

(Diptera: Tephritidae) reveal its global invasion history and thermal adaptation. Journal of Advanced Research, https://doi.org/10.1016/j.jare.12.012.

Zhao Z, Carey JR, Li Z. 2023. The global epidemic of *Bactrocera* pests: Mixed-species invasions and risk assessment. Annual Review of Entomology, https://doi.org/10.1146/annurev-ento-012723-102658.

第3章 植物检疫法规

本章简介

植物检疫法规是检疫性有害生物等外来植物病原物、害虫及杂草入侵防控的重要措施，在全面依法治国建设中植物检疫正在谱写新篇章。《国际植物保护公约》《亚洲及太平洋区域植物保护协定》《实施卫生与植物卫生措施协定》是具有代表性的国际植物检疫法规，《中华人民共和国生物安全法》《中华人民共和国进出境动植物检疫法》《植物检疫条例》是我国的重要植物检疫法规。本章详细论述了上述国内外植物检疫法规的主要内容和实施情况，并对典型植物检疫案例进行了分析。

学习目的

使学习者掌握植物检疫法规及其主要规定。

思维导图

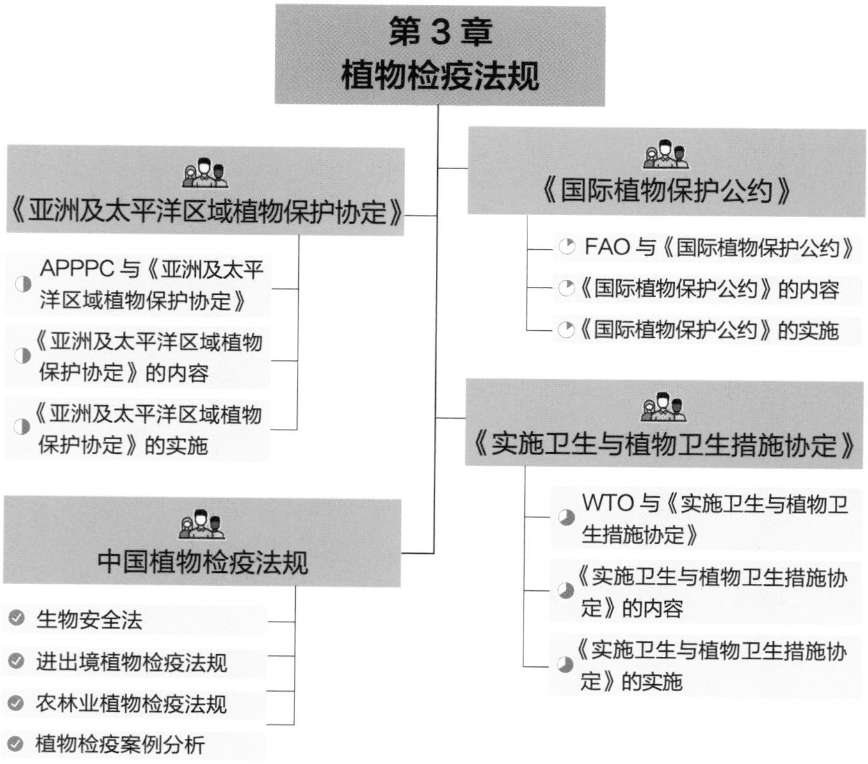

课前思考

❖ **三个关系**：《国际植物保护公约》与《亚洲及太平洋区域植物保护协定》的关系如何？《实施卫生与植物卫生措施协定》与《国际植物保护公约》关系如何？《中华人民共和国生物安全法》与《中华人民共和国进出境动植物检疫法》《植物检疫条例》的关系如何？

❖ **三个为什么**：为什么《国际植物保护公约》是全球最具代表性的植物检疫法规？为什么《中华人民共和国进出境动植物检疫法》是我国最具代表性的植物检疫法规？为什么《中华人民共和国生物安全法》受到这么多的关注？

3.1 《国际植物保护公约》

学习重点

- 明确 FAO 与 IPPC 的关系；
- 掌握 IPPC 的主要规定。

《国际植物保护公约》是最具代表性的国际植物检疫法规（图 3–1）。在植物检疫 360 余年的发展进程中，植物检疫法规呈现了一定发展规律，即植物检疫法规在与植物有害生物长期斗

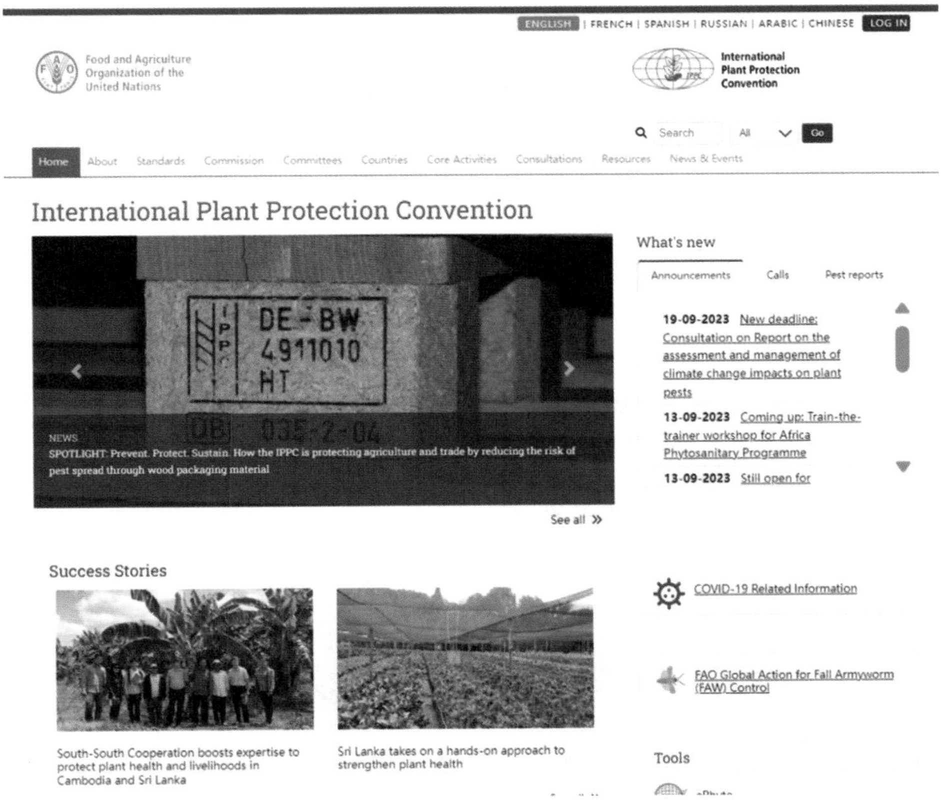

图 3–1 《国际植物保护公约》网站主页（李志红截图）
（https://www.ippc.int/）

争中应运而生、由单项禁令向综合性法规方向发展、由个别国家法规向国际法规方向发展、不断地进行必要的补充和完善，而《国际植物保护公约》正是符合这些规律的一个重要法规。

3.1.1 FAO 与《国际植物保护公约》

FAO 成立于 1945 年 10 月 16 日，1946 年 FAO 与联合国签订协议并成为联合国系统内的一个专门组织，总部设在意大利的罗马，其宗旨是提高人类的营养和生活水平、提高生产能力、使农村人口的生活条件得以改善。为了促进全球植物保护特别是植物检疫的发展，FAO 于 1951 年的第 6 次大会上正式通过了《国际植物保护公约》(International Plant Protection Convention，IPPC)。1952 年 4 月 3 日，IPPC 由 34 个签署国政府批准并立即生效。至此，IPPC 历经多次发展，由少数国家的单项法规、少部分国家的综合法规发展为全球性植物检疫权威法规（表 3-1）。1979 年、1997 年，FAO 先后两次对 IPPC 进行了修订。

表 3-1 《国际植物保护公约》的发展历程

序号	签约时间	涉及国家或国际组织	法规名称
1	1881 年 11 月 3 日	法国等少数国家	《国际葡萄根瘤蚜防治公约》
2	1889 年 4 月 15 日	法国等少数国家	《国际葡萄根瘤蚜防治补充公约》
3	1929 年 4 月 16 日	法国等少部分国家	《国际植物保护公约》
4	1952 年 4 月 3 日	34 个国家	《国际植物保护公约》

IPPC 是植物保护领域中参加国家最多、影响最大的一个国际公约。IPPC 是一项国际植物健康条约，旨在通过防止有害生物的传入和扩散来保护栽培的和野生的植物（IPPC is an international plant health treaty that aims to protect cultivated and wild plants by preventing the introduction and spread of pests）。IPPC 的使命是确保各国之间在保护全球植物资源免受植物有害生物传入和扩散方面的合作，以保护粮食安全、生物多样性并促进贸易（IPPC Mission: To secure cooperation among nations in protecting global plant resources from the introduction and spread of plant pests, in order to preserve food security, biodiversity and facilitate trade）。2005 年 10 月 20 日，中华人民共和国正式加入 IPPC，成为该公约的第 141 个缔约方（contracting parties）。2012 年是 IPPC 实施 60 周年，该公约网站主页上呈现了这一纪念（图 3-2），当时缔约方有 177 个。截至目前，IPPC 共有 185 个缔约方。

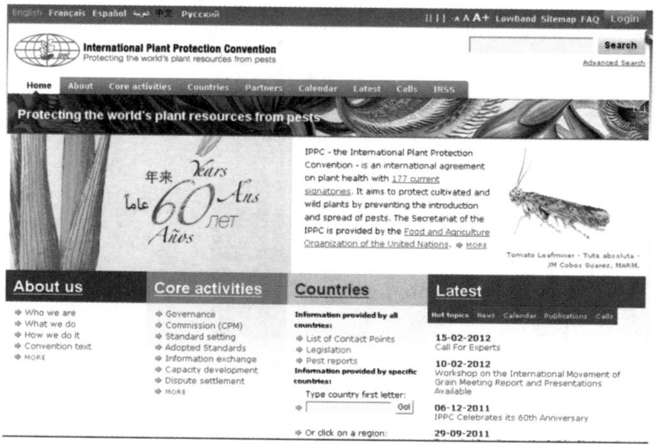

图 3-2 《国际植物保护公约》网站 2012 年主页（李志红截图）(https://www.ippc.int/)

3.1.2 《国际植物保护公约》的内容

IPPC 的最新版本是 1997 年修订的，从该公约的网站上可下载其全文，包括英文版、中文版等。IPPC 包括宗旨和责任、与国家植物保护组织安排有关的一般性条款、植物检疫证书、限定的有害生物、对输入的要求、国际合作、区域植物保护组织、标准、争端的解决等 25 个部分（表 3-2）。

表 3-2 《国际植物保护公约》内容框架

序号	中文	英文
1	序言	Preamble
2	第一条：宗旨和责任	Article Ⅰ：Purpose and responsibility
3	第二条：术语使用	Article Ⅱ：Use of terms
4	第三条：与其他国际协定的关系	Article Ⅲ：Relationship with other international agreements
5	第四条：与国家植物保护组织安排有关的一般性条款	Article Ⅳ：General provisions relating to the organizational arrangements for national plant protection
6	第五条：植物检疫证书	Article Ⅴ：Phytosanitary certification
7	第六条：限定的有害生物	Article Ⅵ：Regulated pests
8	第七条：对输入的要求	Article Ⅶ：Requirements in relation to imports
9	第八条：国际合作	Article Ⅷ：International cooperation
10	第九条：区域植物保护组织	Article Ⅸ：Regional plant protection organization
11	第十条：标准	Article Ⅹ：Standards
12	第十一条：植物检疫措施委员会	Article Ⅺ：Commission on Phytosanitary Measures
13	第十二条：秘书处	Article Ⅻ：Secretariat
14	第十三条：争端的解决	Article XⅢ：Settlement of disputes
15	第十四条：代替以前的协定	Article XⅤ：Substitution of prior agreements
16	第十五条：适用的领土范围	Article XⅣ：Territorial application
17	第十六条：补充协定	Article XⅥ：Supplementary agreements
18	第十七条：批准和加入	Article XⅦ：Ratification and adherence
19	第十八条：非缔约方	Article XⅧ：Non-contracting parties
20	第十九条：语言	Article XⅨ：Languages
21	第二十条：技术援助	Article XX：Technical assistance
22	第二十一条：修订	Article XⅪ：Amendment
23	第二十二条：生效	Article XⅫ：Entry into force
24	第二十三条：退出	Article XXⅢ：denunciation
25	附录：植物检疫证书模式、转口植物检疫证书模式	ANNEX: Model Phytosanitary Certificate，Model Phytosanitary Certificate for Re-Export

IPPC 的主要内容涉及 9 个方面。①宗旨和责任。IPPC 强调该公约旨在采取共同有效的行动（common and effective action）以防止植物有害生物的传入和扩散，每一缔约方应承担责

任在其领土范围内达到该公约的全部要求。②与国家植物保护组织安排有关的一般性条款。IPPC 要求每一缔约方成立官方的国家植物保护组织（National Plant Protection Organization, NPPO），该组织负责植物检疫相关工作。③植物检疫证书。IPPC 规定了植物检疫证书模式（图 3-3），要求每一缔约方应为出口的植物、植物产品及其他检疫物提供植物检疫证书，以确保其符合健康要求。④限定的有害生物。IPPC 规定各缔约方可对检疫性有害生物和限定的非检疫性有害生物采取植物检疫措施，不得要求对非限定的有害生物采取植物检疫措施。⑤对输入的要求。IPPC 强调各缔约方有权采取科学合理的植物检疫措施对输入的植物、植物产品及其他检疫物予以限定，如检查、禁止输入、处理等。⑥国际合作。IPPC 强调各缔约方应通力合作以实现该公约的宗旨，如有害生物资料交换、特别行动参与、风险分析技术和生物信息提供。⑦区域植物保护组织。IPPC 要求各缔约方在建立区域植物保护组织（Regional Plant Protection Organization, RPPO）方面应通力合作，RPPO 应发挥协调作用在所在区域开展工作以实现该公约宗旨。⑧标准。IPPC 规定各缔约方应在国际植物检疫措施标准（International standards for phytosanitary measures，ISPM）制定方面开展合作，各项国际标准需经植物检疫措施委员会（Commission on Phytosanitary Measures，CPM）通过，各缔约方在开展与该公约相关活动时应酌情考虑国际标准。⑨争端的解决。IPPC 强调如对该公约的解释和应用存在任何争端或者某一缔约方认为另一缔约方有违反该公约规定的，应尽快通过磋商解决争端，也可通过 FAO 总干事任命专家委员会来解决争端。

Model Phytosanitary Certificate

No. ____________

Plant Protection Organization of ____________

TO: Plant Protection Organization(s) of ____________

I. Description of Consignment

Name and address of exporter: ____________

Declared name and address of consignee: ____________

Number and description of packages: ____________

Distinguishing marks: ____________

Place of origin: ____________

Declared means of conveyance: ____________

Declared point of entry: ____________

Name of produce and quantity declared: ____________

Botanical name of plants: ____________

This is to certify that the plants, plant products or other regulated articles described herein have been inspected and/or tested according to appropriate official procedures and are considered to be free from the quarantine pests specified by the importing contracting party and to conform with the current phytosanitary requirements of the importing contracting party, including those for regulated non-quarantine pests.

They are deemed to be practically free from other pests.*

II. Additional Declaration

[Enter text here]

III. Disinfestation and/or Disinfection Treatment

Date ________ Treatment ____________ Chemical (active ingredient) ____________

Duration and temperature ____________

Concentration ____________

Additional information ____________

____

Place of issue ____________

(Stamp of Organization) Name of authorized officer ____________

Date ________ ____________

(Signature)

____

No financial liability with respect to this certificate shall attach to ____________ (name of Plant Protection Organization) or to any of its officers or representatives.*

* Optional clause

图 3-3 植物检疫证书模式（引自 IPPC, 1997）

3.1.3 《国际植物保护公约》的实施

IPPC 通过与 RPPOs 和 NPPOs 的合作在全球范围内开展工作，FAO 下设 IPPC 秘书处负责该公约的实施。当前，IPPC 共有 10 个 RPPOs（表 3-3），其中亚洲和太平洋区域植物保护委员会、欧洲和地中海区域植物保护组织、北美洲植物保护组织发挥的作用更受关注。从全球来看，目前 IPPC 已在 185 个缔约方得以实施。

表 3-3 区域植物保护组织一览表

中文名称	英文缩写及全称	建立年份	联络点所在地
亚洲及太平洋区域植物保护委员会	APPPC (Asia and Pacific Plant Protection Commission)	1956	泰国曼谷
加勒比农业健康和食品安全机构	CAHFSA（Caribbean Agricultural Health and Food Safety Agency)	2010	苏里南帕拉马里博
中南美洲植物保护组织（又称卡塔赫拉协定委员会）	CAN（Comunidad Andina）	1969	秘鲁利马
南椎体区域植物保护组织	COSAVE（Comite Regional de Sanidad Vegetal Parael ConoSur）	1980	阿根廷布宜诺斯艾利斯
欧洲和地中海区域植物保护组织	EPPO (European and Mediterranean Plant Protection Organization)	1951	法国巴黎
泛非植物检疫理事会	IAPSC (Inter-African Phytosanitary Council)	1954	喀麦隆雅温得
近东地区植物保护组织	NEPPO (Near-East Region Plant Protection Organization)	2009	摩洛哥拉巴特
北美洲植物保护组织	NAPPO (North American Plant Protection Organization)	1976	美国罗利
中美洲国际农业卫生组织	OIRSA（Organismo Internacional Regional de Sanidad Agropecuaria）	1953	萨尔瓦多圣萨尔瓦多
太平洋植物保护组织	PPPO（Pacific Plant Protection Organization）	1994	斐济苏瓦

如图 3-4 所示，在 IPPC 实施过程中，主要包括 5 个方面的核心活动：

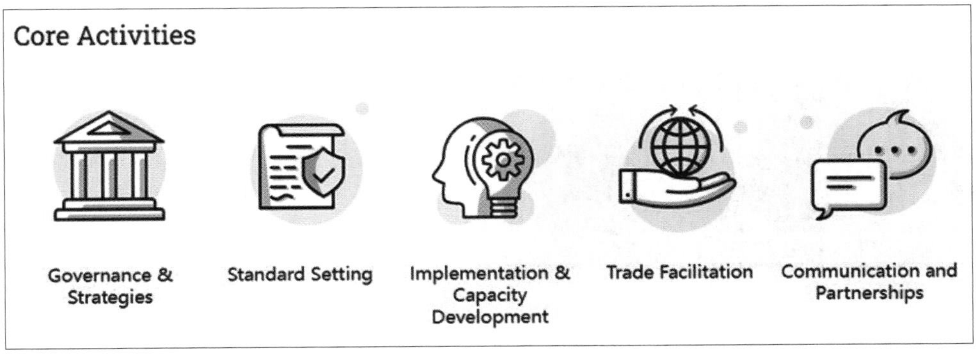

图 3-4 国际植物保护公约的核心活动
（引自：https://www.ippc.int/）

（1）治理与战略（governance & strategies） IPPC 秘书处负责协调该公约工作计划，从战略框架、国家能力发展战略、资源筹措战略、宣传战略、国家报告义务战略、标准和实施框架等考虑未来的不同战略。

（2）标准制定（standard setting） IPPC 主持下制定的 ISPMs 是植物健康的唯一国际标准，尽管 ISPMs 不是强制性标准，但 CPM 通过生效后的标准一般都在各缔约方开始实施。1993 年，第一个 ISPM 被通过；截至 2023 年 9 月，已经发布了 46 项 ISPMs。

（3）执行与能力建设（implementation & capacity development） IPPC 缔约方向其他缔约方提供技术援助，以促进公约的实施；公约鼓励向发展中国家提供资助，以提高其 NPPOs 的能力；公约鼓励缔约方参加相关 RPPOs，提高区域能力建设水平。

（4）贸易便利化（trade facilitation） IPPC 要求各缔约方植物检疫措施要科学合理，以促进进出口过程的简化、现代化和协调。

（5）沟通宣传与伙伴关系（communication and partnerships） 传播和宣传 IPPC 相关活动旨在提高人们对植物健康重要性的认识，IPPC 与 RPPOs、NPPOs 等为保护植物健康开展很多合作，如 IPPC Communications Strategy 2023—2030。

随着外来入侵物种（invasive alien species，IAS）所带来的农业生产和生物多样性丧失等问题的加剧，近年来，IPPC 关注与《生物多样性公约》（Convention on Biological Diversity，CBD）的合作。CBD 是联合国环境规划署（United Nation Environment Programme，UNEP）于 1992 年公布和生效的国际公约。在上述 5 项核心活动中，特别是 ISPMs 的制修订，IPPC 要求在对植物和植物产品等实施植物检疫措施时，这些措施要关注保护生物多样性。

我国自 2005 年成为 IPPC 缔约方以来，认真履约并积极参加相关活动，来自农业农村部、海关总署、国家林业与草原局及其下属机构专家们以及来自相关高校及科研机构的专家们开展了大量工作、做出了重要贡献。在 FAO、IPPC 秘书处、植物检疫措施委员会、国际植保年会、ISPM 制修订及评议（图 3–5）、FAO–IPPC 项目等相关工作中，都能看到我国专家的努力。

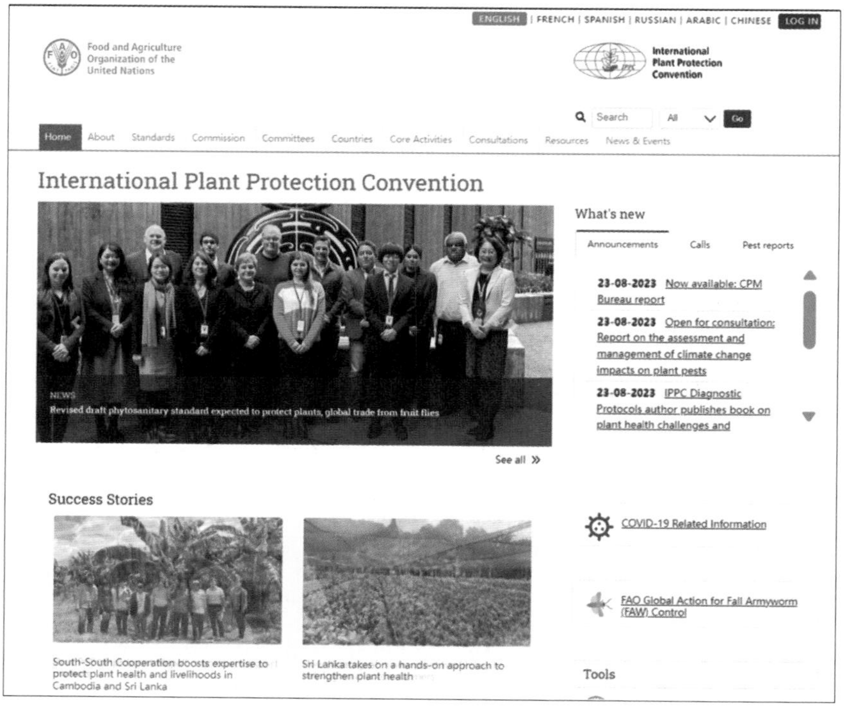

图 3–5　我国实蝇防控专家受邀参加 ISPM 修订工作
（引自：https://www.ippc.int/）

二维码 3–1
我国实蝇防控专家受邀参加 ISPM 修订工作

例如，来自农业农村部的屈冬玉先生自 2019 年 8 月起任 FAO 总干事、夏敬源先生于 2015—2022 年任 FAO–IPPC 秘书处秘书长，这是我国专家首次出任国际组织中与植物检疫相关的重要职位，他们在全球粮食与农业发展、植物保护特别是植物检疫工作方面做出了特别贡献。又如，来自全国农业技术推广服务中心的王福祥研究员、冯晓东研究员和来自上海海关动植物与食品检验检疫技术中心的印丽萍研究员等分别担任 CPM 主席团成员、国际植物检疫标准委员会委员、检疫诊断专家组成员参与 IPPC 相关工作，充分发挥了我国专家在 IPPC 履约中的关键作用。再如，2019—2023 年，受 FAO–IPPC 秘书处邀请，中国农业大学李志红教授作为首席科学家参加 FAO–IPPC China 项目，负责组织来自中国农业大学、广州海关技术中心、中国检验检疫科学研究院、天津海关动植物与食品检测中心、北京依科曼生物技术有限公司、广州瑞丰智能科技有限公司的专家们为斯里兰卡植物检疫和农业技术推广人员进行重要经济实蝇防控技术培训，内容包括实蝇监测技术（图 3–6A 和 B）、实蝇鉴定技术（图 3–6 C 和 D）、实蝇检疫处理技术、实蝇田间治理技术等，我国专家团队全力克服新冠疫情带来的影响，出色地完成了项目任务，得到 FAO–IPPC 秘书处、我国和斯里兰卡植物保护官方机构的高度肯定（图 3–7 至图 3–9）。

图 3–6　我国专家正在进行实蝇监测和检测鉴定技术的培训

（A 和 B，实蝇监测技术培训；C 和 D，实蝇鉴定技术培训；李志红提供）

ENGLISH | FRENCH | SPANISH | RUSSIAN | ARABIC | CHINESE LOG IN

Food and Agriculture Organization of the United Nations

International Plant Protection Convention

Search All Go

Home About Standards Commission Committees Countries Core Activities Consultations Resources News & Events

News & Events / Category: IPPC news / IPPC news /

A New Memorandum of Understanding with the IPPC Secretariat will help Sri Lanka Boost its Phytosanitary Capacity

Posted on Mon, 11 Mar 2019, 11:22

Share this news

Subscribe

Don't miss the latest News

If you have already an IPP account LOGIN to subscribe.

If you don't have an IPP account first REGISTER to subscribe.

Subscribe to the IPPC Newsletter

SUBSCRIBE

A historical moment: signing the Memorandum of Understanding (MoU) between the IPPC Secretariat and the Sri Lankan NPPO. Through the MoU, Sri Lanka will become a pilot country for the IPPC-China South South Cooperation Project. © IPPC Secretariat.

25 February 2019, Colombo, Sri Lanka - Through its One Belt, One Road initiative, China aims to reactivate the ancient silk trade routes. This effort to promote trade and build infrastructure across maritime and terrestrial pathways has phytosanitary consequences. To prevent the introduction and spread of pests along these pathways, China is investing resources to strengthen collaboration and build the phytosanitary capacities of the countries involved.

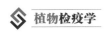

图 3–7　FAO–IPPC 网站报道 1：赴斯里兰卡执行 FAO–IPPC China 项目

（引自：https://www.ippc.int/）

二维码 3–2　赴斯里兰卡执行 FAO–IPPC China 项目

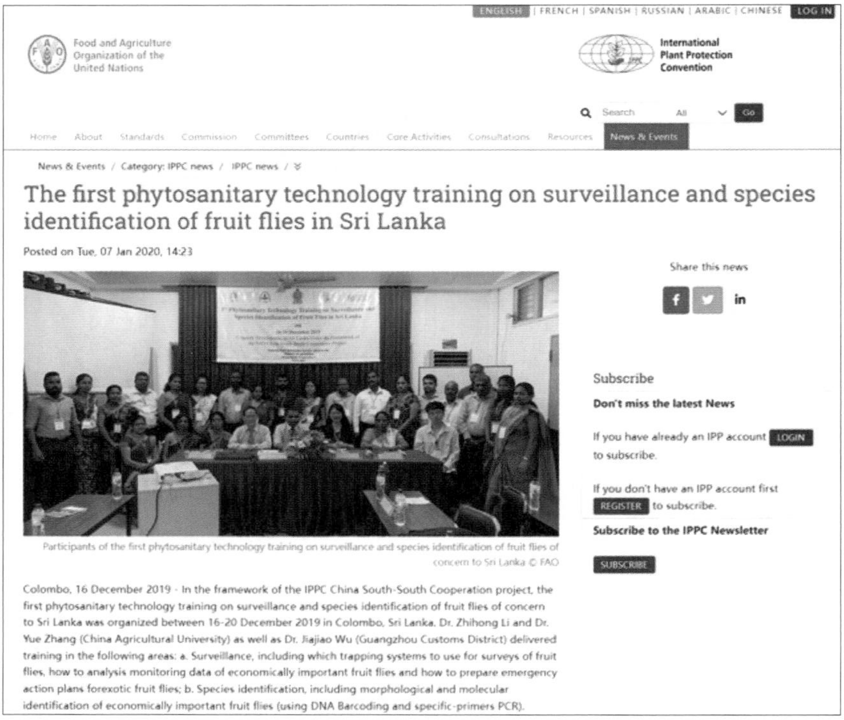
ENGLISH | FRENCH | SPANISH | RUSSIAN | ARABIC | CHINESE LOG IN

Food and Agriculture Organization of the United Nations

International Plant Protection Convention

Search All Go

Home About Standards Commission Committees Countries Core Activities Consultations Resources News & Events

News & Events / Category: IPPC news / IPPC news /

The first phytosanitary technology training on surveillance and species identification of fruit flies in Sri Lanka

Posted on Tue, 07 Jan 2020, 14:23

Share this news

Subscribe

Don't miss the latest News

If you have already an IPP account LOGIN to subscribe.

If you don't have an IPP account first REGISTER to subscribe.

Subscribe to the IPPC Newsletter

SUBSCRIBE

Participants of the first phytosanitary technology training on surveillance and species identification of fruit flies of concern to Sri Lanka © FAO

Colombo, 16 December 2019 - In the framework of the IPPC China South-South Cooperation project, the first phytosanitary technology training on surveillance and species identification of fruit flies of concern to Sri Lanka was organized between 16-20 December 2019 in Colombo, Sri Lanka. Dr. Zhihong Li and Dr. Yue Zhang (China Agricultural University) as well as Dr. Jiajiao Wu (Guangzhou Customs District) delivered training in the following areas: a. Surveillance, including which trapping systems to use for surveys of fruit flies, how to analysis monitoring data of economically important fruit flies and how to prepare emergency action plans forexotic fruit flies; b. Species identification, including morphological and molecular identification of economically important fruit flies (using DNA Barcoding and specific-primers PCR).

图 3–8　FAO–IPPC 网站报道 2：中国专家在斯里兰卡开展实蝇监测与鉴定技术培训

（引自：https://www.ippc.int/）

二维码 3–3　中国专家在斯里兰卡开展实蝇监测与鉴定技术培训

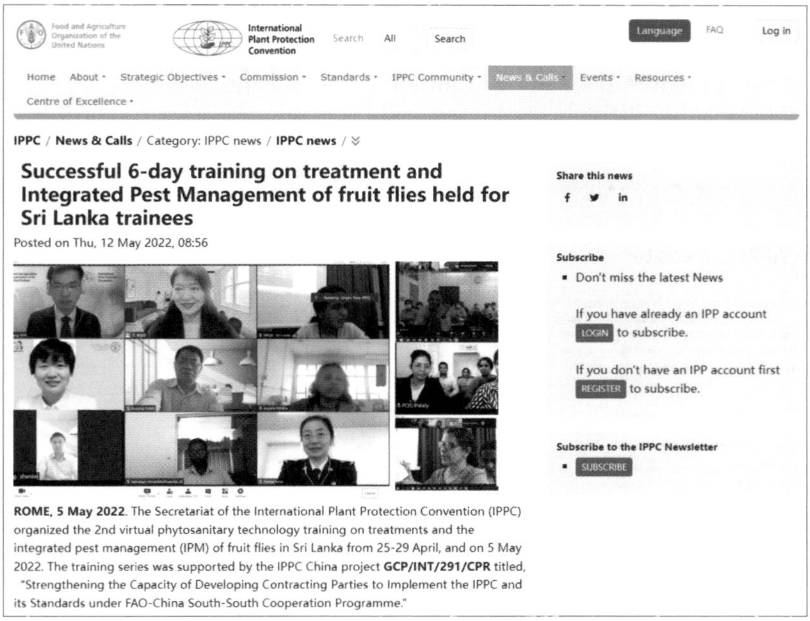

二维码 3-4 中国专家在线开展实蝇检疫处理与 IPM 技术培训

图 3-9 FAO-IPPC 网站报道 3：中国专家在线开展实蝇检疫处理与 IPM 技术培训

（引自：https://www.ippc.int/）

（来源：Successful 6-day training on treatment and Integrated Pest Management of fruit flies held for Sri Lanka trainees – International Plant Protection Convention (ippc.int)）

小结

由 FAO 于 1951 年正式通过的《国际植物保护公约》是最具代表性的国际植物检疫法规。《国际植物保护公约》内容框架包括 25 个部分，涉及植物检疫证书、对输入的要求、国际合作等 9 项主要内容。IPPC 秘书处与 RPPOs 和 NPPOs 合作，在全球范围内实施该公约，截至目前已有 185 个缔约方，我国作为缔约方之一发挥了重要作用。

3.2 《亚洲及太平洋区域植物保护协定》

学习重点

- 明确 APPPC 与《亚洲及太平洋区域植物保护协定》的关系；
- 掌握《亚洲及太平洋区域植物保护协定》的主要规定。

《亚洲及太平洋区域植物保护协定》与 IPPC 一脉相承，是亚太地区最具代表性的国际植物检疫法规（图 3-10），我国作为缔约方在该协定实施过程中发挥了重要作用。学习、掌握《亚洲及太平洋区域植物保护协定》的主要规定，对于缔约方具有重要意义。

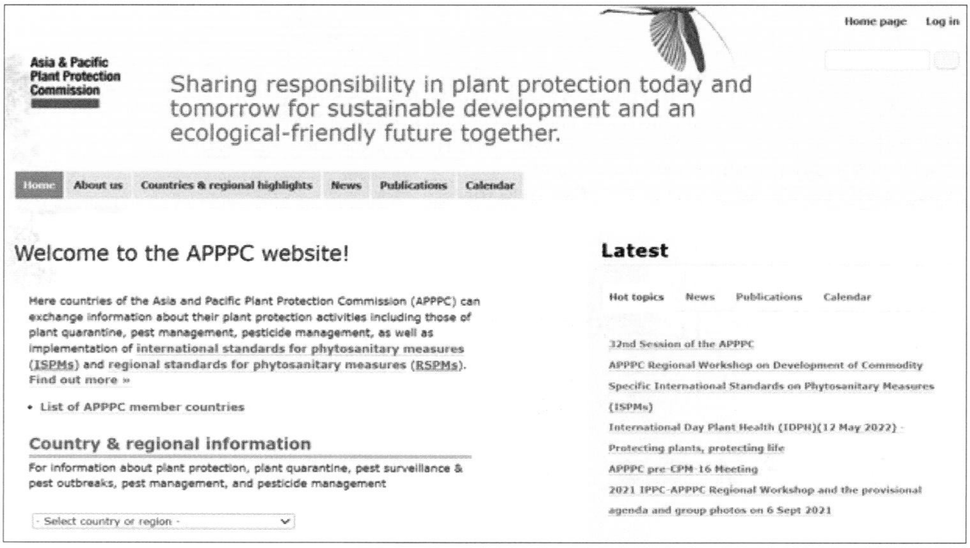

图 3-10　APPPC 网站主页（引自 APPPC 网站）
（http://www.apppc.org）

3.2.1　APPPC 与《亚洲及太平洋区域植物保护协定》

根据 IPPC 的要求，为了通过一致的行动以防止检疫性植物有害生物等传入亚洲和太平洋地区并进行扩散，1956 年在泰国曼谷签订了《亚洲及太平洋区域植物保护协定》（Plant Protection Agreement for the Asia and Pacific Region），随之成立了亚洲及太平洋区域植物保护委员会（Asia and Pacific Plant Protection Commission，APPPC）。如 3.1 所述，IPPC 秘书处与多个 RPPOs 合作共同推进该公约在全球的实施以达到防入侵、保安全、促发展的目的；在 10 个 RPPOs 中，APPPC 成立较早、影响力也较大，它设秘书处并由 FAO 直接派遣植物保护官员主持日常工作。APPPC 现有 25 个成员国，每两年至少召开一次大会。我国是 APPPC 成员国，在推进《亚洲及太平洋区域植物保护协定》实施过程中发挥了重要作用。

APPPC 是《亚洲及太平洋区域植物保护协定》合作与全面实施的区域平台，其主要目标是协调促进区域植物保护系统建设、协助成员国打造高效的植物保护管理体制、制定植物检疫措施标准以及促进信息共享。APPPC 在亚太区域主要开展植物检疫、病虫害综合治理及农药管理 3 方面的工作。其中，针对植物检疫，APPPC 协助成员国分析其本国植物资源存在的风险并采用科学的措施保护其栽培的和野生的植物。APPPC 帮助成员国提升有害生物监测、风险分析及国际与区域植物检疫措施标准实施的能力，同时也助力管控入侵物种暴发以促进农业贸易安全。

3.2.2　《亚洲及太平洋区域植物保护协定》的内容

《亚洲及太平洋区域植物保护协定》是 IPPC 的一个增补协定（supplementary agreement），规定了如何在亚太地区防控毁灭性植物病虫害（destructive plant diseases and pests）的传入和扩散。如表 3-4 所示，《亚洲及太平洋区域植物保护协定》共包括 12 项条款和 2 个附件。

表 3-4 《亚洲及太平洋区域植物保护协定》内容框架

序号	中文	英文
1	第一条：定义	Article Ⅰ：Definitions
2	第二条：区域性委员会	Article Ⅱ：Regional Commission
3	第三条：关于从区域外进口植物的措施	Article Ⅲ：Measures Regarding the Importation of Plants from Outside the Region
4	第四条：防范从南美传入橡胶叶疫病的措施	Article Ⅳ：Measures to Exclude South American Leaf Blight of Hevea from the Region
5	第五条：关于区域内植物调运的措施	Article Ⅴ：Measures Regarding Movement of Plants within the Region
6	第六条：一般豁免	Article Ⅵ：General Exemption
7	第七条：争端的解决	Article Ⅶ：Settlement of Disputes
8	第八条：不属于国际植物保护公约成员的签约国政府的权利与义务	Article Ⅷ：Rights and Obligations of Contracting Governments not Parties to the International Plant Protection Convention
9	第九条：修订	Article Ⅸ：Amendment
10	第十条：签署和参加	Article Ⅹ：Signature and Adherence
11	第十一条：开始生效	Article Ⅺ：Entry into Force
12	第十二条：协定的废止和终结	Article XII：Denunciation and Termination
13	附件一：在亚洲和太平洋区域尚未定殖的毁灭性病虫害名录	Appendix A：List of Destructive Pests and Diseases not yet Established in the Asia and Pacific Region as Amended by the First, Second, Third and Sixth Sessions of the Commission
14	附件二：防范橡胶叶疫病的措施	Appendix B：Measures to Exclude South American Leaf Blight of Hevea from the Region

《亚洲及太平洋区域植物保护协定》的主要内容体现在下述 3 方面：

（1）建立区域性委员会　建立 APPPC 负责协定的实施，其主要任务是决定必需的程序和安排以贯彻本协定并向签约政府提出建议、评论签约政府所提供的关于执行本协定进展情况的报告、考虑需要的区域性合作问题和相互帮助的措施。

（2）植物进口及植物调运的办法　各签约方应最大努力采取相应措施以防止毁灭性病虫害（特别是附件一中所列举的）传入区域及在区域内传播。对从区域外任何地区进口的任何植物，及在区域内调运的任何植物，包括其包装材料和容器，可以采取禁止进口、出具证明、检查、消毒和销毁等措施。

（3）协定的管理　该区域的各国政府或对区域内领土负有国际关系责任的其他任何政府，可通过 3 种方式中（签署，草签后待批准、随后正式批准，参加）的任一种成为参与该协定的一员。该协定经 3 个政府签署或者草签后待批准即可生效，成员少于 3 个时该协定自动终结。

3.2.3 《亚洲及太平洋区域植物保护协定》的实施

APPPC 现有 25 个成员国，APPPC 秘书处和成员国共同推进《亚洲及太平洋区域植物保护协定》在本区域的实施。在实施过程中，APPPC 秘书处和成员国逐渐认识到制定区域植物检疫标准的重要性。2000 年，APPPC 秘书处专门召开成员会议，讨论区域植物检疫标准的制定问题，就制定标准的原则、程序等内容进行磋商，提出了制定标准的基本机制。

如图 3-11 所示，APPPC 制订区域植物检疫标准的程序主要包括下述 6 个步骤：①提出制修订建议：NPPOs 向 APPPC 秘书处提出制定、修订标准的建议；②确定制修订顺序：APPPC 秘书处将制定、修订标准的建议提交 APPPC，由 APPPC 确定标准制定的优先顺序；③起草标准说明并讨论定稿：APPPC 秘书处起草标准说明，提交 APPPC 标准委员会并分发各成员讨论（为期 60 d），后经 APPPC 标准委员会讨论定稿；④起草标准并形成讨论稿：APPPC 标准委员会指定工作组根据标准说明起草标准，并提交 APPPC 标准委员会审查批准形成讨论稿；⑤评议标准讨论稿：APPPC 秘书处将标准讨论稿分发给各成员国和 IPPC 秘书处评议（为期 120 d），评议意见书面提交 APPPC 秘书处；⑥修改讨论稿及审议实施：APPPC 对标准讨论稿进行修改，定稿后交 APPPC 审议通过并实施。

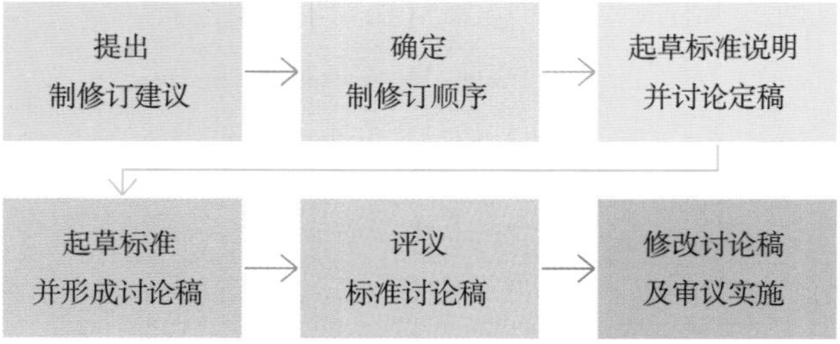

图 3-11　APPPC 制订区域植物检疫标准的步骤

30 余年来，我国在《亚洲及太平洋区域植物保护协定》实施过程中发挥了至关重要的作用。1990 年 4 月，FAO 的 APPPC 会议在北京召开，此次会议通过了该协定的修正案，批准中华人民共和国为该协定的正式成员国。自 1992 年以来，来自中国农业大学的黄可训教授、狄原勃教授、沈崇尧教授，来自宁夏农学院的竺万里教授，以及来自全国农业技术推广服务中心的朴永范研究员分别担任 APPPC 执行秘书，极大地推动了《亚洲及太平洋区域植物保护协定》在本地区的实施。

小结

《亚洲及太平洋区域植物保护协定》是 IPPC 的增补协定，是亚太地区最具代表性的国际植物检疫法规，由 APPPC 负责实施。《亚洲及太平洋区域植物保护协定》内容框架包括 12 项条款和 2 个附件，涉及建立区域性委员会、植物进口及植物调运的办法、协定的管理等 3 项主要内容。截至目前，《亚洲及太平洋区域植物保护协定》共有 25 个成员国，我国于 1990 年成为正式成员国，在该协定实施过程中发挥了至关重要的作用。

3.3 《实施卫生与植物卫生措施协定》

学习重点

- 明确 WTO 与 SPS 协定的关系；
- 掌握 SPS 协定的主要规定。

《实施卫生与植物卫生措施协定》(Agreement on the Application of Sanitary and Phytosanitary Measures，简称 SPS Agreement，中文简称 SPS 协定）是由世界贸易组织（World Trade Organization, WTO）制定的国际法规（图 3-12），在 WTO 的一系列协定中，SPS 协定是直接涉及如何实施植物检疫措施的重要协定。该协定有哪些主要规定？如何在维护各成员实施植物检疫措施的同时又不对国际贸易形成不必要的影响？学习、掌握 SPS 协定具有特殊意义。

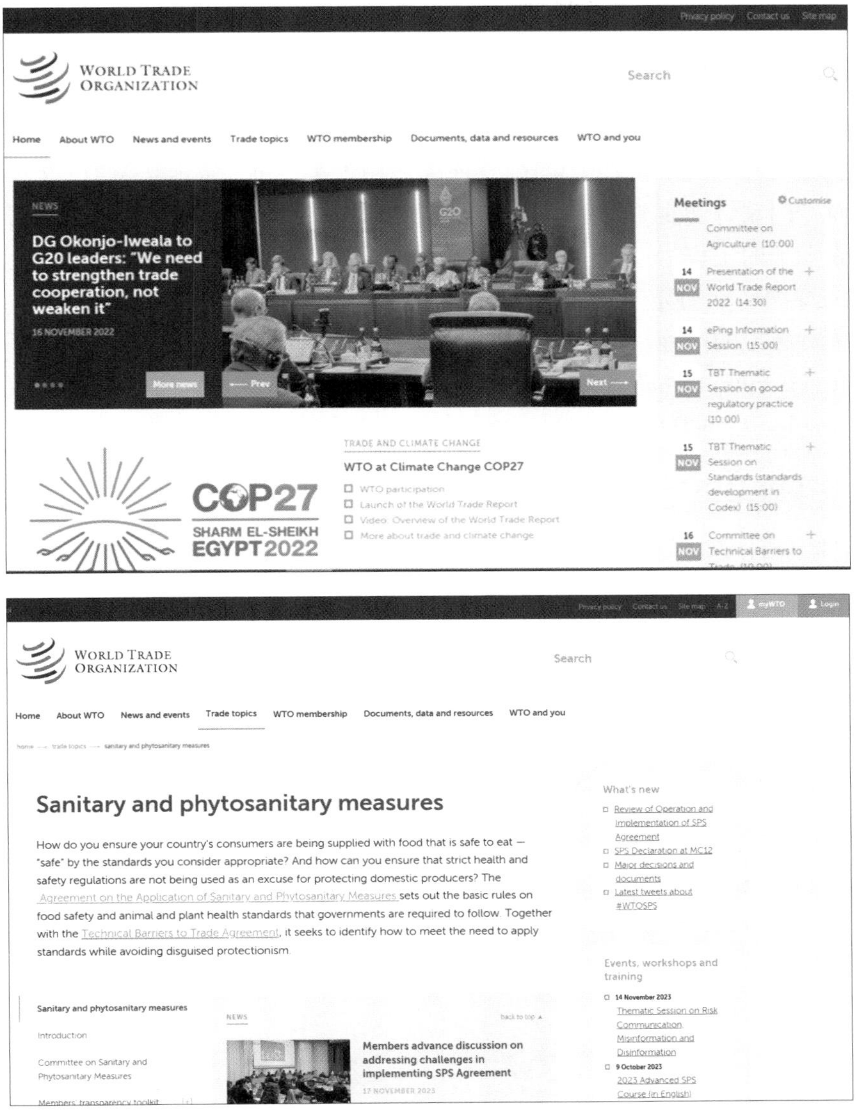

图 3-12　WTO 网站主页及其 SPS 协定（李志红截图）
（https://www.wto.org/）

3.3.1　WTO 与《实施卫生与植物卫生措施协定》

在国际贸易领域，WTO 是当前最著名的国际组织，而它的前身是《关税与贸易总协定》(General Agreement on Tariff and Trade，GATT)。GATT 于 1947 年签署，其宗旨是通过实施多边无条件最惠国待遇，削减关税，取消非关税壁垒和歧视待遇，提高各国生活水平，扩大就业，使实际收入和有效需求持续增长，扩大世界资源的充分利用和发展商品生产与交换；与此同时，GATT 为动植物检疫设置了例外条款，规定不得禁止缔约国为保障人民、动植物的生命或健康而采取的必需措施。1994 年 4 月 15 日，GATT 第 8 轮（乌拉圭回合）多边贸易谈判在摩洛哥签署了《建立世界贸易组织的协定》，该协定包括《马拉喀什建立世界贸易组织协定》及其 4 个附件，附件 1A 是货物贸易多边协定，其中包括《实施卫生与植物卫生措施协定》。

1995 年 1 月 1 日，WTO 正式成立，总部设在瑞士日内瓦，其成员已由最初的 104 个发展为当前的 164 个（截至 2023 年 9 月），中华人民共和国于 2001 年 12 月 11 日成为其正式成员。WTO 被称为是当今世界的经济联合国，与世界银行、国际货币基金组织共同组成世界经济的“三架马车”，其中又以 WTO 发挥的作用最大。SPS 协定是 WTO 针对动植物安全与检疫问题而专门制订和实施的一个国际准则，其总体目标是维护各成员政府所规定的其认为合适的健康水平的主权，但保证这种主权不得滥用于保护主义的目的，同时不对国际贸易形成不必要的壁垒。在协定中，重申不应阻止各成员采用或实施为保护人类、动物或植物的生命或健康所必需的措施，但这些措施的实施不在情形相同的成员之间构成任意或不合理的歧视（arbitrary or unjustifiable discrimination），或其实施方式不对国际贸易构成变相的限制（disguised restriction）。WTO 成立 SPS 措施委员会专门负责管理 SPS 协定的实施。

3.3.2 《实施卫生与植物卫生措施协定》的内容

SPS 协定是 WTO 若干国际准则中与动植物检疫最为相关的协定。在 WTO 网站上可检索到 SPS 协定的全文（图 3–13），该协定共包括 14 项条款和 3 个附件（表 3–5）。

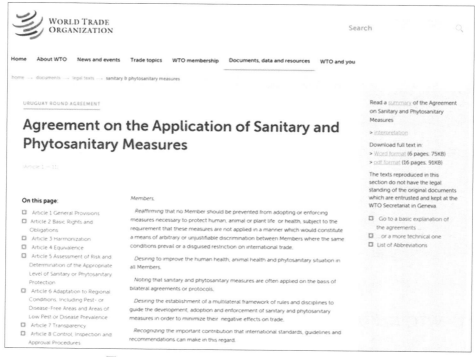

图 3–13　WTO 网站 SPS 协定页面（李志红截图）
（https://www.wto.org/）

表 3-5 《实施卫生与植物卫生措施协定》内容框架

序号	中文	英文
1	第一条：总则	Article 1 : General Provisions
2	第二条：基本权利和义务	Article 2 : Basic Rights and Obligations
3	第三条：协调	Article 3 : Harmonization
4	第四条：等效	Article 4 : Equivalence
5	第五条：风险评估以及适当的卫生与植物卫生保护水平的确定	Article 5: Assessment of Risk and Determination of the Appropriate Level of Sanitary or Phytosanitary Protection
6	第六条：适用区域条件，包括有害生物与疫病非疫区和低度流行区	Article 6 : Adaptation to Regional Conditions, Including Pest or Disease-Free Areas and Areas of Low Pest or Disease Prevalence
7	第七条：透明度	Article 7 : Transparency
8	第八条：控制、检查和批准程序	Article 8 : Control, Inspection and Approval Procedures
9	第九条：技术援助	Article 9 : Technical Assistance
10	第十条：特殊和差别待遇	Article 10 : Special and Differential Treatment
11	第十一条：磋商和争端解决	Article 11 : Consultations and Dispute Settlement
12	第十二条：管理	Article 12 : Administration
13	第十三条：实施	Article 13 : Implementation
14	第十四条：最后条款	Article 14 : Final Provisions
15	附件 A ：定义	Annex A : Definitions
16	附件 B ：动植物卫生检疫规定的透明度	Annex B : Transparency of Sanitary and Phytosanitary Regulations
17	附件 C ：控制、检查和批准程序	Annex C : Control, Inspection and Approval Procedures

SPS 协定的主要内容，可从 7 个基本原则来加以认识，即科学合理原则、非歧视原则、协调一致原则、等效性原则、风险评估原则、非疫区原则及透明度原则（图 3-14）。结合植物检疫措施，分述如下。

（1）科学合理原则（justification） 科学合理原则是 SPS 协定的核心，实施任何 SPS 措施必须有科学依据。例如，在植物检疫领域，WTO 成员制定和实施植物检疫措施时，如果已有国际标准，则应完全依照相关国际标准的要求来实施；如果尚无国际标准或者采取的植物检疫措施所达到的保护水平高于国际标准，则必须以风险评估的结果为依据；如果采取临时性措施，则必须符合 3 个条件，即相关科学证据不充分、措施依据了可获得的科学证据、在适当期限内对其措施进行评估审议。成员应寻求获取必要的补充信息，以便在合理的期限内评价这些临时的植物检疫措施。

（2）非歧视原则（non-discrimination） 非歧视原则是 WTO 的一项基本准则，也是 SPS 协定的首要原则。该原则包括最惠国待遇和国民待遇两个方面的含义。最惠国待遇，是指某一 WTO 成员提供给其他成员的任何利益、优惠、特权或豁免，均应立即无条件地给予全体其他成员。国民待遇，是指一国在经济活动和民事权利方面给予其境内的外国国民的待遇不低于其给予本国国民的待遇。WTO 成员所采取的植物检疫措施必须符合最惠国待遇和国民待遇。

（3）协调一致原则（harmonization） 坚持与国际标准、准则或建议协调一致是 SPS 协定的基本要求。SPS 协定在鼓励成员积极采用国际标准、准则和建议时，给出多种选择途径，既可以完全符合、也可以依据、还可以高于。要求各成员应尽其所能全面参与有关的国际组织及其附属机构，例如针对植物检疫的 FAO-IPPC 框架下运行的有关国际组织。

（4）等效性原则（equivalence） 等效性原则是在适当动植物卫生保护水平（appropriate level of protection，ALOP）的基础上得以产生的。ALOP 是 WTO 成员在采取 SPS 措施以保护其境内人类、动物和植物的生命或健康时认为适当的保护水平或可接受的最低风险。例如植物检疫，如果出口成员对出口植物或植物产品所采取的植物检疫措施，客观上达到了进口成员的 ALOP，则进口成员就应当接受这种措施，即允许这种植物或植物产品进口，哪怕这种措施不同于自己所采取的措施，或不同于从事同一植物或植物产品贸易的其他成员所采用的措施。

（5）风险评估原则（risk assessment） 风险评估是一个成员制定或实施 SPS 措施的科学基础或决策依据。例如植物检疫，各成员在制定植物检疫措施时，应以有害生物风险分析为基础，同时考虑 FAO-IPPC 制定的风险分析标准等；在采取植物检疫措施时，成员有两种选择：一是依据国际标准；二是自己进行风险评估来评价风险以及可能产生的后果。

（6）非疫区原则（pest or disease free area） SPS 协定要求各成员应当承认不以行政区划对有害生物的分布进行界定的非疫区原则，在接受非疫区原则的同时也要接受低度流行区（Areas of Low Pest or Disease Prevalence）的概念。例如植物检疫，确认非疫区和低度流行区需建立在地理、生态系统、有害生物监测调查、植物检疫措施有效性等因子的基础之上。如果出口成员声明其领土内全部或部分地区是某一种或某一类有害生物的非疫区或低度流行区，那么就必须承担相应的举证责任，向进口成员提供必要的证据。

（7）透明度原则（transparency） SPS 协定要求 WTO 成员设立国家通报机构、成立国家咨询点，按照通报程序通报相关信息，以确保其境内的 SPS 措施透明。咨询点应该能够解答所有与 SPS 措施有关的合理的质询，并且能够提供向 WTO 进行通报的新的或修订过的法规以及其他相关文件。在我国，WTO/SPS 通报咨询局设在商务部，国家 WTO/SPS 通报咨询中心设在海关总署国际检验检疫标准与技术法规研究中心，负责植物检疫工作的海关总署、农业农村部、国家林业与草原局需经国家 WTO/SPS 通报咨询中心以固定格式通过中国 WTO/SPS 通报咨询局向 WTO 通报我国与植物检疫措施相关的法律法规、技术规范、标准等。

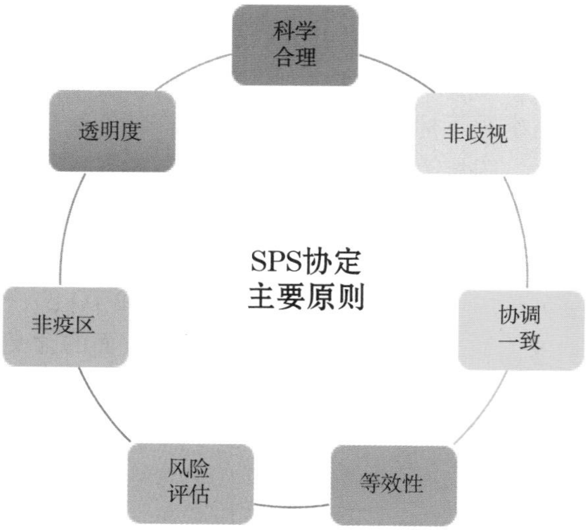

图 3-14 SPS 协定主要内容示意图（李志红制图）

3.3.3 《实施卫生与植物卫生措施协定》的实施

SPS 协定共有 164 成员，其实施范围是全球性的。为了在发展中国家成员（developing country members）和最不发达国家成员（the least-developed country members）更好地实施 SPS 协定，WTO 采取了一定的办法。例如，举办 SPS 协定培训、鼓励和促进积极参加有关的国际组织、提供技术援助以维持和扩大相关产品市场准入的机会、在允许分阶段采用新的 SPS 措施时给予有利害关系的产品较长适应期以维持其出口机会、成员义务的全部或部分享有特殊的和有限的例外等。

在 SPS 协定实施过程中，遵循统一的 WTO 争端解决程序（unified WTO dispute settlement procedures）解决 SPS 措施的有关分歧。一般可通过双边磋商（bilateral consultations）解决争端，如果没有满意的结果，争端原告方可以要求在 60 d 的正式磋商阶段过后成立专家组（panel）；在对 SPS 措施进行整体考虑时，专家组可以根据其认为适当的方式就科学与技术问题征求意见，这种意见可以来自个人专家、技术专家组或某个相关的国家组织。此外，SPS 协定并不限制成员使用 WTO 外的其他争端解决程序，如 FAO-IPPC 制订了自身的争端解决程序，各成员也可通过其解决彼此间的植物检疫措施争端。

WTO 通常以部长级会议、货物贸易理事会会议、贸易政策审议会议、SPS 委员会会议、非正式会议、专题研讨会等形式加强 SPS 协定的实施。其中，SPS 委员会每年召开 3 次大会（通常称之例会），“特别贸易关注”是其重要议题；WTO 成员将其他成员已实施或拟实施的不符合 SPS 协定原则、对贸易造成障碍的技术性贸易措施撰写成“特别贸易关注”，在大会此议程下提出质疑，敦促相关成员澄清、修改、废止、推迟实施等；越来越多的 WTO 成员援引这种方式在例会上提出特别贸易关注，WTO 提供磋商谈判场所（图 3-15）。我国自 2001 年

图 3-15　WTO 总部及 SPS 委员会例会会址
（A 和 B，李志红提供，2002 年；C 和 D，李志红摄，2007 年）

起每年参加SPS委员会例会，与相关成员通过双边会议等方式，交流和磋商彼此的贸易政策和技术问题，促进对彼此措施的理解，增信释疑、扩大合作。

自WTO成立以来，在SPS领域里的贸易纠纷中，绝大多数争议在磋商阶段就得到了解决（如美国暂停进口中国鸭梨的争议，详见SPS协定案例分析1），只有少数案例经历了专家组和上诉程序（如美国诉日本限制水果进口案，详见SPS协定案例分析2）。

SPS协定案例分析3-1：

争端内容：美国于2003年暂停进口中国鸭梨

争端简介：中国鸭梨于1997年进入美国市场，深受消费者欢迎。2003年12月19日，美国农业部以截获和市场上发现中国鸭梨被黑斑病菌新种侵染为由，暂停进口并退运。中国检疫部门迅速介入处置，2004年起开展技术谈判、现场验证等。

解决情况：通过谈判、验证等，中美双方专家由在新种问题上的很大分歧转到对如何降低发病率的共识，通过剪梨柄、手工分级、0℃冷藏14 d等措施将发病率降至0.45%。中美双方对实验结果表示满意。中国鸭梨于2005年恢复输美。

法规依据：SPS协定是最关键的法规依据，特别是协定中的科学合理原则。暂停进口和退运中国鸭梨，必须建立在充分的科学证据之上。同时，该案例中在科学实验的基础上双方认同研究结果并解决了争端，进一步说明磋商、合作是解决争端的重要途径。

SPS协定案例分析3-2：

争端内容：对不同品种苹果的检疫要求

争端简介：日本允许美国苹果输日，但要求每一品种都需经过溴甲烷熏蒸结合冷藏处理的试验以证明可以杀死苹果中的蛾类幼虫是有效的。1996年，美国代表提出该处理方法可杀死蛾类幼虫，其有效性与苹果品种无关；1997年美国正式向WTO争端解决机构提出与日本就此事进行磋商的要求；WTO组织专家组进行该SPS措施争端调查。

解决情况：争端已解决。

法规依据：SPS协定是最关键的法规依据，特别是SPS措施应符合科学合理和风险评估原则。针对日方所提出的检疫要求，美方以科学试验证据说明溴甲烷熏蒸结合冷藏处理的方法可杀死蛾类幼虫且其有效性与苹果品种无关。同时，该案例中以WTO组织专家组的方式进行争端解决，进一步说明了SPS协定中有关争端解决机制的必要性和重要性。

小结

《实施卫生与植物卫生措施协定》是与植物检疫密切相关的代表性国际法规，由WTO下设的SPS委员会负责实施。《实施卫生与植物卫生措施协定》内容框架包括14项条款和3个附件，涉及科学合理、非歧视、协调一致、等效性、风险评估、非疫区及透明度7项主要内容。截至目前《实施卫生与植物卫生措施协定》共有164个成员，我国于2001年成为正式成员，在该协定实施过程中发挥了重要作用。

3.4 中国植物检疫法规

学习重点

- 明确《中华人民共和国生物安全法》《中华人民共和国进出境动植物检疫法》《植物检疫条例》等我国植物检疫法规间的关系；
- 掌握我国植物检疫法规的主要规定。

自新中国成立后，1951 年中央贸易部公布了首部植物检疫法规《输出入植物病虫害检验暂行办法》，1954 年中央人民政府对外贸易部公布了《输入输出植物检疫暂行办法》，首先使用“植物检疫”一词，为此后制定相关法律法规奠定了基础和规范。根据目前我国植物检疫法规的适用范围，可分为进出境植物检疫法规和国内植物检疫法规，而国内植物检疫法规又分为农业植物检疫法规和林业植物检疫法规，如《中华人民共和国进出境动植物检疫法》《植物检疫条例》《全国农业植物检疫性有害生物名单》《全国林业检疫性有害生物名单》等。《中华人民共和国生物安全法》是我国近年公布并施行的重要法规，与植物检疫密切相关，意义重大。学习我国植物检疫法规，能够掌握其主要规定，明晰主要法规间的关系并为第 4 章至第 8 章的学习打下基础。

3.4.1 生物安全法

1）**《中华人民共和国生物安全法》与植物检疫**

我国高度重视生物安全工作。生物安全，是国家安全的重要组成部分，是指国家有效防范和应对危险生物因子（如动物、植物、微生物、生物毒素及其他生物活性物质）及相关因素威胁，生物技术能够稳定健康发展，人民生命健康和生态系统相对处于没有危险和不受威胁的状态，生物领域具备维护国家安全和持续发展的能力。2020 年 10 月 17 日，《中华人民共和国生物安全法》由第十三届全国人民代表大会常务委员会第二十二次会议通过，并由主席令予以公布，自 2021 年 4 月 15 日起施行。《中华人民共和国生物安全法》是我国生物安全领域的基础性、综合性、系统性、统领性法律，具有里程碑作用。《中华人民共和国生物安全法》旨在维护国家安全，防范和应对生物安全风险，保障人民生命健康，保护生物资源和生态环境，促进生物技术健康发展，推动构建人类命运共同体，实现人与自然和谐共生。

为什么《中华人民共和国生物安全法》与植物检疫密切相关呢？从该法的适用范围来看，涉及所从事的 8 类活动，即：①防控重大新发突发传染病、动植物疫情；②生物技术研究、开发与应用；③病原微生物实验室生物安全管理；④人类遗传资源与生物资源安全管理；⑤防范外来物种入侵与保护生物多样性；⑥应对微生物耐药；⑦防范生物恐怖袭击与防御生物武器威胁；⑧其他与生物安全相关的活动。《中华人民共和国生物安全法》与卫生检疫、动物检疫、植物检疫及外来入侵物种防控等均密切相关，其中，上述第一类活动和第五类活动与植物检疫直接相关。该法中所称的“重大新发突发植物疫情”，指的是我国境内首次发生或者已经宣布消灭的严重危害植物的真菌、细菌、病毒、昆虫、线虫、杂草、害鼠、软体动物等再次引发病虫害，或者本地有害生物突然大范围发生并迅速传播，对农作物、林木等植物造成严重危害的情形；而在这些真菌、细菌、病毒、昆虫、线虫、杂草、软体动物中，有很多是被我国列为检疫性有害生物或限定的非检疫性有害生物的物种，需采取植物检疫措施进行防控。

2）《中华人民共和国生物安全法》的内容

如表 3-6 所示，《中华人民共和国生物安全法》包括 10 章 88 条。

表 3-6 《中华人民共和国生物安全法》内容框架

序号	中文	涉及条款
1	第一章　总　则	第一条至第九条
2	第二章　生物安全风险防控体制	第十条至第二十六条
3	第三章　防控重大新发突发传染病、动植物疫情	第二十七条至第三十三条
4	第四章　生物技术研究、开发与应用安全	第三十四条至第四十一条
5	第五章　病原微生物实验室生物安全	第四十二条至第五十二条
6	第六章　人类遗传资源与生物资源安全	第五十三条至第六十条
7	第七章　防范生物恐怖与生物武器威胁	第六十一条至第六十五条
8	第八章　生物安全能力建设	第六十六条至第七十一条
9	第九章　法律责任	第七十二条至第八十四条
10	第十章　附　则	第八十五条至第八十八条

在《中华人民共和国生物安全法》中，与植物检疫直接相关的主要内容包括下述 6 个方面。

（1）总则有关规定　一是强调维护生物安全应当贯彻总体国家安全观，统筹发展和安全，坚持以人为本、风险预防、分类管理、协同配合 4 个原则，坚持中国共产党对国家生物安全工作的领导，建立健全国家生物安全领导体制，加强国家生物安全风险防控和治理体系建设，提高国家生物安全治理能力；二是强调加强科研创新、国际合作、人才培养及知识普及等工作；三是强调任何单位和个人不得危害生物安全。

（2）生物安全风险防控体制有关规定　一是强调国家建立生物安全管理体制，如中央国家安全领导机构负责国家生物安全工作的决策和议事协调，研究制定、指导实施国家生物安全战略和有关重大方针政策，统筹协调国家生物安全的重大事项和重要工作，建立国家生物安全工作协调机制；又如省、自治区、直辖市建立生物安全工作协调机制，组织协调、督促推进本行政区域内生物安全相关工作；再如县级以上人民政府有关部门应当依法开展生物安全监督检查工作，被检查单位和个人应当配合，如实说明情况，提供资料，不得拒绝、阻挠。二是强调国家建立生物安全 11 项相关制度，如风险监测预警制度、风险调查评估制度、信息共享制度、信息发布制度、名录和清单制度、标准制度、审查制度、应急制度、调查溯源制度、准入制度、境外重大生物安全事件应对制度，而这些制度均与植物检疫直接相关。

（3）防控重大新发突发植物疫情的有关规定　一是强调国务院农业农村、林业草原、海关、生态环境主管部门应建立新发突发植物疫情、进出境检疫监测网络，组织监测站点布局、建设，完善监测信息报告系统，开展主动监测，并纳入国家生物安全风险监测预警体系；植物病虫害预防控制机构应对植物疫情开展主动监测，收集、分析、报告监测信息，预测新发突发植物疫情的发生、流行趋势；国务院有关部门、县级以上地方人民政府及其有关部门应根据预测和职责权限及时发布预警，并采取相应的防控措施；任何单位和个人发现植物疫情的，应及时向植物病虫害预防控制机构或者部门报告。二是强调国家建立重大新发突发植物疫情联防联控机制和加强能力建设。

（4）生物资源安全的有关规定　一是强调国家加强对外来物种入侵的防范和应对，保护生物多样性；国务院农业农村主管部门会同国务院其他有关部门制定外来入侵物种名录和管理办法；国务院有关部门根据职责分工，加强对外来入侵物种的调查、监测、预警、控制、评估、清除以及生态修复等工作。二是强调任何单位和个人未经批准，不得擅自引进、释放或者丢弃外来物种。在这些外来物种中，包括我国已规定的禁止进境物、检疫性有害生物、限定的检疫性有害生物、外来入侵物种等。

（5）生物安全能力建设的有关规定　一是强调国家制定生物安全事业发展规划，加强生物安全能力建设，提高应对生物安全事件的能力和水平；县级以上人民政府应支持生物安全事业发展，按照事权划分将支持生物安全事业发展的相关支出列入政府预算。二是强调国家采取措施支持生物安全科技研究，加强生物安全风险防御与管控技术研究，整合优势力量和资源，建立多学科、多部门协同创新的联合攻关机制，推动生物安全核心关键技术和重大防御产品的成果产出与转化应用，提高生物安全的科技保障能力；国家统筹布局全国生物安全基础设施建设；国务院有关部门根据职责分工，加强生物基础科学研究人才和生物领域专业技术人才培养，推动生物基础科学学科建设和科学研究；国家加强重大新发突发植物疫情等生物安全风险防控的物资储备。

（6）法律责任的有关规定　一是强调了处分类：违反本法规定，履行生物安全管理职责的工作人员在生物安全工作中滥用职权、玩忽职守、徇私舞弊或者有其他违法行为的，依法给予处分。违反本法规定，专业机构或者其工作人员瞒报、谎报、缓报、漏报，授意他人瞒报、谎报、缓报，或者阻碍他人报告植物疫情等的，由县级以上人民政府有关部门责令改正、给予警告；对法定代表人、主要负责人、直接负责的主管人员和其他直接责任人员依法给予处分，并可以依法暂停一定期限的执业活动直至吊销相关执业证书。二是强调罚款类：违反本法规定，有下列行为之一的，由县级以上人民政府有关部门根据职责分工，责令改正，没收违法所得，给予警告，可以并处十万元以上一百万元以下的罚款：购买或者引进列入管控清单的重要设备、特殊生物因子未进行登记，或者未报国务院有关部门备案；个人购买或者持有列入管控清单的重要设备或者特殊生物因子。违反本法规定，未经批准，擅自引进外来物种的，由县级以上人民政府有关部门根据职责分工，没收引进的外来物种，并处五万元以上二十五万元以下的罚款。违反本法规定，未经批准，擅自释放或者丢弃外来物种的，由县级以上人民政府有关部门根据职责分工，责令限期捕回、找回释放或者丢弃的外来物种，处一万元以上五万元以下的罚款。三是强调犯罪类：违反本法规定，构成犯罪的，依法追究刑事责任；造成人身、财产或者其他损害的，依法承担民事责任。

3）《中华人民共和国生物安全法》的实施

《中华人民共和国生物安全法》于2021年4月15日起施行。两年多来，党中央和我国有关部门高度重视国家生物安全，开展了大量工作。据新华社报道，中共中央政治局于2021年9月29日就加强我国生物安全建设进行第33次集体学习，中共中央总书记习近平主持此次学习。他强调，要深刻认识新形势下加强生物安全建设的重要性和紧迫性，贯彻总体国家安全观，贯彻落实生物安全法，统筹发展和安全，按照以人为本、风险预防、分类管理、协同配合的原则，加强国家生物安全风险防控和治理体系建设，提高国家生物安全治理能力，切实筑牢国家生物安全屏障。中国工程院院士、中国农业科学院吴孔明研究员针对该问题进行了讲解，提出了工作建议。中央政治局的同志认真听取了他的讲解，并进行了讨论。习近平在主持学习时发表了重要讲话，他强调，现在传统生物安全问题和新型生物安全风险相互叠加，境外生物威胁和内部生物风险交织并存，生物安全风险呈现出许多新特点，我国生物安全风险防控和治理体系还存在短板弱项，必须科学分析我国生物安全形势，把握面临的风险挑战，明确加强生物安全建设的思路和举措。

在植物检疫领域，一方面主管部门、高等院校、科研机构以及媒体机构，通过走进校园、走进社区以及电视新闻报道及专题节目、报刊新闻报道及专访、网站新闻报道、微信推送（如海关发布等）等多种方式加强《中华人民共和国生物安全法》等植物检疫法规的普法宣传，让《中华人民共和国生物安全法》等走进千家万户，让更多的企业和百姓知法、懂法、守法，自觉维护国家生物安全；另一方面农业农村部、海关总署、自然资源部国家林业和草原局施行《中华人民共和国生物安全法》，落实到具体工作中，例如海关总署近年在双边的进境植物检疫要求中已将《中华人民共和国生物安全法》列在了法律依据的首位（如海关总署公告 2023 年第 120 号关于进口赞比亚鲜食蓝莓植物检疫要求的公告）并在口岸严格执法截获了大量外来物种（含检疫性有害生物）；又如农业农村部自 2022 年起在全国范围内组织开展外来入侵物种调查和风险分析工作，涉及生态与环境、植物保护（含植物检疫）、人文社科等多部门多学科的通力合作。

近日，最高人民检察院会同海关总署、最高人民法院开展依法惩治非法引进外来入侵物种犯罪行动。来自《中国日报》2023 年 9 月 19 日的报道显示，海关总署、最高人民法院、最高人民检察院决定在全国范围内联合开展为期一年的依法惩治非法引进外来入侵物种犯罪行动，坚决防范外来物种通过口岸进境入侵。2023 年 1—8 月，海关系统从进境寄递、携带物品中累计截获禁止进境活体动植物 1826 种，并打掉多个非法引进“异宠”的犯罪团伙。为进一步落实总体国家安全观及党的二十大精神，根据《中华人民共和国生物安全法》《中华人民共和国刑法》《中华人民共和国刑事诉讼法》等有关规定，全国海关、各级法院和检察院正在联合开展相关行动。

二维码 3-5
海关总署《关于进口赞比亚鲜食蓝莓植物检疫要求的公告》

3.4.2 进出境植物检疫法规

1）我国进出境植物检疫法规体系

我国进出境植物检疫法规历经近百年的发展，体系较为完整。主要法规包括《中华人民共和国进出境动植物检疫法》《中华人民共和国进出境动植物检疫法实施条例》《中华人民共和国进境植物检疫禁止进境物名录》《中华人民共和国禁止携带、邮寄进境的动植物及其产品名录》《中华人民共和国进境植物检疫性有害生物名录》以及我国与贸易国签署的双边议定书等。

《中华人民共和国进出境动植物检疫法》于 1991 年 10 月 30 日由主席令公布，并于 1992 年 4 月 1 日起施行；《中华人民共和国进出境动植物检疫法实施条例》于 1996 年 12 月 2 日以国务院令形式发布，并于 1997 年 1 月 1 日起开始施行。与《中华人民共和国进出境动植物检疫法》密切相关的其他法规主要有《中华人民共和国生物安全法》《中华人民共和国海关法》《中华人民共和国进出口商品检验法》和《中华人民共和国国境卫生检疫法》等。《中华人民共和国进境植物检疫禁止进境物名录》于 1992 年 7 月 25 日由农业部发布，并于 1997 年 7 月 29 日修订并一直使用；《中华人民共和国禁止携带、邮寄进境的动植物及其产品名录》由农业部、国家质量监督检验检疫总局于 2012 年 1 月 13 日修订发布；《中华人民共和国进境植物检疫性有害生物名录》于 2007 年 5 月 28 日由农业部、国家质量监督检验检疫总局修订发布，后陆续有增补。

自 2013 年以来，我国与“一带一路”沿线国家及其他国家签署、实施了诸多协议（表 3–7），涉及诸多植物和植物产品的进出口贸易，有力地推动了中国与亚洲、欧洲、非洲、大洋洲及美洲国家的植物检疫双边合作，促进了相关贸易的发展。例如，2023 年 9 月 22 日海关总署发布公告，根据我国相关法律法规和中华人民共和国海关总署与阿拉伯埃及共和国农业与土地开垦部的中央植物检疫局（表 3–8，分别简称“中方”“埃方”）有关埃及鲜食杧果输华植物检疫要求的规定，即日起，允许符合相关要求的埃及鲜食杧果进口。

表 3-7 我国与“一带一路”沿线国家等签署的主要双边协议

类别	区域	国家	植物及植物产品	议定书举例
“一带一路”沿线国家	亚洲	泰国、柬埔寨、缅甸、老挝、越南、印度尼西亚、文莱、哈萨克斯坦、乌兹别克斯坦等	涉及非常丰富的粮食、水果、蔬菜等植物和植物产品种类，如小麦、大麦、玉米、大米、杧果、樱桃、苹果、柠檬、香蕉、蛇皮果、火龙果、椰子、榴梿、山竹、甜瓜、西瓜、甘薯、甜椒、红辣椒、苜蓿干草、亚麻籽、米糠粕、菜籽粕、麦麸等	《中华人民共和国海关总署与哈萨克斯坦共和国农业部关于哈萨克斯坦小麦粉输华植物检疫要求的议定书》 《中华人民共和国海关总署与大韩民国农林畜产食品部关于中韩进出口甜椒检验检疫合作的谅解备忘录》 《中华人民共和国国家质量监督检验检疫总局与泰王国农业与合作部关于中国水果输泰检验检疫条件的议定书》
	欧洲	俄罗斯、法国、德国、捷克、丹麦等	涉及粮食、水果、木材等植物和植物产品种类，如小麦、大麦、大豆、猕猴桃、葡萄、油菜籽、甜菜粕、麦芽等	《中华人民共和国海关总署与俄罗斯联邦兽医和植物检疫监督局关于俄罗斯大麦输华植物检疫要求议定书》 《中华人民共和国国家质量监督检验检疫总局与法兰西共和国农业、食品及林业部关于法国猕猴桃输华植物检疫要求议定书》 《中华人民共和国海关总署与德意志联邦食品和农业部关于德国甜菜粕输华卫生与植物卫生要求议定书》
	非洲	南非、埃及、埃塞俄比亚、尼日利亚、肯尼亚、坦桑尼亚等	涉及大豆、玉米、高粱、苜蓿草、鳄梨、柑橘、葡萄、苹果、木薯干、甜叶菊、烟叶等	《中华人民共和国海关总署和埃塞俄比亚联邦民主共和国农业和畜牧资源部关于埃塞大豆输华植物检疫要求议定书》 《中华人民共和国海关总署与南非共和国农林渔业部关于南非苜蓿草输华的卫生与植物卫生条件的议定书》 《中华人民共和国海关总署与肯尼亚共和国国家植物健康监督局关于肯尼亚冷冻鳄梨输华检验检疫要求的议定书》 《中华人民共和国国家质量监督检验检疫总局和坦桑尼亚农业畜牧业渔业部关于坦桑尼亚木薯干输华植物检疫要求议定书》
其他国家	大洋洲、美洲	澳大利亚、新西兰、美国、墨西哥、哥斯达黎加、巴西、阿根廷、智利、秘鲁等	涉及小麦、大麦、大豆、玉米、高粱、马铃薯、柑橘、蓝莓、菠萝、苹果、梨、油桃、鳄梨、豆粕、苜蓿草等	《中华人民共和国国家质量监督检验检疫总局与澳大利亚农业部关于澳大利亚小麦大麦输往中国植物检疫要求议定书》 《中华人民共和国国家质量监督检验检疫总局和哥斯达黎加共和国农业畜牧部关于哥斯达黎加菠萝输往中国植物检疫要求议定书》 《中华人民共和国海关总署与智利共和国农业部关于智利鲜食柑橘输华植物检疫要求的议定书》 《中华人民共和国海关总署与美利坚合众国农业部关于中国鲜枣输往美国大陆系统控制措施工作计划》

表 3-8 埃及鲜食杧果输华植物检疫要求的主要内容

序号	项目	主要内容
1	检验检疫依据	《中华人民共和国生物安全法》《中华人民共和国进出境动植物检疫法》及其实施条例、《中华人民共和国食品安全法》及其实施条例、《进境水果检验检疫监督管理办法》《中华人民共和国海关总署与阿拉伯埃及共和国农业与土地开垦部关于埃及鲜食杧果输华植物检疫要求合作谅解备忘录》
2	允许进境商品名称	鲜食杧果（以下简称“杧果”），学名 *Mangifera indica*，英文名 Mango
3	允许的产地	埃及杧果产区
4	批准的果园、包装厂及检疫处理设施	输华鲜食杧果的果园、包装厂、冷藏库及热处理设施均应由埃方审核备案，并由中方批准注册。注册信息包括名称、地址及注册号码，以便出口产品不符合相关规定时准确溯源。注册名单应在每年出口季节前，由埃方向中方提供。经中方审核批准后，中方将在官方网站公布该注册名单
5	中方关注的检疫性有害生物名单	12 种昆虫（包括实蝇、蚧类和蓟马）和 1 种病原物，如地中海实蝇（*Ceratitis capitata*）、桃实蝇（*Bactrocera zonata*）、扶桑绵粉蚧（*Phenacoccus solenopsis*）等
6	出口前要求	• 果园管理：如埃方应按国际植物检疫措施标准第 6 号（ISPM 6）的要求，针对中方关注的检疫性有害生物制定管理计划，全年组织实施果园监测 • 包装厂管理：如在包装过程中，杧果须经剔除（病果、畸形果）、挑选、分级、压缩空气吹扫等工序，以保证不带昆虫、螨类、烂果、枝、叶、根和土壤等 • 包装要求：如每个包装箱上应用英文标注水果名称、产地、出口国家、果园或其注册号、包装厂及其注册号等信息，每个包装箱和托盘需用中文或英文标注“输往中华人民共和国”或“Exported to the People's Republic of China” • 检疫处理要求：如输华杧果应在出口前在埃方监管下实施蒸热处理或热水处理 • 出口前检疫：如在协议生效后的两年内，埃方应按照 2% 的比例对每批输华杧果进行抽样检查；如两年内没有发生植物检疫问题，抽样比例降为 1% • 植物检疫证书要求：如经检疫合格的，埃方应出具植物检疫证书，注明果园和包装厂名称或注册号，并填写以下附加声明“This consignment complies with requirements specified in the MOU on Phytosanitary Requirements for Export of Egypt Fresh Mango to China, and is free from any quarantine pests of concert to China” • 进境检验检疫及不合格处理：包括有关证书和标识核查（如核查进口水果是否获得《进境动植物检疫许可证》）、进境检验检疫（如输华杧果应从中方允许进口水果的港口和机场进境）、不符合处理（如发现来自未经批准果园、包装厂或热处理设施的，则该批货物不得进境；如发现中方关注的检疫性有害生物，或埃及新发生的检疫性有害生物活体，或发现土壤、植物残体等，则对该批货物作退回、销毁或除害处理）
7	附件	杧果蒸热处理操作程序 杧果热水处理操作程序

2）我国进出境植物检疫主要法规的内容

《中华人民共和国进出境动植物检疫法》共 8 章 50 条，包括总则、进境检疫、出境检疫、过境检疫、携带和邮寄物检疫、运输工具检疫、法律责任及附则等。《中华人民共和国进出境动植物检疫法实施条例》共 10 章 68 条，包括总则、检疫审批、进境检疫、出境检疫、过境检疫、携带和邮寄物检疫、运输工具检疫、检疫监督、法律责任及附则等。如图 3–16 所示，《中华人民共和国进出境动植物检疫法》及其实施条例针对植物检疫阐述了 3 方面的主要内容。

（1）植物检疫职权问题　检疫机关依法享有植物检疫职权。凡进境、出境、过境的植物、植物产品和其他检疫物，装载植物、植物产品和其他检疫物的装载容器、包装物、铺垫材料，来自植物疫区的运输工具，进境拆解的废旧船舶，有关法律、行政法规、国际条约规定或者贸易合同约定应当实施植物检疫的其他货物、物品，均应接受植物检疫。检疫人员可

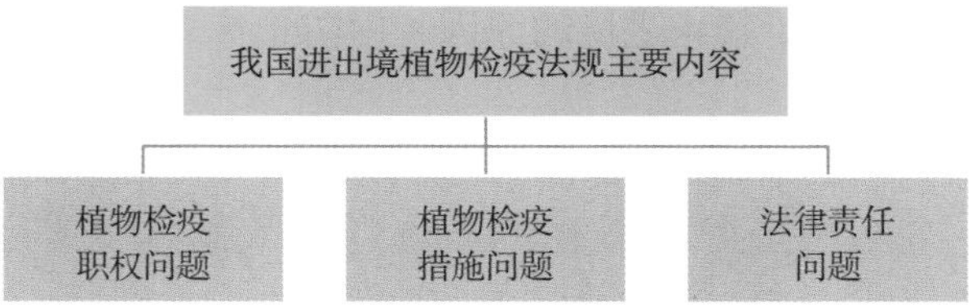

图 3-16 《中华人民共和国进出境动植物检疫法》及其实施条例的主要内容

登船、登车、登机实施植物检疫；可进入港口、机场、车站、邮局以及检疫物的存放、加工、养殖、种植场所实施检疫，并依照规定采样；可根据植物检疫需要，进入有关生产、仓库等场所，进行疫情监测、调查和检疫监督管理；可查阅、复制、摘录与检疫物有关的运行日志、货运单、合同、发票及其他单证等。

（2）植物检疫措施问题　针对进境、出境和过境的检疫物，检疫机关和人员依据法规和程序进行植物检疫，这些程序主要包括检疫准入、检疫许可、检疫申报、现场查验和实验室检测、检疫处理、检疫放行等（详见第 4 章）。植物检疫是一项系统工程，在实施检疫的前、中、后期，必要时还需采取一些相关的重要措施，如预检、产地检疫、隔离检疫、检疫监督管理等。

（3）法律责任问题　违反本法规定将依法予以罚款、吊销检疫单证、注销检疫注册登记或取消其从事检疫消毒、熏蒸资格的处罚；构成犯罪的，依法追究刑事责任。检疫人员滥用职权，徇私舞弊，伪造检疫结果，或者玩忽职守，延误检疫出证，构成犯罪的，依法追究刑事责任；不构成犯罪的，予以行政处分。下列行为处以罚款处罚，即未做检疫申报或未依法办理检疫许可手续的或所申报的物品与实际不符的，处 5000 元以下罚款；擅自将植物、植物产品或其他检疫物卸离运输工具或运递的，或擅自调离或处理正在隔离检疫中的植物的，或擅自将过境物品包装开拆或卸离运输工具的，或擅自抛弃过境铺垫材料或其他废弃物的，处 3000 ～ 30000 元罚款。下列行为之一追究刑事责任，即引起重大植物疫情的；伪造、变造检疫单证、印章、标志、封识的；尚不构成犯罪或情节显著轻微的依法不需判处刑罚的处 20000 ～ 50000 元的罚款。《中华人民共和国进出境动植物检疫法》及其实施条例自 20 世纪 90 年代公布 / 发布后尚未修订，与 2020 年公布的《中华人民共和国生物安全法》相比较，其法律责任中罚款力度是偏低的，这是今后法规修订中需特别关注的内容。

在《中华人民共和国禁止携带、邮寄进境的动植物及其产品名录》中，与植物检疫相关的有四类植物及植物产品和五类其他检疫物。植物及植物产品类包括：①新鲜水果；②烟叶（不含烟丝）；③种子（苗）、苗木及其他具有繁殖能力的植物材料；④有机栽培介质。其他检疫物类包括：①植物病原体、害虫及其他有害生物，细胞、器官组织、血液及其制品等生物材料；②动物标本；③土壤；④转基因生物材料；⑤国家禁止进境的其他植物、植物产品和其他检疫物。其中，通过携带或邮寄方式进境的植物及其产品和其他检疫物，经国家有关行政主管部门审批许可，并具有输出国家或地区官方机构出具的检疫证书，不受此名录的限制。

《中华人民共和国进境植物检疫禁止进境物名录》共包括 11 类禁止进境物，分别为玉米（种子），大豆（种子），马铃薯（种用块茎及其他繁殖材料），榆属（苗、插条），松属（苗、接穗），橡胶属（芽、苗、籽），烟属（繁殖材料、烟叶），小麦（商品），水果及茄子、辣椒、番茄果实，植物病原体（包括菌种、毒种）害虫生物体及其他转基因生物材料，土壤。在列出禁止进境物的同时分别注明了禁止进境的原因（即防止传入的检疫性有害生物）和禁止的国家（地区）。

《中华人民共和国进境植物检疫性有害生物名录》当前包括446种（属）有害生物，包括植物病原物247种、害虫（昆虫和软体动物）157种（属）、杂草42种（属），例如向日葵黑茎病菌（*Leptosphaeria lindquistii*，无性态 *Phoma macdonaldii*）、白蜡鞘孢菌（*Chalara fraxinea*）、梨火疫病菌（*Erwinia amylovora*）、番茄环斑病毒（*Tomato ring spot virus*）、马铃薯金线虫（*Globodera rostochiensis*）、菜豆象（*Acanthoscelides obtectus*）、扶桑绵粉蚧（*Phenacoccus solenopsis*）、地中海白蜗牛（*Cernuella virgata*）、异株苋亚属（Subgen *Acnida*）等（表3–9）。

表3-9　我国检疫性有害生物类别及数量的比较

名录	发布年份	发布部门	有害生物总计	病原物	害虫（昆虫和软体动物）	杂草
《中华人民共和国进境植物检疫性有害生物名录》	2007	农业部、国家质量监督检验检疫总局	435	242	152	41
	2021	农业农村部 海关总署	446	247	157	42
《全国农业植物检疫性有害生物名单》	2020	农业农村部	31	19	19	3
《全国林业检疫性有害生物名单》	2013	国家林业局	14	3	10	1

注：有害生物数量为截至2023年9月信息，病原物、昆虫、杂草为种（属）数量

3）我国进出境植物检疫主要法规的实施

自2018年机构改革以来，海关总署及其直属海关、隶属海关等相关机构负责实施进出境植物检疫。通过第1章和第2章，初步学习了几个进出境植物检疫实例。以实例见实施，来自海关的实际工作是进一步认识进出境植物检疫法规实施情况的重要途径。在进出境植物检疫法规实施过程中，涉及进境检疫也涉及出境检疫，涉及粮谷果蔬也涉及繁殖材料以及原木板材等。通过比较近年不同类别的植物检疫实例（表3–10），能够掌握当下进出境植物检疫法规实施的整体情况，同时也能够提升对我国进出境植物检疫促进“一带一路”建设的认识。

表3-10　进出境植物检疫实例比较

序号	题目	实例简介	检疫依据	检疫意义
进出境植物检疫实例3–1	海关2021年截获检疫性有害生物6.51万种次	2021年，海关组织开展了“国门绿盾”专项行动，在寄递、旅客携带物渠道截获外来物种等活体动植物8473批次，同比增长98.43%；全年截获有害生物59.08万种次、检疫性有害生物6.51万种次；将番茄褐色皱果病毒等5种有害生物增补入《中华人民共和国进境植物检疫性有害生物名录》	《中华人民共和国生物安全法》《中华人民共和国进出境动植物检疫法》及其实施条例、《中华人民共和国进境植物检疫性有害生物名录》等	生物安全法于2021年开始实施，海关严格执法，截获大量外来物种和检疫性有害生物，为国门生物安全做出特殊贡献。进境检疫性有害生物名录不断进行完善，具有重要意义

续表 3-10

序号	题目	实例简介	检疫依据	检疫意义
进出境植物检疫实例 3-2	上海海关销毁2批携带病毒的进口玉米种子	2020年4月，上海海关所属浦东国际机场海关对2批智利进口的玉米种子实施现场检疫，并采集样品送实验室检测。经上海海关动植物与食品检验检疫技术中心检测鉴定，并经中国农业大学等单位专家复核，确认截获玉米矮花叶病毒（maize dwarf mosaic virus, MDMV），该病毒在我国暂无分布报道，一旦传入将严重威胁我国玉米、高粱等粮食生产安全。该2批种子共计3.91 t。同日，染疫种子按规定在海关监管下实施了销毁处理	《中华人民共和国进出境动植物检疫法》及其实施条例、相关议定书	玉米是我国重要农作物，进境玉米种子需严格检疫，以防外来有害生物的入侵。此次截获和销毁处理具有重要意义。玉米矮花叶病毒于2021年增补入《中华人民共和国进境植物检疫性有害生物名录》，此实例为此做出了重要贡献
进出境植物检疫实例 3-3	泰国水果输华首次乘火车从凭祥口岸入境	2020年5月21日，跨境冷链班列——凭祥—同登泰国水果进口班列开行，广西新增泰国水果经第三国输华入境口岸，中国与东盟之间的水果贸易再添一条便捷新通道。这趟班列装有泰国山竹和榴梿的6个40 ft冷藏集装箱（全程温度控制在2～8℃）、共计156 t，过境越南同登火车站后，中转铁直达凭祥铁路口岸进境水果指定监管场地，在接受海关检验检疫后，这批水果被迅速转运发往全国各地，这是泰国水果首次通过跨境冷链班列进入我国。在检验检疫过程中，南宁海关进一步优化模式，提升通关效率。在做好风险防控的同时，对鲜活农产品实施检疫环节中的开箱、打通道、卸货、掏柜等的具体流程进行全面优化，提高检疫监管的科学性、针对性和时效性，有效提升了查验效能，提高了鲜活农产品通关效率	《中华人民共和国进出境动植物检疫法》及其实施条例、《中华人民共和国进出口商品检验法》及其实施条例、《中华人民共和国国家质量监督检验检疫总局与泰王国农业与合作部关于泰国水果输华检验检疫条件的议定书》《中国和泰国进出口水果经过第三国检验检疫要求的议定书》	泰国是我国水果进口主要贸易国家，在“一带一路”沿线拥有突出地位。此前，泰国水果经第三国进入广西，只有友谊关口岸；目前新增凭祥铁路口岸、东兴口岸作为泰国水果经第三国输华入境口岸，共同开展泰国水果经第三国输华贸易，意义重大。同时，跨境冷链班列的开行，为促进更多质优价廉的东盟水果进入中国市场创造了更好条件
进出境植物检疫实例 3-4	上海海关助力肯尼亚冷冻鳄梨顺利输华	2019年9月，首批40箱200 kg肯尼亚冷冻鳄梨到达上海浦东国际机场。上海海关隶属浦东国际机场海关通过提前无纸化报关获知本批水果的基本信息，提前做好查验计划。现场查验过程中，海关关员验核肯尼亚官方植物检疫证书真实有效，标注了牛油果速冻处理的温度、持续时间及加工厂名称；报关资料齐全、货物包装合规，符合中国植物检疫要求和安全卫生标准；核对冷冻牛油果来自海关总署考核注册的加工厂和速冻处理设施；核对货物数重量与申报一致，未携带果皮、果核，现场未发现病虫危害状，符合肯尼亚冷冻鳄梨输华检验检疫要求的议定书的要求，现场检疫合格后随即放行	《中华人民共和国进出境动植物检疫法》及其实施条例、《中华人民共和国海关总署与肯尼亚共和国国家植物健康监管局关于肯尼亚冷冻鳄梨输华检验检疫要求的议定书》	2019年4月，在北京举办的“一带一路”国际合作高峰论坛期间，肯尼亚与我国签署达成进口协议，签署双边议定书，2019年6月海关总署发布《关于允许进口肯尼亚冷冻鳄梨的公告》，使肯尼亚成为非洲首个可向中国出口鳄梨的国家。我国海关在推进“一带一路”建设特别是中非贸易中发挥了重要作用
进出境植物检疫实例 3-5	天津东疆海关助力南非苜蓿草顺利输华	2019年12月4日，天津东疆海关对1批116.4 t南非输华苜蓿草实施检验检疫。海关关员对货物进行了现场查验，扦取样品，并送实验室做病虫杂草、转基因等项目检测。经实验室检测，该批货物检出非检疫性有害生物亚长尾盆咽线虫，未检出转基因成分。将检出的有害生物录入动植物检疫资源信息共享服务平台，并对货物做后续监管使用处理。同时，按照海关总署国门生物安全监测指南，做好进口输华苜蓿草携带杂草等外来疫情的监测工作	《中华人民共和国进出境动植物检疫法》及其实施条例、《进出口饲料及饲料添加剂检验检疫监督管理办法》《中华人民共和国海关总署与南非共和国农林渔业部关于南非苜蓿草输华的卫生与植物卫生条件的议定书》	苜蓿草进口在我国畜牧养殖业具有重要意义，能够有效弥补国内植物源性蛋白饲料供应的不足。中非双方加强植物检疫合作，天津海关按照输华苜蓿草检验检疫要求，严格执法。中非双方加强植物检疫合作，促进南非苜蓿草顺利输华，发挥“一带一路”建设检验检疫重要作用

续表 3-10

序号	题目	实例简介	检疫依据	检疫意义
进出境植物检疫实例 3-6	石家庄海关助力中国冬枣出口智利	冬枣是我国出口创汇果品之一，为扩大冬枣出口，海关总署向智利提交申请准入技术资料，推动检疫准入工作。2018年11月2日，签署《中华人民共和国海关总署与智利共和国农业部关于中国鲜枣输往智利植物检疫要求的议定书》。2018年11月，20箱、重312 kg产自河北黄骅的冬枣，经石家庄海关检疫合格后正式运往智利，这是中国冬枣首次出口智利	《中华人民共和国进出境动植物检疫法》及其实施条例、《中华人民共和国海关总署与智利共和国农业部关于中国鲜枣输往智利植物检疫要求的议定书》	通过中国与智利检疫机构等的合作，中国冬枣首次走进美洲市场，具有重要意义。冬枣出口，检验检疫要求较高，须检疫机构、植保技术推广部门、相关企业的通力合作，做好生产，做好检疫，共同推进

3.4.3 农林业植物检疫法规

1）国内植物检疫法规体系

如第一章所述，我国农业植物检疫的部级管理机构是中华人民共和国农业农村部，我国林业植物检疫的部级管理机构是中华人民共和国自然资源部国家林业和草原局。为了防止检疫性有害生物在国内的传播和扩散，我国农业和林业植物检疫管理机构出台了与国内植物检疫直接相关的众多规范性文件。目前，国内植物检疫领域影响最大的法规是《植物检疫条例》；此外，《植物检疫条例实施细则（农业部分）》《植物检疫条例实施细则（林业部分）》《全国农业植物检疫性有害生物名单》《全国林业检疫性有害生物名单》《应施检疫的植物及植物产品名单》以及各省（自治区、直辖市）补充农业植物检疫性有害生物名单等共同组成了国内植物检疫的法规体系。

《植物检疫条例》于1983年1月3日由国务院发布，并于1992年5月13日修订发布施行，2017年10月7日根据《国务院关于修改部分行政法规的决定》（国务院令第687号）第2次修订，适用于在我国领域内的植物检疫活动。

《植物检疫条例实施细则（农业部分）》于1983年10月20日由农牧渔业部制定，1995年2月25日中华人民共和国农业部令第5号发布重新修订的《植物检疫条例实施细则（农业部分）》，之后又进行过三次修订。1997年12月25日根据农业部令第39号第1次修正；2004年7月1日根据农业部令第38号发布自2004年7月1日起施行的《农业部关于修订农业行政许可规章和规范性文件的决定》第2次修正；根据2007年11月8日农业部令第6号公布的《农业部现行规章清理结果》第3次修正。

《植物检疫条例实施细则（林业部分）》于1984年9月林业部制定，于1994年7月26日林业部令第4号发布了重新修订的《植物检疫条例实施细则（林业部分）》，并于2011年1月25日根据国家林业局令第26号修改。

针对全国农业植物检疫性有害生物名单，1957年国务院授权农业部发布了我国第一个《国内植物检疫对象和应施检疫的植物、植物产品名单》，自1958年起施行，其中包括32种植物检疫对象，该名录后来分别于1966年、1983年、1995年作了修订。2006年，农业部发布了《全国农业植物检疫性有害生物名单》，包括检疫性有害生物43种（属），后又通过农业部公告的方式，增加了2种有害生物。2009年，根据检疫形势的变化，进一步修订发布了《全国农业植物检疫性有害生物名单》，检疫性有害生物为29种（属）。2020年，修订发布了《全国农业植物检疫性有害生物名单》，共有检疫性有害生物 31 种（属）（表 3–9），如玉米褪绿斑驳病毒、马铃薯甲虫、列当属（*Orobanche* spp.）等。

针对全国林业植物检疫性有害生物名单，1964 年林业部发布了国内第一个森林植物检疫办法《中华人民共和国林业部森林植物检疫暂行办法（草案）》，提出了 19 种国内森林植物检疫对象。1984 年，林业部发布了《国内森林植物检疫对象和应施检疫的森林植物、林产品名单》，森林植物检疫对象为 20 种。1996 年，林业部发布《森林植物检疫对象名单》，名单上的有害生物为 35 种。1998—2001 年，开展全国林业检疫性有害生物普查，查清了 35 种林业检疫性有害生物在国内的发生、分布和危害等情况。2004 年 8 月 12 日，国家林业局以公告形式发布了《全国林业检疫性有害生物名单》，包括 19 种检疫性有害生物，后调整为 21 种。2013 年，国家林业局修订发布了《全国林业检疫性有害生物名单》，含 14 种检疫性有害生物（表 3–9），如松材线虫、红火蚁、薇甘菊（*Mikania micrantha*）等。

2）国内植物检疫法规的内容

《植物检疫条例》共包括 24 条，涉及 10 项制度，即调运检疫制度、产地检疫制度、国外引种检疫制度、划定疫区和保护区制度、植物检疫对象审定制度、国内植物检疫收费制度、疫情发布管理制度、疫情监督制度、植物检疫奖惩制度和应急防控制度。其中，“植物检疫对象”是过去传统说法，指的就是检疫性有害生物和限定的非检疫性有害生物。

《植物检疫条例》的主要内容包括 4 个部分（图 3–17），即：①调运检疫。被列入应施检疫的植物和植物产品名单的，运出发生疫情的县级行政区域之前必须经过检疫；种子、苗木和其他繁殖材料在调运前都必须经过检疫。②产地检疫。针对种子、苗木和其他繁殖材料等须进行产地检疫。③国外引种检疫。引进种苗的单位向所在地省级植物检疫机构提出申请办理审批手续，国务院有关部门所属的在京单位向国务院农业主管部门所属的植物检疫机构申请办理审批手续，经隔离试种证明确实不带限定的有害生物的方可分散种植。④应急防控。对新发现的检疫性有害生物采取紧急防治措施，包括封锁、控制和扑灭等。综上所述，调运检疫、产地检疫、国外引种检疫、应急防控，共同组成了国内植物检疫的主要内容。

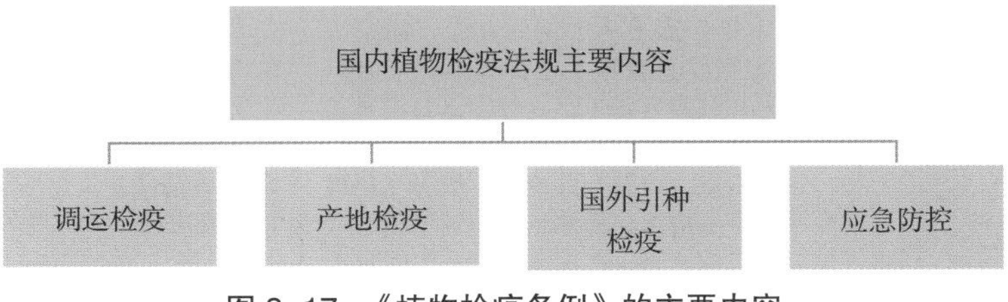

图 3–17 《植物检疫条例》的主要内容

《植物检疫条例实施细则（农业部分）》共包括 8 章 30 条，其中总则主要规范了各级植物检疫机构的职责范围、植物检疫员资格要求、植物检疫证书的签发等，之后分章节详述了实施检疫的范围、植物检疫对象的划区、控制和消灭、调运检疫、产地检疫、国外引种检疫、奖励和处罚、附则等。

《植物检疫条例实施细则（林业部分）》共包括 35 条，主要规范了各级植物检疫机构的职责范围、森检员资格要求、森检人员职权、应施检疫的森林植物及其产品、森检对象的确定、疫区和保护区划定、森检对象普查、报告与发布、产地检疫、调运检疫、国外引种检疫、奖励和处罚等。

3）国内植物检疫法规的实施

各级农业和林业植物检疫机构全面实施《植物检疫条例》《植物检疫条例实施细则（农业部分）》《植物检疫条例实施细则（林业部分）》《全国农业植物检疫性有害生物名单》《全国林业检疫性有害生物名单》等国内植物检疫法规，组织开展调运检疫、产地检疫、国外引种检疫和紧急防治，针对检疫性有害生物和限定的非检疫性有害生物，开展一系列阻截防控、检疫监管和监测调查等，有力保障了农林业生产安全、生态安全及人体健康。

国内各地植物检疫报道较多，通过比较近两年不同类别的国内植物检疫实例（表3–11），能够掌握当下农业植物检疫和林业植物检疫法规实施的整体情况，加深对国内植物检疫产地检疫、调运检疫等主要工作的理解，提高对国内植物检疫保护农林植物安全、促进农林业发展的认识。

表3-11　国内植物检疫实例比较

序号	题目	实例简介	检疫依据	检疫意义
国内植物检疫实例3–1	黑龙江国家级大豆制种基地检疫检查	据黑龙江省农业农村厅报道，2023年7月3日至7月9日，全国农业技术推广服务中心组织河北、山西、黑龙江、吉林、安徽、山东、河南、内蒙古和辽宁9个省（自治区），以及中国农业大学专家团队共计20余人联合对黑龙江省、内蒙古自治区开展2023年国家级大豆制种基地检疫检查活动。联检工作组分别赴黑龙江省黑河市爱辉区、北安市及五大连池市开展大豆繁育种基地检疫检查，深入爱辉区龙科种业、北安市大龙种业、五大连池市东农种业、庆丰种业等大豆种子生产繁育企业制种基地，现场对大豆秧苗长势、病害发生、监测防控等情况进行调查问询，实地察看了爱辉区及北安市大豆疫霉根腐病防控药剂筛选试验、大豆生产田种子药剂包衣防控效果等情况，技术专家对田间病株进行了取样和现场讲授	《植物检疫条例》《植物检疫条例实施细则（农业部分）》《全国农业植物检疫性有害生物名单》等	大豆是我国重要油料作物，大豆种子安全地位突出。此次全国联合植物检疫检查活动，为全面增强部省市县四级联动联检能力提供了良好平台，有效促进了大豆主产区大豆繁育种企业植物检疫防疫意识提升，进一步推动黑龙江省植物检疫工作全面规范化、联动化、数字化开展，对下一步更好发挥植物检疫“桥头堡”把关作用，维护国家大豆供种安全具有重要意义
国内植物检疫实例3–2	西北玉米种子种苗集中繁育基地疫情联合监测与调查	据甘肃省张掖市甘州区报道，2023年7月27日，全国农业技术推广服务中心组织北京、海南等16个省（自治区、直辖市）植保植检站业务科室领导和专家在甘肃省张掖市甘州区进行制种基地植物检疫联合执法大检查。检查组一行采取听取汇报，查阅档案，查看辖区内国家级玉米制种基地检疫工作落实情况，当地玉米褪绿斑驳花叶病毒等植物检疫性有害生物监测情况，玉米种子产地检疫和调运检疫情况，查处违规调运行为情况，检疫培训宣传工作情况等。检查企业是否按要求申请产地检疫，调入的种子是否携带植物检疫证书，调出的种子是否履行调运检疫手续，调出的种子批次、数量等是否与植物检疫证书内容一致。联合执法组一致认为，甘州区植物检疫工作档案材料齐全、执法文书规范、亲本材料复检严格把关、产地检疫调查翔实、疫情监测和防控措施到位、调运检疫货证一致	《植物检疫条例》《植物检疫条例实施细则（农业部分）》及《甘肃省农业植物检疫办法》等	玉米是我国主要粮食作物，玉米种子安全更是重中之重，制种基地植物检疫工作备受关注。此次全国联合植物检疫检查活动推动了甘肃北繁基地植物检疫执法工作，增强了种苗繁育企业植物检疫意识，提升了基层植物检疫机构执法能力，具有重要意义

续表 3-11

序号	题目	实例简介	检疫依据	检疫意义
国内植物检疫实例 3-3	强化检疫监管，为春耕安全生产保驾护航	据贵州省农业农村厅报道，2023 年 2 月 17 日，正值水稻、玉米、马铃薯、大豆等粮油作物种子（种薯）调运销售的关键时期，贵州省植保植检站联合贵阳市植检站组成联合专项检查组赴花溪区开展春耕生产期间农作物种子调运检疫专项检查。检查组严格按照相关法律法规要求，重点查看植物检疫证书是否符合规定、调运检疫手续是否齐全，种子调入后是否到当地植物检疫机构备案，植物检疫档案管理是否规范等。共检查种子经营企业 5 家，检查水稻种子 500 kg，玉米种子 1500 kg，其他种子 300 kg，发放检疫宣传资料 20 份。经查，种子经营企业检疫手续规范，跨县级区域办理调运植物检疫证书，辖区内开展《贵州省内经销种子植物检疫核查通知》，植物检疫证书带证率达 100%，未发现无证调运、货证不符、夹带调运等情况	《植物检疫条例》《植物检疫条例实施细则（农业部分）》及《贵州省植物检疫办法》等	植物检疫监管是保障种子安全，阻截检疫性有害生物传播扩散的重要手段，对农业产业发展意义重大。通过此次检查，进一步规范了种子市场，提升了依法检疫和诚信经营意识，为切实做好春耕备耕生产工作提供了保障
国内植物检疫实例 3-4	青海开展“绿盾 2022”林业植物检疫执法行动	据青海省林业和草原局报道，自 2022 年 4 月至 11 月，青海省全方位开展“绿盾 2022”林业植物联合检疫执法行动。重点对本年度出圃的各类苗木发生有害生物情况开展科学抽检，并通过林业有害生物检疫信息系统平台进行登记更新造册，做到应检必检。同时，对花卉基地、市场地点、面积、品种、数量、来源、植物检疫证书是否齐全等进行摸底调查、登记造册，对花卉全株及土壤是否带有红火蚁、蚧类等进行全面检查，严防外来有害生物入侵扩散。对松木及其木质包装材料等制品的加工、经营和使用的主体，包括物流场所、木材家具经销店、摩托车经销点、寺庙、生态园、农（牧）家乐等在内的木材及其制品的种类、数量、来源、有害生物发生危害、手续齐全与否、植物检疫证书真实与否、证物是否相符等情况进行摸底调查、登记造册，对发现的有害生物按照技术规程进行除害处理	《植物检疫条例》《植物检疫条例实施细则（林业部分）》及《林业植物产地检疫技术规程》等	此次林业植物联合检疫执法行动全方位排查整治隐患漏洞，全面推进了毗邻地区间的联防联控，相邻市（州）、县（市、区）之间有针对性开展多形式的联合检疫检查行动，对切实加强林业植物检疫执法工作具有重要意义
国内植物检疫实例 3-5	福建检疫检查组开展松材线虫病疫情防控检查	据福建省林业局 2023 年 5 月报道，福建省林业有害生物防治检疫局组织检查组到沙县区开展松材线虫病疫情防控督导工作。检查组认真听取沙县区关于松材线虫病疫情防控工作的汇报，详细了解目前防控工作中存在的问题和下一步工作计划。检查组以 2022 年秋普数据为基础，随机抽取了检查小班和检查对象，深入清理除治山场和疫木除害处理场（点），检查松材线虫病防控成效、疫木加工运输监管等工作情况。检查组对沙县区在防治性采山场除治质量、疫木闭环管控措施和死亡松树清理除害等方面取得的成效给予充分肯定，并要求沙县区要持续增强做好松材线虫病防控工作的责任感和使命感，继续巩固防控成果，进一步细化防控措施，科学精准施策，切实有效地遏制松材线虫病疫情发生和蔓延，做到守土有责、守土尽责，全力筑牢生态安全屏障	《植物检疫条例》《植物检疫条例实施细则（林业部分）》及《福建省林业有害生物防治条例》等	松材线虫被列为全国林业检疫性有害生物，其国内植物检疫特别是基层一线的防控工作至关重要。松材线虫病疫情防控检查，对推进基层林业植物检疫工作、遏制松材线虫病疫情发生和蔓延、保护生态安全具有重要意义

续表 3–11

序号	题目	实例简介	检疫依据	检疫意义
国内植物检疫实例 3–6	湖南省长沙市南县严把检疫关 筑牢森林安全屏障	据湖南省林业局报道，长沙市南县林业局2023年9月20日着力森林检疫执法，通过三种方式开展工作。一是认真排查，加强检疫：对从事生产、经营、加工的森林植物及其产品的企业或个人，实行台账登记，全程监督经营；排查全县调进、调出板材500 m^3、电缆盘200多个；对调入的外地木材、板材、苗木全部登记在案，销售企业10余家。二是部门协作，长效监管：联合林政资源、林业执法大队等相关部门进行有针对性的检查工作，对造林绿化重点工程使用的林木种苗的产地检疫、调运检疫、复检情况进行检疫检查，加强木业企业检疫检查，严厉打击各类违法收购、加工、调运、使用疫木的行为。三是加强宣传普法：结合“防灾减灾日”“全国生态日”“南县‘三下乡’志愿者活动”等向群众宣讲植物检疫相关法律法规知识，发放宣传资料150多份	《植物检疫条例》《植物检疫条例实施细则（林业部分）》及《湖南省林业有害生物防治检疫条例》等	县级植物检疫是做好国内植物检疫工作的基本保障。该实例采取多种方式开展执法，对做好森林植物及产品检疫，阻止松材线虫病等危险性林业有害生物入侵，确保全县森林资源安全具有重要意义

3.4.4 植物检疫案例分析

案例分析是进一步提升对我国进出境植物检疫、农业植物检疫和林业植物检疫法规和执法工作认识水平的重要途径。通过对海关及全国农林业植物检疫领域的调研，结合近十年的植物检疫代表性案例，如表3–12所示，从案例题目、案例简介和检疫依据等3个方面进行了案例比较分析。通过对我国植物检疫代表性案例的比较分析，能够进一步理解植物检疫执法依据及执法工作的艰巨性，也能够进一步提高知法、懂法、守法的自觉性。

表 3-12 我国植物检疫代表性实例比较分析

序号	题目	案例简介	检疫依据
植物检疫案例 3–1	某公司植物产品报检不实及不如实提供商品的真实情况取得有关证单行政处罚案	2021年6月，某公司向海关申报出境货物检验检疫，货物名称为洋葱，申报数量为84000 kg。经查验，该批保鲜洋葱实际数量为95920 kg，与申报不符。对此，当事人提供情况说明称：国外客户向其订购了96 t保鲜洋葱，但要求提单显示数量为84 t。因舱单、报关单、出境货物检验检疫申请、《植物检疫证书》《健康证书》《卫生证书》需与提单一致，因此在报关与报检时将数量申报为84 t。当事人报检的保鲜洋葱数量与实际不符，构成违法行为，海关对当事人作出罚款的处罚决定并吊销已出具的《植物检疫证书》	按照《中华人民共和国进出境动植物检疫法》第四十条、《中华人民共和国进出境动植物检疫法实施条例》第五十九条第一款第二项和第二款的规定，报检的动植物、动植物产品或者其他检疫物与实际不符的，由口岸动植物检疫机关处5000元以下的罚款，已取得检疫单证的，予以吊销。此外，按照《进出口商品检验法实施条例》第四十六条第一款的规定，不如实提供进出口商品的真实情况，取得出入境检验检疫机构的有关证单的，没收违法所得，处商品货值金额5%以上20%以下罚款

续表 3-12

序号	题目	案例简介	检疫依据
植物检疫案例 3-2	李某邮寄走私进境活体黑腹果蝇行政处罚案	2021 年 5 月 21 日，海关在对一寄自美国、申报为“衣服”的邮件过机检查时，发现图像可疑，经开箱查验，发现该邮件内由 2 件旧衣服包裹着 66 管活体黑腹果蝇，每个管内有 100 多头黑腹果蝇虫体，数量超过 7000 头。经调查，当事人明知活体黑腹果蝇是国家禁止进境物品，仍授意他人用衣服包裹黑腹果蝇邮寄进境，并将邮件面单品名填写为衣服，以藏匿、伪报等方式逃避海关监管，构成违法行为	《中华人民共和国禁止进出境物品表》规定“带有危险性病菌、害虫及其他有害生物的动物、植物及其产品”属于禁止进境物。《中华人民共和国禁止携带、寄递进境的动植物及其产品名录》规定“害虫及其他有害生物”属于禁止寄递进境物。当事人未事先提出申请，未办理进境动植物特许检疫审批手续，构成《中华人民共和国进出境动植物检疫法》第五条第三款、第十条所列之未依法办理检疫审批手续的违法行为。根据《中华人民共和国进出境动植物检疫法》及其实施条例等之规定，海关依法对当事人作出罚款的行政处罚
植物检疫案例 3-3	某进境旅客所携带活体蟋蟀销毁案	2018 年 10 月 5 日，深圳海关，海关关员在一位进境旅客的携带物中查获并扣留 8 只活体蟋蟀。据悉，所携带蟋蟀是来中国参加在山东宁阳举办的蟋蟀“世界杯”的。海关依法销毁了上述 8 头活体蟋蟀	蟋蟀属我国规定的禁止进境物和禁止寄递进境物。根据《中华人民共和国进出境动植物检疫法》《中华人民共和国进出境动植物检疫法实施条例》《中华人民共和国禁止进出境物品表》《中华人民共和国禁止携带、寄递进境的动植物及其产品名录》等之规定，海关依法对活体蟋蟀进行了扣留和销毁
植物检疫案例 3-4	某公司在西瓜砧木种子调运报检过程中弄虚作假案	杭州市植物检疫站执法人员于 2013 年 2 月对杭州某公司西瓜砧木种子调运情况进行检查发现，当事人在 2012 年 10 月至 12 月在经营活动中存在未按规定办理植物检疫证书擅自调运西瓜砧木种子的行为。杭州市植物检疫站于 2013 年 2 月对其进行立案调查。经查明，当事人在申请办理植物检疫证书过程中，隐瞒受检物品数量，擅自调运西瓜砧木种子共 2 批次。其中 2012 年 11 月销往温岭“京欣砧优”西瓜砧木种子 240 kg，实际申报检疫种子 50 kg；12 月销往温岭同类种子 240 kg，实际申报检疫种子 50 kg。2 批砧木种子共计 480 kg，违法货值总计 144000 元。经浙江省植保检疫局抽样检测，该 2 批种子携带黄瓜绿斑驳花叶病毒病，染疫种子由属地部门另案处理。考虑到当事人在案发后积极配合调查并提供相关证据材料，虽有一定危害后果发生，但未造成疫情扩散，杭州市植物检疫站决定责令当事人纠正违法行为，并处罚款 21600 元	当事人行为违反《植物检疫条例》第七条之规定。依照《植物检疫条例》第十八条第一款第（一）项和《浙江省植物检疫实施办法》第十八条第一款第（二）项予以处罚。此案的启发：这是一起通过市场检查发现某种子经营企业在报检过程中故意谎报受检物品数量，从而立案进行行政处罚的案件，在植物检疫工作案件中比较具有代表性。黄瓜绿斑驳花叶病毒主要随瓜类种子种苗传播，一旦发生危害将给种植农户包括种子经营企业自身造成严重的经济损失。近年来，由于瓜类作物经济价值高效益好，瓜类种子种苗的市场需求旺盛，严格相关种子种苗的检疫监管对从源头上降低黄瓜绿斑驳疫情发生风险尤为重要
植物检疫案例 3-5	某公司伪造植物检疫单证号案	贵州省检疫执法检查组于 2012 年进行“两杂”种子市场检查时发现该公司涉嫌伪造植物检疫单证号，由西秀区植保植检站进行立案调查。经查证，该公司分别于 2011 年 11 月入库“安单 2 号”2500 kg、“安单 3 号”360000 kg、“顺单 6 号”2500 kg，三个品种的包装袋标注的产地植物检疫单证号是同一编号，为“安单 3 号”的产地检疫单证号。其他两个品种未能提供产地检疫单证号。通过现场勘查检验、证据登记保存、入库单据提取等，证实种子尚未销售，没有违法收入。西秀区植保植检站责令当事公司立即纠正违法行为，并依据《中华人民共和国行政处罚法》，考虑到当事人积极配合调查愿意主动改正，决定从轻给予 5000 元处罚	当事人行为违反《植物检疫条例》第七条之规定。依照《植物检疫条例》第十八条第一款第（二）项，《贵州省植物检疫办法（2008 修改）》第二十三条和《中华人民共和国行政处罚法》第二十七条规定予以处罚。此案的启发：这是一起伪造、套用产地检疫证号的案件，是植物检疫行政执法中常见的一类案件。产地检疫是植物检疫机构按照国家规定的相关标准或方法，在植物生长期间，到植物及其产品的生产基地或来源地，进行全生产过程田间调查，并辅以必要的室内检验，直到决定是否签发产地检疫合格证的管理制度。产地检疫是积极主动具有预防性的植物检疫措施，对控制疫情源头、促进贸易流通等有重要作用

续表 3-12

序号	题目	案例简介	检疫依据
植物检疫案例 3-6	杨某某违法调运林木种苗妨害动植物防疫检疫案	2017 年 9 月 23 日，被告人杨某某在未办理任何植物检疫手续的情况下，将自家种植的 180 株金叶榆苗木从辽宁省开原市运往吉林省敦化市销售。在运输途中被吉林省红石林业局木材检查总站依法查扣，后发现该批苗木携带美国白蛾幼虫。吉林省红石林区人民检察院向吉林省红石林区基层法院提起公诉，指控被告人杨某某犯妨害动植物防疫、检疫罪。2018 年 9 月 13 日，吉林省红石林区基层法院依法对被告人杨某某的案件进行了开庭审理。被告人杨某某到案以后能够如实供述自己的罪行，系坦白，可以从轻处罚。根据本案的具体情节及社会危害程度，判决被告人杨某某犯妨害动植物防疫、检疫罪，判处罚金人民币 10000 元	依据《植物检疫条例》《植物检疫条例实施细则（林业部分）》《中华人民共和国刑法》《中华人民共和国行政处罚法》。被告人杨某某在明知自己的居住地辽宁省开原市是美国白蛾疫区的情况下，仍违反有关动植物防疫、检疫的国家规定，在未办理任何检疫审批手续的情况下，擅自出售和运输携带国家重点防治害虫的树苗，有引起重大动植物疫情危险，情节严重，其行为已构成妨害动植物防疫、检疫罪。这是吉林省首例因违法调运林木种苗妨害动植物防疫、检疫罪的刑事案件，对从事林业植物及其产品的生产经营者在生产经营过程中存在的违法调运行为敲响了警钟，起到了极大的警示和震慑作用

小结

植物检疫法规是植物检疫措施之一，是防入侵、保安全、促发展的基本方法。《国际植物保护公约》《实施卫生与植物卫生措施协定》分别是 FAO、WTO 制定的国际法规，是全球重要的植物检疫法规。《亚洲及太平洋区域植物保护协定》属区域性植物检疫法规，亚太地区签约方需共同遵守。《中华人民共和国生物安全法》是我国 2020 年公布的重要法规，包括植物检疫的相关规定；《中华人民共和国进出境动植物检疫法》及其实施条例、《植物检疫条例》及其实施细则、检疫性有害生物名录 / 名单等是我国的主要植物检疫法规。上述法规构成了植物检疫的法规体系，是检疫性有害生物等外来物种入侵防控的依据。

【课后习题】

1. FAO、RPPOs、NPPOs 及 IPPC 之间的关系如何？请结合植物检疫实例，分析 IPPC 的主要内容及我国所发挥的重要作用。

2. APPPC 与《亚洲及太平洋区域植物保护协定》的关系如何？我国在这一协定的实施中有哪些担当？

3. 如何理解 GATT 与 WTO 的关系？请结合植物检疫实例，说明《实施卫生与植物卫生措施协定》的主要原则并分析如何运用这些原则。

4. 为什么《中华人民共和国生物安全法》是座里程碑？你是如何理解的？

5. 请比较分析我国进出境植物检疫法规和国内植物检疫法规的适用范围和主要规定。针对未来修订，你有哪些建议？

【参考文献】

曹坳程，张国良. 2010. 外来入侵物种法律法规汇编. 北京：科学出版社.

达斯，刘钢. 2000. 世界贸易组织协议概要. 北京：法律出版社.

对外贸易经济合作部国际经贸关系司. 2000. 世界贸易组织乌拉圭回合多边贸易谈判结果法律文本. 北京：法律出版社.

葛志荣. 2001.《实施卫生与植物卫生措施协定》的理解. 北京：中国农业出版社.

胡白石，许志刚. 2023. 植物检疫学. 4版. 北京：高等教育出版社.

黄冠胜. 2014. 国际植物检疫规则与中国进出境植物检疫. 北京：中国质检出版社.

李志红，杨汉春. 2021. 动植物检疫概论. 2版. 北京：中国农业大学出版社.

夏红民. 2005. 主要贸易国家植物检疫法规概要. 北京：中国农业出版社.

FAO. 1999. International Plant Protection Convention. Roma.

Gorth G and McKirdy Simon. 2014. The handbook of plant biosecurity. Berlin: Springer.

IPPC Secretariat. 2016. Principles of plant quarantine as related to international trade. International Standard for Phytosanitary Measures No. 1. Rome. FAO on Behalf of the Secretariat of the International Plant Protection Convention.

第 4 章

植物检疫程序

本章简介

植物检疫程序是检疫性有害生物等外来植物病原物、害虫及杂草入侵防控的重要措施，其目的是使植物、植物产品等检疫物符合相关的植物检疫要求。植物检疫程序可以划分为基本程序和综合程序，基本程序包括检疫准入、检疫许可（审批）、检疫申报（报检）、现场查验、实验室检测、检疫处理、出证放行等；综合程序包括检疫监管、境外预检、隔离检疫、产地检疫、调运检疫、疫情监测等。本章结合进出境植物检疫及国内植物检疫的实例，详细阐述了上述植物检疫程序的基本含义和主要方法。

学习目的

使学习者掌握植物检疫的主要程序，并做到理论联系实际。

思维导图

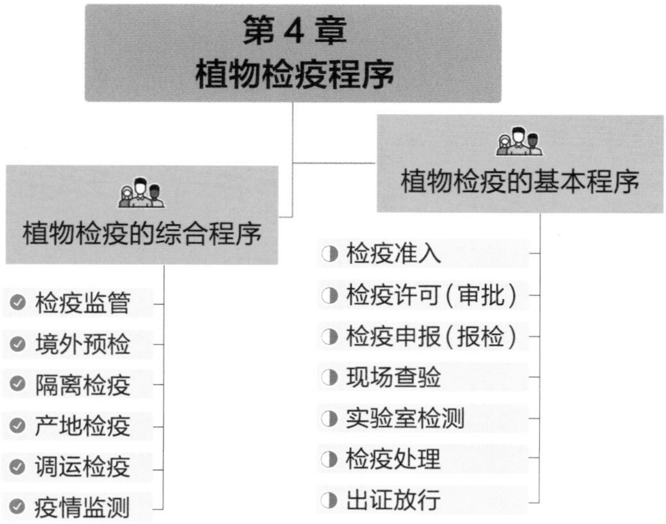

课前思考

❖ **一个为什么：**为什么植物检疫程序如此重要？

❖ **三组是什么：**检疫准入是什么？检疫许可（审批）、检疫申报（报检）、现场查验、实验室检测、检疫处理、出证放行是什么？检疫监管、境外预检、隔离检疫、产地检疫、调运检疫、疫情监测又是什么？

❖ **两类怎么办：**针对进出境植物检疫，我国 A 公司拟通过俄罗斯 B 公司进口其大麦和原木，我国 C 公司拟通过泰国 D 公司进口其鲜食杧果，我国 E 公司拟通过美国 F 公司向其出口鲜食冬枣，在进口方和出口方需要经过哪些植物检疫程序？针对国内植物检疫，G 省拟从 H 省调运玉米种子或松属木材，在输入省和输出省又需要经过哪些植物检疫程序呢？

4.1 植物检疫的基本程序

学习重点

- 明确检疫准入、检疫许可（审批）、检疫申报（报检）、现场查验、实验室检测、检疫处理、出证放行的基本含义；
- 掌握检疫准入、检疫许可（审批）、检疫申报（报检）、现场查验、实验室检测、检疫处理、出证放行的主要方法。

植物检疫基本程序，指的是植物和植物产品等检疫物在进出境和国内调运时须经过的主要系列流程，这些程序独立实施且前后相连（图 4–1）。检疫准入、检疫许可（审批）、检疫申报（报检）、现场查验、实验室检测、检疫处理、出证放行是植物检疫基本程序，其中，检疫准入是进出境植物检疫的特有程序，其他程序为进出境植物检疫和国内植物检疫的共有程序。

图 4–1 植物检疫基本程序及其关系示意图（李志红作图）

4.1.1 检疫准入

植物检疫准入（phytosanitary access），属进出境植物检疫的特有程序，是出口方检疫部门向进口方检疫部门提出植物及植物产品贸易申请，在风险分析的基础上，双方就植物检疫议定书或植物检疫要求经协商达成一致意见的法定程序。在植物及植物产品进出口贸易开始之前，需先完成检疫准入这一程序。植物检疫准入的主要作用体现在 3 个方面：①能够及时针对拟出口或进口的植物及植物产品开展风险分析工作，评估风险大小并提出降低风险可能的措施；②能够明确植物进境检疫要求，确定出口方和进口方的具体植物检疫措施；③能够加强进口方和出口方检疫部门及企业的合作，促进贸易发展。

在植物检疫实践中，检疫准入通常包含准入评估、确定植物检疫要求、境外企业注册和境内企业注册等主要步骤。我国自加入 WTO 后，根据 SPS 协定的要求，检疫准入受到特别关注；“一带一路”倡议以来，植物检疫准入的应用发展迅速，如第 3 章所述我国与众多国家（地区）签订了双边植物检疫议定书或植物检疫要求。在植物检疫准入的支持下，粮食、水果、植物繁殖材料等植物及植物产品的进出口贸易顺利开展。

通过对植物检疫准入实例的分析（详见植物检疫实例分析 4–1、4–2 和 4–3），能够将理论与实际联系起来，提高对植物检疫准入这一程序的认识水平，掌握植物检疫准入的主要步骤和方法。

植物检疫实例分析 4–1：马达加斯加输华木薯干获检疫准入

背景：木薯是世界上重要的粮食作物和经济作物，主要产区集中在尼日利亚、刚果、加纳等非洲国家，以及巴西和哥伦比亚等南美国家。近年来，木薯作为酒精和饲料原料，国内需求量不断增加，但我国木薯生产规模较小，目前是世界上最大的木薯进口国，引进符合检疫要求的木薯干可有效补充国内市场需求。

简介：2013 年 7 月，马达加斯加向中方（国家质量监督检验检疫总局）提出木薯干输华申请。2013 年 9 月，中方提出补充风险分析相关材料的要求，2014 年初收到了马方的木薯干风险分析材料。根据《关于国外农产品首次输华检验检疫准入程序》的规定，中方着手开展相关风险分析工作：①结合马方提交的风险分析相关资料，中方组织专家开展风险分析工作，完成了马达加斯加输华木薯干的风险分析初步报告。② 2014 年 9 月，中方派出考察团赴马达加斯加进行实地风险考察，并就输华木薯干的检疫和安全卫生要求与马方官方及出口企业进行沟通和交流，为中马两国签订检疫议定书做好前期准备。③ 2014 年 10 月，结合实地风险考察情况，中方进一步完善并完成了《马达加斯加输华木薯干的风险分析报告》。根据中方专家对马达加斯加木薯干有害生物风险分析结果，2014 年 11 月至 2015 年 2 月，中马两国检验检疫部门对马达加斯加木薯干输华植物检疫要求议定书进行协商沟通。2015 年 2 月，双方签署了《关于马达加斯加木薯干输华植物检疫要求议定书》，马达加斯加木薯干获得出口中国的检验检疫资格。2015 年 3 月，国家质量监督检验检疫总局发布《关于进口马达加斯加木薯干植物检验检疫要求的公告》，允许符合《进口马达加斯加木薯干植物检验检疫要求》的马达加斯加木薯干进口。

植物检疫实例分析 4–2：中国大陆输美介质蝴蝶兰获检疫准入

背景：中国大陆蝴蝶兰经过 20 余年的发展，在生产、管理、科研、品质控制等方面逐步达到了世界领先水平，成为继中国台湾之后的世界最大的蝴蝶兰出口基地。美国作为世界最大的蝴蝶兰消费市场之一，同时也是世界上进境植物检疫最为严格的国家之一，长期以来仅允许中国大陆的蝴蝶兰裸根苗和组培苗输美。由于出口裸根兰花苗成活率低、催花时间长、运输成本高，输美蝴蝶兰市场长期被中国台湾出口的介质蝴蝶兰所占据。

简介：为进一步开拓美国蝴蝶兰市场，国家质量监督检验检疫总局于 2009 年正式向美方提出中国大陆介质蝴蝶兰输美准入申请，并向美方提供蝴蝶兰病虫害发生情况、种植技术等相关材料。美方在风险评估的基础上，于 2015 年 6 月提出进口中国介质蝴蝶兰检疫要求，中方随即组织出口企业与相关职能部门提出评议意见。经过反复的技术磋商，中美双方于 2015 年 11 月召开的第 23 届中美植检双边会谈上，成功签署《中国介质兰花输往美国工作计划》。2016 年 2 月 11 日，美国农业部动植物检疫局通过《美方许可中国蝴蝶兰带介质输美草案》（APHIS–2014–0106），批准中国大陆介质兰花正式获得准入资格。2016 年 5 月，美国农业部动植物检疫局派专家组来华，对中方前期向美方推荐的首批 7 家介质蝴蝶兰生产企业进行实地考察（图 4–2），美方重点考察了检疫主管部门对出口蝴蝶兰的检疫监督管理、企业的温室设施条件以及质量控制、卫生防疫等管理措施，最终 7 家企业全部通过美方考核。2017 年 7 月，国内首批介质蝴蝶兰顺利输往美国，标志着中国大陆介质蝴蝶兰成功打开美国市场。

图 4–2　美国农业部专家组来华对介质蝴蝶兰生产企业进行实地考察（耿建摄）

植物检疫实例分析 4–3：菲律宾输华鲜食鳄梨获检疫准入

背景：鳄梨，也称牛油果，是一种营养价值很高的水果，原产于热带美洲，我国台湾、广东、海南、云南等地有少量栽培，菲律宾、欧洲中部等地也有栽培。近年来，菲律宾农业部向我国海关总署提出出口鲜食鳄梨申请。

简介：应菲律宾农业部的邀请，海关总署动植物检疫司组织考察组，于 2019 年 8 月 11 日至 8 月 17 日赴菲律宾执行输华鳄梨有害生物风险分析考察任务。考察组在菲律宾农业部植物产业工业局国家植物检疫服务部及拟输华鳄梨注册企业的技术、质量控制相关人员的陪同下，按照考察方案，通过听取介绍、交流、问询、审阅文件资料以及到鳄梨主要产区和包装厂进行实地考察，较全面地了解了菲律宾鳄梨的生产管理、加工包装、储藏运输、检疫监管体系，特别是果园有害生物的发生、监测和控制情况（图 4–3）。通过现场考察，考察团认为菲律宾农业部国家植物检疫服务部很好地履行了鳄梨的生产监管责任，其出口鳄梨注册果园和包装厂管理较为规范，遵照执行了良好农业操作规范和有害生物综合防治，考察团认为菲律宾输华鳄梨的总体风险可控。考察团建议中菲双方尽快协商签署议定书，并针对植物检疫要求提出了具体意见。2019 年 11 月 29 日，根据我国相关法律法规和《中华人民共和国海关总署与菲律宾共和国农业部关于菲律宾鲜食鳄梨输往中国植物检疫要求的议定书》规定，发布公告，允许符合相关要求的菲律宾鲜食鳄梨进口。2020 年 3 月 30 日，首批 1408 箱共计 7656 kg 菲律宾鲜食鳄梨抵达上海外高桥口岸。菲律宾牛油果实现首次输华，是“一带一路”倡议下中菲两国农业领域合作的又一实践，菲律宾也由此成为亚洲第一个向中国出口鲜食鳄梨的国家。

图 4–3　我国海关考察团在菲律宾对鳄梨生产和有害生物防控等进行实地考察（吕文刚摄）

4.1.2　检疫许可（审批）

植物检疫许可（phytosanitary permit），也称植物检疫审批，属进出境植物检疫和国内植物检疫的共有程序，是指风险较高的植物及植物产品等检疫物在进境或国内调运前，货主或其代理向输入方检疫部门提前提出申请，检疫部门审查并决定是否批准输入的法定程序。检疫许可的主要作用包括 3 个方面，即：①避免盲目进境或调运，减少经济损失；②提出植物检疫要求，加强预警防控；③依据贸易合同中的相关约定，进行合理索赔。检疫许可作为风险较高的植物及植物产品等检疫物输入前的必经程序，受到货主及代理人和检疫机构的特别关注。

在植物检疫实践中，依据植物及植物产品等检疫物的范围，将检疫许可划分为一般审批和特许审批。针对植物种子、种苗及其他繁殖材料的审批是一般审批，针对禁止进境物的审批是特许审批。如表 4–1 所示，显示了一般审批和特许审批的具体范围及审批机构。例如，如果由于科研需要需从国外引进植物有害生物，则需在输入前到海关有关机构办理特许审批。办理检疫许可后，遇有下列“三变一超”情况的，货主或其代理应重新申请办理检疫许可（图 4–4）。

表 4-1 一般审批与特许审批的具体范围及审批机构

类别	一般审批	特许审批	审批机构
1	风险较高的水果和粮食的进口贸易等	因科学研究等特殊需要引进禁止进境物（如植物有害生物，植物疫情流行国家（地区）的植物、植物产品和其他检疫物等） 因展览等特殊需要引进还未经检疫准入的植物及植物产品	海关总署及其授权的直属海关
2	农业植物繁殖材料的国外引种和国内调运	/	农业农村部及其授权的机构
3	林业植物繁殖材料的国外引种和国内调运	/	国家林业和草原局及其授权的机构

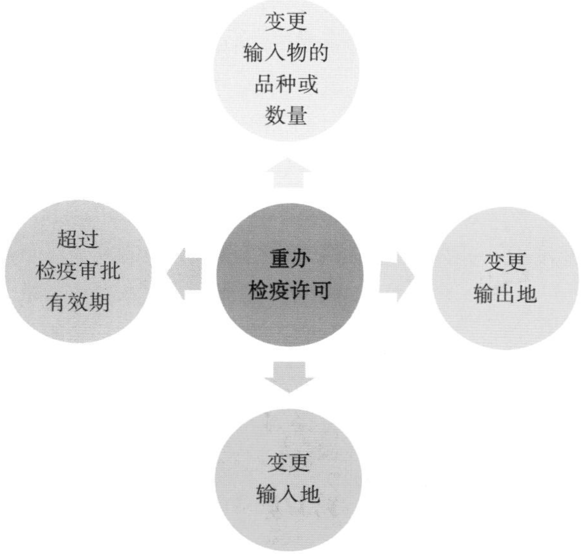

图 4–4 需重新办理检疫许可的“三变一超”（李志红作图）

在进出境植物检疫机构的检疫许可实践中，有关检疫许可违法的植物检疫案例较多，未办理检疫许可的案例尤为突出。例如，2020 年 8 月 20 日，南宁海关隶属海关——水口海关及缉私分局在广西南宁市对一批重达 18.88 t、案值约 30 万元的涉嫌走私入境榴梿进行销毁处理；被销毁的榴梿未办理检疫许可手续，也无输出国家出具的《植物检疫证书》，来源及检疫安全风险状况不明，存在极大隐患。

在国内植物检疫机构的检疫许可实践中，有诸多实例。例如，2021 年，全国农业植物检疫机构办理国外引种检疫审批 12857 批次，种苗来自 72 个国家（地区），涉及种子 5456.8 万 kg、苗木 11.6 亿株，其中部级审批 2419 批次，省级审批 10438 批次，驳回或要求修改有关申请 348 批次，做到了 100% 按时办结、零投诉；总体来看，第一、四季度的签发数量高于第二、三季度，为国外引进种子种苗审批的主要季度；从作物种类来看，百合、紫苜蓿、蕹菜等花卉、牧草、蔬菜种子引进批次较多、数量较大。又如植物检疫实例分析 4–4，通过该实例能够掌握农业植物检疫审批的具体步骤和方法，能够明确《引进国外植物种苗检疫审批申请书》《中华人民共和国农业农村部动植物苗种进（出）口审批表》《引进种子、苗木检疫审批单》3 个重要单证的关系。

植物检疫实例分析 4-4：江苏镇江某公司从日本引进蔬菜花卉种子的检疫审批

背景：近年来，江苏省镇江某农艺有限公司每年都从日本引进蔬菜、花卉种子用于对外制种，引进的种子在句容市集中种植，植物检疫机构开展生长期疫情监测，生产的合格种子全部返销日本。

简介：根据国家植物检疫法规规章的相关规定，2020 年 3 月镇江某农艺有限公司在从日本引进牵牛、波斯菊、甘蓝、青花菜、豌豆、洋葱等植物种子前，向江苏省政务服务中心（省农业农村厅窗口）递交申请材料，申请材料包括：《引进国外植物种苗检疫审批申请书》、经农业农村部批准的《中华人民共和国农业农村部动植物苗种进（出）口审批表》、种苗引进后集中种植计划等。江苏省政务服务中心受理后，内部运转至江苏省植物保护植物检疫站，审核通过后，在全国植物检疫信息化管理系统中办理审批手续，由专职植物检疫员署名签发《引进种子、苗木检疫审批单》，单证由省政务服务中心统一回复申请人。蔬菜、花卉种子引进后，按照《引进种子、苗木检疫审批单》的指定种植地点，镇江某农艺有限公司在句容市白兔、后白等乡镇进行集中种植，江苏省植物检疫机构负责监督检查（图 4-5）。

图 4-5 植物检疫人员对国外引进种子种植情况进行检查（龚伟荣提供）

4.1.3 检疫申报（报检）

植物检疫申报（phytosanitary declaration），也称报检，属进出境植物检疫和国内植物检疫的共有程序，是植物、植物产品及其他检疫物进出境、过境及国内调运时由货主或其代理向检疫部门及时声明并申请检疫的法定程序。植物检疫申报的主要作用包括 3 个方面：①能够使检疫人员及时核对相关单证，避免违规申报（如错报、瞒报等）所造成的检疫风险；②能够使检疫人员为实施检疫提前做好必要准备，提高植物检疫效能、加快货物流通速度；③能够促进检疫人员与货主及其代理人的合作，协同做好检疫性有害生物等的入侵防控。

在植物检疫实践中，所有的检疫物均需经过检疫申报程序，但进出境植物检疫、国内植物检疫（包括农业植物检疫和林业植物检疫）的检疫物类别有明显差别。如表 4-2 所示，比较了进出境植物检疫、农业植物检疫和林业植物检疫需申报的检疫物及检疫机构。

表 4-2　进出境植物检疫、国内植物检疫所需申报的检疫物比较

类别	需申报的检疫物	检疫机构
进出境植物检疫	• 进境、出境的植物、植物产品及其他检疫物 • 装载植物、植物产品及其他检疫物的装载容器、包装物 • 来自植物疫区的运输工具 • 过境的植物、植物产品及其他检疫物	海关总署及其授权的直属海关
农业植物检疫	• 国内调运的农业植物种子、种苗及其他繁殖材料 • 国内调运的应施检疫的农业植物、植物产品等	农业农村部及其授权的机构
林业植物检疫	• 国内调运的林业植物繁殖材料 • 国内调运的来自疫区的林业植物产品等	国家林业和草原局及其授权的机构

在进出境植物检疫的检疫申报实践中，进出境植物、植物产品和其他检疫物，货主或代理人应向申报地海关申报；过境的植物、植物产品和其他检疫物，货主或代理人应向进境口岸海关申报，出境口岸不再申报。目前在办理检疫申报时，货主或其代理可通过“中国国际贸易单一窗口”系统更为快捷地完成电子申报（图 4–6），然后将报关单、进境许可证（需办理检疫审批的检疫物提供）、植物检疫证书（由输出方官方植物检疫部门出具）、产地证书、贸易合同、信用证、发票等必要电子单证一并交海关。同时，某些检疫物需提前进行检疫申报，例如植物种子、种苗及其他繁殖材料需提前 7 d 申报。

在国内植物检疫的报检实践中，国内调运的植物繁殖材料或来自疫情发生区的植物产品，需向调出地植物检疫机构申请检疫，跨省调运的还需取得调入地检疫机构同意方可申请调运。例如植物检疫实例分析 4–5，通过该实例能够掌握农业植物检疫报检的具体步骤和方法，能够明确《农业植物调运检疫要求书》《农业植物调运检疫申请书》两个重要单证的关系。

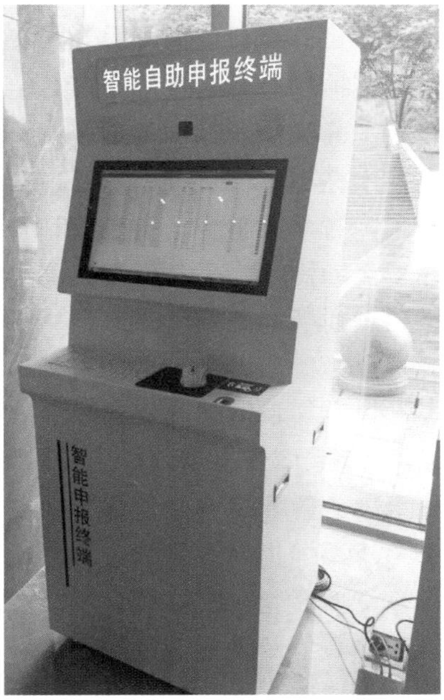

图 4–6　海关智能自助申报终端在应用中
（李志红摄于磨憨海关，2023 年）

植物检疫实例分析 4–5：北京某公司向检疫机构提出玉米种子调运检疫申请

背景：农作物种子、种苗调出县级行政区的，需向调出地植物检疫机构申请检疫。跨省调运的还需取得调入地检疫机构同意方可申请调运。

简介：北京某公司是北京市海淀辖区内的企业，主营农作物种子繁育和销售。公司计划将在甘肃省张掖市繁育的玉米种子经过北京加工包装后，再次调往山东省聊城市阳谷县，2020 年 3 月 8 日向北京市海淀区农业执法大队（检疫机构）提出了检疫申请。检疫申报的主要步骤和方法：①申请企业向阳谷县植物检疫机构申请，获准调入玉米种子，并取得《农业植物调运检疫要求书》。②申请企业登录“全国植物检疫信息化管理系统”（社会端），按照系统提示引导，填写调运种子的相关信息，完成农业植物调运检疫申请书填报上传。③申请企业下载打印《农业植物调运检疫申请书》，加盖申请单位印章，附调运种子的检疫证明材料，递交至海淀区政务服务窗口。④政务服务窗口接到调运检疫申请材料后，经审核符合条件后

接受申请，并将受理件传送至海淀区农业执法大队。⑤海淀区植物检疫人员登录“全国植物检疫信息化管理系统”，按照系统引导，完成受理，进入调运检疫事项办理流程。

4.1.4 现场查验

植物检疫现场查验（phytosanitary inspection），也称现场检验、现场检疫，属进出境植物检疫和国内植物检疫的共有程序，是检疫人员在现场环境中对进出境、过境及国内调运的植物、植物产品等检疫物进行检查和抽样，并初步确认是否符合相关检疫要求的法定程序。植物检疫现场查验的主要作用包括 4 个方面：①能够及时截获植物有害生物，预防检疫性有害生物传入或扩散；②能够按规定完成现场抽样，获取植物和植物产品等检疫物样品，为后续实验室检测提供材料，保障检疫物符合植物检疫要求；③现场查验合格的某些植物和植物产品等检疫物，能够直接放行，促进了检疫物快速通关；④能够评估输出方对检疫物的出口检疫管控效果及水平，为输出方植物和植物产品的检疫准入提供依据。

在植物检疫实践中，针对植物、植物产品等货物及存放场所、携带物及邮寄物、运输及装载工具等检疫物进行现场查验，现场检查和抽样是其主要任务。在现场检查中，需根据相关技术标准进行检查，主要包括货证检查以及检疫物的肉眼观察（图 4–7、图 4–8）、过筛检查（图 4–9）、过机检查（图 4–10）、工作犬（也称检疫犬）嗅查（图 4–11）、初筛鉴定等。在现场抽样中，也需根据相关技术标准中规定的方法进行抽样，如随机抽样法等，所采集的样品送到指定实验室进入下一步程序。

图 4–7　海关关员对巴拿马首批输华菠萝实施现场查验
（引自李志红、杨汉春，动植物检疫概论，2021）

图 4–8　海关关员对输华原木实施现场查验
（引自李志红、杨汉春，动植物检疫概论，2021）

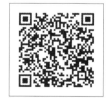

二维码 4–1　海关关员对巴拿马首批输华菠萝实施现场查验

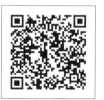

二维码 4–2　海关关员对输华原木实施现场查验

图 4-9　在新冠疫情防控背景下海关关员对输华大豆实施现场查验
（李志红提供）

图 4-10　海关关员对进境旅客携带物实施现场查验
（李志红摄，2018 年）

图 4-11　工作犬（检疫犬）在进境旅客携带物现场查验中发挥重要作用（刘佳琪摄）

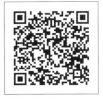

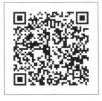

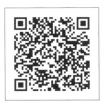

二维码 4-3　在新冠疫情防控背景下海关关员对输华大豆实施现场查验

二维码 4-4　海关关员对进境旅客携带物实施现场查验

二维码 4-5　工作犬（检疫犬）在进境旅客携带物现场查验中发挥重要作用

在进出境植物检疫现场查验中，海关关员首先核查各类相关单证，如许可证、检疫报关单、输出方官方出具的植物检疫证书等，检查与货物及申报情况是否相符，文件是否合规；然后对货物进行仔细检查和科学抽样。针对植物，重点检查其是否有病虫危害症状，是否携带检疫性有害生物；针对植物产品，重点检查货物及其存放的仓库或场所，特别是货物表层、堆角及包装外部和袋角，通过肉眼或过筛的方法检查有无菌瘿、杂草、害虫及害虫痕迹等，必要时进行植物检疫；需要进行实验室检验的，也同样根据相关规定采样送实验室检测。在检查进境旅客携带物和邮寄物时，一般采取人工、X 光机/CT 机和检疫犬配合的方式。海关关员可通过 X 光机 /CT 机查看旅客所携带包裹中的物品，在截获可疑物品时，可要求旅客打开包裹并根据物品的类型再进一步检查。检疫犬在工作人员带领下，依靠其灵敏的嗅觉对旅客携带包裹进行检查，如截获包裹中有可疑物品（如水果等），检疫犬会立即以训练出的固定姿态告知工作人员，海关关员可要求旅客开包并进行检查。在检查运输工具及装载容器时，海关关员在机场、码头（锚地）、车站，登机、登船、登车执行检疫任务，着重检查装载货物的船舱或车厢内外上下四壁、缝隙边角以及包装物、铺垫材料、残留物等有害生物容易潜伏的地方；如果检查发现有害生物将其装入样品袋或瓶中送实验室检测鉴定。

在国内植物检疫的现场查验中，检疫人员对国内调运的植物种子、种苗及繁殖材料或来自疫情发生区的植物产品进行检查和抽样。例如植物检疫实例分析 4–6，通过该实例能够掌握农业植物检疫现场查验的主要步骤和方法。

植物检疫实例分析 4–6：检疫人员对某公司申请调运的小麦种子进行现场查验

背景：现场查验是核对申请调运的物品与检疫单证是否相符，检查申请调运物及其包装材料、堆放场所等是否存在检疫性有害生物。

简介：2019 年 9 月 1 日，北京市顺义区植保植检站检疫人员（法定 2 名以上）对北京某种业集团有限公司申请调运的小麦种子实施了现场查验，现场查验地点为北京市顺义区南彩镇报检企业库房。现场查验的主要步骤和方法包括：①检疫人员查验核对了库房堆放的货物是否与《农业植物调运检疫申请书》及其他检疫证明单证相符。企业申报检疫的小麦种子为 2019 年本地繁育的种子，经过产地检疫取得了产地检疫合格证，货证相符。②检疫人员检查了申请调运的小麦种子包装袋，并查看了堆放小麦种子库房内外环境。检查结果显示：申请调运的小麦种子 500 袋，共计 10000 kg；种子包装完好，堆放整齐，包装袋外没有发现害虫残体等异物；库房内外清洁整齐，没有遗弃残次小麦、植物病残体、害虫等异物。③检疫人员应用 5 点取样的方法抽查了 10 袋小麦种子样品，将样品种子平摊在地上，仔细检查种子色泽气味等，没有发现杂草及其他植物种子，小麦种子也没有霉变、异味等异常现象。经查验，该批小麦种子现场查验合格。

4.1.5 实验室检测

植物检疫实验室检测（phytosanitary test），也称实验室检验，属进出境植物检疫和国内植物检疫的共有程序，是对现场查验所获检疫物样品，按照相关技术标准、使用检测仪器设备等进行检查测验，并进行植物有害生物种类鉴定的法定程序。植物检疫实验室检测的主要作用包括 3 个方面：①能够快速、准确地鉴别检疫物样品中是否有植物有害生物及其种类；②能够给经实验室检测符合植物检疫要求的检疫物出证放行；③能够体现一个国家（地区）

植物检疫人才、仪器设备和技术方面的综合实力与水平。

在实验室条件下，检疫人员依据相关的法规、标准以及输入方所提出的检疫要求，对输入或输出的植物、植物产品及其他检疫物进行检测诊断，涉及传统的和现代的物种鉴定方法与技术（图 4–12）。实验室检测对专业技能的要求高，需要经培训和能力评估的高级专业人员利用专业仪器设备、方法与技术对植物病原物、昆虫、杂草和软体动物等进行快速而准确的物种鉴定。

图 4–12　对植物、植物产品样品等实施实验室检测

（A. 刘若思提供，B. 杜智欣提供，C,D. 康芬芬提供）

现场查验和实验室检测，均是植物检疫程序中的重要环节，二者之间既有区别，又有联系。从实施顺序、实施场所、任务、方法、所需仪器设备以及对人员的要求等方面，可以对两个植物检疫程序进行比较（表 4–3）。

植物检疫实验室检测的主要内容是确定植物性样品是否感染以及感染哪种（属）检疫性植物有害生物。在中国植物进境检疫中，实验室重点检测的是中国所规定名录和双边议定书内关注以及经风险分析评估高风险的检疫性有害生物。实验室检测的主要方法包括形态学检测、比重检测、染色检测、洗涤检测、保湿萌芽检测、分离培养与接种检测、鉴别寄主接种检测、噬菌体检测、血清学检测、分子生物学检测等。有的方法可以同时检测病原物、昆虫、杂草和软体动物，有的方法则只适用或专用于检测某类有害生物。如表 4–4 所示，从适用对象、检测鉴定、人员要求等方面比较了几种检测方法。

表 4-3　实验室检测与现场查验的比较

比较内容	实验室检测	现场查验
实施顺序	后	先
实施场所	实验室（检疫部门、检测中心等）	现场（机场、车站、码头、邮局、货场等）或现场工作室
任务	制备样品、检测检品、物种鉴定	核查单证、抽取样品、初筛鉴定
方法	镜检、生化检测、分子生物学检测等	肉眼检查、人－机－犬查验等
所需仪器设备	解剖镜、显微镜、无菌操作台、离心机、PCR 仪、实时荧光 PCR 仪、远程鉴定系统等	放大镜、多孔筛、X 光机、CT 机、工作犬（检疫犬）、远程鉴定系统等
人员要求	应具备扎实的专业知识、掌握检测方法与技术，经培训和能力评估达到检测鉴定资质	应具备专业基础知识和现场经验，经培训符合相应查验岗位资质

表 4-4　实验室检测物种鉴定主要方法的比较

比较内容	适用对象	检测鉴定	人员要求
形态学检测	检疫性真菌、昆虫、杂草和软体动物	不同物种的形态特征不同，利用鉴别特征能够实现检疫性有害生物的鉴定	对专业知识和技能的要求高，一般需有分类学基础的专业人员
比重检测	一般用于检验种子、粮谷、豆类中的钻蛀性昆虫，也可检验其中的菌瘿、菌核和病秕籽粒及菟丝子等杂草籽	有害虫的籽粒及菌瘿、菌核、病秕粒、草籽比健康籽粒轻，浸入一定浓度的食盐水或其他溶液中，前者会浮于液面。捞取浮物，再结合解剖、镜检，即可鉴定种类	对专业知识和技能的要求高
洗涤检测	附着在种子表面的各种真菌孢子、细菌或颖壳上的病原线虫	取适量样品两份，分别放入三角瓶内，各注入无菌水并振荡，使附着在种子表面的病菌孢子洗下来；然后将悬浮液分别倒入洁净的离心管内，离心，使病原物完全沉于管底；去除上清液，直接用手摇动离心管，让孢子重新均匀地悬浮起来，再将两管合并；立即用干净的细玻璃棒，将悬浮液滴于载玻片上，盖上盖玻片，用显微镜检查，鉴定病原种类	对专业知识和技能的要求高
鉴别寄主检测	植物病毒和细菌	许多不同种类的病毒和一些细菌，接种到某些特定的敏感植物上可以产生特定的症状。根据这些症状的特点，可以判断是否有某种病原物存在。对特定病原物有特殊反应或表现特定症状的植物称为鉴别寄主	对专业知识和技能的要求较高
血清学检测	植物病毒	试纸条等	对专业知识和技能的要求高
分子生物学检测	植物病原物、害虫、杂草	DNA 条形码、PCR、实时荧光 PCR、芯片等	对专业知识和技能的要求高

在进出境植物检疫和国内植物检疫的实验室检测中，有诸多实例。植物检疫实例分析 4–7，来自进出境植物检疫领域，通过该实例能够更好地认识植物检疫程序特别是实验室检测所发挥的重要作用。植物检疫实例分析 4–8，来自国内植物检疫领域，通过该实例能够掌握植物检疫实验室检测的主要步骤和方法。

检疫实例分析分析 4–7：在芫荽种子中截获马铃薯斑纹片病菌

背景：国外引种需求大，种子携带植物有害生物的风险高。马铃薯斑纹片病菌（*Candidatus*

Liberibacter solanacearum）对茄科、伞形花科作物会产生严重危害。2009 年首次在新西兰发病时，使得当地番茄品质下降、产量大幅降低甚至绝收。此后，这种病菌又被传播到美国、墨西哥、澳大利亚、芬兰等地，对当地农业生产影响巨大。

简介：2019 年 1 月，上海海关在一批芫荽种子中截获危险有害生物马铃薯斑纹片病菌。该批货物从洋山口岸入境，由洋山海关对该批货物实施现场检疫查验并采集样品送上海海关食品中心进行实验室检测，通过 DNA 检测最终确定其携带马铃薯斑纹片病菌。这是全国口岸首次在大批量芫荽种子中截获这一有害生物。该有害生物可通过虫媒传播到其他类似的伞形花科，比如说胡萝卜或者芹菜、芫荽。它还有可能传到我们国家比较重要的经济作物和蔬菜作物，马铃薯、番茄。据了解，这批货物原产意大利，从上海洋山口岸入境，共计 4 万 kg，货值超过 4.6 万美元。上海海关依法对这批种子监管实施退运处理。此次上海口岸及时拦截，实验室采用分子生物学检测技术进行准确鉴定，防止了马铃薯斑纹片病菌传入中国的风险。

检疫实例分析分析 4-8：小麦种子调运实验室检测

背景：申请调运的小麦种子通过了现场查验，需要在实验室进行进一步检测，明确其是否携带小麦腥黑穗病菌。

简介：2019 年 9 月 2 日，北京市植物保护站检疫实验室对北京某公司申请调运的小麦种子样品做专项检测（图 4-13）。实验室检测具体步骤和方法：①取样。针对每个申请调运的小麦品种取样两份，每份样品随机 5 点，每点取 200 g，混合后每份样品 1000 g。申请调运的小麦品种 2 个，取样 4 份，做好编号标记。一份样品用于检测，另一份作备份。②目测检查。将受检小麦样品倒入磁盘中摊开，肉眼检查有无秕粒和畸形变色籽粒，切开畸形粒检查有无变色及黑粉状物，嗅闻其有无鱼腥气味。目测检查结果显示，受检的两份样品均无异常现象。③洗涤镜检法检测。将每个检测样品四分法取样 50 g 放入三角瓶，加入 100 mL 蒸馏水，振荡 5～10 min，液体倒入离心管内，1000 r/min 离心 5 min，弃上清液后，取沉淀物加 1 mL 席尔氏液，在显微镜下检查有无病菌孢子，一个样品检测 5 个玻片。镜检结果没有发现小麦腥黑穗病菌孢子。如果实验室镜检发现疑似小麦腥黑穗病菌孢子，又无法确认时，可进一步作 PCR 核酸检测确认。

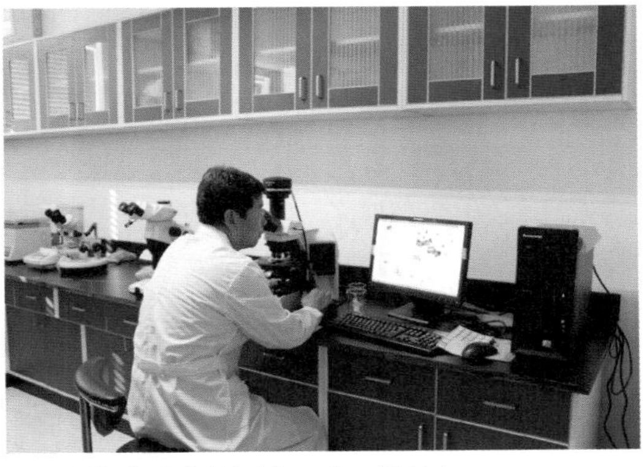

图 4-13　对申请调运的小麦种子样品实施实验室检测（丁建云提供）

4.1.6　检疫处理

植物检疫处理（phytosanitary treatment），也称检疫处置，属进出境植物检疫和国内植物检疫的共有程序，是检疫部门根据现场查验和实验室检测的结果以及相关规定，对植物和植物产品等检疫物实施退回、销毁及除害处理的法定程序。退回，指的是将植物和植物产品等检疫物退回输出方；销毁，指的是将植物和植物产品等检疫物做无害化处理；除害处理，指的是采取一定方法与技术，将有害生物灭活或杀灭或使其后代不育，同时保证植物和植物产品的品质和商业用途不受影响。检疫处理主要作用表现在 3 个方面：①能够及时退回、销毁严重感染有害生物的植物和植物产品等检疫物，预防检疫性有害生物等的传入、传出或扩散；②能够及时灭活或杀灭有害生物，保证处理后的植物和植物产品等检疫物在市场流通中的生物安全性；③能够履行 SPS 协定等国际义务，在一定的保护水平下促进国际贸易的发展。

对于进境的植物和植物产品，在退回或销毁、除害处理中，如何选择采取哪种处理方式呢？如表 4–5 所示，一是要考虑所截获有害生物的类别，二是要看植物和植物产品受害是否严重并已失去使用价值，三是要看是否有有效的除害处理方法。对于出境的植物和植物产品，截获进境国检疫要求中所规定不能进境的有害生物，并无有效除害处理方法时不得出境；截获一般性植物有害生物，危害严重并已失去使用价值时不得出境；否则，进行除害处理。

表 4-5　退回或销毁及除害处理的选择

条件	植物或植物产品受害严重并已失去使用价值	无有效的除害处理方法	有有效的除害处理方法
截获检疫性有害生物	退回或销毁	退回或销毁	除害处理
截获议定书中列明的有害生物	退回或销毁	退回或销毁	除害处理
截获一般性有害生物	退回或销毁	退回或销毁	除害处理

除害处理主要包括常规消毒、熏蒸处理、辐照处理、热处理、冷处理等方法，不同方法有其具体要求。为了进一步分析、理解上述方法的特点，如表 4–6 所示，从理化性质、适用检疫物、技术要求等方面，对熏蒸处理（图 4–14）、辐照处理、热处理、冷处理进行了比较分析。目前，国内外在对植物、植物产品等检疫物实施除害处理的过程中，一般是在植物检疫部门的监督下由相关企业来具体操作。

表 4-6　除害处理主要方法的比较

项目	熏蒸处理	热处理和冷处理	辐照处理
理化性质	化学类	物理类	物理类
适用检疫物	原木、板材、粮谷、水果、皮张等	水果、板材等	水果
技术要求	对熏蒸剂、投药量、熏蒸温度、持续时间、空间气密性等有严格的要求	对处理温度、处理时间及处理后品质等有严格的要求	对辐照装置、辐照剂量及辐照处理后品质等要求严格
检疫应用	最为广泛	广泛	近年较多

进出境植物检疫和国内植物检疫的检疫处理，实例多、范围广。植物检疫实例分析 4–9，来自进出境植物检疫领域，是有关菲律宾输华香蕉截获新菠萝灰粉蚧并进行熏蒸处理的实例，通过该实例能够更好地认识检疫处理在国际贸易和防控外来物种入侵中所发挥的重要作用。植物检疫实例分析 4–10，来自国内植物检疫领域，是有关感染了番茄溃疡病菌的番茄种子被销毁的实例，通过该实例能够掌握国内植物检疫处置的主要步骤和方法。

图 4-14　集装箱熏蒸处理（李志红摄于西安，2021 年）

植物检疫实例分析 4-9：菲律宾输华香蕉截获新菠萝灰粉蚧并进行熏蒸处理

背景：根据《中华人民共和国进出境动植物检疫法》及其实施条例、《进境水果检验检疫监督管理办法》，新鲜水果进境查验时，发现检疫性有害生物或其他有检疫意义的有害生物且有除害处理方法时，须实施除害处理，通常包括冷处理、热处理、熏蒸处理、辐照处理等方法。

简介：2019 年 4 月 12 日，上海海关对一批进境菲律宾香蕉进行现场查验时，在部分香蕉表面发现白色粉蚧，疑似检疫性有害生物新菠萝灰粉蚧。取样送实验室检测，经上海海关动植物与食品检验检疫技术中心检测鉴定，确定为新菠萝灰粉蚧（*Dysmicoccus neobrevipes*）（Beardsley, 1959）（图 4-15），属同翅目蚧总科粉蚧科灰粉蚧属，寄主广泛，主要危害菠萝、香蕉、番荔枝、柑橘等经济作物，通常以卵、幼虫和成虫寄生在寄主植物表面，可造成寄主植物营养不良，严重时引起植株死亡。该虫在菲律宾、泰国、厄瓜多尔等热带地区分布较广，我国尚无分布，是进境检疫性有害生物。在确认检疫结果后，根据《中华人民共和国进出境动植物检疫法》及其实施条例、《进境水果检验检疫监督管理办法》，上海海关出具《检疫处理通知书》告知收货人该批货物需进行检疫处理。根据水果和有害生物种类、生物学特征等，最终该批香蕉在海关监管下，由有资质的检疫除害处理单位和人员实施了集装箱溴甲烷熏蒸处理。

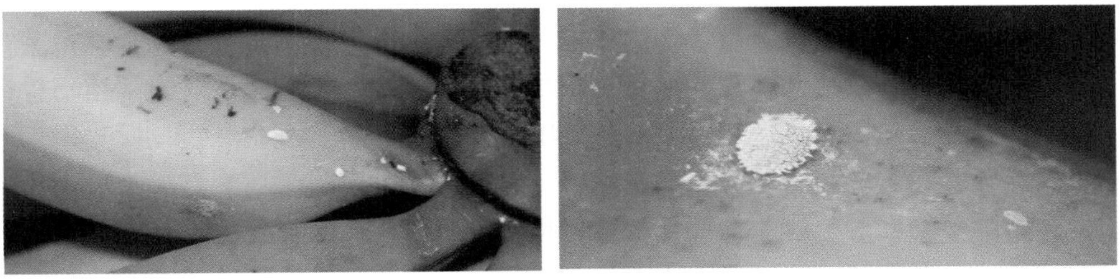

图 4-15　菲律宾输华香蕉新菠萝灰粉蚧及其危害状（周玲提供）

植物检疫实例分析 4-10：感染了番茄溃疡病菌的番茄种子被销毁

背景：申请调运的番茄种子经实验室检测携带番茄溃疡病菌，为阻止染疫番茄种子扩散引发植物疫情，对染疫种子实施了销毁处理。

简介：2020 年 2 月，北京市海淀区农业执法大队（检疫机构）对辖区内某企业申请调出的番茄种子抽样检查，经实验室检测，样品种子携带番茄溃疡病菌，立即启动了行政强制办案程序，对涉案种子进行了查封、销毁处理（图 4-16）。该检疫处理的主要步骤如下：①检疫人员再次取番茄种子样品，送实验室检测，同时清点种子数量。经过查验核实，库房内涉疫番茄种子 16 个品种，共计 550 kg，当场制作了查封物品清单，查封了涉疫番茄种子存放库房。②经实验室再次检测，确认样品种子携带番茄溃疡病后，立即研究制定了染疫种子处理方案。鉴于尚无安全可行的染疫番茄种子无害化处置技术，为彻底阻止番茄溃疡病菌扩散传播，决定对染疫种子实施销毁处理。2020 年 5 月 15 日，海淀区农业执法大队向涉案企业送达了行政强制决定书，告知涉案企业配合检疫机构做好相关工作。③ 2020 年 5 月 20 日，检疫人员携带执法设备，现场开拆封条，核对被查封种子，确认无误后，就地将染疫种子分批次置入高温灭菌锅，进行 120℃、20 min 处理，处理后的种子集中堆放发酵沤肥。④对染疫种子存放库房、运送染疫种子车辆及处理现场周围喷施杀菌剂消毒处理。

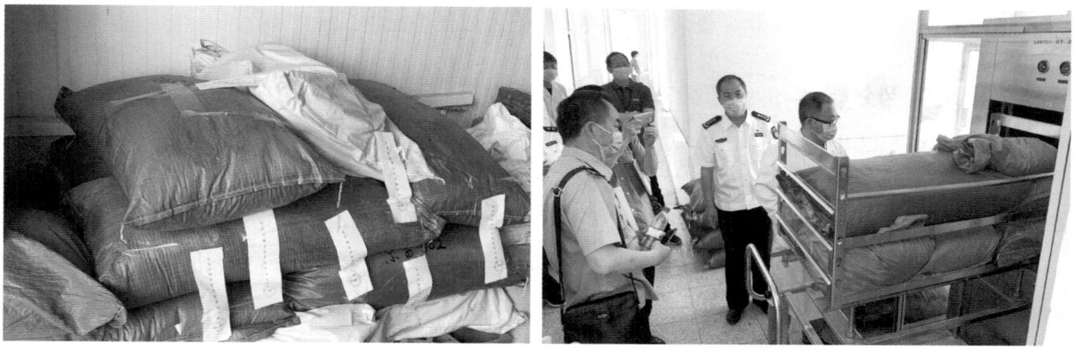

图 4-16　番茄种子检疫处置现场（丁建云提供）

4.1.7　出证放行

植物检疫出证放行（phytosanitary certification），属进出境植物检疫和国内植物检疫的共有程序，是检疫部门根据现场检验、实验室检测及除害处理的结果，判断植物及植物产品等检疫物合格后签发相关单证并准予输入、输出的法定程序。对于输入方检疫部门来说，其签发的是检疫证明等放行类的单证；对于输出方检疫部门来说，其签发的是植物检疫证书。出证放行的作用主要表现在 3 个方面：①能够对检疫合格的植物及植物产品等检疫物及时出具植物检疫证书或植物检疫证明，准予输出或输入；②能够有效地防止经现场查验、实验室检测及除害处理不合格的植物及植物产品等检疫物输入或输出；③能够促进国际植物检疫的标准化建设，《国际植物保护公约》规定的《植物检疫证书》模板及所倡导的国际通用标准化电子植物检疫证书发挥了重要作用。

根据《国际植物保护公约》的要求，植物检疫证书需注明植物及植物产品等检疫物符合输入方的检疫要求。例如，2023 年 9 月 18 日，海关总署公告 2023 年第 118 号（关于进口委内瑞拉鲜食鳄梨植物检疫要求的公告）对植物检疫证书严格规定，即“经检疫合格的鳄梨，委方应出具植物检疫证书，注明果园、包装厂名称或其注册号以及集装箱号码，并在附加声明中注明：This consignment complies with the requirements specified in the Protocol of Phytosanitary Requirements for Export of Fresh Avocado Fruits from Venezuela to China, and is free from quarantine pests of concern to China（该批货物符合委内瑞拉鲜食鳄梨输华植物检疫议定书要求，不带中方关注的检疫性有害生物）”。

在进出境植物检疫中，针对植物及植物产品等检疫物的进境、出境及过境检疫的放行条件均有具体要求。为了进一步分析、理解进境、出境及过境检疫的放行条件，如表 4-7 所示，对其进行了比较。

表 4-7 进境、出境及过境放行条件的比较

类别	放行条件
进境植物检疫	经检疫合格的进境检疫物，由入境口岸海关签发入境货物检疫证明，予以放行、准许进境
出境植物检疫	（1）经现场查验合格、或经现场查验和实验室检测合格、或经除害处理合格的出境检疫物，由出境口岸海关签发植物检疫证书，准予出境 （2）输入方规定本批货物必须检疫处理后出口并要求签发检疫处理证书的，经检疫处理后复查未截获活虫的，由出境口岸海关签发检疫证书，准予出境 （3）超过出境货物检疫有效期限的，应进行复检，合格后签发检疫证书
过境植物检疫	过境植物、植物产品及其他检疫物，经检疫及除害处理合格的准予过境

出证放行是植物检疫中备受关注的程序，特别是货主或代理人，有关进出境植物检疫和国内植物检疫的出证放行实例举不胜举。植物检疫实例分析 4–11，来自进出境植物检疫领域，是有关我国海关为截获核果树溃疡病菌的美国樱桃出具《植物检疫证书》，通过该实例能够更好地认识检疫处理在国际贸易和防控外来物种入侵中所发挥的特殊作用。植物检疫实例分析 4–12，来自国内植物检疫领域，是有关为国内调运的小麦种子签发《植物检疫证书》的实例，通过该实例能够掌握国内植物检疫处置的主要步骤和方法。

植物检疫实例分析 4–11：为截获核果树溃疡病菌的美国樱桃出具《植物检疫证书》

背景：根据《中华人民共和国进出境动植物检疫法》及其实施条例、《进境水果检验检疫监督管理办法》，新鲜水果进境查验时，对在现场或实验室检疫中发现的虫体、病菌、杂草等有害生物进行鉴定，并出具检验检疫结果单。经检验检疫合格的，签发入境货物检验检疫证明，准予放行；经检验检疫不合格又无有效除害处理方法的，签发检验检疫处理通知书，在海关的监督下作退运或销毁处理。需对外索赔的，签发相关检验检疫证书。

简介：2018 年 6 月 21 日，上海海关在一批美国进口的鲜食樱桃中，截获检疫性有害生物核果树溃疡病菌 *Pseudomonas syringae* pv. *morsprunorum*（Wormald）Young et al.，此次截获核果树溃疡病菌为我国首次。该批樱桃随附美国官方植物检疫证书，原产美国华盛顿州。根据检疫结果，上海海关向企业签发《检验检疫处理通知书》，说明在该批货物中发现检疫性有害生物核果树溃疡病菌，因无有效的除害处理方式，需在海关监管下对该批货物实施退运或销毁处理。企业选择将该批货物进行退运，并按照合同对外索赔。根据企业申请，上海海关签发《植物检疫证书》，列明了该批货物的原产地、收发货人、数量与重量、运输工具等详细信息，并说明在该批货物中截获检疫性有害生物，需作退运处理。企业可持此植物检疫证书向美国贸易商等相关方进行索赔。

植物检疫实例分析 4–12：为国内调运的小麦种子签发《植物检疫证书》

背景：植物检疫证书是种子运输的合法凭证，申请调运的小麦种子经检疫不携带检疫性有害生物，准予签发《植物检疫证书》。

简介：北京市顺义区植保植检站对北京某种业公司申请调运的小麦种子进行了现场检疫和实验室检测，结果未发现国家和调入省（河北省）规定的检疫性有害生物和其他危险性有害生物，2019 年 9 月 4 日签发了《植物检疫证书》。该证书的签发包括 3 个步骤：①北京市顺义区植保植检站检疫人员登录《全国植物检疫信息化管理系统》，按照系统引导提示完成各流程操作后点击签发证书，打印纸质《植物检疫证书》。②检疫员在《植物检疫证书》上签字，并加盖北京市顺义区植保植检站植物检疫专用章后证书生效。《植物检疫证书》一式二联，有效期 10 日，第一联随货物寄运，第二联由签发机构留存。签发植物检疫证书过程中，如果相同植物种类有多个品种时，可另附品种清单并加盖植物检疫专用印章后作为《植物检疫证书》的附件。③完成《植物检疫证书》签发后，顺义区植保植检站检疫人员告知申请企业领取证书。

小结

植物检疫的基本程序包括检疫准入、检疫许可（审批）、检疫申报（报检）、现场查验、实验室检测、检疫处理、出证放行。通过分析、研究进出境植物检疫和国内农林业植物检疫的实例，学习、掌握这些基本程序的基本含义和主要规定，理论联系实际，能够为进一步学习植物检疫的综合程序奠定基础。

4.2 植物检疫的综合程序

学习重点

- 明确检疫监管、境外预检、隔离检疫、产地检疫、调运检疫、疫情监测等植物检疫综合程序的基本含义；
- 掌握检疫监管、境外预检、隔离检疫、产地检疫、调运检疫、疫情监测等植物检疫综合程序的主要方法。

植物检疫综合程序，指的是植物和植物产品等检疫物在进出境和国内调运时的综合性检疫流程，其包含了现场检验、实验室检测、检疫处理等多个基本程序。检疫监管、境外预检、隔离检疫、产地检疫、调运检疫、疫情监测是主要的植物检疫综合程序，其中，境外预检属进出境植物检疫的特有程序，产地检疫和调运检疫属国内植物检疫的特有程序，检疫监管、隔离检疫、疫情监测等是两类植物检疫的共有程序（图 4–17）。

图 4–17　植物检疫综合程序及其关系示意图（李志红作图）

4.2.1　检疫监管

检疫监管（phytosanitary supervision），也称检疫监督，属进出境植物检疫和国内植物检疫共有的综合程序，是检疫部门在植物、植物产品等检疫物输入后对其后续生产、加工、存放等实施监督和管理的法定程序。检疫监管的作用主要表现在 3 个方面：①能够进一步提高植物和植物产品等检疫物的验放速度，促进国内外经济贸易的发展；②能够进一步防控检疫性有害生物等的传入和扩散，保护农林业生产安全、生态安全及人类健康；③能够进一步加强植物检疫部门与植物和植物产品等相关企业的合作，共同守卫生物安全。

在进出境植物检疫和国内植物检疫中，检疫监管离不开植物检疫部门与相关部门和企业的合作。例如，指定进行监管的隔离苗圃（图 4–18）、加工厂、仓库、超市等；又如，监管面粉加工厂等焚烧进境粮食的下脚料等。检疫监管实例众多，针对进出境植物检疫和国内植物检疫，分析了立陶宛输华小麦后续加工检疫监管（植物检疫实例分析 4–13）和新优植物国外引种检疫监管（植物检疫实例分析 4–14）。通过这些实例，能够提高对植物检疫监管重要性的认识、掌握植物检疫监管的主要步骤和方法。

图 4–18　海关人员对进境种苗隔离试种进行检疫监管（王巧玲提供）

植物检疫实例分析 4–13：对立陶宛输华小麦后续加工进行检疫监管

背景：宁夏某公司长期从哈萨克斯坦进口小麦用于面粉及挂面加工，年均进口小麦 3 万～5 万 t，出口挂面 100 t，货值 100 万元。近年哈萨克斯坦宣布禁止部分农产品出口，小麦亦在其列，这对宁夏境内长期依靠进口原料的面粉加工企业造成影响，首次开拓从立陶宛进口小麦，以解决企业原料不足的问题。

简介：2020 年 4 月 10 日，一批共计 5000 t 的立陶宛输华小麦，从深圳赤湾港口岸入境并经汽车运输陆续抵达宁夏某公司，银川海关对该批小麦实施检疫监管。在银川海关监管下，该批立陶宛小麦进入指定加工厂专用筒仓；对小麦接卸、入仓、加工及下脚料收集处理等，海关实施跟踪检查，保障进境粮食的安全。我国对进境粮食采取的是全链条管理的模式，包括对进境粮食境外生产、加工、存放企业实施注册登记制度，对进境粮食实施检疫准入制度，以及对进境粮食实施检疫监督。根据《进出境粮食检验检疫监督管理办法》要求，进境粮食应当在具备防疫、处理等条件的指定场所加工使用。未经有效的除害处理或加工处理，进境粮食不得直接进入市场流通领域。这是宁夏企业首次进口立陶宛小麦用于加工生产，标志着宁夏企业与“一带一路”国家合作的进一步拓展。

植物检疫实例分析 4-14：对新优植物国外引种进行检疫监管

背景：上海迪士尼乐园建设方计划自 2014 年末起，从德国、澳大利亚、荷兰和意大利等国家引进新优植物。从国外引进的植物入境后，在审批指定的隔离苗圃内实施隔离检疫，上海市林业病虫防治检疫站进行检疫监管。

简介：2014 年 11 月起，上海市林业病虫防治检疫站根据植物的引种记录，在引进植物隔离检疫期间，对首次引进植物的现场监管每月不少于 1 次，对非首次引进植物的现场监管每两月不少于 1 次。每次监管中，市站检疫员核对品种、清点数量，未发生改变；确认现场隔离检疫条件、管理措施、病虫防治专业技术人员等，符合要求；检查进境植物和介质，无检疫性有害生物及其发生症状，重点检查了土壤、植物根部、枝干、叶、芽眼等部位，无害虫、虫瘿、软体动物、螨类、杂草种子、病斑、畸形、腐烂、花叶、霉层等异常状况；检查隔离检疫期的疫情监测、病虫害观察和防治记录，符合要求；巡查同一隔离区域，没有同科同属植物；监督指导引种单位对死亡植株及枯枝落叶实施集中销毁处理。在多次检疫监管中，均未发现检疫性有害生物等限定的有害生物，也未发现常发性有害生物。

4.2.2 境外预检

境外预检（phytosanitary pre-inspection），简称预检，属进出境植物检疫的特有程序，指在高风险植物、植物产品入境前，输入方检疫部门指派相关人员到输出方配合其检疫部门实施出境植物检疫的法定程序。预检在高风险植物、植物产品生长或生产期间进行，包含现场查验、实验室检测以及必要的检疫处理等基本程序，需要输入方和输出方检疫部门合作完成。境外预检的作用主要表现在 3 个方面：①能够从源头管控高风险植物及植物产品的风险，促进外来有害生物入侵防控的国际协同共治，促进国际贸易发展；②能够为输入方和输出方提供植物检疫的工作平台，促进双方的检疫合作；③能够及时借鉴输出方或输入方先进的植物检疫体系、策略、措施、方法及技术，从而促进双方植物检疫水平提升。

在进出境植物检疫中，预检受到输出方和输入方的特别关注，开展了诸多实践，例如 1999 年，我国检疫人员赴美国佛罗里达州对输华柑橘进行预检（图 4-19）；2015 年，我国检疫人员对日本输华罗汉松开展境外预检（图 4-20）；2013 年，澳大利亚检疫人员到我国山东烟台对输澳鲜梨进行预检等。通过境外预检实例，例如植物检疫实例分析 4-15，能够进一步提高对植物检疫预检这一综合程序的认识，并进一步掌握其主要步骤和方法。

图 4-19　我国检疫人员对美国输华柑橘实施境外预检（李志红提供）

图 4-20　我国检疫人员对日本输华罗汉松实施境外预检（耿建提供）

植物检疫实例分析 4-15：日本输华罗汉松的境外预检

背景：日本输华罗汉松贸易量较大。日方生产企业须在其官方植物检疫部门注册登记，日方检疫部门对罗汉松生产供货企业实施检疫监管，并提前向海关总署提供考核合格的企业名单。海关总署每年对输华罗汉松实施两次预检。

简介：根据《关于进口罗汉松植物检疫措施要求的公告》（2010 年第 132 号）要求，日本输华罗汉松出口前 6 个月应移植到隔离苗圃内种植，并在启运前向日方 NPPO 申请检疫。我国海关总署每年两次组织检疫人员和专家对日方检疫监管体系和实施情况以及出口企业设施、管理、疫情防控措施等情况进行评估，对输华罗汉松进行预检。预检组在日本完成输华罗汉松预检工作，主要步骤和方法包括：①预检组根据预检工作方案，对企业日常管理资料进行书面审查，如苗圃管理制度、苗木分布图、病虫害发生及防治处理记录等；②在苗圃现场通过抽查、问询等方式，对企业的日常管理情况进行符合性检查，并对苗圃的隔离情况、环境卫生情况、中方关注的有害生物发生情况、病虫害防控及除害处理情况、悬挂标签等情况进行检查，发现问题及时向企业反馈，并提出相应的整改要求；③根据综合评定，确认通过预检的罗汉松苗圃名单及编号，报送海关总署动植物检疫司。

4.2.3　隔离检疫

隔离检疫（post-entry quarantine，PEQ），也称隔离试种检疫，属进出境植物检疫和国内植物检疫共有的综合程序，指将进境植物繁殖材料限定在指定的隔离场所内种植，在其生长期间进行现场查验、实验室检测、检疫处理等的法定程序。针对进境的植物繁殖材料，隔离试种检疫是一项强制性措施。隔离检疫的主要作用包括 3 个方面：①通过隔离试种检疫能够监测有害生物的发生情况，确定引进的植物繁殖材料能否在国内种植，从而避免检疫许可的不足；②通过隔离试种检疫能够在试种期间发现那些最初处于潜伏期、免疫应答反应期的植物病害，也能够发现那些最初数量很少的植物有害生物，从而避免或弥补现场查验的不足；③通过隔离试种检疫能够及时处理处置所发现的植物疫情，必要时销毁全部植物繁殖材料，从而更有效地做到防入侵、保安全、促发展。

在我国，从事进境植物繁殖材料隔离工作的隔离检疫圃须通过检疫部门的考核和核准。依据进境植物繁殖材料隔离检疫的相关规定，按照隔离条件、技术水平和运作方式等将隔离检疫圃划分为国家隔离检疫圃、专业隔离检疫圃和地方隔离检疫圃 3 类。如表 4-8 所示，不同风险的植物繁殖材料须在不同类别的隔离检疫圃实施隔离试种检疫。

表 4-8　三类隔离检疫圃的比较

检疫圃	植物繁殖材料
国家隔离检疫圃	进境的高、中风险植物繁殖材料
专业隔离检疫圃	因科研、教学等需要进境的高、中风险植物繁殖材料
地方隔离检疫圃	中风险进境植物繁殖材料

通过学习、分析植物隔离检疫实例（植物检疫实例分析 4–16、4–17），能够更好地认识植物隔离检疫程序的重要性，能够进一步掌握隔离试种检疫的主要步骤与方法。

植物检疫实例分析 4–16：引进高山杜鹃隔离检疫发现栎树猝死病

背景：栎树猝死病是一种危害观赏花卉植物和林木的毁灭性真菌病害，可在短时期内迅速传播危害，并造成寄主植物大量死亡。我国从 2005 年就对国外引进的高山杜鹃等寄主植物进行隔离检疫，发现疫情后及时处理，并出台检疫政策，加强引种审批管理，防止该病传入我国。

简介：高山杜鹃（*Rhododendron* spp.）属杜鹃花科杜鹃花属，因其花形好、花序及花色变化多，深受人们的喜爱，作为高档盆花，一直是花卉市场上的抢手货。由于国内产量低，需要从国外大量进口。2005 年 1 月，某公司从德国引进了一批高山杜鹃种苗，在全国农业技术推广服务中心植物检疫隔离场进行了隔离检疫观察（图 4–21），发现部分高山杜鹃在生长期间出现叶片畸形、坏死等症状，经检验检测，未能确认病因，随后对全部病株进行了销毁，并提高了对进口高山杜鹃的关注。2006 年 11 月该公司又引进了一批德国高山杜鹃种苗（图 4–21），共计 3650 株。根据上一年的隔离检疫情况，全国农业技术推广服务中心立即对该批进口种苗抽样进行隔离检疫，并经中国检验检疫科学研究院实验室检测，发现该批高山杜鹃种苗带有栎树猝死病菌（*Phytophthora ramorum*）。该病能引起栎树迅速枯死，曾造成美国加利福尼亚州的上万棵栎树和石栎树毁灭，被美国人称为“Sudden Oak Death”，简称“SOD”。由于栎树猝死病危害严重，引起了加拿大、澳大利亚、新西兰、韩国、中国、美国等国家及欧盟的高度关注，采取措施严防传入。因为栎树猝死病菌寄主十分广泛，其中栎树、槭树、杜鹃、山茶、荚蒾、蔷薇等植物在我国大部分地区都有分布，且气候条件也适合栎树猝死病

图 4–21　正在进行隔离检疫的高山杜鹃种苗（赵守岐提供）

菌发生，该病菌抗逆性和对环境适应性又很强，栎树猝死病菌在中国定殖的可能性大，传播危害风险高。为此，全国农业技术推广服务中心于 2007 年 2 月 13 日专门印发《关于加强杜鹃等观赏植物引进检疫审批管理的紧急通知》，要求各地从严控制从栎树猝死病发生国家引进杜鹃、山茶、栎树、槭树等植物种苗，有关单位立即封存该批种苗，对其进行全面检查检测，销毁了全部病株，加强对来自发生疫情国家的植物种苗检疫管理和监测工作。随后，2007 年 5 月 29 日农业部发布第 862 号公告，将其列入了《中华人民共和国进境检疫性有害生物名录》，防止栎树猝死病菌传入我国。

植物检疫实例分析 4-17：进境百合种苗隔离检疫

背景：近年来，辽宁省从国外引进百合等花卉种苗数量大幅增加，年均引种数量 5000 余万株，随着进境种苗数量加大，境外检疫性有害生物和限定的非检疫性有害生物传入风险增高，为防止限定的有害生物随引进种苗传入，确保种苗引进安全，加强国外引进百合等花卉种苗隔离检疫十分必要。

简介：辽宁省凌源市是重要花卉集中种植区，全市花卉种植面积约 6 万亩（1 亩≈ 666.7 m^2），其中境外引进百合等种植约 5500 亩。按照农业部《国外引种检疫审批管理办法》，2019 年，辽宁省凌源市植物保护站受省植物保护站委托对凌源市某公司引进的百合等花卉种苗实施隔离检疫（图 4-22），要求企业按照境外引进农业植物种苗隔离检疫的相关规定，对已经多次引进及其他风险较低的百合种苗，指定在本行政区域内的露地大棚种植，对首次引进的在指定地点隔离试种，隔离试种的时间不得少于一个生育周期。同时，凌源市植物保护站按照农业部《国（境）外引进种苗疫情监测规范》，根据引进种苗种植期制定种苗隔离检疫计划，对低风险百合种苗采取访问调查、田间踏查等方法进行 1 ～ 2 次调查，对首次引进的百合种苗，在种球储藏期、苗期、成株期和花期对引进种苗采取访问调查、田间踏查和定点调查的方法进行 4 次隔离试种检疫调查，并填写国外引种疫情监测调查记录表。对现场发现的疑似疫情植株，采集样本委托沈阳农业大学进行实验室鉴定。2019 年，委托沈阳农业大学对 29 个品种、292 个种球和 43 个品种 200 个植株叶片，共计 490 余份样本，利用分子生物学方法进行了 6 种病毒检测，经检测表明，部分百合种球和叶片检测到百合无症病毒，未检测到检疫性病毒如李属坏死环斑病毒和南芥菜花叶病毒等。根据现场检疫和实验室检验结果，凌源市植物保护站在全国植物检疫信息化管理平台填报《国外引种疫情田间调查记录表》，由省植物保

图 4-22 辽宁凌源百合隔离检疫（蔡明提供）

护站审核签署出具《国外引种疫情监测报告》。同时，凌源市植物保护站告知引种企业，在隔离检疫期间，一旦发现疫情的，引进单位必须在检疫部门的指导和监督下，及时采取封锁、控制和消灭措施，严防疫情扩散。

4.2.4 产地检疫

产地检疫（quarantine in producing area），是国内植物检疫的特有程序，指对应施检疫的植物及植物产品由国内植物检疫部门按照相关的技术标准在植物生产过程中实施的检疫，并签发产地检疫合格证的法定程序。在产地检疫程序中，涉及检疫申报、现场查验、实验室检测、检疫处理及出证放行等多个基本程序。产地检疫与境外预检的步骤相近，但所应用的植物检疫具体领域不同。

产地检疫的作用主要体现在 3 个方面：①控制疫情源头。将检疫性有害生物消灭在萌芽阶段，是公认最为经济、有效的检疫控害手段。而产地检疫是在植物生长期间进行的，此时植物检疫性病虫害的形态特征、危害寄主症状处于明显的表症期，易被发现和识别，有利于诊断和鉴定。一旦发现植物疫情，产地检疫时期是铲除疫情的最佳时期，可及时地采取如隔离、消毒、灭杀等检疫措施，把疫情控制在最初阶段和最小范围。②促进贸易流通。开展产地检疫，有目的性地建立无检疫性有害生物的植物及其产品基地，可防止染疫植物及其产品进入流通环节，避免因发现检疫性有害生物再采取检疫处理措施，造成压车、压港、压库等，带来巨大损失。此外，植物和植物产品尤其是鲜活农产品运输时，可直接凭产地检疫合格证换植物检疫证书后通行，大大减少运输环节的耗时。③为产业政策制定提供参考。专职植物检疫员开展产地检疫必须到植物及其产品的生产现场开展工作。实地踏查、与生产经营者交流沟通相关信息，能够全面了解当地植物及其产品的生产经营状况，可为制定种植业产业政策提供检疫方面的可靠依据。

近年来，我国产地检疫规模越来越大、检疫任务越来越重，受到植物检疫和国家生物安全领域的更多关注（图 4–23）。我国农业产地检疫的数据管理模块是 2015 年开始设计的全国植物检疫信息化管理系统的重要组成部分，2017 年 7 月该系统（http://www.nyzwjy.cn/）上线。2018 年全国农业产地检疫的情况如表 4–9、表 4–10 所示，农业农村部共签发产地检疫合格证 54988 份，产地检疫总面积达到 186.2 万 hm^2，种子总产量达 1487.8 万 t，苗木为 228.1 亿株，共有申请单位和个人 8349 个，全年产地检疫涉及 1003 种作物、92014 个品种；9 月和 10 月是产地检疫最为繁忙的月份；5 种主要农作物水稻、小麦、玉米、棉花、大豆产地检疫合格证数量占全年总产地检疫合格证签发数量的 39%，产地检疫面积占总面积的 73%，产地检疫质量占总质量的 55%，小麦的产地检疫面积和质量远远高于其他作物。2021 年，各级农业植物检疫机构全年签发产地检疫合格证 5.7 万份，产地检疫总面积达 182.7 万 hm^2，种子总质量 1252.3 万 t，苗木 322.5 亿株；从农作物看，水稻、小麦、玉米、棉花、大豆产地检疫合格证数量占全年总产地检疫合格证签发数量的 45.3%，产地检疫面积和质量分别占总面积、总质量的 81.5% 和 65.9%，其中小麦的产地检疫面积和质量仍远远高于其他作物。

图 4-23　农业植物检疫人员正在实施产地检疫（商明清和赵守歧提供）

表 4-9　2018 年全国农业产地检疫月度情况表

月份	签发数量 / 份	申请单位 / 个	作物种类 / 种	作物品种 / 个	面积 / 万 hm^2	质量 / 万 t	株数 / 亿株
1 月	851	399	163	1478	8.27	9.00	5.41
2 月	505	274	114	701	2.20	2.67	17.08
3 月	1181	741	185	2425	2.10	10.46	10.62
4 月	1608	488	231	3575	2.34	12.79	4.62
5 月	3969	832	188	5418	14.06	157.97	13.22
6 月	5741	1241	239	7446	17.09	271.89	5.93
7 月	3968	863	240	9119	16.89	136.03	14.16
8 月	6643	1266	329	16967	17.89	82.05	32.81
9 月	12009	2011	269	27584	45.62	301.02	30.31
10 月	9462	1988	459	22568	32.56	385.43	39.78
11 月	6586	1319	319	10531	21.50	76.23	21.13
12 月	2465	869	263	4091	5.66	42.33	33.04
总计	54988	—	—	—	186.21	1487.87	228.11

表 4-10　2018 年主要农作物产地检疫情况表

作物	签发数量 / 份	申请单位 / 个	作物品种 / 个	面积 / 万 hm^2	质量 / 万 t
水稻	7266	1034	8958	23.14	130.10
小麦	5693	1232	2074	64.06	465.37
玉米	6456	1263	17104	23.31	158.94
棉花	690	162	546	8.68	20.27
大豆	1416	420	1428	16.31	41.99
总计	21521	—	—	135.51	816.67

通过学习、分析产地检疫实例（植物检疫实例分析 4–18），能够更好地认识产地检疫这一综合程序的重要性，能够进一步掌握国内植物检疫工作中产地检疫的主要步骤与方法。

植物检疫实例分析 4–18：林业产地检疫发现检疫性有害生物扶桑绵粉蚧

背景：植物产地检疫是林业植物检疫的基础性工作，对于及时发现疫情和外来有害生物有着十分重要的意义。2012 年，上海市林业病虫防治检疫站产地检疫工作突破了以往由区县林业站具体实施、市站汇总的旧模式，形成了市区两级齐抓共管的新局面，市站检疫员开始直接参与区县的产地检疫工作。

简介：2012 年 4 月，上海市开始第一轮产地检疫。市林业病虫防治检疫站在对松江区某种苗培育基地进行产地检疫时，发现该种苗培育基地内几株木槿叶片萎蔫、嫩茎干枯、生长矮小，叶片和茎上堆积有些许白色蜡质物质。根据植物的症状，检疫员认为极可能有扶桑绵粉蚧发生。经过仔细调查，在周围 10 株木槿上均发现了疑似扶桑绵粉蚧，经特征核对，确认为扶桑绵粉蚧。检疫员随即全面检查了整个种苗培育基地，未发现其他植株染疫。待检查完毕，当日检疫员将该 10 株木槿密封送往除害处理中心，委托专业除害处理公司进行科学处理。随后，市站召开领导和专家会议，制定对策、启动Ⅱ级应急预案，对全市扶桑绵粉蚧寄主植物进行了排查，将以马齿苋、太阳花为主的大片感疫植物送往除害处理中心，零星发生点均在当地用药防治。共销毁感疫植物 61 批次、5266 包。

4.2.5　调运检疫

调运检疫（quarantine for the movement），属国内植物检疫的特有程序，是指对应施检疫的植物及植物产品在调出县级行政区之前，由国内植物检疫部门按照调运检疫规程实施的检疫，并签发调运检疫证书的法定程序。调运检疫包括检疫申报、现场查验、实验室检测、检疫处理和出证放行等多个基本程序。调运检疫可根据调运方式分为调出检疫和调入检疫；也可按照行政区划分为省内调运检疫（同一省级区划内的调运检疫）和省间调运检疫（省际的调运检疫）。

调运检疫的主要作用表现在如下 3 个方面：①把控调运前风险。调运检疫把控未经过产地检疫的植物及其产品在调运前的检疫风险，可以有效防止检疫性有害生物随调运的植物及其产品传播蔓延。②提升把关及抽检比率。植物及其产品在仓储、加工及运输过程中，都可能被检疫性有害生物侵染。通过开展调运检疫，可以二次抽检把关，提升针对检疫性有害生物的检出率。③掌握商品流通信息。通过实施调运检疫，植物检疫机构可以掌握本地区调入和调出的植物及其产品的相关情况，为当地农业发展提供检疫政策支撑。

近年来，植物及植物产品国内调运更为频繁，调运检疫的任务更为艰巨（图 4–24）。我国农业调运检疫的数据管理模块和产地检疫一样，都是 2015 年开始设计、2017 年上线运行的全国植物检疫信息化管理系统的重要组成部分。那么，2018 年全国农业调运检疫的情况如何呢？如表 4–11 至表 4–13 所示，签发省内调运检疫合格证 148462 批次，省内调运检疫种子总产量达 103.6 万 t，苗木为 11.3 亿株；签发省间调运检疫合格证 142267 批次，省间调运检疫种子总产量达 203.83 万 t，苗木为 63.44 亿株；综上所述，2018 年全年共签发调运检疫证书 290729 份，调运检疫种子总产量达 307.4 万 t，苗木为 74.7 亿株。2018 年全年办理调运检疫申请单位和个人共计 95513 个，涉及 1193 种作物、95513 个品种；5 种主要农作物共签发调运检疫证书占全国所有调运检验农作物的 66%，调运量占全国的 71%，玉米的出省调运证书量、省内调运证书量、申请量均为最高。2021 年，各级农业植物检疫机构签发调运检疫证书 34.1 万份，经检疫合格调运种子 254.2 万 t，苗木 65.0 亿株，其中省内调运 18.0 万批次，种子 99.0 万 t，苗木 14.0 亿株，省间调运 16.1 万批次，种子 155.1 万 t，苗木 51.1 亿株。5 种主要农作物签发省内调运检疫证书数量占总量的 83%，调运种子量占 82%；签发省间调运检疫证书数量占总量的 58%，调运种子量占 72%；其中，玉米的出省调运证书量、省内调运证书量、申请量仍为最高。

图 4–24 牧草种子调运检疫（王晓亮摄）

通过学习、分析调运检疫实例，如植物检疫实例分析 4–19（关于林业调运检疫），能够更好地认识调运检疫这一综合程序的重要性，能够进一步掌握国内植物检疫工作中调运检疫的主要步骤与方法。

表 4-11　2018 年省内调运检疫月度情况表

月份	签发数量 / 份	申请单位 / 个	作物种类 / 种	作物品种 / 个	质量 / 万 t	株数 / 亿株
1 月	23609	1310	144	8919	10.94	0.73
2 月	13935	1172	129	6139	4.60	0.29
3 月	36743	2817	230	13746	11.05	1.37
4 月	9683	1664	255	9460	4.92	0.96
5 月	3390	864	230	6772	3.76	1.03
6 月	4482	597	174	4048	3.01	0.56
7 月	1962	417	145	3057	0.97	0.51
8 月	10291	811	155	4323	10.53	0.31
9 月	13293	1274	179	6328	21.42	0.48
10 月	4907	1047	208	8572	13.45	1.14
11 月	6982	1125	218	10936	8.35	2.55
12 月	19185	1340	210	11372	10.64	1.41
总计	148462	—	—	—	103.63	11.34

表 4-12　2018 年省间调运检疫月度情况表

月份	签发数量 / 份	申请单位 / 个	作物种类 / 种	作物品种 / 个	质量 / 万 t	株数 / 亿株
1 月	19619	1958	298	8919	16.33	8.74
2 月	8674	1199	254	6139	6.73	3.05
3 月	26580	2817	388	13746	18.37	7.25
4 月	10784	2058	380	9460	7.03	4.95
5 月	6984	1275	273	6772	9.43	10.91
6 月	5916	1173	260	4048	38.84	2.63
7 月	3703	765	245	3057	3.04	2.10
8 月	5548	979	234	4323	4.80	2.11
9 月	9018	1379	248	6328	15.11	1.78
10 月	9419	1599	305	8572	24.74	3.21
11 月	14372	2140	304	10936	29.91	8.41
12 月	21650	2129	302	11372	29.52	8.30
总计	142267	—	—	—	203.83	63.44

表 4-13　2018 年主要农作物调运检疫情况表

作物	省内			省间		
	签发数量 / 份	申请单位 / 个	质量 / 万 t	签发数量 / 份	申请单位 / 个	质量 / 万 t
水稻	42832	1307	24.09	23340	743	25.75
小麦	19401	797	33.66	4364	498	6.05
玉米	54820	1884	20.01	44170	1435	103.88
棉花	229	46	0.19	229	58	0.02
大豆	1758	175	1.28	1876	266	3.65
总计	119040	—	79.23	73979	—	139.36

植物检疫实例分析 4-19：林业调运检疫

背景：上海植物园将调运一批多肉植物及热带植物至山西省太原植物园，以供其作温室展览用，向上海市林业病虫防治检疫站提出了调运申请。

简介：2020 年 5 月初，上海市林业病虫防治检疫站受理了上海植物园的报检，市站检疫员审核《植物检疫报检单》和调入省的《调运植物检疫要求书》，确定现场检疫时间，通知了报检人。5 月 8 日，检疫员对照《植物检疫报检单》，在现场核对了待调运植物的产品名称、种类、数量和来源等，未发现有误；抽取了部分植物，观察根、茎、叶、芽、花等各个部位，未发现变形、变色、溃疡、枯死、虫瘿、虫孔、蛀屑、虫粪等；检查了待调运植物的表层、包装物外部、填充物、堆放场所、运载工具和铺垫材料等，发现调运使用的木质包装为芬兰木，且来源不详。芬兰木的主要材质为北欧赤松，为松科植物，有携带松材线虫病的风险，因此带回室内检验。将样本带回实验室后，采用贝尔曼漏斗法分离，在显微镜下观察分离液，未发现松材线虫。经现场检验、室内检验未发现检疫性有害生物，对报检单位签发《植物检疫证书》，准予调运。

4.2.6　疫情监测

疫情监测（surveillance 或 survey and monitoring），属进出境植物检疫和国内植物检疫共有的综合程序，指在某一地区、生产地或生产点，为确定检疫性有害生物等是否发生或种群边界等，而在规定时间内进行连续调查和监测的法定程序。疫情监测包括现场查验、实验室检测、检疫处理等基本程序。疫情监测的作用主要体现在 2 个方面：①通过疫情监测能够确定某一地区、生产地或生产点植物有害生物的发生和分布情况，为风险分析、检疫要求确定、议定书签署以及疫区、非疫区、非疫生产地、非疫生产点及低度流行区的划定，提供基础数据和科学依据；②通过疫情监测能够及时发现检疫性有害生物，并采取有效措施进行根除或除害处理，从而弥补现场查验特别是抽验检疫的不足，从而更有效地防控植物有害生物的传入、传出或扩散。

根据疫情监测的结果，通过划定疫区、非疫区、非疫生产地、非疫生产点及低度流行区来进行有害生物的防控是植物检疫的重要措施。ISPM 5 中对非疫区、非疫生产地、非疫生产点及低度流行区的定义，指导着相关的植物检疫实践。如表 4-14 所示，从含义、是否官方划定、地域范围大小等方面比较了上述术语间的区别和联系。

表 4-14　非疫区、非疫生产地、非疫生产点及低度流行区的比较

中文名称	英文名称	中文含义	英文含义	是否官方划定	地域范围大小
非疫区	pest free area	科学证据表明未发生某种特定有害生物并且官方能适时保持此状况的地区	An area in which a specific pest is absent as demonstrated by scientific evidence and in which, where appropriate, this condition is being officially maintained	是	大或小
非疫生产地	pest free place of production	科学证据表明未发生某种特定有害生物且官方能适时在一定时期保持此状况的产地	Place of production in which a specific pest is absent as demonstrated by scientific evidence and in which, where appropriate, this condition is being officially maintained for a defined period	是	较大
非疫生产点	pest free production site	科学证据表明不存在特定有害生物且官方能适时在一定时期保持此状况的生产地点	A production site in which a specific pest is absent, as demonstrated by scientific evidence, and in which, where appropriate, this condition is being officially maintained for a defined period	是	小
低度流行区	area of low pest prevalence	主管当局认定特定有害生物低水平发生并采取有效的监管或控制的一个地区，既可是一个国家的全部或部分，也可是若干国家的全部或部分	An area, whether all of a country, part of a country, or all or parts of several countries, as identified by the competent authorities, in which a specific pest is present at low levels and which is subject to effective surveillance or control	是	大或小

在我国，疫情监测实践涉及进出境植物检疫、国内农业和林业植物检疫，重点针对检疫性有害生物进行持续调查和监测（图 4–25），并定期向社会公布监测结果。例如，在进出境植物检疫中，针对重要经济实蝇的疫情监测是最具代表性的一个实例；自 1980 年以来，基于引进的实蝇监测诱捕技术，我国在南方部分地区开展了实蝇监测诱捕工作；从 1994 年起，建

图 4–25　海关开展有害生物疫情监测（吕文刚提供）

立了全国性的地中海实蝇监测诱捕体系；至 2000 年，建成了全国性实蝇监测诱捕体系，建立该体系的目的是预防外来重要经济实蝇的入侵，涉及的目标害虫包括国内外关注的检疫性实蝇种类；这项持续了近 40 年的实蝇监测工作，为果蔬类植物产品进出口的风险分析、准入谈判、议定书签订或植物检疫要求确认等奠定了坚实的基础。又如，在国内农业植物检疫中，针对柑橘黄龙病、梨火疫病、红火蚁、苹果蠹蛾、美国白蛾、假高粱等的监测以及定期公布疫情监测结果等，都是具有代表性的实例；2021 年全国农业植物检疫性有害生物在 29 个省（自治区、直辖市）的 1350 个县（市、区）发生，与 2020 年相比减少 17 个发生县，分布面积 4224.4 万亩次，发生面积 2147.8 万亩次，与上年相比下降 14.1%。再如，自 2022 年起，我国大力开展外来入侵物种调查，其中涉及多种检疫性有害生物，来自农业、海关、林业、环保等有关机构（包括植物检疫部门）以及高校、科研院所等有关单位协同工作，截至 2023 年 9 月本底调查工作已基本完成，调查数据正在进行汇总、统计及后续风险分析，调查结果将进一步推进今后的植物检疫疫情监测工作。

通过学习、分析疫情监测实例（植物检疫实例分析 4–20、4–21、4–22），能够进一步提高对疫情监测在发现、处置及控制检疫性有害生物中的重要作用，能够进一步掌握进出境植物检疫和国内植物检疫工作中疫情监测这一综合程序的主要方法。

植物检疫实例分析 4–20：疫情监测发现薇甘菊

背景：薇甘菊（*Mikania micrantha*）是我国进境检疫性有害生物和全国林业检疫性有害生物，被列入世界最有害的 100 种外来入侵物种之一，其繁殖能力强，既可以通过茎节、节间生根形成新植株进行无性繁殖，也可通过种子远距离传播进行有性繁殖，一旦传入，难以根除，将带来严重危害。

简介：2016 年 6 月 21 至 23 日，云南勐腊检验检疫局在辖区各口岸的货场、码头、定点加工厂开展杂草监测调查时，在磨憨口岸的磨憨村委会对面货场、锦亿货场和关累码头老货场及其旁边的桥下零星发现进境植物检疫性杂草薇甘菊。为避免其大量繁殖危害本地物种，原勐腊检验检疫局磨憨办事处及时联合货场工作人员对发现的薇甘菊植株采取了连根挖除并作无害化处理。这是该局继 2013 年 11 月 22 日在老挝南塔省普卡县及 2015 年 12 月在勐腊县境内昆曼公路勐远段发现薇甘菊疫情以来，再次在勐腊发现。针对本次监测疫情，原勐腊检验检疫局进一步加大了对进境货物和运输工具的查验力度，同时加强外来有害生物监测工作，对已清除薇甘菊发现地继续做好后续监测工作。

植物检疫实例分析 4–21：疫情监测发现苹果蠹蛾

背景：苹果蠹蛾（*Cydia pomonella*）是世界著名入侵害虫，对苹果、梨等水果造成毁灭性危害，世界上许多国家将其列为检疫性有害生物实行严格管制，辽宁省是苹果蠹蛾非发生区，在苹果蠹蛾传入发生高风险地区实施疫情监测，做到早发现、早处置至关重要。

简介：辽宁省海城市是重要水果产区，主要以生产南国梨、苹果等果品为主，全市果园面积约 45 万亩。按照《辽宁省苹果蠹蛾监测技术方案》，2012 年 5 月，辽宁省海城市植物保护站在以王石镇梨园为重点设置苹果蠹蛾监测点 8 个，通过悬挂性诱剂诱捕器进行苹果蠹蛾成虫监测，每 50 亩果园设 1 个监测点，每个监测点安装 3 个诱捕器，每个监测点有专人负责，每天做好监测记录，将监测结果填入“苹果蠹蛾监测调查记录表”。按照农业部《农业植物疫情报告与发布管理办法》，要求以镇为单位每周向海城市植保站上报一次监测结果，一旦新发现苹果蠹蛾 12 h 内上报。2012 年 7 月 4 日，省植保站接到海城市植物保护站报告，在王石镇什司县村傅家屯梨园发现疑似苹果蠹蛾成虫 7 头，引起省植保站高度重视，责成立即将照片发至省站，经省植保站组织专家对成虫显著特征进行初步判断，高度疑似为苹果蠹蛾。2012 年 7 月 5 日，省植保站第一时间派 2 名专家到海城市现场调查核实，并取样送至中国科学院动物所，请全国苹果蠹蛾权威专家进行实验室鉴定。2012 年 7 月 6 日，专家鉴定送检样品为苹果蠹蛾；当日，辽宁省植物保护站向农业部全国农业技术推广服务中心报送了植物疫情快报，内容包括苹果蠹蛾的名称、寄主、发现时间、地点、分布、危害、可能的传播途径以及应急处置措施。苹果蠹蛾疫情监测在当地一直持续进行（图 4-26），进一步防控该检疫性有害生物的传入和扩散。

图 4-26　苹果蠹蛾疫情监测现场（蔡明提供）

植物检疫实例分析 4-22：疫情监测发现美国白蛾

背景： 美国白蛾（*Hyphantria cunea*）是我国进境检疫性有害生物和全国林业检疫性有害生物，在我国蔓延扩散趋势严峻。上海市是美国白蛾的非发生区，因造林建绿，大量从江苏、山东等地引入苗木，美国白蛾从外省市传入的风险极大，实施疫情监测尤为重要。

简介： 2016 年，上海市林业部门印发了《上海市美国白蛾处置应急预案》，要求各区从 4 月开始进行人工踏查、性诱剂监测和测报灯监测，并在全市范围内布设了 62 个美国白蛾监测点，挂设 443 个诱捕器，每个监测点有专人负责，每天将监测情况上报。2016 年 5 月 5 日，浦东新区林业病虫防治检疫站在监测点诱捕器内发现疑似美国白蛾成虫，根据性诱剂的专化性，初步判断为美国白蛾。浦东新区林检站立即将标本送至上海市林业病虫防治检疫站，市站组织专家鉴定，确定为越冬代美国白蛾雄成虫。2016 年 5 月 9 日，市站在浦东新区高桥镇召开了美国白蛾监测部署会，要求加大监测力度，做到“早发现、早报告、早隔离、早扑灭”。随即组织开展现场调查和防治，组织开展监测与防治技术培训。2016 年 5 月 11 日起，全市启动美国白蛾疫情“每日零报告制度”和“即刻上报制度”。疫情监测力度加大后，在嘉定区、宝山区、青浦区也分别诱捕到美国白蛾成虫，在浦东新区发现美国白蛾幼虫。经全面监测调查和多次科学有效防治，2016 年 9 月后全市美国白蛾发生区未发现第 3 代幼虫危害情况，美国白蛾疫情得到有效控制。

小结

植物检疫措施包括法规和程序，而植物检疫程序是实施法规的一系列重要流程，包括具体步骤和方法。植物检疫基本程序中的检疫准入、检疫许可、检疫申报、现场查验、实验室检测、检疫处理、出证放行，以及植物检疫综合程序中的检疫监管、境外预检、隔离检疫、产地检疫、调运检疫、疫情监测，在植物检疫工作中均发挥了重要作用。

【课后习题】

1. 植物检疫基本程序和综合程序的关系如何？试制作一张流程图予以说明。

2. 请结合新公布的植物检疫议定书或植物检疫要求，分析如何做好检疫准入工作。

3. 请结合植物检疫新实例，分析检疫许可、检疫申报、现场查验、实验室检测、检疫处理及出证放行的主要作用和要求。

4. 请分别结合进出境植物检疫和国内植物检疫的新实例，分析检疫监管、境外预检、隔离检疫、产地检疫、调运检疫、疫情监测的主要作用和要求。

5. 我国 A 公司拟通过德国的 B 公司引进其玉米种子，试分析所需经过的植物检疫程序及要求并制作一张流程图。

6. 结合全球经济贸易发展，分析植物检疫程序存在的不足并提出优化植物检疫程序的建议。

【参考文献】

胡白石，许志刚. 2023. 植物检疫学. 4 版. 北京：高等教育出版社.

黄冠胜. 2014. 国际植物检疫规则与中国进出境植物检疫. 北京：中国质检出版社.

黄冠胜. 2014. 中国特色进出境动植物检验检疫. 北京：中国质检出版社.

李志红，杨汉春. 2021. 动植物检疫概论. 2 版. 北京：中国农业大学出版社.

王春林. 1999. 植物检疫理论与实践. 北京：中国农业出版社.

王晓亮，陈冉冉，朱莉，等. 2023. 2020—2022 年我国农业植物检疫性有害生物发生防控形势分析. 植物保护，49(5): 426–440.

王晓亮，姜培，闫硕，等. 2021. 2018 年我国农业植物产地检疫和调运检疫情况分析. 植物保护，47(2): 207–213.

王晓亮，秦萌，李潇楠，等. 2021. 农业植物产地检疫和调运检疫现状分析. 中国植保导刊，38(12): 74–77.

朱水芳. 2019. 植物检疫学. 北京：科学出版社.

IPPC Secretariat. 2016. Design and operation of post-entry quarantine stations for plants. International Standard for Phytosanitary Measures No. 34. Rome. FAO on Behalf of the Secretariat of the International Plant Protection Convention.

IPPC Secretariat. 2016. Phytosanitary certification system. International Standard for Phytosanitary Measures No. 7. Rome. FAO on Behalf of the Secretariat of the International Plant Protection Convention.

IPPC Secretariat. 2018. Surveillance. International Standard for Phytosanitary Measures No. 6. Rome. FAO on Behalf of the Secretariat of the International Plant Protection Convention.

IPPC Secretariat. 2022. Phytosanitary certificates. International Standard for Phytosanitary Measures No. 12. Rome. FAO on Behalf of the Secretariat of the International Plant Protection Convention.

IPPC Secretariat. 2023. Glossary of phytosanitary terms. International Standard for Phytosanitary Measures No. 5. Rome. FAO on Behalf of the Secretariat of the International Plant Protection Convention.

IPPC Secretariat. 2023. Guidelines for a phytosanitary import regulatory system. International Standard for Phytosanitary Measures No. 20. Rome. FAO on Behalf of the Secretariat of the International Plant Protection Convention.

第 5 章
植物检疫技术

本章简介

技术性是植物检疫的基本属性。植物检疫技术（phytosanitary technology）是防控检疫性有害生物等外来植物病原物、害虫及杂草入侵的重要保障，在植物检疫基本程序及综合程序中发挥重要作用，是植物检疫学探索的重要内容。植物检疫技术主要包括有害生物风险分析技术、检疫抽样技术、检测鉴定技术、检疫处理技术和疫情监测技术，其研究与应用备受国内外关注。本章在阐述上述技术基本术语和主要标准的基础上，结合实例，进一步分析了植物检疫技术的研究与应用。

学习目的

使学习者掌握植物检疫技术的基本术语、主要标准、研究与应用的主要方法，并做到理论联系实际。

思维导图

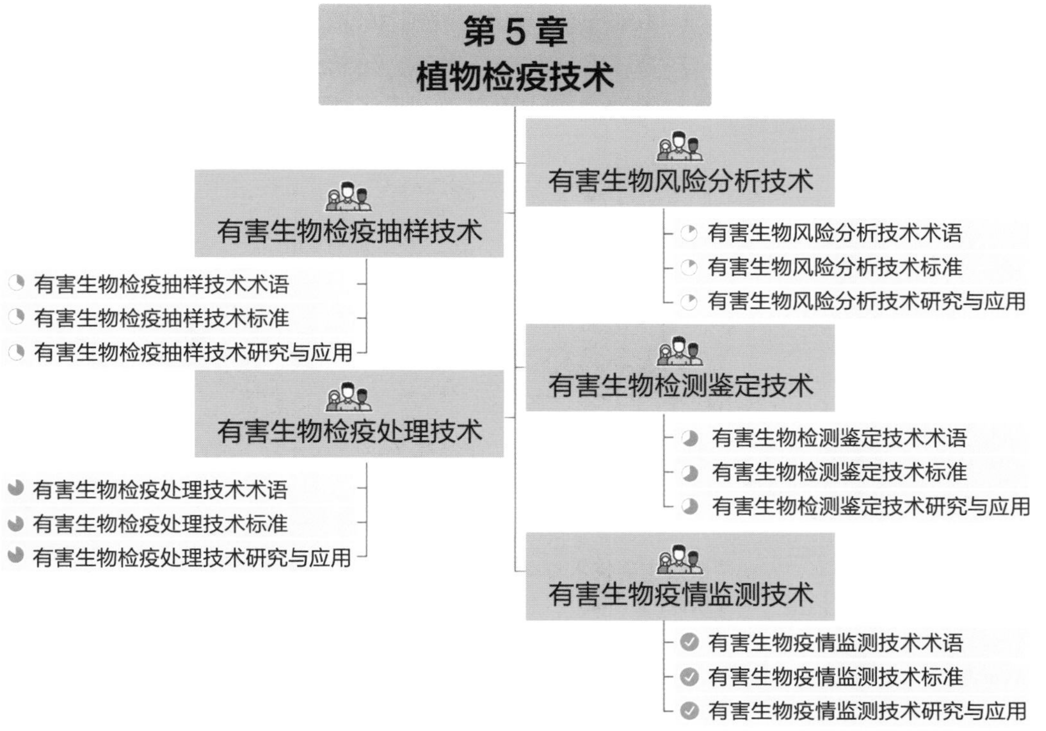

课前思考

❖ **一个为什么**：为什么植物检疫离不开现代科学技术的进步？

❖ **三个是什么**：有害生物风险分析、检疫抽样、检测鉴定、检疫处理和疫情监测 5 类技术与植物检疫程序之间有什么联系吗？其基本术语和主要标准有哪些？目前植物检疫技术研究与应用的热点又是什么呢？

❖ **五个怎么办**：怎么开展有害生物风险分析技术的研究与应用？怎么开展有害生物检疫抽样技术的研究与应用？怎么开展检测鉴定技术的研究与应用？怎么开展检疫处理技术的研究与应用？怎么开展疫情监测技术的研究与应用？

5.1 有害生物风险分析技术

学习重点

- 掌握有害生物风险分析技术的基本术语和主要标准；
- 掌握有害生物风险分析技术研究与应用的主要方法。

根据植物检疫技术主要支撑的植物检疫基本程序，可将有害生物风险分析、检疫抽样、检测鉴定、检疫处理和疫情监测划分为 3 个类别加以认识。第 1 类是有害生物风险分析技术，主要用于植物及植物产品输入前的检疫准入程序；第 2 类包括检疫抽样技术、检测鉴定技术及检疫处理技术，主要用于植物及植物产品输入或输出中的现场查验、实验室检测及检疫处理程序；第 3 类是疫情监测技术，主要用于植物及植物产品输入后的疫情监测程序（图 5-1）。有害生物风险分析包括风险识别、风险评估及风险管理 3 个阶段，有害生物风险分析技术涉及定性技术和定量技术，其研究与应用受到 FAO-IPPC 及缔约方的高度关注，中国、美国、澳大利亚等在有害生物风险分析技术研究与应用方面开展了诸多探索。

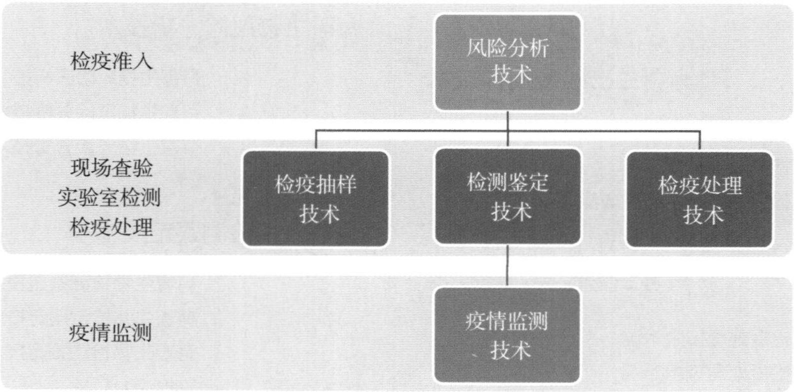

图 5-1 植物检疫主要技术与基本程序关系示意图（李志红制作）

5.1.1 有害生物风险分析技术术语

植物及植物产品等检疫物在输入、输出过程中具有携带外来有害生物的风险，这些风险是有规律的、可预测的、可控制的。如第 2 章所述，外来有害生物的入侵过程主要包括进入、定殖、扩散及暴发 4 个阶段，受到来自生态系统各基本层次的作用，如个体、种群、群落、系统。又如第 3 章所述，SPS 协定要求各成员所采取的 SPS 措施应建立在风险评估的基础之上，在设定 SPS 保护水平时应尽最大努力减少对贸易的不利影响，而风险评估正是风险分析的重要部分，是科学设定适宜的保护水平（appropriate level of protection，ALOP）的基础。有害生物风险分析、有害生物风险分析技术是基本术语，有害生物风险分析技术研究与应用涉及有害生物与植物及植物产品、自然环境条件及人类活动之间的关系与作用。

根据 ISPM 5，有害生物风险分析（pest risk analysis，PRA），指的是评价生物或其他科学和经济证据以确定一个生物体是否为有害生物，该生物体是否应被限定，以及为此采取任何植物检疫措施的力度的过程（The process of evaluating biological or other scientific and economic evidence to determine whether an organism is a pest, whether it should be regulated, and the strength of any phytosanitary measures to be taken against it）。其中，"该生物体是否应被限定"，指的是该生物体是否为限定的有害生物，即是否为检疫性有害生物（quarantine pest, QP）或限定的非检疫性有害生物（regulated non-quarantine pest, RNQP）。PRA 包括起始（initiation）、风险评估（pest risk assessment）和风险管理（pest risk management）三个阶段。PRA 是制定检疫性有害生物名录 / 名单的基础，也是进出境植物检疫和国内植物检疫工作中对植物、植物产品（如粮食、水果、蔬菜、花卉、木材、种子种苗等繁殖材料等）及其他检疫物实施具体检疫措施的根据，备受植物检疫等生物入侵防控领域的关注。

有害生物风险分析技术（techniques for PRA），是开展 PRA 的技术，是支撑检疫性有害生物名录、植物检疫要求以及检疫准入程序的主要技术。在有害生物风险评估阶段，包括定性风险评估技术（qualitative risk assessment techniques）和定量风险评估技术（quantitative risk assessment techniques）。如表 5-1，比较分析了有害生物定性风险评估技术与定量风险评估技术的异同，两类技术均可预测植物有害生物及其检疫物风险的有无和高低，主要区别表现在主要方法、结果形式以及当前的应用范围上。

表 5-1 有害生物定性风险评估技术与定量风险评估技术的比较

类别		有害生物定性风险评估技术	有害生物定量风险评估技术
相同点		均可预测植物有害生物及其检疫物风险的有无和高低	
不同点	主要方法	主要依靠专家经验进行判断，如专家打分法	主要依靠数理分析、数学模型及软件工具，如 @RISK
	结果形式	风险以高、中、低等方式体现	风险以概率等方式体现
	应用范围	各个国家或地区	拥有定量风险分析技术的国家或地区

5.1.2 有害生物风险分析技术标准

针对有害生物风险分析技术标准，截至 2023 年 10 月，FAO-IPPC 制定了多个 ISPM，涉及有害生物风险分析的基本要求、如何开展 QP 和 RNQP 的风险分析，以及如何采用系统综合措施进行风险管理等（表 5–2）。

表 5-2　有害生物风险分析技术国际标准

序号	英文名称	中文名称
ISPM 2	Framework for pest risk analysis	有害生物风险分析框架
ISPM 11	Pest risk analysis for quarantine pests	检疫性有害生物风险分析
ISPM 21	Pest risk analysis for regulated non–quarantine pests	限定的非检疫性有害生物风险分析
ISPM 32	Categorization of commodities according to their pest risk	基于有害生物风险的商品分类
ISPM 14	The use of integrated measures in a systems approach for pest risk management	采用系统综合措施进行有害生物风险管理

《有害生物风险分析框架》（ISPM 2）是 PRA 最基本的国际标准。在该标准中，规定了 PRA 的流程（图 5–2）和风险识别、风险评估及风险管理三个阶段的主要方法。在三个阶段中，离不开信息收集、记录及风险交流。

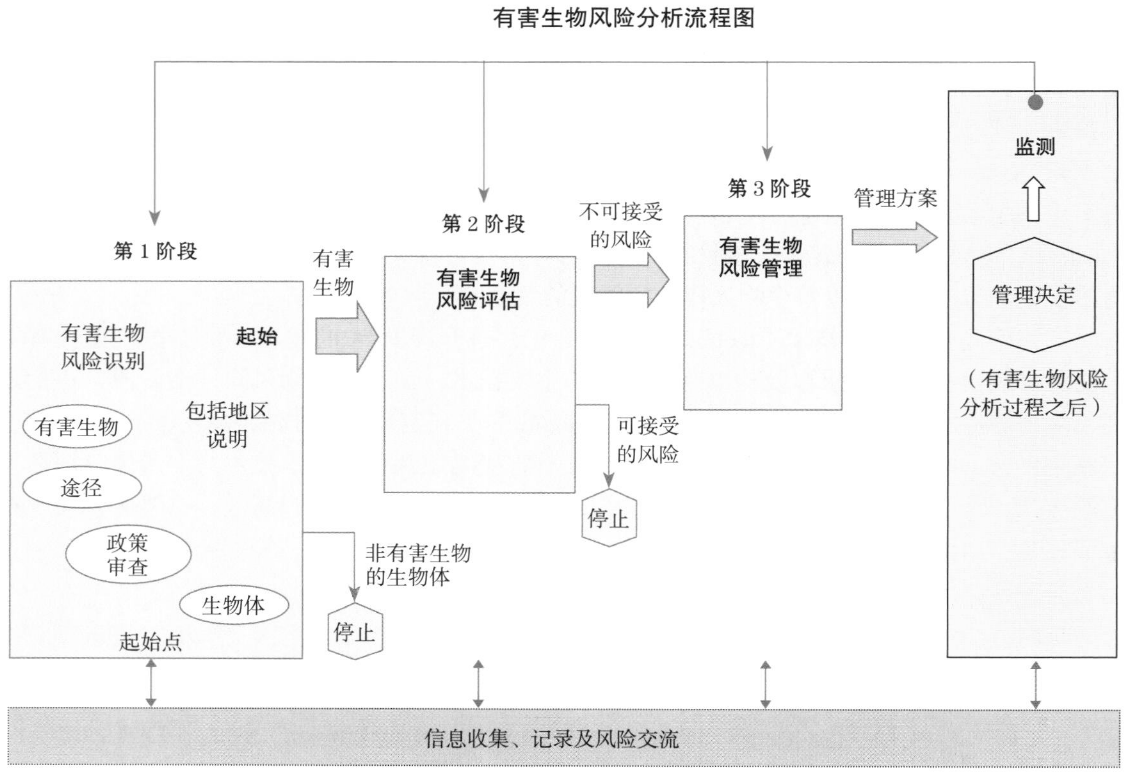

图 5–2　有害生物风险分析流程示意图（引自 ISPM 2）

（1）风险识别　首先要确定 PRA 的起点（生物体及途径，途径一般指商品，如植物及植物产品），然后确定一个生物体是否为有害生物、确定 PRA 地区、评价以前的 PRA 工作、得出该阶段的结论；在确定一个生物体是否为有害生物时，如一个植物品种，需考虑其对各种生态条件的适应性、在植物中竞争力的强弱和繁殖力的高低、建立一个持久土壤种子库的能力、繁殖体的高流动性、植物相克、寄生能力及杂交能力。

（2）风险评估　包括 5 个具体步骤，即：①有害生物分类，即确定该有害生物是否具有 QP 或 RNQP 的特征；②对进入、定殖和扩散进行评估，针对 QP 需确定受威胁地区及评估传入和扩散的可能性，针对 RNQP 需与该地区其他侵染源相比评估种植用植物是否为有害生物主要侵染源；③对经济影响进行评估，针对 QP 需评估经济影响（含环境影响），针对 RNQP 需评估与 PRA 地区种植用植物原定用途有关的潜在经济影响（含分析侵染临界值允许程度）；④结论，即根据 QP 的传入、扩散和潜在经济影响或 RNQP 的不可接受经济影响的评估结果，概述有害生物总体风险；⑤有害生物风险评估的结果用于决定是否需要进行有害生物风险管理。

（3）风险管理　需确定植物检疫措施（如检疫许可、现场查验、实验室检测、检疫处理等程序），把 QP 或 RNQP 的入侵风险降至可接受水平；如果认为有害生物风险可接受或者植物检疫措施不适宜使用（如自然扩散），则不应采取植物检疫措施。为了尽量减少对国际贸易的干预，在确定植物检疫措施时，应遵循相关的原则，例如：①必要性，即只有在必须采取植物检疫措施以防止 QP 的传入和 / 或扩散，或者限制 RNQP 的经济影响时，才可采用该措施；②经济可行，即采用的措施要有益于阻止有害生物的传入和扩散，对措施要进行成本效益分析；③最低影响，即措施中的贸易限制不应超过必要程度，应当在必要的最小范围内应用；④等同，即如果不同的植物检疫措施有相同的效果，则有些措施应作为可选择项目；⑤无歧视，如果 QP 在 PRA 地区的有限范围内已经有分布或定殖，且处于官方的有效控制之下，则风险管理措施不应比 PRA 地区的措施更严格。

风险评估与风险管理是 PRA 的主要阶段，针对 QP 或 RNQP，风险评估与风险管理的内容不同（表 5–3）。风险评估是 PRA 的核心阶段，可采取定性风险评估技术或定量风险评估技术，也可采取定性风险评估技术和定量风险评估技术相结合的综合性技术。

表 5-3　风险评估与风险管理的比较

类别	风险评估	风险管理
检疫性有害生物	评价有害生物传入和扩散的可能性及有关潜在经济影响程度	评价和选择备选方案，以减少有害生物传入和扩散的风险
限定的非检疫性有害生物	评价种植用植物中有害生物影响这些植物的原定用途并产生经济上不可接受影响的可能性	评价及选择方案，以减少种植用植物中有害生物对这些植物的原定用途产生经济上不可接受影响的风险

进入 21 世纪以来，我国已发布、实施了针对有害生物风险分析的国家标准和行业标准，如国家标准《进出境植物和植物产品有害生物风险分析技术要求》（GB/T 20879—2007）、《进出境植物和植物产品有害生物风险分析工作指南》（GB/T 21658—2008）、《有害生物风险分析框架》（GB/T 27616—2011），行业标准《杂草风险分析技术要求》（SN/T 1893—2007）、《外来昆虫风险分析技术规程：椰心叶甲》（NY/T 1705—2009）、《林业有害生物风险分析准则》（LY/T 2588—2016）等。此外，国家标准《种植用植物生长介质跨境运输有害生物风险分析》（GB/T 43164—2023）已于 2023 年 9 月 7 日发布，将于 2024 年 4 月 1 日实施。

5.1.3 有害生物风险分析技术研究与应用

自20世纪80年代以来，国内外开展了大量有害生物风险分析方法、模型及软件工具的研究与应用探索，涉及定性风险评估技术和定量风险评估技术，涵盖进入和定殖可能性、潜在地理分布、潜在经济损失与影响等内容。上述ISPMs及我国的相关标准标志着PRA技术从研究走向应用。总体来看，部分发达国家研究起步早、定量风险评估技术研究与应用相对领先，我国研究与应用起步相对晚、定性风险评估技术研究与应用较多、定量风险评估技术研究与应用进步明显。

美国、澳大利亚等的PRA技术研究探索开始较早、较为深入，涉及专家打分法、合并矩阵法、场景分析法，建立了CLIMEX、MaxEnt、@RISK等软件和模型。我国于20世纪80年代开始探索PRA方法与技术，如原农业部植物检疫试验所开展的“危险性病虫草的检疫重要性评价”研究以及有害生物适生性研究；1991—1995年农业部“八五”重点课题“检疫性病虫害危险性评估”标志了我国PRA研究的正式开始，其建立的“有害生物风险多指标综合评价方法”影响广泛（植物检疫实例分析5–2），并应用于进境花卉、扶桑绵粉蚧（植物检疫实例分析5–3）等风险分析中，原北京农业大学等专门培养从事PRA研究的硕士和博士；2012—2014年，由中国农业大学与全国农业技术推广服务中心等合作，通过农业部“引进国际先进农业科学技术”项目“重要农业害虫入侵风险定量评估技术的引进与示范应用”进一步引进国外相关技术并消化、吸收、再创新，在此基础上近年来研究提出了有害生物风险分析定量评估集成技术体系并针对输华玉米种子等开展了应用（植物检疫实例分析5–4）。

全球化的进程使外来物种的入侵形势日益严峻，有害生物定量风险评估技术的研究与应用取得了诸多新进展，在植物检疫等生物入侵防控工作中发挥着越来越重要的作用。通过对我国PRA技术研究与应用实例的分析（详见植物检疫实例分析5–1、5–2、5–3、5–4），能够将理论与实际联系起来，提高对PRA技术的认识水平，掌握PRA技术研究与应用的主要方法。

植物检疫实例分析5–1：柬埔寨输华杧果风险分析

二维码5–1 柬埔寨输华杧果风险分析

植物检疫实例分析5–2：有害生物风险分析多指标综合评判方法的研究

背景：20世纪90年代，我国建立了用于植物有害生物风险分析的多指标综合评判方法，是农业部“八五”重点课题“检疫性病虫害危险性评估”的标志性成果。该研究邀请50多位专家在共同讨论确定的建立指标体系基本原则的基础上，采用专家咨询法，构建了有害生物危险性评判指标体系、指标评判标准和评判模型。该方法属于定量风险分析技术，在我国植物检疫风险分析技术研究中地位突出，发挥了引领作用，并被广泛应用至我国的植物检疫工作中。

简介：有害生物风险分析多指标综合评判方法确立了 PRA 指标体系（表 5–4）、指标评判标准（表 5–5）以及评判模型（表 5–6）。

表 5-4 PRA 指标体系

总指标	一级指标	二级指标
有害生物危险性R	1. 国内分布状况（P_1）	
	2. 潜在的危害性（P_2）	（1）潜在的经济危害性（P_{21}）
		（2）是否为其他检疫性有害生物的传播媒介（P_{22}）
		（3）国外重视程度（P_{23}）
	3. 受害栽培寄主的经济重要性（P_3）	（1）受害栽培寄主的种类（P_{31}）
		（2）受害栽培寄主的种植面积（P_{32}）
		（3）受害栽培寄主的特殊经济价值（P_{33}）
	4. 移植的可能性（P_4）	（1）截获难易（P_{41}）
		（2）运输过程中有害生物的存活率（P_{42}）
		（3）国外分布范围（P_{43}）
		（4）国内的适生范围（P_{44}）
		（5）传播力（P_{45}）
	5. 危险性管理的难度（P_5）	（1）检疫鉴定的难度（P_{51}）
		（2）检疫处理的难度（P_{52}）
		（3）根除难度（P_{53}）

引自：李志红，杨汉春，2021.

表 5-5 PRA 指标评判标准

评判指标	指标内容	数量指标
P_1	国内分布状况	国内无分布，P_1=3；国内分布面积占 0% ～ 20%，P_1=2；占 20% ～ 50%，P_1=1；大于 50%，P_1=0
P_{21}	潜在的经济危害性	据预测，造成的产量损失达 20% 以上和 / 或严重降低作物产品质量，P_{21}=3；产量损失在 20% ～ 5% 和 / 或有较大的质量损失，P_{21}=2；产量损失在 1% ～ 5% 和 / 或较小的质量损失，P_{21}=1；产量损失小于 1% 且对质量无影响，P_{21}=0。（如难以对产量 / 质量损失进行评估，可考虑用有害生物的危害程度进行间接的评判）
P_{22}	是否为其他检疫性有害生物的传播媒介	可传带 3 种以上的检疫性有害生物，P_{22}=3；传带 2 种，P_{22}=2；传带 1 种，P_{22}=1；不传带任何检疫性有害生物，P_{22}=0
P_{23}	国外重视程度	如有 20 个以上的国家把某一有害生物列为检疫性有害生物，P_{23}=3；10 ～ 19 个，P_{23}=2；1 ～ 9 个，P_{23}=0
P_{31}	受害栽培寄主的种类	受害的栽培寄主达 10 种以上，P_{31}=3；5 ～ 9 种，P_{31}=2；1 ～ 4 种，P_{31}=0
P_{32}	受害栽培寄主的种植面积	受害栽培寄主的总面积达 350 万 hm^2 以上，P_{32}=3；150 万 ～ 350 万 hm^2，P_{32}=2；小于 150 万 hm^2，P_{32}=1；无，P_{32}=0
P_{33}	受害栽培寄主的特殊经济价值	根据其应用机制，出口创汇等方面，由专家进行判断定级，P_{33}=3, 2, 1, 0
P_{41}	截获难易	有害生物经常被截获，P_{41}=3；偶尔被截获，P_{41}=2；从未截获或历史上只截获过少数几次，P_{41}=1；因现有检验技术的原因，本项不设“0”级

续表5-5

评判指标	指标内容	数量指标
P_{42}	运输中有害生物的存活率	运输中有害生物的存活率在40%以上，P_{42}=3；在10%～40%，P_{42}=2；在0%～10%，P_{42}=1；存活率为0，P_{42}=0
P_{43}	国外分布广否	在世界50%以上的国家有分布，P_{43}=3；在25%～50%，P_{43}=2；在0～25%，P_{43}=1；分布为0，P_{43}=0
P_{44}	国内的适生范围	在国内50%以上的地区能够适生，P_{44}=3；在25%～50%，P_{44}=2；在0～25%，P_{44}=1；适生范围为0，P_{44}=0
P_{45}	传播力	对气传的有害生物，P_{45}=3；由活动力很强的介体传播的有害生物，P_{45}=2；土传传播力很弱的有害生物，P_{45}=1。该项不设0级
P_{51}	检疫鉴定的难度	现有检疫鉴定方法的可靠性很低，花费的时间很长，P_{51}=3；检疫鉴定方法非常可靠且简便快速，P_{51}=0；介于之间，P_{51}=2,1
P_{52}	检疫处理的难度	现有的检疫处理方法几乎不能杀死有害生物，P_{52}=3；除害率在50%以下，P_{52}=2；除害率在50%～100%，P_{52}=1；除害率为100%，P_{52}=0
P_{53}	根除难度	田间的防治效果差，成本高，难度大，P_{53}=3；田间防治效果显著，成本很低，简便，P_{53}=0；介于之间的，P_{53}=2,1

引自：李志红，杨汉春，2021.

表5-6　PRA评判模型

评判指标	指标计算公式
R	$R=\sqrt[5]{P_1\times P_2\times P_3\times P_4\times P_5}$
P_1	P_1根据评判标准确定
P_2	$P_2=0.6P_{21}+0.2P_{22}+0.2P_{23}$
P_3	$P_3=\mathrm{Max}(P_{31}, P_{32}, P_{33})$
P_4	$P_4=\sqrt[5]{P_{41}\times P_{42}\times P_{43}\times P_{44}\times P_{45}}$
P_5	$P_5=\dfrac{P_{51}+P_{52}+P_{53}}{3}$

引自：李志红、杨汉春，2021.

植物检疫实例分析5-3：扶桑绵粉蚧风险分析研究与应用

背景：扶桑绵粉蚧（*Phenacoccus solenopsis*）又称棉花粉蚧，是一种危害园林植物、水果和大田作物的重要害虫。1988年在美国首次发现其危害棉花，随后在中美洲、加勒比海、厄瓜多尔等地区发生危害。2002年以后在智利、阿根廷、巴西，2008年在巴基斯坦、印度和尼日利亚等国家相继发生危害。该虫易随人为活动传播扩散，对农林产业危害损失严重。我国于2008年8月在广州市首次发现，经风险分析，2009年2月将其列入《中华人民共和国进境检疫性有害生物名录》，后经国内植物检疫机构监测调查和评估，于2010年5月农业部和国家林业局将其列入农林检疫性有害生物名单，加强检疫管理，严防其传播危害。

简介：2008年8月在我国广州首次发现一种新害虫，12月经北京林业大学武三安教授鉴定确认为扶桑绵粉蚧。随后全国农业技术推广服务中心组织专家进行实地核查（图5-3），开展识别技术培训、重点地区调查和风险分析研究。2009 年中国科学院动物研究所张润志研究员对扶桑绵粉蚧开展了风险分析工作。依据全世界已知的 47 个分布点资料，利用 GARP 模型进行分析，表明扶桑绵粉蚧在中国的海南、广东、广西、福建、台湾、江西、浙江、江苏、安徽、湖南、湖北、贵州、河南、山东、云南等 15 省（自治区）的大部分区域，新疆、四川、河北、山西、陕西、甘肃、宁夏、辽宁、西藏、天津、北京等 11 省（自治区、直辖市）的部分地区适生。参考有害生物风险分析多指标综合评判方法，从潜在危害性、移植与建立种群的可能性、寄主的经济重要性和检疫管理的难易性等评价指标进行评估，结合扶桑绵粉蚧发生、传播、危害、检疫和控制等的实际情况，建立其风险分析指标体系，依据害虫本身的生物学特性研究结果以及相关调查、试验结果，来确定扶桑绵粉蚧风险程度隶属度，对危险性指数进行修订。经风险分析认为扶桑绵粉蚧危险性综合评价值高，风险性很大，建议将其列为检疫性有害生物加以防控。根据扶桑绵粉蚧在中国的适生性和风险分析的结果，2009 年 2 月 3 日农业部和国家质量监督检验检疫总局联合发布第 1147 号公告，将其列入《中华人民共和国进境检疫性有害生物名录》，要求出入境检疫部门依法加强对美国、墨西哥、巴西、智利等发生国家和地区输入寄主植物的检验检疫。在国内农林植物检疫部门做好扶桑绵粉蚧专项调查的基础上，2010 年 5 月 5 日农业部和国家林业局联合发布第 1380 号公告，将扶桑绵粉蚧列为农业、林业检疫性有害生物，要求各级农林植物检疫部门依法实施检疫措施，控制其扩散危害，保护我国农业林业生产的安全。

图 5-3 扶桑绵粉蚧雌成虫（张润志摄）

植物检疫实例分析 5-4：有害生物风险分析定量评估集成技术体系研究与应用

背景：2012—2013 年，由中国农业大学与全国农业技术推广服务中心等合作，在农业部“引进国际先进农业科学技术”项目“重要农业害虫入侵风险定量评估技术的引进与示范应用”的支持下，引进美国、澳大利亚先进的 PRA 定量风险评估技术，并消化、吸收、再创新。在此基础上，提出有害生物风险分析定量评估集成技术体系并开展应用。

简介：2018 年，中国农业大学提出“有害生物风险分析定量评估集成技术体系”（图 5-4）。这一技术体系包括 5 个定量评估模块（针对多种有害生物的定殖可能性评估模块、针对某种有害生物的入侵可能性评估模块、针对某种有害生物的潜在地理分布预测模块、针对某种有害生物的潜在损失模块、针对有害生物的入侵风险综合评估模块），第 1 至第 5 模块依次相接，每一模块均有可供选择的定量评估模型和软件作为技术支撑，第 1 至第 4 模块的评估结果为第 5 模块提供具体风险信息，同时 7 个基础数据库（有害生物地理分布数据库、有害生物检疫截获数据库、有害生物生物和危害数据库、有害生物寄主数据库、地图数据库、交通运输数据库以及气象数据库）为各评估模块提供必要的数据支撑。如果 PRA 的起点是某一植物或植物产品，可选择第 1 至第 5 模块依次进行评估；如果 PRA 的起点是某一有害生物，可选择第 2 至第 5 模块依次完成评估。上述集成技术体系贯穿了有害生物入侵的全过程，能够实现两个起点 PRA 的全过程定量风险评估。

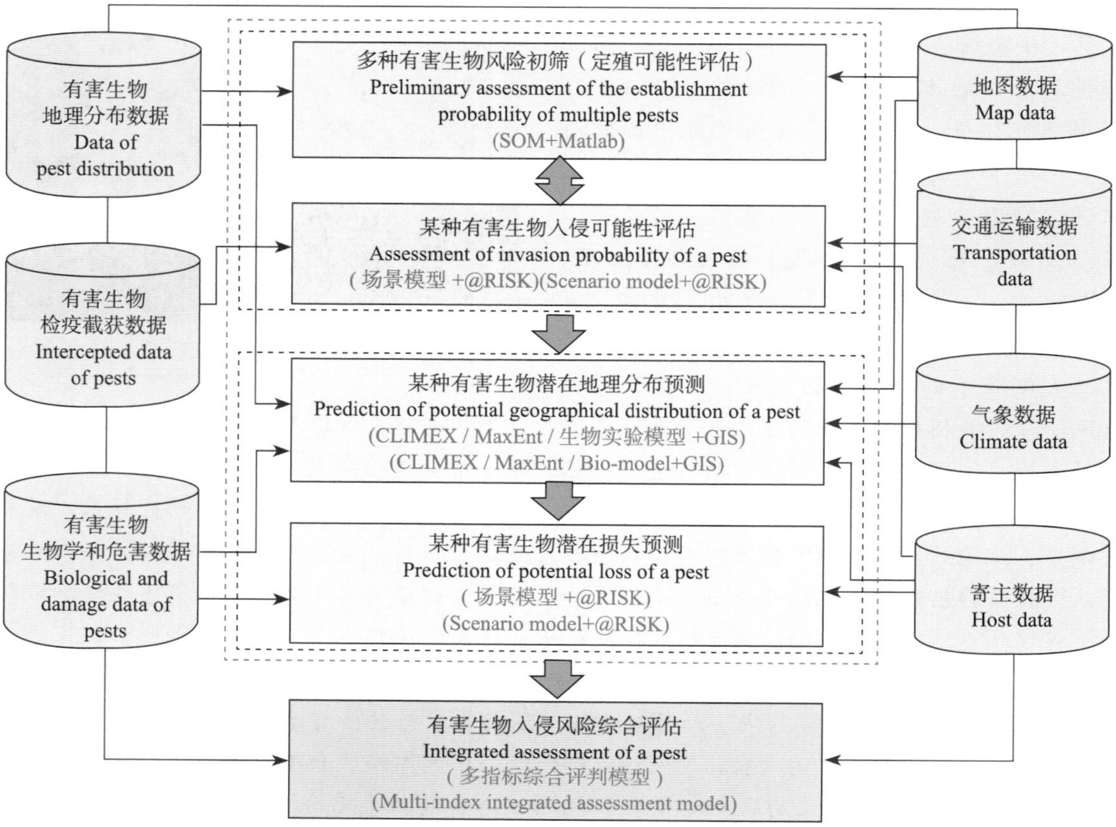

图 5-4　有害生物风险分析定量评估集成技术体系（引自李志红和秦誉嘉，2018）

近年来，全国农业技术推广服务中心与中国农业大学合作，采用上述集成技术体系开展了国外输华玉米种子的有害生物风险分析研究与应用（全国农业技术推广服务中心，2019）。在收集、整理国内外玉米有害生物相关信息的基础上，利用“SOM+Matlab”技术对 1251 种玉米主要有害生物进行了风险初筛（即定殖可能性排序），并根据 SOM 风险初筛结果利用 MaxEnt 模型对 5 种代表性玉米种子病原物进行了潜在地理分布预测研究；采用“场景模型 +@RISK”的技术模式，预测了这 5 种代表性玉米种子病原物对我国玉米产业造成的潜在经济损失；同时，以上述风险评估为基础，进一步开展了境外引进玉米种子检疫风险管理的研究，对不同来源国家或地区的玉米种子进行风险分级，实行分级管理。该研究与应用是我国首次系统开展的进境玉米种子风险分析，对于提高我国玉米引种检疫监管水平、开展其他引进种子的风险分析、研究引进种子的风险分析方法、提高引种风险分析技术的水平等，具有参考借鉴价值。

2023 年，中国农业大学基于有害生物风险分析定量评估集成技术体系提出的“农作物有害生物定量评估技术”获评农业农村部主推技术。目前，中国农业大学与全国农业技术推广服务中心合作，将该技术应用于国外输华大豆的有害生物风险分析工作中。

小结

PRA是评价生物或其他科学和经济证据以确定一个生物体是否为有害生物，该生物体是否应被限定，以及为此采取任何植物检疫措施的力度的过程，包括起点、风险评估、风险管理3个阶段。有害生物风险分析技术是开展PRA所采用的技术，是支撑检疫性有害生物名录、植物检疫要求以及检疫准入程序的主要技术，定性风险评估技术和定量风险评估技术是PRA研究与应用的核心。在我国，20世纪90年代建立的有害生物风险分析多指标综合评判技术影响广泛，近年建立的有害生物风险分析定量评估集成技术体系、农作物有害生物定量评估技术等正在开展推广应用。

5.2 有害生物检疫抽样技术

学习重点

- 掌握有害生物检疫抽样技术的基本术语和主要标准；
- 掌握有害生物检疫抽样技术研究与应用的主要方法。

有害生物检疫抽样技术主要用于输入或输出植物及植物产品的现场查验程序。针对货物的检疫抽样技术研究与应用受到FAO-IPPC及缔约方的关注，我国在该技术研究与应用方面开展了相关探索。学习、掌握有害生物检疫抽样技术的基本术语、主要标准、开展其研究与应用的方法，是非常必要的。

5.2.1 有害生物检疫抽样技术术语

经济贸易飞速发展，植物检疫通常不可能检验或检测所有的植物及植物产品，一般是抽样检疫，即从批次（lot）或货物（consignment）中抽取样本进行检疫。如第3章和第4章所述，现场查验程序的主要任务就是初步检测和抽取样本。抽样检疫的目的包括：发现限定有害生物，确保货物中限定有害生物或受侵染单位的数量没有超过该有害生物的特定允许水平，确定货物的一般植物检疫状况，发现植物检疫风险未定的生物，尽可能提高检出特定的限定有害生物的概率，尽可能用好现有的抽样方法，收集信息（如对途径的监测），验证符合植物检疫要求，确定受侵染货物的比例。抽样检疫总会有一定程度的误差，即应接受一定的有害生物存在的概率。

有害生物检疫抽样技术（techniques for phytosanitary sampling of pests），是对可能携带有害生物的植物、植物产品及检疫物开展检疫抽样的技术，是支撑植物检疫现场查验程序的主要技术。有害生物检疫抽样技术包括两类，一是基于统计学的抽样技术（statistical sampling techniques），二是基于非统计性的抽样技术（non-statistical sampling techniques）。基于统计学的抽样技术，可为有害生物的发生率低于一定水平提供一定的置信水平，但并未证明有害生物在植物或植物产品中确实不存在。有害生物检疫抽样技术基于抽样的基本概念，如样本单位、样本容量、可接受的数量、检测水平、置信水平、检测效能、允许量水平等术语和参数

（ISPM 31）。

❖ **样本单位（sample unit）**：指适宜的抽样单位（the appropriate unit for sampling）。例如，果实、茎、束、单位重量、袋或纸箱。

❖ **样本容量（sample size）**：从批次或货物中抽取的用于检验或检测的样本单位数量（the number of units selected from the lot or consignment that will be inspected or tested）。

❖ **可接受的数量（acceptance number）**：是在采取植物检疫措施前，在给定容量的样本中可允许的受侵染单位的数量或有害生物个体数量（the number of infested units or the number of individual pests that are permissible in a sample of a given size before phytosanitary action is taken）。针对检疫性有害生物，许多 NPPO 将这一数量确定为零。

❖ **检测效能（efficacy of detection）**：是检验或检测一个受侵染单位时能发现有害生物的概率（the probability that an inspection or test of an infested unit (s) will detect a pest）。在确定样本容量时可使用较低的效能值，例如，检出有害生物的概率设为 80%。

❖ **置信水平（confidence level）**：指当货物受侵染程度超过检测水平时，即能被检测出来的概率（the probability that a consignment with a degree of infestation exceeding the level of detection will be detected）。在植物检疫抽样中，95% 是常用的置信水平。

❖ **检测水平（level of detection）**：是用一定的抽样方法在规定的检测效能和置信水平下，检测到的最低侵染百分比或比例（the minimum percentage or proportion of infestation that the sampling methodology will detect at the specified efficacy of detection and level of confidence）。

❖ **允许量水平（tolerance level）**：指用作植物检疫行动阈值的整批货物或批次中受侵染的比例，超过允许量将导致采取植物检疫行动（the percentage of infestation in the entire consignment or lot that is the threshold for phytosanitary action）。

5.2.2 有害生物检疫抽样技术标准

针对有害生物检疫抽样技术标准，截至 2023 年 10 月，FAO-IPPC 制定了 ISPM 31，即《货物抽样方法》（Methodologies for sampling of consignments）。该标准用于指导国家植物保护机构（NPPO）选择检验或检测货物的适宜抽样方法，以确定符合植物检疫要求。ISPM 31 是对《植物检疫进口管理系统准则》（ISPM20）和《查验准则》（ISPM 23）的重要补充，ISPM 20、ISPM 23 提到了取样和基于查验目的的抽样设计，但没有提供具体的方法，因此 ISPM 31 基于统计学基础和抽样目的，列举了不同的抽样方法。

如果抽样是为了查看货物总体的检疫状况、检测是否存在多种检疫性有害生物、查验是否符合输入国植物检疫要求等，通常适合采用统计学方法，但如果查验是为了提高发现关注性有害生物的概率，则可使用选择性或有针对性的抽样。基于统计学的抽样技术，包括简单随机抽样（simple random sampling）、系统抽样（systematic sampling）、分层抽样（stratified sampling）、序贯抽样（sequential sampling）、整群抽样（cluster sampling）、固定比例抽样（fixed proportion sampling）。基于非统计学的抽样技术，包括便利抽样（convenience sampling）、偶遇抽样（haphazard sampling）、选择性或有针对性的抽样（selective or targeted sampling）。表 5-7 比较了不同抽样技术的特点。

表5-7 植物检疫基于统计学和非统计学抽样技术的比较

类别	技术名称	技术特点
基于统计学的抽样技术	简单随机抽样	使用某种工具（如随机数字表）从一个批次的植物或植物产品中抽取样本单位。简单随机抽样的结果是所有样本单位被抽取的概率相同，当对有害生物的分布或受侵染的比率了解很少时可使用该方法。
	系统抽样	按照固定的、预先确定的间隔从一个批次植物或植物产品所含的单位中抽取一个样本。抽样过程可由机器自动完成，且仅在抽取第一个样本单位时需要使用随机程序。
	分层抽样	将一个批次的植物或植物产品分成不同的部分（即层），然后从各个和每个部分中抽取样本单位。分层抽样几乎总能提高检测精度，当预先了解有害生物分布且操作条件也允许时，分层抽样是较好的选择。
	序贯抽样	使用上述方法之一抽取一系列样本单位。当确定了一个大于零的允许量水平，且第一批样本单位不能提供足够的信息以确定允许量水平是否被超过时，可以使用这种方法。
	整群抽样	按照预定群体规模（例如，一箱水果、一束花）成群地抽取样本单位以组成需从批次中抽取的总的样本单位数量。整群抽样可以分层，也可使用系统或随机的方法抽取样本群。在基于统计学的各种方法中，整群抽样常常最为实用。
	固定比例抽样	从批次中抽取固定比例的样本单位（如2%）。在给定的检测水平下，固定比例抽样会导致置信水平产生变化，反之在给定的置信水平下，检测水平会发生变化。
基于非统计学的抽样技术	便利抽样	从批次中抽取最方便的样本单位（如易接近、最便宜或最快捷），而不用随机或系统地抽取样本单位。
	偶遇抽样	任意抽取样本单位而不使用真正的随机程序。
	选择性或有针对性的抽样	有意从一个批次中抽取最有可能被侵染的部分，或已明显被侵染的样本单位，以提高检出特定限定有害生物的概率。

那么，针对植物或植物产品等货物，如何在基于统计学的抽样技术和基于非统计学的抽样技术之间做出选择呢？ISPM 31规定，NPPO最终选定的抽样方法应具操作可行性，最适于实现抽样目的，并且很好地记录以求透明；一旦抽样方法选定并正确实施后，为了得到不同的结果而重新抽样是不允许的。抽样目的不同，应选择的技术也会有如下不同：①如果抽样是为了提高发现一种特定有害生物的概率，只要检疫人员能够确定批次中的哪些部位被侵染的概率更高，选择性抽样可能是更好的选择；如果缺乏哪个部位被侵染的概率更高的信息，基于统计学的抽样技术则更为适宜。②如果抽样是为了提供植物或植物产品货物总的检疫状况、检测多种检疫性有害生物或查验是否符合植物检疫要求或者收集信息，宜选用一种基于统计学的技术；选择相关抽样技术时，可考虑货物是如何收获、分选及包装的，以及有害生物在批次中可能的分布；抽样技术可进行组合，例如分层抽样可随机或系统抽取层内的样本单位。③如果抽样是为了确定特定的零允许量水平是否被突破，基于统计学的序贯抽样技术可能适宜。

接下来，如何确定样本容量呢？ISPM 31进一步规定，NPPO应确定置信水平（如95%）、检测水平（如5%）、允许量水平（如0）和检测效能（如80%），基于这些参数和批次大小，可以计算出样本容量。针对植物或植物产品批次中有害生物分布未知的，当样本容量小于货物批量的5%时，样本容量可通过二项分布或者泊松分布来计算；当货物批量很大时，在特定的置信水平及检测水平下，所有的三种分布（超几何、二项及泊松）给出几乎相同的样本容量，但二项和泊松分布更易于计算。针对植物或植物产品批次中有害生物聚集分布的，分层抽样的方法可有助于提高检出聚集侵染的概率，最好使用 β 二项分布来计算样本容量。然而，该计算需要了解聚集程度，这在一般情况下都不得而知，因此该分布一般来说可能不实用。其他的几种分布（超几何、二项或泊松）可以使用，但随着聚集程度的提高，抽样的置信水平会下降。

针对有害生物检疫抽样技术的标准，我国进入 21 世纪以来已发布、实施了《进出口粮谷检验检疫操作规程》（SN/T 2504—2010）、《进出境植物及植物产品检疫抽样方法》（SN/T 2122—2015）和《进出口粮油、饲料检验、抽样和制样方法》（SN/T 0800.1—2016）等。例如针对进境粮谷，其具体方法主要是针对大宗粮谷进境以 1000 t 作为一个批次，在货仓上、中、下三层以棋盘式选取 30 ~ 60 个取样点，扦取不少于 5 kg 的样品。又如针对进境水果，大船运输的，分为上、中、下三层边卸边检查，在上层检疫合格后方可卸货；集装箱装载运输的水果，需卸出，以供检疫人员初步检查和抽样；具体的抽样件数（样本容量）如表 5-8 所示。

表 5-8 我国进境水果检疫抽样件数

件

批量数	抽样件数
500 及以下	10（不足 10 件的，全部查验）
501 ~ 1000	11 ~ 15
1001 ~ 3000	16 ~ 20
3001 ~ 5000	21 ~ 25
5001 ~ 50000	26 ~ 100
50001 及以上	100

5.2.3 有害生物检疫抽样技术研究与应用

国内外有关有害生物检疫抽样技术研究与应用已有报道，上述 ISPM 31 及我国的相关标准标志着技术从研究走向应用。与 PRA 技术相比，国内外有关有害生物检疫抽样技术研究相对较少，有待进一步加强。

在国内外前期已有研究与应用的报道中，涉及有害生物检疫抽样技术的置信水平、样本容量及不同类别货物抽样方法优化等。例如，1986 年国外基于货物量首次提出了计算未知有害生物存活率置信上限的公式和数据表（Melvin and Victor, 1986）。又如，1991 年我国利用统计学方法对当时的操作规程中抽样原理及可靠性进行了分析，认为进口粮的抽样检疫需进一步优化，出口水果的检疫抽样基本满足要求（葛泉卿和宫兆林，1991）。再如，美国自 2013 年开始采用一种“基于风险的抽样”检查方法进行检疫抽样，此方法采用超几何概率分布，计算在给定货物总量的情况下抽取货物检验的数量，以使风险降低到一个可接受的区间，其具体算法如式（5–1）所示，（USDA, 2017）。

$$n=\frac{Nt^2PQ}{d^2(N-1)+t^2PQ} \tag{5–1}$$

式中：n 为抽样件数，N 为总体件数，P 为估计的平均值，$Q=1-P$，d 为置信区间，t 为标准差的值。

近十年来，随着“一带一路”倡议的发展，在植物和植物产品的国际贸易中，有害生物检疫抽样技术的应用受到更多关注。近年发布的双边议定书，根据不同国家或地区植物及植物产品可能携带的检疫性有害生物，规定了具体的抽样要求。例如 2023 年 9 月 18 日，海关总署发布公告，根据我国相关法律法规和中华人民共和国海关总署与委内瑞拉玻利瓦尔共和国人民政权农业生产和土地部有关委内瑞拉鳄梨输华植物检疫要求的规定，即日起允许符合相关要求的委内瑞拉鲜食鳄梨进口。在《中华人民共和国海关总署与委内瑞拉玻利瓦尔共和国人民政权农业生产和土地部关于委内瑞拉鲜食鳄梨输华植物检疫要求议定书》中，规定委内瑞拉鲜食鳄梨出口前需进行检验检疫，具体抽样方法为：委方或其授权人员应按照每批货物 2% 的比例对每批输华鳄梨进行抽样检查，最小取样量为 1200 个果实，并对其中 2% 的样品果或检查过程中发现的可疑果进行剖果检查，每批货物剖果数量不得少于 60 个；如两年内没有发生植物检疫问题，抽样比例数可降为 1%，但取样量不得少于 1200 个果实。

通过对我国有害生物检疫抽样技术研究与应用实例的分析（详见植物检疫实例分析 5-5、5-6），能够将理论与实际联系起来，提高对有害生物检疫抽样技术的认识水平，掌握该技术研究与应用的主要方法。

植物检疫实例分析 5-5：《棉花检疫规程》（GB 20817—2006）

背景：《棉花检疫规程》（GB 20817—2006）规定了棉花的检疫程序和方法，适用于贸易性或非贸易性棉花（不包括籽棉和脱脂棉）的检疫。

简介：《棉花检疫规程》（GB 20817—2006）是中华人民共和国国家质量监督检验检疫总局和中国国家标准化管理委员会于 2006 年 12 月 20 日发布的国家标准，于 2007 年 7 月 1 日起实施。本标准对棉花的国内检疫要求、进出境检疫要求均进行了规定，包括进境检疫中的堆货场所检查、包装物检查、货物检查及截获物收集，出境检疫中田间调查、加工检疫、仓储库区检疫，以及实验室检疫中的有害生物鉴定方法、检疫结果评定等。其中，对进出境棉花的抽检与取样提供了详细的方法，国内和进出境检疫中的抽采样均按同一标准执行。在抽样中，每批按总件数的 3%～10% 抽检，抽样的方法为选择有害生物容易藏匿的部位和随机抽检相结合，对于来自不同交通工具（如船舱、集装箱、车厢等）的棉花，均实施堆垛抽样，分别在上、中、下层按照对角线、棋盘式抽样，或者随机抽样。抽样检查完毕后，从抽取的样品中取样送实验室进行检疫鉴定，根据总件数取规定数量的样品，每份原始样品需达到 2.0～2.5 kg。在现场抽取的棉样在实验室鉴定前还需进行制备，用四分法得到两份平均样品，一份用于实验室检疫，另一份用于保存备查。

植物检疫实例分析 5-6：进境加拿大樱桃的抽样

背景：目前进境水果检疫中的抽样标准主要参照《进出境植物及植物产品检疫抽样方法》（SNT 2122—2015）、《检验检疫工作手册植物检疫分册》以及双边议定书。前两者根据进境水果的运输方式（大轮、集装箱、空运等），以及检疫批的总件数、水果种类、个体大小等规定了检疫抽样件数和取样数量，并规定抽样时需针对性抽取可疑带病虫的水果。而双边议定书，则规定了一些特定的抽样要求。

简介：2016 年 8 月一批进境加拿大樱桃从上海口岸入境，该批樱桃为集装箱运输，共 2880 箱、20 木托。首先进行抽样检查，按照进境水果抽样标准，水果全部卸出集装箱后，工作人员随机抽取20箱樱桃进行开箱查验，逐个检查每颗樱桃上有无实蝇类、鳞翅目等昆虫以及虫孔、变色、凹陷、凸起等昆虫危害状，有无霉变、腐烂、畸形、斑点等病害症状，以及是否携带枝叶、土壤等，并对纸箱、包装袋等材料进行检查，观察是否藏匿昆虫、杂草籽等。接着，按照抽取箱数进行剖果，每箱不少于0.5 kg，重点剖检可疑果，检查果实内有无昆虫虫卵、幼虫、霉变等。最后，按照《关于不列颠哥伦比亚省鲜食樱桃出口中国的植物检疫议定书》中的要求，还需对该批樱桃进行红糖水实验。红糖水实验是一种现场查验樱桃是否被实蝇、食心虫等有害生物幼虫感染的方法，具体操作步骤为：按约每20 L清水加3 kg红糖的比例配制红糖水，充分搅拌使红糖溶解，并不断补充加入少量水或糖，直至糖度计的度数显示糖浓度为15%～18%。在抽样的樱桃中每箱选取35个樱桃，并放入桶中，用捣碎器充分碾压至樱桃成碎片状，但不能过度挤压，以免压伤可能存在于樱桃内的幼虫。将红糖水加到压碎的樱桃中，直到液面覆盖过樱桃碎片，并适当搅拌；静置10 min后，在充足的光源下检查是否有实蝇、食心虫等幼虫悬浮于液面。经现场查验，红糖水实验中未发现有害生物幼虫，但在个别樱桃表面发现有灰绿色霉菌状，需取样送实验室。针对性选取疑似带病樱桃，结合随机选取樱桃，共取11 kg样品送样，其中疑似病果单独包装放置。经上海海关动植物与食品检验检疫技术中心鉴定，确定有害生物为交链孢属，不属于《中华人民共和国进境植物检疫性有害生物名录》中列明的检疫性有害生物。

小结

有害生物检疫抽样技术是支撑植物检疫现场查验程序的主要技术，是对可能携带有害生物的植物、植物产品及检疫物开展检疫抽样的技术。有害生物检疫抽样技术包括基于统计学的抽样技术和基于非统计性的抽样技术。FAO-IPPC针对有害生物检疫抽样制定了国际植物检疫措施标准《货物抽样方法》（ISPM 31），指导缔约方开展抽样检疫。在我国，《进出境植物及植物产品检疫抽样方法》等标准已广泛应用。随着国际贸易的飞速发展，有害生物检疫抽样技术的研究与应用受到国际更多关注，相关研究与应用需进一步加强。

5.3 有害生物检测鉴定技术

学习重点

- 掌握有害生物检测鉴定技术的基本术语和主要标准；
- 掌握有害生物检测鉴定技术研究与应用的主要方法。

有害生物检测鉴定技术主要用于输入或输出植物及植物产品的实验室检测程序。针对有害生物检测鉴定技术研究与应用受到FAO-IPPC及缔约方的特别关注，我国在该技术研究与应用方面开展了广泛且深入的探索。学习、掌握有害生物检测鉴定技术的基本术语、主要标准、开展其研究与应用的方法，具有重要意义。

5.3.1 有害生物检测鉴定技术术语

如第 3 章和第 4 章所述，在现场查验、实验室检测、疫情监测等基本程序以及境外预检、隔离检疫、产地检疫、调运检疫等综合程序中，均需对植物、植物产品及其他检疫物开展有害生物诊断（pests diagnosis），即有害生物检测鉴定（pests detection and identification）。有害生物检测鉴定技术（techniques for phytosanitary diagnosis of pests），也称有害生物诊断技术，是对植物、植物产品及其他检疫物进行有害生物检测和鉴定的技术，即是否存在有害生物并确定有害生物的种类，是支撑植物检疫现场查验、实验室检测、疫情监测等程序的主要技术。有害生物检测鉴定技术，包括传统技术（如形态学鉴定、生理生化鉴定等）和现代技术（如分子生物学鉴定等），其主要作用是完成对植物有害生物的诊断，确定植物有害生物的有无和具体种类，特别是检疫性有害生物和限定的非检疫性有害生物。飞速发展的全球贸易和人员往来，给有害生物检测鉴定技术提出了 5 个要求，即更快速、更精准、更灵敏、更便捷、更智能。

传统有害生物检测鉴定技术与现代有害生物检测鉴定技术相比，有哪些相同点和不同点呢？如表 5-9 所示，针对两类技术中的形态学检测鉴定技术和有害生物分子生物学检测鉴定技术进行了比较。

表 5-9 有害生物检测鉴定传统技术与现代技术的比较

技术类别		有害生物形态学检测鉴定技术	有害生物分子生物学检测鉴定技术
相同点		都是对植物有害生物的有无及种类进行确定	
不同点	鉴别依据	形态特征	基因序列特征
	借助仪器设备	解剖镜、显微镜（光学显微镜、电子显微镜）等	高速离心机、扩增仪、电泳仪等
	步骤和方法	通过观察、记录（描述、测量、绘图、拍照等）和比较形态特征等步骤判断种类	通过 DNA 提取、基因扩增、扩增产物检测、基因测序、序列分析等步骤判断种类
	适用对象	昆虫、软体动物、杂草、真菌	所有类别的有害生物

5.3.2 有害生物检测鉴定技术标准

针对有害生物检测鉴定技术标准，截至 2023 年 10 月，FAO–IPPC 制定了《限定的有害生物诊断规程》(Diagnostic protocols for regulated pests)(ISPM 27）及其附件 32 个，涉及基本规程及代表性植物病原物、昆虫和杂草的检测鉴定方法与技术，如小麦印度腥黑穗病菌、梨火疫病菌、李痘病毒、马铃薯纺锤块茎类病毒、松材线虫、鳞球茎茎线虫与腐烂茎线虫、谷斑皮蠹、中欧山松大小蠹、按实蝇属、小条实蝇属、橘小实蝇、假高粱等（表 5–10），其中 ISPM 27 第 32 个附件小条实蝇属是 2023 年 8 月被 FAO–IPPC 通过的。

ISPM 27 为有害生物诊断规程的内容、目的、用途、公布及发展确定了框架。该规程（含附件）提供与诊断相关的限定的有害生物的分类学状况、检测、鉴定方法与技术的信息，包含对具体限定的有害生物进行可靠诊断的最低要求。通过采用一种技术或一组技术实现有害生物检测鉴定，当可以可靠采用一种以上技术时，其他适用技术可作为替代技术或补充技术。

表 5-10　ISPM 27 附件（部分）

序号	英文名称	中文名称
ISPM 27 Annex 4	DP 4: *Tilletia Indica* Mitra	附件 4：小麦印度腥黑穗病菌
ISPM 27 Annex 13	DP 13: *Erwinia amylovora*	附件 13：梨火疫病菌
ISPM 27 Annex 2	DP 2: *Plum pox virus*	附件 2：李痘病毒
ISPM 27 Annex 7	DP 7: *Potato spindle tuber viroid*	附件 7：马铃薯纺锤块茎类病毒
ISPM 27 Annex 10	DP 10: *Bursaphelenchus xylophilus*	附件 10：松材线虫
ISPM 27 Annex 8	DP 8: *Ditylenchus dipsaci* and *Ditylenchus destructor*	附件 8：鳞球茎茎线虫与腐烂茎线虫
ISPM 27 Annex 3	DP 3: *Trogoderma granarium* Everts	附件 3：谷斑皮蠹
ISPM 27 Annex 20	DP 20: *Dendroctonus ponderosae*	附件 20：中欧山松大小蠹
ISPM 27 Annex 9	DP 9: Genus *Anastrepha* Schiner	附件 9：按实蝇属
ISPM 27 Annex 32	DP 32: Genus *Ceratitis*	附件 32：小条实蝇属
ISPM 27 Annex 29	DP 29: *Bactrocera dorsalis*	附件 29：橘小实蝇
ISPM 27 Annex 19	DP 19: *Sorghum halepense*	附件 19：假高粱

ISPM 27 附件一般包括 8 项内容，即有害生物信息、分类学信息、检测、鉴定、记录、进一步提供信息的联络点、致谢、参考文献。如表 5–11 所示，比较了检测、鉴定两部分需提供的信息。在鉴定部分，如果需采用多种技术或备选技术来完成有害生物的种类鉴定，一般通过流程图加以说明，例如在 ISPM 27 Annex 24 有关番茄环斑病毒等的鉴定流程（图 5–5）。

表 5-11　ISPM 27 有害生物检测和鉴定信息的比较

有害生物检测	有害生物鉴定
• 能够携带有害生物的植物、植物产品或其他物品 • 与有害生物有关的迹象和 / 或症状 • 可能发现有害生物的植物器官、植物产品或其他物品中的可能数量和分布 • 与寄主生长阶段、气候条件和季节性有关的有害生物的可能发生 • 商品中有害生物的检测方法 • 植物、植物产品或其他物品中有害生物的提取、恢复和采集方法，或者表明植物、植物产品或其他物品中存在有害生物的方法 • 表明无症状植物材料或其他材料中存在有害生物的方法 • 有害生物的生存能力	**形态和形态测量鉴定：** • 准备、着手和检验有害生物的方法（如光学显微镜、电子显微镜和测量技术） • 鉴定要点（科、属、种） • 说明有害生物或其群体的形态学，包括形态诊断特性图解及说明在观察具体结构方法的任何困难 • 与近似种相比 • 相关参考标本或培养物 **生物化学或分子鉴定：** • 对每种技术（如血清学、酶联反应、DNA 条形码、限制酶片段多型性、DNA 序列）详细地单独说明（包括仪器设备、试剂和耗材）以进行测试。

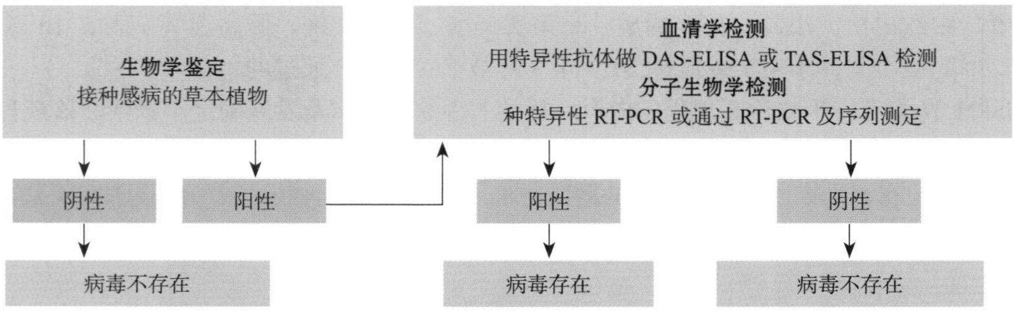

图 5–5　有关番茄环斑病毒的诊断流程（李一帆 仿自 ISPM 27 Annex 24）

近20年来，我国高度重视有害生物检测鉴定技术标准的制修订工作，针对检疫性植物病原物、昆虫、软体动物和杂草的检测鉴定，发布、实施了一系列的国家标准和行业标准。例如《小麦印度腥黑穗病菌检疫鉴定方法》（GB/T 28080—2011）、《瓜类果斑病菌检疫鉴定方法》（GB/T 36822—2018）、《地中海实蝇检疫鉴定方法》（GB/T 18084—2000）、《黑腹尼虎天牛鉴定方法》（GB/T 31794—2015）、《大家白蚁检疫鉴定方法》（SN/T 1105—2019）、《非洲大蜗牛检疫鉴定方法》（GB/T 29576—2013）、《刺茄检疫鉴定方法》（GBT 28087—2011）及《翅蒺藜检疫鉴定方法》（GB/T 36753—2018）。又如，2021年发布的《南方菜豆花叶病毒检疫鉴定方法》（GB/T 40138—2021），鉴定技术包括双抗体夹心酶联免疫吸附测定DAS-ELISA、RT-RPA检测、荧光RT-PCR；《枣实蝇检疫鉴定方法》（GB/T 40445—2021），鉴定技术为形态学鉴定；《长芒苋检疫鉴定方法》（GB/T 40193—2021），鉴定技术包括形态学鉴定和基于ITS序列的分子鉴定。

5.3.3 有害生物检测鉴定技术研究与应用

在植物检疫领域，国内外高度重视有害生物检测鉴定技术的研究与应用，包括传统技术（如植物检疫实例分析5-7）和现代技术（如植物检疫实例分析5-8）。近20年来，分子生物学技术和信息技术的快速发展，为有害生物检测鉴定技术的进步提供了重要手段，越来越多的检疫性有害生物拥有了更加快速、灵敏、精准、便捷、智能的现代诊断技术。从传统技术到现代技术，从论文及专利到技术标准，从研究到应用，有害生物检测鉴定技术为植物检疫，特别是实验室检测、现场查验、疫情监测等程序提供了重要保障。

在基于分子生物学的有害生物诊断技术研究与应用中，主要涉及DNA条形码（DNA barcoding）、聚合酶链式反应（polymerase chain reaction, PCR）、DNA芯片（DNA chip）、基因组序列（genome sequence）、环境DNA（environmental DNA，eDNA）检测鉴定技术。其中，常规PCR技术衍生出一系列PCR技术，包括反转录PCR（reverse transcription-PCR，RT-PCR）、巢式PCR（nested PCR）、多重PCR（multiplex PCR）、实时荧光定量PCR（quantitative real-time PCR, qPCR）、微滴数字PCR（droplet digital PCR, ddPCR）、环介导等温扩增（loop-mediated isothermal amplification，LAMP）、重组酶聚合酶扩增技术（recombinase polymerase amplification, RPA）及其同源技术如重组酶介导链替换核酸扩增技术（recombinase aided amplification, RAA）等。美国、澳大利亚等率先开展检疫性有害生物等分子检测鉴定技术的研究与应用，我国在国家级重点科技项目的支持下，大力开展检疫性有害生物等分子检测鉴定现代技术研发与应用并取得诸多成果。

在基于信息技术的有害生物检测鉴定技术研究与应用中，以传统的形态学检测鉴定和现代的分子生物学检测鉴定技术为基础，通过引入计算机专家系统技术（expert system technology）、网络数据库技术（network database technology）、图像识别技术（image recognition technology）、大数据技术（big data technology）并结合高通量测序技术（high throughput sequencing technology）等，美国、澳大利亚、中国等研发了针对检疫性有害生物的辅助鉴定专家系统、DNA条形码系统、自动识别系统和智能鉴定系统。

近年来，在检疫有害生物检测鉴定技术研究与应用中，我国的成效显著。例如，在研究方面，中国农业大学与中国检验检疫科学研究院、广州海关技术中心等国内外机构合作，研究建立了玉米矮花叶病毒微滴数字RT-PCR检测方法（范奇璇等，2022）、基于RT-RAA-试纸条侧流层析试纸条的玉米褪绿斑驳病毒快速检测方法（邝瑞瑞等，2022）（植物检疫实例分析 5-8)、基于 RPA-CRISPR/Cas12a 的谷斑皮蠹快速检测方法(Zeng et al,2023)(植物检疫实例分析 5-9),同时基于全基因组重测序与分析等有效解决了小条实蝇属 FARQ 复合体的鉴定难题(Zhang et al, 2022)并为 ISPM 27 DP 32 提供的重要参考(植物检疫实例分析 5-10)等。又如,在应用方面,来自海关总署的信息显示,2022 年,海关监管进出口货运量达到 48 亿 t,货轮、飞机、火车等运输工具 1300 万辆(架、艘),监管跨境邮快件 3.2 亿件,通过植物检疫特别是现场查验和实验室检测累计检出有害生物 58 万种次。

通过对我国有害生物检测鉴定技术研究与应用实例的分析(详见植物检疫实例分析 5-7、5-8、5-9、5-10),能够将理论与实际联系起来,提高对有害生物检测鉴定技术的认识水平,掌握该技术研究与应用的主要方法。

植物检疫实例分析 5-7:黑腹尼虎天牛检测鉴定

背景:黑腹尼虎天牛 *Neoclytus acuminatus* 被我国列为进境检疫性有害生物,2015 年我国发布了国家标准《黑腹尼虎天牛鉴定方法》(GB/T 31794—2015)。

简介:黑腹尼虎天牛属天牛科(Cerambycidae)天牛亚科(Cerambycinae)虎天牛族(Clytini)尼虎天牛属(*Neoclytus*)。起源于北美洲,在北美洲东部地区广泛分布,后传入欧洲,目前在欧洲的奥地利、法国、克罗地亚、瑞士、斯洛文尼亚、匈牙利、意大利有分布。黑腹尼虎天牛寄主广泛,几乎取食所有硬木树种,喜取食朴树、山胡桃、橡树和柿子树、还能取食李树、梨属、鳄梨属等果树,甚至葡萄藤。能够危害濒死木、衰弱木、新伐木和新栽树种。可钻蛀木材木质部危害。我国多次在北美进境原木中截获此害虫。上海海关在加拿大进境黑胡桃原木中截获天牛成虫若干,取虫样装管送上海海关动植物与食品检验检疫技术中心植物检疫实验室鉴定。依据 ISPM 27 和我国国家标准《黑腹尼虎天牛鉴定方法》等,采用形态学鉴定技术对所截获成虫样品进行鉴定,鉴定结果为黑腹尼虎天牛。鉴定方法如下:

天牛圆筒形,体长 9 mm,宽约 3 mm(图 5-6A)。头部前口式(图 5-6B)。前胸背板无边缘。附节为拟 4 节。判定为天牛亚科。体红棕色,前胸背板具横脊。鞘翅两侧近于平行,被 4 条黄色横带,端部截状。触角 11 节,不具刺。复眼小眼面细。小盾片三角形,上无毛斑。判定为尼虎天牛属。

前胸背板长与宽约相等,刻点细密,被细绒毛,端部和基部黑色,背板中央具少数横脊(图 5-6C)。中后胸腹板后侧缘和后胸前侧片后缘具黄色毛斑,前、中、后胸腹板具细密刻点(图 5-6D)。鞘翅具 4 条黄色毛带,第 1 条位于基部,第 2、3 条位于中部,自翅缝向翅边

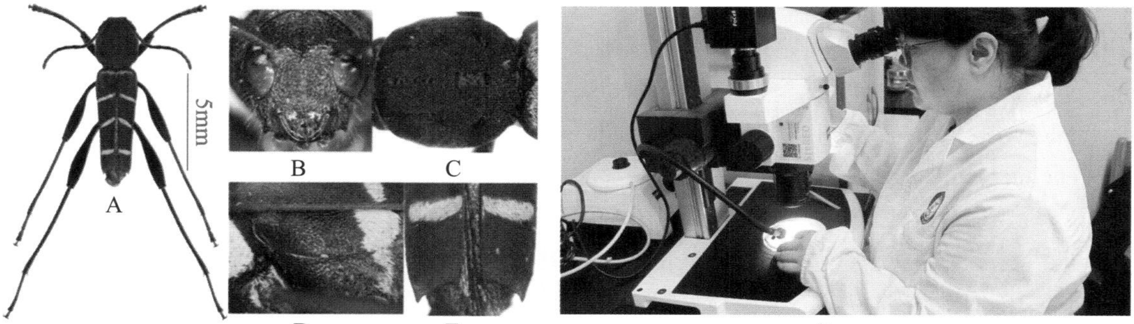

图 5-6 黑腹尼虎天牛形态学鉴定(刘静远提供)
A 整体;B 头部;C 前胸背板;D 后胸前侧片;E 鞘翅端部;F 镜检

缘斜下倾，第 4 条位于端部 1/4 处，呈横带，端部斜切，外角微弱齿状（图 5-6E）。足较长，腿节端半部膨大略呈棒状，末端不具刺。判定为黑腹尼虎天牛。

植物检疫实例分析 5-8：基于 RT-RAA- 试纸条侧流层析试纸条的玉米褪绿斑驳病毒快速检测方法研究

背景：玉米褪绿斑驳病毒（maize chlorotic mottle virus，MCMV）是国际关注的检疫性有害生物，在我国列为进境检疫性有害生物并于 2020 年增补为全国农业检疫性有害生物。近十年来，MCMV 分子检测鉴定技术多有研究报道。重组酶介导的等温核酸扩增（recombinase-aided amplification，RAA）技术是一种仿照 T4 噬菌体的体外核酸等温扩增方法，该技术无须造价高昂的升降温仪器，在恒温条件下 20 min 内即可实现 DNA 指数级扩增，操作简便且反应快速、灵敏，适合于病毒基因组 DNA 或 RNA 的快速检测。侧流层析试纸条（lateral flow assay，LFA）采用层析式双抗体夹心法快速检测核酸扩增产物，与传统的琼脂糖凝胶电泳检测相比，该方法操作简单，判读迅速，不含有毒物质，无须任何仪器设备。在国家重点研发计划（2021YFD1400100，2021YFD1400103）等项目支持下，中国农业大学范在丰教授团队与中国检验检疫科学研究院等合作，开展基于 RT-RAA- 试纸条侧流层析试纸条的玉米褪绿斑驳病毒快速检测方法的研究。

简介：2022 年 10 月，农业农村部植物检疫性有害生物监测防控重点实验室、中国农业大学植物保护学院范在丰教授团队与中国检验检疫科学研究院张永江研究员团队等合作，在《植物保护学报》发表了题为“基于重组酶介导等温扩增 - 侧流层析试纸条的玉米褪绿斑驳病毒快速检测方法”的研究论文。为快速和现场检测 MCMV，该研究根据 MCMV 外壳蛋白基因设计引物和探针，将一步法反转录重组酶介导的等温扩增（reverse transcription recombinase-aided amplification，RT-RAA）技术与侧流层析试纸条结合建立一种快速检测 MCMV 的方法，对该方法的探针浓度、反应温度和反应时间进行优化，并对优化后方法的特异性（图 5-7）和灵敏度进行检测。结果表明，该检测方法的最佳探针浓度为 0.02 μmol/L，最佳反应温度为 37 ℃，最佳反应时间为 8 min；该检测方法的特异性强且对 MCMV RNA 的检测灵敏度为 8.6×10^{-6} ng/μL，比常规 RT-PCR 方法的灵敏度提高 10 倍，对 MCMV CP 质粒 DNA 拷贝数的检测灵敏度为 92.5 copies/μL，比常规 RT-PCR 方法的灵敏度提高 10 倍；该检测方法用时短，约 13 min，其中 RT-RAA 仅需 8 min，LFA 仅需 5 min，且操作简单，可用于 MCMV 的实时监测及病害的田间快速诊断。

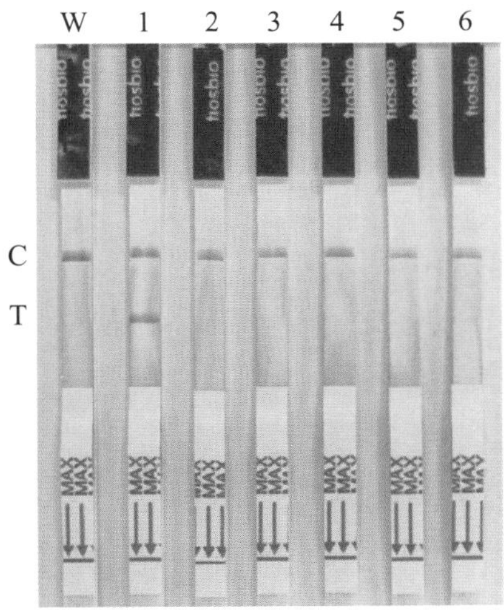

图 5-7 玉米褪绿斑驳病毒 RT-RAA-LFA 检测方法的特异性

（引自邝瑞瑞等，2022）

C：控制线；T：测试线；W：空白对照；1～6：分别为 MCMV、SCMV、MDMV、CMV、ToRSV 和健康玉米叶片 RNA

植物检疫实例分析 5-9：基于 RPA-CRISPR/Cas12a 的谷斑皮蠹新型快速可视化检测方法研究

背景：谷斑皮蠹受到全球植物检疫领域的高度关注，被我国列为进境检疫性有害生物，目前一般采用形态学鉴定技术确定种类。近年来，谷斑皮蠹分子生物学检测鉴定技术特别是可视化检测技术的研究受到更多关注；2021 年，澳大利亚学者在国际学术期刊 *Pest Management Science* 发表了谷斑皮蠹 LAMP 鉴定技术的研究；自 2022 年 11 月起，在国家重点研发计划项目“重大入侵生物甄别技术与现场侦测处置关键设备研制”（2022YFC2601500）之课题“重大入侵生物高灵敏精准分子检测新技术与设备”及国家现代农业产业技术体系（CARS-02）的资助下，中国农业大学等开展基于 RPA-CRISPR/Cas12a 的谷斑皮蠹新型快速可视化检测方法研究。

简介：2023 年 8 月 22 日，农业农村部植物检疫性有害生物监测防控重点实验室、中国农业大学植物保护学院李志红教授团队与苏州海关及捷克、美国等机构合作，于 *Pest Management Science* 在线发表了题为“New and rapid visual detection assay for *Trogoderma granarium everts* based on recombinase polymerase amplification and CRISPR/Cas12a”的研究论文。该研究在已建立的皮蠹类害虫 DNA 条形码数据库的基础上，首次基于 cox1 基因设计并筛选出了谷斑皮蠹 RPA 特异性引物和 crRNA，建立并优化了谷斑皮蠹 RPA-CRISPR/Cas12a 快速高效可视化鉴定体系（图 5-8）：使用 DNA 提取试剂盒（耗时 4～5 h）或简易 DNA 提取法（耗时 5 min）获得谷斑皮蠹的 DNA 后，在 37℃下通过 15 min 的 RPA 反应，再使用 CRISPR/CAS12a 系统和荧光探针（5′-FAM/3′-BHQ1 标记）在 37℃黑暗条件下激发谷斑皮蠹样品荧光显色。该方法适用于 DNA 含量较低（10^{-1} ng/μL）的样品，并能满足检测谷斑皮蠹单粒卵（约 0.7 mm）的灵敏度要求。该研究有助于协助边境口岸和仓库有效快速地识别谷斑皮蠹，从而在该害虫大面积扩散之前对其进行监控、鉴定和预防。

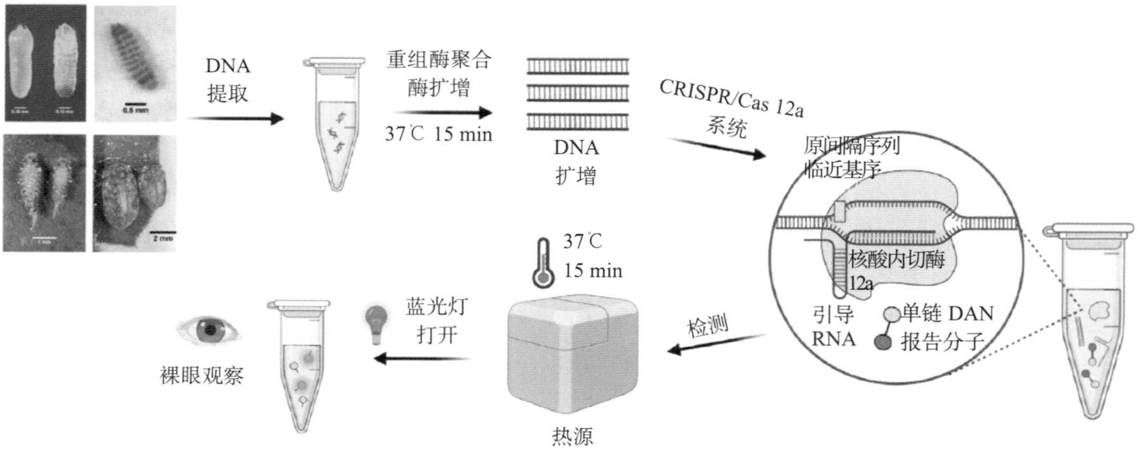

图 5-8 谷斑皮蠹 RPA-CRISPR/Cas12a 可视化检测鉴定技术示意图（引自 Zeng et al., 2023）

植物检疫实例分析 5-10：基于全基因组重测序的小条实蝇属 FARQ 复合体物种界定研究

背景：小条实蝇属（*Ceratitis*）是全球关注的检疫性有害生物，被我国列为进境检疫性有害生物。复合体，指由形态学上极其近似，但在寄主范围和生物学特性上存在差异性的近缘种组成的集合。实蝇科中存在许多的复合体，其中小条实蝇属 FARQ 复合体（*Ceratitis* FARQ complex）备受关注。该复合体由 4 种形态上十分近似的物种组成：带腹小条实蝇（*C. fasciventris*），黑羽小条实蝇（*C. anonae*），纳塔尔实蝇（*C. rosa*）和奎氏小条实蝇（*C. quilicii*）。自 2022 年 11 月起，在国家重点研发计划项目“高频跨境生物多目标高精准检测技术研究”（2016YFF0203200）资助下以及欧盟 H2020 FF-IPM 项目（818184）的支持下，中国农业大学等合作开展基于全基因组重测序的小条实蝇属 FARQ 复合体物种界定研究。

简介：2021 年 3 月 29 日，中国农业大学植物保护学院李志红教授团队与比利时中非皇家博物馆等机构合作，在 *Molecular Phylogenetics and Evolution* 在线发表了题为“Phylogenomic resolution of the *Ceratitis* FARQ complex（Diptera: Tephritidae）”的研究论文，该论文被 2023 年 8 月通过的 ISPM 27 第 32 个附件小条实蝇属引用、参考。该研究在对小条实蝇属 FARQ 复合体和其近缘种黑莓实蝇进行重测序的基础上，在全基因组水平上检测 SNPs，并成功实现了该复合体 4 个物种的有效区分。基于全基因组 SNPs 构建的最大似然树（图 5–9）表明小条实蝇属 FARQ 复合体的 4 个物种分布形成一个分支，最大似然树可完全将 4 个种恢复为单系群，支持其为独立的物种（所有分支均 BS = 100）。基于多物种溯祖模型构建的小条实蝇属 FARQ 复合体的物种树（图 5–10），物种树的拓扑结构与最大似然法构建的基因树完全一致，且 SNAPP 后验概率值均为 1.00，该复合体的 4 个物种均已分化成为独立的物种。该研究探索了基于全基因组 SNPs 的实蝇复合体物种界定的方法，为后续检测鉴定技术的进一步研究奠定了基础。

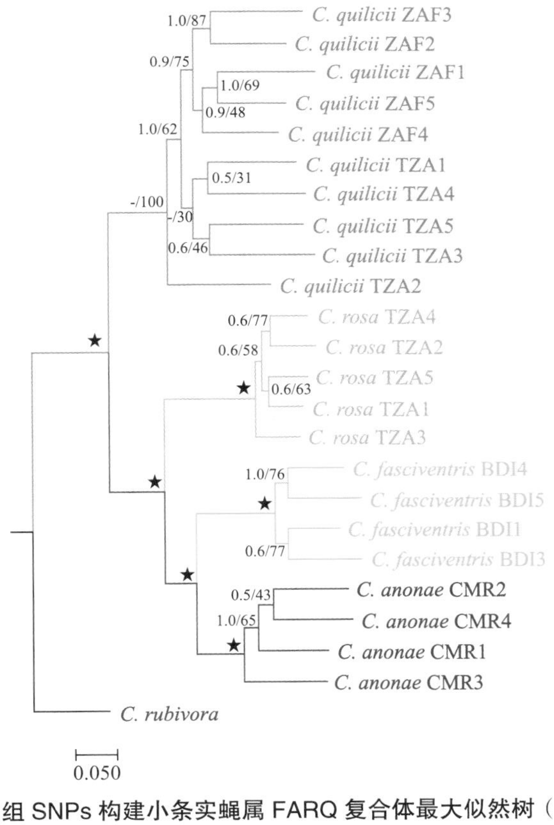

图 5–9　基于全基因组 SNPs 构建小条实蝇属 FARQ 复合体最大似然树（引自 Zhang et al., 2021）

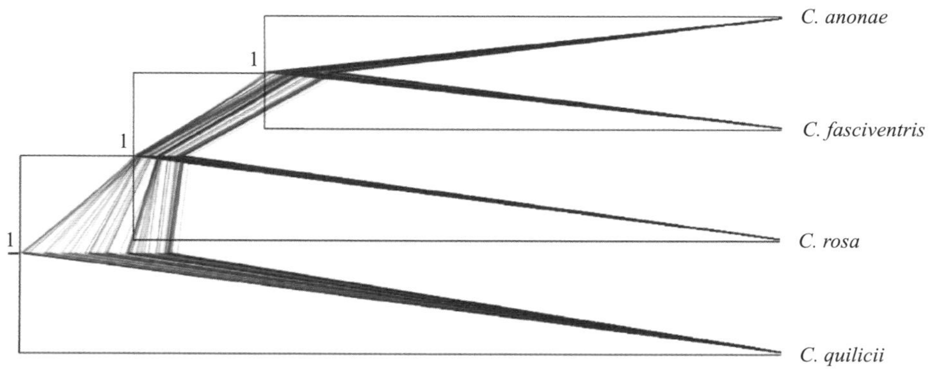

图 5-10　基于多物种溯祖模型构建的小条实蝇属 FARQ 复合体的物种树（引自 Zhang et al., 2021）

小结

有害生物检测鉴定技术是支撑植物检疫现场查验、实验室检测、疫情监测等程序的主要技术，是确定植物、植物产品及其他检疫物是否存在有害生物并确定有害生物种类的技术。有害生物检疫检测鉴定技术包括传统技术和现代技术两大类，形态学鉴定是传统技术中的代表，分子生物学鉴定是现代技术中的代表。FAO-IPPC 针对有害生物检测鉴定制定了国际植物检疫措施标准《限定的有害生物诊断规程》（ISPM 27），目前包含 32 个附件，指导缔约方开展检测鉴定。我国高度重视有害生物检测鉴定技术的研究与应用，在国家重点项目等支持下，开展了系统性的工作，发布、实施了多项标准。

5.4 有害生物检疫处理技术

学习重点

- 掌握有害生物检疫处理技术的基本术语和主要标准；
- 掌握有害生物检疫处理技术研究与应用的主要方法。

有害生物检疫处理技术主要用于输入或输出植物及植物产品及其他检疫物的检疫处理程序。有害生物检疫处理技术研究与应用受到 FAO-IPPC 及缔约方的特别关注，我国在该技术研究与应用方面开展了系统性探索。学习、掌握有害生物检疫处理技术的基本术语、主要标准、开展其研究与应用的方法，在国际贸易飞速发展、外来有害生物入侵风险加大的背景下更具特殊意义。

5.4.1 有害生物检疫处理技术术语

如第 3 章和第 4 章所述，检疫处理是基本程序之一，植物、植物产品及其他检疫物经现场查验和 / 或实验室检测发现限定的有害生物，如果有检疫处理技术就需做检疫处理。有害生物检疫处理技术（techniques for phytosanitary treatment of pests），是对植物和植物产品及其他检疫物进行有害生物灭杀（killing）、灭活（inactivation）或消除（removal），或者使有害生物后代不育（infertile）或失活（devitalization）的检疫技术，是支撑检疫处理程序的主要技术。有害生物检疫处理技术的主要作用是有效地杀灭、灭活和消除在植物、植物产品及其他检疫物中的有害生物，或者使其丧失繁育能力，同时要保持植物和植物产品的品质。

有害生物检疫处理技术，一般划分为两大类：化学类检疫处理技术和物理类检疫处理技术。熏蒸处理技术（fumigation treatment techniques）是典型的化学类检疫处理技术，包括常压熏蒸和真空熏蒸，主要用于原木、粮谷的检疫处理。在物理类检疫处理技术中，类别较多。如控温处理技术（temperature treatment techniques），又划分为热处理技术（heat treatment techniques）和冷处理技术（cold treatment techniques），主要用于板材、水果的检疫处理；又如辐照处理技术（irradiation treatment techniques），主要用于水果的检疫处理；再如气调处理技术（modified atmosphere treatment techniques），主要用于粮谷的检疫处理。同时，有害生物检疫处理技术还有复合类处理技术，即包含了 2 种检疫处理技术的复合技术。在全球植物检疫工作中，熏蒸处理技术、控温处理技术和辐照处理技术是常见的检疫处理技术。

5.4.2 有害生物检疫处理技术标准

针对有害生物检疫处理技术标准，截至 2023 年 10 月，FAO–IPPC 制定、通过了多个 ISPM，涉及限定的有害生物检疫处理（包括 45 个附件）、熏蒸处理、控温处理、辐照处理、气调处理以及国际贸易中木质包装材料管理等规程（表 5–12）。

表 5-12　有害生物检疫处理技术国际标准

序号	英文名称	中文名称
ISPM 28	Phytosanitary treatments for regulated pests	限定的有害生物的植物检疫处理
ISPM 42	Requirements for the use of temperature treatments as phytosanitary measures	使用温度处理作为植物检疫措施的要求
ISPM 43	Requirements for the use of fumigation as a phytosanitary measure	使用熏蒸作为植物检疫措施的要求
ISPM 44	Requirements for the use of modified atmosphere treatments as phytosanitary measures	使用气调处理作为植物检疫措施的要求
ISPM 18	Guidelines for the use of irradiation as a phytosanitary measure	使用辐照作为植物检疫措施的要求
ISPM 15	Guidelines for regulating wood packaging material in international trade	国际贸易中木质包装材料的管理

ISPM 15 介绍了旨在减少国际贸易中与原木制造的木质包装材料流动有关的检疫性有害生物传入或扩散风险的植物检疫措施。该本标准所涉及的木质包装材料包括垫木，但不包括那些经加工处理过已无有害生物的木材制造的木质包装物（例如胶合板），要求木质包装材料必须经过热处理（heat treatment，HT）或介电加热（dielectric heating，DH）或溴甲烷处理（methyl bromide treatment，MB）或硫酰氟处理（sulphuryl fluoride，SF）。例如，在 HT 中，要求木质包装材料中心温度最低要达到 56℃且至少维持 30 min。又如，在 MB 中，要求在 24 h 内取得最低限度的浓度 – 时间组合效应（CT），这种浓度 – 时间组合效应必须遍及整个木料包括木芯（表 5–13）；木材及其周围空气最低温度不得低于 10℃，最短处理时间不得少于 24 h，必须至少在处理的 2 h、4 h 和 24 h 三个时间点分别监测，一个具体案例的技术指标如表 5–14 所示。经过检疫处理的木质包装材料需做相应标识（图 5–11，图 5–12），该标识由 4 部分组成，包括 IPPC 符号、国家代码、生产者 / 处理措施提供者代码、处理措施代码。

其中，国家代码必须采用国际标准化组织的两字母国家代码，在示例中显示为“XX”；生产者 / 处理措施提供者代码是一个特定代码，由 NPPO 授予使用，在示例中显示为“000”，以便确保使用经适当处理的木料并恰当地标识；处理措施代码是所采用的检疫处理的一个缩略语，在示例中以“YY”表示，如 HT、DH、MB、SF。

表 5-13　采用溴甲烷熏蒸木质包装材料 24 h 内要求的最低 CT 值

温度 /℃	24 h 内要求的最低 CT 值 / [(g · h) /m^3]	24 h 后最低最终浓度 / (g/m^3) *
21.0 或以上	650	24
16.0 ～ 20.9	800	28
10.0 ～ 15.9	900	32

*24 h 后未能取得最小最终浓度的情况下，可允许 –5% 的偏离，但须在处理结束后延长处理时间（最多 2 h）以获得所要求的 CT 值。

表 5-14　采用溴甲烷熏蒸木质包装材料达到要求的最低 CT 值的一个处理程序案例

（在高吸附或渗漏的情况下，初始剂量可能需要提高）

温度 /℃	剂量 / (g/m^3)	最低浓度 / (g/m^3)		
		2 h	4 h	24 h
21.0 或以上	48	36	31	24
16.0 ～ 20.9	56	42	36	28
10.0 ～ 15.9	64	48	42	32

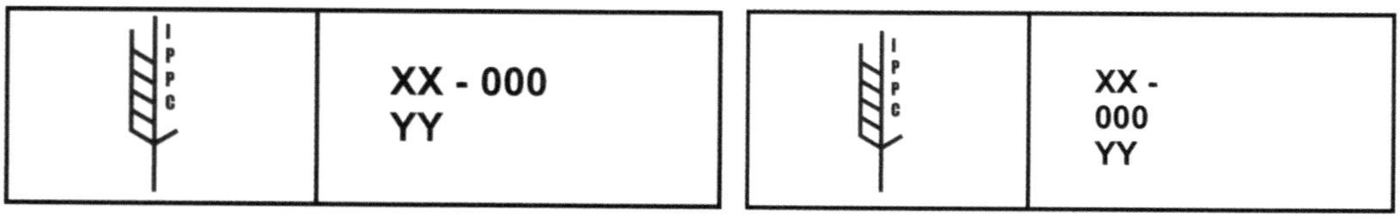

图 5–11　木质包装材料检疫处理标识示例（部分）（引自 ISPM 15）

图 5–12　木质包装材料检疫处理标识（李志红摄，德国汉堡口岸，2011）

ISPM 28 所包含的 45 个附件，涉及辐照处理技术 23 个、控温处理技术 20 个、熏蒸处理技术 2 个，涵盖水果和木材等产品，针对橘小实蝇、地中海实蝇、昆士兰实蝇、墨西哥按实蝇、南亚果实蝇、杧果果肉象甲、苹果蠹蛾、线虫等有害生物（表 5-15）。通过这些附件，能够了解相应的检疫处理技术的指标要求。例如，杰克贝尔氏粉蚧（*Pseudococcus jackbeardsleyi*）是很多国家关注的检疫性有害生物，在 2023 年通过的第 45 个附件《杰克贝尔氏粉蚧辐照处理》中规定，采用 166 Gy 的最低吸收剂量，以阻止该虫成熟雌性后代发育至二龄若虫阶段；置信水平为 95%，按此方案进行的处理可阻止 99.9977% 以上的杰克贝尔氏粉蚧成熟雌性后代发育至二龄若虫阶段。

表 5-15　有害生物检疫处理技术国际标准（部分）

序号	英文名称	中文名称
ISPM 28 Annex 1	PT 1: Irradiation treatment for *Anastrepha ludens*	附件 1：墨西哥按实蝇辐照处理
ISPM 28 Annex 5	PT 5: Irradiation treatment for *Bactrocera tryoni*	附件 5：昆士兰实蝇辐照处理
ISPM 28 Annex 33	PT 33: Irradiation treatment for *Bactrocera dorsalis*	附件 33：橘小实蝇辐照处理
ISPM 28 Annex 14	PT 14: Irradiation treatment for *Ceratitis capitata*	附件 14：地中海实蝇辐照处理
ISPM 28 Annex 42	PT 42: Irradiation treatment for *Zeugodacus tau*	附件 42：南亚果实蝇辐照处理
ISPM 28 Annex 6	PT 6: Irradiation treatment for *Cydia pomonella*	附件 6：苹果蠹蛾辐照处理
ISPM 28 Annex 43	PT 43: Irradiation treatment for *Sternochetus frigidus*	附件 43: 杧果果肉象甲辐照处理
ISPM 28 Annex 45	PT 45: Irradiation treatment for *Pseudococcus jackbeardsleyi*	附件 45: 杰克贝尔氏粉蚧辐照处理
ISPM 28 Annex 32	PT 32: Vapour heat treatment for *Bactrocera dorsalis* on *Carica papaya*	附件 32：针对橘小实蝇的番木瓜蒸热处理
ISPM 28 Annex 34	PT 34: Cold treatment for *Ceratitis capitata* on *Prunus avium*, *Prunus salicina* and *Prunus persica*	附件 34：针对地中海实蝇的樱桃、日本李及桃低温处理
ISPM 28 Annex 44	PT 44: Vapour heat - modified atmosphere treatment for *Cydia pomonella* and *Grapholita molesta* on *Malus pumila* and *Prunus persica*	附件 44: 针对苹果蠹蛾和梨小食心虫的苹果和桃蒸汽热气调处理
ISPM 28 Annex 23	PT 23: Sulphuryl fluoride fumigation treatment for nematodes and insects in debarked wood	附件 23：针对线虫和昆虫的去皮木材硫酰氟熏蒸

近十余年来，我国发布、实施了多项检疫处理技术国家标准和行业标准。例如，《林业检疫性害虫检疫处理技术规程》（GB/T 26420—2010），规定了熏蒸处理和热处理的方法、技术；《竹制品检疫处理技术规程》（GB/T 36773—2018），规定了竹制品溴甲烷或硫酰氟常压熏蒸、蒸热和辐照等处理的方法、技术。又如，《刺桐姬小蜂检疫处理技术标准》（SN/T 2587—2010）、《按实蝇属检疫处理技术指标》（SN/T 2590—2010）、《进境水果检疫辐照处理基本技术要求》（SN/T 4331—2015）、《进境百合种球传带检疫性线虫的检疫处理操作规程》（SN/T 4719—2016）、《水果携带南洋臀纹粉蚧检疫辐照处理技术指标》（SN/T 5547—2022）等。

5.4.3　有害生物检疫处理技术研究与应用

在植物检疫领域，国内外高度重视有害生物检疫处理技术的研究与应用。为应对全球经济一体化及生物入侵的严峻形势，国际社会普遍加大了有害生物检疫处理新技术、新装备的研发与应用。从技术类别来看，熏蒸处理技术、控温处理技术、辐照处理技术等主要技术越来越成熟，熏蒸处理技术以往占据主体；溴甲烷替代技术是近年的研究热点，物理类检疫处理技术应用受到全球植物检疫的更多关注，研究成果越来越多地被 ISPM、国家标准或行业标准所采纳或参考，如近 3 年通过的 ISPM 28 附件均是辐照处理技术和控温处理技术的规程。从 IPPC 缔约方来看，部分发达国家（如美国、澳大利亚、新西兰等）和发展中国家（如中国等）开展了有害生物检疫处理技术与装备的系统性研究，并在植物检疫领域进行了广泛应用，取得了诸多成果，被 IPPC-ISPM 引用或参考，如我国专家近年多次参加 ISPM 28 附件的制修订工作并发挥了重要作用（植物检疫实例分析 5-16）。从未来发展来看，有害生物检疫处理技术在保留其经济有效、绿色环保特点的同时，将向着多元化、精细化和综合化的方向进一步发展，为促进全球植物检疫和国际货物贸易提供更先进的技术和装备。

在有害生物检疫处理技术研究与应用中，科学地评价检疫处理的有效性至关重要。有关有害生物死亡率、死亡概率值和需检测个体数量之间的关系，20 世纪 30 年代，Bliss 提出了概率值（probit）及剂量死亡率曲线，Baker 提出了死亡概率值 9（probit 9）的检疫处理有效性，即有害生物死亡概率为 99.9968%（95% 置信水平），并以此作为检疫处理有效性评价标准。根据此标准开展检疫处理技术研究，有害生物要达到 99.9968% 死亡概率，则需要处理 93616 个有害生物个体而且全部死亡（Schortemeyer et al., 2011）（表 5-16）。如果严格按照死亡概率值 9 的标准来评价检疫处理的有效性，则意味着供试有害生物个体数量达不到 100 000 个就无法制定新的检疫处理技术标准。根据国际贸易发展和生物入侵防控需求，近年来，国际社会提出了检疫处理“有效性等同评价标准”概念，并逐步应用于检疫处理有效性评价（王跃进，2014；王跃进、詹国平，2016）。当前，在植物检疫处理技术研究与应用中，死亡概率值 8.7（对应的死亡概率为 99.99%，95% 置信水平，需处理 30000 个有害生物个体）也已被采用。

表 5-16　95% 置信水平下死亡率、死亡概率值与需检测有害生物个体数量

死亡率（%）	死亡概率值	需检测有害生物个体数量
97.72499	7	131
99	7.3263	299
99.86501	8	2218
99.9	8.0902	2995
99.99	8.7190	29956
99.9968	8.9976	93616
99.99683	9	94587
99.999	9.2649	299572

引自 Schortemeyer et al., 2011

国内外开展了大量有害生物检疫处理技术研究与应用，主要包括熏蒸处理技术、控温处理技术、辐照处理技术等，主要涉及水果、繁殖材料、原木、木质包装材料等检疫物，针对实蝇类、蚧类、蛾类、小蠹类及线虫等主要检疫性有害生物。例如，橘小实蝇是目前国际关注的检疫性害虫，通过查阅国内外针对该虫的冷处理技术研究文献，发现主要应用于山竹、龙眼、枇杷、番石榴、甜橙类等水果，随寄主果实不同，相关研究的处理龄期、处理温度与处理时间有所差异（表 5-17）。

表 5-17　橘小实蝇冷处理技术主要研究报道的比较

发表年份	水果	处理龄期	处理温度 /℃	处理时间 /d
1992	橙果实	3 龄	2	13
1992	山竹果	5 日龄	6	12
1999	龙眼	2 ～ 3 龄	1	13
2002	芦柑	3 龄	1.7 ～ 1.9	12
2005	沙田柚	2 ～ 3 龄	1.7 ～ 1.8 1	14 13
2011	瓦伦西亚橙	3 龄	0.9	16
2012	哈斯鳄梨	3 龄	1.5	18
2013	枇杷	2 ～ 3 龄	1.5	12
2017	桶柑	2 ～ 3 龄	1.1	17
2019	脐橙	2 龄（4 日龄）	1.7	15
2020	番石榴	3 龄	0.5 ～ 1	11

通过对我国有害生物检疫处理技术研究与应用实例的分析（详见植物检疫实例分析 5–11、5–12、5–13、5–14、5–15、5–16），能够将理论与实际联系起来，提高对有害生物检疫处理技术的认识水平，掌握该技术研究与应用的主要方法。

植物检疫实例分析 5–11：我国团队牵头制定 ISPM 28 PT 42《南亚果实蝇辐照处理》

背景：南亚果实蝇（*Zeugodacus tau*），也称南亚寡鬃实蝇、南瓜实蝇，是一种世界性检疫害虫，严重影响果蔬进出口贸易。在我国主要分布于华南、华东、西南、中原、西北等地；可危害南瓜、黄瓜、香瓜、丝瓜、苦瓜、番石榴、木瓜、杨桃、杧果等 16 科的 80 余种植物，对葫芦科果蔬的危害尤为严重，是果蔬生产的大敌之一。南亚果实蝇检疫处理技术研究与应用备受国内外关注。

简介：2022 年 4 月 5 日，FAO–IPPC 国际植物检疫措施委员会第十六次大会（CPM–16）采用视频会议方式召开。2022 年 4 月 6 日凌晨，大会表决通过了由中国检验检疫科学研究院詹国平研究员团队牵头申报和主导研发的检疫处理国际标准（PT 42：南亚果实蝇辐照处理）。随后，该标准由 FAO–IPPC 秘书处正式出版发布。该团队自 2013 年起开始研发南亚果实蝇的辐照、热处理等溴甲烷替代处理技术，遵循国际标准要求，经过剂量—响应试验和大规模验证试验，测试 10 万余头 3 龄老熟幼虫，经 62 ～ 85 Gy 伽马射线辐照后，无成虫羽化。在发表 SCI 期刊论文、制定行业标准的基础上，2017 年通过 IPPC 中国联络点正式提交了标准提案。五年间，团队及时完成了多轮次的资料补充、专家质询回复和答疑等工作任务，最终成为国际标准。该标准的发布和实施，将进一步促进植物检疫工作，在防入侵、保安全、促贸易等方面发挥重要的作用。

植物检疫实例分析 5-12：南瓜中南亚果实蝇辐照处理技术研究

二维码 5-2　南瓜中南亚果实蝇辐照处理技术研究

植物检疫实例分析 5-13：进境美国原木的熏蒸处理

背景：我国进境原木主要来自美国、加拿大、俄罗斯、澳大利亚等，原木携带检疫性害虫的风险高，一旦截获活体检疫性害虫则需进行熏蒸处理。

简介：2021 年 12 月，南京海关所属太仓海关木材检疫人员在对美国进境原木进行查验时，发现多处原木表面存在蛀食坑道，撬开木质部坑道的树皮，发现活体林木有害生物。太仓海关木材检疫人员在发现活体有害生物后立刻实施强化检疫工作，截获了大量活体有害生物成虫、幼虫，根据坑道类型初步判断为小蠹类、木蠹象类害虫。经实验室检测鉴定 6 种害虫，其中白松木蠹象、红翅大小蠹、粒点六齿小蠹、美松齿小蠹为检疫性害虫，白松木蠹象为太仓海关首次截获。根据《出入境检疫处理管理工作规定》《中国进境原木检疫处理方法及技术要求》《帐幕熏蒸处理操作规程》（SNT1123—2010）等，由太仓海关监管对该批原木进行场地帐幕熏蒸处理。该批原木为 19652.646 m^3，设施设备、器具包括帐幕、网罩，沙袋、温湿度计、电子秤、溴甲烷浓度和残留检测仪等，技术指标为 GB434 99% 溴甲烷（汽化至 21℃熏蒸），处理大于 16 h、5 ～ 15℃、125 g/m^3。

植物检疫实例分析 5-14：进境美国苜蓿草的熏蒸处理

背景：目前我国口岸实施检疫处理主要依据《出入境检疫处理管理工作规定》，对拟实施检疫处理的对象，应遵循以下原则确定检疫处理技术措施：①我国有明确处理技术标准、规范或指标的，按照相应的要求实施；②我国无明确处理技术标准、规范或指标的，按照海关总署业务主管部门评估认可的技术措施实施；③输入国家（地区）官方有具体检疫处理要求的，按照相应的要求实施。

简介：2016 年，三批总重近 1000 t 的美国苜蓿草从天津口岸入境，这三批苜蓿草由 27 个集装箱装运，货值达 30 多万美元。在货物入境检验检疫过程中，在其中两批中截获菊花滑刃线虫，另外一批截获鳞球茎茎线虫。两种线虫均被我国列为进境检疫性有害生物。菊花滑刃线虫又称菊花叶枯线虫，是一种专性寄生植物地上部分的寄生线虫，可导致寄主作物质量下降并引起大面积减产，甚至死亡；鳞球茎茎线虫是极具毁灭性的植物寄生线虫之一，广泛分布于温带地区，严重危害郁金香、水仙、风信子等观赏植物以及多种农作物和蔬菜。为有效杀灭菊花滑刃线虫和鳞球茎茎线虫，对这批货物进行了溴甲烷熏蒸检疫处理（图 5-13）。由于当时我国无明确处理技术标准、规范或指标，经海关总署动植物检疫司评估认可，采用的技术指标为，128 g/m^3 熏蒸 24 h，最低浓度要求为 0.5 h、96 g/m^3，2 h、64 g/m^3，24 h、35 g/m^3。

图 5-13 输华美国苜蓿草熏蒸处理现场（方焱提供）

植物检疫实例分析 5-15：冷处理技术在葡萄牙输华鲜食葡萄检疫中的应用

二维码 5-3 冷处理技术在葡萄牙输华鲜食葡萄检疫中的应用

植物检疫实例分析 5-16：进境巴基斯坦柑橘的冷处理

背景：冷处理技术不仅可有效防范检疫性有害生物的传入、保障水果果品质量，还可在水果运抵中国入境口岸时已随航完成长时间的低温处理，降低成本、提高效率，从而促进贸易便利化。进境巴基斯坦柑橘冷处理主要依据中巴双方签订的《关于巴基斯坦输华柑橘植物卫生要求议定书》，议定书要求输华柑橘输出前必须在巴方进行冷处理。

简介：2017 年 2 月，一批来自巴基斯坦的柑橘登陆天津口岸，该批柑橘重达 49 t，货值约 3.5 万美元。检验检疫人员在审核单据、查阅冷处理技术指标之后，对该批柑橘进行了冷处理效果核查。完成查验且未发现问题后，该批柑橘成功登陆天津口岸。巴基斯坦是实蝇疫区，根据《巴基斯坦柑橘进境植物检疫要求》规定，输华柑橘必须进行针对桃实蝇和橘小实蝇的冷处理，装运前水果须在冷藏室中预冷至果肉温度达 4℃或以下，储存及运输途中的柑橘必须满足冷处理温度和时间的要求，即果肉温度 1.67℃或以下且不少于连续 17 d，或 2.2℃或以下且不少于连续 21 d。

小结

有害生物检疫处理技术是支撑植物检疫处理程序的主要技术，是对植物、植物产品及其他检疫物进行有害生物灭杀、灭活或消除，或者使有害生物后代不育或失活的检疫技术。有害生物检疫处理技术包括化学类技术和物理类技术两大类，熏蒸处理技术、控温处理技术、辐照处理技术研究与应用备受关注。FAO-IPPC针对有害生物检疫处理技术制定了多个国际植物检疫措施标准，其中《限定的有害生物检疫处理》(ISPM 28)目前包含45个附件，指导缔约方开展检疫处理。我国高度重视有害生物检疫处理技术的研究与应用，在国家重点项目等支持下，开展了系统性的工作，发布实施了多项标准。

5.5 有害生物疫情监测技术

学习重点

- 掌握有害生物疫情监测技术的基本术语和主要标准；
- 掌握有害生物疫情监测技术研究与应用的主要方法。

有害生物疫情监测技术主要用于输入或输出植物及植物产品的疫情监测程序。有害生物疫情监测技术研究与应用受到FAO-IPPC及缔约方的高度关注，我国在该技术研究与应用方面开展了相关探索。学习、掌握有害生物疫情监测技术的基本术语、主要标准、开展其研究与应用的方法，具有重要意义。

5.5.1 有害生物疫情监测技术术语

如第3章、第4章以及本章第1节所述，有害生物风险分析（PRA）以及检疫准入离不开疫情监测数据的支持，而疫情监测是在某一地区、生产地或生产点，在规定时间内进行连续调查和监测，并确定检疫性有害生物等是否发生或种群边界。有害生物疫情监测技术（techniques for survey and monitoring of pests），是对限定的有害生物进行持续性调查和监测，收集、记录、分析其有无发生和种群特性的检疫技术，是支撑PRA以及检疫准入、疫情监测等程序的主要技术。有害生物疫情监测技术的主要作用体现在3个方面：①通过该技术能够及时发现和确定植物有害生物的情况，特别是有无发生、种类、来源及分布等；②通过该技术能够及时为植物检疫工作提供重要依据，特别是风险分析、检疫准入、双边或多边议定书签署、预检、产地检疫、调运检疫等；③通过该技术能够及时预警和加强植物检疫相关措施，特别是确定需要预警的植物有害生物种类、来源国（地区）、分布区域及进一步预防从国外传入或进一步防控在国内扩散的措施。

有害生物疫情监测技术，包括一般监测技术和专项监测技术。一般监测技术，是通过各种来源收集某一区域相关植物有害生物信息的技术；专项监测技术，是在某一特定时期内，获得某一区域所关注植物有害生物信息的技术。专项监测技术，包括三类调查技术，即发生调查技术、定界调查技术和监测调查技术。如表5-18所示，比较了这三类调查技术的区别和联系。在有害生物疫情监测技术中，诱捕监测技术的研究与应用受到更多关注、发展迅速、应用广泛，例如重要经济实蝇的诱捕监测技术等。

表 5-18 发生调查技术、定界调查技术和监测调查技术的比较

类别	中文名称	英文名称	含义
专项监测技术	发生调查技术	detection survey techniques	用以确定一个区域内植物有害生物是否发生的技术
	定界调查技术	delimiting survey techniques	用以划定认为受到某种植物有害生物侵染或无某种植物有害生物的区域边界的技术
	监测调查技术	monitoring survey techniques	用以核实植物有害生物种群特性的持续调查技术

5.5.2 有害生物疫情监测技术标准

针对有害生物疫情监测技术标准，截至 2023 年 10 月，FAO–IPPC 制定、通过了多个 ISPM，涉及疫情监测基本规程，建立非疫区、非疫生产地、非疫生产点、有害生物低度流行区的要求，有害生物报告，以及根除等（表 5–19）。这些 ISPM 为全球植物有害生物疫情监测技术的研究与应用提供了重要指导。

表 5-19 有害生物疫情监测技术国际标准

序号	英文名称	中文名称
ISPM 6	Guidelines for surveillance	疫情监测
ISPM 17	Pest reporting	有害生物报告
ISPM 8	Determination of pest status in an area	某一地区有害生物状况的确定
ISPM 4	Requirements for the establishment of pest free areas	建立非疫区的要求
ISPM 10	Requirements for the establishment of pest free places of production and pest free production sites	关于建立非疫产地和非疫生产点的要求
ISPM 22	（Requirements for the establishment of areas of low pest prevalence）	关于建立有害生物低发生率地区的要求
ISPM 26	Establishment of pest free areas for fruit flies（Tephritidae）	实蝇非疫区的建立
ISPM 29	Recognition of pest free areas and areas of low pest prevalence	非疫区和有害生物低度流行区的认可
ISPM 9	Guidelines for pest eradication programmes	有害生物根除计划准则

ISPM 6 是有害生物疫情监测最基本的国际标准。该标准强调了国家疫情监测系统（national surveillance system，NSS）的重要性，是一个国家植物健康体系不可或缺的一部分。如图 5–14 所示，NSS 包括一般疫情监测和专项疫情监测，NSS 由监视计划和实施这些计划所需的基础设施组成。植物检疫法规政策、优先级、计划、资源、文件资料、培训、审核、联络及利益相关方参与、有害生物诊断、信息管理系统和有害生物报告是 NSS 的支撑要素。同时，ISPM 6 也强调有害生物疫情监测技术应用中通常涉及抽样方法，可单独使用也可组合使用常见抽样方法，如简单随机抽样（simple random sampling）、系统抽样（systematic sampling）、分层抽样（stratified sampling）、整群抽样（cluster sampling）和目标抽样（targeted sampling）。

我国发布、实施了多项有害生物疫情监测技术标准，如国家标准和农业、林业及检验检疫行业标准。如表 5–20 所示，列举了部分有害生物疫情监测技术标准。在相关的国家标准和行业标准中，规定了监测区域、监测时期、监测用品、监测方法等内容，推进了我国有害生物疫情监测技术的推广应用。

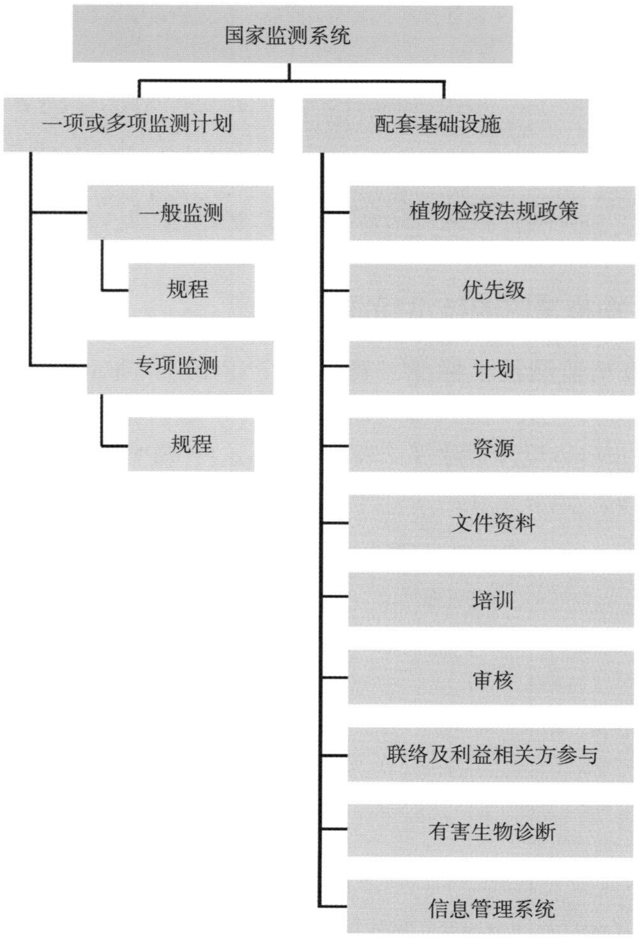

图 5-14　国家有害生物疫情监测系统模型（李一帆 仿自 ISPM 6）

表 5-20　我国有害生物疫情监测技术标准（部分）

标准号	名称	类别
GB/T 23626—2009	红火蚁疫情监测规程	国家标准，检疫性害虫疫情监测
GB/T 33036—2016	香蕉穿孔线虫监测规范	国家标准，检疫性病原物疫情监测
GB/T 35333—2017	柑橘黄龙病监测规范	国家标准，检疫性病原物疫情监测
GB/T 35335—2017	黄瓜绿斑驳花叶病毒病监测规范	国家标准，检疫性病原物疫情监测
GB/T 36828—2018	实蝇诱剂监测方法	国家标准，检疫性害虫疫情监测
GB/T 38361—2019	进境玉米种子疫情监测规程	国家标准，综合性疫情监测
GB/T 38362—2019	进境百合种球疫情监测规程	国家标准，综合性疫情监测
SN/T 2029—2007	实蝇监测方法	行业标准 – 检验检疫，检疫性害虫疫情监测
SN/T 4981—2017	外来杂草监测技术指南	行业标准 – 检验检疫，检疫性杂草疫情监测
NY/T 2865—2015	瓜类果斑病监测规范	行业标准 – 农业，检疫性病原物疫情监测
NY/T 3155-2017	蜜柑大实蝇监测规范	行业标准 – 农业，检疫性害虫疫情监测
LY/T 2023-2012	枣实蝇检疫技术规程	行业标准 – 林业，检疫性害虫疫情监测

5.5.3 有害生物疫情监测技术研究与应用

植物有害生物疫情监测主要包括三个基本步骤，即①监测时间和监测点的设置：主要涉及在一定的区域、一定的时间，设置一定数量的监测点；②植物有害生物的调查与诊断：主要涉及现场调查与采样、样品鉴定与溯源等，特别是检疫性有害生物；③监测数据的统计分析与管理：主要涉及数据统计、制图、报告、数据库、网络系统建设以及预警等。2005 年，*Guidelines for Surveillance for Plant Pests in Asia and the Pacific* 出版（中文译版于2013年出版），这是有关亚洲和太平洋区域的植物有害生物疫情监测指南，该指南介绍了植物有害生物疫情监测的方法与技术。在该指南中，详细说明了有害生物疫情监测的 21 个步骤（表 5-21），从第 1 步至第 18 步均为监测实施前需要完成的工作，足见前期准备的重要性。同时，该指南针对发生调查、定界调查和监测调查列举了多个实例，包括所应用的具体方法、技术及结果，如菟丝子的发生调查（植物检疫实例分析 5-17）、番木瓜环斑病毒病的定界调查（植物检疫实例分析 5-18）、香蕉枯萎病的监测调查（植物检疫实例分析 5-19）。

表 5-21　有害生物疫情监测的步骤

步骤	内容
1	选择题目和设计人
2	确定调查的目的：如植物有害生物名录、寄主名录、早期发生、非疫区、低度流行区、田间治理等
3	确定靶标有害生物：详细描述该有害生物，如学名、生活史、传播方式、诊断特征等
4	确定靶标寄主：详细描述寄主，如学名、生活史、分布等
5	确定靶标转主寄主：详细描述转主寄主
6	回顾前人的调查计划：综述相似情况下的任何其他调查、文献等
7	确定调查区域：记录区域的特征
8	确定调查地区：记录地区的特征
9	确定调查场所、田间位置、取样位置、取样点：记录相关特征
10	明确如何选择取样点：记录选择方法
11	计算样本大小：特别在需要统计学手段时，如发生调查、监测调查
12	确定调查时间：记录何时进行调查、调查频率等
13	确定所要收集的数据：设计田间数据记录表等
14	采集有害生物标本的方法：记录采集、制作、鉴定有害生物标本的方法
15	电子数据存储方法：设计电子数据表或数据库以便存储数据
16	确定调查人员：选配调查人员、技术培训、装备配置等
17	获取许可：进入调查地点的许可和任何其他所需的许可
18	预备调查：进行预备性调查、完善调查方案等
19	执行调查：实施调查，如田间数据 / 标本采集、鉴定等
20	分析数据：统计分析所调查的数据，如图表等
21	报告结果：撰写调查报告

引自 McMaugh，2013

防入侵、保安全、促发展的根本需求，促使越来越多的国家（地区）重视有害生物疫情监测技术的研究与应用。从监测技术来看，监测诱剂、仪器设备（植物检疫实例分析 5–20）、数据分析及溯源技术（植物检疫实例分析 5–21）是研究与应用的重点，检疫性有害生物监测数据已基本实现数字化管理，少数检疫性有害生物监测样品实现了自动计数和自动识别。从IPPC缔约方来看，在现代生物技术和信息技术的支持下，部分发达国家（如美国、澳大利亚等）有害生物疫情监测技术研发起步早、较先进，部分发展中国家（如中国等）高度重视有害生物疫情监测技术研究与应用，近年来支持更大、发展更快，如我国相关国家重点项目研究以及检疫性有害生物监测技术应用的支持力度明显提升，我国专家受FAO–IPPC邀请作为专家组成员参与疫情监测相关ISPM的制修订，近期植物检疫要求中细化了植物和植物产品出口前的疫情监测具体方法和技术（植物检疫实例分析 5–22）等。从未来发展来看，智能化是有害生物疫情监测技术的发展方向，例如检疫性有害生物等的智能识别、计数、分析、溯源和预警等，受到国家检疫机构、大学及科研院所以及企业的更多关注，相关研究正在进一步深入开展，将为国际植物检疫提供更先进、更高效、更便捷的技术和装备。

通过对国内外有害生物疫情监测技术研究与应用实例的分析（详见植物检疫实例分析 5–17、5–18、5–19、5–20、5–21、5–22），能够将理论与实际联系起来，提高对有害生物疫情监测技术的认识水平，掌握该技术研究与应用的主要方法。

植物检疫实例分析 5–17：菟丝子属的发生调查

背景：菟丝子属（*Cuscuta* spp.）是广受关注的寄生型杂草，被很多国家列为检疫性有害生物。美国对进口的油菊籽进行蒸煮以杀死携带的杂草种子，特别是菟丝子属种子。菟丝子属分布于澳大利亚南部距离海岸线 1000 km 及东南距离海岸线 200 km 以内的地区，其西澳大利亚州北部的ORIA地区种植油菊且拟出口到美国，但不知该地区是否有菟丝子属分布。

简介：澳大利亚针对ORIA地区开展菟丝子属的发生调查，调查目的、方法、结果及作用如下：①调查目的：证明西澳大利亚州北部的ORIA地区是否没有菟丝子属的杂草，这项调查为关于出口油菊籽到美国的检疫准入谈判提供信息。②调查方法：a. 调查区域及取样：ORIA地区大约 5400 km^2，所有希望出口到美国的油菊、高粱和珍珠粟都在调查之列；每 10 hm^2 一个取样点，N=20；每个取样点调查所有的第 2 寄主，对所有的非种植湿地都进行取样，N=30；调查区域所有的路边都通过边开车边观察的方式进行了调查；在每个取样点，调查的内容包括步行横穿作物区 500 m，检测横穿面的左、右各 1 m；如果调查的区域是低矮的作物或由灌木组成，使用一个 500 m 断面的“Z”字形调查，以调查尽可能多的作物或调查点。调查瞄准那些作物中看起来不整齐或发黄的点，特别是在作物的灌溉入口和排水口附近。b. 调查时间：每年湿季（3—4 月）和随后的旱季，当油菊、杂种珍珠粟和高粱在灌溉条件下生长时，各进行一次。③调查结果及作用：在ORIA地区没有发现菟丝子属杂草，该地区油菊籽不经蒸煮出口到美国。

植物检疫实例分析 5–18：番木瓜环斑病毒病的定界调查

背景：番木瓜环斑病毒（papaya ringspot virus）广受关注，能够引起番木瓜环斑病毒病，造成严重危害。在库克群岛的拉罗汤加岛一棵单独的木瓜树上发生番木瓜环斑病毒病，库克群岛农业部工作人员高度关注这种外来病害。在库克群岛的邻国法属波利尼亚已发生该病害。

简介：库克群岛在拉罗汤加岛针对番木瓜环斑病毒开展定界调查，调查目的、方法、结果及作用如下：①调查目的。在拉罗汤加岛一棵单独的木瓜树上的番木瓜环斑病毒病是孤立发生的，还是有更广泛的侵染。②调查方法。调查了病树 1 棵，距离病树最近的 4 棵树，距离病树较近的 55 棵树，小区及病树 2 km 之内所有商业和家种的树。发现病害暴发 5～6 周后进行调查。共采集了 281 个叶片标本，包括病树的 16 个样本，距离病树最近的 4 棵树的 15 个样本，距离病树较近的 55 棵树的 55 个样本，小区及 2 km 内的其他家种树的 83 个样本，2 km 内的商种树的 112 个样本。③调查结果及作用。在拉罗汤加岛一棵单独的木瓜树上的番木瓜环斑病毒病是孤立发生的，没有更广泛的侵染。通过该调查，成功铲除了拉罗汤加岛上的番木瓜环斑病毒病。

植物检疫实例分析 5-19：香蕉枯萎病的监测调查

背景：香蕉枯萎病（Panama disease of banana）由香蕉枯萎病菌 4 号小种（*Fusarium oxysporum* f. sp. *cubense* race 4）引起，该病菌是广受国际关注的检疫性有害生物。香蕉枯萎病是菲律宾香蕉的主要病害。从菲律宾出口到澳大利亚的香蕉需产自澳大利亚检疫部门审批的种植地点且该地点香蕉枯萎病的流行要低于澳方认为可以接受的水平（ALPP）。在经批准的 ALPP 中，该病的最低流行水平为每周每公顷不超过 0.003 个被侵染的簇，这大约为每年每 7 hm^2 发现 1 例病害，也即每年每 11900 簇香蕉中被侵染的簇不能超过 1 个。

简介：在菲律宾针对香蕉枯萎病开展监测调查，调查目的、方法、结果及作用如下：①调查目的：菲律宾的香蕉需产自澳大利亚检疫部门审批的种植地点，且该地点香蕉枯萎病的流行低于澳方认为可以接受的水平。②调查方法：在准备输出到澳大利亚的菲律宾香蕉收获前至少两年的时间内，进口方必须每周进行调查，以确保满足以上标准。③调查结果及作用：经监测满足以上标准的香蕉能够顺利出口到澳大利亚；在监测中，如发现香蕉枯萎病的流行超过了规定的低度流行区水平，受影响的地区应停止出口香蕉至少两年。

植物检疫实例分析 5-20：我国自主研发的新式综合型实蝇诱捕器及其应用

图 5-15 新式综合型实蝇诱捕器（李志红摄）

二维码 5-4 我国自主研发的新式综合型实蝇诱捕器及其应用

植物检疫实例分析 5-21：有害生物疫情监测数据分析和溯源技术的研究探索

背景：通过有害生物疫情监测，将获得有害生物样品以及鉴定和计数的结果，如何对监测计数数据进行分析和挖掘，如何对监测样品进行溯源分析，以发现检疫性有害生物的发生动态规律、扩散特点及入侵来源，进一步为植物检疫提供技术支持和决策依据，近年来受到国内外更多关注。中国农业大学与美国加州大学戴维斯分校、澳大利亚昆士兰科技大学、印度旁遮普农业大学、广州海关技术中心等国内外机构合作，以检疫性实蝇为例，开展了相关研究探索。

简介：针对有害生物疫情监测数据分析与挖掘，在国家重点计划项目等支持下，开展了检疫性实蝇多地区多物种时空动态过程和入侵模型的研究。该研究以美国加州大学戴维斯分校所获得的地中海实蝇、橘小实蝇、墨西哥按实蝇等重要经济实蝇历年诱捕监测数据为基础，以入侵性实蝇为研究系统，利用昆虫数量统计学中的状态转移过程构建了新的生命表入侵模型（life table invasion model），并用加州入侵实蝇监测数据进行了模型检验，解决了入侵生物时空扩散过程（invasion progression）和多物种入侵的贡献分解（species-specific partitioning）问题（图 5-16）。模型通过入侵物种的分布和发现频率，构建了入侵比例、入侵分布以及瞬时入侵速率三个参数，详细阐述了生物入侵过程，该模型能够广泛应用于分析其他入侵物种的扩散过程。该研究于 2019 年 4 月在 *Ecology* 在线发表。

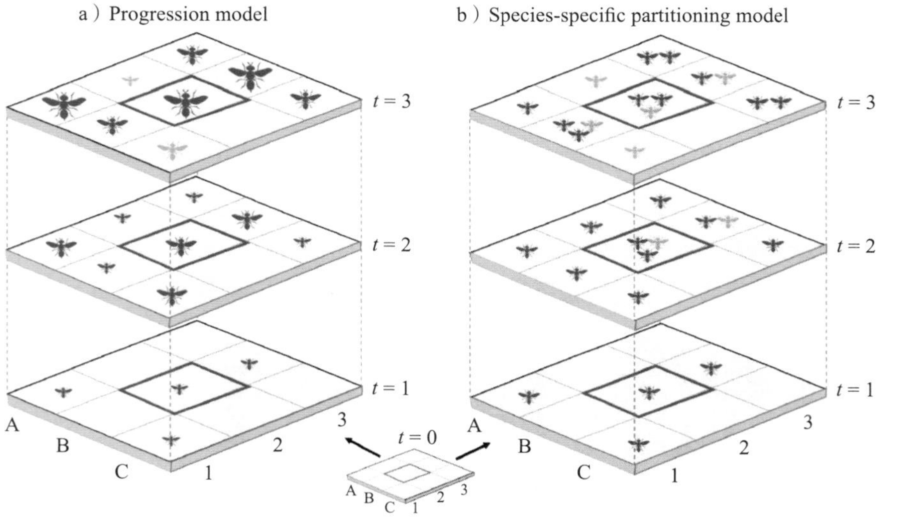

图 5-16　基于加利福尼亚州实蝇诱捕监测数据建立的扩散模型（引自 Zhao et al., 2019）

针对有害生物监测样品溯源分析技术，在国家自然科学基金课题、国家重点计划项目等支持下，连续开展检疫性实蝇种群遗传结构和入侵溯源的研究。针对橘小实蝇起源不明（泰国及意大利团队研究认为起源于中国广州地区、也有学者认为起源于我国台湾地区、文献记录显示模式标本采自东印度地区等）、扩散不清、溯源困难的重要问题，研究以橘小实蝇为例在收集全球代表性地理种群诱捕样品的基础上，分别通过 cox1 及 nad6 基因测序（63 个种群）、基因组测序及重测序（50 个种群）的方法，获得了橘小实蝇入侵溯源本底序列库，明确了其种群遗传结构，厘清了其起源为印度南部地区，揭示了其全球入侵扩散的三条路线（图 5-17），研究结果分别于 2018 年 8 月在 *Evolutionary Applications*、2022 年 12 月在

Journal of Advanced Research 在线发表。近期，基于基因组序列开展了单核苷酸多态性（single nucleotide polymorphisms，SNPs）分析，获得了橘小实蝇入侵溯源本底库，建立了基于全基因组 SNPs 的溯源技术，并对北京某地所诱捕到的实蝇样品进行了溯源分析，结果显示该样品很可能来自我国贵州地区。

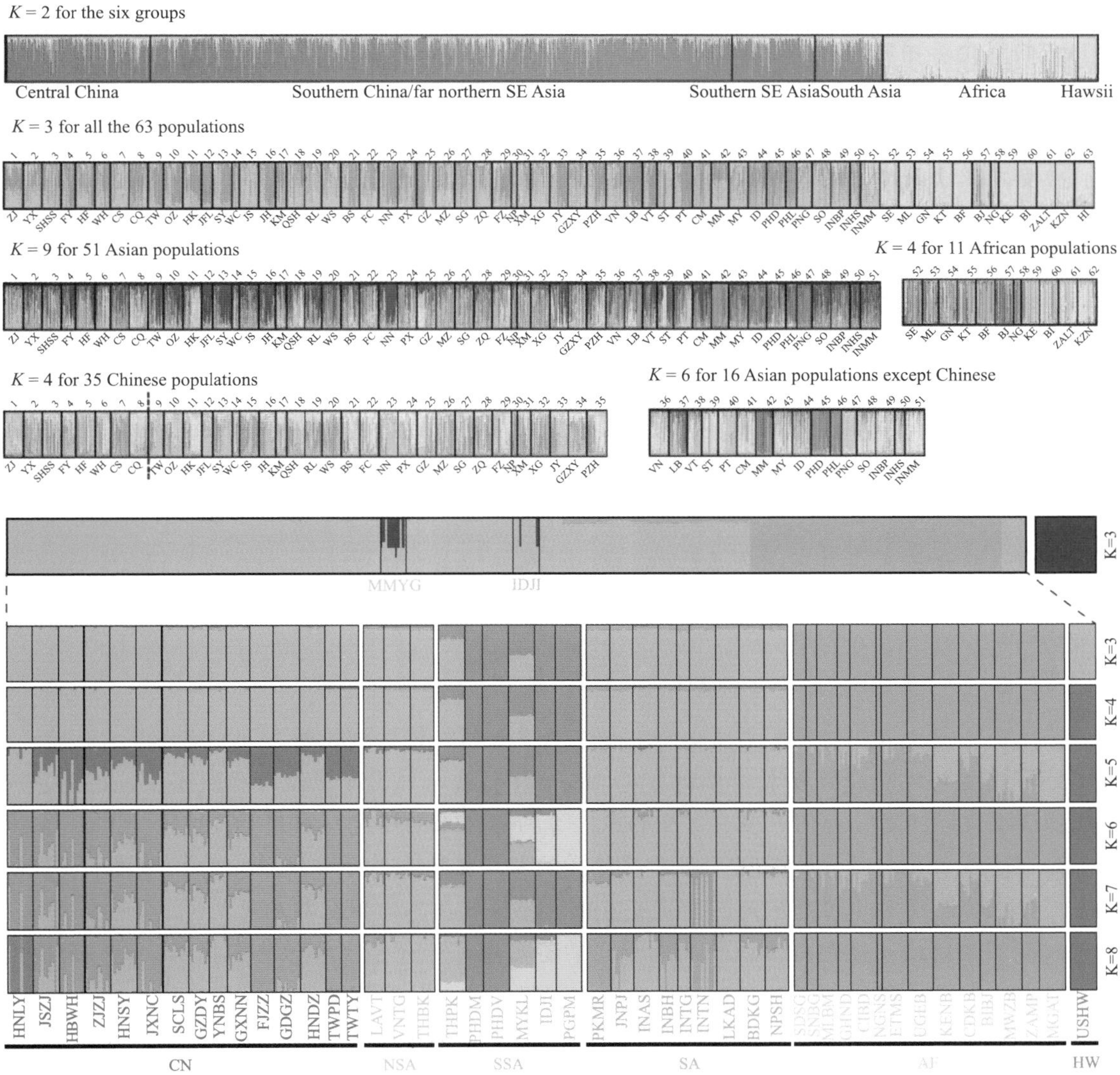

图 5-17　全球橘小实蝇种群遗传结构与入侵扩散路径研究（引自 Zhang et al., 2022）

植物检疫实例分析 5-22：委内瑞拉鳄梨输华前开展鳄梨织蛾疫情监测的方法与技术

背景：2023 年《中华人民共和国海关总署与委内瑞拉玻利瓦尔共和国人民政权农业生产和土地部关于委内瑞拉鲜食鳄梨输华植物检疫要求议定书》签订。在植物检疫要求中，鳄梨织蛾（*Stenoma catenifer*）、南美按实蝇（*Anastrepha fraterculus*）、鳄梨日斑类病毒（Avocado sunblotch viroid，ASBVd）等被列为中方关注的检疫性有害生物，鳄梨输华前需开展有害生物疫情监测，并对所关注的检疫性有害生物，特别是鳄梨织蛾，详细规定了监测方法与技术。

简介：针对鳄梨织蛾，委方需按照 ISPM 10 建立鳄梨织蛾非疫生产区，并由委方和中方共同认可批准。在鳄梨产区和缓冲区（周边0.5 km范围）内，按以下方式开展监测调查：①剖果调查。调查区域的面积为果园种植面积的10%，每次调查时要选择不同的区域进行。在调查区内，每公顷抽15棵样树（不足1 hm^2的按此标准执行）。抽样按照Z、X或W形随机进行，每30 d调查一次。针对每棵样树，各选10个果（落地果或可疑受侵染果）进行剖果检查，做好鉴定和记录。②诱捕器监测鳄梨织蛾。诱捕器悬挂密度为每10 hm^2 1个，小于10 hm^2的单个果园需悬挂1个诱捕器，每两周至少一次对诱捕结果进行检查和记录。③缓冲区监测。监测区域为缓冲区内种植区域面积的10%，剖果调查。如在非疫产区内发现鳄梨织蛾，委方应取消该产区的非疫地位，并在48 h之内通报中方，立即启动蛀果害虫国家应急行动计划。当委方根除疫情并经中方认可后，非疫产区方可恢复。

小结

有害生物疫情监测技术是对限定的有害生物进行持续性调查和监测，收集、记录、分析其有无发生和种群特性的检疫技术，是支撑PRA以及检疫准入、疫情监测等程序的主要技术。有害生物疫情监测技术包括一般监测技术和专项监测技术，专项监测技术包括发生调查技术、定界调查技术和监测调查技术。FAO-IPPC针对有害生物疫情监测技术制定了多个ISPM，其中ISPM 6是有害生物疫情监测最基本的国际标准，指导缔约方开展疫情监测。我国高度重视有害生物疫情监测技术的研究与应用，发布、实施了多项标准，近年来支持更大、发展更快。

【课后习题】

1. 植物检疫技术包括哪些主要类别？相互关系如何？请举例说明。

2. 有害生物风险分析技术，特别是定性风险评估技术与定量风险评估技术，能够解决哪些植物检疫实际问题？如何开展有害生物风险分析新技术的研究与应用？

3. 有害生物抽样技术，特别是基于统计学的抽样技术和基于非统计学的抽样技术，能够解决哪些植物检疫实际问题？如何开展有害生物抽样新技术的研究与应用？

4. 有害生物检测鉴定技术，特别是形态学鉴定技术和分子生物学鉴定技术，能够解决哪些植物检疫实际问题？如何开展有害生物检测鉴定新技术的研究与应用？

5. 有害生物检疫处理技术，特别是化学类检疫处理技术和物理类检疫处理技术，能够解决哪些植物检疫实际问题？如何开展有害生物检疫处理新技术的研究与应用？

6. 有害生物疫情监测技术，特别是发生调查技术、定界调查技术和监测调查技术主要解决植物检疫的哪些问题？如何开展有害生物疫情监测新技术的研究与应用？

7. 为什么植物检疫离不开现代生物技术和现代信息技术的进步？如何利用大数据技术、组学技术和人工智能促进植物检疫技术的？

8. 请以本科生科研项目（URP）或本科毕业设计等为例，试开展植物检疫相关选题并设计技术路线。

【参考文献】

范奇璇，赵振兴，冯黎霞，等. 2022. 玉米矮花叶病毒微滴数字 RT-PCR 检测方法的建立. 植物保护学报, 49(5): 1450–1456.

高希武，王殿轩. 2011. 农产品保护与检疫处理技术. 北京：中国农业大学出版社.

葛泉卿，宫兆林. 1991. 植物检疫的抽样检验方法及其统计学原理浅析. 植物检疫，5(6): 416–419.

蒋青，梁忆冰，王乃扬，等. 1994. 有害生物危险性评价指标体系的初步确立. 植物检疫，8(6): 331–334.

蒋青，梁忆冰，王乃扬，等. 1995. 有害生物危险性评价的定量分析方法研究. 植物检疫，9(4): 208–211.

邝瑞瑞，雷荣，孙夕雯，等. 2022. 基于重组酶介导等温扩增 – 侧流层析试纸条的玉米褪绿斑驳病毒快速检测方法. 植物保护学报, 49(5): 1457–1463.

李尉民. 2003. 有害生物风险分析. 北京：中国农业出版社.

李志红，Buahom Nopparat，胡俊韬，等. 2013. 实蝇科害虫入侵来源与入侵机制研究进展. 植物检疫, 27(3): 1–12.

李志红，姜帆，马兴莉，等. 2013. 实蝇科害虫入侵防控研究进展. 植物检疫, 27(2): 1–10.

李志红，秦誉嘉. 2018. 有害生物风险分析定量评估模型及其比较. 植物保护，44(5): 134–145.

李志红，杨汉春. 2021. 动植物检疫概论. 2 版. 北京：中国农业大学出版社.

李志红. 2015. 生物入侵防控：重要经济实蝇潜在地理分布研究. 北京：中国农业大学出版社.

李志红. 2022. 生物入侵防控：重要经济实蝇潜在经济损失研究. 北京：中国农业大学出版社.

梁广勤，梁帆，陈小帆，等. 2008. 实蝇监测方法. 北京：中国标准出版社.

梁忆冰，詹国平，徐亮，等. 1999. 进境花卉有害生物风险初步分析. 植物检疫，13(1): 17–22.

梁忆冰. 2019. 有害生物风险分析工作回顾. 植物检疫，33(1): 1–5.

林伟，陈宏，金瑞华. 1992. CLIMEX- 微机生态气候分析系统在有害生物适生性研究中的应用. 植物检疫, (2): 108–112.

林伟. 1991. 美国白蛾在中国适生性的初步研究. 北京：北京农业大学.

林伟. 1994. 苹果蠹蛾在中国危险性评估的初步研究. 北京：北京农业大学.

潘绪斌. 2020. 有害生物风险分析. 北京：科学出版社.

全国农业技术推广服务中心. 2019. 境外引进玉米种子风险分析. 北京：中国农业出版社.

孙楠，黄冠胜，林伟，等. 2007. 主要贸易国家有害生物风险分析研究方法比较. 植物检疫，21(2): 87–91.

王跃进，詹国平. 2016. 检疫辐照处理技术与应用. 北京：中国农业出版社.

王跃进. 2014. 中国植物检疫处理手册. 北京：科学出版社.

吴佳教，顾渝娟，刘海军，等. 2009. 实蝇监测技术要素Ⅱ. 植物检疫, 23(2): 41–45.

吴佳教，李春苑，刘海军，等. 2013. 新式综合型实蝇诱捕器的研制. 植物检疫, 27(2): 65–67.

吴佳教，刘海军，顾渝娟，等. 2009. 实蝇监测技术要素Ⅰ. 植物检疫, 23(1): 49–51.

张国良，付卫东，宋振，等. 外来入侵杂草调查技术指南. 2021. 北京：中国农业科学技术出版社.

中华人民共和国国家市场监督管理总局，中国国家标准化管理委员会. 2021. 长芒苋检疫鉴定方法：GB/T 40193—2021. 北京：中国标准出版社.

中华人民共和国国家质量监督检验检疫总局，中国国家标准化管理委员会. 2006. 棉花检疫规程：GB/T 20817—2006. 北京：中国标准出版社.
中华人民共和国国家质量监督检验检疫总局，中国国家标准化管理委员会. 2007. 进出境植物和植物产品有害生物风险分析技术要求: GB/T 20879—2007. 北京：中国标准出版社，2007.
中华人民共和国国家质量监督检验检疫总局，中国国家标准化管理委员会. 2015. 黑腹尼虎天牛鉴定方法: GB/T 31794—2015. 北京：中国标准出版社.
周国梁. 2013. 有害生物风险定量评估原理与技术. 北京：中国农业出版社.
Baker AC. 1939. The basis for treatment of products where fruit flies are involved as a condition for entry into the United States. United States of Department of Agriculture Circular, No.551.
Bliss CI. 1935. The calculation of the dosage-mortality curve. Annals of Applied Biology, 22: 134-167.
Bliss CI. 1934. The method of probits. Science, 79: 38-39.
Chen JS, Ma EB, Harrington LB, et al, 2018. CRISPR-Cas12a target binding unleashes indiscriminate single-stranded DNase activity. Science, 360: 436-439.
Fang Y, Kang F, Zhan G, et al. 2019. The effects of a cold disinfestation on *Bactrocera dorsalis* survival and navel orange quality. Insects, 10(12): 452.
IPPC Secretariat. 2019. Framework for pest risk analysis. International Standard for Phytosanitary Measures No. 2. Rome: FAO on Behalf of the Secretariat of the International Plant Protection Convention.
IPPC Secretariat. 2018. Surveillance. International Standard for Phytosanitary Measures No. 6. Rome: FAO on Behalf of the Secretariat of the International Plant Protection Convention.
IPPC Secretariat. 2016. Methodologies for sampling of consignments. International Standard for Phytosanitary Measures No. 31. Rome: FAO on Behalf of the Secretariat of the International Plant Protection Convention.
IPPC Secretariat. 2016. Phytosanitary treatments for regulated pests. International Standard for Phytosanitary Measures No. 28. Rome: FAO on Behalf of the Secretariat of the International Plant Protection Convention.
IPPC Secretariat. 2016. Diagnostic protocols for regulated pests. International Standard for Phytosanitary Measures No. 27. Rome: FAO on Behalf of the Secretariat of the International Plant Protection Convention.
Jiang F, Fu W, Clarke AR, et al. 2016. A high-throughput detection method for invasive fruit fly (Diptera: Tephritidae) species based on microfluidic dynamic array. Molecular Ecology Resources, 16: 1378-1388.
Jiang F, Jin Q, Liang L, et al. 2014. Existence of species complex largely reduced barcoding success for invasive species of Tephritidae: a case study in *Bactrocera* spp. Molecular Ecology Resources, 14: 1114-1128.
Martin RR, Constable F, Tzanetakis IE. 2016. Quarantine regulations and the impact of modern detection methods. Annual Review of Phytopathology, 54: 189-205.
McMaugh T. 2013. 亚太地区植物有害生物监控指南 . 中国农业科学院植物保护研究所生物入侵研究室 , 译 . 北京：科学出版社.

Melvin CH, Victor C. 1986. Confidence limits and sample size in quarantine research. Journal of Economic Entomology, 79: 887–890.

Phillips SJ, Dudik M, Schapire RE. 2004. A maximum entropy approach to species distribution modeling. in: Proceedings of the Twenty–first International Conference on Machine Learning. ACM, 83.

Qin Y, Krosch MN, Schutze MK, et al. 2018. Population structure of a global agricultural invasive pest, *Bactrocera dorsalis* (Diptera: Tephritidae). Evolutionary Applications, 1–14. DOI: 10.1111/eva.12701.

Qin Y, Stejskal V, Vendl T, et al. 2023. Global analysis of the geographic distribution and establishment risk of stored Coleoptera species using a self–organizing map. Entomologia Generalis, DOI: 10.1127/entomologia/2023/1740.

Schortemeyer M, Thomas L, Haack RA, et al. 2011. Appropriateness of probit–9 in the development of quarantine treatments for timber and timber commodities. Journal of Economic Entomology, 104(3): 717–731.

Sutherst RW, Maywald GF. 1985. A computerised system for matching climates in ecology. Agriculture, Ecosystems & Environment, 13(3–4): 281–299.

UNEP, United Nations Environment Programme. 2018. Report of the Methyl Bromide Technical Options Committee Assessment, Nairobi.

USDA (United States Department of Agriculture) Animal and Plant Health Inspection Service. Risk–Based Sampling. 2017–09–12. https://www.aphis.usda.gov/aphis/ourfocus/planthealth/import–information/agriculture–quarantine–inspection/rbs.

USDA. 1998. Risk assessment for the importation of U.S. milling wheat containing teliospores of *Tilletia controversa* (TCK) into the People's Republic of China. Washington DC.

Worner SP, Gevrey M. 2006. Modelling global insect pest species assemblages to determine risk of invasion. Journal of Applied Ecology, 43(5): 858–867.

Zeng L, Zheng S, Stejskal V, et al. 2023. New and rapid visual detection assay for *Trogoderma granarium* everts based on recombinase polymerase amplification and CRISPR/Cas12a. Pest Management Science, DOI: 10.1002/ps.7739.

Zhan G, Ren L, Shao Y, Wang Q, et al. 2015. Gamma irradiation as a phytosanitary treatment of *Bactrocera tau* (Diptera: Tephritidae) in pumpkin fruits. Journal of Economic Entomology, 108: 88–94.

Zhang Y, Liu S, Meyer MD, et al. 2022. Genomes of the cosmopolitan fruit pest *Bactrocera dorsalis* (Diptera: Tephritidae) reveal its global invasion history and thermal adaptation. Journal of Advanced Research, https://doi.org/10.1016/j.jare.12.012.

Zhang Y, Meyer MD, Virgilio M, et al. 2021. Phylogenomic resolution of the *Ceratitis* FARQ complex (Diptera: Tephritidae). Molecular Phylogenetics and Evolution, 161: 107160.

Zhao Z, Carey J R, Li Z. 2023. The global epidemic of *Bactrocera* pests: Mixed–species invasions and risk assessment. Annual Review of Entomology, https://doi.org/10.1146/annurev–ento-012723-102658.

Zhao Z, Hui C, Plant RE, et al. 2019. Life table invasion models: spatial progression and species–specific partitioning. Ecology, 100: e02682.

第6章

植物检疫性病原物及其防控

本章简介

植物检疫性病原物主要包括菌物、原核生物、病毒和类病毒、线虫四大类别，我国主要涉及进境检疫性病原物、全国农业检疫性病原物和全国林业检疫性病原物，在植物、植物产品、集装箱等检疫中常有截获。本章在介绍植物检疫性病原物基本类别的基础上，针对检疫性病原菌物、原核生物、病毒和类病毒、线虫，简介了20种检疫性病原物的检疫地位、病原物学名与分类地位、地理分布、寄主植物与危害症状，详解了10种检疫性病原物代表种类的检疫地位、病原物学名、分类地位、病害英文名、地理分布、寄主植物、危害症状、形态特征、生物学特性、传播途径、检疫措施与实践。

学习目的

掌握植物检疫性病原物的类别，掌握检疫性病原菌物、原核生物、病毒和类病毒、线虫代表性种类的基础知识和检疫方法。

思维导图

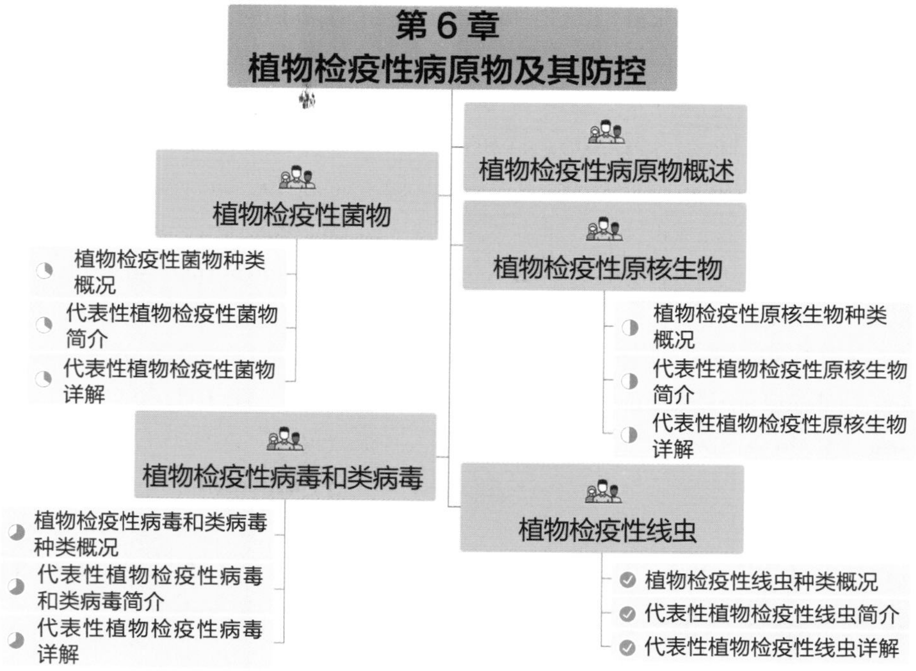

课前思考

❖ **四大类别：**植物检疫性病原物有哪四大类别？不同类别的检疫性病原物有哪些代表种类？
❖ **两个如何：**植物检疫性病原物代表种类的特点特性如何？如何实施检疫？
❖ **两个为什么：**为什么检疫性病原物的种类相对多？为什么检疫性病原物的截获相对少？

6.1 植物检疫性病原物概述

学习重点

- 掌握我国检疫性病原物的主要类别和种类。

影响植物的正常生长发育进而引起病害的生物统称为病原物。植物检疫性病原物是指那些可以通过人为调运而进行远距离传播，适应性广、扩散速度快、防治与根除困难，对受威胁地区具有潜在经济重要性且尚未在该地区发生，或虽有发生，但是分布不广并进行官方控制的植物病原物。植物检疫性病原物包括菌物、原核生物、病毒（包括类病毒）和线虫 4 大类。这些病原物会侵染一些野生或栽培植物造成不同程度的危害，甚至会引起严重的、大规模的植物疫情暴发，从而造成严重的经济损失或生态后果。

在《中华人民共和国进境植物检疫性有害生物名录》（更新至 2021 年 4 月）中，检疫性病原物共有 247 种属，占名录中检疫性有害生物总数（446 种属）的 55.4%。其中，菌物 127 种（属），原核生物 59 种，病毒和类病毒 41 种，线虫 20 种（属）。在《全国农业植物检疫性有害生物名单》（2020）中，检疫性病原物共有 19 种。其中，菌物 6 种，原核生物 7 种，病毒 3 种，线虫 3 种。《全国林业检疫性有害生物名单》（2013）中检疫性有害生物 14 种，其中病原物 3 种。随着我国对外贸易量的增大，口岸截获的检疫性病原物的批次数和种类都在逐渐增加。

菌物、原核生物以及病毒等新分类系统在不断演变，检疫性病原物的分类地位也发生了相应的变化。本章中检疫性病原物的分类地位是按照当前新的分类系统，给出其所属的各级分类地位。关于植物检疫性病原菌物和细菌的中文名称，在《中华人民共和国进境植物检疫性有害生物名录》中，大多是以检疫性病原物引起的病害名称 +“菌”的叫法给出的。为尊重植物检疫上的习惯叫法，本章在介绍不同检疫性病原物时，先是按照名录中的中文名称列出，但如果检疫性病原物的拉丁学名有对应的中文名称，则按照拉丁学名本身的中文名称，在学名之后给出对应的中文名称，使检疫性病原物的中文名称更为合理和规范。例如，检疫性名录中的大豆疫病菌，拉丁学名为 *Phytophthora sojae*，该学名对应的中文名称应该是大豆疫霉。再如，检疫性名录中的梨火疫病菌 *Erwinia amylovora*，对应的中文名称应该是解淀粉欧文氏菌。

小结

植物检疫性病原物主要包括菌物、原核生物、病毒和类病毒、线虫 4 大类别。《中华人民共和国进境植物检疫性有害生物名录》中检疫性病原物有 247 种属，占 55.4%；《全国农业植物检疫性有害生物名单》中检疫性病原物共有 19 种，《全国林业检疫性有害生物名单》（2013）中检疫性病原物 3 种。

6.2 植物检疫性菌物

学习重点

- 掌握植物检疫性菌物的代表性种类；
- 掌握植物检疫性菌物的基础知识和检疫方法。

菌物是一个非常庞大的生物类群，分布在地球的每个角落。据权威专家 Hawksworth（1991）估计，全世界菌物种类至少有 150 万种，但已知的菌物种类只有 10 余万种。检疫性菌物包括真菌和卵菌两大类。有的菌物还可以传播植物病毒，如壶菌中的油壶菌属（*Olpidium*）和根肿菌中的多黏菌属（*Polymyxa*）和粉痂菌属（*Spongospora*）。检疫性菌物危害性大，易随植物种子和繁殖材料以及植物产品进行远距离传播，给世界农业生产、园林景观和生态带来严重影响，如小麦矮腥黑穗病菌引起小麦矮腥黑穗病，造成小麦粮食减产和不能食用；香蕉枯萎病菌 4 号小种引起香蕉植株枯萎甚至死亡；栎树猝死病菌引起多种树木的猝死病，造成林木死亡等。

6.2.1 植物检疫性菌物种类概况

在检疫性病原物中以菌物的种类最多，其中以真菌为主，占近 90%，少部分为卵菌。《中华人民共和国进境植物检疫性有害生物名录》中的检疫性菌物有 127 种（属）。《全国农业植物检疫性有害生物名单》中的检疫性菌物有 6 种。《全国林业检疫性有害生物名单》中有 2 种。

2007—2016 年，全国口岸共截获检疫性菌物 39 种（4168 种次）。从截获的检疫性菌物的寄主来看，有些菌物的寄主范围较广。其中从多达 67 种寄主植物中截获到了栎树猝死病菌（*Phytophthora ramorum*），截获的葡萄茎枯病菌（*Phoma glomerata*，现名为 *Didymella glomerata*）分别来自 8 种寄主植物。但是，也有一些被截获菌物的寄主较单一。例如，大豆茎褐腐病菌（*Phialophora gregata*）、烟草霜霉病菌（*Peronospora hyoscyami* f. sp. *tabacina*）和印度腥黑穗病菌（*Tilletia indica*），这些菌物的寄主专化性强。

本节将对 6 种具有代表性的菌物：大豆北方茎溃疡病菌（*Diaporthe phaseolorum* var. *caulivora*）、向日葵黑茎病菌（*Plenodomus lindquistii*）、苹果黑星病菌（*Venturia inaequalis*）、香蕉枯萎病菌 4 号小种（*Fusarium oxysporum* f. sp. *cubense* race 4）、栎树猝死病菌（*Phytophthora ramorum*）和烟草霜霉病菌（*Peronospora hyoscyami* f. sp. *tabacina*）进行简要介绍，对 3 种具有代表性的菌物：小麦矮腥黑穗病菌（*Ttilletia controversa*）、油菜茎基溃疡病菌（*Leptosphaeria maculans*）和大豆疫病菌（*Phytophthora sojae*）进行详细介绍。

6.2.2 代表性植物检疫性菌物简介

1）**大豆北方茎溃疡病菌**

检疫地位：大豆北方茎溃疡病菌属于《中华人民共和国进境植物检疫性有害生物名录》中的检疫性真菌。

学名：*Diaporthe phaseolorum* var. *caulivora* Athow & Caldwell（简称 DPC）。

分类地位：大豆北方茎溃疡病菌隶属于真菌界（Fungi），子囊菌门（Ascomycota），粪壳菌纲（Sordariomycetes），间座壳目（Diaporthales），间座壳科（Diaporthaceae），间座壳属（*Diaporthe*）。

地理分布：主要分布在北美洲和南美洲，欧洲、非洲和亚洲也有分布，包括美国、加拿大、阿根廷、巴西、玻利维亚、厄瓜多尔、意大利、保加利亚、克罗地亚、法国、俄罗斯、塞尔维亚、西班牙、希腊、印度、越南和韩国等国家和地区。我国尚无分布报道。

寄主植物：自然条件下只侵染大豆。人工接种条件下可侵染三叶草、苜蓿、食荚菜豆和豌豆等其他植物。

危害症状：大豆北方茎溃疡病菌能够侵染大豆生育期的各个阶段。苗期受侵染后，叶片上出现红褐色小病斑，病斑可扩展到茎部，引起幼苗枯萎。成株期的侵染通常发生在大豆茎部的较低部位，最初在叶柄脱落后痕迹部位的表面形成红褐色小病斑，随着病害发展，病斑纵向扩展形成轻微凹陷的红褐色溃疡斑，长达 2 ～ 10 cm，溃疡斑可环绕整个茎秆，溃疡部位可裂开，造成环剥茎秆，导致大豆植株的萎蔫死亡，有时发生顶枯；叶片症状表现为叶脉间组织褪绿和坏死，植株死亡后叶片不脱落仍然附着在茎上。受侵染的种子皱缩、变轻，外表白垩状，病种不发芽或发芽缓慢。该病害发生导致大豆种子的数量减少和产量下降，在病害严重流行年份，可导致大豆产量损失高达 50%。

2）**向日葵黑茎病菌**

检疫地位：向日葵黑茎病菌属于《中华人民共和国进境植物检疫性有害生物名录》中的检疫性真菌。

学名：*Plenodomus lindquistii* (Frezzi) Gruyter, Aveskamp & Verkley（进境名录中为 *Leptosphaeria lindquistii* Frezzi，现为异名）。

分类地位：向日葵黑茎病菌隶属于真菌界（Fungi），子囊菌门（Ascomycota），座囊菌纲（Dothideomycetes），格孢腔菌目（Pleosporales），小球腔菌科（Leptosphaeriaceae），丰满囊菌属（*Plenodomus*）。

地理分布：20 世纪 70 年代后期首次发现于欧洲，1984 年在美国发现。目前，在世界大部分向日葵种植区均有发生，如保加利亚、罗马尼亚、哈萨克斯坦、乌克兰、俄罗斯、法国、匈牙利、意大利、加拿大、美国、阿根廷、伊朗、伊拉克、巴基斯坦、澳大利亚等国家和地区。我国于 2005 年首次在新疆伊犁哈萨克自治州新源县发现，现在新疆、甘肃等地局部地区有零星分布。

寄主植物：向日葵。

危害症状：向日葵黑茎病是一种毁灭性病害，向日葵整个生育期均可发生，主要为害地上部的叶片、叶柄、茎秆和花盘。发病初期在叶柄基部形成褐色至黑色病斑，并以叶柄基部为中心沿茎秆向上下扩展，形成椭圆形或长条形黑色坏死病斑，病斑长度 2 ～ 11.6 cm，平均 7.39 cm，引起叶片萎蔫干枯，严重时病斑绕茎，导致植株死亡。田间向日葵开花初期开始表现症状，开花中、后期症状明显。发病严重的田块叶片全部焦枯、茎秆倒伏、花盘干枯，植株成片或大面积连片变黑枯死。可造成向日葵减产 20% ～ 80%，含油率大幅降低。

3）苹果黑星病菌

检疫地位：苹果黑星病菌属于《中华人民共和国进境植物检疫性有害生物名录》中的检疫性真菌。

学名：*Venturia inaequalis* (Cooke) G. Winter。

分类地位：苹果黑星病菌隶属于真菌界（Fungi），子囊菌门（Ascomycota），座囊菌纲（Dothideomycetes），黑星菌目（Venturiales），黑星菌科（Venturiaceae），黑星菌属（*Venturia*）。

地理分布：亚洲（阿富汗、不丹、印度、印度尼西亚、伊朗、伊拉克、以色列、日本、约旦、哈萨克斯坦、朝鲜、韩国、黎巴嫩、巴基斯坦、沙特阿拉伯、叙利亚、乌兹别克斯坦等），欧洲（奥地利、白俄罗斯、比利时、保加利亚、克罗地亚、捷克、丹麦、芬兰、法国、德国、英国、希腊、匈牙利、爱尔兰、立陶宛、马耳他、荷兰、挪威、波兰、葡萄牙、罗马尼亚、俄罗斯、塞尔维亚、斯洛伐克、斯洛文尼亚、西班牙、瑞典、瑞士等），北美洲（墨西哥、美国、加拿大、萨尔瓦多、危地马拉、巴拿马等），南美洲（阿根廷、巴西、智利、玻利维亚、哥伦比亚、厄瓜多尔、秘鲁、乌拉圭等），非洲（埃及、埃塞俄比亚、加纳、马达加斯加、摩洛哥、南非、津巴布韦等），大洋洲（澳大利亚、新西兰等）。我国台湾有分布。

寄主植物：苹果黑星病菌主要寄主是苹果、次要寄主为枸子属、火棘属、梨属、花楸属、荚蒾属等。

危害症状：该病原菌主要为害叶片和果实，亦可侵染叶柄、花、萼片、花梗、幼嫩枝条和芽鳞等。病原菌从侵入点放射状扩展，形成病斑。叶片正面病斑初为淡黄绿色，色泽逐渐变深，后变为黑色，病斑圆形、近圆形，直径 3 ～ 6 mm 或更大，病斑周围有明显的边缘，老叶上尤甚。幼叶病斑多表面粗糙羽毛状，成叶病斑边缘明显而不整齐，有时表生白色棉絮状物。果面病斑多出现于果实肩部和胴部，初为黑色星状斑点，很小、微凸，生有绒状菌丝体。随着果实膨大，病斑逐渐扩大并凹陷，表层木栓化，边缘开裂，有不规则细小裂纹，整体疮痂状。病果开裂、畸形。

4）香蕉镰刀菌枯萎病菌 4 号小种和非中国小种

检疫地位：香蕉镰刀菌枯萎病菌 4 号小种属于《中华人民共和国进境植物检疫性有害生物名录》和《全国农业植物检疫性有害生物名单》中的检疫性真菌。

学名：*Fusarium oxysporum* f. sp. *cubense* W. C. Snyder & H. N. Hansen race 4 non-Chinese races，中文名为尖孢镰孢古巴专化型 4 号小种和非中国小种。

分类地位：病原菌隶属于真菌界（Fungi），子囊菌门（Ascomycota），粪壳菌纲（Sordariomycetes），肉座菌目（Hypocreales），丛赤壳科（Nectriaceae），镰孢属（*Fusarium*）。

地理分布：香蕉枯萎病菌共有 4 个生理小种，其中 4 号小种分布于亚洲（中国、印度尼西亚、马来西亚、菲律宾等），非洲（加纳利群岛（西）、南非等），大洋洲（澳大利亚）。非中国 2 号小种分布于亚洲（菲律宾、印度、泰国），北美洲（牙买加、尼加拉瓜、美国等），大洋洲（澳大利亚）。非中国 3 号小种分布于大洋洲的澳大利亚。据农业农村部 2021 年 4 月公布的《全国农业植物检疫性有害生物分布行政区名录》，我国福建、广东、广西、海南和云南 5 个省（自治区、直辖市），78 个县（区、市）有香蕉枯萎病菌 4 号小种的分布。

寄主植物：香蕉枯萎病菌 4 号小种主要危害香蕉、粉蕉、大蕉等；非中国 2 号小种主要危害三倍体杂种棱指蕉；非中国 3 号小种主要危害野生羯尾蕉属。

危害症状：香蕉枯萎病菌属于土传真菌，在香蕉的整个生长时期都可发生侵染。病原菌从植物根部幼根或伤口侵入，进入维管束进行扩展，破坏维管束，并继续向上蔓延，产生毒素和胶状物质，导致维管束发生褐变、细胞坏死。植株发病早期无明显外部症状，染病一段时间后，先从下部较老的叶片开始显症，发病初期叶片边缘变黄并逐渐扩展至主脉，病叶叶柄在靠近叶鞘处容易折曲、下垂，后期病叶凋萎后倒挂在假茎旁，直至全株枯死；横切罹病香蕉植株的球茎部，可见维管束组织坏死，红褐色或暗褐色。纵剖病株假茎，可见红褐色至暗褐色病变的维管束成线条状，近茎基部颜色深，病变直延伸到球茎部，根系变黑褐色而干枯。

5）栎树猝死病菌

检疫地位：栎树猝死病菌属于《中华人民共和国进境植物检疫性有害生物名录》中的检疫性卵菌。

学名：*Phytophthora ramorum* Werres, De Cock & Man in't Veld。

分类地位：病原菌隶属于藻物界（Chromista），卵菌门（Oomycota），卵菌纲（Oomycetes），霜霉目（Peronosporales），霜霉科（Peronosporaceae），疫霉属（*Phytophthora*）。

地理分布：分布在美国、加拿大、奥地利、英国、比利时、瑞典、瑞士、克罗地亚、捷克、丹麦、爱沙尼亚、芬兰、法国、德国、希腊、爱尔兰、意大利、拉脱维亚、立陶宛、荷兰、挪威、波兰、葡萄牙、塞尔维亚、斯洛伐克、斯洛文尼亚、西班牙、印度和越南等国家和地区。近几年，栎树猝死病在北美、欧洲出现大面积的扩散，发生十分严重。我国尚无分布报道。

寄主植物：寄主范围十分广泛，已在 130 多种植物中分离到该病原菌。其中通过柯赫氏法则已经证实槭树科、铁线蕨科、忍冬科、山茱萸科、杜鹃花科、壳斗科、金缕梅科、七叶树科、樟科、百合科、木犀科、松科、报春花科、鼠李科、蔷薇科、红豆杉科、杉科、山茶科和杨柳科中的 40 余种植物为该病原菌的寄主植物。

危害症状：主要症状类型有：①树干流胶及溃疡：栎树和石栎树等植物，发病初期嫩梢枯萎，然后树冠坏死或萎蔫，树皮渗出酒红色至黑褐色黏稠的流胶，有独特的发酵气味，树干韧皮部产生溃疡坏死斑，发病严重时树叶全部变红褐色，整株树死亡。②枝条死亡及叶枯：病原菌侵染植物后，枝条顶部呈褐色，萎蔫或者死亡，叶片产生病斑，最后枯死。杜鹃花和马醉木受侵后叶片产生褐色病斑，茎部产生凹陷的溃疡斑，枝梢枯萎扭曲，严重时凋谢坏死；密花石栎枝条受危害后，发生明显的萎蔫和低垂。③叶片病斑或叶焦，枝条无症状：大叶槭受侵染后，叶缘烧焦状；加州七叶树受侵染后，先是形成小圆斑，然后病斑扩大至整个叶片，有时影响叶柄；加州月桂、山茶等受侵染后，开始在叶尖部位产生病斑，病斑边缘有不规则晕圈，最后叶片变色和脱落。

6）烟草霜霉病菌

检疫地位：烟草霜霉病菌属于《中华人民共和国进境植物检疫性有害生物名录》中的检疫性卵菌。

学名：*Peronospora hyoscyami* f. sp. *tabacina* Skalický。

分类地位：烟草霜霉病菌隶属于藻物界（Chromista），卵菌门（Oomycota），卵菌纲（Oomycetes），霜霉目（Peronosporales），霜霉科（Peronosporaceae），霜霉属（*Peronospora*）。

地理分布：南北美洲（美国、加拿大、巴西、阿根廷、墨西哥等），亚洲（日本、伊朗、以色列、阿联酋等），非洲（埃及、阿尔及利亚、刚果等），欧洲（英国、法国、德国、俄罗斯、意大利等），大洋洲（澳大利亚），共有 70 余个国家和地区有分布或曾经有过报道（数据来源：EPPO，更新日期为 2019 年 2 月 21 日）。我国尚无分布报道。

寄主植物：烟草霜霉病菌为专性寄生菌，寄主范围窄。自然条件下，主要危害烟草属植物，同时也可侵染番茄、辣椒、茄子、马铃薯等茄科作物。人工接种能侵染矮牵牛属、甜椒、酸浆、灯笼果、天仙子等。

危害症状：烟草霜霉病是危害烟草的毁灭性病害，引起植株大量枯死、严重降低烟叶的产量和品质。1961 年全欧洲（不包括苏联和罗马尼亚）损失干烟叶 10 万 t，仅法国损失干烟叶 1 万 t，折合 900 万美元。1979—1980 年，美国和加拿大因该病害损失 2.5 亿美元，1984 年损失 8400 万美元。20 世纪 90 年代以来，美国烟草产区不断受到霜霉病的侵袭，造成严重的经济损失。烟草各生育期均可受害。气候干燥时病苗叶尖微黄，类似缺氮症状，叶背有 1～2 mm 不规则小斑，有时叶部皱缩成为杯状、扭曲使背部向上。湿度大时，叶片产生淡黄色小病斑，逐渐变深呈水渍状，叶背产生白色霉层，后呈微蓝色或淡灰色霉层，故又称“蓝霉病”（blue mold）。严重时烟苗迅速变黄，凋萎，甚至整株死亡。成株期局部受侵染时，下部叶片有黄色病斑，边缘不明显，相互汇合成褐色坏死斑，湿度大时，叶背产生茂密的灰白色或蓝灰色霉层，干燥时病斑干裂穿孔。病斑还可出现在芽、花及蒴果上；系统侵染时，叶片狭小呈黄化斑驳至变褐坏死，随后脱落成光秆，茎和根部维管束有褐色条斑，植株矮化、萎蔫，甚至整株枯死。病株烟叶品质变劣。

6.2.3 代表性植物检疫性菌物详解

1）小麦矮腥黑穗病菌

检疫地位：小麦矮腥黑穗病菌属于《中华人民共和国进境植物检疫性有害生物名录》中的检疫性真菌。

学名：*Tilletia controversa* Kühn（简称 TCK）。

英文名：Dwarf bunt of wheat。

分类地位：病原菌隶属于真菌界（Fungi），担子菌门（Basidiomycota），外担菌纲（Exobasidiomycetes），腥黑粉菌目（Tilletiales），腥黑粉菌科（Tilletiaceae），腥黑粉菌属（*Tilletia*）。

地理分布：分布于亚洲（日本、土耳其、巴基斯坦等），北非（阿尔及利亚等），美洲（阿根廷、乌拉圭、美国中西部和东北部 10 余个州、加拿大），欧洲，大洋洲（澳大利亚和新西兰），全球共计 50 余个国家和地区有分布或曾经有过发生记录（数据来源：EPPO，更新日期为 2019 年 9 月 23 日）。我国尚无分布报道。

寄主植物：限于禾本科植物，主要危害小麦，也侵染大麦、黑麦等 18 属 60 余种植物，但小麦以外的其他寄主上很难自然发病。

危害情况及症状：由小麦矮腥黑穗病菌引起的小麦矮腥黑穗病是麦类黑穗病中危害最大、难以防治和彻底根除的一种真菌性病害，通常发病率约等于产量损失率。病害流行年份一般导致减产 20%～50%，严重时高达 75% 以上。发病重的田块病株率达 80%，几乎颗粒无收。20 世纪 70 年代早期在美国西北部 7 个州发生严重，病田面积约为 26 万 hm^2。1972 年平均减产 17%，损失小麦 1.2 亿 kg，严重发病地块病株率高达 90%。

小麦在苗期被矮腥黑穗病菌系统侵染后，植株明显矮化，高度为健株的 1/4 ～ 2/3。重病田可见病麦穗明显在健康麦穗下面，形成“二层楼”现象。病株分蘖增多，比健康植株多 1 倍以上。病穗小花增多，宽大，紧密，芒外张。小麦籽粒最终被黑粉（病原菌的冬孢子）取代，称为菌瘿（图 6–1），近球形，较硬，不易压破，破碎后呈块状。

主要鉴定特征及生物学特性：冬孢子堆生于寄主植物的子房内，形成黑粉状的冬孢子团，即菌瘿。冬孢子球形至近球形，黄褐色至暗褐色，直径 16 ～ 25 μm，平均 19.9 μm。外壁有多角形网状饰纹，网眼直径 3 ～ 5 μm，网脊高度 1.5 ～ 3 μm，（图 6–2）。孢壁外围有透明胶质鞘包被，不育细胞球形或近球形，直径通常小于冬孢子，为 10 ～ 18 μm，平均 13.7 μm，表面光滑，孢壁无饰纹。

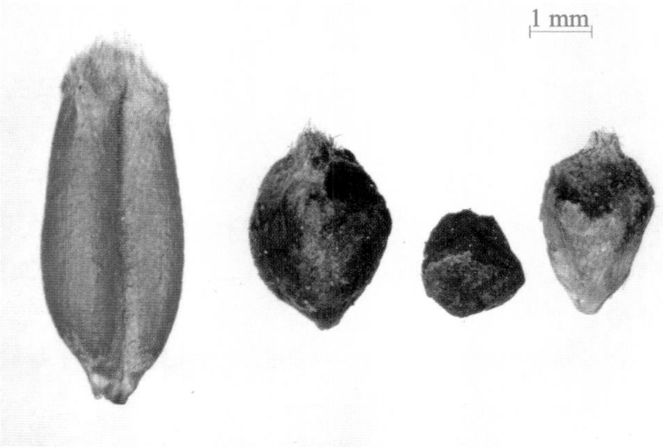

图 6–1 小麦矮腥黑穗病菌菌瘿（左为健康麦粒）
（戚龙君提供）

图 6–2 小麦矮腥黑穗病菌冬孢子电镜照片（马占鸿提供）

有些腥黑粉菌如网腥黑穗病菌（*T. caries*）、雀麦腥黑粉菌（*T. bromi*）、禾草腥黑穗病菌（*T. fusca*）等的冬孢子在形态上与小麦矮腥黑穗病菌非常相似，其中，与之最难区分的是小麦网腥黑穗病菌。表 6–1 为小麦矮腥黑穗病菌冬孢子与几个近似种的比较。

小麦矮腥黑穗病菌冬孢子萌发需要持续低温和有散射光照。最适萌发温度为 4 ～ 6℃，最低为 –2℃，最高为 15℃。当温度为 5℃，有光照的条件下，冬孢子通常在 3 ～ 5 周后萌发。冬孢子萌发长出先菌丝，顶端轮生大量线形初生担孢子，初生担孢子 H 形结合后产生镰刀形的次生担孢子或直接萌发形成侵染菌丝。

表 6-1 五种腥黑穗病菌冬孢子及萌发特性的主要区别

腥黑粉菌种类	冬孢子直径 /μm	网目数	网脊高度 /μm	胶质鞘	萌发温度 /℃	担孢子 H 型结合
矮腥黑穗病菌	18 ～ 24	5 ～ 7	1.43 ± 0.14	厚，明显	3 ～ 8	有
印度腥黑穗病菌	20 ～ 47	模糊不清	1.4 ～ 4.9	7	15 ～ 22	无或很少
网腥黑穗病菌	14 ～ 24	5 ～ 10	0.53 ± 0.19	0.5 ～ 1.5	15 ～ 20	有
雀麦腥黑粉菌	18 ～ 29	5 ～ 10	1.0 ～ 3.0	厚，明显	5 ～ 15	有
禾草腥黑穗病菌	19 ～ 32	6 ～ 12	1.2 ～ 3.0	厚，明显	5 ～ 15	有

土壤中的冬孢子在冬麦播种后遇到合适的条件就能陆续萌发并侵染分蘖期的小麦。病原菌产生的侵染菌丝侵入后在小麦拔节前侵染至生长点，并迅速在小麦顶端组织中生长，导致系统侵染。

适合小麦矮腥黑穗病菌冬孢子萌发侵染的条件是连续积雪 60 d 或降水 0.2 mm，持续 45 d，2 cm 土层温度为 -0.2～10℃，有弱光照。

冬孢子有极强的抗逆性，在室温条件下，寿命至少为 4 年，菌瘿中的冬孢子在土壤中可存活 7～10 年，分散的冬孢子至少存活 1 年以上，病原菌随同饲料喂食家畜后，仍有存活力。江辉等（2012）研究发现，5℃和 10℃下，不同菌株的萌发率和萌发过程有显著差异；同一年采集的不同菌株在相同培养温度下，萌发过程和萌发率也有明显差异；随着保存年限的延长，冬孢子萌发率会逐渐下降，但常温下放置 8 年左右的部分菌株仍然具有萌发能力。冬孢子耐热力极强，在干热条件下（130℃），30 min 才能灭活，湿热条件下（80℃），20 min 致死。

传播途径：小麦矮腥黑穗病菌主要随土壤和种子传播。人为调运带菌的种子和粮食是远距离传播的重要途径。菌瘿及其碎块混杂于小麦籽粒中，或者冬孢子黏附于种子表面。一个菌瘿含冬孢子 10 万～100 万个，平均含冬孢子 30 万～60 万个。伴随小麦传播的冬孢子一旦落入田地，即重新具备了其固有的土传特性。试验表明，口岸进口小麦检验时截获的菌瘿或其碎块中的冬孢子，具有很强的萌发活性及侵染活性。因而在病麦卸运、仓储和加工期间，撒落的病麦、菌瘿碎块、加工下脚料、带菌粉尘以及病麦的洗麦水一旦进入农田，病原菌便会在土壤中存活多年，极难防治。小麦矮腥黑穗病菌也可通过气流和风力传播。

◎ 检疫措施与实践

1972 年我国从美国进口的小麦中检出 TCK，对美国实行非关税壁垒，提出以 50 g 小麦少于 15 个冬孢子为检疫标准。1974 年起，中国一直禁止美国西北部 7 个州和大湖区 3 个州及其他 TCK 疫区小麦进入中国。1999 年 4 月 10 日中美两国签署了《中美农业合作协议》，取消了对美国西北部 7 个州小麦矮腥黑穗病重疫区小麦的进口限制，以每 50 g 不超过 3 万个冬孢子的小麦视为合格，且不采取任何特殊措施。基于中美小麦贸易和中国检疫的需要，对小麦矮腥黑穗病菌在我国传入和定殖的风险研究一直是两国科学家的研究热点。中美科学家围绕小麦矮腥黑穗病菌在中国传入和定殖的风险开展了不少研究，如国内的魏淑秋等（1995）、章正（2001）、陈克等（2002）。但不同研究者的结论都有一些差异，特别是中方与美方提出的结论差异较大。其最主要原因是中美双方在 TCK 风险分析中所采用的生物学和流行学依据存在较大分歧，美方认为 TCK 发生和流行必须有 60 d 以上的稳定积雪，而中方认为积雪不是必要条件，只要秋冬季日均温 0～10℃的持续期不少于 45 d，湿度适宜（60%～80%），即使无积雪覆盖亦可发病。据陈克等（2002）的研究，将我国冬麦区划分为高风险区、中风险区、低风险区和基本不发生区。其中西北高原冬麦区和新疆、青藏高原晚播冬麦区为高度危险区，约占全国冬麦区总面积的 19.3%。春麦区不利于冬孢子的萌发和侵入，一般不能引起发病。开放海南省接受 TCK 疫麦是防止其传入我国，保护冬麦区的应对措施之一。

国家质量监督检验检疫总局 2000 年发布的国家标准《小麦矮化腥黑穗病菌检疫鉴定方法》（GB/T 18085—2000），适用于进口小麦、大麦和黑麦中小麦矮腥黑穗病菌的检疫和鉴定。根据小麦矮腥黑穗病菌的形态学特征、自发荧光显微学特征和萌发生理学特征，确定了检疫和鉴定小麦矮化腥黑穗病菌的各项技术要求。

检查菌瘿：将待检样品倒入灭菌白瓷盘中，仔细检查有无菌瘿或碎块，挑取可疑病组织在显微镜下检查和鉴定。同时对现场检查时携回室内的筛上挑出物及筛下物进行检查，将发现的可疑病组织及其他可疑的感染黑穗病的禾本科作物及杂草种子进行镜检和鉴定。

洗涤检查：称取 50 g 待检样品加无菌水 100 mL，吐温 20 或其他表面活性剂 1 ～ 2 滴，振荡 5 min，将洗涤液倒入无菌离心管中，1000 r/ min 离心 5 min，弃清液，在沉淀物中加入席尔氏溶液，视沉淀物多少定容至 1 ～ 2 mL，制片镜检。

冬孢子形态学鉴定：以网脊高度为基本鉴定特征，小麦矮腥黑穗病菌冬孢子平均网脊值≥ 1.25 μm 为小麦矮腥黑穗病菌，≤ 0.7 μm 时为网腥黑穗病菌。平均网脊值＜ 1.25 μm 且＞ 0.7 μm 时，参照冬孢子自发荧光率作判别。

冬孢子自发荧光鉴定：如发现菌瘿和碎片时，则结合自发荧光检测。以无菌水制成冬孢子悬浮液，以每视野（400 ～ 600 倍）不超过 40 个孢子为宜，滴至载玻片。自然干燥后以无荧光浸渍油为附载剂制片，在落射荧光显微镜（激发滤光片 485 nm，屏障滤光片 520 nm）下检测 200 个冬孢子的自发荧光率。一般小麦矮腥黑穗病菌冬孢子的网纹立即发出橙黄色至黄绿色的荧光，自发荧光率在 80% 以上，而网腥黑穗病菌冬孢子的网纹无荧光或荧光率很低，在 30% 以下。当自发荧光率小于 80%、大于 30% 时，用萌发结果作最终判别。必要时还可进行冬孢子萌发鉴定。

冬孢子萌发鉴定：小麦矮腥黑穗病菌冬孢子在 15 ～ 17℃无光照时不萌发，在 5℃光照下需 3～5 周萌发。而小麦网腥黑穗病菌冬孢子在 17℃无光照和 5℃光照条件下 1～2 周都可萌发。

分子生物学鉴定：基于形态学、萌发生理、细胞学等方面的特性对腥黑粉菌属真菌的鉴定存在一定困难，如冬孢子大小的测量值存在一定重叠，在实际检验检疫过程中，冬孢子的萌发培养需要很长时间，若冬孢子休眠，萌发量又少，则可能出现冬孢子不萌发的情况，无法在短时间内鉴定到种。近年来，研究人员利用分子生物学技术，相继建立了快速鉴定和区分腥黑粉病菌的分子鉴定方法，用于检疫性腥黑粉菌的检疫鉴定。年四季等（2007）建立了实时荧光定量 PCR 检测小麦腥黑穗病菌的方法，可用于小麦矮腥黑穗病的早期诊断。梁宏和张国珍（2013）基于 ISSR 技术开发出了小麦矮腥黑穗病菌的特异性 PCR 鉴定方法，可以快速而准确地将小麦矮腥黑穗病菌与其形态上相似的近缘种尤其是与小麦网腥黑穗病菌区分开。

其他鉴定方法：为了准确鉴定小麦腥黑穗病菌，科研工作者尝试了多种途径和方法，如利用激光共聚焦显微扫描技术、电子鼻技术等。

为了有效杀灭小麦矮腥黑穗病菌，降低其对我国农业生产带来的危险，国内相继开展了有关除害处理技术的研究，如利用溴甲烷、氰、溴甲烷与二氧化碳混剂、溴甲烷与环氧乙烷混剂以及溴甲烷与氰混剂、环氧乙烷熏蒸、异硫氰酸甲酯、钴 60 射线辐照、电子束辐照、热力灭菌等，均具有较好的杀灭效果。

植物检疫实例分析 6-1：

1980 年，在哈萨克斯坦麦收季节，新疆维吾尔自治区植物保护站在中哈边境地区采用两架航模飞机孢子捕捉器，在高空采集到微量的病原菌冬孢子。我国口岸曾多次从来自小麦矮腥黑穗病疫区的小麦、大麦、麦麸和草籽上截获小麦矮腥黑穗病菌。如 2009 年 6 月，原广东汕头出入境检验检疫局对美国进口大豆进行检疫时，发现大豆的下脚料中带有小麦；将可疑小麦逐个挑出进行检验，根据冬孢子的颜色、直径、形态特征以及网脊的测量数据，鉴定为小麦矮腥黑穗病菌。该实例说明进境粮谷下脚料携带检疫性有害生物的风险高，需加强现场检验、实验室检测和后续监管等检疫措施。近年，我国与俄罗斯签订了《中华人民共和国海关总署与俄罗斯联邦兽医和植物检疫监督局关于俄罗斯大麦输华植物检疫要求议定书》，根据该议定书，2019 年 7 月 29 日海关总署发布公告，自该公告发布之日起，允许符合相关要求的俄罗斯大麦进口。在相关要求中，小麦矮腥黑穗病菌是被高度关注的检疫性有害生物；规定了输华大麦产自俄罗斯车里雅宾斯克州、鄂木斯克州、新西伯利亚州、库尔干州、阿尔泰边疆区、克拉斯诺雅尔斯克边疆区和阿穆尔州，上述 7 个地区被认为没有发生小麦矮腥黑穗病；同时，输往中国的大麦是仅用于加工的春大麦籽粒，不作种植用途。

2）油菜茎基溃疡病菌

检疫地位：油菜茎基溃疡病菌属于《中华人民共和国进境植物检疫性有害生物名录》中的检疫性真菌。

学名：*Leptosphaeria maculans* (Desm.) Ces. & De Not.。

英文名：Phoma stem canker。

分类地位：油菜茎基溃疡病菌隶属于真菌界（Fungi），子囊菌门（Ascomycota），座囊菌纲（Dothideomycetes），格孢腔菌目（Pleosporales），小球腔菌科（Leptosphaeriaceae），小球腔菌属（*Leptosphaeria*）。

地理分布：广泛分布于欧洲、美洲、大洋洲、亚洲和非洲的 60 多个国家和地区，如法国、英国、德国、波兰、加拿大、美国、墨西哥、巴西、澳大利亚、新西兰、印度、埃及等，尤其是欧洲、加拿大和澳大利亚发生较多。我国尚无分布报道。

寄主植物：寄主范围广泛，主要危害十字花科植物，如油菜、大白菜、榨菜、甘蓝、花椰菜、芜菁等 28 属 60 余种植物。

危害情况及症状：油菜茎基溃疡病的流行年份一般导致油菜籽减产 20%～60%，直接经济损失高达 16 亿美元 / 年。曾在法国、德国、英国、加拿大、澳大利亚等国大流行，造成巨大的经济损失。油菜茎基溃疡病在幼苗期和成株期均能危害，主要症状表现为叶部形成坏死斑，茎基部溃疡。在叶片上初期形成褪绿斑，然后扩展成棕褐色坏死斑，病斑密生小黑点（分生孢子器），后期病斑易破裂脱落。该病原菌主要为害茎基部，形成凹陷的溃疡斑，病斑上密生黑色小点（分生孢子器），病斑边缘深褐色或黑色。发病严重时，茎溃疡斑扩展，环绕茎基部，导致茎基部腐烂，植株倒伏死亡。

主要鉴定特征及生物学特性：菌丝呈白色放射状，有结节状菌丝结，气生菌丝多且致密，分枝较多，有分隔；分生孢子器球形至扁球形，褐色至深黑褐色，散生、埋生或半埋生于菌丝体中，直径 100～400 μm，顶部具孔口，成熟时有浅粉红色胶质状黏液溢出，内含大量分生孢子；分生孢子椭圆形至纺锤形，单细胞，无色透明，两端有油滴，孢子大小为（3.3～6.0）μm×（1.4～2.3）μm。

假囊壳球形至梨形，黑色，基部扁平，成熟后有孔口，直径 300～500 μm。子囊棍棒状，双层壁，大小为（100～120）μm×（18～21）μm，内含 8 个子囊孢子。子囊孢子梭形，多细胞，黄褐色，有 5 个隔膜，大小为（50～60）μm×（6～7）μm。在小球腔菌属中，油菜茎基溃疡病菌的近似种 *L. biglobosa* 与之非常相似，不易区分。*L. biglobosa* 菌丝生长速度较快，且产生黄色色素，而油菜茎基溃疡病菌菌丝生长速度较慢，不产生黄色色素。

子囊孢子是油菜茎基溃疡病的初侵染源。温度和湿度对病残体上假囊壳和子囊孢子的形成具有显著的影响。室内人工培养条件下未见假囊壳和子囊孢子的形成，需要低温和近紫外光（黑光）的诱导才能产生。油菜茎基溃疡病菌在 5 ～ 37℃下均可生长，最适生长温度为 25℃，分生孢子的热致死温度为 54℃。菌丝体在土壤中可以存活 2 ～ 3 年，在种子内可存活 3 年，假囊壳在病残体上可存活 5 年以上。

传播途径：油菜茎基溃疡病菌主要以子囊孢子或分生孢子借助气流或雨水在田间进行近距离传播。人为调运带菌的种子是远距离传播的重要途径。该菌以带菌种子以及病残体混杂在油菜籽粒中进行远距离传播。

◎ **检疫措施与实践：**

病害症状和病原菌的形态鉴定：国家质量监督检验检疫总局 2015 年发布了国家标准《油菜茎基溃疡病菌检疫鉴定方法》（GB/T 31793—2015）。适用于油菜和其他十字花科寄主植物种子和植株中携带油菜茎基溃疡病菌的检疫和鉴定。根据油菜茎基溃疡病菌的危害症状、病原菌形态特征和特异性 PCR 方法，确定了检疫和鉴定油菜茎基溃疡病菌的各项技术要求。危害症状主要是叶部病斑变色坏死，茎基部溃疡。受害的叶片有棕褐色坏死斑，茎基部有凹陷的溃疡斑，病斑上密生小黑点（分生孢子器）。病原菌形态学鉴定主要是菌丝生长初期可见结节状菌丝结，后期形成黑色分生孢子器，菌落不产生黄色色素。分生孢子器成熟时有浅粉红色黏液溢出，分生孢子椭圆形至纺锤形，两端有油滴。

分子生物学鉴定：由于油菜茎基溃疡病菌（*L. maculans*）与其近似种 *L. biglobosa* 之间的形态特征差异较小，危害症状类似，难以区分二者。近年来，研究人员建立了鉴定和区分油菜茎基溃疡病菌及其近似种的分子检测方法，包括常规 PCR、巢式 PCR、实时荧光 PCR、LAMP 等。刘胜毅等（2006）根据油菜茎基溃疡病菌和其近似种 *L. biglobosa* 的 ITS 序列差异设计特异性 PCR 引物，通过 PCR 产物片段大小可以区分这两种病原菌。易建平等（2010）采用 PCR 检测方法从进境澳大利亚的油菜籽中成功检测出油菜茎基溃疡病菌。周国梁等（2011）建立了油菜茎基溃疡病菌的荧光实时 PCR 检测方法，提高了检测的特异性和灵敏度，并缩短了检测时间，可以满足进境油菜籽样品的快速检测。

植物检疫实例分析 6-2：

目前，我国每年从加拿大、澳大利亚等油菜主产区进口油菜籽数百万吨。而这些进口油菜籽主产区油菜茎基溃疡病发生严重，我国口岸曾多次从进境油菜籽中检出油菜茎基溃疡病菌。2009 年 11 月，国家质量监督检验检疫总局发布《关于进口油菜籽实施紧急检疫措施的公告》（第 101 号公告），要求做好进境油菜籽的检疫监管工作。此外，我国口岸还多次从加拿大、澳大利亚、法国等国进口大麦、小麦、大豆中夹带的油菜籽中检出油菜茎基溃疡病菌。2011 年 5 月，福建厦门出入境检验检疫局从新西兰进口青菜种子中检出油菜茎基溃疡病菌。为了防止疫情传入，农业部和国家质量监督检验检疫总局于 2011 年 12 月发布第 1676 号公告，禁止进口德国、新西兰的油菜茎基溃疡病菌主要寄主植物种子，要求各出入境检验检疫机构加强对进口油菜茎基溃疡病菌寄主植物种子的检疫监管及外来疫情监测工作。2019 年 3 月，我国黄埔、大连、南宁、深圳等海关再次连续从进口加拿大油菜籽中检出油菜茎基溃疡病菌、十字花科黑斑病菌等检疫性有害生物。以上实例说明，油菜茎基溃疡病菌不仅随寄主植物种子及植物残体传入风险高，而且还可能混杂在其他进境粮谷（大麦、小麦、大豆等）

中传入。因此，需加强对进境农作物产品及其下脚料携带检疫性有害生物的检验检测和后续监管等检疫措施。

3）大豆疫病菌

检疫地位：大豆疫病菌属于《中华人民共和国进境植物检疫性有害生物名录》和《全国农业植物检疫性有害生物名单》中的检疫性卵菌。

学名：*Phytophthora sojae* Kaufmann & Gerdemann，中文名为大豆疫霉。

英文名：Soybean blight；Phytophthora root rot of soybean。

分类地位：大豆疫霉隶属于藻物界（Chromista），卵菌门（Oomycota），卵菌纲（Oomycetes），霜霉目（Peronosporales），霜霉科（Peronosporaceae），疫霉属（*Phytophthora*）。

地理分布：大豆疫霉在美洲（美国、加拿大、巴西、阿根廷、智利、乌拉圭），亚洲（中国、日本、巴基斯坦），欧洲（法国、克罗地亚、匈牙利、俄罗斯、意大利、乌克兰、瑞士、斯洛文尼亚），大洋洲（澳大利亚）有近 20 个国家和地区有分布或曾经有过报道（据 EPPO 数据，更新日期为 2020 年 7 月 23 日）。据农业农村部 2021 年 4 月公布的《全国农业植物检疫性有害生物分布行政区名录》，我国内蒙古、黑龙江、安徽、福建、河南和新疆 6 个省（自治区）40 个县（区、市、旗）有分布。

寄主植物：大豆疫霉的寄主专化性强，寄主范围不广，可侵染大豆、羽扇豆属、菜豆和豌豆。

危害情况及症状：大豆的整个生育期均可发病，病原菌可侵染大豆的根、茎、叶和部分豆荚。一般发病田块减产 30%～50%，高感品种减产可达 50%～70%，严重的甚至绝产，被害种子大多是不成熟的青豆，蛋白质含量明显降低。大豆疫病在适宜的条件下传播扩展很迅速，造成极严重的经济损失。该病害 1948 年最早发生在美国印第安纳州，1951 年在俄亥俄州西北部的一个县发现，由于推广感病品种 Harosoy，该病害很快遍及全州，到 1957 年已在该州所有大豆主产区发生，据估计，在该州每年因大豆疫病所造成的损失为 150 万美元。1978 年，大豆疫病在美国第二次暴发，发病面积约 800 万 hm^2，造成毁灭性危害。在美国大豆主产区的中北部 12 个州，仅 1989—1991 年就因大豆疫病减产 279 万 t，损失 5.6 亿美元。1998 年美国因大豆疫病造成大豆产量损失 1.149 亿 kg。

大豆疫病可以引起根腐、茎腐、植株矮化、枯萎和死亡。出苗前可引起种子腐烂，出苗后可以引起植株枯萎。一般苗期感病植株表现为出苗差、近地表茎部出现水渍状病斑、根系腐烂、叶片变黄萎蔫，严重时植株猝倒、死亡。真叶期侵染，病苗茎基部呈水渍状、叶片变黄、枯萎、甚至死亡。成株期茎基部表现黑褐色病斑，向上扩展至下部侧枝（至茎部高达 10～11 节），病茎髓部变黑，皮层和维管束组织坏死，中空易折断，根腐烂，根系极少；靠近病斑的叶基部变黑凹陷，随即叶片下垂凋萎呈八字形（图 6–3），但不脱落。受害植株最初下部叶片发黄，上部叶片很快失绿，随即整株枯死；未死亡病株豆荚明显减少，空荚、瘪荚较多，籽粒皱缩、干瘪，种皮、胚和子叶均可带菌。较老的植株感病后病茎节位的部分豆荚和病荚里的种子也可受到侵染，病粒明显变小，表皮皱缩。根部受害呈黑褐色，病斑边缘不明显。高度耐病品种的成株一般表现为主根变色，次生根腐烂、植株不死亡，但矮化和叶片轻微褪绿，造成的减产高达 40%。

图 6–3 大豆疫病田间症状（商明清提供）

A. 大豆茎基部症状；B. 大豆整株症状

主要鉴定特征及生物学特性： 大豆疫霉在 PDA 培养基上生长缓慢，气生菌丝致密，幼龄菌丝无隔，一般呈直角分枝，分枝基部稍有缢缩，菌丝老化时产生隔膜，并形成结节状或不规则的菌丝膨大体，呈球形，椭圆形，大小不等。在利马豆培养基和自来水中可以形成大量孢子囊，孢囊梗单生，无限生长，多数不分枝，孢子囊倒梨形，顶部稍厚，乳突不明显，新孢子囊在旧孢子囊内以层出方式产生，孢子囊不脱落，大小为（23 ～ 89）μm×（17 ～ 52）μm，平均 58 μm×38 μm；游动孢子卵形，具 2 根鞭毛，1 根茸鞭，1 根尾鞭。大豆疫霉为同宗配合的卵菌。在胡萝卜或利马豆固体培养基上生长 1 周后可大量产生卵孢子。雄器侧生，偶有围生。藏卵器壁薄，球形至扁球形，直径 29～46 μm，一般在 40 μm 以下。卵孢子球形，壁厚，光滑，直径 19 ～ 38 μm。卵孢子大小和孢子囊大小以及乳突受培养基和培养时间的影响而有所变化。

菌丝最适生长温度 24 ～ 28℃，最高 35℃，最低 8℃，可以产生厚垣孢子。卵孢子在土壤和病残体内越冬并长期生存，田间条件下可存活 4 年。菌丝体、孢子囊和游动孢子等无性繁殖器官不能在土壤中长期存活。卵孢子附在种子表面或存在于种皮内、或收获过程中混杂在种子中的土壤颗粒可以传病。在成熟的种子中，病原菌呈休眠状态并具有活力。

传播途径： 大豆疫病是典型的土传病害。大豆疫霉主要通过收获过程中混杂在种子中的土壤颗粒和病残体以及带菌种子进行远距离传播。孢子囊和游动孢子是田间传播的重要形式。

◎ **检疫措施与实践**

关于大豆疫霉的检测和鉴定，原国家质量监督检验检疫总局发布的中华人民共和国出入境检验检疫行业标准“大豆疫霉病菌检疫鉴定方法”（SN/T 1131—2002）和“大豆疫霉病菌活性检测方法”（SN/T 3579—2013），适用于大豆夹带土壤中大豆疫霉的检疫和鉴定，同时也适用于从大豆疫病发生地区的土壤中分离和鉴定大豆疫霉，还适用于大豆及土壤中携带的大豆疫霉的活性检测。农业部 2012 年发布的中华人民共和国农业行业标准“大豆疫霉病菌检疫检测与鉴定方法”（NY/T 2114—2012），适用于大豆植株、土壤样品以及大豆籽粒（包括种子）中大豆疫霉的检疫检测与鉴定。

进行大豆疫霉检测首先需进行常规的洗涤检验。由于大豆霜霉病的卵孢子也可以产生在豆粒的种皮上，肉眼可见白色霉层，大豆霜霉病在我国东北地区常有发生，检验时须严格区分大豆疫霉和霜霉的卵孢子。

从土壤中分离大豆疫霉可采用大豆叶片、幼苗、子叶诱集等间接分离检测技术。

幼苗生物检测： 土壤经风干后碾碎、过筛（孔径 2 mm），加水至饱和状态并任其自然干燥。土壤出现裂缝时用塑料袋密封保湿培养约 2 周。将大豆疫病的感病品种（Sloan, Williams 或 Haro1-7）种子播种在保湿培养后的土壤中，出苗后用水浸泡土壤 24 h，然后排水干燥，之后正常管理，约 2 周后表现症状。采用常规分离方法或半选择性培养基分离可得到大豆疫霉。

大豆叶碟诱钓法： 30 g 土样分装在直径 9 cm 的培养皿内，每皿加 15 mL 蒸馏水，24℃黑暗培养 7 d。之后加蒸馏水高出土面 6 mm，迅速放入直径 6 mm 的感病大豆叶碟，每皿 20 片，24℃下诱钓游动孢子 6 h。将诱钓的叶碟转入蒸馏水中 24℃黑暗培养 36 h 诱发孢子囊产生。将叶碟接种大豆疫病的感病品种下胚轴伤口处，发病后用选择性或非选择性培养基分离大豆疫霉获得纯化菌株。

分离病组织内的疫霉采用 PARP 选择性培养基，即在马铃薯葡萄糖琼脂培养基中加入匹马菌素 10，氨苄西林 250，利福平 10，五氯硝基苯 100，噁霜灵 50（有效终浓度 mg/L）。

大豆种子带菌检测： 大豆疫霉以卵孢子和菌丝体存在于种皮内部。取样后将种子置于直径 2.7 cm 的试管中，每管 25 粒，加自来水没过种子 3 cm，再加 2 滴吐温-20，振荡 10 min 后将种子倒入筛网用流水冲洗 2 h 以上，洗去表面黏附的大豆霜霉的卵孢子。将种皮分成 2～3 层，若干小片，显微镜下观察是否有卵孢子、藏卵器和菌丝。可用染色法检查大豆疫霉卵孢子的活性，用 0.05% MTT（噻唑蓝）染色，被染上蓝色的为休眠后可以萌发的卵孢子，玫瑰红色的是处于休眠的卵孢子，黑色的和未染上颜色的是已死亡的卵孢子。

分子生物学检测： 王立安等（2004）基于 rDNA-ITS 序列分析，建立了大豆疫霉的 PCR 检测方法。戴婷婷等（2015）基于 *Ypt1* 基因，建立了基于环介导等温扩增技术（LAMP）的大豆疫霉检测方法，最低检测限达到 100 pg/μL，比普通 PCR 的灵敏度高出 10 倍。

血清学检测： 主要是用 ELISA 方法进行检测。以感染大豆疫霉的根茎、诱集后的叶片或带菌的土壤悬浮液制备抗原，用美国 Agri-Diagnostics Associates 公司生产的诊断试剂盒进行检测。

植物检疫实例分析 6-3：

我国多个口岸局从国外进境大豆中夹带的土壤、豆荚和茎秆中都曾检出过大豆疫霉。如 2003 年 6 月，辽宁出入境检验检疫局下属大窑湾局在对美国进口大豆中收集到的土壤进行大豆疫霉检测时，采用叶碟诱捕、分离培养、形态鉴定、致病性测定、rDNA-ITS 序列扩增的方法，将分离到的 2 个菌株鉴定为大豆疫霉（谭红等，2004）。2004 和 2005 年，从江苏口岸进境的分别来自美国、巴西和阿根廷的大豆中夹杂的土壤颗粒也检出了大豆疫霉（王良华等，2007）。

小结

植物检疫性菌物种类多，其中真菌占近 90%，其他为卵菌。小麦矮腥黑穗病菌、油菜茎基溃疡病菌、大豆北方茎溃疡病菌、向日葵黑茎病菌、苹果黑星病菌、香蕉枯萎病菌 4 号小种、栎树猝死病菌、大豆疫病菌、烟草霜霉病菌为代表性种类，掌握其基础知识和检疫方法具有重要意义。

6.3 植物检疫性原核生物

学习重点

- 掌握植物检疫性原核生物的代表性种类；
- 掌握植物检疫性原核生物的基础知识和检疫方法。

原核生物是指细胞微小、核区无核膜包被的一类原始单细胞生物，缺乏由单位膜分隔的细胞器。原核生物包括两个域（Domain）：细菌域（Bacteria）和古生菌域（Archaea），广泛分布于自然界的任何一个角落。据估计，自然界有 40 万～400 万种原核生物，而目前有描述的种类仅 7000 余种（Tortora et al, 2010）。植物检疫性原核生物包括细菌、植原体和螺原体。根据细菌细胞壁的组成成分及革兰氏染色结果，分为革兰氏阴性菌和革兰氏阳性菌两大类。检疫性病原细菌危害大，易随植物种子和繁殖材料以及植物产品进行远距离传播，并可以在土壤和病残体中存活，既可以造成系统症状，也可以造成局部症状。由于目前针对细菌的防治方法和防治效果均十分有限，因此，很多检疫性病原细菌给农林业生产带来了巨大的损失。如西瓜嗜酸菌引起西瓜、甜瓜等葫芦科作物的果斑病，随带菌种子远距离传播，造成瓜类产量和品质的严重下降；柑橘黄龙病菌导致美国和我国部分地区的柑橘树大量死亡，直接威胁柑橘生产，等等。

6.3.1 植物检疫性原核生物种类概况

2021 年 4 月更新的《中华人民共和国进境植物检疫性有害生物名录》中的检疫性原核生物共有 59 种（包括亚种、致病型）。2021 年 4 月更新的《全国农业植物检疫性有害生物名单》中的检疫性原核生物有 7 种（包括亚种、致病型）。《全国林业检疫性有害生物名单》中没有涉及原核生物。

本节将对 6 种具有代表性的原核生物：水稻细菌性条斑病菌（*Xanthomoas oryzae* pv. *oryzicola*）、柑橘黄龙病菌（*Candidatus* Liberobacter spp.）、番茄溃疡病菌（*Clavibacter michiganensis*）、草莓角斑病菌（*Xanthomonas fragariae*）、椰子致死黄化植原体（*Candidatus* Phytoplasma palmae）和柑橘顽固螺原体（*Spiroplasma citri*）进行简要介绍，对 3 种具有代表性的细菌：梨火疫病菌（*Erwinia amylovora*）、瓜类果斑病菌（*Acidovorax citrulli*）和十字花科蔬菜细菌性黑斑病菌（*Pseudomonas syringae* pv. *maculicola*）进行详细介绍。

6.3.2 代表性植物检疫性原核生物简介

1）水稻细菌性条斑病菌

检疫地位：水稻细菌性条斑病菌属于《中华人民共和国进境植物检疫性有害生物名录》和《全国农业植物检疫性有害生物名单》中的检疫性细菌。

学名：*Xanthomonas oryzae* pv. *oryzicola* (Fang et al) Swings et al（简称 Xoo），中文名为稻黄单胞菌稻生致病型。

分类地位：病原菌隶属于变形菌门（Proteobacteria），γ 变形菌纲（Gammaproteobacteria），黄单胞菌目（Xanthomonodales），黄单胞菌科（Xanthomonodaceae），黄单胞菌属（*Xanthomonas*）。

地理分布：主要分布在热带和亚热带地区。孟加拉国、柬埔寨、印度、印度尼西亚、老挝、缅甸、尼泊尔、巴基斯坦、菲律宾、泰国、马来西亚、越南、马达加斯加、尼日利亚、塞内加尔、澳大利亚等国家和地区均有分布。据我国农业农村部 2021 年 4 月公布的《全国农业植物检疫性有害生物分布行政区名录》，Xoo 在浙江、江苏、江西、福建、湖南、安徽、湖北、广东、广西、海南、四川、贵州、云南、上海等 14 个省（自治区、直辖市）的 423 个县（市、区）有分布。

寄主植物：主要寄主为水稻，其他寄主包括稻属、李氏禾属、圆果雀稗、茭白、沼生菰、结缕草等。

危害症状：病原菌主要对籼稻种植区危害严重，一些粳稻品种接种后也较易感病，在水稻全生育期均可侵染，带菌种子可导致秧苗期显症。病原菌主要通过气孔或伤口侵入，在发病初期呈暗绿色水渍状长条小斑，大小约为 1 mm × 10 mm，之后沿着叶脉扩散形成深绿色至黄褐色的细条斑，长度可达 4～6 cm，病斑的两端依旧表现为绿色，对光观察呈半透明状。病斑处常溢出串珠状黄色菌脓，干燥后呈现淡黄色胶状的小颗粒。发病严重时病斑可融合成不规则黄褐色大斑，并逐渐变成枯白色。病害发生最严重时，会导致水稻叶片萎蔫卷曲，在田间呈现一片黄白色，最终引起植株早死或不抽穗。

2）柑橘黄龙病菌

检疫地位：柑橘黄龙病菌亚洲种和柑橘黄龙病菌非洲种属于《中华人民共和国进境植物检疫性有害生物名录》中的检疫性细菌，柑橘黄龙病菌亚洲种属于《全国农业植物检疫性有害生物名单》中的检疫性细菌。

学名：柑橘黄龙病菌包括 3 个种，分别为柑橘黄龙病菌亚洲种［*Candidatus* Liberibacter asiaticus（简称 CLas）］、柑橘黄龙病菌非洲种［*Candidatus* Liberibacter africanus（简称 CLaf）］、柑橘黄龙病菌美洲种［*Candidatus* Liberibacter americanus（简称 Clam）］。目前，CLam 尚未列入我国进境植物检疫性有害生物名录。

分类地位：病原菌隶属于变形菌门（Proteobacteria），α 变形菌纲（Alphaproteobacteria），根瘤菌目（Rhizobiales），根瘤菌科（Rhizobiaceae），韧皮部杆菌暂定属（*Candidatus* Liberibacter）。

地理分布：柑橘黄龙病菌亚洲种分布于亚洲、非洲、美洲、欧洲及大洋洲的 60 余个国家和地区，柑橘黄龙病菌非洲种分布于非洲的 19 个国家以及亚洲的沙特阿拉伯和也门，柑橘黄龙病菌美洲种分布于南美洲的巴西（数据来源：EPPO，2020）。据农业农村部 2021 年 4 月公布的《全国农业植物检疫性有害生物分布行政区名录》，在我国大陆，柑橘黄龙病菌亚洲种分布于长江以南的浙江、福建、江西、湖南、广东、广西、四川、贵州、云南、海南共 10 个省

（自治区）的 345 个县（市、区）。

寄主植物：柑橘黄龙病菌可侵染甜橙、宽皮柑橘、柚、葡萄柚、柠檬、来檬、枸橼（佛手）、酸橙和金柑以及以它们为亲本的杂交种等柑橘类果树，也可侵染九里香、黄皮等芸香科植物，经菟丝子等人工接种条件下可侵染长春花。

危害症状：柑橘黄龙病菌引起的柑橘黄龙病是一种系统性侵染的细菌性病害。该病原菌专性寄生于植物韧皮部的维管系统，在植物的根、茎、叶、花和果实中均有分布。感染柑橘黄龙病菌的病树，表现为叶片黄化，果实小、畸形、品质下降、果皮粗厚、果肉少，落果严重、产量降低至绝产，树势衰退、严重时死亡。叶片黄化症状主要有“叶片斑驳型黄化”“均匀黄化叶和黄梢”和“缺素型黄化”。有些柑橘品种结果时果实呈“红鼻子果”或“青果”（图 6–4）。目前柑橘黄龙病是影响全球柑橘产业最严重的病害之一。

图 6–4　柑橘黄龙病田间发病症状（全国农业技术推广服务技术中心提供）

A. 发病早期叶片症状；B. 发病后期整株症状；C. 果实症状

3）*番茄溃疡病菌*

检疫地位：番茄溃疡病菌属于《中华人民共和国进境植物检疫性有害生物名录》和《全国农业植物检疫性有害生物名单》中的检疫性细菌。

学名：*Clavibacter michiganensis*（简称 Cm），中文名为密歇根棒状杆菌。

分类地位：病原菌隶属于放线菌门（Actinobacteria），放线菌纲（Actinobacteria），放线菌目（Actinomycetales），微杆菌科（Microbacteriaceae），棒状杆菌属（*Clavibacter*）。

地理分布：目前在亚洲、美洲、非洲、大洋洲及欧洲的 65 个国家和地区有分布，其中包括美国、以色列、荷兰等农业发达国家。据农业农村部 2021 年 4 月公布的《全国农业植物检疫性有害生物分布行政区名录》，目前在我国天津、河北、内蒙古、辽宁、吉林、黑龙江、湖北、海南、陕西、甘肃等省（自治区、直辖市）的 52 个县（市、区、旗）有分布。

寄主植物：主要寄主为番茄，其他寄主包括树番茄、烟草、辣椒、龙葵、马铃薯等茄科植物。人工接种条件下可侵染大麦、黑麦、西瓜等。

危害症状：番茄溃疡病是一种系统性病害，病原菌在番茄植株的维管系统中定殖并繁殖，阻塞木质部水分的运输，引起溃疡、萎蔫等症状。寄主的生育期、品种的抗性、病原菌的致病力以及温度、湿度等环境均可影响症状的表现。一般认为，在自然条件下，番茄溃疡病菌存在局部侵染和系统侵染两种方式。局部侵染是指病原菌通过自然孔口（如水孔、气孔等）和伤口（如茎秆或叶片表面破裂的毛状体）侵染番茄植株，常见症状为叶片边缘焦枯上卷、叶片单侧萎蔫、茎秆溃疡开裂，在病害发展的后期，在番茄果实上形成中央黑褐色、外周有白色晕圈的“鸟眼状”（bird’s eye）病斑。局部侵染对番茄产量的影响较小，但受侵染的植株和带菌的种子，会成为后续生产的潜在威胁。如果病原菌侵染种子或番茄幼苗，随番茄植株的生长而扩展，植株可能表现为系统症状，包括茎秆溃疡、维管束褐变、整株萎蔫等，植株通常在果实成熟前死亡，严重影响番茄的产量。

4）**草莓角斑病菌**

检疫地位：草莓角斑病菌属于《中华人民共和国进境植物检疫性有害生物名录》中的检疫性细菌。

学名：*Xanthomonas fragariae* Kennedy & King（简称 Xf），中文名为草莓黄单胞菌。

分类地位：病原菌隶属于变形菌门（Proteobacteria），γ 变形菌纲（Gammaproteobacteria），黄单胞菌目（Xanthomonodales），黄单胞菌科（Xanthomonodaceae），黄单胞菌属（*Xanthomonas*）。

地理分布：目前在世界范围内 20 余个国家和地区有分布，主要为北美洲、南美洲及欧洲西部的国家，此外，在非洲的埃塞俄比亚、亚洲的伊朗和韩国也有发生。我国天津曾有该病害发生的报道。

寄主植物：主要寄主为草莓，也可侵染智利草莓、野草莓、腺毛委陵菜、金露梅等植物。

危害症状：侵染初期在叶片表面出现 1～4 mm 大小的水渍状、不规则病斑，病斑扩大时受细小叶脉限制，呈多角形叶斑。病斑在透射光下呈半透明状，在反射光下呈暗绿色。后期病斑逐渐扩大融合，渐变淡红褐色而干枯。湿度大时叶背可见溢出的菌脓，干燥条件下形成菌膜。发病严重时使植株生长点变黑枯死，叶片发病后期常干缩破碎形成孔洞。在适宜条件下花萼也可被侵染，也可导致维管束褐变。

5）**椰子致死黄化植原体**

检疫地位：椰子致死黄化植原体属于《中华人民共和国进境植物检疫性有害生物名录》中的检疫性原核生物。

学名：*Candidatus* Phytoplasma palmae（简写为 *Ca.* P. palmae）。

分类地位：病原菌隶属于软壁菌门（Tenericutes），柔膜菌纲（Mollicutes），无胆甾原体目（Acholeplasmatales），无胆甾原体科（Acholeplasmataceae），植原体暂定属（*Candidatus* Phytoplasma）。

地理分布：在热带和亚热带地区非洲的科特迪瓦、莫桑比克和美洲的美国、古巴、墨西哥、海地等 18 个国家和地区有分布（数据来源：EPPO，2021）。我国尚无分布报道。

寄主植物：主要危害椰子、槟榔等棕榈科植物。

危害症状：椰子致死黄化植原体在寄主植物的活细胞中专性寄生、系统性侵染，主要存在于韧皮部的维管系统。引起叶片黄化、干枯，花序坏死，不定根变褐色、坏死，植株死亡。椰子致死黄化植原体曾对东非、西非、中美洲和加勒比海地区的椰子种植园造成毁灭性打击，并对当地的旅游观光业、农业和进出口产生了严重影响。

6）**柑橘顽固病螺原体**

检疫地位：柑橘顽固病螺原体属于《中华人民共和国进境植物检疫性有害生物名录》中的检疫性原核生物。

学名： *Spiroplasma citri*，中文名为柑橘螺原体。

分类地位： 病原菌隶属于软壁菌门（Tenericutes），柔膜菌纲（Mollicutes），虫原体目（Entomoplasmatales），螺原体科（Spiroplasmataceae），螺原体属（*Spiroplasma*）。

地理分布： 主要分布在炎热、干燥的柑橘产区，在非洲、美洲、亚洲、欧洲、大洋洲的近 40 个国家和地区有分布，其中包括美国、巴西、墨西哥、法国、意大利等国家（数据来源：EPPO，2021）。我国尚无分布报道。

寄主植物： 柑橘顽固病螺原体自然寄主广泛，除柑橘类果树外，还可寄生于多种蔬菜、杂草和观赏植物，如车前草科、藜科、部分十字花科植物以及长春花、辣根、芝麻、白菜、芥菜等植物。

危害症状： 柑橘感染柑橘顽固病螺原体后，植株节间缩短，叶片小、簇生、趋向直立、易脱落，有时叶片主脉和侧脉附近黄化，病株矮化，果实小、畸形、易脱落。

6.3.3 代表性植物检疫性原核生物详解

1）梨火疫病菌

检疫地位： 梨火疫病菌属于《中华人民共和国进境植物检疫性有害生物名录》和《全国农业植物检疫性有害生物名单》中的检疫性细菌。

学名： *Erwinia amylovora* (Burrill) Winslow et al，中文名为解淀粉欧文氏菌。

英文名： Fire blight of pear。

分类地位： 病原菌隶属于细菌域的变形菌门（Proteobacteria），γ 变形菌纲（Gammaproteobacteria），肠杆菌目（Enterobacteriales），肠杆菌科（Enterobacteriaceae），欧文氏菌属（*Erwinia*）

地理分布： 梨火疫病最早发生于美国东南部，至 20 世纪初随着日益增长的世界性贸易而向各国传播，至今在南美洲和北美洲（美国、加拿大、墨西哥、哥伦比亚、智利、委内瑞拉等）、亚洲（日本、韩国、以色列、伊朗等）、非洲（阿尔及利亚、埃及、摩洛哥、突尼斯）、欧洲（英国、法国、德国、俄罗斯、意大利等）和大洋洲（澳大利亚、新西兰），共 70 余个国家和地区有分布或曾经有过报道（数据来源：EPPO，更新日期为 2020 年 8 月 31 日）。据我国农业农村部 2021 年 4 月公布的《全国农业植物检疫性有害生物分布行政区名录》，目前在我国甘肃和新疆的 65 个县（市、区）有分布。

寄主植物： 梨火疫病菌寄主范围很广，大部分属于蔷薇科仁果类植物，主要有梨、苹果、山楂、荀子、李、唐棣、榅桲、草莓、枇杷、木瓜、石楠、火棘、红果树、蔷薇、石斑木、悬钩子、花楸、绣线菊等 40 多属 220 多种植物。以危害梨属、苹果属、山楂属植物为主。

危害情况： 梨火疫病是蔷薇科仁果类果树上的一种毁灭性细菌病害。主要为害花、叶和嫩枝，同时也为害果实、枝条和树干。病害从病梢可很快扩展至枝条和树干，直至根部，一棵多年生的梨树或苹果树在几周内会死亡。病害大流行时，可以在一到几个生长季内将整个果园毁灭。该病害最早在美国发生，1951—1960 年间平均每年损失 150 万美元的梨和 250 万美元的苹果，并在美国广泛分布。1957 年该病害传入欧洲，1966 年 4—11 月英国就有 12000 棵果树发病；1968 年丹麦首次在法斯特岛的一棵梨树上发现梨火疫病，到 1977 年几乎传遍全国；1972 年法国、比利时也相继发生了梨火疫病。1984 年开始每年有 1～5 个国家新发现梨火疫病。尽管人们采取了一系列防御措施，但该病害仍以惊人的速度扩散蔓延。可见梨火疫病的危害之严重、防控之困难。

症状特点：梨火疫病最典型的症状是花、果实和叶片受害后，很快变成黑褐色枯萎，但仍挂在树上不落，犹如火烧过一样，火疫病因此得名。根据受害部位的症状分为 5 种类型：①花腐 / 花枯。病原菌侵染的花变为水渍状，然后花枯萎，最后呈黑褐色，常挂在树上。病原菌可扩展至花梗及花簇中其他的花；在温暖潮湿条件下，花梗有菌脓渗出。②枝枯。嫩枝是除花外最易感病的部位。受侵染的枝梢和嫩枝萎蔫，变黑褐色，多数情况下，枝梢顶端弯曲，像“牧羊鞭”状。③叶片坏死。叶片被侵染后或从边缘开始形成坏死斑，或叶柄和叶中脉变黑，逐渐扩展至整个叶片。④果实腐烂或干枯。病原菌通过果皮和枝条侵染果实，引起幼果和成熟果实的腐烂。幼果受害，病斑呈褐色凹陷，后扩展至整个果实，在温暖潮湿的天气里，病部渗出菌脓，开始为乳白色，后变为红褐色，幼果成僵果，挂在树上，直至冬天也不脱落。⑤树枝和树干溃疡。病原菌从花、叶、果和枝梢侵入后，通过枝条扩展至大的树枝和树干，引起溃疡。溃疡周围的树皮先是呈水渍状，后干缩凹陷（图 6–5）。树皮内部组织通常出现红褐色条斑，病部可见琥珀色汁液流出。溃疡能很快引起大树枝的死亡，环纹溃疡可引起整株树枯死。

图 6–5　梨火疫病症状（商明清提供）

A. 叶片坏死；B. 枝枯和叶片坏死；C. 树枝溃疡

主要鉴定特征及生物学特性：细胞杆状，大小为（0.5 ～ 1.0）μm×（1.0 ～ 3.0）μm，有荚膜，1 ～ 8 根周生鞭毛，多单生，菌体有时成双或短时间内 3 ～ 4 个呈链状。革兰氏染色阴性，兼性厌氧。在 NA+5% 蔗糖培养基上，27℃培养 2 d，菌落直径 3 ～ 7 mm，乳白色，半圆形隆起，有一稠密绒毛状的中心环，表面光滑，边缘整齐，稍有黏性。生长温度范围为 6 ～ 30℃，最适温度 25 ～ 27℃，致死温度 45 ～ 50℃，10 min。生长最适 pH 6。

梨火疫病菌在病株的病斑边缘组织处越冬，挂在树上的病果也是其越冬场所。病原菌亦通过伤口、自然孔口（气孔、蜜腺、水孔）、花侵入寄主组织，有一定损伤的花、叶、幼果和茂盛的嫩枝最易感病。

传播途径：梨火疫病菌的传播途径和介体很多，传播的有效距离因介体而异。远距离传播主要是通过感病寄主繁殖材料（种苗、接穗、砧木）和候鸟进行传播，同时带菌果实（附生和内生）和被污染的包装材料、运输工具和气流也是较重要的传播途径。风、雨、鸟类、昆虫等对梨火疫病菌的传播扩散也起一定作用。一般情况下，梨火疫病菌的自然传播距离每年约为 16 km，超过 100 km 的传播都是通过繁殖材料或包装材料及候鸟完成的。雨水是梨火疫病菌在果园中近距离传播的主要因子。其次风是中近距离传播的重要因子，往往在沿着盛行风的方向，病原菌被风携带到较远距离。

新西兰和埃及是由于引进了美国带有梨火疫病菌的接穗而传入，英国则是由于进口美国水果的包装箱上带菌所致，西欧和北欧各国相继发生梨火疫病主要是由于候鸟和风雨传播所致。

◎ **检疫措施与实践**

梨火疫病是世界各国关注的重大检疫性病害，受到世界各国高度重视，研究相对较多，其检测方法亦很多，从传统的症状观察、病原菌分离培养、致病性测定等到脂肪酸分析、单克隆抗体的应用，以及包括 DNA 探针、PCR 及相关技术在内的分子生物学方法都有报道。

传统检测技术：根据梨火疫病菌在不同选择性培养基上的菌落颜色和形状进行初步分离和鉴定。如梨火疫病菌在 Miller-Schroth 培养基（MS）上 27℃培养 2～3 d 后菌落为红橙色，背景为蓝绿色；在 Cross-Goodman 培养基（CG）上，28℃培养 60 h 后形成典型的火山口状菌落；在四氮唑 - 福美联培养基（TTC）上 27℃培养 2～3 d 后，可产生红色肉疣状菌落；在 Tshimaru-Kios 半选择性培养基（CCT）上 28℃培养 48 h 后，形成淡紫色透明菌落，中央颜色略深；在 Zeller 改良高糖培养基上 27℃培养 2～3 d 后，菌落大小为 3～7 mm，橙红色半球形，高度凸起，中心色深，有蛋黄状中心环，表面光滑，边缘整齐。

免疫学检测：用 ELISA 方法和免疫荧光反应可在短期内检测大量样品，适用于现场调查和病害流行学研究。以梨火疫病菌代谢物代替整个菌体细胞作免疫原，采用间接 ELISA 方法检测梨火疫病菌，特异性好。免疫吸附分离法采用选择性培养基与常规免疫学方法相结合，提高了对目标菌的有效选择，可排除对抗血清产生假阳性反应微生物的干扰。

致病性测定和过敏性反应：苹果实生苗针刺接种 72 h 后萎蔫、坏死并产生大量菌脓。幼梨切片针刺接种后 27℃培养 1～3 d，产生乳白色高度隆起的球状菌脓。离体巴梨枝条接种 60 h 后产生菌脓。更为快速的一种方法是用幼嫩石楠叶片接种梨火疫病菌，24 h 后产生明显的过敏性坏死反应。

分子生物学检测：国内外相继开发出了多种检测梨火疫病菌的分子生物学方法。根据梨火疫病菌 pEA29 质粒上 0.9 kb 的 *pts*I 片段的部分序列设计合成引物，PCR 检测灵敏度可达 50 个菌体细胞。巢式 PCR 的检测灵敏度达单个菌体细胞，特异性更强。DNA 探针杂交等技术也可用于梨火疫病菌的检测和鉴定，这在美国、新西兰、德国、加拿大等国已用于实际检疫工作中。此外，还有实时荧光 PCR 技术、将叠氮溴化丙啶（PMA）与实时荧光定量 PCR 技术（qPCR）相结合的 PMA-qPCR 方法，用于快速检测梨火疫病菌的活菌。免疫捕获 PCR 方法利用包被在 PCR 管壁的抗体特异性吸附目的细菌，并通过洗涤除去样品处理液中大部分 PCR 反应抑制物质，与普通 PCR 相比，省去了样品 DNA 提取步骤；增加受检样品处理液的体积有利于提高检测灵敏度。另有诱捕 PCR-ELISA 方法用于检测梨火疫病菌的报道。

其他检测方法：如生理生化试验、菌体脂肪酸分析、噬菌体技术等，其中应用较多的有脂肪酸分析。

植物检疫实例分析 6-4：

我国 2007 年开始从梨火疫病发生国美国进口樱桃，2009 年从美国进境的樱桃数量仅上海口岸就达到 396 批，总重量 1018 t。上海出入境检验检疫局利用 PCR、巢式 PCR 及实时荧光 PCR 技术对其中的 326 批美国进境樱桃进行了检测，证实进境樱桃中存在梨火疫病菌 DNA，半数以上为 PCR 阳性，但没有分离到活菌。何丹丹等（2010）利用免疫捕获（immunocapture）PCR 方法，从美国进境苹果中检测出了梨火疫病菌。梨火疫病菌寄主广泛，造成梨、苹果、海棠等仁果类果树的毁灭性病害，据我国农业农村部 2021 年 4 月公布的《全国农业植物检疫性有害生物分布行政区名录》，目前在甘肃和新疆的 65 个县（市、区）的局部有分布，而且我国每年都要从国外进口大量水果和引进果树苗木，因此必须加强对梨火疫病菌的检疫，严防其进一步传播蔓延。

2）瓜类果斑病菌

检疫地位：瓜类果斑病菌属于《中华人民共和国进境植物检疫性有害生物名录》和《全国农业植物检疫性有害生物名单》中的检疫性细菌。

学名：*Acidovorax citrulli* Schaad et al，中文名为西瓜嗜酸菌。

英文名：Bacterial fruit blotch。

分类地位：病原菌隶属于细菌域的变形菌门（Proteobacteria），β 变形菌纲（Betaproteobacteria），伯克霍尔德氏菌目（Burkholderiales），丛毛单胞菌科（Comamondaceae），嗜酸菌属（*Acidovorax*）。

地理分布：瓜类细菌性果斑病于 1965 年在美国佐治亚州首次报道（Webb and Goth, 1965），1989 年在美国佛罗里达州首次被报道大面积暴发并造成 50% 以上的经济损失，随后在美国东南部各州频繁发生。至今，该病害在南美洲和北美洲（巴西、哥斯达黎加、尼加拉瓜、特立尼达和多巴哥、美国），亚洲（中国、印度尼西亚、伊朗、以色列、日本、韩国、马来西亚、泰国），欧洲（希腊、匈牙利、意大利、荷兰、北马其顿、塞尔维亚、土耳其），大洋洲（澳大利亚、关岛、北马里亚纳群岛）共 20 余个国家和地区有分布或曾经有过报道（数据来源：EPPO，更新日期为 2021 年 3 月 23 日）。根据农业农村部 2021 年《全国农业植物检疫性有害生物分布行政区名录》，我国内蒙古、辽宁、吉林、黑龙江、上海、江苏、浙江、安徽、福建、江西、山东、湖南、广西、甘肃、宁夏、新疆等 16 个省（自治区、直辖市）的 80 个县（市、区、旗）有发生。

寄主植物：瓜类果斑病菌的寄主大部分属于葫芦科作物，主要有西瓜、甜瓜、罗马甜瓜、香瓜、网纹甜瓜、哈密瓜、黄瓜、南瓜、西葫芦等及非葫芦科的辣椒、番茄、茄子、胡椒等 10 多种植物（数据来源：中国国家有害生物检疫信息平台，更新日期为 2021 年 3 月 23 日），其中以危害西瓜、甜瓜、南瓜和黄瓜等植物为主。

危害情况：瓜类果斑病是瓜类作物生产中极具毁灭性的病害，是典型的种传病害，带菌的种子是病原菌远距离传播的主要途径。由于缺乏高抗品种和有效的化学防治药剂，该病害的防控方法极其有限且效果不佳。1965 年，Webb 和 Goth 首次报道了西瓜果斑病的发生。后来在美国佛罗里达州也发现了西瓜细菌性果斑病，1989 年蔓延至南卡罗来纳、印第安纳等州以及关岛、提尼安岛（Tinian）等地区，使当年的西瓜产量损失 50% ～ 90%。数千公顷的西瓜受到影响，80% 的西瓜不能上市销售。1994 年西瓜果斑病大发生时，美国的许多种子公司都暂停了种子销售。1998 年以来，在我国新疆的阿勒泰地区哈密瓜每年都有发病，减产 46% 以上，重病田块的商品瓜率仅有 1/3（数据来源：湖南植保植检信息网）。目前，该病害的发生在国内呈上升趋势，造成大田西瓜和甜瓜减产甚至绝收，给西甜瓜生产带来巨大损失。

症状特点：瓜类果斑病在植株的各个生育期均可发生，西瓜的子叶、真叶和果实均可被侵染而发病。幼苗期，子叶张开时感染此病后，可在子叶上形成水渍状的坏死病斑，病斑为暗棕色，且沿主脉逐渐发展为黑褐色坏死斑，严重时幼苗整株死亡；侵染真叶后，病斑很小，暗棕色，周围有黄色晕圈，病斑沿叶脉扩展，后期叶片病斑处焦枯；花期侵染严重时造成花器腐烂；病原菌在西瓜幼果期 2～3 周，可通过气孔侵入果实，侵染后通常初期不显症。果实上的症状随西瓜品种而异。典型的症状是在西瓜果实朝上的表皮，首先出现直径仅几毫米的水渍状小斑点，随后扩大成为边缘不规则的较大的橄榄色水渍状病斑，颜色加深，并不断扩展，7～10 d 内便布满除接触地面部分的整个果面（图 6-6A）。发病初期病变只局限在果皮，果肉组织仍然正常，但严重影响西瓜的商品价值。早期形成的病斑老化后表皮龟裂，常溢出黏稠、透明的琥珀色菌脓，果实很快腐烂。甜瓜果实上可形成圆形、椭圆形或梭状褐色病斑，深入果肉内部，严重时病斑连成一片，造成果实腐烂，失去商品价值（图 6-6B）。

图 6-6 细菌性果斑病在西瓜（A）和甜瓜（B）果实上的症状（罗来鑫提供）

主要鉴定特征及生物学特性：革兰氏染色阴性，菌体短杆状，大小为（0.5～1.0）μm ×（1.0～5.0）μm，极生单根鞭毛。菌体严格好氧，不产色素和荧光，能利用果糖、阿拉伯糖、*D*-核糖、*D*-半乳糖、*D*-海藻糖、乙醇、乙醇胺、柠檬酸盐等多种碳源，利用葡萄糖和蔗糖的情况在各菌株之间有差异。可在 41℃下生长，不能在 4℃生长，最适生长温度为 27～30℃，最适 pH 为 7.4。在 LB 固体培养基上可形成边缘光滑，中央隆起，略透明的圆形菌落。在金氏 B 和 NA 培养基上形成奶白色、不透明、突起的菌落。菌落圆形光滑，略有扇形扩展的边缘，中央突起，质地均匀。在 YDC 培养基上，菌落圆形、突起、黄褐色，在 30℃下培养 5 d 直径可达 3～4 mm。在金氏 B 培养基上，生长很慢，2 d 内只见到很少的菌落，菌落不产生荧光、圆形、半透明、光滑、微突起，在 30℃下培养 5 d 直径可达 2～3 mm。

传播途径：瓜类果斑病是一种典型的种传细菌病害，通过种子带菌实现远距离传播，病原菌主要在种子和土壤病残体上越冬，成为来年的初侵染源。田间的自生瓜苗、野生南瓜等也是病原菌的自然寄主及生产田病原菌的来源。病原菌主要通过伤口和气孔侵染，带菌的种子播种后部分秧苗可呈现瓜类果斑病的典型症状，显症时间受温度和湿度等环境条件及种子带菌量影响而存在差异。带菌种子一般在发芽后 6～10 d 即可观察到病害症状，显症子叶是育苗室中病害传播的主要源头，由于育苗室中湿度较大，幼苗密度很高，若存在病株未及时发现，病原菌进入育苗室空气形成气溶胶，或随灌溉水飞溅迅速传播至周围健康幼苗，短时间内造成较大范围的侵染。有调查研究表明，单粒种子携带 10 CFU 的菌量即可导致温室中西瓜果斑病的发生。幼苗定植到田间后，病原菌可随风雨或灌溉水飞溅经气孔和伤口侵入真叶。成熟的真叶发病后一般对植株生长无直接影响，不会造成植株死亡，但发病的叶片是后期果实染病的重要侵染来源。病原菌也可在花期进行侵染，西瓜开花期被侵染后将近 98% 的果实均不显症，但 44% 的种子批经免疫磁珠法结合 PCR 方法检测结果呈阳性。花期严重侵染时造成花器腐烂，没有果实形成。花期过后 2～3 周的幼果表面蜡质层尚未形成，极易被病原菌从气孔侵入，造成果实发病，这个时期被侵染的果实一般不表现症状，但在果实采收前会出现水渍状病斑，果实成熟后由于表面蜡质层较厚，会堵塞气孔，病原菌不易侵入。花期和幼果期被侵染后形成的携带病原菌的无症状果实给瓜类作物制种带来巨大风险。果实采收后，病原菌可随病残体在土壤中越冬，成为次年病害的初侵染来源。

◎ **检疫措施与实践**

由于瓜类果斑病菌引起的病害具有发病迅速、暴发性强、传播速度快等特点，一旦感染会给瓜类生产带来巨大损失。因此，快速准确地检测果斑病菌是防治果斑病的有效手段。针对果斑病菌的检测研究出了许多先进的方法，如免疫学检测、分子生物学检测技术等。

传统的检测技术：①普通培养基分离培养：对种子或病样进行表面清洗消毒后，破碎样品，用缓冲液重悬后，在金氏 B 培养基上划线培养。②选择性培养基分离培养：将样品提取液，在 BFB08 或 EBB 等选择性培养基平板上划线，置于 40℃恒温培养箱中培养 48h，观察细菌生长情况。通常瓜类果斑病菌在 BFB08 培养基上产生红褐色、凹陷、光滑的菌落；在 EBB 培养基上产生淡蓝色、光滑菌落。

免疫学检测：免疫学检测是应用最广泛的一种方法，具有特异、准确等优点，但检测灵敏度较分子生物学检测方法偏低。目前用于检测果斑病菌的免疫学方法主要有酶联免疫吸附测定（Enzyme-Linked Immunosorbent Assay, ELISA）、免疫磁性微球法（Immunomagnetic Microspheres, IMMS）、胶体金免疫层析试纸条（Colloidal Gold Immunochromatography Assay strip, GICA strip）。Himananto 等利用瓜类细菌性果斑病菌的特异性抗体建立了双抗夹心法 ELISA，与间接 ELISA 相比提高了检测灵敏度，同时比基于多克隆抗体的双抗夹心法 ELISA 的灵敏度提高了 10 倍。Charlermroj 等建立的免疫磁性微球法，可准确、灵敏的对瓜类细菌性果斑病菌进行检测，同时将检测时间缩短为 1 h，少于 ELISA 检测的 4 h。采用胶体金免疫层析试纸条对病样进行检测，检测样品不需要提前处理，操作简便，检测时间短，适用于田间病害的快速检测及诊断。现有文献报道的用于检测西瓜果斑病菌的试纸条主要是 Agdia 公司的胶体金试纸条，灵敏度为 10^6 CFU/mL。

分子生物学检测：目前用于检测瓜类果斑病菌的 PCR 方法主要有常规 PCR、免疫 PCR、实时荧光定量 PCR。基于果斑病菌 BOX 短重复序列的 PCR 产物设计两对引物 BX-L1/BX-R5 和 BX-L1/BX-S-R2，建立的巢式 PCR 方法，特异性强，且检测灵敏度为 4.7×10 CFU/mL，比常规 PCR 灵敏度高 1000 倍。采用免疫捕捉 PCR 法和常规 PCR 法检测果斑病菌时，灵敏度分别为 50～100 CFU /mL 和 10^4 CFU /mL。采用免疫磁性分离 PCR 方法，不受西瓜种子中 PCR 抑制因子的影响，对西瓜种子浸泡液的最低检出限为 10 CFU /mL。采用选择性培养基

EBB 及 EBBA 的琼脂平板对果斑病菌进行富集后，结合实时荧光定量 PCR 对瓜类果斑病菌进行检测，灵敏度达到了 1 CFU /mL。采用等温核酸扩增技术，以瓜类果斑病菌 *hrp*G–*hrp*X 的序列设计引物进行特异性扩增，检测灵敏度达到了 10^3 CFU /mL，整个过程仅需 2 h，可用于快速准确检测样品。以 16S ～ 23S 转录间隔区核糖体的 DNA 序列建立锁式探针和斑点免疫印记法检测瓜类果斑病菌，探针灵敏度为 100 fg 靶标菌 DNA，可准确检出 0.1% 人工感染的西瓜种子。

其他检测方法：如生物芯片方法、质谱分析方法等，可根据不同样品或实际条件灵活选择检测方法。

植物检疫实例分析 6-5：

瓜类果斑病目前在我国局部地区已经有分布，威胁到我国葫芦科作物生产和制种的安全。2012—2014 年，中国农业大学、南京农业大学联合美国佐治亚大学的同行，对我国新疆、内蒙古、甘肃等省（自治区）生产的市售主要葫芦科作物种子进行了取样，通过 Bio-PCR 和直接 PCR 等方法，发现瓜类果斑病菌在西瓜、甜瓜等作物种子上均有不同程度的检出。2017 年 9 月，浙江检验检疫局杭州机场办检疫人员对一批从英国进口、产自意大利的辣椒种子进行检疫时，检出了瓜类果斑病菌，这是全国首次从辣椒种子中截获瓜类果斑病菌。2019 年，洪纤纤等从浙江宁海采集的甘薯样品中分离鉴定出了瓜类果斑病菌，分析是由于当地存在西瓜和甘薯套种现象，导致病原菌传播到了甘薯。我国是瓜类生产大国，西瓜和甜瓜产量居世界第一位，同时也是葫芦科作物制种大国，瓜类果斑病菌随种子和种苗调运传播的风险极高，必须加强对瓜类果斑病菌的检疫，严防其进一步传播蔓延。

3）十字花科蔬菜细菌性黑斑病菌

检疫地位：十字花科蔬菜细菌性黑斑病菌属于《中华人民共和国进境植物检疫性有害生物名录》和《全国农业植物检疫性有害生物名单》中的检疫性细菌。

学名：*Pseudomonas syringae* pv. *maculicola* McCulloch et al，中文名为丁香假单胞菌斑点生致病型。

英文名：Crucifer bacterial black spot。

分类地位：病原菌隶属于细菌域的变形菌门（Proteobacteria），γ 变形菌纲（Gammaproteobacteria），假单胞菌目（Pseudomonadales），假单胞菌科（Pseudomonadaceae），假单胞菌属（*Pseudomonas*）。

地理分布：十字花科蔬菜细菌性黑斑病最早发生于美国，随着全球贸易的进行而广泛传播，至今在非洲（阿尔及利亚、毛里求斯、莫桑比克、南非、津巴布韦），亚洲（中国、格鲁吉亚、日本，朝鲜、韩国、土耳其），欧洲（英国、丹麦、芬兰、德国、意大利、荷兰、挪威、俄罗斯、乌克兰、保加利亚、捷克、斯洛伐克等），南美洲和北美洲（美国、加拿大、阿根廷、巴西、古巴、萨尔瓦多、波多黎各），大洋洲（澳大利亚、斐济、新西兰），共计 30 余个国家和地区有分布（数据来源：CABI，更新日期为 2019 年 11 月 25 日）。根据农业农村部 2021 年 4 月公布的《全国农业植物检疫性有害生物分布行政区名录》，十字花科细菌性黑斑病只在我国 2 省有报道，分布于河北省承德市和湖北省宜昌市的共 4 个县。

寄主植物：十字花科蔬菜细菌性黑斑病菌寄主范围很广，大部分属于十字花科蔬菜作物，主要有白菜、萝卜、甘蓝、抱子甘蓝、羽衣甘蓝、芥菜、白芥、黑芥、印度芥菜、欧洲油菜、花椰菜、中国卷心菜、皱叶菜等蔬菜。

危害情况：细菌性黑斑病是十字花科蔬菜的一种重要病害。主要为害叶片，造成叶片变褐坏死，此外，还可为害寄主植物的茎、花梗、角果和根部，对作物的产量和质量造成严重影响。该病害最早在美国发生，我国于 2002 年首次在湖北省长阳县的萝卜上发现该病害，发病面积 1400 hm^2，其中，330 hm^2 实际产量损失达 30% ～ 50%，140 hm^2 损失 50% 以上，6 hm^2 绝收。

症状特点：十字花科蔬菜细菌性黑斑病主要为害叶片，在苗床期即可显症，初期为小而不规则或者圆形的水渍状病斑，多发生在气孔处，受叶脉限制发展为细长的角斑，之后扩展成带有褪绿晕圈的深褐色病斑，病斑汇合成较大的不规则坏死斑，使叶片坏死，严重的幼苗感染可导致整株坏死。定植田间症状与苗床期相似，初期叶片背面出现 5 ～ 7 mm 的水渍状斑点，后发展成带有黄色晕圈的深褐色病斑，受感染的叶片表面变得皱缩、卷曲，并出现大面积褐色病变（图 6–7），严重时叶片脱落，受感染植株由于缺乏营养而生长迟缓，严重影响质量和产量。

图 6–7　十字花科蔬菜细菌性黑斑病菌侵染萝卜的症状（秦萌提供）

A. 田间症状；B. 叶片后期症状

主要鉴定特征及生物学特性：菌体短杆状，大小为（1.3 ～ 3.0）μm ×（0.7 ～ 0.9）μm，有 1 ～ 5 根极生鞭毛，革兰氏染色为阴性。在肉汁胨琼脂培养上菌落平滑有光泽，白色至灰白色，边缘为圆形光滑，质地均匀，后具皱褶。在金氏 B 培养基上产生蓝绿色的荧光。生长适温 25 ～ 27℃，最高 29 ～ 30℃，最低 0℃，致死温度 48 ～ 49℃。适宜 pH 6.1 ～ 8.8，最适 pH 为 7，对氨苄青霉素尤其敏感。

病原菌主要在种子上、土壤中以及病残体上越冬，成为翌年初侵染源，在土壤中可存活长达 1 年，常在春季发病，阴雨连绵、大雾、露水较重时会加重病情。

传播途径：主要随种子进行远距离传播，在田间主要通过灌溉水或雨水的飞溅而扩散，也可通过昆虫传播。

◎ **检疫措施与实践**

主要是根据发病特征、病原菌生物学和生理生化特性、分子生物学方法及致病性测定等对十字花科蔬菜细菌性黑斑病菌进行检疫和鉴定。

症状诊断：病斑初期呈水渍状 / 油渍状，叶片病斑扩展受叶脉限制呈多角形，部分病斑表面有菌脓溢出，将病部切片镜检可见明显喷菌现象。

传统检测技术：对十字花科蔬菜细菌性黑斑病菌进行分离后在金氏 B 培养基上涂板，置于 26℃左右培养 3～4 d，菌落光滑且有光泽，呈白色至灰白色，边缘清晰、圆形，质地均匀，后具褶皱，紫外光（254 nm）照射下产生黄绿色荧光。

生化鉴定：主要通过 LOPAT 试验与 GATTa 试验进行鉴定。LOPAT 试验结果为：蔗糖形成果聚糖试验（+）、氧化酶反应（–）、马铃薯软腐试验（–）、精氨酸双水解反应（–）、烟草过敏反应（+）。GATTa 试验结果为：明胶液化试验（– 或缓慢）、七叶苷水解试验（+）、酪氨酸酶活性试验（–）、利用酒石酸试验（+）。

分子生物学检测：可用常规 PCR 以及实时荧光定量 PCR 对十字花科蔬菜细菌性黑斑病菌进行检测，具体操作步骤及判定结果可参照《十字花科蔬菜细菌性黑斑病菌检疫鉴定方法》（GB/T 36844—2018）。其他检测方法还有基于重复序列的聚合酶链式反应（rep–PCR）和限制性内切酶分析等。

致病性测定和过敏性反应：致病性测定是目前针对十字花科蔬菜细菌性黑斑病菌应用最广泛的鉴定手段之一。将分离物菌悬液采用针刺法接种于油菜、花椰菜和番茄幼苗叶片，置于 28℃光照培养箱 90% 相对湿度条件下培养 7 d，观察是否有症状产生。接种的油菜叶片产生大的不规则形坏死斑。接种的花椰菜叶片产生针尖大小的黑褐色小斑点，斑点周围伴随绿色晕圈。接种的番茄叶片也产生黑褐色斑点，但斑点直径较大，症状较油菜和花椰菜明显。斑点周围伴随绿色晕圈。

植物检疫实例分析 6–6：

我国曾多次从境外进境的十字花科植物种子中检出十字花科蔬菜细菌性黑斑病菌。2015 年，叶露飞等利用选择性培养基从加拿大进境油菜籽样品中分离并鉴定到 2 株十字花科细菌性黑斑病菌；2019 年 3 月，中国海关总署官方发布的通报表明，黄埔、大连、南宁、深圳海关连续从进口加拿大油菜籽中检出油菜茎基溃疡病菌、十字花科蔬菜细菌性黑斑病菌、法国野燕麦等检疫性有害生物。近年来，我国十字花科蔬菜种植面积不断扩大，在我国局部地区该病害已有发生，造成了一定的经济损失。因此，需要加强对十字花科蔬菜细菌性黑斑病菌的检验检疫，严防十字花科蔬菜细菌性黑斑病菌在我国扩散蔓延。

小结

植物检疫性原核生物种类较多，包括细菌、植原体和螺原体。水稻细菌性条斑病菌、柑橘黄龙病菌、梨火疫病菌、瓜类果斑病菌、十字花科蔬菜细菌性黑斑病菌、番茄溃疡病菌、草莓角斑病菌、椰子致死黄化植原体和柑橘顽固螺原体为代表性种类，掌握其基础知识和检疫方法具有重要意义。

6.4 植物检疫性病毒和类病毒

学习重点

- 掌握植物检疫性病毒和类病毒的代表性种类；
- 掌握植物检疫性病毒和类病毒的基础知识和检疫方法。

病毒和类病毒是非细胞生物，结构简单，性质特殊，是一类分子寄生物。病毒一般由蛋白质和核酸等物质构成，具有大分子物质的一些特征；就核酸而言，有 DNA 病毒和 RNA 病毒之分。类病毒则是一类侵染植物的单链环状 RNA 分子，通常由 246～475 个核苷酸组成，没有蛋白衣壳包被，具有高度的二级结构和自身稳定性。病毒和类病毒均可引起植物发病，造成变色、坏死、畸形等多种症状，甚至造成农林业生产的严重损失。由于目前尚无针对病毒和类病毒引起病害的有效防治药剂，因此，检疫性病毒和类病毒给农林业生产带来了巨大的威胁。如黄瓜绿斑驳花叶病毒引起黄瓜、西瓜、甜瓜等葫芦科作物的绿斑驳花叶病，并可以随种子远距离传播，造成葫芦科作物产量和品质的下降；马铃薯纺锤形块茎类病毒作为第一个被发现的类病毒，可以侵染马铃薯、番茄、辣椒等茄科作物，尤其是在马铃薯上造成植株矮化、叶片变小畸形，块茎变小呈纺锤状等典型症状，导致严重的产量损失。

6.4.1 植物检疫性病毒和类病毒种类概况

2021 年 4 月更新的《中华人民共和国进境植物检疫性有害生物名录》中检疫性病毒和类病毒共有 41 种，其中病毒 34 种，类病毒 7 种。2021 年 4 月更新的《全国农业植物检疫性有害生物名单》中的检疫性病毒有 3 种。《全国林业检疫性有害生物名单》中不涉及病毒和类病毒。

本节简要介绍 5 种具有代表性的病毒和类病毒：玉米褪绿斑驳病毒（maize chlorotic mottle virus）、小麦线条花叶病毒（wheat streak mosaic virus）、马铃薯帚顶病毒（potato mop-top virus）、李属坏死环斑病毒（prunus necrotic ringspot virus）和马铃薯纺锤形块茎类病毒（potato spindle tuber viroid），对 2 种近期危害性很大的病毒：番茄环斑病毒（tomato ringspot virus）和黄瓜绿斑驳花叶病毒（cucumber green mottle mosaic virus）进行详细介绍。

6.4.2 代表性植物检疫性病毒和类病毒简介

1）玉米褪绿斑驳病毒

检疫地位：玉米褪绿斑驳病毒属于《中华人民共和国进境植物检疫性有害生物名录》和《全国农业植物检疫性有害生物名单》中的检疫性病毒。

英文名：Maize chlorotic mottle virus，简称 MCMV。

分类地位：玉米褪绿斑驳病毒隶属于类番茄丛矮病毒目（*Tolivirales*），番茄丛矮病毒科（*Tombusviridae*），玉米褪绿斑驳病毒属（*Machlomovirus*）。

地理分布：1974 年首次报道 MCMV 在秘鲁玉米上发生，之后在阿根廷、巴西、墨西哥、美国、泰国、肯尼亚、卢旺达、埃塞俄比亚、西班牙、意大利、希腊、法国、罗马尼亚、瑞士、澳大利亚等国家和地区均有报道。我国虽然将 MCMV 列入《全国农业植物检疫性有害生物名单》，但根据2021年4月公布的《全国农业植物检疫性有害生物分布行政区名录》，目前在国内暂无分布。

寄主植物：MCMV能侵染多种单子叶（仅限于禾本科）植物，玉米、甘蔗和石茅等是自然寄主，大麦、小麦、粟、黍、高粱等19种植物可被MCMV侵染，是其实验寄主。但不能侵染双子叶植物。

危害症状：MCMV单独侵染玉米导致叶片褪绿斑驳，植株生长略微缓慢等轻微症状。当与玉米矮花叶病毒（maize dwarf mosaic virus，MDMV）、甘蔗花叶病毒（sugarcane mosaic virus，SCMV）或小麦线条花叶病毒（wheat streak mosaic virus，WSMV）等马铃薯Y病毒科病毒复合侵染时引起严重的病害——玉米致死性坏死病（maize lethal necrosis disease，MLND）。MLND危害程度与在玉米的不同生长时期发生有关：幼苗期发生时，引起叶片褪绿斑驳，植株矮化，叶片从边缘向内逐渐坏死，最终导致整株玉米死亡；在玉米茎秆伸长期发生时，引起叶片褪绿斑驳并从边缘开始坏死，植株不能抽穗，或玉米穗畸形或不结籽粒；在玉米生长后期发生时，引起叶片边缘部分坏死，苞叶较早干枯，玉米籽粒不饱满。

2）小麦线条花叶病毒

检疫地位：小麦线条花叶病毒属于《中华人民共和国进境植物检疫性有害生物名录》中的检疫性病毒。

英文名：Wheat streak mosaic virus，简称WSMV。

分类地位：小麦线条花叶病毒隶属于马铃薯病毒目（*Patatavirales*），马铃薯Y病毒科（*Potyviridae*），小麦花叶病毒属（*Tritimovirus*）。

地理分布：小麦线条花叶病毒最初于1920年在美国中央大平原小麦产区发生报道，之后在欧亚大陆、非洲、大洋洲、南美洲等地相继报道，其中包括加拿大、约旦、罗马尼亚、俄罗斯、墨西哥、阿根廷、巴西、澳大利亚等国家和地区。我国尚无分布报道。

寄主植物：包括多种单子叶粮食作物和杂草，能侵染许多小麦品种及燕麦、大麦、黑麦、部分玉米品种和黍。不侵染双子叶植物。

危害症状：在小麦苗期，叶色变浅，叶片变窄，出现与叶脉平行的细小褪绿条点及黄色小点，逐渐发展成灰白色断续条纹，常见部分坏死，随着病情发展，灰白条纹随后不规则融合，叶片一侧向内纵向卷曲。新生叶片也表现褪绿条纹，叶脉颜色变淡。

小麦拔节后，节间向下呈弧状弯曲，各节的向地一侧异常膨大致使全茎呈现拐节状，此症状在基部以上1～3节最为明显。病情严重的植株，全株分蘖向四周匍匐，不易抽穗或穗而不实。轻者减产30%～50%，重者颗粒无收。

3）马铃薯帚顶病毒

检疫地位：马铃薯帚顶病毒属于《中华人民共和国进境植物检疫性有害生物名录》中的检疫性病毒。

英文名：Potato mop-top virus，简称PMTV。

分类地位：马铃薯帚顶病毒隶属于马泰利病毒目（*Martellivirales*），植物杆状病毒科（*Virgaviridae*），马铃薯帚顶病毒属（*Pomovirus*）。

地理分布：亚洲（日本、以色列等），欧洲（爱尔兰、英国、荷兰、芬兰、捷克、斯洛伐克、瑞典、丹麦、挪威等），南美洲（玻利维亚、秘鲁、智利等）。我国台湾有分布。

寄主植物：马铃薯是其唯一重要的自然寄主。在人工接种的情况下还可侵染茄科、藜科的多种植物。

危害症状：PMTV 侵染的田间病株常表现帚顶、奥古巴花叶和褪绿 V 形纹等症状类型。帚顶症状表现为节间缩短，叶片簇生，一些小的叶片具波状边缘，植株矮化、束生；奥古巴花叶即植株叶片表现为不规则的黄色斑块、斑纹和线状纹；褪绿 V 形纹常发生于植株上部叶片，此症状不常见，也不明显。切开病薯，内部表现为坏死环纹或条纹，并向薯块内部延伸。病薯长成的植株所结的薯块其症状称次生症状，常表现为畸形、大的龟裂、网纹状小龟裂和薯表的一些斑纹。另外，植株症状表现为帚顶的薯块，其次生症状常比那些植株叶片表现为奥古巴花叶的薯块更为严重。

4）**李属坏死环斑病毒**

检疫地位：李属坏死环斑病毒属于《中华人民共和国进境植物检疫性有害生物名录》和《全国农业植物检疫性有害生物名单》中的植物检疫性病毒。

英文名：Prunus necrotic ringspot virus，简称 PNRSV。

分类地位：李属坏死环斑病毒隶属于马泰利病毒目（*Martellivirales*），雀麦花叶病毒科（*Bromoviridae*），等轴不稳环斑病毒属（*Ilarvirus*）。

地理分布：广泛分布于温带地区，在亚洲、欧洲、美洲、非洲及大洋洲的多个国家和地区均有发生分布，如日本、以色列、中国、印度、法国、德国、英国、意大利、荷兰、南非、美国、加拿大、阿根廷、澳大利亚和新西兰等。根据农业农村部 2021 年公布的《全国农业植物检疫性有害生物分布行政区名录》，目前该病毒在我国辽宁省和陕西省的 5 县（区）有发生分布。

寄主植物：寄主植物种类多、分布广。自然和人工接种可侵染的寄主达 21 科双子叶植物，其中可侵染的木本李属寄主植物就有 400 余种。重要寄主有：啤酒花、杏、桃、樱桃、碧桃、李、洋李、月季、百合、玫瑰、烟草、西瓜、甜瓜、西葫芦、菜豆、豇豆、莴苣等。

危害症状：几乎可侵染所有李属植物，引起坏死、皱缩、花叶、环斑、穿孔、枯死等症状；特别是在苗期发生会造成严重损失。症状主要出现在尚未展开的幼叶上，通常初春部分枝条或整株发病。典型症状是新叶上出现坏死环斑或黄条斑，坏死斑中心脱落，出现孔洞，重者只剩下花叶状叶架。有的株系会产生橡叶纹，有的在叶片背面出现耳突，有的株系产生黄花叶症；感病植株花期推迟，花梗变短，花瓣出现条斑。显症病树翌年症状一般不在同一枝条上发生，有的也带毒显症。危害症状程度不等，从叶黄化和变形到生长受阻，枝条和树干流胶到顶梢枯死。

5）**马铃薯纺锤形块茎类病毒**

检疫地位：马铃薯纺锤形块茎类病毒属于《中华人民共和国进境植物检疫性有害生物名录》中的检疫性类病毒。

英文名：Potato spindle tuber viroid，简称 PSTVd。

分类地位：马铃薯纺锤形块茎类病毒隶属于马铃薯纺锤形块茎类病毒科（*Pospiviroidae*），马铃薯纺锤形块茎类病毒属（*Pospiviroid*）。

地理分布：亚洲：阿富汗、印度、日本；欧洲：捷克、法国、德国、匈牙利、荷兰、波兰、斯洛伐克、瑞士、土耳其、英国、苏格兰等；非洲：南非、埃及、尼日利亚；北美洲：美国，加拿大；南美洲：除阿根廷、巴西、秘鲁分布尚未确定外，其他地区广泛分布；大洋洲：澳大利亚。我国尚无分布报道。

寄主植物： 主要有马铃薯、番茄，实验室条件下一些茄科植物接种亦可感染。

危害症状： PSTVd 侵染马铃薯引起的症状表现与类病毒株系、栽培品种品系及环境条件有关。PSTVd 可以引起植株矮化，生长受到抑制，茎秆直立僵硬。叶片叶柄与主茎的夹角变小，呈半闭半合状和扭曲。块茎变小、畸形，由圆形变为长形或畸形，芽眼变深或凸起。有的顶端变尖，圆形的块茎变长，有的表面开裂，典型的块茎为纺锤形或哑铃形。随着 PSTVd 的累积，其块茎的发芽能力也下降。

6.4.3 代表性植物检疫性病毒详解

1）番茄环斑病毒

检疫地位： 番茄环斑病毒属于《中华人民共和国进境植物检疫性有害生物名录》中的检疫性病毒。

英文名： Tomato ringspot virus，简称 ToRSV。

分类地位： 番茄环斑病毒隶属于小 RNA 病毒目（*Picornavirales*），伴生豇豆病毒科（*Secoviridae*），豇豆花叶病毒亚科（*Comovirinae*），线虫传多面体病毒属（*Nepovirus*）。

地理分布： 主要分布于北美温带地区（美国和加拿大）。此外，在南美洲和北美洲（巴西、阿根廷、墨西哥、智利、秘鲁等），亚洲（日本、印度、伊朗等），非洲（埃及、多哥、突尼斯），欧洲（英国、法国、德国、俄罗斯、意大利、丹麦、土耳其等），大洋洲（新西兰、斐济、澳大利亚），共 40 余个国家和地区有分布或曾经有过报道（数据来源：EPPO，更新日期为 2020 年 5 月 19 日）。我国尚无分布报道。

寄主植物： 寄主范围极广，多发生在观赏植物、木本、果树和草本植物上，常见的自然寄主有葡萄、桃、李、樱桃、苹果、榆树、悬钩子、覆盆子、玫瑰、天竺葵、唐菖蒲、水仙、大丽花、千日红、接骨木、兰花、大豆、菜豆、烟草、黄瓜、番茄以及果园杂草（如蒲公英、繁缕）等。人工接种可侵染 35 科 105 属 157 种以上单子叶和双子叶植物。

危害情况： 番茄环斑病毒可以危害许多重要的经济作物，是北美发生最严重的植物病毒之一，导致严重的产量损失甚至绝收。危害严重和最具经济重要性的病害主要有桃树茎痘病（Peach stem pitting）、桃树黄芽花叶（Peach yellow bud mosaic）、苹果结合部坏死和衰退病（Apple union necrosis and decline）和葡萄黄脉病（Grapevine yellow vein disease）。

症状特点： 引起多种果树病害，不同果树感染后表现症状各不相同，大多由于不同株系所致。自然侵染可引起豆类芽枯、桃树茎痘、桃黄芽花叶、苹果嫁接接合部坏死和衰退、葡萄衰退、唐菖蒲矮化或断头，八仙花、水仙、天竺葵、烟草、覆盆子和黑莓产生花叶或环斑。在葡萄上表现为植株矮化、衰退、节间短，茎丛簇，叶小而卷、有黄色或褪绿斑驳和环斑，剥开外皮木质部有凹陷点和条。韧皮部不正常增厚，呈海绵状。坐果率低，果粒大小不一。苹果树表现为枝条稀少，叶片变小、黄化、丛生，果小而色深。主干通常在嫁接口处肿胀坏死。桃树树干上形成茎沟和茎痘，在靠近地面或地面以下树干的树皮变厚、发软，呈海绵状，将树皮剥去可见凹陷的痘斑和沟槽。新梢产生黄色的叶簇，长至 2～5 cm 时大部分死亡。新感染的植株叶片，在主脉附近出现不规则褪绿斑，逐渐变为坏死斑。在覆盆子上，当年病株不显症，第 2 年春天叶片生长延迟，病叶表现黄色环斑、条纹、叶脉褪绿，病株不结果或形成易碎果。

主要鉴定特征及生物学特性： 病毒粒体为等轴对称球状 20 面体，直径 28 nm。病毒粒体分子质量为 3200 ku（上层，蛋白外壳）和 5200 ku。经梯度离心纯化的病毒有 3 个沉降组分，上层（T）、中层（M）和底层（B）的沉降系数分别为 53S、119S 和 127S。等电点约为 pI 5.1。A_{260}/A_{280} 约为 1.05（上层粒体），1.8（下层粒体）。RNA 占粒体重量 41%（M）、44%（B），蛋白质占粒体重 60%。外壳由一种蛋白亚基组成，每个粒体有 40 个亚基。病毒基因组核酸为正单链 RNA，RNA1 编码复制酶，RNA2 编码移动蛋白和外壳蛋白。在烟草和黄瓜病汁液中，该病毒的致死温度约 58℃，10 min，稀释终点为 10^{-3}，体外存活期在 20℃下为 2 d，在 4℃下为 21 d。病毒免疫原性较好。

传播途径：番茄环斑病毒通过种子、苗木及其携带的土壤随调运作远距离传播，能够传毒的种子有大豆（种传率 76%）、千日红（76%）、草莓（68%）、天竺葵（30%）、蒲公英（24%）、接骨木（11%）、烟草（11%）、红三叶草（3%～7%）、番茄（3%）以及李、桃、杏、唐菖蒲等。近距离传播靠土壤中的几种剑线虫，以美洲剑线虫（*Xiphinema americanum*）最主要。线虫传毒效率极高，单条线虫便能接种成功，线虫获毒后可保持传毒力几周或几个月。汁液接种容易传播到草本寄主，也可通过嫁接和菟丝子传播。

◎ **检疫措施与实践**

症状观察：将种子、苗木等种植后，观察各生长阶段的症状。由于种传苗往往不显症，所以不能只单凭肉眼观察，必须作其他室内检验。豌豆、烟草、番杏、苋色藜及昆诺阿藜等是该病毒枯斑寄主。接种豌豆后产生局部褪绿斑，系统性皱缩，顶部叶片坏死。接种昆诺阿藜后 4 d，叶出现局部褪绿斑，直径约 1 mm，后变成坏死斑，并沿叶脉坏死。约 1 周后，上部未接种幼叶出现系统褪绿斑，后成坏死斑、顶枯。在普通烟上产生局部坏死或环斑、系统性环斑或线状条斑。番杏接种后 3～6 d，中叶出现局部褪绿斑，直径 1～1.5 mm，后发展为系统褪绿斑、坏死环斑，严重时顶芽枯死，最后茎秆、叶柄基部和茎节处产生褐色条纹，乃至坏死条纹。

血清学检测：可用 ELISA 双抗体夹心法、间接法等。由于番茄环斑病毒存在多个株系，没有任何一个株系的抗血清可以有效地检测所有的分离物，检测时应将几个株系的抗血清混合使用，避免漏检。在多个病毒株系中，烟草株系、桃黄芽花叶株系和葡萄黄脉株系 3 个株系的特性比较清楚，前两者血清学相同，而它们与葡萄黄脉株系的血清学只是部分相同。该病毒与烟草环斑病毒（tobacco ringspot virus）较相似，但无血清学关系，采用血清学方法可以有效地将它们区分开来。此外，还有纳米荧光颗粒试纸条检测方法等。

电镜观察：通过透射电镜或利用免疫方法在电镜下观察病毒粒体的形态，测量其大小。

分子生物学检测：在 RT-PCR 方法的基础上，又相继建立了半巢式 RT-PCR、多重 RT-PCR、实时荧光 RT-PCR、杂交诱捕反转录 PCR 酶联免疫吸附法（hybridization capture RT-PCR-ELISA）、逆转录环介导等温扩增技术检测（RT-LAMP）等多种检测方法，提高了检测的灵敏度和检测效率。

植物检疫实例分析 6-7：

我国曾从有番茄环斑病毒的日本、俄罗斯、捷克、澳大利亚、匈牙利、英国、法国、加拿大、美国等引进过可能传毒的种苗。如 1998 年，我国部分省市从法国引进葡萄种苗数百万株。隔离检疫期间，原农业部植物检疫实验所与秦皇岛、云南动植物检疫局等相关部门合作，发现了番茄环斑病毒等检疫性有害生物。对有疫情的种苗进行了销毁。2000 年暂停了法国葡萄苗输华贸易。2002 年 2 月 26 日签署了《中华人民共和国国家质量监督检验检疫总局和法兰西共和国农业部关于法国葡萄种苗输华植物检疫要求议定书》。采取的检疫监管措施是以隔离种植为主，加强疫情监测结合隔离检疫和送检样品的病毒检测。

通过症状观察、酶联免疫吸附测定、电镜观察和生物接种试验，证实 1999 年昆明世界园艺博览会参展植物日本的菊花、德国的鼠尾草、法国的大花金鸡菊中携带有番茄环斑病毒及其他检疫性病毒，对植物样品进行了销毁。广东检验检疫技术中心（2012）利用 DAS-ELISA 方法从印度尼西亚进境的辣椒种子中初步筛选出疑似感染有番茄环斑病毒的样品，进而用免疫诱捕 RT-PCR（immune capture RT-PCR）进行了确认。

我国有番茄环斑病毒的大量寄主，且分布广泛，同时我国大部分地区气候条件适宜番茄环斑病毒发生和扩散，加上当前农产品贸易量大，检测难度极大，检测覆盖面小，显著增加了入侵风险。番茄环斑病毒一旦传入，将可能通过种苗等带毒材料迅速扩散，其防治难度大，将严重损害我国豆类、果实、花卉产业的健康发展，使农业和从业者受损严重，并可能对生态环境造成不良影响。

2）黄瓜绿斑驳花叶病毒

检疫地位：黄瓜绿斑驳花叶病毒属于《中华人民共和国进境植物检疫性有害生物名录》和《全国农业植物检疫性有害生物名单》中的检疫性病毒。

英文名：Cucumber green mottle mosaic virus（简称 CGMMV）。

分类地位：黄瓜绿斑驳花叶病毒隶属于马泰利病毒目（*Martellivirales*），植物杆状病毒科（*Virgaviridae*），烟草花叶病毒属（*Tobamovirus*）。

地理分布：1935 年首次报道在英格兰黄瓜上发现了 CGMMV。20 世纪 60 年代，通过引种而传入亚洲的印度、日本等国家，目前已传播至亚洲、欧洲、美洲和非洲等 40 多个国家和地区。亚洲（沙特阿拉伯、伊朗、巴基斯坦、以色列、印度、中国、韩国、日本、约旦、黎巴嫩、缅甸、巴基斯坦、斯里兰卡、泰国和土耳其），欧洲（俄罗斯、匈牙利、摩尔多瓦、罗马尼亚、荷兰、芬兰、丹麦、西班牙、瑞典、英国、爱尔兰、挪威、立陶宛、拉脱维亚、保加利亚、捷克、希腊、波兰和德国），非洲（尼日利亚），北美洲（加拿大和美国），南美洲（巴西）有分布。据农业农村部 2021 年 4 月公布的《全国农业植物检疫性有害生物分布行政区名录》，在我国 15 个省（自治区、直辖市）的 69 个县（市、区）有分布。

寄主植物：黄瓜绿斑驳花叶病毒能侵染 12 科 46 种植物。自然条件下主要侵染黄瓜、西瓜、南瓜、甜瓜、哈密瓜、葫芦、西葫芦、小西葫芦和丝瓜等葫芦科植物。人工接种条件下还可侵染苋科、藜科、茄科、大戟科、蓼科、鸢尾科和伞形科等植物，常见的实验寄主有本生烟，苋色藜、昆诺藜、矮牵牛和曼陀罗等。

危害情况：CGMMV 是全球范围内危害葫芦科植物的一种重要病毒，通常引起葫芦科植物生长发育减慢，在叶片上产生花叶、斑驳、黄斑、畸形和泡状等症状，导致果实畸形或果肉病变（图 6-8），能造成田间产量损失 15%～30%，严重时可达 60%，甚至绝收。2005 年我国辽宁盖州市 333 hm^2 西瓜地发生 CGMMV 病害，随后在辽宁省各地西瓜产区连年发生，目前在我国有 11 个省（自治区、直辖市）报道发生。CGMMV 作为一种新的外来入侵有害生物，已经给我国葫芦科经济作物带来了巨大的经济损失。

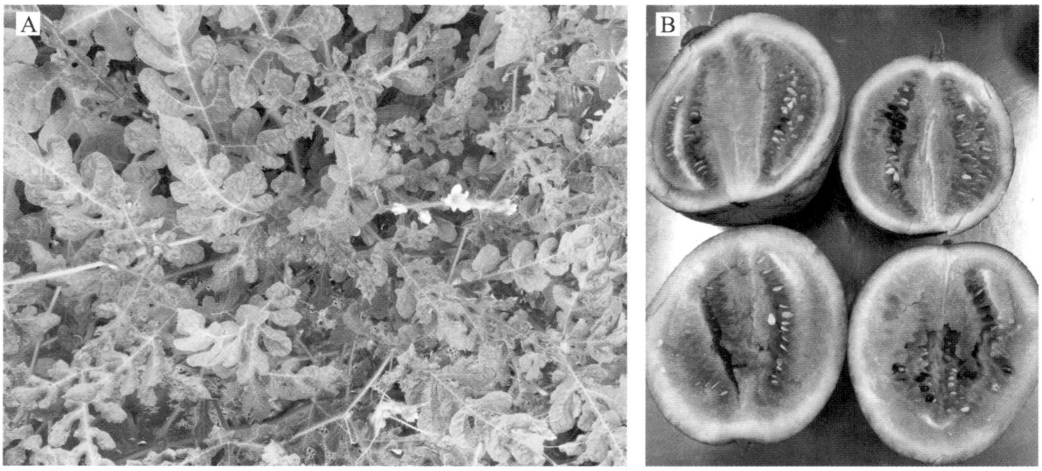

图 6-8　黄瓜绿斑驳花叶病毒危害西瓜的症状（王迎儿提供）

A. 西瓜叶片症状；B. 西瓜果实症状

症状特点：CGMMV 引起的症状与病毒株系、寄主品种和环境因素相关。目前 CGMMV 存在典型株系、黄瓜株系（CGMMV-C）、西瓜株系（CGMMV-W）等多个病毒株系。CGMMV 典型株系和 CGMMV-C 在黄瓜植株幼叶上产生黄色斑点，在老叶上造成花叶、斑驳、浓绿色瘤状突起等症状，严重时引起植株矮化和果实畸形。CGMMV-W 主要引起西瓜叶片黄化、褪绿，凹凸斑，在果实表面产生浓绿色斑纹，中央有坏死斑点，靠近果皮部分和种子周围的果肉分别呈现黄色和赤紫色水渍状，严重时，造成种子周围的果肉呈现纤维状，导致成熟果实产生瓤状空洞，俗称"血瓤病"。CGMMV 在本生烟上引起花叶和斑驳，在苋科和藜科植物上可产生局部枯斑。

主要鉴定特征及生物学特性：CGMMV 为正义单链 RNA 病毒，病毒粒体呈长杆状，无包膜，长度约 300 nm，直径为 18 nm。CGMMV 基因组长度约 6.4 kb，5′端有帽子结构，3′端有 poly（A）尾巴结构和类似 tRNA 的结构。CGMMV 基因组共有 4 个 ORFs，ORF1 和 ORF2 分别编码 129 kD 和 186 kD 的蛋白，参与病毒的复制，ORF3 和 ORF4 分别编码 29 kD 的移动蛋白和 17.3 kD 的外壳蛋白。碱基比为 G：A：C：U=25：26：19：30，核酸和蛋白分别占病毒粒体重 6% 和 94%，CGMMV 的 OD_{280}/OD_{260} 为 0.82。CGMMV 病毒粒体具有很强的抗逆性，10 min 钝化温度为 90～100℃，稀释限点为 10^{-7}～10^{-6}，30～32℃下体外存活期为 119 d，常温为 240 d，0℃下可达数年。CGMMV 病叶干燥保存 4 年仍具有侵染性。

传播途径：黄瓜绿斑驳花叶病毒为典型的种传病毒，西瓜种子带毒率为 1%～5%，黄瓜种子带毒率 8%，甜瓜种子带毒率 10%～52%，瓠瓜种子带毒率可达 84%。CGMMV 可通过花粉、种子、汁液接触、病残体和含有病残体的土壤、灌溉水等多种方式传播。种苗贸易和商品化育苗是该病毒在不同国家和区域间传播和扩散的主要原因；摩擦、农事活动是 CGMMV 在田间的主要传播方式。此外，菟丝子和黄瓜叶甲也可以成为 CGMMV 的传播介体。

◎ 检疫措施与实践

20 世纪 80 年代 CGMMV 传入我国台湾，此后我国口岸多次截获该病毒，2002 年和 2004 年分别从日本引进种苗和南瓜种子中检测到 CGMMV。2019 年宁波邮局海关从来自德国的邮件中截获含 CGMMV 的非法进境植物种子。2010 年吴元华等参照国际上有害生物风险性分析

（pest risk analysis, PRA）方法对 CGMMV 的危险性进行了综合评价，表明 CGMMV 具有广泛的适宜寄主、极强的适生性及多种传播方式，已造成巨大经济损失，其定殖、扩散的可能性极高，属于高度危险性的有害生物，应对其加强风险管理。目前 CGMMV 的主要检测方法有生物学鉴定、电镜观察、血清学检测和分子生物学检测。

生物学鉴定：植物样品摩擦接种到黄瓜、葫芦等葫芦科自然寄主以及苋色藜、曼陀罗、本生烟等实验寄主，观察比较植物的局部和系统症状，可对 CGMMV 不同株系进行区分。

电镜观察：将植物汁液或者提纯的病毒粒体通过负染法、免疫电镜等方法，观察病毒粒体大小及形态，具体方法可参考《黄瓜绿斑驳花叶病毒透射电子显微镜检测方法》（GB/T 34331—2017）。

血清学检测：目前已有多种血清学检测方法，应用比较广泛的有 ELISA 检测，如单克隆及多克隆抗体双夹心 ELISA（DAS-ELISA）、间接 ELISA、斑点免疫杂交 ELISA（DOT-ELISA）等。此外还有磁免疫层析试纸条和免疫胶体金试纸条等方法适用于大田检测。

分子生物学检测：在传统的 RT-PCR 检测的基础上衍生了多种核酸检测方法，包括免疫诱捕 RT-PCR，实时荧光定量 RT-PCR、免疫磁珠 RT-PCR、反转录环介导等温扩增（RT-LAMP）以及重组酶聚合酶扩增（RPA）等方法。

其他检测方法：Lee 等通过光学相干断层成像技术（optical coherence tomograph, OTC）观测东方甜瓜和黄瓜种子，发现 CGMMV 带毒种子的种皮与胚乳之间存在一个额外的亚表层，利用 OTC 技术有望实现对葫芦科种子快速、无损的病毒检测。

为进一步加强对 CGMMV 的检疫检测，农业部于 2012 年发布了《黄瓜绿斑驳花叶病毒检疫检测与鉴定方法》（NY/T 2288—2012），国家质量监督检验检疫总局和国家标准化管理委员会 2011 年和 2017 年分别发布了《黄瓜绿斑驳花叶病毒检疫鉴定方法》（GB/T 28071—2011）和《黄瓜绿斑驳花叶病毒病监测规范》（GB/T 35335—2017），2018 年国家市场监督管理总局和国家标准化管理委员会发布了《瓜类种传病毒检疫鉴定方法》（GB/T 36781—2018）。

为防止 CGMMV 进一步扩散蔓延，应加强产地、调运以及国外引种检疫。带毒种子的处理目前有干热处理、药剂处理和温汤浸种等方法，可参考农业部 2014 年发布的《黄瓜绿斑驳花叶病毒病防控技术规程》（NY/T 2630—2014）。

植物检疫实例分析 6-8：

2018 年 5 月，广州海关隶属白云机场海关在一批进境苦瓜和黄瓜种子中截获黄瓜绿斑驳花叶病毒。该批苦瓜和黄瓜种子原产国为印度尼西亚，共重 210 kg。白云机场海关依法对该批种子进行了监督销毁。海关提醒进口企业应遵循《中华人民共和国进出境动植物检疫法》及其条例规定，签订合同应注意订立进境货物不能携带我国公布的进境植物检疫性有害生物的相关条款，避免造成不必要的经济损失。

小结

植物检疫性病毒和类病毒种类较多。番茄环斑病毒、黄瓜绿斑驳花叶病毒、玉米褪绿斑驳病毒、小麦线条花叶病毒、马铃薯帚顶病毒、李属坏死环斑病毒、马铃薯纺锤形块茎类病毒为代表性种类，掌握其基础知识和检疫方法具有重要意义。

6.5 植物检疫性线虫

学习重点

- 掌握植物检疫性线虫的代表性种类；
- 掌握植物检疫性线虫的基础知识和检疫方法。

线虫（nematode）是仅次于昆虫的第二大类生物，约有100万种，迄今为止已报道的线虫种类约25000种，其中多数为自由生活线虫，已描述的植物寄生线虫超过5000种。植物寄生线虫可以通过种苗或种薯等无性繁殖材料传播，例如马铃薯金线虫通过种薯传播；有些则可通过种子传播，如椰子细杆滑刃线虫通过坚果传播，小麦粒线虫和贝西滑刃线虫通过种子传播；而松材线虫可依靠木质包装材料等传播。有的植物线虫还可以传播植物病毒，植物检疫名录中也注明了传毒种类（viruses-vector species），如拟毛刺线虫属（*Paratrichodorus*）、长针线虫属（*Longidorus*）、毛刺线虫属（*Trichodorus*）、剑线虫属（*Xiphinema*）。

6.5.1 植物检疫性线虫种类概况

在《中华人民共和国进境植物检疫性有害生物名录》(更新至2021年4月)中列出的植物检疫性线虫有20种（属），《全国农业植物检疫性有害生物名单》中有3种，分别是腐烂茎线虫（*Ditylenchus destructor*）、香蕉穿孔线虫（*Radopholus similis*）和马铃薯金线虫（*Globodera rostochiensis*），《全国林业检疫性有害生物名单》中有1种，为松材线虫（*Bursaphelenchus xylophilus*）。本节将对鳞球茎茎线虫（*Ditylenchus dipsaci*）、西班牙根结线虫（*Meloidogyne hispanica*）和短颈剑线虫（*Xiphinema brevicollum*）3种具有代表性的线虫进行简要介绍，对腐烂茎线虫（*Ditylenchus destructor*）和松材线虫（*Bursaphelenchus xylophilus*）2种具有代表性的线虫进行详细介绍。

6.5.2 代表性植物检疫性线虫简介

1）鳞球茎茎线虫

检疫地位：鳞球茎茎线虫属于《中华人民共和国进境植物检疫性有害生物名录》中的检疫性线虫。

学名：*Ditylenchus dipsaci* (Kühn) Filipjev。

分类地位：鳞球茎茎线虫隶属于线虫门（Nematoda），侧尾腺纲（Secernentea），垫刃目（Tylenchida），粒线虫科（Anguinidae），茎线虫属（*Ditylenchus*）。

地理分布：鳞球茎茎线虫几乎遍及世界各地，尤以温带地区分布最广。在美洲（美国、加拿大、巴西、阿根廷等），亚洲（日本、印度、伊朗等），欧洲（英国、法国、意大利、荷兰、俄罗斯等），非洲（阿尔及利亚、肯尼亚等），大洋洲（澳大利亚、新西兰），共80余个国家和地区有分布或曾经有过报道。我国尚无分布报道。

寄主植物：鳞球茎茎线虫的寄主范围极广，有40科500余种植物。涉及经济价值较高的有洋葱科、石蒜科、藜科、起绒草科、禾本科、豆科、百合科、花葱科、蓼科、玄参科、茄科、伞形花科等多种粮食作物、经济作物、蔬菜、中药材、花卉等观赏植物，如小麦、大麦、玉米、甘薯、马铃薯、大豆、蚕豆、豌豆、菜豆、胡萝卜、扁豆、甘蓝、黄瓜、萝卜、芜菁、燕麦、黑麦、荞麦、洋葱、大蒜、韭菜、草莓、烟草、茶、水仙、郁金香、风信子、百合、唐菖蒲、鸢尾阔叶兰、红三叶草、绣球、川续断、防风、大黄、亚麻、花生、人参等。

危害症状：鳞球茎茎线虫是温带地区最具破坏性的植物内寄生线虫，严重侵染作物时造成产量损失达 60% ～ 80%。侵染后可加重其他病原微生物的危害。鳞球茎茎线虫主要寄生在植物的块茎、鳞茎、球茎等部位，引起组织坏死或腐烂、变形、扭曲等。由于取食的部位和寄主不同，造成的危害症状也不相同。例如，危害燕麦恰好侵染土表部位并向上移动，引起植株茎部似“郁金香”状膨大；危害水仙、洋葱、大蒜、郁金香等鳞球茎时，往往鳞球茎内虫量高，大量 4 龄幼虫聚集在鳞球茎基部；危害玉米时，根系变小，缩短，受害茎基部增粗、坏死，引起玉米倒伏。

2）**西班牙根结线虫**

检疫地位：根结线虫属中的非中国种是《中华人民共和国进境植物检疫性有害生物名录》中的检疫性线虫。

学名：*Meloidogyne hispanica* Hirschmann，中文名为西班牙根结线虫。

分类地位：西班牙根结线虫隶属于线虫门（Nematoda），无侧尾腺纲（Adenophorea），垫刃目（Tylenchida），异皮科（Heteroderidae），根结线虫亚科（Meloidogyninae），根结线虫属（*Meloidogyne*）。

地理分布：西班牙根结线虫在欧洲、美洲、亚洲、非洲和大洋洲均有分布，主要包括法国、俄罗斯、意大利、西班牙、荷兰、美国、巴西、委内瑞拉、以色列、韩国、乌兹别克斯坦、南非、肯尼亚、澳大利亚等国家和地区。在我国，海南省儋州市首先发现并报道过该线虫。

寄主植物：主要寄主有茄子、番茄、甜菜、葡萄、康乃馨、玉米、黄瓜、大蒜、莴苣、洋葱、番木瓜、香蕉、无花果、甘蔗等。

危害症状：西班牙根结线虫是一种非常重要的植物内寄生线虫，为害寄主植物的根部，造成根部膨大形成肿瘤，进而使植物的营养及水分运输受阻，造成植物产量和品质下降，严重时甚至死亡。受害植物地上部在危害较轻时症状不明显，较重时表现为黄化、萎蔫、矮化、发育不良等；地下部的典型症状是形成根结，严重时会腐烂。

3）**短颈剑线虫**

检疫地位：剑线虫属中的传毒线虫是《中华人民共和国进境植物检疫性有害生物名录》中的检疫性线虫。

学名：*Xiphinema brevicollum* Lordello & Da Costa，中文名为短颈剑线虫。

分类地位：短颈剑线虫隶属于线虫门（Nematoda），无侧尾腺纲（Adenophorea），矛线目（Dorylaimida），矛线总科（Dorylaimoidea），长针科（Longidoridae），剑线虫亚科（Xiphinematinae），剑线虫属（*Xiphinema*）。

地理分布：短颈剑线虫在欧洲、美洲、亚洲和非洲均有分布，主要包括俄罗斯、意大利、西班牙、保加利亚、美国、巴西、委内瑞拉、秘鲁、以色列、乌兹别克斯坦、南非、肯尼亚等国家和地区。在我国，山西省太谷地区首先发现并报道过该线虫。

寄主植物：危害多种经济作物，其主要寄主包括大叶相思、秋枫、咖啡、柑橘、草莓、龙眼、悬钩子、鸡蛋花、石楠、罗汉松、鸡爪槭、梅、榆树等。

危害症状：短颈剑线虫是一种非常重要的植物寄生线虫，主要为害寄主植物的根部，引起根部组织变黑，皮层增厚，侧根增生，长势变弱，造成根系肿大或坏死；而且它还是南芥菜花叶病毒（ArMV）、番茄环斑病毒（ToRSV）等植物病毒的传播介体。短颈剑线虫主要通过带根苗木、土壤及栽培介质进行远距离传播扩散。

近年来，深圳、宁波、南京海关多次从日本进境的罗汉松、鸡爪槭和梅的根系和介质中截获该检疫性线虫。因此，我国应加强对短颈剑线虫的检疫与防控工作，保护我国农林业生产、生态环境和经济安全。

6.5.3　代表性植物检疫性线虫详解

1）腐烂茎线虫

检疫地位：腐烂茎线虫属于《中华人民共和国进境植物检疫性有害生物名录》和《全国农业植物检疫性有害生物名单》中的检疫性植物线虫。

学名：*Ditylenchus destructor* Thorne。

英文名：Potato rot nematode，Sweet potato stem nematode。

分类地位：腐烂茎线虫隶属于线虫门（Nematoda），侧尾腺纲（Secernentea），垫刃目（Tylenchida），粒线虫科（Anguinidae）、茎线虫属（*Ditylenchus*）。

地理分布：在美洲、欧洲、亚洲、澳洲均有分布，包括美国、加拿大、德国、法国、爱尔兰、比利时、芬兰、奥地利、保加利亚、捷克、斯洛伐克、希腊、匈牙利、卢森堡、荷兰、罗马尼亚、西班牙、瑞典、瑞士、英国、伊朗、印度、孟加拉国、日本、澳大利亚、新西兰、南非、秘鲁等 50 余个国家和地区。根据农业农村部 2021 年公布的《全国农业植物检疫性有害生物分布行政区名录》，中国的北京、河北、内蒙古、辽宁、吉林、黑龙江、安徽、山东、河南、陕西 10 个省（自治区、直辖市）的 73 个县（市、区、旗）有分布。

寄主植物：腐烂茎线虫是多食性线虫，寄主有 120 多种，包括马铃薯、甘薯、洋葱、大蒜、当归、甜菜、胡萝卜、豌豆、花生、大豆、黄瓜、番茄、西葫芦、鸢尾、郁金香、唐菖蒲、美人蕉、大丽花、蘑菇、薄荷、风信子等。在无寄主植物存在时，腐烂茎线虫能利用 40 个属约 70 种真菌进行繁殖。

危害情况：腐烂茎线虫在美国每年造成约 10% 的马铃薯产量损失。腐烂茎线虫 1937 年由日本传入我国，对甘薯和马铃薯危害较大。一般马铃薯发病田块可造成 20%～50% 减产，严重田块甚至绝收。除在田间造成减产外，薯块收获后，线虫随薯块入窖，储藏期间可继续发病，导致烂窖，损失很大。

症状特点：腐烂茎线虫主要危害甘薯、马铃薯、洋葱、大蒜等寄主植物的地下部分，地上部分发生直接危害较少，出现症状表现多是由于根部受害导致植株营养不良，叶片失绿，瘦弱早衰。严重可使植株茎蔓的髓部中空、表皮龟裂并伴有黑褐色病斑。地下部症状的表现一是造成薯块“糠心状”，线虫由茎蔓中向下侵入块根、块茎内部，在薯块内大量繁殖，消耗营养物质，薯块横切后内部可见褐白相间或絮白状干腐，而薯块外表与正常薯块无明显差异。二是造成薯块“糠皮状”，土壤中的线虫直接从薯块表皮侵入，造成薯块组织变褐发软，表皮龟裂（图 6-9），有时在新鲜病薯的龟裂处能看到白色的线虫聚集。发生严重时以上两种症状会在植株生长后期同时发生。此外，受线虫侵染的组织易被青霉、曲霉等真菌二次侵染，造成腐烂、皱缩、干腐等其他症状表现。

图 6-9 腐烂茎线虫危害甘薯的症状（赵伟全提供）

主要鉴定特征及生物学特性：按照《腐烂茎线虫检疫鉴定方法》（GB/T 29577—2013）的标准，雌虫温热杀死固定后虫体略呈弓形向腹弯曲，侧线六条；唇区低平，略缢缩，唇区框架进化程度较高，侧器孔位于侧唇片。口针为 10 ～ 14 μm，针锥常占口针长度的 45% ～ 50%；口针基部球清晰、圆形，前表面向后斜。中食道球纺锤形，肌肉发达，有瓣，食道狭窄，神经环包围处开始膨大为棒状的食道腺体；食道腺延伸、从背面稍覆盖肠的前端；排泄孔位于食道腺位置；半月体刚好在排泄孔前方。阴门清晰、横裂，位于虫体后部，成熟雌虫阴唇略隆起，阴门裂与体轴线垂直，阴门宽度占 4 个体环。卵巢发达、前伸、达食道腺基部，前端卵原细胞双行排列。卵长椭圆形，长度约为体宽 1.5 倍。后阴子宫囊大，延伸至肛阴距 2/3 ～ 4/5。直肠和肛门明显，尾长为肛门部体宽的 3 ～ 5 倍。尾锥形，稍向腹部弯曲，末端窄圆。雄虫虫体比雌虫短而细，前部形态与雌虫相似，经热杀死后体直或腹面弯曲成弓形。尾比雌虫的尾部略窄，且末端尖圆；单精巢前伸，前端可达食道腺基部。泄殖腔隆起，交合伞起始于交合刺前端水平处，向后延伸达尾长 3/4；交合刺长 24 ～ 27 μm，向腹面弯曲，前端膨大具指状突；引带短、简单（图 6-10）。

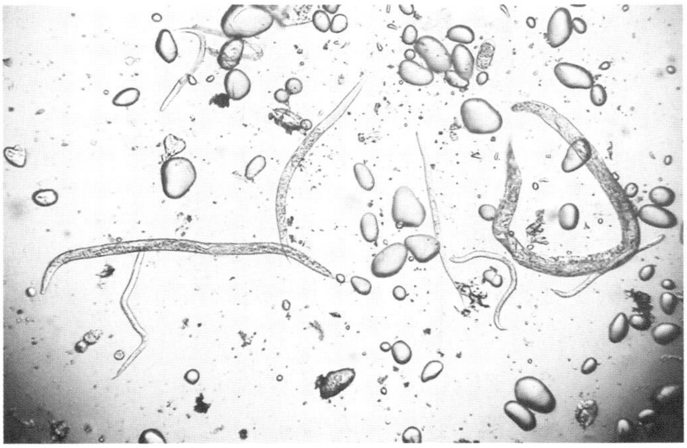

图 6-10 不同龄期的腐烂茎线虫（赵伟全提供）

鳞球茎茎线虫［*Ditylenchus dipsaci* (Kühn) Filipjev］和腐烂茎线虫在形态上非常相似。二者主要形态特征的区别见表 6-2。

表 6-2　腐烂茎线虫和鳞球茎茎线虫的主要区别

线虫种类	侧线数目 / 条	食道腺与肠连接处	排泄孔开口位置	卵母细胞排列方式	后阴子宫囊长度	尾末端形状
腐烂茎线虫	6	覆盖肠前端	食道腺基部	双行	肛阴距的 2/3	窄圆
鳞球茎茎线虫	4	不覆盖肠前端	食道腺前方	单行	肛阴距的 1/2	尖状

腐烂茎线虫以卵、幼虫和成虫多种虫态在病薯内越冬，或以成虫和幼虫在植株茎部及土壤、肥料中越冬。在 2℃时即可开始活动，7℃以上能产卵和孵化生长。发育和繁殖温度为 5 ～ 34℃，最适温度为 20 ～ 27℃，线虫存活的最适 pH 为 6.2。在适宜的条件下，线虫不断产卵繁殖，完成一代 20 ～ 30 d，具有世代重叠现象。当温度在 15 ～ 20℃，相对湿度为 80% ～ 100% 时，腐烂茎线虫对马铃薯的危害最严重。田间薯块中越冬线虫的死亡率仅为 10%。

用病种薯育苗后，线虫从种薯芽苗的着生点侵入，沿髓或皮层向上移动，营寄生生活。带病秧苗栽入大田后，线虫在植株内继续生长并顺着根茎进入薯块，危害盛期是薯块生长阶段最后 1 个月左右，这时一般 1 个严重受害的薯块内可含有 30 万～ 50 万条线虫。同时线虫可以向上移动为害蔓基部。而无病秧苗栽入病田中 12 h 后，线虫一般可以从薯秧末端新生根侵入。新生薯块形成后，线虫可从表皮自然孔口侵入。

腐烂茎线虫耐低温、耐干燥，但不耐高温。在 2℃以下、35℃以上不活动，在 -15℃停止活动但不死亡，在 -25℃下 7 min 才会致死。该线虫在田间土壤中可存活 5 ～ 7 年，多集中在地表下 10 ～ 15 cm 干湿交界的土层内。

传播途径：种薯和秧苗是传播的关键环节，以种薯传播最为重要。主要是通过种苗、种薯、粘附在薯块上的土壤等的调运、包装材料等途径实现远距离传播。在田间可通过土壤、粪肥、农事操作和流水进行传播。

◎ **检疫措施与实践**

丁再福和林茂松（1982）先后对采自山东、江苏等地的染病甘薯、马铃薯、薄荷进行病原线虫的鉴定，确定病害为腐烂茎线虫侵染所致。自 1986 年起，腐烂茎线虫被我国列入禁止输入的危险性有害生物，政府采取了严格的控制措施。王祥会等（2018）根据风险性评价指标结合腐烂茎线虫在我国的情况判定其为最高风险级别。黄可辉等（2004）分析了腐烂茎线虫定殖的可能性，其寄主多达 120 多种且我国幅员辽阔，在中国均有分布或引进。李建中等（2007）根据腐烂茎线虫在世界的分布与危害程度并参照在我国局部发生与危害的实际情况，将腐烂茎线虫在我国的潜在分布区分为无风险区（$0 \leq EI \leq 3$）、低风险区（$3 < EI \leq 8$）、中风险区（$8 < EI \leq 10$）、高风险区（$EI > 10$），最适宜的潜在适生区主要在河北、河南、山东、山西、陕西、辽宁、内蒙古等省（自治区）。

国家质量监督检验检疫总局 2013 年发布了国家标准《腐烂茎线虫检疫鉴定方法》（GB/T 29577—2013）。适用于蔬菜和花卉的块茎、鳞茎、球茎等根茎部分，其他寄主植物种子、茎、叶及栽培介质中腐烂茎线虫的检疫和鉴定。可根据腐烂茎线虫的雌虫和雄虫的形态学特征、分子生物学特征等对腐烂茎线虫进行鉴定。

现场检查：对植物进行检查，注意植物地上部分是否有生长不良，叶色失绿、黄化，植株矮化等症状；块茎、鳞茎、球根等是否有干腐、变黑等症状。将有危害症状的可疑植物材料收集、标记，待检。

线虫分离：在解剖镜下用挑针将线虫从病组织中挑出，放在凹玻片的水中制片观察。也可采用浅盘分离法或漏斗分离法对线虫进行分离，制作标本，在显微镜下进行观察、描述、测计。

形态学鉴定：在显微镜下对线虫的体表形态特征，内部口针长度、形状，食道，生殖系统进行观察和测量，按照 GB/T 29577—2013 的标准进行分类鉴定。

分子生物学鉴定：由于有些线虫的形态特征受环境和地理条件的影响较大，有时并不可靠，特别是种内和种间进行鉴定时，许多特征的群体水平测计值变化很大，难以找到合适的特征，给鉴定带来很大的困难。近年来，研究人员利用分子生物学技术，陆续开发出了快速鉴定腐烂茎线虫的分子鉴定方法。刘先宝（2006）建立了快速、高效的检测鉴定腐烂茎线虫的实时荧光 PCR 方法，能够有效检测出腐烂茎线虫。宛菲等（2008）设计了一步双重 PCR 检测技术，同时优化了检测体系和 PCR 反应程序，具有较高的特异性和灵敏度，能快速、准确地检测出不同型的腐烂茎线虫群体。

植物检疫实例分析 6-9：

我国多次从进境的植物种苗和蔬菜上截获腐烂茎线虫，如 2004 年检疫人员对印度一艘轮船食品舱进行检疫时，发现来自南非的大蒜有干腐症状，经鉴定其中有腐烂茎线虫，又如 2016 年在山东口岸从韩国邮寄入境的甘薯中检出了腐烂茎线虫。我国农业植物检疫关注针对腐烂茎线虫的检疫防控工作，2020 年相关报道指出，山东、内蒙古、东北、西南等地区是我国马铃薯的主产区，也是优势种植区，针对这些区域及周边地区发生的腐烂茎线虫，必须采取严格的检疫及防治措施，防止其继续扩散、蔓延和危害；目前，发生区多采取在育苗期加强检疫，在移栽期实施高剪苗、药剂蘸根处理移栽苗、毒土法、药液穴施、改种非寄主作物等综合防控措施，有效控制了腐烂茎线虫的危害。

2）**松材线虫**

检疫地位：松材线虫属于《中华人民共和国进境植物检疫性有害生物名录》和《全国林业检疫性有害生物名单》中的检疫性线虫。

学名：*Bursaphelenchus xylophilus* (Steiner & Buhrer) Nickle，中文名为嗜木伞滑刃线虫。

英文名：Pine wood nematode，Pine wilt nematode。

分类地位：松材线虫隶属于线虫门（Nematoda），侧尾腺纲（Secernentea），垫刃目（Tylenchida），滑刃线虫科（Aphelenchoididae），伞滑刃属（*Bursaphelenchus*）。

地理分布：在北美洲（美国、加拿大，墨西哥），亚洲（中国、日本、韩国、越南），欧洲（英国、法国、意大利等），共近 30 个国家和地区有分布。据国家林业和草原局公告（2020 年第 4 号），松材线虫疫区包括 18 省（自治区、直辖市）（天津、辽宁、江苏、浙江、安徽、福建、江西、山东、河南、湖北、湖南、广东、广西、重庆、四川、贵州、云南和陕西）。

寄主植物：松材线虫可以侵染 106 种植物，主要为松属植物，也可以侵染落叶松属、雪松属、云杉属和黄杉属以及冷杉属植物。其中自然感病的 60 种，人工接种感病的 46 种。较易感病的树种有日本赤松、日本黑松、琉球松、欧洲赤松、欧洲黑松、红松、云南松、华山松、樟子松、黄山松、湿地松、火炬松、马尾松等，我国首次确认红松为松材线虫的自然感病寄主。

危害情况：松材线虫病是松树的一种毁灭性病害，由于松材线虫的寄主种类多、适生范围广、致病能力强、致死速度快、传播蔓延迅速、治理难度大，该病害被称为松树的“癌症”。松材线虫病 1905 年在日本九州和长崎就有发生，到 20 世纪 30 年代形成了以九州为中心的病害发生流行区，成为日本林业上的特大毁灭性病害。1948 年损失松木 123 万 m^3，1979 年损失松木 243 万 m^3。目前疫区占日本松林面积的 25%，已扩展到日本 47 个县府中的 45 个。在日本，松材线虫主要危害日本乡土树种，外来树种多是抗病的。美国的乡土树种多数是抗病的，发病树种多为景观引种种植的欧洲赤松、欧洲黑松和日本黑松。我国于 1982 年首次在南京中山陵地区的黑松上发现松材线虫病，截至 2022 年底全国 19 个省份发生松材线虫病，疫情发生面积 151.15 万 hm^2，病死松树就达 1040.48 万株。该病害不仅对我国松林资源造成巨大损失，也破坏了自然景观及生态环境。

症状特点：松材线虫侵染后，条件适宜时，病树从针叶开始变色至整株死亡一般在 30 d 左右。松树会产生典型的萎蔫症状，病株的树脂流量减少，几周内针叶变黄。松针的具体症状表现为先期失水、褪绿，由有光泽的绿色经短时间灰绿、黄绿过程迅速变为黄褐色，直至变成红褐色，最终枯萎死亡，针叶一般不脱落（图 6–11），枝干上可见天牛的啃食痕迹和蛀屑。松树有时是局部枝条或部分树干先出现症状，然后再扩展到整株松树发病死亡。病树死亡后病部木质组织可产生蓝变现象。在低温地区，有的松树感病后当年不枯死，次年夏季才枯死。对于高度抗病的树种，可表现局部枝条被侵染，整株并不死亡，甚至以后能恢复健康。

图 6–11　松材线虫危害马尾松的症状（石娟提供）

主要鉴定特征及生物学特性：雌雄成虫都呈蠕虫状，长约 1 mm；口针基部微厚；中食道球卵圆形，占食道处体宽 2/3 以上。食道腺细长、背覆于肠的前端；排泄孔位于食道与肠交接处。雌虫单卵巢，前伸；后阴子宫囊长；阴门约位于虫体后部 3/4 处，有较宽的阴门盖；雌虫尾亚圆筒形，末端宽圆呈指状，少数有小尾尖突。雄虫交合刺大，成对，交合刺喙突明显，尖细，远端膨大呈盘状；雄虫尾似鸟爪状，尾端尖细，端生小的卵形交合伞（图 6–12）。

图 6–12　松材线虫雌虫和雄虫形态特征（石娟提供）

松材线虫属于移居性植物内寄生线虫，在松树中的生活史可分为 2 个阶段，即繁殖阶段和扩散阶段。繁殖阶段线虫主要在形成层组织和树脂道薄壁组织细胞取食，大量产生卵、1 ～ 4 龄幼虫及成虫各虫态。扩散阶段主要发生在衰弱和死亡的树皮内，天牛通过产卵将线虫带入，线虫通过取食真菌等进行繁殖，并寻机进入天牛幼虫的体内，导致天牛羽化后继续携带。松材线虫的生长发育温度为 10 ～ 33℃，最适温度 25℃。20℃ 6 d 完成一个世代，25℃为 4 d。雌虫在 28 d 的产卵期内平均产卵 79 粒。

传播途径：能够携带松材线虫的昆虫有 46 种，包括天牛科 37 种（墨天牛属 17 种，其他属 20 种）。所有松树的蛀干害虫都可能传病，其中松墨天牛是松材线虫的最有效的传播媒介，传播距离为 1 ～ 2 km，主要分布于日本、中国、韩国和老挝。松墨天牛传播松材线虫有两种方式：一种为天牛携带扩散性 4 龄幼虫飞出病树，通过在健树上补充营养取食传播；另一种为天牛在衰弱的树上产卵造成伤口传播。前者为主要的传播方式。在中国，能够携带松材线虫的昆虫有 14 种，作为传播媒介的有 3 种，分别是松墨天牛、云杉花墨天牛和云杉小墨天牛。

疫区大范围的蔓延主要是借助人类的活动进行的，疫区病材及其加工品的外流是松材线虫远距离传播的唯一途径。

◎ **检疫措施与实践**

病原线虫的检验：松材线虫在松树体内的分布与介体活动有关。一般在秋季（天牛处于幼虫阶段），线虫在松树内均匀分布，天牛化蛹后则向蛹室聚集，一旦天牛羽化便进入到天牛的气管系统内。针对松材线虫的分布特点，可采用不同的分离方法分离线虫。

从松材木屑分离线虫：在天牛幼虫阶段，取松材木屑用贝尔曼漏斗或浅盘法分离线虫。天牛化蛹后，在蛹室附近钻取木屑或将蛹室附近松材取出，用斧头劈成碎片后再用上述方法分离线虫。

从天牛局部器官分离线虫：线虫存在于天牛呼吸系统，后胸气门内最多，触角及足节内也大量分布。一旦检查到个别天牛成虫，既要保护天牛的完整性又要检查是否带有线虫，可采取局部分离的方法，取天牛的触角端部或胸部腿节，捣碎后分离。

鉴定松材线虫时要注意与拟松材线虫的区别。后者在我国分布广泛（几乎在世界所有松材线虫疫区均有存在），经常在濒临枯死的松树中出现。两者的主要区别是雌虫尾部特征：松材线虫雌虫尾端宽圆，无指状尾尖突，或少数尾端有微小而短的尾尖突，长度不超过 2 μm（常为 1 μm 左右）；雄虫尾端抱片为尖状卵圆形，致病力强，危害重。而拟松材线虫雌虫尾部圆锥形，末端有明显的指状尾尖突，长度在 3.5 μm 以上（常为 5 μm）。雄虫尾端抱片为方状铁铲形，致病力弱，危害较轻。

分子生物学检测：传统的形态学方法不宜区分形态上的近似种，另外，在口岸木质包装材料中截获的线虫大多为幼虫，也难以区分种类。基于 rDNA ITS 序列设计特异性引物，分别建立了 PCR、实时荧光定量 PCR 等方法，用于检测和区分松材线虫与拟松材线虫，并且可对单条松材线虫进行快速检测和鉴定，具体可参照松材线虫分子检测鉴定技术规程（GB/T 35342—2017）。

植物检疫实例分析 6-10：

2010 年 7 月，宁波北仓出入境检验检疫局从马来西亚进境的木质包装中检出松材线虫。2019 年 10 月，厦门海关下属海沧海关在对一批自美国佐治亚州进境的黄松原木实施查验时，发现少量原木顶端有蓝变，进一步检查初步判断可能被线虫侵染，随即取样做初筛，经浸泡、分离，检出大量活体线虫。经厦门海关技术中心鉴定，确认为松材线虫。海关按照相关规定对 25 标箱货物进行除害处理。这是近期该海关连续第 6 批从美国进境原木中截获检疫性有害生物。为了保护我国的林业生态安全，防止松材线虫的进一步扩散，除了禁止从疫区国家和地区进口松树苗木、接穗，还要对来自疫区国家和地区的针叶树原木、木制品、木质包装材料等实施检疫。在国内，应严格控制疫区病材的外流。

小结

植物检疫性线虫种类较多，我国进境植物检疫性线虫有 20 种（属），全国农业植物检疫性线虫有 3 种，全国林业检疫性线虫有 1 种。松材线虫、腐烂茎线虫、鳞球茎茎线虫、西班牙根结线虫、短颈剑线虫为代表性种类，掌握其基础知识和检疫方法具有重要意义。

【课后习题】

1. 植物检疫性病原物有哪几大类？不同类别间有什么异同？

2. 请结合国内外检疫截获实例及植物检疫性菌物的基础知识，分析其检疫重要性、目前及未来的检疫方法和技术。

3. 请结合国内外检疫截获实例及植物检疫性原核生物的基础知识，分析其检疫重要性、目前及未来的检疫方法和技术。

4. 请结合国内外检疫截获实例及植物检疫性病毒和类病毒的基础知识，分析其检疫重要性、目前及未来的检疫方法和技术。

5. 请结合国内外检疫截获实例及植物检疫性线虫的基础知识，分析其检疫重要性、目前及未来的检疫方法和技术。

【参考文献】

陈红运，赵文军，程毅，等. 2006. 辽中地区西瓜花叶病病原的分子鉴定. 植物病理学报，36(4): 306–309.

陈克，姚文国，章正，等. 2002. 小麦矮腥黑穗病在中国定殖风险分析及区划研究. 植物病理学报，32(4): 312–318.

陈卫民，郭庆元，宋红梅，等. 2008. 国内新病害——向日葵茎点霉黑茎病在新疆伊犁河谷的发生初报. 云南农业大学学报，23(5): 610–612.

陈卫民，乾义柯. 2016. 向日葵白锈病和黑茎病. 北京：中国农业出版社.

陈怡凯，周艳涛，孙红，等. 2023. 全国主要林业有害生物 2022 年发生情况及 2023 年趋势预测. 中国森林病虫，42(2): 51–54.

崔学慧，陈舜胜，于翠，等. 2012. 多重 RT–PCR 方法检测 3 种检疫性病毒的研究. 上海农业科学，28(2): 25–29.

戴婷婷，郑小波，吴小芹. 2015. 基于 1 靶标的大豆疫霉环介导等温扩增技术的研究. 植物病理学报，45(6): 576–584.

丁元明，秦绍钊，何月秋. 2009. 玉米褪绿斑驳病毒研究进展. 中国植物保护学会 2009 年学术年会. 中国湖北武汉.

丁再福，林茂松. 1982. 甘薯、马铃薯和薄荷上的茎线虫的鉴定. 植物保护学报，9(3): 169–173.

冯洁. 2017. 植物病原细菌分类最新进展. 中国农业科学，50(12): 2305–2314.

付岗，叶云峰，杜婵娟，等. 2016. 香蕉枯萎病菌群体多样性研究进展. 植物检疫，30(2): 1–6.

国家质量技术监督局. 2000. 小麦矮化腥黑穗病菌检疫鉴定方法：GB/T 18085—2000. 北京：中国标准出版社.

何丹丹，周国梁，陈仲兵，等. 2010. 免疫捕获 PCR 检测进境苹果果实中梨火疫病菌. 植物检疫，24(1): 13–17.

洪纤纤，吴秀芹，罗金燕，等. 2019. 浙江省甘薯上发现瓜类细菌性果斑病菌. 浙江农业学报，31(7): 1112–1118.

胡白石，许志刚. 1993. 梨火疫病的分布、传播及检测技术研究进展. 植物检疫，13(3): 6–10.

胡佳续，郭京泽，张莹，等. 2017 进境美国小麦中小麦线条花叶病毒检疫鉴定. 中国植保导刊，37(11): 70–74.

华丽，杨红霞，黎婉芬，等. 2015. 进境美国小麦中小麦矮腥黑穗病菌及其近似种的鉴定. 吉林农业，22: 90–91.

黄静，刘勇，廖富荣，等. 2007. 黄瓜绿斑驳花叶病毒的鉴定及分子检测. 中国农学通报，23(4): 318–322.

霍世英，徐玉梅，高俊明，等. 2015. 山西短颈剑线虫（*Xiphinema brevicollum*）形态与 rDNA 分子特征. 植物保护，41(5): 134–139.

江辉，周益林，段霞瑜. 2012. 小麦矮腥黑穗病菌对温度的敏感性. 植物保护，38(2): 120–123.

阚玉敏. 2019. VBNC 状态西瓜嗜酸菌的诱导、复苏及其机制研究. 北京：中国农业大学.

雷艳，汤琳菲，王欢妍，等. 2014. 马铃薯帚顶病毒研究进展. 中国农学通报，30(3): 10–14.

李建中. 2008. 六种潜在外来入侵线虫在中国的适生性风险分析. 长春：吉林农业大学.

李敬娜，王乃顺，宋伟，等. 2018. 玉米褪绿斑驳病毒研究进展及防治策略. 生物技术通报，34(2): 121-127.

李敏慧，苑曼琳，姜子德，等. 2019. 香蕉枯萎病菌致病机理研究进展 . 果树学报，36(6): 803-811.

李明福，相宁，朱水芳 . 2013. 中国进境植物检疫性有害生物—病毒卷 . 北京：中国农业出版社.

李鑫，刘卉秋，胡强，等. 2014. 番茄环斑病毒纳米荧光颗粒试纸条的研制 . 生物技术通讯，25(6): 852-854.

梁宏，张国珍. 2013. Molecular identification of by inter-simple sequence repeat marker (英文). 植物病理学报，43(4): 337-343.

廖富荣，林石明，方志鹏，等. 2010. 进境西瓜种子中西瓜细菌性果斑病菌的检测鉴定. 植物保护，36: 135-138.

刘洪义，刘忠梅，张金兰，等. 2011. 进境玉米种子中玉米褪绿斑驳病毒的检测鉴定. 东北农业大学学报，42(10): 36-40.

刘先宝，葛建军，谭志琼，等. 2006. 马铃薯腐烂茎线虫在国内危害马铃薯的首次报道. 植物保护，(6): 157-158.

刘先宝. 2006. 马铃薯腐烂茎线虫的鉴定及分子检测. 海口：华南热带农业大学.

年四季，袁青，殷幼平，等. 2009. 实时荧光定量 PCR 鉴定小麦矮腥黑穗菌技术研究. 中国农业科学，42(12): 4403-4410.

潘玲玲，王峰，莫斌，等. 2018. 加拿大进境油菜籽茎基溃疡病菌的生物学特性. 江苏农业科学，46(10): 96-99.

彭金火，谭红，赵改萍. 1988. 大豆疫霉和大豆疫病. 植物检疫，12(3): 177-182.

钱国良，胡白石，卢玲，等. 2006. 梨火疫病菌的实时荧光 PCR 检测. 植物病理学报，36 (2): 123-128.

秦碧霞，蔡健和，黄金玲，等. 2010. 黄瓜绿斑驳花叶病毒抗血清制备及应用. 南方农业学报，41(2): 130-132.

秦碧霞，蔡健和，刘志明，等. 2005. 侵染观赏南瓜的黄瓜绿斑驳花叶病毒的初步鉴定. 植物检疫，19(4): 198-200.

秦萌，朱威龙，朱家林，等. 2018. 十字花科黑斑病病菌在我国的风险评估和检疫防控措施. 中国植保导刊，38(9): 78-82.

全国农业技术推广服务中心. 2001. 植物检疫性有害生物图鉴. 北京：中国农业出版社.

尚琳琳，周国梁，仇书红，等. 2010. 美国进境樱桃果实中梨火疫病菌的检测. 植物保护学报，37(5): 441-445.

苏梅华，吴建波，李秋英，等. 2010. 免疫吸附 PCR 技术提高梨火疫病菌检测灵敏度. 植物检疫，24(3): 8-11.

谭红，侯晓非，郭金清，等. 2004. 从进口美国大豆土壤中发现的疫霉菌的鉴定. 植物检疫，3(3): 158-160.

田沂民，于子翔，崔俊霞，等. 2020. 小麦线条花叶病毒检测及病毒在燕麦种子内的分布研究. 植物检疫，34(4): 36-39.

童贤明，徐静. 1996. 水稻细菌性条斑病研究概况. 植物检疫，(3): 46-50.

宛菲，彭德良，杨玉文，等. 2008. 马铃薯腐烂茎线虫特异性分子检测技术研究. 植物病理学报，

(3): 263–270.
王华杰，史晓晶，赵廷昌，等. 2009. 十字花科蔬菜细菌性黑斑病研究概述. 菌物研究，7(3–4): 218–220.
王佳莹，崔俊霞，张吉红，等. 2018. 小麦线条花叶病毒研究进展. 植物检疫，32(3): 5–9.
王立安，张文利，王源超，等. 2004. 大豆疫霉的 ITS 分子检测 . 南京农业大学学报. 27(3): 38–41.
王良华，丁国云，吴翠萍，等. 2007. 江苏口岸截获大豆疫霉菌的鉴定. 植物检疫，21(1): 1–4.
王守聪，钟天润. 2006. 全国植物检疫性有害生物手册. 北京：中国农业出版社.
王祥会，焦玉霞，孔德生，等. 2018. 腐烂茎线虫在我国的风险评估和防控建议. 中国植保导刊，38(10): 77–80，96.
王暄，李红梅，胡永坚，等. 2007. 根结线虫在中国的新纪录种—西班牙根结线虫（Hirschmann）. 植物病理学报，37(3): 321–324.
魏梅生，杨翠云，李桂芬. 2008. 番茄环斑病毒和烟草环斑病毒复合型胶体金免疫层析试纸条的研制. 植物检疫，22(2): 75–78.
魏淑秋，章正，郑耀水. 1995. 应用生物气候相似距对小麦矮腥黑穗病在我国定殖可能性的研究. 北京农业大学学报，21(2): 127–131.
吴元华，李立梅，赵秀香，等. 2010. 黄瓜绿斑驳花叶病毒在我国定殖和扩散的风险性分析. 植物保护，36(1): 33–36.
武静雅. 2013. 西瓜和甜瓜种子携带果斑病菌 BIO–PCR 检测方法的改良. 北京：中国农业大学.
许志刚，钱菊梅. 1995. 水稻细菌性条斑病适生性与控制研究进展. 植物检疫，(4): 239–244.
许志刚，沈秀萍，赵毓潮. 2006. 萝卜细菌性黑斑病的检测与防治. 植物检疫，(6): 392–393.
严进，吴品珊. 2013. 中国进境植物检疫性有害生物—菌物卷. 北京：中国农业出版社.
杨毅，姜蕾，李世访. 2020. 植原体分类鉴定研究进展. 植物检疫，(5): 13–20.
杨毅，李丹阳，段雅雯，等. 2020. 海南柑橘黄龙病发生分布调查及病原种类鉴定. 植物检疫，34(3): 43–47.
叶露飞，周国梁，印丽萍，等. 2015. 进境油菜籽中十字花科蔬菜黑斑病菌的检测. 植物病理学报，45(4): 410–417.
易建平，周国梁，印丽萍，等. 2010. 进境澳大利亚油菜籽中茎基溃疡病菌的检测. 植物病理学报，40(6): 628–631.
于子翔，宋绍祎，徐之雯，等. 2017. 进境玫瑰鲜切花李属坏死环斑病毒的检测鉴定. 植物检疫，31(2): 34–37.
余澍琼，张吉红，张慧丽. 2013. 番茄环斑病毒 RT–LAMP 检测方法的建立. 植物检疫，27(4): 44–47.
袁英哲，韩剑，王岩，等. 2020. 梨火疫病菌活菌快速定量检测方法的建立. 果树学报，37(9): 1425–1433.
张绍升，章淑玲，王宏毅，等. 2006. 甘薯茎线虫的形态特征. 植物病理学报，(1): 22–27.
张涛，吴云锋，曹瑛，等. 2012. 李属坏死环斑病毒病研究进展. 北方果树，167(1): 1–3.
章正. 2001. 小麦矮腥黑穗病在中国定殖可能性研究. 植物检疫，15(增刊): 1– 6.
赵明富，黄菁，吴毅歆，等. 2014. 玉米褪绿斑驳病毒及传播介体研究进展. 中国农业科技导报，16(5): 78–82.

赵世恒，李明福，张永江，等. 2007. 引进种质西瓜中黄瓜绿斑驳花叶病毒的检测. 北京农学院学报，22(2): 32–34.

赵学源. 2017. 柑橘黄龙病防治研究工作回顾. 北京：中国农业出版社.

中华人民共和国国家质量监督检验检疫总局，中国国家标准化管理委员会. 2002. 大豆疫霉病菌检疫鉴定方法: SN/T 1131—2002. 北京：中国标准出版社.

中华人民共和国国家质量监督检验检疫总局，中国国家标准化管理委员会. 2008. 栎树猝死病菌检疫鉴定方法: SN/T 2080—2008. 北京：中国标准出版社.

中华人民共和国国家质量监督检验检疫总局，中国国家标准化管理委员会. 2011. 黄瓜绿斑驳花叶病毒检疫鉴定方法: GB/T 28071—2011. 北京：中国标准出版社.

中华人民共和国国家质量监督检验检疫总局，中国国家标准化管理委员会. 2011. 苹果黑星病菌检疫鉴定方法: GB/T 28097—2011. 中国标准出版社.

中华人民共和国国家质量监督检验检疫总局，中国国家标准化管理委员会. 2011. 小麦线条花叶病毒检疫鉴定方法: GB/T 28103—2011. 北京：中国标准出版社.

中华人民共和国国家质量监督检验检疫总局，中国国家标准化管理委员会. 2012. 香蕉枯萎病菌 4 号小种检疫检测与鉴定: GB/T 29397—2012. 北京：中国标准出版社.

中华人民共和国国家质量监督检验检疫总局，中国国家标准化管理委员会. 2015. 油菜茎基溃疡病菌检疫鉴定方法: GB/T 31793—2015. 中国标准出版社.

中华人民共和国国家质量监督检验检疫总局，中国国家标准化管理委员会. 2015. 玉米褪绿斑驳病毒检疫鉴定方法: GB/T 31810—2015. 北京：中国标准出版社.

中华人民共和国国家质量监督检验检疫总局，中国国家标准化管理委员会. 2016. 马铃薯帚顶病毒检疫鉴定方法 : SN/T 1135.3—2016. 北京：中国标准出版社.

中华人民共和国国家质量监督检验检疫总局，中国国家标准化管理委员会. 2017. 松材线虫分子检测鉴定技术规程: GB/T 35342—2017. 北京：中国标准出版社.

中华人民共和国国家质量监督检验检疫总局. 2007. 大豆茎溃疡病菌检疫鉴定方法: SN/T 1899—2007. 北京：中国标准出版社.

中华人民共和国国家质量监督检验检疫总局，中国国家标准化管理委员会. 2011. 水稻细菌性条斑病菌的检疫鉴定方法: GB/T 28099—2011. 北京：中国标准出版社.

中华人民共和国国家质量监督检验检疫总局. 2013. 腐烂茎线虫检疫鉴定方法: GB/T 29577—2013. 北京：中国标准出版社.

中华人民共和国国家质量监督检验检疫总局. 2015. 短颈剑线虫检疫鉴定方法: SN/T 4171—2015. 北京：中国标准出版社.

中华人民共和国国家质量监督检验检疫总局. 2015. 马铃薯纺锤块茎类病毒检疫鉴定方法: GB/T 31790—2015. 北京：中国标准出版社.

中华人民共和国国家质量监督检验检疫总局. 2017. 西班牙根结线虫检疫鉴定方法 : SN/T 4873—2017. 北京：中国标准出版社.

中华人民共和国农业农村部. 2019. 全国农业植物检疫性有害生物分布行政区名录. https://www.moa.gov.cn/nybgb/2019/201906/201907/t20190701_6320036.htm.

周常勇. 2018. 对柑橘黄龙病防控对策的再思考. 植物保护，44(5): 30–33.

周国梁，尚琳琳，林泓，等. 2011. 油菜茎基溃疡病菌的实时荧光 PCR 检测. 植物病理学报，

41(1): 10–17.

周益林，段霞瑜，贾文明，等. 2007. 小麦矮腥黑穗病（TCK）传入中国及其定殖的风险分析研究进展. 植物保护，33(2): 6–10.

朱建裕，朱水芳，廖晓兰，等. 2003. 实时荧光 RT–PCR 一步法检测番茄环斑病毒. 植物病理学报，33(4): 338–341.

Bove JM, Renaudin J, Saillard C, et al. 2003. *Spiroplasma citri*, a plant pathogenic mollicute: relationships with its two hosts, the plant and the leafhopper vector. Annual Review of Phytopathology, 41(1): 483–500.

Chalupowicz L, Dror O, Reuven M, et al. 2015. Cotyledons are the main source of secondary spread of *Acidovorax citrulli* in melon nurseries. Plant Pathology. 64: 528–536.

Costamilan LM, Yorinori JT, Almeida ÁMR, et al. 2008. First report of *Diaporthe phaseolorum* var. *caulivora* infecting soybean plants in Brazil. Tropical Plant Pathology, 33 (5): 381–385.

De León L, Siverio F, López MM. et al. 2011. *Clavibacter michiganesis* subsp. *michiganensis*, a seedborne tomato pathogen: healthy seeds are still the goal. Plant Disease, 95, 1328–1339.

EPPO Global database. European and Mediterranean Plant Protection Organization. Paris, France, https://gd.eppo.int/taxon/LIBEAS/distribution.

EPPO Global database. European and Mediterranean Plant Protection Organization. Paris, France, https://gd.eppo.int/taxon/CORBMI.

EPPO Global database. European and Mediterranean Plant Protection Organization. Paris, France, https://gd.eppo.int/taxon/XANTFR.

EPPO Global database. European and Mediterranean Plant Protection Organization. Paris, France, https://gd.eppo.int/taxon/PHYP56/distribution.

EPPO Global database. European and Mediterranean Plant Protection Organization. Paris, France, https://gd.eppo.int/taxon/SPIRCI/.

Fahy PC, Lloyd GJ. 1983. *Pseudomonas*: the fluorescent Pseudomonads. Plant Bacterial Diseases: A Diagnostic Guide. Queensland: Austrilian Academic Press.

Goofellow M, Kampfer P, Busse H, et al. 2012. Bergey’s manual of systematic bacteriology: volume 5: the actinobacter. Springer Science and Business Media, 877–883.

Harrison NA, Womack M, Carpio ML. 2002. Detection and characterization of a lethal yellowing (16SrIV) group phytoplasma in Canary Island date palms affected by lethal decline in Texas. Plant Disease, 86(6): 676–681.

Hooper DJ. *Ditylenchus destructor*. 1973. CIH descriptions of plant–parasitic nematodes. Wallingford: CAB International.

Hopkins DL, and Thompson CM. 2003. Wet seed treatment with peroxyacetic acid for the control of bacterial fruit blotch and other seedborne diseases of watermelon. Plant Disease. 87: 1495–1499.

Hwang MSH, Morgan RL, Sarkar SF, et al. 2005. Phylogenetic characterization of virulence and resistance phenotypes of *Pseudomonas syringae* [J]. Applied and Environmental Microbiology, 71(9): 5182–5191.

Jeffries GJ. 1998. FAO/IPGRI Technical guidelines for the safe movement of potato germplasm No.

19//Potato. Rome: Food and Agriculture Organization of the United Nations, 33–96.

Jones RAC. and Harrison BD. 1972. Ecological studies on potato mop-top virus in Scotland. Annals of Applied Biology, 71(1): 47–57.

Kennedy BW, King TH. Angular leaf spot of strawberry caused by *Xanthomonas frageriae* sp. nov. Phytopathology, 1962, 52: 873–875.

Lee SY, Lee C, Kim J, et al. 2012. Application of optical coherence tomography to detect cucumber green mottle mosaic virus (CGMMV) infected cucumber seed. Horticulture, Environment and Biotechnology, 53(5): 428–433.

Lin B, Shen H. 2017. *Fusarium oxysporum* f. sp. *cubense*. Biological Invasions and Its Management in China. Springer Singapore.

Liu SY, Liu Z, Fitt BDL, et al. Resistance to *Leptosphaeria maculans* (phoma stem canker) in *Brassica napus* (oilseed rape) induced by *L. biglobosa* and chemical defence activators in field and controlled environments. Plant Pathology, 2006, 55: 401–412.

Northern Stem Canker. https://fieldcrops.cals.cornell.edu/soybeans/

Peter BJ, Ash GJ, Cother EJ, et al. 2004. *Pseudomonas syringae* pv. *maculicola* in Australia: pathogenic, phenotypic and gentic diversity. Plant Pathology, 53: 73–79.

Phytophthora ramorum (Sudden Oak Death (SOD)). https://www.cabi.org/isc/datasheet/40991

Salazar LF. 1996. Potato viruses and their control. International Potato Center (CIP).

Schaad NW, Postnikova E, Sechler A, et al. 2008. Reclassification of subspecies of *Acidovorax avenae* as *A. avenae* (Manns 1905) emend., *A. cattleyae* (Pavarino, 1911) comb. nov., *A. citrulli* Schaad et al., 1978) comb. nov., and proposal of *A. oryzae* sp. nov. Syst. Appl. Microbiol. 31: 434–446.

Sen Y, derWolf J, Visser R, et al. 2015. A. bacterial canker of tomato: current knowledge of detection, management, resistance, and interactions. Plant Disease, 99: 4–13.

Shoemaker RA, Brun H. 2001. The teleomorph of the weakly aggressive segregate of *Leptosphaeria maculans*. Canadian Journal of Botany, 79: 412–419.

Singh K, Wegulo S, Skoracka AN, et al. 2018. Wheat streak mosaic virus: a century old virus with rising importance worldwide. Molecular Plant Pathology, 19(9): 2193–2206.

Van den Mooter M, Swings J. 1990. Numerical analysis of 295 phenotypic features of 266 *Xanthomonas* strains and related strains and an improved taxonomy of the genus. International Journal of Systematic Bacteriology, 40: 348–369.

Walcott RR, Gitaitis RD, Castro AC. 2003. Role of blossoms in watermelon seed infestation by *Acidovorax avenae* subsp. *citrulli*. Phytopathology, 93: 528–534.

Wang J, Wei HL, Chang RK, et al. 2017. First report of strawberry bacterial angular leaf spot caused by *Xanthomonas fragariae* in Tianjin, China. Plant Disease, 101(11): 1949.

Zheng Z, Chen JC, Deng XL. 2018. Historical perspectives, management, and current research of citrus HLB in Guangdong province of China, where the disease has been endemic for over a hundred years. Phytopathology, 108(11): 1224–1236.

第 7 章
植物检疫性害虫及其防控

本章简介

植物检疫性害虫主要包括昆虫和软体动物两大类别，我国主要涉及进境检疫性害虫、全国农业检疫性害虫和全国林业检疫性害虫，在植物、植物产品、集装箱等检疫中常有截获。本章在介绍植物检疫性害虫基本类别的基础上，针对检疫性半翅类、鳞翅类、鞘翅类、双翅类及其他类害虫，简介了 20 种检疫性害虫的检疫地位、学名与分类地位、地理分布、寄主植物与危害症状，详解了 12 种检疫性害虫代表种类的检疫地位、学名、分类地位、英文名、地理分布、寄主植物、危害症状、形态特征、生物学特性、传播途径、检疫措施与实践。

学习目的

掌握植物检疫性害虫的类别，掌握检疫性半翅类、鳞翅类、鞘翅类、双翅类及其他类害虫代表性种类的基础知识和检疫方法。

思维导图

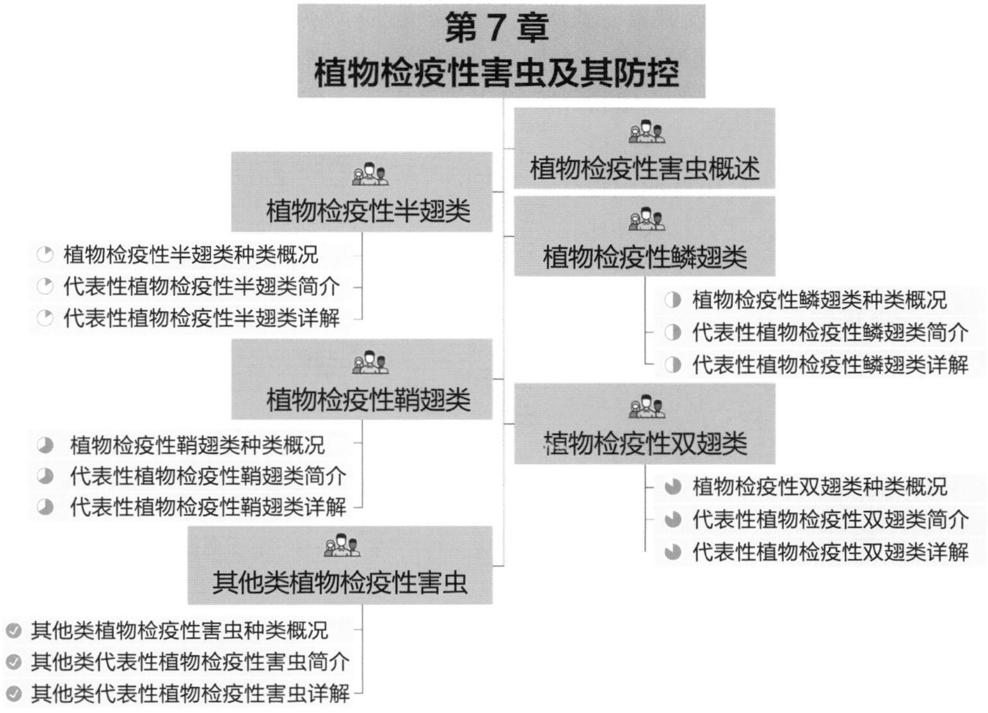

课前思考

❖ **两大类别**：植物检疫性害虫有哪两大类别？不同类别的检疫性害虫有哪些代表种类？
❖ **两个如何**：植物检疫性害虫代表种类的特点特性如何？如何实施检疫？
❖ **两个为什么**：为什么检疫性害虫的种类相对多？为什么检疫性害虫的截获相对多？

7.1 植物检疫性害虫概述

学习重点

- 掌握我国检疫性害虫的主要类别和种类。

当前，我国植物检疫性害虫包括昆虫（如葡萄根瘤蚜）和软体动物（如非洲大蜗牛）两大类群。在进境、全国农业和林业检疫性害虫中，均有昆虫；而软体动物仅为进境检疫性害虫，且占比仅有6%。在早期的植物检疫性有害生物名单中，螨类也曾被列为植物检疫性害虫，例如木薯单爪螨，后被从名单中移除。

按照检疫地位来划分，检疫性害虫可分为3个类别，即进境检疫性害虫、全国农业检疫性害虫和全国林业检疫性害虫。在进出境植物检疫领域，我国现用的检疫性有害生物名录为2007年颁布的《中华人民共和国进境植物检疫性有害生物名录》，颁布时涉及检疫性害虫有146种（属）昆虫和6种软体动物，后期进行多次增补，目前包括148种（属）检疫性昆虫和9种软体动物。其中，后期增补的检疫性害虫包括扶桑绵粉蚧（2009年2月增补）、木薯绵粉蚧（2011年6月增补）、地中海白蜗牛（2012年9月增补）、乳状耳形螺和玫瑰蜗牛（2021年4月增补）。在农业植物检疫领域，我国现用的检疫性有害生物名单为2020年11月14日由中华人民共和国农业农村部颁布的《全国农业植物检疫性有害生物名单》，涉及检疫性害虫9种，包括菜豆象、四纹豆象、蜜柑大实蝇、苹果蠹蛾、葡萄根瘤蚜、马铃薯甲虫、稻水象甲、红火蚁和扶桑绵粉蚧。在林业植物检疫领域，我国现用的检疫性有害生物名单为2013年原国家林业局修订的《全国林业检疫性有害生物名单》，其中10种检疫性害虫包括美国白蛾、苹果蠹蛾、红脂大小蠹、双钩异翅长蠹、杨干象、锈色棕榈象、青杨脊虎天牛、扶桑绵粉蚧、红火蚁和枣实蝇。

按照分类地位来划分，检疫性昆虫可分为7个目，包括等翅目、半翅目、缨翅目、鞘翅目、鳞翅目、双翅目和膜翅目。检疫性害虫可以通过迁飞和飞行来进行主动的传播扩散，也可以通过自然载体或者人为活动进行远距离传播扩散，例如引种、贸易、旅客携带等，而后者则是植物检疫重点关注的传播途径。大部分检疫性害虫在国内无发生，例如地中海实蝇、欧洲樱桃绕实蝇等，部分检疫性害虫已在国内发生，例如稻水象甲、马铃薯甲虫、红火蚁、枣实蝇等，我国会对已发生的检疫性害虫进行检疫监测。

本章按照分类地位，重点介绍四大类检疫性害虫——检疫性半翅类、鳞翅类、鞘翅类和双翅类，同时介绍包括膜翅目和软体动物在内的其他检疫性害虫。

小结

我国植物检疫性害虫包括昆虫和软体动物两大类别。《中华人民共和国进境植物检疫性有害生物名录》中包括 148 种（属）检疫性昆虫和 9 种软体动物；《全国农业植物检疫性有害生物名单》中检疫性害虫有 9 种，《全国林业检疫性有害生物名单》中检疫性害虫有 10 种。

7.2 植物检疫性半翅类

学习重点

- 掌握植物检疫性半翅类的代表性种类；
- 掌握植物检疫性半翅类的基础知识和检疫方法。

7.2.1 植物检疫性半翅类种类概况

检疫性半翅类的基本类别包括蚜虫类、介壳虫类和粉虱类，介壳虫是其中最重要的类别。检疫性介壳虫主要包括新菠萝灰粉蚧、南洋臀纹粉蚧、扶桑绵粉蚧、木薯绵粉蚧等，其最重要的识别特征为成虫雌雄异形，雄虫仅有前翅，后翅退化成拟平衡棒，雌虫无翅。检疫性蚜虫类主要包括苹果绵蚜、葡萄根瘤蚜等，该类害虫重要的识别特征为腹部有腹管和尾片。截至 2021 年 12 月，《中华人民共和国进境植物检疫性有害生物名录》中的检疫性半翅类有 25 种属；《全国农业植物检疫性有害生物名单》中的检疫性半翅类有 2 种；《全国林业检疫性有害生物名单》中有 1 种。

本节将对 3 种具有代表性的半翅类昆虫：松突圆蚧（*Hemiberlesia pitysophila Takagi*）、新菠萝灰粉蚧（*Dysmicoccus neobrevipes* Beardsley）、南洋臀纹粉蚧（*Planococcus lilacinus* Cockerell）进行简单介绍；对 2 种具有代表性的半翅类昆虫：葡萄根瘤蚜［*Daktulosphaira vitifoliae*（Fitch）］和扶桑绵粉蚧（*Phenacoccus solenopsis* Tinsley）进行详细介绍。

7.2.2 代表性植物检疫性半翅类简介

1）**松突圆蚧**

检疫地位：松突圆蚧是属于《中华人民共和国进境植物检疫性有害生物名录》中的检疫性害虫。

学名：*Hemiberlesia pitysophila* Takagi

英文名：Pine needle hemiberlesian scale

分类地位：隶属于真核生物中的节肢动物门（Arthropoda），昆虫纲（Insecta），半翅目（Hemiptera），盾蚧科（Diaspidae），栉圆盾蚧属（*Hemiberlesia*）。

地理分布：国外主要分布于日本、朝鲜半岛；国内主要分布于台湾、香港、澳门和其他部分省份。

寄主植物：主要危害松属，有记录的包括：加勒比松、湿地松、卵果松、南亚松、琉球松、马尾松、展叶松、晚松、火炬松、黑松、光松等。

危害症状：被害松属的针叶常枯萎、抽出的新梢缩短，树木长势衰弱，严重者树冠下部的枝条先行枯死，继而上部针叶枯黄脱落，嫩梢卷曲或停止生长，最后全株枯死。在受害的寄主中，以马尾松受害最为严重，从1～2年幼苗至30年生的大树均可被寄生且能成片感染；而在湿地松和黑松上，虫口密度虽高，但很难致死。该蚧虫主要寄生在针叶基部，其次寄生在新抽出的嫩梢基部和新鲜球果的果鳞上，以及新长出的针叶中下部。寄生叶鞘基部多为雌蚧，而散居针叶、嫩梢和球果果鳞多为雄蚧。被寄生部位颜色发黑或变褐，干枯或软烂。严重受害松林的宏观特征是林分针叶发黄，落叶较多，新梢短而少，濒于枯死。

2）**新菠萝灰粉蚧**

检疫地位：新菠萝灰粉蚧是属于《中华人民共和国进境植物检疫性有害生物名录》中的检疫性害虫。

学名：*Dysmicoccus neobrevipes* Beardsley

英文名：Grey pineapple mealybug

分类地位：隶属于真核生物中的节肢动物门（Arthropoda），昆虫纲（Insecta），半翅目（Hemiptera），粉蚧科（Pseudococcidae），灰粉蚧属（*Dysmicoccus*）。

地理分布：该虫在亚洲、欧洲、大洋洲、北美洲和南美洲均有分布。具体包括：亚洲（菲律宾、泰国、越南），欧洲［意大利（西西里岛）］，大洋洲（斐济、基里巴斯、马绍尔群岛、萨摩亚群岛、夏威夷群岛、北马里亚群岛），北美洲和南美洲（墨西哥、巴哈马群岛、巴拿马、巴西、厄瓜多尔、哥伦比亚、哥斯达黎加、海地、秘鲁、危地马拉、牙买加）等国家和地区。

寄主植物：凤梨、番荔枝、柑橘、咖啡、可可、椰子、香蕉、芭蕉、仙人掌、合欢、落花生、棉、番茄、石榴、茄、人心果、柚木等。

危害症状：新菠萝灰粉蚧为刺吸式口器，主要刺吸剑麻的汁液为食，以嫩叶为主，被该虫取食后的剑麻布满黄色斑点，影响剑麻的光合作用，致使叶片变黄，严重时刻导致剑麻根部塌陷，甚至死亡。该虫还可分泌蜜露诱发煤烟病，影响剑麻的生长发育，特别是对剑麻纤维的应用危害尤为严重，直接影响剑麻的产量和质量。

3）**南洋臀纹粉蚧**

检疫地位：南洋臀纹粉蚧是属于《中华人民共和国进境植物检疫性有害生物名录》中的检疫性害虫。同时，也为多米尼加、巴拉圭、巴西、哥斯达黎加、美国、乌拉圭、新西兰、柬埔寨、约旦等国家和地区的检疫性有害生物。

学名：*Planococcus lilacinus* Cockerell

英文名：Cacao mealybug

分类地位：隶属于真核生物中的节肢动物门（Arthropoda），昆虫纲（Insecta），半翅目（Hemiptera），粉蚧科（Pseudococcidae），臀纹粉蚧属（*Planococcus*）。

地理分布：该虫在亚洲、非洲、大洋洲和美洲有分布。具体包括亚洲（菲律宾、柬埔寨、孟加拉国、缅甸、日本、斯里兰卡、泰国、印度、印度尼西亚、越南、中国），非洲（科摩罗、马达加斯加、塞舌尔），大洋洲（巴布亚新几内亚），美洲（多米尼加、圭亚那、海地、萨尔瓦多）。

寄主植物： 杧果、酸橙、柚、柠檬、番荔枝、番石榴、葡萄、波罗蜜等水果，变叶木、合欢、刺桐、丁香、刺葵、露兜树、臭椿、柚木等树木，还可危害咖啡、可可、椰子，烟草、茄、杜鹃花、落花生等。

危害症状： 该虫是咖啡、罗望子、番荔枝、椰子、可可和柑橘上的一种严重或主要的害虫。危害椰子和可可的根和树梢，造成落果、花序干枯和枝梢死亡。危害密集的群落会在果实上形成明显的斑点，大量的蜜露会导致煤污病，并吸引蚂蚁。

7.2.3 代表性植物检疫性半翅类详解

1）葡萄根瘤蚜

检疫地位： 葡萄根瘤蚜是《中华人民共和国进境植物检疫性有害生物名录》和《全国农业植物检疫性有害生物名单》中的检疫性害虫，同时，也被欧洲和地中海植物保护组织列为 A2 类检疫性有害生物。

学名： *Daktulosphaira vitifoliae*（Fitch）。

英文名： Grape root louse; Grapevine root-aphid; Grape phylloxera; Vine louse。

分类地位： 隶属于节肢动物门（Arthropoda），昆虫纲（Insecta），半翅目（Hemiptera），胸喙亚目（Sternorrhyncha），球蚜总科（Adelgoidea），根瘤蚜科（Phylloxeridae），根瘤蚜属（*Daktulosphaira*）。

地理分布： 葡萄根瘤蚜原产于美洲，19 世纪中叶自美国传入欧洲和大洋洲，几乎完全摧毁当地的葡萄业。现已传播到各大洲 40 多个国家和地区。据我国农业农村部 2022 年公布的《全国农业植物检疫性有害生物分布行政区名录》，该虫目前分布在我国上海、河南、湖南、陕西和广西 5 个省（自治区、直辖市）的 10 个县（市、区）。

寄主植物： 葡萄属，主要是葡萄，还包括美国葡萄和河岸葡萄等。

危害症状： 主要危害根部，也可危害叶片。通常可危害美洲系葡萄和野生葡萄的根和叶，但只危害欧洲系葡萄根部。根部被害后肿胀形成根瘤，不久变色腐烂，受害根枯死，严重阻碍水分和养分的吸收和输送，造成植株发育不良，生长迟缓，树势衰弱，影响开花结果，严重时可造成部分根系甚至植株死亡（图 7-1）。美洲葡萄叶受害后形成豌豆状虫瘿，叶片萎缩，光合作用受阻，严重影响植株的正常生长，罕见在欧洲和亚洲葡萄种上形成虫瘿。葡萄根瘤蚜在美洲系葡萄品种上为全周期型，具有有性世代，危害后导致叶片形成叶瘿，根部形成根瘤。在欧洲系葡萄品种上通常为不完全周期型，以孤雌生殖方式在根部生活，不在叶片上形成虫瘿。有时在某些欧洲品种的根上和叶上也可发生两性生殖现象，但越冬卵孵化的干母大都死亡，罕见形成叶瘿；而在欧美两系的杂交品种上可形成叶瘿。

图 7-1 葡萄根瘤蚜形成的根瘤（余慧 摄，刘若思 提供）

主要鉴别特征：

无翅孤雌蚜：体卵圆形，末端狭长，体长 1.15 ～ 1.50 mm，宽 0.75 ～ 0.90 mm。活体鲜黄至污黄色，有时淡黄绿色。玻片标本淡色至褐色，触角及足深褐色。体表明显有暗褐色鳞形纹隆起，体缘包括头顶有圆形微突起，胸部、腹部各节背面各有一横行深色大瘤状突起（图 7–2）。复眼由 3 小眼面组成。触角 3 节，粗短，有瓦纹，节Ⅲ基部顶端有一圆形感觉圈。喙粗大，端部伸达后足基节。足短粗，胫节短于腿节；后足跗节Ⅱ端部有 1 对棒状长毛向爪间伸出。无腹管。尾片末端圆形，有毛 6 ～ 12 根。尾板圆形，有毛 9 ～ 14 根。

有翅孤雌蚜：体长约 0.90 mm，宽 0.45 mm。初羽化时体淡黄色，翅乳白色，后为橙黄色，中后胸深赤褐色，翅无色透明，触角及足黑褐色。触角 3 节，节Ⅲ有 2 个感觉圈，基部一个近圆形，端部一个近长圆形。静止时翅平叠于背面。前翅翅痣大，仅有 3 根斜脉，其中肘脉 1 与 2 共柄。后翅缺斜脉（图 7–2）。

性蚜：雄蚜体长约 0.27 mm，宽约 0.14 mm，无翅，喙退化。雌蚜体长约 0.36 mm，宽约 0.18 mm，无翅，喙退化。体褐黄色，触角与足呈灰黑色。触角 3 节，节Ⅲ端部有一圆形感觉圈。跗节 1 节。

图 7–2　葡萄根瘤蚜形态图（A 和 B，张润志 摄；C 和 D 余慧 摄，刘若思 提供）

A. 卵，B. 若蚜，C. 无翅型雌蚜，D. 有翅蚜

生物学特性：

葡萄根瘤蚜趋向于刺吸生命力旺盛的新根，口器刺透皮层外部的薄壁组织细胞，破坏植物细胞原生质壁。葡萄根瘤蚜成虫分为有翅型成虫和无翅型成虫，其中无翅型成虫又分为叶瘿型和根瘤型。

在美洲系葡萄上，葡萄根瘤蚜以卵附着在葡萄茎上越冬，在欧洲系葡萄上，以 1 ～ 2 龄若虫在根瘤上越冬。卵在葡萄茎上的最适生存温度为 21 ～ 36℃。葡萄根瘤蚜越冬若蚜和卵能耐低温，在土温 -14 ～ -13℃时才死亡，当第二年春天土温上升到 13℃时，开始活动。平均温度为 13 ～ 18℃，降雨量平均在 100 ～ 200 mm，最适于葡萄生长，也最宜于葡萄根瘤蚜的发生与繁殖。卵对水浸泡的耐受性极强，用温度低于 42℃的水浸泡没有伤害，但水温升高会造成伤害，当水温超过 45℃时浸泡 5 min，卵全部死亡。同样，-12 ～ -11℃的冬季低温也对根瘤蚜没有伤害。气候干旱能引起猖獗危害。葡萄园中疏松、具团粒结构的土壤适于葡萄根瘤蚜生息，砂土地对葡萄根瘤蚜不利。根瘤蚜的繁殖能力极强，繁殖世代受生态条件的影响，在温暖地区能发生 7 ～ 9 代。不同土层的土温也对发生代数有影响。

在我国山东烟台发生的葡萄根瘤蚜仅寄生在根部，每年发生 7 ～ 8 代，以各龄若虫在 1 cm 深以下的土层中，或二年生以上的粗根叉，缝隙被害处越冬。翌年 4 月开始活动。5 月中旬至 6 月下旬和 9 月上旬至 9 月下旬，蚜虫发生量最多。7 月，进入雨季，被害根开始腐烂，蚜虫沿根、土壤缝隙迁移到表土层的须根上取食危害，形成大量菱角形根瘤。若虫期 12 ～ 18 d，成虫寿命 14 ～ 26 d，有翅蚜 7 月上旬始出，9 月下旬至 10 月下旬为盛期。

传播途径：葡萄根瘤蚜的传播途径有多种，可近距离传播也可远距离传播。近距离传播主要通过人为农事操作工具进行传播，1 龄若蚜的爬行和风力传送亦可近距离传播；远距离传播主要是通过苗木、接穗等，或通过运输车辆、工具及包装传播。其中带虫苗木和种条的调运是最危险的传播途径。

◎ **检疫措施与实践：**

① 风险分析：葡萄根瘤蚜在中国的适生性分析表明，葡萄根瘤蚜在中国属于高度危险性有害生物，除了广东省和海南省没有葡萄种植的省份和新疆南部、内蒙古西部的荒漠地带为葡萄根瘤蚜的非适生区，其他省份几乎都是该虫的适生区，高度适生区占了我国绝大部分省份。针对葡萄根瘤蚜在我国的适生区域广，适生程度高的高风险性，需采取适合的植物检疫措施进行防治，如实施严格的入境检疫、产地检疫、调运检疫，严禁将带有该虫的葡萄种苗进境和运出疫区。同时，在我国疫区开展监测控制，开展化学防除结合生物防治以及砍园等措施，遏制葡萄根瘤蚜扩散蔓延势头，逐渐根除其危害。

② 检疫鉴定：针对葡萄根瘤蚜的检疫鉴定，国家质量监督检验检疫总局 2004 年发布了中华人民共和国出入境检验检疫行业标准《葡萄根瘤蚜的检疫鉴定方法》（SN/T 1366—2004）。该标准规定了葡萄根瘤蚜的鉴定方法，适用于葡萄苗木、插条传带的葡萄根瘤蚜的形态学鉴定。

A. 形态学鉴定：进行现场查验时，检查葡萄根部（尤其须根），有无被害后形成的菱形（或鸟头状）根瘤，侧根和大根处有无关节形肿瘤；同时检查叶片上有无虫瘿；还需检查运输工具、包装物及四周区域。将获得的各虫态蚜虫放入 75% 乙醇的小玻璃管或指形管中保存，并制作标本用于形态鉴定。主要鉴定方法为：根据葡萄根部有瘤状膨大或叶面有虫瘿，结合不同虫态的形态学特征进行判定是否为葡萄根瘤蚜；根据寄主种类、危害特征、各虫态形态特征综合判定，成虫的形态学特征作为最终的判定依据。

B. 分子鉴定：近年来，越来越多的分子生物学技术被用于葡萄根瘤蚜的鉴定。除利用传统的 mtDNA COI 基因通用型引物 LCO-1490/HCO-2198 获得葡萄根瘤蚜的 COI 序列外，还有针对 mtDNA COI 基因的特异性 SS-COI 引物（VitF269/VitR557）可用于葡萄根瘤蚜的鉴定。针对 ITS2 序列设计并筛选了引物和探针，能有效地从土壤中鉴定出葡萄根瘤蚜；而引物对

DVIT_F 和 DVIT_R 能从葡萄根和危害葡萄的根结线虫中鉴定出葡萄根瘤蚜。分子鉴定技术是对葡萄根瘤蚜形态鉴定识别方法的补充，提高了口岸检测效率。

③**检疫处理**：通常情况，严禁有葡萄根瘤蚜发生地区的葡萄苗木和插条外运。在其他地区引进葡萄苗木和插条时要严格检查苗木、插条、运输工具和包装物。

欧洲和地中海植物保护组织的 PM10/16 号文件规定了热水处理葡萄树上葡萄根瘤蚜的方法，该方法规定的操作步骤为：将植物从花盆中取出，清洗根部，去除土壤。把根剪切到 15 cm 左右，修剪嫩芽至 6～7 个。对根部进行预处理，将葡萄根在 43℃水里浸泡 5 min，然后立即转移到 52℃的水中 5 min。热水处理后，将葡萄根浸泡在冷水里至少 30 min 以促进快速冷却及减少热能损失。EPPO 的 10/20 (1) 号文件规定了针对葡萄藤中葡萄根瘤蚜的磷化氢熏蒸处理的方法，对于活动的幼虫，每立方米 4 g 磷化氢 13℃时熏蒸 48 h 即可完全杀死；对于滞育的幼虫，每立方米磷化氢 3 g 与每立方米二氧化碳的 120 g 混合，10℃时熏蒸 96 h 可完全杀死。

针对葡萄根瘤蚜的植物检疫，还可在苗木、种条调运前和栽种前进行消毒处理，可用溴甲烷熏蒸处理（由于污染环境，已逐步被取代）：在 20～30℃条件下，每立方米种苗或种条使用剂量为 30 g 左右，熏蒸 3～5 h；或杀虫剂药液处理：将苗木或枝条使用 200 倍 10% 烟碱乳油浸泡 3～5 min，50% 辛硫磷 800 倍液浸泡苗木 15 min，乙酰甲胺磷正常浓度喷雾。

④**疫情监测**：

我国各地植保部门根据具体情况开展葡萄根瘤蚜的监测工作。在未发生区，重点监测高风险区域，如：曾从疫情发生区调入葡萄苗木的种植区、引进境外葡萄苗木种植区、葡萄苗木繁育基地和葡萄生产基地等，主要监测葡萄根瘤蚜是否传入。在已发生区，重点监测发生疫情的有代表性地块和发生边缘区，主要监测葡萄根瘤蚜发生动态和扩散趋势。

在葡萄春季开始萌动到冬初冬眠前进行调查，但最适调查时期是在葡萄根系 2 个生长高峰的中后期阶段：即谢花后 1 个半月和落叶前 1 个月（长江中下游地区一般为 5—6 月和 9—10 月），以及生长季节中的相对干旱时期。各地根据当地的气候和葡萄生育期确定具体的调查时间。

⑤**检疫实例**：

植物检疫实例分析 7-1：葡萄根瘤蚜是国际关注的检疫性有害生物，被我国列为进境和全国农业检疫性害虫，我国既要防控该虫从国外进一步传入我国，又要防控该虫在国内的进一步扩散。例如，农业植物检疫领域对该虫进行了全力阻截，将发生地区控制在了局部县市。来自农业农村部的检疫性有害生物疫情监测显示，2018 年该虫在 5 个省（自治区、直辖市）的 12 个县（区、市）有发生，涉及上海市的嘉定区、崇明区，河南省洛阳市的偃师市、三门峡市的渑池县，湖南省怀化市的中方县、辰溪县、会同县、新晃县、芷江县、洪江市，广西壮族自治区桂林市的兴安县，陕西省西安市的灞桥区；如前所述，2021 年该虫在 5 个省（自治区、直辖市）的 10 个县（区、市）有发生，相较 2018 年，有 2 个县已根除了葡萄根瘤蚜，包括河南省三门峡市的渑池县、湖南省怀化市的辰溪县。

2）扶桑绵粉蚧

检疫地位：扶桑绵粉蚧是属于《中华人民共和国进境植物检疫性有害生物名录》《全国农业植物检疫性有害生物名单》和《全国林业检疫性有害生物名单》中的检疫性害虫。

学名： *Phenacoccus solenopsis* Tinsley。

英文名： Cotton mealybug。

分类地位： 隶属于真核生物中的节肢动物门（Arthropoda），昆虫纲（Insecta），半翅目（Hemiptera），粉蚧科（Pseudococcidae），绵粉蚧属（*Phenacoccus*）。

地理分布： 原产于北美，后传播至南美洲、大洋洲、非洲、欧洲和亚洲部分国家和地区，曾对印度和巴基斯坦的棉花生产造成严重危害。国外分布区包括孟加拉国、柬埔寨、印度、印度尼西亚、伊朗、伊拉克、日本、巴基斯坦、斯里兰卡、泰国、土耳其、越南。我国于 2008 年首次发现扶桑绵粉蚧的入侵和危害。据农业农村部 2022 年公布的《全国农业植物检疫性有害生物分布行政区名录》，该虫目前分布在我国天津、江苏、安徽、浙江、福建、山东、广西和新疆等 14 个省（自治区、直辖市）的 125 个县（市、区）。

寄主植物： 据资料记载，扶桑绵粉蚧的寄主植物很多，已知的有 57 科 149 属 207 种，其中以锦葵科、茄科、菊科、豆科为主。比如锦葵科中的棉花；茄科中的番茄、茄子、辣椒和枸杞；菊科中的苍耳和向日葵。

危害症状： 以若虫和成虫的口针刺吸寄主植物的叶、嫩茎、花芽和叶柄的汁液，虫量多时也可危害老枝和主茎，致使受害植物长势减弱，受害嫩枝处叶片出现不规则徒长，且叶片沿叶脉皱缩，扭曲畸形。危害棉花时，会造成棉桃过早脱落，严重时导致棉叶完全脱落；棉花被粉蚧侵害的部位如棉株顶尖、茎及枝秆上堆积白色蜡质物质；危害部位因粉蚧排泄的蜜露，吸引大量蚂蚁，滋生黑色霉菌。据调查，被扶桑绵粉蚧危害后的棉花减产 40% 以上，部分田块可能绝收（图 7–3）。

图 7–3　扶桑绵粉蚧田间危害状（张润志 摄）

主要鉴别特征：

雌虫：活体卵圆形，浅黄色。足红色，腹脐黑色。被有薄蜡粉，在胸部可见 0～2 对，腹部可见 3 对黑色斑点。体缘有蜡突，均短粗，腹部末端 4～5 对较长。除去蜡粉后，在前、中胸背面亚中区可见 2 条黑斑，腹部 1～4 节背面亚中区有 2 条黑斑。在破片上体阔呈卵圆形，2.5～2.9 mm 长，1.6～1.95 mm 宽。尾瓣发达，端毛长约 25 μm。触角 9 节，基节粗，他节较细。单眼发达，突出，位于触角后体缘。足粗壮，发达，转节每侧有 2 个感觉孔，腿节和胫节上有许多粗刺，爪下有一不明显小齿。后足胫节后面有透明孔，在腿节端部亦有少量透明孔。口器发达（图 7–4）。

雄虫：体微小，红褐色，长 1.4～1.5 mm。触角 10 节，长约为体长的 2/3。足细长，发达。腹部末端具有 2 对白色长蜡丝。前翅正常发达，平衡棒顶端有 1 根钩状毛。

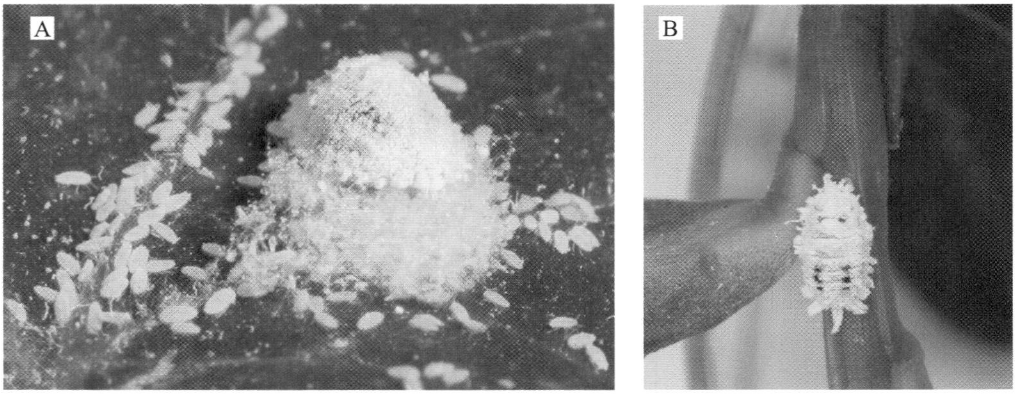

图 7–4　扶桑绵粉蚧若虫及雌成虫

A. 初孵若虫（张润志 摄）；B. 雌成虫（朱雅君 摄）

生物学特性：

① 成虫生物学特性：

生活史：气温在 27℃以下，雌虫若虫期为 15～20 d，总历期 47～59 d；雄虫若虫和蛹期为 17～22 d，总历期 20～26 d。每年可繁殖 10～15 代，世代重叠严重。寄主的整个生长周期均有粉蚧危害，各虫态并存。雌虫寿命明显长于雄虫。雌虫生活史历经卵、1～3 龄若虫、雌成虫；雄虫生活史包括卵、1～2 龄若虫、预蛹和雄成虫。

取食和羽化：初孵的 1、2 龄若虫爬向寄主植物上部的幼嫩部位取食，并沿叶脉分布。雌虫进入 3 龄后，开始向下部老叶及茎部取食。1 龄若虫在取食寄主植物前，先在寄主上四处爬行，利用感受器对植物表面进行感官接触来识别寄主植物，如不停摆动触角，不时用口针刺探寄主表面进行“试食”，直到找到合适处才固定下来。雄若虫进入 2 龄 3～4 d 后，寻找阴暗隐蔽场所化蛹。雄虫羽化后寻找雌成虫交配，交配不久后死亡，1 生只交配 1 次，交配时间为 2～5 min。

产卵：该虫主要营孤雌生殖，雌虫生殖能力强，单头可产 500～600 粒卵。

② 幼虫生物学特性：1 龄若虫活动能力强，主要通过 1 龄若虫的自主爬行进行自然扩散。

传播途径：扶桑绵粉蚧在自然条件下主要依靠低龄若虫爬行或通过风雨传播，在适宜寄主条件下可较快扩散。人为传播是扶桑绵粉蚧远距离传播的主要途径，包括长距离植物产品调运、人工田间操作、随意抛弃染疫植株等。

◎ **检疫措施与实践：**

① 风险分析：扶桑绵粉蚧有很强的抗寒能力，过冷却点较低，说明其适生于较寒冷的地域。利用扶桑绵粉蚧目前在全世界已知的 47 个分布地点，使用 GARP 生态位模型分析预测扶桑绵粉蚧在中国的潜在地理分布，并参照国际上有害生物危险性分析方法预测，适生区在我国包括海南、广东、广西、福建、台湾、浙江、江西、湖南、贵州、云南、重庆、湖北、安

徽、上海、江苏、山东、河南 17 个省（自治区、直辖市）的大部分区域，新疆、甘肃、四川、宁夏、陕西、山西、河北、北京、天津、辽宁、内蒙古 11 个省（自治区、直辖市）的部分地区。由此可见，我国的各棉花主产区，包括长江中、下游棉区，黄河中、下游棉区，华北棉区和新疆棉区以及我国的华南、西南、华东等花卉种植区都是该虫的高危发生区域。扶桑绵粉蚧的寄主植物在我国南北广泛存在，可为其提供充足的食物来源。我国还具有该虫发生的适宜气候条件。因此，扶桑绵粉蚧极易在我国扩散危害。

② 检疫鉴定：

A. 形态学鉴定（引自林业行业标准 LY/T 2778—2016）

以雌成虫形态为主要鉴别依据。若虫、雄成虫形态特征为参考依据。

雌成虫：同上文成虫中雌虫主要鉴别特征。主要特征为：虫体卵圆形，浅黄色。足红色，腹脐黑色。被有薄蜡粉，在胸部可见 0～2 对、腹部可见 3 对黑色斑点。体缘有蜡突，均短粗，腹部末端 4～5 对较长。

雄成虫：同上文成虫中雄虫主要鉴别特征。

B. 分子鉴定

目前，DNA 条形码是鉴定扶桑绵粉蚧及其近似种的重要方法。可利用引物 PCO-FI（5’-CCTTCAACTAATCATAAAAATATYAG-3’）和 LEP-R1（5’-TAAACTTCTGGATGTCCAAAAAATCA-3’）测定扶桑绵粉蚧及其近似种的 COI 基因序列，并构建系统发育树。也有针对扶桑绵粉蚧的特异性引物 PSZTF1/PSZTR1（5’-TTTTTGGATTTTGATCAGG-3’/5’TAGCTCTTGAAAGTACTGGAATTGAAAC-3’）。

③调运检疫（引自林业行业标准 LY/T 2778—2016）

在运载工具装卸货过程中随机抽样，也可在装货后分层设点抽样；按每一批货物总件数（株）的 5% 抽取，总株数少于 100 株应全部检查，对于疑似有扶桑绵粉蚧危害状的植株，应直接抽出检查。

现场抽取的寄主植物，应检查嫩叶叶片、花芽、叶柄、花蕾和叶腋处，是否有披覆白色蜡粉的虫体；检查茎叶甚至整个植株是否有扭曲变形的现象。检查运载工具的箱体四壁、缝隙边角以及包装物、铺垫材料、残留物上是否有各虫态的扶桑绵粉蚧。

④检疫处理

A. 产地检疫处理：将苗圃、果园和街道等周边有扶桑绵粉蚧的杂草铲除并烧毁，将有扶桑绵粉蚧的寄主植物落叶或枯枝清理烧毁。

B. 药剂处理：受害植株药剂处理的浓度和使用时间参照表 7-1。对带疫的较小型苗木、切花、球茎、培养介质等，可使用药剂浸泡的方式进行除害处理，具体指标见表 7-2。

表 7-1　扶桑绵粉蚧药剂处理技术指标参照表

药剂	使用浓度	使用时间
生物源脂肪酸脂 7.5～15 kg/hm²	100～200 倍液	休眠期
	200～400 倍液	幼苗期
	200～400 倍液	蕾期

引自 LY/T 2778—2016

注：花期或气温超过 35℃不宜使用

表 7-2　扶桑绵粉蚧除害处理常用药剂和处理技术指标参照表

药剂名称	处理浓度 /（mg/L）	浸泡时间 / min
高效氯氟氰菊酯乳油	19.2	10
吡虫啉乳油	50	10
啶虫脒乳油	30	10

引自 LY/T 2778—2016

C. 销毁处理：对携带有该虫的应检物，无法进行彻底除害处理或不具备检疫处理条件的应停止调运，就地销毁处理。

D. 熏蒸处理：对带疫植株、包装材料、运载工具等可采用溴甲烷熏蒸的方式进行除害处理，具体指标见表 7-3。

表 7-3　扶桑绵粉蚧溴甲烷熏蒸处理的技术指标参照表

处理温度 /℃	处理剂量 /（g/m^3）	处理时间 / h
16 ～ 20	41	2
21 ～ 25	33	2
26 ～ 30	25	2

引自 LY/T 2778—2016

⑤ **疫情监测：**根据扶桑绵粉蚧各虫态的发生规律、危害特性和形态特征，有针对性地对扶桑绵粉蚧进行监测。根据《扶桑绵粉蚧监测规范》（NY/T 2629—2014），监测时间为每年的5—11 月，气温在 20 ～ 35℃时开展，各地可根据气候条件和寄主植物生长情况调整具体调查和监测时间。扶桑绵粉蚧的监测可分为未发生区和发生区的监测，未发生区主要采取访问调查和实地调查的方式，访问调查通过向疫情传入高风险区农技人员、农民询问有无疑似扶桑绵粉蚧发生方式进行，实地踏查采取目测法，调查是否有田间危害状，如发现疑似样本，采集带回实验室鉴定。对发生区的监测，需选择有代表性作物及田块进行系统调查，在扶桑绵粉蚧发生高峰期，每周定作物、定田块调查一次，调查采取平行跳跃式、Z 形或棋盘式取样法，主要调查寄主植物嫩枝、叶片、花蕾等部位有无扶桑绵粉蚧，记录调查结果。

⑥ 检疫实例

植物检疫实例分析 7-2：2017 年 8 月 31 日，上海出入境检验检疫局吴淞口国际邮轮码头检疫人员对海洋量子号邮轮入境旅客携带物实施检疫查验。经检疫犬嗅查发现一名中国籍旅客携带在日本采集的一批野生植物（0.3 kg，无根，不带土壤，处于失水状态，旅客称在日本采集作中草药用）。检疫人员现场检疫发现该植物上携带大量粉蚧类活虫，遂作出截留处理决定。该批植物连同活虫样品一起移送至实验室鉴定，9 月 4 日，实验室鉴定结果为“扶桑绵粉蚧”。口岸人员依法对这些植物作截留和销毁处理。棉花是扶桑绵粉蚧重要的寄主，而我国是世界上最重要的棉花产区之一，棉花不仅是人民生活的必需品，农业生产结构的重要组成者，也是重要的工业原料和军用物资，对国民经济发展具有重要的现实意义和深远的战略意义。据中国棉花协会调查显示，2011 年我国棉花种植面积约为 540 万 hm^2，目标产量为650 万 t。如果该虫在我国大面积入侵危害，按照 2006 年印度旁遮普省棉花减产 12% 的保守比率计算，每年的产量损失将会达到 78 万 t 左右，按照 18000 元 / t 的皮棉收购价计算，每年损失约 140 亿元。如果再加上防治中农药和人工等费用，每年造成的经济损失将超过 160 亿元。这还仅仅只是对棉花产业带来的经济损失的估算，如果再加上花卉产业上的损失，特别是对花卉出口贸易的影响，造成的损失将不可估量，因此，我们更需要加强扶桑绵粉蚧的进境和国内检疫。

小结

植物检疫性半翅类害虫种类较多，其中我国进境植物检疫性半翅类有 25 个种（属）、全国农业植物检疫性半翅类有 2 种、全国林业植物检疫性半翅类有 1 种。葡萄根瘤蚜、扶桑绵粉蚧、新菠萝灰粉蚧、南洋臀纹粉蚧、松突圆蚧为代表性种类，掌握其基础知识和检疫方法具有重要意义。

7.3 植物检疫性鳞翅类

学习重点

- 掌握植物检疫性鳞翅类的代表性种类；
- 掌握植物检疫性鳞翅类的基础知识和检疫方法。

7.3.1 植物检疫性鳞翅类种类概况

按照分类地位划分，检疫性鳞翅类的主要类别包括小蛾类的卷蛾科和大蛾类的灯蛾科，其中卷蛾科的主要鉴别特征为后翅 A 脉 3 条，前翅近长方形、钟罩状，具体种类有葡萄花翅小卷蛾、苹果蠹蛾、荷兰石竹卷蛾、苹果异形小卷蛾、山楂小卷蛾、杏小卷蛾等。灯蛾科的主要鉴别特征为后翅 A 脉 1～2 条，体翅白色，有黄黑或红斑，具体种类有美国白蛾等。《中华人民共和国进境植物检疫性有害生物名录》中检疫性鳞翅类有 24 种（属）；《全国农业植物检疫性有害生物名单》中检疫性鳞翅类有 1 种；《全国林业检疫性有害生物名单》中有 2 种。

本节针对 3 种代表性的检疫性鳞翅类害虫：葡萄花翅小卷蛾［*Lobesia botrana*（Denis & Schiffermuller）］、石榴螟（*Ectomyelois ceratoniae* Zeller）、荷兰石竹卷蛾（*Cacoecimorpha pronubana* Hübner）进行简单介绍；针对 2 种代表性的检疫性鳞翅类害虫：苹果蠹蛾［*Cydia pomonella* (L.)］和美国白蛾（*Hyphantria cunea* Drury）进行重点介绍。

7.3.2 代表性植物检疫性鳞翅类简介

1）葡萄花翅小卷蛾

检疫地位：葡萄花翅小卷蛾是属于《中华人民共和国进境植物检疫性有害生物名录》中的检疫性害虫。

学名：*Lobesia botrana*（Denis et Schiffermüller）。

英文名：European grapevine moth。

分类地位：隶属于真核生物中的节肢动物门（Arthropoda），昆虫纲（Insecta），鳞翅目（Lepdoptera），卷蛾科（Tortricidae），卷蛾属（*Lobesia*）。

地理分布：葡萄花翅小卷蛾主要分布在欧洲、中亚、非洲的北部和中部及南美地区。包括奥地利、白俄罗斯、比利时、保加利亚、克罗地亚、塞浦路斯、捷克、法国、德国、希腊、匈牙利、意大利、荷兰、波兰、葡萄牙、罗马尼亚、俄罗斯、西班牙、瑞士、英国、乌克兰、伊朗、以色列、哈萨克斯坦、塔吉克斯坦、乌兹别克斯坦、阿尔及利亚、埃及、埃塞俄比亚、肯尼亚、阿根廷、智利等国家和地区。数据来源：国际农业和生物科学中心（CABI）编辑出版的作物保护大全检索系统（Crop Proteltion Compendium, CPC）。

寄主植物：葡萄花翅小卷蛾的主要寄主是葡萄，此外还有猕猴桃、石竹花、柿、油橄榄、扁桃、甜樱桃、李、黑刺李、石榴、蛾莓和枣等植物。

危害症状：葡萄花翅小卷蛾的幼虫从第 1 代至末代分别在花、幼果和成熟果实上为害，并因此产生直接损失。在葡萄果实上，幼虫开始在外面取食，当果实开始失水干燥时蛀入果肉，使果实变形或腐烂，果皮会对幼虫起到保护作用。如果微气候有利于真菌等霉菌发生，则周边很多果实可能也受感染变腐烂。每头幼虫可危害 1～6 枚果实，果实被害率可达 50%。寄主被害程度与品种有关，一般来说，果实密集的品种受害最重。在花和果实上，均可能出现多条幼虫并存的现象。该虫对于葡萄的间接危害比直接危害更严重，幼虫在葡萄中孵化可以引起一系列的真菌感染，特别是由葡萄孢菌引起的灰霉病会严重导致葡萄品质下降。

2）***石榴螟***

检疫地位：石榴螟是《中华人民共和国进境植物检疫性有害生物名录》中的检疫性害虫。

学名：*Ectomyelois ceratoniae* Zeller。

分类地位：鳞翅目（Lepidoptera），螟蛾科（Pyralidae），日螟蛾属（*Ectomyelois*）。

地理分布：石榴螟原产于地中海地区，目前已扩散到亚洲、非洲、欧洲、美洲和大洋洲。国外分布于伊朗、以色列、伊拉克、突尼斯、阿尔及利亚、埃及、南非、葡萄牙、西班牙、法国、美国、阿根廷、澳大利亚等国家和地区。我国无分布。

寄主植物：石榴螟可危害水果、坚果和豆荚。包括石榴、柑橘、无花果、杏、开心果、核桃、巴旦木、夏威夷果、海枣、长角豆等。

危害症状：石榴螟的幼虫为杂食性害虫，主要为害寄主植物的叶片、嫩芽和果实。石榴螟每年发生 3 代以上，以幼虫滞育越冬，生活史长短受气温影响大，在温度 27℃ ±2℃，湿度（65±10）%的人工饲养条件下，幼虫期平均为 17 d，蛹期平均为 7 d，成虫寿命为 2～10 d，老熟幼虫常在果实内部化蛹，偶尔也在树皮下或者地表的枯枝落叶里化蛹。

3）***荷兰石竹卷蛾***

检疫地位：荷兰石竹卷蛾是《中华人民共和国进境植物检疫性有害生物名录》中的检疫性害虫。

学名：*Cacoecimorpha pronubana* Hübner。

分类地位：鳞翅目（Lepidoptera），卷蛾科（Tortricidae），石竹卷蛾属（*Cacoecimorpha*）。

地理分布：荷兰石竹卷蛾原产于地中海地区。国外分布于荷兰、斯洛文尼亚、法国、比利时、卢森堡、阿尔巴尼亚、葡萄牙、英国、希腊、意大利、瑞士、马耳他、西班牙、爱尔兰、克罗地亚、丹麦、阿尔及利亚、利比亚、摩洛哥、突尼斯、美国、加拿大等国家和地区。我国无分布。

寄主植物：荷兰石竹卷蛾的幼虫为杂食性害虫，幼虫可取食来自 42 个科的 140 种植物的芽、叶及花，主要寄主植物有菊属、杨属、香石竹（康乃馨）、石竹、冬青、茉莉、月桂、天竺葵、杜鹃花、蔷薇、丁香、柑橘、苹果、李、悬钩子、芸薹、三叶草、蚕豆、豌豆、土豆、西红柿等（EPPO, 2010）。

危害特点：卵块产于叶表面，初龄幼虫常潜入叶中取食，稍大的幼虫取食叶、花瓣和果实，常常吐丝将自身包裹隐藏于叶、花蕾中，也取食水果的果皮，受其为害的叶呈现典型的弯钩状，吐丝缠绕危害，常常阻碍开花，导致花蕾异常肿大；受其危害的柑橘通常有两种情况：一是幼果过早凋落，幼虫吐丝卷叶隐藏取食叶片，受其为害的幼果果皮迅速栓化，但几乎不危害果肉，受其为害的果实表面常呈浅棕至黑色斑块，影响美观；二是成熟果实的花萼不栓化，常导致果实腐烂，受其为害的康乃馨切花失去经济价值。

7.3.3 代表性植物检疫性鳞翅类详解

1）苹果蠹蛾

检疫地位：苹果蠹蛾是属于《中华人民共和国进境植物检疫性有害生物名录》《全国农业植物检疫性有害生物名单》和《全国林业检疫性有害生物名单》中的检疫性害虫。

学名：*Cydia pomonella* (L.)

异名：*Laspeyresia pomonella* (L.)；*Carpocapsa pomonella* (L.)；*Grapholitha pomonella* (L.)

英文名：Codling moth

分类地位：隶属于节肢动物门（Arthropoda），昆虫纲（Insecta），鳞翅目（Lepidoptera），卷蛾科（Tortricidae），小卷蛾属（*Cydia*）。

地理分布：苹果蠹蛾原产欧洲南部，现已分布世界各地。国外分布于德国、意大利（包括西西里岛）、法国、奥地利、英国、葡萄牙、西班牙、美国、阿根廷、加拿大、阿富汗、印度、巴勒斯坦、朝鲜、黎巴嫩、巴基斯坦、伊朗、伊拉克、叙利亚、土耳其、澳大利亚、新西兰等国家和地区。据农业农村部监测信息显示，2021 年分布于我国新疆、甘肃、宁夏、内蒙古、黑龙江、吉林、辽宁、天津、河北 9 个省（自治区、直辖市）的 204 个县（市）。

寄主植物：苹果蠹蛾寄主范围广，可危害苹果、花红、沙梨、香梨、杏、巴旦杏、桃、野山楂、石榴、榅桲、板栗属、无花果属、花楸属等植物。

危害症状：幼虫不卷叶，只蛀食果实。幼虫多从胴部蛀入，深达果心食害种子，也蛀食果肉。随虫龄增长，蛀孔不断扩大，蛀食后的果实中央会出现一条深深的虫道，虫粪排至果外，有时成串挂在果上。幼虫有转果为害的习性，一头幼虫往往蛀食几个果实，而一个果实内往往只有一头幼虫。由于幼虫的危害，降低果品质量，造成大量落果，蛀果率一般在 50% 以上，严重的可达 70%～100%。截至 2015 年，苹果蠹蛾给我国每年造成的经济损失高达 2.98 亿元，其中产量损失为每年 1.40 亿元，防治费用为每年 1.58 亿元。

主要鉴别特征：

① 成虫主要鉴别特征：体长约 8 mm，翅展 19～20 mm。全体灰褐色，带有紫色光泽，雄性色深，雌性色浅。头部具有发达的灰白色鳞片丛。唇须向上弯曲，第 2 节最长，第 3 节着生于第 2 节末端的下方。前翅臀角处有深色大圆斑，内有 3 条青铜色条纹，其间显出 5 条褐色横纹；翅基部浅褐色，外缘突出略呈三角形，在此区内有较深的斜行波状纹；翅中部最浅，其中也杂有褐色斜行的波状纹。雄性前翅腹面中室后缘有一黑色条斑，雌性无。后翅深

褐色，基部较淡。雄性抱握器端钝圆，抱握器腹凹处外侧有一个尖刺；阳茎粗短，端部有6～8根大刺，分两行排；雌性外生殖器的产卵瓣内侧平直，外侧弧形（图7–5）。

图7–5　苹果蠹蛾成虫形态特征图（李亦松摄）

② 幼虫主要鉴别特征：幼虫共五龄。初孵化的幼虫白色，随着幼虫的发育，背面显淡粉红色，末龄幼虫14～18 mm。前胸气门具3根毛，腹部末端无臀节。腹足趾钩为单序缺环，有趾钩19～23个，臀足趾钩14～18个。大龄幼虫可分辨雌雄，雄性第5腹节背面之内，可见1对紫红色的睾丸（图7–6）。

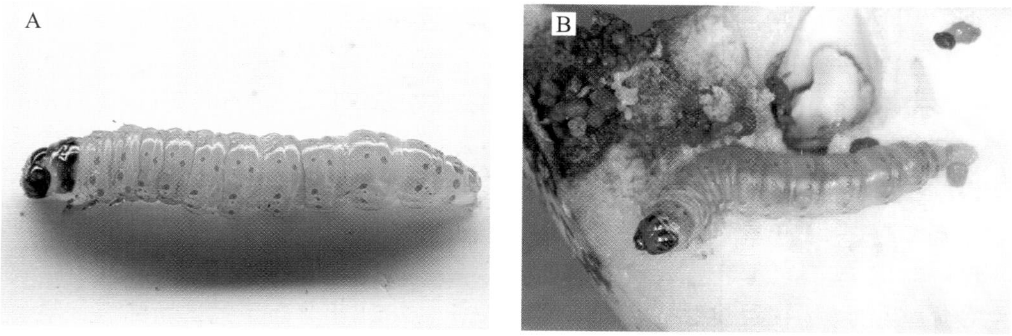

图7–6　苹果蠹蛾幼虫形态特征图（A. 李亦松 摄；B. 张润志 摄）

A. 苹果蠹蛾幼虫；B. 苹果蠹蛾幼虫蛀食苹果

③ 蛹主要鉴别特征：体长7～10 mm，淡褐色至深褐色。第2～7腹节背面各有两排整齐的刺，前排粗大，后排细小。第8～10腹节背面各为一排刺，第10节的刺常为7～8根。腹部末端有臀棘6根，肛孔两侧各有臀棘2根。雌蛹生殖孔在腹面第8节，雄蛹生殖孔在腹面第9节；雌雄肛孔均在第10节（图7–7）。

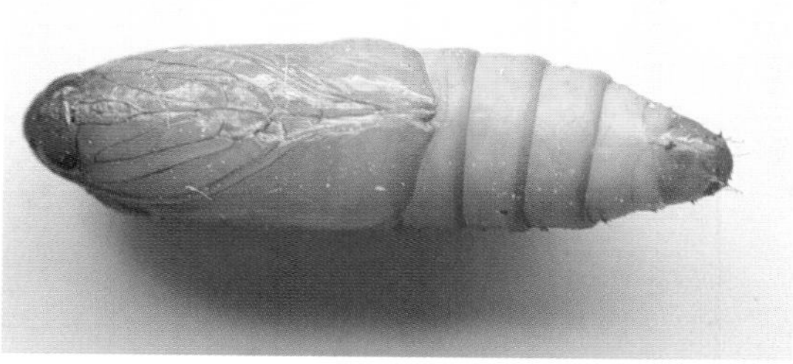

图7–7　苹果蠹蛾蛹的形态特征图（李亦松 摄）

生物学特性：

① 成虫生物学特性：

羽化和取食：当春季日平均气温高达 10℃以上时，越冬幼虫自 3 月下旬至 5 月下旬化蛹，通常在苹果花期结束时，成虫才开始羽化，且羽化高峰主要集中在 8:00 ～ 13:00；傍晚至凌晨羽化较少。雄成虫羽化时间要比雌虫早，羽化高峰主要出现在 8:00 ～ 11:00；而雌成虫的羽化高峰较晚且持续时间长，其羽化高峰期出现在 9:00 ～ 13:00。苹果蠹蛾雌成虫的平均寿命为 18.7 d，雄成虫的平均寿命为 10.5 d，雌成虫存活时间较雄成虫时间长约 8 d。此外，苹果蠹蛾具有一定的趋光性和趋化性。

交尾：雌虫羽化 2 ～ 3 d 后性成熟，开始引诱雄虫前来多次交尾、产卵。雄虫羽化 1 ～ 2 d 后交尾，绝大多数在黄昏以前进行，个别在清晨。

产卵：产卵受相对湿度影响，相对湿度大于 70% 会影响成虫的飞行，不利于交配产卵；相对湿度小于 70% 时，成虫才能产卵，即使低至 35% ～ 50% 时，也不影响产卵。苹果蠹蛾偏好在光滑的表面产卵，而在绒毛密度较高的果实或叶片表面产卵较少。多数情况下，一个果实或叶片上的苹果蠹蛾卵量为 1 粒；卵多产在叶片上，部分产在果实和枝条上，尤以上层的叶片和果实着卵量最多，中层次之，下层最少。卵在果实上则以胴部为主，也有产在萼洼及果柄上。整体以种植稀疏，树冠四周空旷，向阳面的果树树冠上层产卵较多。苹果蠹蛾的卵为聚集分布。

② 幼虫生物学特性：幼虫孵化时，初在果面爬行，后寻找果面的损伤处、萼洼或梗洼等处蛀入，蛀入果实后，先在果皮下取食，做一个小室，并蜕皮于其中。之后，继续向种子室方向蛀入，形成弯曲的隧道，在种子室附近蜕第 2 次皮，进入 3 龄后开始蛀入种子室取食种子。待蜕第 3 次皮后，幼虫向外做较直的蛀道脱果，转而危害果丛附近的其他果实。幼虫在果内危害约 30 d。15 ～ 30℃为幼虫发育的最适温度，当温度低于 11℃或高于 32℃时不利其发育。苹果蠹蛾发育起点温度为 9℃，第 1 代卵在有效积温达 23 日度时开始孵化，完成一个世代的有效积温为 600 ～ 700 日度。越冬蛹的发育起点温度为 9.4℃，有效积温为 21 日度。

③ 蛹生物学特性：幼虫老熟后脱果，常在树干老树皮、粗枝裂缝中、果树支柱内、空心树干中、根际树洞内等处结茧化蛹，也可在脱落树皮下、根际周围 3 ～ 5 mm 表土内、植株残体中、干枯蛀果内以及果品储藏处、包装物内结茧化蛹。

传播途径：苹果蠹蛾可以通过人为传播（如果蔬贸易、旅客携带物等）和自然传播（如气流、季风等）两种途径在全球范围内扩散，但主要以幼虫随着果品的调运和旅客进行携带远距离传播。此外，成虫可附着在运输工具上进行远距离传播。

◎ 检疫措施与实践：

① 风险分析：苹果蠹蛾的寄主广泛，极易随水果贸易进行远距离传播。苹果蠹蛾在中国的适生性预测结果表明，其在中国大陆有较大范围的适生区域，现如今已在我国 7 个省份发现有苹果蠹蛾。此外，河北、山西、河南、陕西的部分地区、云南、西藏、四川、青海零星地区、天津、山东（除沿海地区）、辽宁西部、河北东部以及贵州东部都是苹果蠹蛾的适生区。因此，如果不能有效控制其扩散，将直接威胁我国黄土高原和环渤海湾两大苹果优势产区水果产业的发展，造成严重的经济损失。针对此检疫性害虫，我们需要重点防控疫区输入非疫区，同时避免他国苹果蠹蛾输入至我国其尚未定殖的地区，重点加强针对该毁灭性害虫的进出境检疫措施和疫区的阻断拦截。

② **检疫鉴定**：针对苹果蠹蛾的检疫鉴定，国家质量监督检验检疫总局2002年发布了中华人民共和国出入境检验检疫行业标准《苹果蠹蛾检疫鉴定方法》（SN/T 1120—2002）。该标准规定了苹果蠹蛾的鉴定方法，适用于进境果实中苹果蠹蛾的形态学鉴定。为满足快速鉴定的要求，除传统形态学鉴定方法外，越来越多针对苹果蠹蛾的分子鉴定方法被建立。已报道的分子鉴定技术包括DNA条形码技术、实时荧光PCR技术等。

A. 形态学鉴定

进行实验室鉴定时，检验方法分为表面检验和剖果检验。表面检验：目检或借助扩大镜、体视显微镜直接检查水果表面、萼凹部是否有苹果蠹蛾的危害状，如蛀孔、虫粪及腐烂的现象；剖果检验：用水果刀将可疑的果实剖开，仔细检查，发现有鳞翅目幼虫、蛹，放入指形管中并进行鉴定。对幼虫、蛹的鉴定仍然不能确定为苹果蠹峨，可进行饲养鉴定。

饲养：一般情况下，在果实上截获的苹果蠹蛾幼虫多为3～5龄，采取原蛀果实饲养。饲养条件为温度25～30℃，相对湿度65%，环境安静、清洁，通风透光，每天光照大于15 h。将虫蛀果放入养虫笼中的培养皿里，养虫笼里放一些瓦楞纸板或蜂窝纸板，供幼虫化蛹用，再放几个同种类果实，以备幼虫转果。同时建立饲养记录卡，记录幼虫编号，采集地点、时间、输出国家或地区、寄主、采集人、饲养人、蜕皮、化蛹和羽化时间等内容。

鉴定：根据不同虫态的形态学特征进行种类的鉴定。主要鉴别特征包括：成虫前翅臀角处有深色大圆斑，内有3条青铜色条纹；幼虫背面显淡粉红色，臀足趾钩14～18个，雄性第5腹节背面之内可见一对紫红色的睾丸；蛹腹部末端共有臀棘10根。

B. 分子鉴定

近年来一些学者开始研究其分子生物学的鉴定方法。DNA条形码、PCR-RFLP和TaqMan探针等技术均已用于苹果蠹蛾的分子鉴定，尤其是幼虫的快速准确检测，可以实现该虫与杏小卷蛾和樱小卷蛾等几种国际检疫性害虫，以及梨小食心虫和李小食心虫近似种的有效区分。李腾等通过DNA条形码技术，对2012年9月三亚出入境检验检疫局凤凰机场办事处工作人员从俄罗斯旅客携带苹果中截获的1头幼虫进行了分子鉴定，选用引物LCO1490/HCO2198对其线粒体DNA的COI部分序列进行PCR扩增和测序，并与GenBank及BOLDSYSTEMS v3中已知序列比对，与苹果蠹蛾的序列相似度达100%。结合老熟幼虫形态特征的判定结果，确定其为苹果蠹蛾。

③**检疫处理**：针对苹果蠹蛾的检疫处理措施包括溴甲烷熏蒸、磷化氢熏蒸、二硫化碳熏蒸处理、热处理和辐照处理。刘涛等对磷化氢熏蒸处理的研究结果表明，5℃下3. 04 mg /L磷化氢熏蒸264 h可完全杀灭苹果中的苹果蠹蛾幼虫，且无药害；进一步的品质测定结果表明，5℃不同剂量磷化氢熏蒸264 h的苹果在室温贮藏14 d后，其失重率、糖度、酸度等品质指标均无明显变化。二硫化碳熏蒸处理和辐照处理可按照《苹果蠹蛾辐照处理技术指南》（SN/T 4409—2015）和《二硫化碳熏蒸香梨中苹果蠹蛾的操作规程》（SN/T 1425—2004）标准执行。

④ **疫情监测**：为了掌握苹果蠹蛾的发生动态，有针对性地对其进行防控，需采取科学正确的方法对苹果蠹蛾进行监测。对苹果蠹蛾的疫情监测主要包括划定监测区域、监测植物和监测时期，选择合适的监测用品和监测方法，最后对样本进行鉴定和疫情判定。

目前苹果蠹蛾监测主要利用黑光灯、越冬幼虫和诱捕器进行监测。黑光灯监测主要是利用苹果蠹蛾的趋光性，但是由于需要不间断电源，在大规模监测中有一定的局限性，而且由于其缺乏特异性，也常常引诱到其他鳞翅目昆虫。越冬幼虫监测是指利用幼虫的越冬特性，将瓦楞纸、旧衣服或草席绑在果树树干上，诱捕越冬幼虫，然后根据采集的幼虫数量推测果园内越冬幼虫的发生量可以运用综合防治方法，以减少第二年的发生量。诱捕器监测是应用范围最广的监测手段，主要是利用苹果蠹蛾的趋化性，使用苹果蠹蛾性信息素对苹果蠹蛾性雄成虫的种群密度、动态变化、发生时间和发生量进行监测，从而进行预测预报。该方法同时辅助化学防治达到更好的苹果蠹蛾的防治效果。

⑤ 检疫实例

植物检疫实例分析 7–3：2018 年 7 月 2 日，北京市植保站检疫人员在日常巡查苹果蠹蛾监测点的过程中，在平谷区金海湖镇水峪村和罗汉石村的苹果蠹蛾监测诱捕装置中分别发现 1 头苹果蠹蛾疑似成虫，市植保站检疫人员立即取样，于当日下午将样品送至中国科学院动物所作进一步鉴定。7 月 4 日权威鉴定结果确认，发现的样品为 2 头苹果蠹蛾雄虫。具体传播途径仍有待进一步的证据确认。最后监测发现苹果蠹蛾为偶然传入并未在北京定殖。针对此检疫性害虫，我们需要重点防控疫区输入非疫区，同时避免他国苹果蠹蛾输入至我国尚未定殖地区，重点加强针对该毁灭性害虫的进出境检疫措施和疫区的阻断拦截。

2）美国白蛾

检疫地位：美国白蛾是列入《中华人民共和国进境植物检疫性有害生物名录》和《全国林业检疫性有害生物名单》中的检疫性害虫。该虫还曾被列入《全国农业植物检疫性有害生物名单》，2020 年被移除。

学名：*Hyphantria cunea* Drury。

英文名：Fall webworm，American white moth。

分类地位：鳞翅目（Lepidoptera），灯蛾科（Arctiidae），白蛾属（*Hyphantria*）。

◎ **地理分布**

① 世界分布范围：美国白蛾原产于北美洲，广泛分布于 19° ～55° N 的地区，包括墨西哥、美国以及加拿大等地。20 世纪 40 年代，美国白蛾扩散至欧洲，自匈牙利境内首次发现美国白蛾后，相继蔓延至捷克、罗马尼亚、奥地利、俄罗斯、波兰、法国、意大利、土耳其等多个国家。在亚洲，1945 年传入日本，1958 年传入韩国，1961 年传入朝鲜。最近该害虫入侵至新西兰。

② 中国分布范围：1979 年 6 月，农业部在辽宁丹东地区发现该虫，此后，陆续传播蔓延到山东（1982）、安徽、陕西（1984）、河北（1989）、上海（1994）、天津（1995）、北京（2003）等省（直辖市）。根据国家林业局 2021 年第 7 号公告（2021 年 3 月 30 日），我国美国白蛾疫区包括北京、天津、河北、内蒙古、辽宁、吉林、上海、江苏、安徽、山东、河南、湖北、陕西 13 个省（自治区、直辖市）的 607 个市（县、区、旗）。

寄主植物：美国白蛾属于食叶害虫，寄主植物广泛，能够取食园林树木、农作物，花卉，杂草等。据估计，美国白蛾在世界范围内的寄主植物多达 630 余种。在中国，美国白蛾能够取食桑、糖槭、杨和臭椿等 300 余种寄主植物。果树类以苹果、山楂、桃、李、海棠树受害最重，其次是梨、樱桃、杏、葡萄等；林木类以槭、桑树、白蜡、樱花树受害重，其次是杨、柳、刺槐、悬铃木、丁香、臭椿、连翘、山桃、落叶松等。在一般情况下，美国白蛾不危害针叶树，但在暴食期（老龄幼虫期），往往对个别针叶树（落叶松）造成一定程度的危害。

危害症状：主要以幼虫取食植物的叶片危害，低龄幼虫以叶背部叶肉部分为食，留下叶脉与上表皮，受害叶片呈透明纱网状。高龄幼虫取食除主叶脉和叶柄的所有部分，取食性状有阴面型，网状型、空洞型，缺刻型等。幼虫3龄之前一般群集在一个网幕内，到4龄开始分成多个小群体，形成多个网幕，藏匿其中取食危害。随着虫龄的增长，幼虫不断将网幕增大以扩充食料，网幕将树叶及小枝条缀连在一起，内有大量虫粪、幼虫和幼虫脱的皮壳，对树木的生长发育影响极大。5龄后幼虫爬出网幕单独活动、取食，进入暴食期，直到全树叶片全部被吃光。同时幼虫向附近的大田作物、蔬菜、花卉和杂草等植物上转移危害。大发生时，由于食性杂，发生量大，传播蔓延快，所到之处，不少园林植物的叶片被吃光，严重地影响树木的生长发育，受害区各种园林植物呈现一片枯黄，状如秋天，甚至造成树木枯死（图7–8）。

图7–8　美国白蛾在金银木上的危害状（张润志 摄）

主要鉴别特征

美国白蛾有两型：黑头型和红头型。黑头型幼虫头和背部毛瘤黑色，五龄以前在网幕内昼夜取食，网内叶片被食尽后幼虫移至另处织一新网。六龄幼虫脱离网幕分散危害，不再织网。成虫均产卵于叶背，卵块100%单层排列。红头型幼虫头和背部毛瘤橘红色，不离开网幕生活。后期幼虫昼栖夜食。网幕大，有时包被整个树冠。成虫多数产卵于叶背（约占88%），少数产卵于叶面（约占12%）。卵块多为双层或多层（约占64%），少数为单层（约占36%）。我国分布的是黑头型。红头型仅在北美洲有分布。

两型的蛹和成虫在形态上没有明显的差异，但是在幼虫的形态上差异明显。

① 成虫主要鉴别特征：体长9～17 mm，翅展25～45 mm，雌蛾体型稍比雄蛾大。头部及胸部密被白色长毛，翅底色纯白（图7–9）。雄虫前翅由无斑到有多数暗褐色斑，雌虫前翅常为白色。后翅纯白或仅有几个小斑。翅斑一般越冬代褐色斑明显多于越夏代。雄虫触角双栉齿状，雌虫触角为锯齿状。复眼大而突出，黑色；有单眼；喙短而细弱。前足基节及股节端部橘黄色，胫节有1对小刺，一个长而弯，一个短而直；后足胫节有1对端距，但无中距。雄虫外生殖器的钩形突向腹方作钩状弯曲，基部颇宽；抱握瓣对称，具1发达的中央齿状突；阳茎稍弯，较抱握瓣长得多，顶端有微刺突。

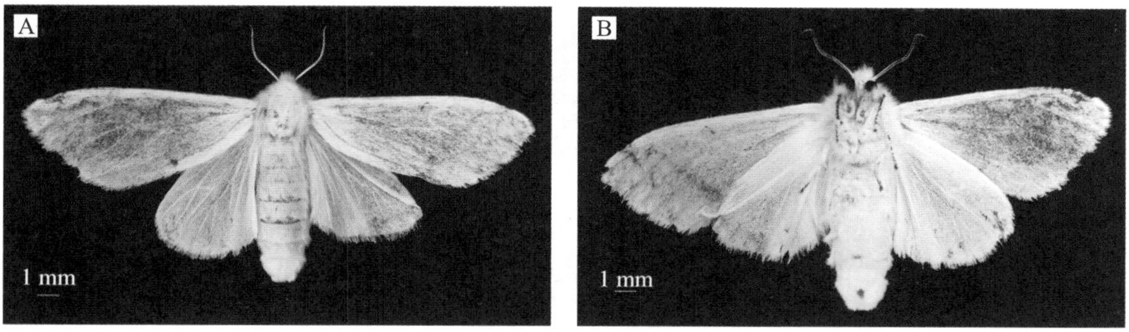

图 7–9　美国白蛾成虫形态图（石娟 提供）

A. 背面图；B. 腹面图

② 蛹的主要鉴别特征：长纺锤形，蛹长 8 ～ 15 mm，宽 3 ～ 5 mm。雌雄个体的蛹有明显差异，雌蛹较雄蛹肥大。初化蛹淡黄色，后渐变为褐色、暗红褐色，有光泽。头部圆，额和触角基部略膨大；上唇虽小，但明显可以看到；触角不达中胸足端部；前翅伸达第四腹节约 3/4 处。中胸背板稍凹，前翅侧稍缢；头部、前胸和中胸布满小而不规则皱纹刻斑；后胸节和腹部各节除节间沟外密布浅凹刻点；胸部背面中央具一纵脊。臀分布有 8 ～ 17 根棘，棘的长度几乎一致，顶部膨大，中心为喇叭状凹陷（图 7–10）。

图 7–10　美国白蛾蛹的形态图（张润志 摄）

③ 幼虫的主要鉴别特征：体细长，圆筒形；体长 22 ～ 37 mm，头宽 2.4 ～ 2.7 mm，头宽大于头高。后唇基白色；上颚具 4 个端齿，无内齿。胸足黑色，臀足发达。趾钩单序，异形中带排列；中间趾钩 10 ～ 14 根，等长，两侧趾钩各 10 ～ 12 根。黑头型：头黑色，具光泽；体色暗；背部毛瘤黑色，体侧毛瘤黄色，体背毛瘤上毛丛呈棕褐色；背部有一条深褐至黑色宽纵带，侧线、气门下线浅黄色。红头型：头和背部毛瘤橘红色，毛瘤上散生褐色或黑色刚毛；体色由淡到暗色；几条纵线乳白色，终止于每节的前缘或后缘。幼虫在体色上有 3 种变异类型：一是普通型，为分布最广泛的类型，体背有 1 条黑色宽纵带；二是黄色型，体背没有黑色的宽纵带，有较小的黑色毛瘤分布，虫体的颜色为黄色；三是黑色型，即为虫体的通体均为黑褐色（图 7–11）。

图 7–11　美国白蛾幼虫（张润志 摄）

A. 初孵幼虫；B. 幼虫

④ 卵的主要鉴别特征：圆球形，直径 0.40 ～ 0.53 mm，聚产，卵块含卵 300 ～ 500 粒。整齐排列成块，平铺于植物叶片背面，少数在植物叶面，表面光泽，附有白色的毛、鳞片。新产时淡绿色或黄绿色，表面有规则凹刻，接近孵化时变成灰褐色（图 7–12）。

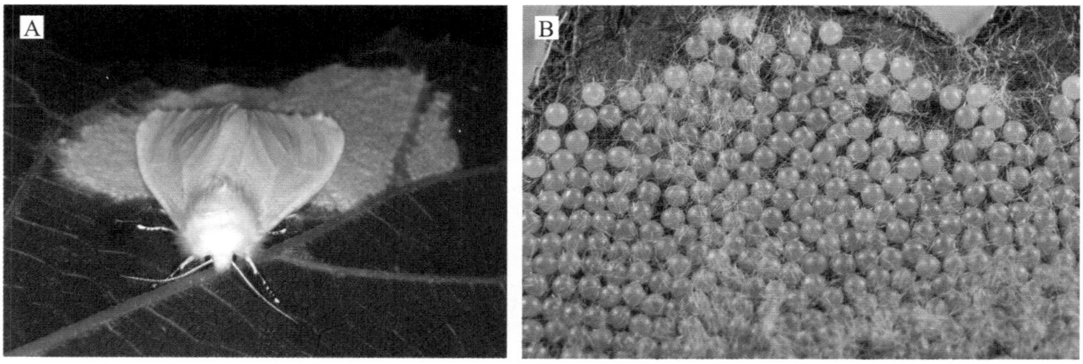

图 7–12　美国白蛾卵（张润志 摄）

A. 成虫产卵图；B. 卵

生物学特性

① 发生规律：美国白蛾为完全变态昆虫，整个生活史包括卵、幼虫、蛹、成虫 4 个虫态。以幼虫取食植物叶片造成危害。1 年发生 2 ～ 3 代，以蛹越冬。该虫从北纬 20° ～ 50° 都适合生存，能耐 40℃高温和 –16℃低温，有很强的适应性。在我国除辽宁、吉林等东北地区，天津、河北、山东、江苏等省市沿海区域以一年生 2 代为主外，其余大部区域均以一年生 3 代为主，总体上一年生 3 代区域占全国现已发生区的 1/2 ～ 2/3。以一年 3 代为例，美国白蛾生活史为：越冬蛹一般在 5 月中旬羽化成虫，第 1 代卵在 5 月中、下旬始见，5 月末至 6 月初出现第 1 代一龄幼虫。6 月下旬始见幼虫化蛹，7 月上旬始见第 2 代成虫羽化，8 月中、下旬第 2 代幼虫开始化蛹，8 月底至 9 月初始见第 3 代成虫羽化，10 月下旬至 11 月初第 3 代幼虫进入蛹期，以蛹在枯枝落叶、表土层、墙缝等处越冬。一般一个世代大约需 40 d，幼虫有 7 个龄期，其通常于 6—9 月活动。

② 生活习性：成虫飞翔力不强，趋光性较弱，但黑光灯仍能诱到一定量的成虫，且诱到的多为雄虫。成虫昼伏夜出，夜晚进行活动和交尾，卵期约 15 d。繁殖量大。一只雌蛾平均

1 次产卵 300 ～ 700 粒，多者 2000 多粒，一年可繁殖 3 代，自然控制作用小，如不防治，一年后其后代至少可达几十万只。

美国白蛾在自然状态下能以很快的速度传播开，在相对湿度 70%、温度 18℃以上的环境下，大量的越冬成虫开始羽化，多在 16:00 ～ 19:00 时间段内发生，进入夏季后，温度逐渐升高，羽化的时间推迟到 18:00 ～ 19:00。

美国白蛾的滞育发生在蛹期，但滞育诱发的敏感虫态是在幼虫期 1 ～ 3 龄。短光周期和低温是美国白蛾越冬滞育的主要诱因，总的趋势为纬度越高的地区，临界光周期越长。

幼虫老熟后停止取食，沿树干下行，在树干的老皮下或附近的其他地方寻觅化蛹场所。在遇到合适的地方后，幼虫就钻入其内化蛹。若幼虫钻入土中，则形成蛹室，蛹室内壁衬以幼虫吐的丝和幼虫的体毛。在其他场所，幼虫则吐丝做茧，在其内化蛹。

美国白蛾低龄幼虫的一大特点是群集结网生活，幼虫有极强的耐饥饿能力，5 龄以上幼虫 9 ～ 15 d 不取食仍然可以正常发育。美国白蛾的发生对异味表现出较强的趋向性，在臭水坑等卫生条件不好的地方树木容易发生美国白蛾。

传播途径

自然扩散：主要靠成虫飞翔和老熟幼虫爬行。为取食，其幼虫可爬行距离达 500 m 左右，同时可借助流水漂流 2 h，而其成虫飞行高度达十几米，年飞行距离为 20 ～ 40 km，并可借助风力吹到更远的地方。

人为扩散：该虫的远距离传播，主要靠各虫态通过人们的日常生活和生产活动完成。5 龄以后幼虫和蛹可以随交通工具、包装材料等传播。特别是 5 ～ 6 龄幼虫，具耐饥性、分散性，可爬至运输工具或随人和物品传播至远方；该虫喜欢在缝隙处化蛹，可通过货物远距离传播。

◎ **检疫措施与实践**

① 检疫制度

加强检疫，做好虫情监测。第一，建立监测点，安装性诱捕器，加强疫情监测以及预测预报，充分掌握美国白蛾的疫情发生情况。第二，相关部门加大宣传力度，通过广播、网络、宣传材料等，提高全员防控水平，真正做到群防群治。第三，做好应急防控预案，在疫区内，主要加强扑灭和防治工作，通过对美国白蛾在我国传播的历程分析后发现，加大未发生美国白蛾省份的检疫管理工作是有效防止美国白蛾传播范围扩大的重要手段。

② 风险分析

美国白蛾对我国林业和农业均造成了巨大的危害。有研究预测我国 9° ～ 55° N，39° ～ 132° E 均为美国白蛾的适生区，潜在分布范围十分广泛。另外，美国白蛾幼虫具有极强的抗逆性，对极端天气的适应性强，耐饥饿能力强。我国与美国白蛾原产地气候相似，美国白蛾极易定殖扩散。

③ 检疫鉴定

2016 年 4 月 1 日实施的美国白蛾现行的鉴定标准《美国白蛾检疫鉴定方法 SN/T 1374—2015》，主要根据美国白蛾的生物学特性和形态特征进行鉴定，包括现场检验和实验室检测。

现场检验：首先，确定进境运输工具及相关货物是否来自或过境美国白蛾疫区。其次，详细检查运输工具，货物及其包装物、铺垫材料的内外、缝隙、角落、原木的粗皮、裂缝、树洞，栽植苗木的茎枝、叶面等。若发现有昆虫，可先通过形态区别去鉴定，美国白蛾的成虫、老熟幼虫、蛹有明显特征，一般可与其他昆虫区别开；若因虫体不全，或其他原因，无法通过形态确定的，可以将检查获得的成虫、幼虫、蛹及卵块放入相应器皿或保存液内保存，在实验室内鉴定。

实验室检测：将现场检疫所获得的各虫态标本置于体视显微镜下，观察其形态特征。若第一步无法鉴定，取下成虫腹部末端，在70%乙醇中浸一下，再放入5%氢氧化钾溶液中，煮沸5～6 min，清水漂洗，用镊子和解剖针剔除多余部分，剩下完整的外生殖器；封片，置生物显微镜下观察，一般情况下通过美国白蛾的外生殖器即可鉴定。现场检疫获得的如是活的卵块或幼龄幼虫，置养虫箱内（25℃，相对湿度70%～80%、透光）饲养至老龄幼虫、蛹或成虫观察鉴定。

④ 检疫处理

根据《美国白蛾检疫技术规程 GB/T 23474—2009》，发现美国白蛾后，应采取除害处理。具体方法介绍如下：

熏蒸除害。带有美国白蛾卵、幼虫、蛹的木材及其制品，包装材料，运载工具用溴甲烷、磷化铝熏蒸处理，用药量分别为9～20 g/m³，熏蒸时间24～72 h。

其他方法。对携带有美国白蛾的应检物，无法进行彻底除害处理或不具备检疫处理条件的应停止调运，作改变用途或就地销毁处理。

⑤ 疫情监测

美国白蛾疫情的监测，有助于疫情防控人员及时了解疫情的发生情况，为预测和防控疫情提供信息。在未发生美国白蛾的地方，可通过踏查，及时了解是否有美国白蛾；在已发生美国白蛾的地方，需要通过监测，了解疫情的发生范围，危害程度，防控效果等情况。

踏查：确定被检地是否发生美国白蛾一般采取踏查的方法。踏查时要选择有代表性的路线，必要时可采用定点（定株）调查。主要踏查点选择在疫情发生区及毗邻地区的城乡四旁绿化树、果园、公园、农田防护林以及与疫情发生区有货物运输往来的交通要道、货物集散地周围的树木进行。在踏查点调查3～5个点，每点调查100～300株植物，少于100株的向外扩查到100株。对在踏查过程中发现美国白蛾疫情的地段，应设立标准地做详细调查。标准地应选设在美国白蛾疫情发生区域有代表性的地段。标准地的累积总面积应不少于调查总面积的1%～5%。采取等距离隔行法在每块标准地选取样树50～100株，进行每木幼虫网幕数的调查。根据调查结果对发生程度进行分级，根据《美国白蛾检疫技术规程》（GB/T 23474—2009），发生程度分级标准：轻度，有虫株率0.1%～2.0%；中度，有虫株率2.0%～5.0%；重度，有虫株率5.0%以上。

监测：美国白蛾是杂食性害虫，在我国危害多种阔叶树、果树、花卉、农作物等，监测以调查其嗜食树种为重点。我国大部分地区均为疫情监测范围（南起广东北至黑龙江），靠近疫情发生区和沿海地区的乡镇；与疫区有货物运输往来的车站、码头、机场、旅游点；公路、铁路及沿途村庄为重点监测区。以1～4龄幼虫期为宜，每年不得少于3次。监测方法包括观测网幕、性信息素和黑光灯诱虫、以及实时监测。将地面调查结果和3S（GIS、RS、GPS）技术结合进行实时监测，发挥3S技术可实时获取精准的位置信息，图像信息等优势，直观的在地图上展示调查区域美国白蛾的发生情况。GIS强大的空间分析功能，可根据美国白蛾的飞行能力和以往的传播特点，模拟美国白蛾未来的扩散路径，为防控提供决策支持。

⑥ 检疫实例

植物检疫实例分析 7-4：2015 年 6 月，广东顺德检验检疫局从一批日本进口的罗汉松中截获活体蛾，经送样鉴定，确认为美国白蛾，这是全国首次在日本罗汉松中截获美国白蛾。此外，工作人员还从该批罗汉松中截获条纹蝇虎、跳蛛、隐翅甲等多种有害生物。一般来说，罗汉松不是美国白蛾的寄主植物，据分析，可能因为在日本罗汉松种植场周边有美国白蛾发生，装运货物时，虫子飞进罗汉松中潜伏起来而“被”携带入境。顺德检验检疫局已严格按照规定对该批罗汉松实施检疫除害处理。此次从进口日本罗汉松中截获检疫性有害生物——美国白蛾，说明了随着国际贸易的不断发展，外来有害生物入侵我国的渠道越来越多，风险也越来越大，在一些非寄主中“被”携带入境的可能性也非常大。因此口岸检疫部门把关责任重大，需要检验检疫人员的工作更细致、更专业。

小结

植物检疫性鳞翅类害虫种类较多，其中我国进境植物检疫性鳞翅类有 24 个种（属）、全国农业植物检疫性鳞翅类有 1 种、全国林业植物检疫性鳞翅类有 2 种。苹果蠹蛾、美国白蛾、葡萄花翅小卷蛾、石榴螟、荷兰石竹卷蛾为代表性种类，掌握其基础知识和检疫方法具有重要意义。

7.4 植物检疫性鞘翅类

学习重点

- 掌握植物检疫性鞘翅类的代表性种类；
- 掌握植物检疫性鞘翅类的基础知识和检疫方法。

7.4.1 植物检疫性鞘翅类种类概况

植物检疫性鞘翅类又称检疫性甲虫，主要类别包括小蠹、长蠹、象甲、叶甲、皮蠹和豆象类。其中小蠹类主要鉴别特征为体小型、圆筒状；触角端部膨大；前胸背板发达，可超过体长的 1/3，且与鞘翅等宽，主要种类有咖啡果小蠹、欧洲榆小蠹等。长蠹类主要鉴别特征为体长筒形，前胸背板盖帽遮住头部，主要种类有双钩异翅长蠹、双棘长蠹等。象甲类的主要鉴别特征为头部象鼻状，触角膝状，跗节隐 5 节，主要种类有稻水象甲、杧果果核象甲、杧果果实象甲、杧果果肉象甲、棕榈象和杨干象等。叶甲类的主要鉴别特征为体长卵圆形，触角丝状，跗节隐 5 节，主要种类有马铃薯叶甲、玉米根萤叶甲、椰心叶甲等。皮蠹类的主要鉴别特征为体卵圆形，有绒毛，触角短，有 1 个单眼，大部分为仓储害虫，主要种类包括斑皮蠹属的谷斑皮蠹、花斑皮蠹、黑斑皮蠹和肾斑皮蠹等。豆象类的主要鉴别特征为体椭圆或卵圆形、头短喙状、复眼凹缺、臀板外露，该类别也多为仓储害虫，主要种类有菜豆象、四纹豆象和埃及豌豆象等。《中华人民共和国进境植物检疫性有害生物名录》中检疫性鞘翅类害虫有 72 种属，是此名单中占比最多的检疫性害虫；《全国农业植物检疫性有害生物名单》中检疫性鞘翅类有 4 种；《全国林业检疫性有害生物名单》中有 5 种。

本节针对 6 种具有代表性的检疫性鞘翅类害虫：稻水象甲（*Lissorhoptrus oryzophilus* Kuschel）、杧果果核象甲［*Sternochetus mangiferae*（Fabricius）］、玉米根萤叶甲（*Diabrotica virgifera virgifera* LeConte）、咖啡果小蠹［*Hypothenemus hampei*（Ferrari）］、欧洲榆小蠹［*Scolytus multistriatus*（Marsham）］、双钩异翅长蠹［*Heterobostrychus aequalis*（Waterhouse）］进行简单介绍；针对 3 种具有代表性的检疫性鳞翅类害虫：菜豆象［*Acanthoscelides obtectus*（Say）］、马铃薯叶甲［*Leptinotarsa decemlineata*（Say）］、谷斑皮蠹（*Trogoderma granarium* Everts）进行详细介绍。

7.4.2 代表性植物检疫性鞘翅类简介

1）稻水象甲

检疫地位：稻水象甲是属于《中华人民共和国进境植物检疫性有害生物名录》和《全国农业植物检疫性有害生物名单》中的检疫性害虫。

学名：*Lissorhoptrus oryzophilus* Kuschel。

英文名：Rice water weevil，Root maggot。

分类地位：隶属于真核生物中的节肢动物门（Arthropoda），昆虫纲（Insecta），鞘翅目（Coleoptera），象虫科（Curculionidae），稻水象属（*Lissorhoptrus*）。

地理分布：国外分布于亚洲（印度、日本、朝鲜、韩国），欧洲（希腊、意大利），北美洲和南美州（加拿大、古巴、多米尼克、墨西哥、美国、哥伦比亚、苏里南、委内瑞拉）。（数据来源：国际应用生物科学中心，Centre Agriculture Bioscience International，2020）。同时，据我国农业农村部 2022 年公布的《全国农业植物检疫性有害生物分布行政区名录》，稻水象甲在我国大陆的 25 个省（自治区、直辖市）的 472 个县（区、市）有分布。

寄主植物：稻水象甲的寄主广泛，尤其喜食水稻和禾本科及莎草科的杂草。成虫可取食 13 科 104 种植物，稻田周围禾本科植物稗、假稻、雀稗、狗尾草等，泽泻科的矮慈姑，鸭拓草科的鸭拓草等 22 种植物上可以找到幼虫、卵、土茧等虫态。

危害症状：成虫多在叶尖、叶喙或叶间沿叶脉方向啃食嫩叶的叶肉，留下表皮，形成长短不等的白色条斑，长度一般不超过 3 cm，严重时影响水稻返青和分蘖。幼虫主要啃食稻根，造成断根，形成浮秧或影响生长发育，是造成水稻减产的主要因素。该虫危害引起的产量损失一般为 20%，较重发生田块损失率为 34%，严重者可达 80%以上甚至绝收。

2）杧果果核象甲

检疫地位：杧果象属（*Sternochetus*）属于《中华人民共和国进境植物检疫性有害生物名录》中的检疫性害虫，杧果果核象甲是该属的重要种类。

学名：*Sternochetus mangiferae* (Fabricius)。

英文名：Mango seed weevil。

分类地位：隶属于真核生物中的节肢动物门（Arthropoda），昆虫纲（Insecta），鞘翅目（Coleoptera），象虫科（Curculionidae），杧果象属（*Sternochetus*）。

地理分布：杧果果核象甲在亚洲、非洲、欧洲、美洲、大洋洲均有分布。国外分布在孟加拉国、不丹、印度、印度尼西亚、马来西亚、缅甸、尼泊尔、斯里兰卡、泰国、越南、几内亚、肯尼亚、利比里亚、马达加斯加、马拉维、坦桑尼亚、乌干达、赞比亚、芬兰、葡萄牙、西班牙、多米尼加、美国、澳大利亚、斐济、巴西、智利等 60 多个国家和地区。（数据来源：欧洲及地中海植物保护组织，2020）。我国尚无分布。

寄主植物：杧果果核象甲寄主较为单一，只取食杧果。主要寄主为杧果 *Mangifera indica*，次要寄主为 *Mangifera foetida*（CABI, 2020）。

危害症状：杧果果核象甲又名印度果核杧果象，其具体形态特征见图 7–13。其产卵在幼嫩果及成熟果实凹弯处果皮下，也有时产在茎上。产卵后会分泌液体覆盖在卵上形成保护层，给果实造成难去除的斑。果实通常通过杧果果核象产卵后留下的硬化的琥珀色斑判定其是否受害。卵孵化后钻蛀入果核，在种子内取食完成幼虫期和蛹期。随着果实的生长，虫蛀孔被覆盖，难以分辨其已经被杧果果核象甲钻蛀，需要切开果实才能确定其危害程度。卵孵化需要 5～7 d，取决于温度。在印度南部，幼虫期约为 1 个月，在澳大利亚北部，幼虫期约为 40 d，幼虫在种子内完成化蛹，蛹期约为 7 d。在果实腐烂掉落后，杧果果核象甲从果实中钻出。成虫寿命约为 21 个月。在印度，在 3、4 月期间，杧果果核象甲成虫取食杧果的叶子和嫩芽。成虫有滞育现象，滞育期随地理区域而异；在印度南部和美国夏威夷，成虫 6 月孵化，从 7 月到次年 2 月下旬进入滞育期；在澳大利亚北部，成虫在 11—12 月中旬期间孵化，12 月底到次年 8 月中旬期间进入滞育期。滞育的开始与结束与日照长短相关。

图 7–13　杧果果核象甲成虫（刘静远 摄）

3）玉米根萤叶甲

检疫地位：根萤叶甲属是属于《中华人民共和国进境植物检疫性有害生物名录》中的检疫性害虫，玉米根萤叶甲是该属的重要种类；

学名：*Diabrotica virgifera virgifera* LeConte。

英文名：Western corn rootworm。

分类地位：隶属于真核生物中的节肢动物门（Arthropoda），昆虫纲（Insecta），鞘翅目（Coleoptera），叶甲科（Chrysomelidae），根萤叶甲属（*Diabrotica*）。

地理分布：玉米根萤叶甲主要分布在美洲的加拿大、美国、哥斯达黎加、危地马拉、墨西哥、尼加拉瓜及欧洲的阿尔巴尼亚、奥地利、保加利亚、克罗地亚、捷克、丹麦、芬兰、法国、德国、希腊、匈牙利、意大利、黑山共和国、波兰、罗马尼亚、俄罗斯、塞尔维亚、瑞士、乌克兰、英国等国家和地区（数据来源：欧洲及地中海植物保护组织，2020）。我国尚无分布。

寄主植物：玉米根萤叶甲主要危害玉米，也危害葫芦科的南瓜、西葫芦、豆科的大豆、菊科的向日葵、禾本科的大麦、小麦、粟等植物。

危害症状：玉米根萤叶甲一年 1 代。刚孵化的幼虫主要以植物根毛为食，随着幼虫的生长会钻入植物根部取食危害，形成隧道，影响植物正常的生长发育，造成植株干枯死亡。植物根部被钻蛀后易发生真菌侵染，导致根部腐烂、植株倒伏、死亡。玉米根萤叶甲成虫以玉米的花丝、花穗、花粉、叶片以及幼嫩玉米粒为食，影响玉米的授粉和受精，导致玉米结实率降低。若防治不及时，可造成玉米 90% 的产量损失。自该虫传入欧洲以来，塞尔维亚、匈牙利、克罗地亚、罗马尼亚、意大利和奥地利等国遭受了严重的经济损失，如果不采取任何控制措施，则欧洲每年的潜在损失估计为 4.72 亿欧元。玉米根萤叶甲还传播玉米褪绿斑驳病毒，造成病毒病暴发流行。

4）咖啡果小蠹

检疫地位：咖啡果小蠹是属于《中华人民共和国进境植物检疫性有害生物名录》中的检疫性害虫。

学名：*Hypothenemus hampei* (Ferrari)。

英文名：Coffee berry borer。

分类地位：隶属于真核生物中的节肢动物门（Arthropoda），昆虫纲（Insecta），鞘翅目（Coleoptera），小蠹科（Scolytidae），咪小蠹属（*Hypothenemus*）。

地理分布：咖啡果小蠹在除了巴布亚新几内亚的主要咖啡产地均有分布。国外分布区主要包括非洲（布隆迪、喀麦隆、埃塞俄比亚、几内亚、肯尼亚、利比亚、马拉维、莫桑比克、尼日利亚、苏丹、坦桑尼亚等），亚洲（柬埔寨、印度、印度尼西亚、伊朗、老挝、马来西亚、菲律宾、韩国、斯里兰卡、泰国、越南等），欧洲（西班牙），大洋洲［密克罗尼西亚联邦、斐济、法属波利尼西亚、新内喀里多尼亚（法国）、北马里亚纳群岛（美国）］，美洲（玻利维亚、巴西、古巴、哥伦比亚、厄瓜多尔、牙买加、墨西哥、尼加拉瓜、巴拿马、秘鲁、美国、委内瑞拉等）（数据来源：欧洲及地中海植物保护组织，2020）。我国尚无分布。

寄主植物：咖啡果小蠹主要寄主为咖啡，有中粒咖啡，小粒咖啡，次要寄主有巴西栗（数据来源为 www.cabi.org/cpc）。

危害症状：在咖啡开花后 8 周左右，咖啡果小蠹开始从咖啡豆顶端钻蛀危害，被危害的咖啡豆表面可见 1 mm 左右的小孔，降低咖啡豆品质。害虫在咖啡豆内钻蛀危害，产生碎屑在虫道内堆积，并慢慢变色，使未成熟的咖啡豆腐烂。

咖啡果小蠹喜欢温暖潮湿的环境，一般发生在适合咖啡生长的热带地区。咖啡果小蠹在咖啡豆胚乳上产卵，但只有咖啡豆变硬后卵才孵化。咖啡胚乳变硬后，咖啡果小蠹蛀入并开始挖掘不规则的虫道。一般产卵 30 ～ 50 个，卵在 25 ～ 60 d 发育为成虫。据估计，浆果内部最多发生 3 代，一年不超过 5 代。雌虫可飞行 30 min 或者更久来寻找食物，先落在树枝上，爬行寻找坚硬的浆果侵入。咖啡果小蠹对湿度非常敏感，在雨后湿度超过 90% 时，在坚硬落果中，会发现大量咖啡果小蠹成虫。在咖啡园中，咖啡果小蠹通常在阴凉或湿度较高的地方聚集危害。咖啡果小蠹成虫形态特征见图 7–14。

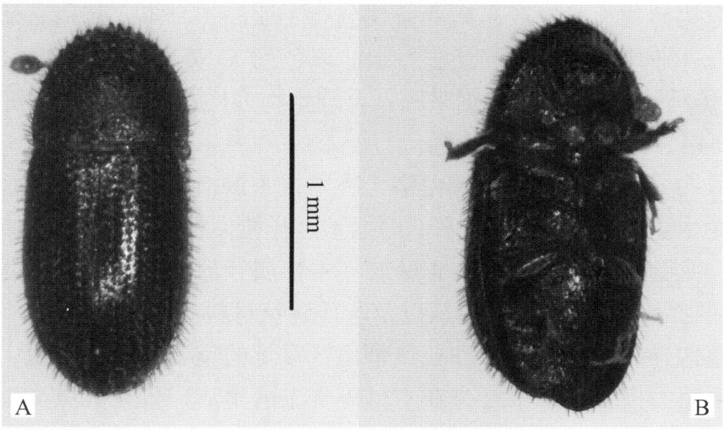

图 7–14 咖啡果小蠹背部（A）和腹部（B）（刘静远 摄）

5）欧洲榆小蠹

检疫地位：欧洲榆小蠹是属于《中华人民共和国进境植物检疫性有害生物名录》中的检疫性害虫。

学名：*Scolytus multistriatus* (Marsham)。

英文名：Smaller european elm bark beetle，Small elm bark beetle。

分类地位：隶属于真核生物中的节肢动物门（Arthropoda），昆虫纲（Insecta），鞘翅目（Coleoptera），小蠹科（Scolytidae），小蠹属（*Scolytus*）。

地理分布：欧洲榆小蠹在国内没有分布。国外分布于整个欧洲、北美洲及非洲、南美洲、大洋洲的部分国家，包括伊朗、丹麦、瑞典、俄罗斯、捷克、斯洛伐克、波兰、匈牙利、德国、瑞士、荷兰、比利时、卢森堡、英国、爱尔兰、法国、西班牙、葡萄牙、意大利、罗马尼亚、保加利亚、希腊、埃及、阿尔及利亚、加拿大、美国、墨西哥、巴拿马、澳大利亚、新西兰等（数据来源：全球生物多样性信息服务网络平台）。

寄主植物：欧洲榆小蠹主要危害榆树，偶尔危害杨树、李树、栎树等。

危害症状：欧洲榆小蠹是一种树皮小蠹，主要危害树干和粗枝的韧皮部，破坏形成层。此虫也是榆枯萎病菌（*Ophiostoma ulmi*）的主要媒介。欧洲榆小蠹以幼虫越冬，少数以成虫或蛹越冬；成虫约 5 月羽化，第 1 代成虫飞行期可持续 40～50 d，最多能飞行 5 km，每头雌虫可产卵 35～140 粒；在相对湿度为 75% 和 27℃的恒温条件下，卵孵化需 6 d，幼虫期为 27～29 d，蛹期为 7 d。该虫有滞育特性。越冬后第 1 代成虫在健康的树干和枝条上取食，构筑坑道，将病菌孢子传入韧皮部。幼虫取食形成的子坑道从母坑道出发，呈辐射状。幼虫在树皮中化蛹，在蛹室内羽化后稍停一段时间后咬穿树皮，留下约 2 mm 的圆形羽化孔。每年 1～3 代。

6）双钩异翅长蠹

检疫地位：双钩异翅长蠹是属于《中华人民共和国进境植物检疫性有害生物名录》和《全国林业检疫性有害生物名单》中的检疫性害虫。

学名：*Heterobostrychus aequalis*（Waterhouse）。

英文名：Kapok borer，Oriental wood borer。

分类地位：隶属于真核生物中的节肢动物门（Arthropoda），昆虫纲（Insecta），鞘翅目（Coleoptera），长蠹科（Bostrichidae），异翅长蠹属（*Heterobostrychus*）。

地理分布：双钩异翅长蠹原产东南亚，现分布于亚洲（日本、越南、缅甸、泰国、马来西亚、印度尼西亚、菲律宾、印度、斯里兰卡、以色列），美洲（苏里南、巴巴多斯、古巴、美国），以及非洲（马达加斯加）（数据来源：全球生物多样性信息服务网络平台）。国内分布于广东、广西、海南、云南、台湾、香港。

寄主植物：双钩异翅长蠹主要危害白格、香须树（黑格）、楹树、凤凰木、黄桐、合欢、杧果、黄檀、青龙木（印度紫檀）、柚木、榆绿木、洋椿、榄仁树、大沙叶、山荔枝、簕竹、桑、龙竹、榆树、龙脑香属、橄榄属、省藤属、木棉属、琼楠属等植物。此外，该虫还可危害竹材、藤材及其制品，也可危害人造板以及木质建筑材料。

危害症状：双钩异翅长蠹是热带和亚热带地区常见的重要钻蛀性害虫，寄主广，钻蛀能力强，食性杂，繁殖力极强。几乎终身在木材等寄主内生活，仅在成虫交尾、产卵时在外部活动。一般 1 年 2 ～ 3 代。以老熟幼虫或成虫在寄主内越冬。越冬幼虫于第二年 3 月中下旬化蛹，蛹期 9 ～ 12 d，3 月下旬至 4 月下旬为羽化盛期。当年第 1 代成虫最早出现在 10 月上中旬。第 2 代部分幼虫期延长，才能以老熟幼虫越冬，最后 1 代成虫期延至 3 月中下旬，和第 3 代（越冬代）成虫期重叠。第 3 代自 10 月上旬以幼虫越冬，至第二年 3 月中旬化蛹，下旬羽化，其中部分幼虫延迟到 4—5 月化蛹，成虫期和第 1 代重叠，成虫期正常寿命 2 个月左右，世代重叠，冬季也有成虫活动。初羽化成虫 2 ～ 3 d 后开始在木材表面蛀食，形成浅窝或虫孔，有粉状物排出。成虫喜在傍晚至夜间活动，稍有趋光性，钻蛀性强，在环境不适宜时，不管是尼龙薄膜还是窗架的玻璃胶均可蛀穿。蛀孔由树皮到边材，其蛀道长度不等，蛀屑常排出蛀道。雌成虫通常将卵产于树干的裂缝或树洞中，或者在树干上凿一个不规则的产卵窝，将卵产于其中，卵较分散。幼虫蛀道大多沿木材纵向伸展、弯曲，并相互交错，蛀道直径一般 6 mm，长达 30 mm，蛀入深度 5 ～ 7 mm，其中充满紧密的粉状排泄物，蛀道的横截面圆形。幼虫老熟后在虫道末端化蛹。

7.4.3 代表性植物检疫性鞘翅类详解

1）菜豆象

检疫地位：属于《中华人民共和国进境植物检疫性有害生物名录》和《全国农业植物检疫性有害生物名单》中的检疫性害虫。

学名：*Acanthoscelides obtectus* (Say)。

英文名：Bean weevil。

分类地位：菜豆象属于鞘翅目（Coleoptera），豆象科（Bruchidae），三齿豆象属（*Acanthoscelides*）。

地理分布：菜豆象原产地为美洲。目前分布在亚洲、欧洲、非洲、大洋洲和美洲的许多地区。具体包括亚洲（朝鲜、日本、缅甸、越南、泰国、阿富汗、土耳其、马来西亚、印度等国），欧洲（俄罗斯、德国、奥地利、瑞士、荷兰、英国、法国、西班牙、葡萄牙、意大利等国），非洲（尼日利亚、埃塞俄比亚、肯尼亚、乌干达、布隆迪、南非等国），大洋洲（澳大利亚、新西兰、巴布亚新几内亚），北美洲和南美洲（加拿大、美国、墨西哥、阿根廷、巴西、哥伦比亚、哥斯达黎加、古巴、秘鲁等国）。据我国农业农村部 2022 年公布的《全国农业植物检疫性有害生物分布行政区名录》，菜豆象在我国大陆吉林、贵州和云南 3 个省的 47 个县（区、市）有分布。

寄主植物：主要包括木豆、鹰嘴豆、大豆、家山黧豆、宽叶菜豆、红花菜豆、青豆、菜豆、豌豆、蚕豆、豇豆、玉米。

危害症状：成虫产的卵无黏性物质，不能黏附在种皮上，而是分散于豆粒之间；由卵孵出的幼虫四处爬动，寻找合适的蛀入点。蛀入种子后，种子表面留下一个直径为 0.13 ～ 0.24 mm 的圆形蛀孔。幼虫 4 个龄期，全部在种子内蛀食危害。化蛹前，成熟幼虫运行到种皮下，做一圆形半透明的小窗，并将小窗四周咬成一个圆形的羽化孔盖。成虫羽化时，顶开羽化孔盖离开豆粒，留下一个圆形羽化孔。

主要鉴别特征：

① 成虫主要鉴别特征：体长 2 ～ 4 mm。头、前胸及鞘翅黑色，密披黄色毛，背面暗灰色，与常见的几种豆象有明显区别。腹部及臀板为橘红色，密披白色毛，杂以黄色毛。头部长而宽，密布刻点，额中线光滑无刻点。触角 11 节，基部 4 节及第 11 节为橘红色，其余为黑色，基部 4 节为丝状，第 5 ～ 10 节为锯齿状，末节呈桃形，端部尖细。前胸背板圆锥形。后足腿节腹面近端有 3 个齿，1 个为长而尖的大齿，其后为 2 个小齿，大齿长度约为 2 个小齿的两倍。经解剖，雄性外生殖器阳茎较长，外阳茎瓣端部钝尖，两侧凹入，两侧叶顶端膨大，内阳茎前端有两纵向微刺区，囊区色深（图 7–15）。

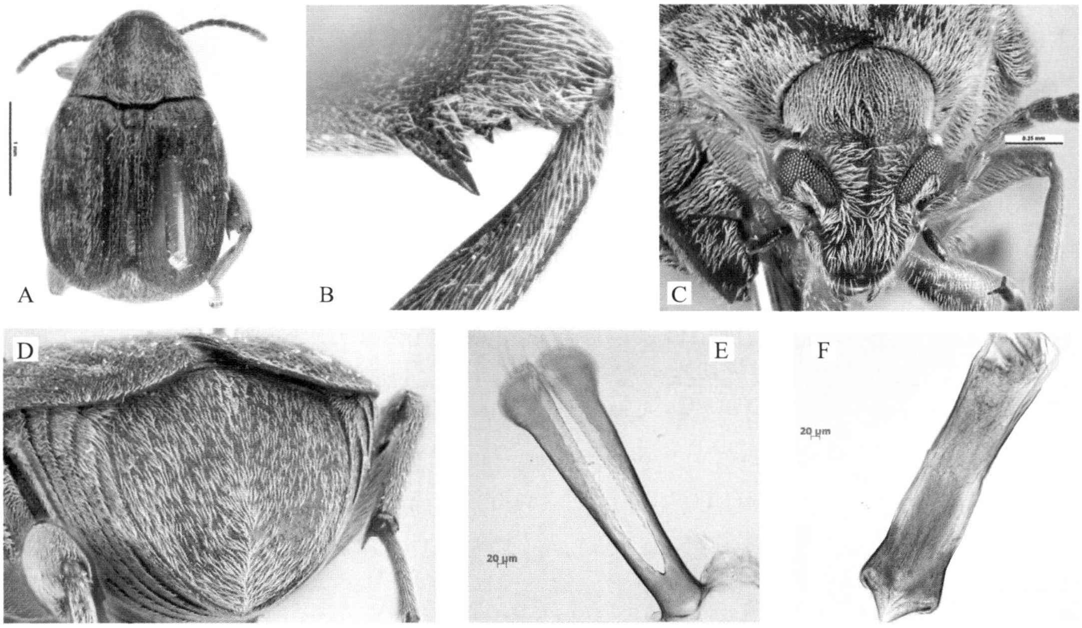

图 7–15　菜豆象形态特征图（张俊华 摄）

（A. 成虫整体图；B. 成虫后足；C. 成虫头部；D. 成虫臀板；E. 雄虫阳基侧突；F. 雄虫阳茎）

② 幼虫主要鉴别特征：1 龄幼虫体长约 0.8 mm，宽约 0.3 mm。中胸及后胸最宽，向腹部渐细。头的两侧各有 1 个小眼，位于上颚和触角之间。触角 1 节。前胸盾呈“X”或“H”形，上面着生齿突。第 8、9 腹节背板具卵圆形的骨化板。足由 2 节组成。老熟幼虫体长 2.4～3.5 mm，宽 1.6 ～ 2.3 mm。体粗壮，弯曲呈“C”形；足退化。上唇具刚毛 10 根，其中 8 根位于近外缘，排成弧形，其余 2 根位于基部两侧。无前胸盾，第 8、第 9 腹节背板无骨化板。

③ 卵的主要鉴别特征：白色，半透明，椭圆形，两端圆形，一端较另一端宽。卵不黏附于豆粒表面。卵宽 0.264 mm ± 0.046 mm，卵长 0.660 mm ± 0.089 mm。与常见的几种危害食用

豆类的豆象相比，菜豆象的卵最接近长形。

④ 蛹的主要鉴别特征：长 3.2～5 mm，椭圆形，淡黄色。

生物学特性

平均温度 15℃以上，越冬幼虫开始化蛹，羽化为成虫。成虫羽化后几分钟或几小时便可交配。产卵期夏天为 5 d，冬天为 39 d。初夏成虫可从仓库飞出，在田间取食花蜜。卵产在干豆荚的裂缝里，在仓内产卵在豆粒间。田间取食的成虫比仓内不取食的成虫产卵多。卵几天后孵化为幼虫。咬破种皮进入种子内。老熟幼虫食去种子内部至外皮。并蛀一羽化孔。成虫羽化后在豆内静止 1～3 d，以头和前足顶开羽化孔而爬出。在 75% 的相对湿度下 、26℃时，卵期 8.4 d，幼虫期 18.6 d，蛹期 9 d。

传播途径：菜豆象是多种菜豆和其他食用豆类的危险性害虫，对储藏豆类造成严重危害。卵、幼虫、蛹和成虫均可被携带。菜豆象极易随寄主广泛传播，主要借助被侵染的豆类通过贸易，引种和运输工具等进行传播。现已几乎分布到世界各大洲。

◎ **检疫措施与实践：**

① 风险分析：菜豆象一旦入侵，发生危害严重，防治困难。有报道表明，国内大部分地区都适于该虫生存，我国长江以南为严重发生区，该虫可以各种虫态在仓库或田间越冬，且发生世代增多；在其他大部分地区，只能以幼虫态在冬季有加温条件的场所越冬。

② 检疫鉴定：针对菜豆象的检疫鉴定，国家质量监督检验检疫总局 2003 年发布了中华人民共和国出入境检验检疫行业标准《菜豆象的检疫和鉴定方法》(SN/T 1274—2003)。该标准规定了菜豆象的鉴定方法，适用于进境豆类携带的菜豆象的形态学鉴定。截获虫样为幼虫时，需要饲养为成虫。将带虫寄主置于光照培养箱中，温度保持 25～30℃，相对湿度 70%～90%，并具有防止成虫逃逸设施；饲养为成虫后，根据成虫形态特征做鉴定。

③ 疫情监测：对船舶食品仓和旅客携带及国际邮寄或作为样品传递的小宗豆类，要全部进行检查。对货物包装物外表，铺垫材料，车、船、集装箱的四周，袋的边、角、缝隙等处，用肉眼看是否有菜豆象活成虫或死成虫。检查筛上物的豆粒上是否有幼虫蛀入孔，是否有“小窗”或羽化孔。在生产中加强监测，经常查看豆类储藏仓库有无该虫出现，一旦发现该虫应及时采取严格的控制措施，严防疫情扩散。发生区播种豆类时应选用健康种子并及时处理被害种子。

④ 检疫处理：少量种子可用高温处理，在 60℃下持续 20 min；用二硫化碳 200～300 g/m^3 或氯化苦 25～30 g/m^3，或氢氰酸 30～50 g/m^3 处理 24～48 h；溴甲烷 35 g/m^3 处理 48 h；以上措施可全部杀灭各个虫态。

⑤ 检疫实例：

植物检疫实例分析 7-5：2012 年，重庆出入境检验检疫局国际邮局办事处工作人员在现场查验进境邮件时，截获两袋由土耳其邮寄的植物种子白芸豆和眉豆，发现两袋种子都携带多头豆象类害虫。该种子送该局技术中心植检实验室饲养，陆续羽化出 87 头成虫。经鉴定复核，确定该虫为检疫性有害生物菜豆象。目前，该局已按国家有关规定将该批邮寄物实施了销毁处理。我国进口粮谷类贸易多，玉米等种植面积大，需进一步加强针对该类检疫性害虫的进境和国内检疫。

2）马铃薯叶甲

检疫地位：马铃薯叶甲是同时属于《中华人民共和国进境植物检疫性有害生物名录》和

《全国农业植物检疫性有害生物名单》中的检疫性害虫。

学名： *Leptinotarsa decemlineata* (Say)。

英文名： Colorado potato beetle。

中文别名： 马铃薯甲虫。

分类地位： 隶属于节肢动物门（Arthropoda），昆虫纲（Insecta），鞘翅目（Coleoptera），叶甲总科（Chrysomeloidea），叶甲科（Chrysomelidae），叶甲亚科（Chrysomelinae），马铃薯叶甲属（*Leptinotarsa*）。

地理分布： 马铃署叶甲原产于美洲地区。国外分布区包括亚洲（哈萨克斯坦、土库曼斯坦、乌兹别克斯坦、伊朗、土耳其等），欧洲（丹麦、芬兰、俄罗斯、乌克兰、波兰、捷克、德国、罗马尼亚、奥地利、瑞士、荷兰、比利时、卢森堡、法国、西班牙、葡萄牙、意大利等），美洲（美国、加拿大、墨西哥、危地马拉、哥斯达黎加、古巴）。据我国农业农村部 2022 年公布的《全国农业植物检疫性有害生物分布行政区名录》，马铃薯甲虫在我国大陆吉林、黑龙江和新疆 3 个省（自治区）的 46 个县（区、市）有分布。

寄主植物： 马铃薯甲虫的寄主范围相对较窄，属寡食性昆虫。其寄主主要包括茄科 20 多个种，多为茄属的植物，有马铃薯、茄子等寄主作物，以及刺萼龙葵、欧白英、狭叶茄等茄属野生寄主植物。此外，该虫还可偶然取食曼陀罗属和十字花科的个别植物。

危害症状： 马铃薯甲虫以成虫、幼虫取食并危害马铃薯叶片和嫩尖。其成虫及 3～4 龄幼虫取食量较大，危害初期叶片上出现大小不等的孔洞或缺刻，其继续取食可将叶肉吃光，留下叶脉和叶柄。马铃薯甲虫成虫和幼虫都有聚集危害的习性，这种现象与其卵在田间呈聚集分布有关。成虫和幼虫严重危害时常将叶柄或较细的幼茎咬断，从而引起整个叶片或茎上部分叶片枯死。这种情况通常发生在开花前受害严重的寄主作物植株上，在夏季阳光的照射下，被害植株剩余的茎秆，以及地下根茎部分会在几天内失水干枯后死亡。从植株受害的垂直分布来看，成虫、幼虫喜食物幼嫩的中上部叶片，而中、上部叶片被取食光，并形成“秃顶”后，幼虫才向下转移危害，待整株叶片都吃光后，再向邻近植株转移危害。该虫是马铃薯的毁灭性害虫，一般减产 30%～50%，有时高达 90%～100%。当 1 株马铃薯株上有 10 头幼虫时，可使马铃薯减产 15%，当有 15 头时减产 50%，有 40 头以上可导致绝收。该虫还可传播马铃薯褐斑病、环腐病等多种病害（图 7–16）。

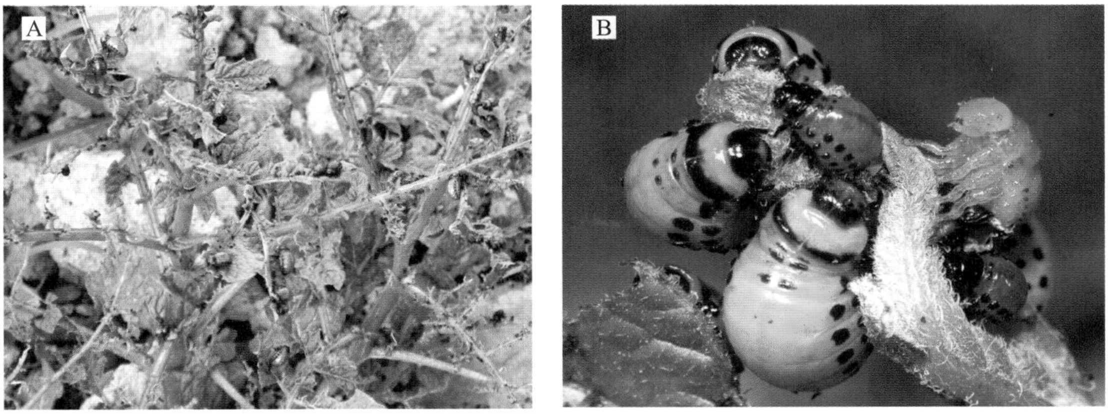

图 7–16　马铃薯叶甲幼虫危害特征图（张润志 摄）

A. 幼虫危害马铃薯症状图；B. 幼虫取食叶片。

主要鉴别特征：

① 成虫主要鉴别特征：体长 9～11.5 mm，宽 6.1～7.6 mm，短卵圆形。触角 11 节，基部 6 节黄色，端部 5 节膨大而色暗。前胸背板隆起，顶部中央有一“U”形斑纹或 2 条黑色纵纹，每侧又有 5 个黑斑，有时侧方的黑斑相互连接。小盾片光滑，黄色至近黑色。鞘翅卵圆形，显著隆起；每一鞘翅有 5 个黑色纵条纹，全部由翅基部延伸到翅端，翅合缝黑色，条纹 1 与翅合缝在翅端几乎相接，条纹 2、3 在翅端相接，条纹 4 与 3 的距离一般情况下小于条纹 4 与 5 的距离，条纹 5 与鞘翅侧缘接近；鞘翅刻点粗大，沿条纹排成不规则的刻点行。口器淡黄色至黄色，上颚端部黑色，有齿 4 个，其中 3 个明显；下颚的轴节和茎节发达，内颚叶和外颚叶密被刚毛；下颚须短，末端色暗。足短；跗节部 5 节，假 4 节；爪的基部无附齿。腹部第 1～5 腹板两侧具黑斑，第 1～4 腹板的中央两侧另长椭圆形黑斑。雄成虫外生殖器的阳茎呈圆筒状，显著弯曲，端部扁平。雌雄两性外形差别不大；雌虫个体一般稍大；雄虫最末腹板较隆起，上面有一纵线，雌虫无上述凹线（图 7–17）。

图 7–17　马铃薯叶甲成虫交配图（张润志 摄）

② 卵主要鉴别特征：卵淡黄色至深橘黄色，长卵圆形，长 1.5～1.8 mm，宽 0.7～0.8 mm（图 7–18）。

图 7–18　马铃薯叶甲卵形态特征图（张润志 摄）

③ 幼虫主要鉴别特征：1～2 龄幼虫暗褐色，3 龄开始逐渐变鲜黄色、粉红色或橘黄色；头黑色发亮，头壳上仅着生初生刚毛，刚毛短；每侧顶部着生刚毛 5 根。前胸背板骨片以及胸部和腹部的气门片暗褐色或黑色。幼虫背方显著隆起。头为下口式，每侧有小眼 6 个，上方 4 个，下方 2 个。触角短，3 节。唇基横宽，着生刚毛 6 根，排成一排。上唇横宽，明显

窄于唇基，前缘略直并着生刚毛 10 根，中区着生刚毛 6 根和毛孔 6 个。上颚三角形，有端齿 5 个。气门圆形，缺气门片；气门位于前胸后侧及第 1 ～ 8 腹节上。足转节呈三角形，着生 3 根短刚毛；爪大，骨化强，基部的附齿近矩形。

④ 蛹主要鉴别特征：离蛹。体椭圆形，体长 9 ～ 12 mm，宽 6 ～ 8 mm。橘黄色或淡红色。

生物学特性：

① 生活史：在美洲和欧洲马铃薯甲虫一年发生1～2代，部分地区一年可发生不完全3代。在我国新疆马铃薯产区，马铃薯甲虫以成虫在寄主作物田越冬，一年可发生 1 ～ 3 代，以 2 代为主。马铃薯甲虫 2 代发生区主要包括新疆北部的平原马铃薯产区，塔城、阿勒泰等高纬度地区属于不完整 2 代区；海拔较高的冷凉山区一年发生 1 代；伊犁河谷热量资源较丰富的部分县市，如伊宁、霍城、察布查尔等地一年发生 2 代和不完全 3 代。在伊犁河谷下游的马铃薯种植区，马铃薯一般于 4 月上旬至 5 月上旬播种，马铃薯甲虫越冬代成虫于 4 月底至 5 月上中旬出土，随后转移至野生植物取食和危害早播马铃薯。由于越冬成虫越冬入土前进行了交尾，故而越冬后雌成虫不论是否交尾，取食马铃薯叶片后均能产卵。第 1 代卵盛期为 5 月中下旬，第 1 代幼虫危害盛期出现在 5 月下旬至 6 月下旬，第 1 代蛹盛期出现在 6 月下旬至 7 月上旬，第 1 代成虫发生盛期出现在 7 月上旬至 7 月下旬。第 1 代成虫产卵盛期出现在 7 月上旬至 7 月下旬。第 2 代幼虫发生盛期出现在 1 月中旬至 8 月中旬，第 2 代幼虫化蛹盛期出现在 7 月下旬至 8 月上旬，第 2 代成虫羽化盛期出现在 8 月上旬至 8 月中旬，第 2 代（越冬代）成虫入土盛期出现在 8 月下旬至 9 月上旬。该虫世代重叠十分严重，世代发育需要 30 ～ 50 d。

② 成虫生物学特性

羽化和取食：马铃薯甲虫成虫在土壤中羽化，然后出土即开始取食。成虫具假死习性，受惊后易从植株上落下。在 20 ～ 27℃条件下，从卵至成虫羽化出土平均历期为 33.5 d。在 25℃室内，新羽化的雌成虫 55 d 后约有 50% 死亡，寿命最长可超过 120 d。马铃薯甲虫具有兼性滞育习性，其滞育的最适温度条件是 19 ～ 22℃、营养环境良好和日照短于 14 h。在不良温度、营养的情况下，越冬出土后的成虫还可再次滞育抵御不良环境，以减少死亡。

交尾：马铃薯甲虫成虫羽化出土即开始取食，3 ～ 5 d 后鞘翅变硬，并开始交尾，未取食者鞘翅始终不能硬化和进行交尾，数天内即死亡。

产卵：马铃薯甲虫交尾 2 ～ 3 d 后即可产卵，产卵期内可多次交尾。成虫一般将卵产于寄主植株下部的嫩叶背面，卵为块状，偶产于叶表和田间各种杂草的茎叶上。据田间调查，第 1 代和第 2 代卵块平均卵粒数为（25.14 ± 14.13）粒和（32.7 ± 17.88）粒，一般单头雌虫一生产卵量为 300 ～ 3130 粒，平均约 1000 粒。

迁飞：一般马铃薯甲虫成虫自然扩散有两种方式。一是爬行，主要发生于春季和秋季，属田间扩散，距离为 15 ～ 100 m。二是飞行。马铃薯甲虫的飞行行为有三种类型：①小范围的低空琐细飞行，局限于田块内或临近田块的飞行。这种飞行的方向不受气流的影响，属自主飞行，飞行距离一般为几米至数百米，飞行高度不超过 20 m，可持续多次进行。②高空非自主迁飞。迁飞距离一次飞行超过 1 km，飞行高度超过 50 m，其飞行方向与气流方向一致，其飞行距离与气流强度成正比，这种飞行多发生于春季滞育出土后成虫寻找新的寄主田阶段。③长距离迁飞。在新疆伊犁河谷地区，这种迁飞主要发生在越冬后成虫迁入寄主田，紧接着产卵高峰后。这种长距离迁飞的发生主要是由于温度和日照强度的刺激，其飞行方向和距离取决于优势风。马铃薯甲虫成虫各世代均具飞行习性，飞行活动从春季（5 月初）开始一直持续到夏末秋初（8 月中旬前）。在新疆马铃薯甲虫发生区，在春季至夏季对马铃薯甲虫成虫进行颜色标记，30 d 后在距离向西下风口 113 km 的非疫区马铃薯田发现并成功回收到标记过的成虫，表明马铃薯甲虫在 1 个月迁飞距离可达 113 km，证实了越冬代成虫出土取食后在春天至夏初的迁飞是其主要传播扩散方式和阶段。

③ 幼虫生物学特性：幼虫分 4 个龄期。初孵幼虫头部和足为黑色，体为红褐色，体色随龄期变化较大，3 龄后体色呈红褐色、橙红色、橙黄色、土黄色。马铃薯甲虫各虫态的发育历期和取食量有所不同，随着龄期的增长，3～4 龄幼虫进入暴食期。

④ 蛹生物学特性：老熟幼虫入土后做蛹室化蛹，一般入土幼虫 5 d 后开始化蛹，具有明显的预蛹期。一代幼虫主要在马铃薯根际及垄底的土壤中化蛹。蛹在黏土中分布稍浅，在沙壤土中略深。田间寄主根际周围土壤板结严重时，马铃薯幼虫无法在寄主根际入土化蛹，而土壤表面湿度适宜时，老熟幼虫可直接在土表裸露化蛹。

传播途径：成虫是马铃薯甲虫传播和扩散的主要虫态，其成虫随气流迁飞是自然传播的主要方式，也可以通过发生区的马铃薯薯块、蔬菜等相关农副产品，以及交通工具等人为方式进行远距离传播。马铃薯甲虫可爬行转移取食危害，遇到水流时，也可随水传播。幼虫也可在一定范围内扩散，在不同植株间转移危害，但通常只能爬行几米至几十米。

◎ **检疫措施与实践：**

① **风险分析：**全国农业技术推广服务中心和农业部规划设计研究院联合研制的“基于生态因子和综合叠加技术”为核心的适生性和风险分析系统的结果显示，马铃薯甲虫除在我国黑龙江、内蒙古及新疆的北部局部地区，青海和西藏大部分地区以及东南沿海局部地区适生性较低以外，在其他大部分地区适合生存，其中黑龙江、吉林、辽宁、北京、天津、内蒙古、河北、甘肃、山东、江苏、河南、安徽、上海、浙江、江西、湖南、四川、重庆、福建、贵州、云南、广东、广西、新疆等省（自治区、直辖市）为最适发生区；通过定性分析的方法，确定其在我国的危险性综合评价值 R=0.905，判定为“风险性很大”。

②**检疫鉴定：**原国家质量监督检验检疫总局 2003 年发布了中华人民共和国出入境检验检疫行业标准《马铃薯甲虫检疫鉴定方法》（SN/T 1178—2003）。该标准规定了进境马铃薯甲虫寄主植物及其果实中马铃薯甲虫的形态学鉴定。

A. 形态学鉴定（引自行业标准 SN/T 1178—2003 等）

进行现场查验时，对来自发生区的茄科植物种子、苗木及其产品，运输工具，入境旅客携带物，以及来自发生区的动物产品特别是绒毛类产品，按照要求进行抽查检验。通过检查收集到的成虫、幼虫、蛹、卵及蜕皮壳，以及少量对应寄主货物，带至实验室进行饲养、鉴定。

饲养：将现场检验时收集的卵及幼虫放入养虫盒或养虫缸中，以新鲜马铃薯叶片作为食料，在 25℃或 26℃条件下培养 5～15 d。每天至少观察 2 次。待幼虫老熟后，移到半干湿砂土的杯状容器（如烧杯）中化蛹。将容器移至养虫箱继续培养。待成虫羽化后，在养虫箱中再饲养 2～3 d 体壁硬化完好，然后制作成标本。

鉴定：根据不同虫态的形态学特征进行种类鉴定。主要鉴别特征包括：成虫每一鞘翅上具黑色纵条纹 5 条，第 2 条纹与第 3 条纹在末端共柄。幼虫虫体两侧有两行大的暗色骨片；腹部较胸部显著膨大，中央部分特别膨大向上隆起。

B. 分子鉴定

可用 CO Ⅰ 基因进行马铃薯叶甲卵的分子鉴定。

③ **检疫处理**：针对马铃薯叶甲的检疫处理技术主要采用化学手段。若发现有疫情货物，可采用熏蒸剂熏蒸处理。对马铃薯块茎，在 25℃条件下，用溴甲烷或二硫化碳 16 mg/L，密闭熏蒸 4 h；在 15～25℃，每降低 5℃，用药量应相应增加 4 mg/L，可彻底杀灭成虫。若要杀死蛹，温度应在 25℃以上。

④ **疫情监测**：为了掌握马铃薯叶甲的发生动态，有针对性地对其进行检疫管理，得采取科学正确的方法对马铃薯叶甲进行疫情监测。马铃薯叶甲的疫情监测主要包括划定监测区域、监测植物和监测时期，选择合适的监测用品和监测方法，最后对样本进行鉴定和疫情判定。根据《马铃薯甲虫疫情监测规程》（GB/T 23620—2009），对马铃薯叶甲进行监测前需要收集当地马铃薯叶甲及其寄主相关的信息并进行整理和分析，然后制定监测计划，划定发生区及未发生区，重点监测发生疫情的有代表性地块、发生边缘和高风险区域。主要监测马铃薯、茄子、番茄以及野生寄主天仙子、刺萼龙葵等寄主植物。未发生区的调查分为访问调查和踏查，以及风险区监测和一般未发生区监测。发生区的调查分为访问调查、踏查和定点监测。另外，已有应用高光谱遥感技术对马铃薯叶甲发生的马铃薯田块进行监测的报道。

⑤ **检疫实例**

植物检疫实例分析 7-6：2015 年 9 月 22 日，南沙出入境检验检疫局日前在南沙粮食通用码头，从一批乌克兰进境的大麦中截获检疫性有害生物——马铃薯甲虫。据悉，这是广东口岸首次从进境货物中截获该种害虫。2017 年 11 月 7 日，内蒙古二连浩特检验检疫局工作人员对一批俄罗斯进口油菜籽进行检验检疫时发现多种非活体害虫，经鉴定为马铃薯甲虫。为保障中国北疆国门生物安全，严防外来有害生物入侵，二连浩特检验检疫局依法对该批进口油菜籽进行了无害化处理。近年来，马铃薯甲虫在我国呈现“东西夹击”之势，在新疆、黑龙江、吉林等省（自治区），农业植物检疫全力阻截，将该虫控制在了局部地区。马铃薯甲虫是国际公认的毁灭性检疫害虫，也是“中国最具危险性的 20 种外来入侵物种”之一，我国须进一步加强该虫的检疫防控。

3）谷斑皮蠹

检疫地位：斑皮蠹属是属于《中华人民共和国进境植物检疫性有害生物名录》中的检疫性害虫，谷斑皮蠹是该属的重要种类。

学名：*Trogoderma granarium* Everts。

英文名：Khapra Beetle。

分类地位：隶属于节肢动物门（Arthropoda），昆虫纲（Insecta），鞘翅目（Coleoptera），皮蠹科（Dermestidae），斑皮蠹属（*Trogoderma*）。

地理分布：谷斑皮蠹原产于印度，现分布于亚洲、中东、非洲及欧洲的部分国家和地区。国外分布于越南、缅甸、斯里兰卡、印度、马来西亚、日本、朝鲜、印度尼西亚、新加坡、菲律宾、土耳其、以色列、伊拉克、巴基斯坦、南非、英国、德国、法国、美国、奥地利、阿尔及利亚、埃及、津巴布韦、突尼斯、委内瑞拉等。我国尚无分布。

寄主植物：主要寄主是谷物、荞麦、谷类产品、豆类、苜蓿、各种蔬菜种子、香草、香料和各种坚果；还可以通过干椰肉、干果、各种树胶、全部或部分干燥动物性产品（如奶粉、皮、干犬粮、干血、昆虫和动物尸体）成功完成生命周期。

危害症状：以幼虫取食危害，十分贪食，具粉碎食物的特性；谷斑皮蠹雌性成虫在交配后产卵于谷物表面，幼虫孵化后先取食谷类种子的胚芽，再取食胚乳，造成谷物种皮不规则状损伤。对于大批量货物，谷斑皮蠹常在表层进行危害，使货物表面覆盖大量幼虫蜕皮、断裂的刚毛及粪便。谷物一般损失 5% ～ 30%，有时高达 73% ～ 100%。

主要鉴别特征：

① 成虫主要鉴别特征：椭圆形，体长 1.4 ～ 3.4 mm，宽 0.75 ～ 1.9 mm。头部呈暗褐色至黑色；触角 9 ～ 11 节，雄虫触角棒 3 ～ 5 节，雌虫触角棒 3 ～ 4 节。前胸背板表皮暗褐色至黑色，表面均匀附着粗糙、半直立的黄褐色刚毛（有时刚毛呈深红褐色），内侧和外侧的前胸背板上有模糊的淡黄白色剑形刚毛组成的斑块。鞘翅红褐色至暗褐色，表皮淡色花斑及淡色毛斑均不清晰，有 2 ～ 3 个模糊的黄白色剑形刚毛组成的条带。颏的前缘具深凹，两侧钝圆，凹缘最低处颏的高度不及颏最大高度的 1/2。雌虫交配囊骨片极小，长约 0.2 mm，宽 0.01 mm，上面的齿 10 ～ 15 个。

② 幼虫主要鉴别特征：谷斑皮蠹属幼虫呈爬虫式，具胸足 3 对，无腹足。体呈纺锤形，以中部的体节最宽。体背乳白色至红褐色。上内唇感觉乳突 4 个。触角 3 节，第 1 节粗短，长刚毛着生于该节周围，伸达或超越第 2 节端部；第 2 节细长，无刚毛或仅有 1 根刚毛；第 3 节狭窄。背板单一黄色或淡褐色。胸部第 2、3 节以及腹部各节的端背片着生几乎成排的紧贴体表面的细芒刚毛，胸部脊板及腹部背板有 1、2 排或更多排直立的芒刚毛及排列不整齐的芒刚毛，外侧后端有许多箭刚毛，其中腹部第 5 ～ 9 节两侧的箭刚毛极密，构成浓密的毛簇。尾端有 1 簇长的芒刚毛。

③ 蛹主要鉴别特性：离蛹，蛹体外被有末龄幼虫的蜕，蛹体覆盖长短不等的淡黄色刚毛。

生物学特性

① 成虫生物学特性：

羽化和取食：老熟幼虫最后一次脱皮时，表皮纵裂，化蛹于蜕皮内。成虫羽化时以体躯和附肢的扭动增加体内血液对体壁的压力，迫使蛹皮沿胸部背中线裂开，继续扭动体躯和附肢将薄的蛹壳逐渐推至身体的末端，露出鞘翅而脱出（图 7–19）。一般在羽化后 3 ～ 5 d 开始产卵。谷斑皮蠹成虫寿命 12 ～ 14 d，丧失飞翔能力。具有一定的趋光性。

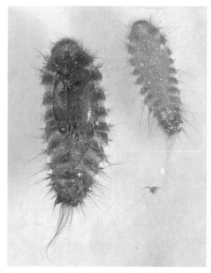

图 7–19　谷斑皮蠹即将羽化的蛹（左）与未准备羽化的蛹（右）
（曾令瑜 摄）

交尾：成虫羽化 1 ～ 3 d 后开始交尾。耐冷耐热能力突出，在 10℃时个别成虫仍可交尾。

产卵：成虫交尾后 1 ～ 2 d 开始产卵。雌虫产卵前活动频繁，爬行一段距离，即停止，使身体后倾，并露出产卵器，使其上下左右摆动，寻找适当的产卵场所。卵多产于缝隙处，有单产、串产、聚堆产等，产卵有间歇性和连续性。卵散产，在适宜条件下，每雌虫产卵 50～90粒，平均70粒，也有报道个别雌虫产卵达126粒。卵期 6 ～ 10 d。20℃以下不产卵，温度过高、湿度过高产卵率下降（图 7–20）。

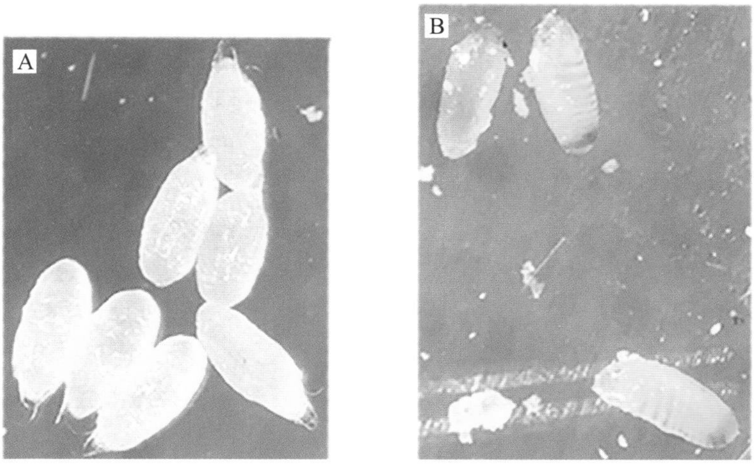

图 7–20 谷斑皮蠹卵发育时期对比图（曾令瑜 摄）

A. 卵发育初期；B. 卵发育后期

② 幼虫生物学特性：初孵幼虫具趋光性，随着龄期的增加食量增大。谷斑皮蠹最高发育温度为 40～45℃；发育最适温度为 33～37℃。在东南亚，1 年发生 4～5 代或更多，从 4—10 月为繁殖危害期，11 月至翌年 3 月以幼虫在仓库缝隙内越冬。幼虫在正常情况下有 4～6 龄，多者达 7～9 龄。在 21℃条件下完成 1 个发育周期需 220 d，在 30℃条件下需 39～45 d，在 35℃条件下需 26 d。耐干性强，在食物含水量 2% 的情况下仍能顺利发育和繁殖，发育的湿度范围为相对湿度 1%～73%；耐冷耐热力强，在 –10℃下处理 25 h，幼虫死亡率为 25%，在 –21℃下仍可经受 4 h；耐饥力强，在不适宜的温度、虫口密度太高或营养条件恶化的情况下均可导致幼虫滞育，当有利条件恢复时，害虫能够迅速繁殖并严重损害商品；具趋触性，幼虫进入 3 龄后喜欢钻入缝隙内群居，墙壁、席囤缝隙、地板缝、包装物及仓内梁柱裂隙均可能成为幼虫的隐匿场所；具抗药性，使惯用的清洁卫生防除法、甚至熏蒸难以发挥作用（图 7–21）。

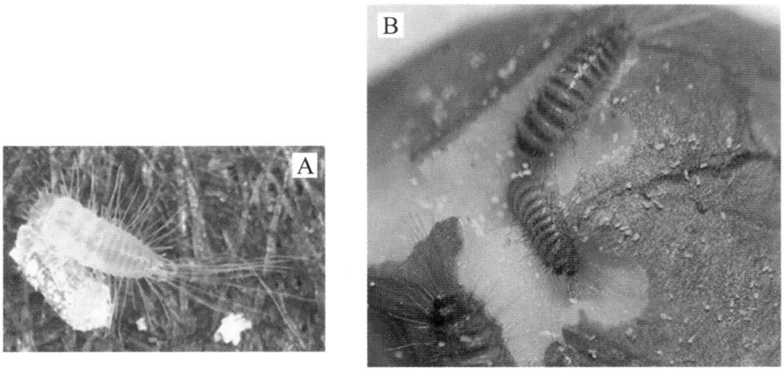

图 7–21 谷斑皮蠹幼虫发育时期对比图（曾令瑜 摄）

A. 初孵幼虫；B. 老熟幼虫

传播途径：因不具备飞行能力，谷斑皮蠹在非人为传播的情况下传播能力非常有限，因此贸易及旅客携带是其主要的传播方式，各虫态均可随货物、包装材料和运输工具进行远距离传播。

◎ **检疫措施与实践：**

① **风险分析：**谷斑皮蠹寄主范围广、适生范围大、危害严重，一旦传入，难以防除。基于半定量分析方法的谷斑皮蠹在中国的适生性分析结果表明，其具有较强的扩散蔓延趋势，对我国的仓储粮食等构成极大的潜在威胁，属于高度危险的仓储害虫。基于 GIS 与气候相似性的适生区预测结果表明，谷斑皮蠹在云南可能的适宜分布范围主要在云南南部的热带和亚热带气候地区。同时，基于外来入侵有害生物多指标综合评价体系的入侵风险分析结果表明，谷斑皮蠹从边境口岸进入云南的可能性高、传入风险大；无有效天敌，扩散风险高。根据先前的种群模型、监测和风险评估研究，谷斑皮蠹在加拿大或其他寒冷国家的定殖可能性较低，而在美国西南部、澳大利亚和巴西的大部分地区入侵、定殖风险高。因此，我们需要重点防控谷斑皮蠹随国际贸易输入我国，尽量压低进口货物中谷斑皮蠹的虫口密度，对感染的货物进行认真的检疫和处理。

② **检疫鉴定：**针对谷斑皮蠹的检疫鉴定，中华人民共和国国家标准《植物检疫 谷斑皮蠹检疫鉴定方法》（GB/T 18087—2000）规定了谷斑皮蠹的检验和鉴定方法，适用于该虫的检疫和鉴定。国际植物检疫措施标准 ISPM27 诊断规程的第 3 号诊断规程［ISPM27，Annex 03（2012）］，则规定了该虫的有害生物信息、分类学信息、检测、鉴定等，其中，主要针对检疫过程中谷斑皮蠹的标本制作及形态学鉴定特征进行了详细描述。

A. 形态学鉴定（引自 ISPM27，Annex 03、中华人民共和国国家标准 GB/T 18087—2000）

谷斑皮蠹侵染的货物常通过以下情况进行识别：存在该害虫（尤其是在取食的幼虫和虫蜕）；侵染症状，在散装货物中，表层受侵染后出现大量的虫蜕、碎刚毛和粪便（排泄物）。通过过筛检查、肉眼检查、诱剂检查、现场取样检查，将收集的成虫、幼虫、蛹、卵及蜕皮壳，分别保存于相关溶液中，根据鉴定方法进行结果判定。

饲养：将现场取样检查收集的样品放入 32～35℃、湿度 70% 的培养箱内饲养观察。在立体显微镜下检查幼虫大小、体色、刚毛的排列和颜色，使用超声波清洗机将羽化的成虫清洗干净，在水中分离、干燥并固定腹部，用于标本制作。

鉴定：根据不同虫态的形态学特征进行鉴定。主要结果判定方式为：成虫符合雄虫触角棒 3～5 节，雌虫 3～4 节，鞘翅上的花斑极不清晰；颏的前缘中部具有深凹，则可鉴定为谷斑皮蠹；幼虫符合上内唇乳突 4 个和第 8 个腹节背板无前脊沟，则可鉴定为谷斑皮蠹。

B. 分子鉴定

在我国，已有针对谷斑皮蠹的 PCR 技术、实时荧光 PCR 技术研究的报道。如以 COI 基因为靶序列设计的扩增谷斑皮蠹的特异性 PCR 引物，可实现其与黑斑皮蠹、花斑皮蠹、条斑皮蠹的有效鉴别。张祥林等以 16Sr DNA 基因为靶序列分别设计了谷斑皮蠹的特异性引物与实时荧光 PCR 探针，为口岸检疫人员检测进境货物中携带的谷斑皮蠹提供技术支持。

③ **检疫处理：**化学熏蒸是如今在谷斑皮蠹上应用最普遍的检疫处理技术。甲基溴（MB）是用于检疫处理的非常有效的熏蒸剂，从检疫安全性的角度考虑，谷斑皮蠹的推荐使用率通常是其他储存产品有害生物的两倍。控制谷斑皮蠹所有生长期所需的浓度建议达到 100 g/hm^3 CTP（温度＞15℃）；澳大利亚的检疫要求处理剂量为 80 g/m^3 的甲基溴处理谷斑皮蠹 48 h（温度＞21℃）；美国农业部的相关规定处理剂量为 96 g/m^3 处理 12 h（15～21℃）。同时，还可利用有机磷杀虫剂甲基嘧啶磷、硅藻土等药剂对谷斑皮蠹进行防控，剂量需为控制其他仓储害虫的两倍。同时，将接触性杀虫剂（如吡咯类、有机磷杀虫剂和拟除虫菊酯）应用于装载

容器表面有助于防止谷斑皮蠹在入境口岸扎根和扩散。但谷斑皮蠹已逐渐对上述药剂出现耐药性，新型防治方法的研发迫在眉睫。高美须等按照 FAO 推荐的辐照检疫研究方法对谷斑皮蠹不同虫态的辐照敏感性进行研究，结果表明蛹和成虫为较抗辐照的虫态，200 Gy 可以作为辐照检疫剂量；且该辐照强度对小麦、豆类感官和加工品质影响较小，可以作为谷物和豆类中谷斑皮蠹的有效检疫剂量。

④ **疫情监测**（引自国际植物检疫措施标准 ISPM27 诊断规程的第 3 号诊断规程、中华人民共和国国家标准 GB/T 18087—2000）：

为了掌握谷斑皮蠹的发生动态，有针对性地对其进行防控，需采取科学正确的方法对谷斑皮蠹进行监测。对谷斑皮蠹的疫情监测主要包括划定监测区域、监测货物和监测时期，选择合适的监测工具和监测方法，最后对样本进行鉴定和疫情判定。首先，取样位置和时间的选取十分重要。该虫侵染常集中在散装货物的表层，在 3～6 m 的深度有时也可发现幼虫，且幼虫在黎明和黄昏最为活跃。样品应酌情使用筛孔和其颗粒大小相应的筛子过筛，通常孔径为 1 mm、2 mm 和 3 mm 的筛子配套使用。特定筛子上收集到的筛后物应置于培养皿中，并在至少能放大 10～25 倍的立体显微镜下检测。必要时将样品加热到 40℃，用诸如伯利斯漏斗一类的分离工具将害虫赶出谷粒，在严重侵染的情况下尤要如此。可疑物品必须在光线良好的地方使用 10 倍手持放大镜进行目检。

初始检查之外，可使用不同的诱捕器对谷斑皮蠹进行监测。比如，可利用食饵（芝麻油、菜籽油、燕麦油、玉米油、麦芽油、含有油料种子、花生、小麦胚芽等），或者在地板上放置诸如瓦楞纸板或麻袋等可为幼虫提供藏身之地的简单诱捕器来监测幼虫，将信息素胶囊和不干胶诱捕器结合使用成来监测成虫。监测完成后，所有诱捕器应销毁。然而，斑皮蠹类信息素诱捕器不具有种特异性，可以引诱很多种皮蠹科甲虫，需特别关注。

⑤ **检疫实例**

植物检疫实例分析 7-7：2019 年 8 月，黄岛海关在对一批进境芝麻实施现场检疫时，截获活体皮蠹科昆虫，经青岛海关技术中心鉴定为检疫性有害生物谷斑皮蠹。海关已对该批 10 个集装箱的 195 t 货物实施严格的检疫除害处理，这也是山东口岸首次截获检疫性有害生物谷斑皮蠹。谷斑皮蠹是国际上最重要的检疫性有害生物之一，我国进口粮谷贸易多，且尚无该虫分布，更应加强该虫的进境检疫。

小结

植物检疫性鞘翅类害虫种类多，其中我国进境植物检疫性鞘翅类有 72 个种（属）、全国农业植物检疫性鞘翅类有 4 种、全国林业植物检疫性鞘翅类有 4 种。菜豆象、马铃薯叶甲、谷斑皮蠹、稻水象甲、杧果果核象甲、咖啡果小蠹、欧洲榆小蠹、双钩异翅长蠹为代表性种类，掌握其基础知识和检疫方法具有重要意义。

7.5 植物检疫性双翅类

学习重点

- 掌握植物检疫性双翅类的代表性种类；
- 掌握植物检疫性双翅类的基础知识和检疫方法。

7.5.1 植物检疫性双翅类种类概况

植物检疫性双翅类的主要类别包括蚊类的瘿蚊科、蝇类的实蝇科和潜蝇科。其中实蝇科是检疫性双翅类的重要类别，其鉴别特征是前翅亚前缘脉 Sc 端部近 90° 弯曲，臀室末端尖角状，具体种类包括小条实蝇属的地中海实蝇，果实蝇属的橘小实蝇、番石榴果实蝇、桃实蝇等，镞果实蝇属的瓜实蝇和南亚果实蝇等，绕实蝇属的樱桃绕实蝇和苹果绕实蝇等，按实蝇属的墨西哥按实蝇等，寡鬃实蝇属的葫芦寡鬃实蝇和喀实蝇属的枣实蝇。潜蝇科的主要鉴别特征是前缘脉 C 在 R1 末端前有 1 缺刻，亚前缘脉 Sc 端部细弱，具体种类有三叶草斑潜蝇。瘿蚊科的主要鉴别特征是触角念珠状，脉序简单，仅 2～3 条纵脉，具体种类有黑森瘿蚊等。《中华人民共和国进境植物检疫性有害生物名录》中检疫性双翅类害虫有 14 种（属），《全国农业植物检疫性有害生物名单》中检疫性双翅类害虫有 1 种，《全国林业检疫性有害生物名单》中有 1 种。

本节针对具有代表性的5种检疫性双翅类害虫：蜜柑大实蝇[*Bactrocera tsuneonis* (Miyake)]、枣实蝇（*Carpomya vesuviana* Costa）、瓜实蝇[*Zeugodacus cucurbitae*（Coquillett）]、欧洲樱桃绕实蝇[*Rhagoletis cerasi*（Linnaeus）]、南美按实蝇[*Anastrepha fraterculus*（Wiedemann）]进行简单介绍；针对 3 种具有代表性的检疫性双翅类害虫：地中海实蝇[*Ceratitis capitate*（Wiedemann）]、橘小实蝇[*Bactrocera dorsalis* (Hendel)]、黑森瘿蚊[*Mayetiola destruotor*（Say）]进行重点介绍。

7.5.2 代表性植物检疫性双翅类简介

1）蜜柑大实蝇

检疫地位：果实蝇属是属于《中华人民共和国进境植物检疫性有害生物名录》中的检疫性害虫，蜜柑大实蝇为该属的重要种类；蜜柑大实蝇也是属于《全国农业植物检疫性有害生物名单》中的检疫性害虫。

学名：*Bactrocera tsuneonis* (Miyake)。

英文名：Japanese orange fly。

分类地位：隶属于真核生物中的节肢动物门（Arthropoda），昆虫纲（Insecta），双翅目（Diptera），实蝇科（Tephritidae），果实蝇属（*Bactrocera*）。

地理分布：蜜柑大实蝇仅在亚洲有分布。国外分布于日本（大分县、宫崎县、鹿儿岛、熊本县、奄美大岛）与越南（数据来源：欧洲及地中海植物保护组织，2020）。据我国农业农村部 2022 年公布的《全国农业植物检疫性有害生物分布行政区名录》，该虫目前分布在我国湖南、四川、贵州和云南 4 个省的 13 个县（市、区）。

寄主植物：蜜柑大实蝇为寡食性害虫，严重危害柑橘属的多种果树的果实，如甜橙、酸橙和柚子，有时也危害柠檬、香橼和佛手。

危害症状：蜜柑大实蝇的幼虫和成虫均可造成危害。雌成虫在未成熟的柑橘果实表皮下产卵，卵孵化后幼虫在果瓤内蛀食，造成柑橘果实的局部乃至全部腐烂，蛀果常未熟而黄中带红，易脱落。幼虫除了蛀食果肉，还可以危害种子。在云南省昭通市受害的柑橘果实一般在 9 月中旬开始脱落，10 月初达到脱落高峰。在该虫严重发生区，果实的虫果率在 20%～30%，严重时高达 100%。

2）枣实蝇

检疫地位：枣实蝇是被列入《中华人民共和国进境植物检疫性有害生物名录》和《全国林业检疫性有害生物名单》的检疫性害虫。

学名：*Carpomya vesuviana* Costa。

英文名：Jujube fly。

分类地位：双翅目（Diptera），实蝇科（Tephritidae），咔实蝇属（*Carpomya*）

地理分布：枣实蝇原产于亚洲，后传播至欧洲和非洲。国外分布于印度、巴基斯坦、泰国、阿富汗、伊朗、伊拉克、约旦、叙利亚、黎巴嫩、斯里兰卡、塔吉克斯坦、土库曼斯坦、乌兹别克斯坦、阿拉伯半岛、意大利、高加索、保加利亚、克罗地亚、塞浦路斯、波斯尼亚、土耳其、亚美尼亚、阿塞拜疆、以色列、毛里求斯、埃及西奈半岛等国家和地区。国内分布于新疆维吾尔自治区的吐鲁番地区。

寄主植物：枣实蝇危害各类枣树，包括枣树栽培品种大枣和酸枣。在伊朗 Bushehr 省，枣实蝇危害当地各种枣树，包括叙利亚枣、滇刺枣、金丝枣和莲枣；在泰国，枣实蝇危害当地种植的毛叶枣。

危害症状：枣实蝇对枣树的危害主要是成虫在枣果上产卵从而形成产卵孔，导致该产卵孔周围的枣果组织发育异常，形成不规则凹陷或长瘤。随后，卵发育成幼虫开始由外向内蛀食枣果，致使枣果早熟或腐烂，大大降低枣果产量。在大部分情况下，枣实蝇产卵为单粒，但 1 个枣果内可以发现 1 头幼虫或者 2～4 头幼虫，最多可能有 5～6 头幼虫。蛀果率可以达到 30%～100%。该虫产卵选择性与不同品种枣果关系紧密，相对于“鸡心枣”“骏枣”，枣实蝇偏好选择在“梨枣”“灰枣”和“相枣”上产卵；产卵数量也受到枣果受伤害程度影响，枣果伤害越严重，雌虫产卵量就越少。在果园中，枣实蝇对处于不同地理方向上枣的危害程度不同，其蛀果率差异明显，位于东、南、北、西 4 个方向的枣果受害率分别占 23%，17%，15% 和 15%，其中受害最严重的是东边。而在调查的 43 个被产卵果中，68% 的产卵孔位于果实的下部，23% 的产卵孔位于中部，而位于上部的产卵孔仅有 9%。

3）瓜实蝇

检疫地位：果实蝇是属于《中华人民共和国进境植物检疫性有害生物名录》中的检疫性害虫，*Zeugodacus* 原为该属亚属，现已提升为属，即镞果实蝇属，瓜实蝇为该属的重要种类。

学名：*Zeugodacus cucuribitae*（Coquillett）。

英文名：Melon fly。

分类地位：隶属于真核生物中的节肢动物门（Arthropoda），昆虫纲（Insecta），双翅目（Diptera），实蝇科（Tephritidae），镞果实蝇属（*Zeugodacus*）。

地理分布：瓜实蝇起源于印度，广泛分布于温带、亚热带和热带的 30 多个国家和地区；在我国主要分布于福建、海南、广东、广西、贵州、云南、四川、湖南、台湾等地。

寄主植物：瓜实蝇在世界上的寄主范围尤为广泛，已知可危害的寄主植物已超过 125 种，主要包含葫芦科作物的苦瓜、黄瓜、南瓜、西瓜、西葫芦等；茄科作物的番茄、辣椒等；以及番木瓜、番石榴等水果。

危害症状：瓜实蝇属于钻蛀性害虫，主要是雌成虫依靠自身的产卵器，刺入果实表皮内部产卵，温度达到适宜的时候，所产的卵孵化，孵化后幼虫即在果实内蛀食，从而造成瓜果的糜烂或畸形，造成果实腐烂、落果，且幼虫从孵化至老熟前整个生长阶段，均在果内危害，幼虫孵化后，有群聚取食的习性，对瓜果的质量、年产量及长途运输贸易造成严重的影响，果实的虫果率在 20%～30%，严重时高达 100%。该虫营世代重叠，在不同地区发生时间不完全一致。第 1 代（4—5 月）以危害黄瓜为主，第 2 代（6—7 月）主危害黄瓜和苦瓜，第 3 代（8—9 月）主危害苦瓜和丝瓜；第 4 代成虫于 10 月上旬出现。

4）**欧洲樱桃绕实蝇**

检疫地位：绕实蝇属（非中国种）是属于《中华人民共和国进境植物检疫性有害生物名录》中的检疫性有害生物，欧洲樱桃绕实蝇是该属的重要种类。

学名：*Rhagoletis cerasi* (Linnaeus)。

英文名：European cherry fly。

分类地位：隶属于真核生物中的节肢动物门（Arthropoda），昆虫纲（Insecta），双翅目（Diptera），实蝇科（Tephritidae），绕实蝇属（*Rhagoletis*）。

地理分布：欧洲樱桃绕实蝇主要分布于欧洲和亚洲中西部地区，在北美洲有少量分布。具体分布区包括欧洲（奥地利、比利时、保加利亚、克罗地亚、捷克、斯洛伐克、丹麦、爱沙尼亚、法国、德国、希腊、匈牙利、意大利、西班牙、瑞典、瑞士和乌克兰等国），亚洲（伊朗、哈萨克斯坦、吉尔吉斯斯坦、塔吉克斯坦、土耳其、土库曼斯坦和乌兹别克斯坦等国），北美洲（加拿大和美国纽约州尼亚加拉县）。我国尚无分布。

寄主植物：欧洲樱桃绕实蝇的寄主包括忍冬科、忍冬属的新疆忍冬和金银忍冬；以及樱桃属（又名李属）的欧洲甜樱桃、欧洲酸樱桃、马哈利酸樱桃、黑樱桃、稠梨和草原樱桃。个别报道显示其还可取食危害刺檗等。

危害症状：欧洲樱桃绕实蝇侵染果实造成的伤口会引起果生链核盘菌（*Monilinia fructigena*）等病原菌的侵入，造成果实的腐烂变质，严重影响樱桃的商品价值。在欧洲，该实蝇是樱桃生产中唯一需要重点防控的害虫。即使针对该实蝇进行了化学防控，仍然有超过 10% 的果实会被其侵染。作为欧洲樱桃绕实蝇重要的寄主，忍冬属植物通常比栽培的甜樱桃品种更容易受到该实蝇的侵染，受侵染率可达 100%。

5）**南美按实蝇**

检疫地位：按实蝇属是被列入《中华人民共和国进境植物检疫性有害生物名录》中的检疫性有害生物，南美按实蝇是该属的重要种类。

学名：*Anastrepha fraterculus* (Wiedemann)。

英文名：South American fruit fly。

分类地位：隶属于真核生物中的节肢动物门（Arthropoda），昆虫纲（Insecta），双翅目（Diptera），实蝇科（Tephritidae），按实蝇属（*Anastrepha*）。

地理分布：南美按实蝇主要分布于中、南美洲。具体包括中美洲的墨西哥、危地马拉、尼加拉瓜、哥斯达黎加、巴拿马等；南美洲的哥伦比亚、委内瑞拉、厄瓜多尔（包括加拉帕戈斯群岛）、秘鲁、巴西、玻利维亚、阿根廷、乌拉圭等。此外，其在西印度群岛的特列尼达和多巴哥，以及北美洲美国的得克萨斯州南部也有分布。我国尚无分布。

寄主植物：南美按实蝇的寄主植物包括甜橙、酸橙、橘、柚、番石榴、苹果、桃、柿、毛叶番荔枝、胡桃、无花果、腰果、人心果、枇杷、石榴、槟榔青、榄仁树、小果咖啡、大果咖啡、可可等40余种作物。在中、南美洲，其主要危害柑橘类、番石榴、李属、番樱桃及蒲桃类作物。

危害症状：该类害虫以幼虫在水果果肉中取食危害为主，少数种类幼虫可取实植物种子。取食种子的种类雌成虫具有特别长的产卵管。危害时，成虫将卵产在寄主果实内，在果实表面留下产卵孔；卵孵化后，幼虫在果实中取食危害，危害后期果实出现腐烂，严重时造成落果，对寄主植物的危害率达25%～50%。

7.5.3 代表性植物检疫性双翅类详解

1）**地中海实蝇**

检疫地位：小条实蝇属是被列入《中华人民共和国进境植物检疫性有害生物名录》的检疫性害虫，地中海实蝇是该属的重要种类。

学名：*Ceratitis capitata* (Wiedemann)。

英文名：Mediterranean fruit fly。

分类地位：隶属于节肢动物门（Arthropoda），昆虫纲（Insecta），双翅目（Diptera），实蝇科（Tephritidae），小条实蝇属（*Ceratitis*）。

地理分布：地中海实蝇原产于非洲地区，目前在非洲、大洋洲、亚洲、美洲、欧洲均有分布。包括非洲（阿尔及利亚、布隆迪、喀麦隆、刚果（金）、埃及、厄立特里亚、埃塞俄比亚、加蓬、加纳、几内亚、肯尼亚、利比里亚、利比亚、马达加斯加等），美洲（阿根廷、巴西、智利、哥伦比亚、哥斯达黎加、牙买加、巴拿马、巴拉圭、秘鲁、波多黎各、美国等国），亚洲（伊朗、伊拉克、以色列、约旦、黎巴嫩、沙特阿拉伯、叙利亚、也门、阿尔巴尼亚），欧洲（保加利亚、克罗地亚、塞浦路斯、法国、希腊、意大利、马耳他、葡萄牙、俄罗斯、塞尔维亚、斯洛文尼亚、西班牙、瑞士等），大洋洲（澳大利亚）（数据来自：http：//gd.eppo.int/taxon/CERTCA/distribution, 2020.07.22）。我国尚无分布。

寄主植物：地中海实蝇寄主范围广泛，寄主植物达350多种。主要包括：咖啡、青椒、柑橘（橙）、无花果、苹果、核果类、番石榴、可可等。

危害症状：地中海实蝇成虫在果实上刺孔产卵，幼虫蛀食果肉为害，致使果实腐烂。有些被害果实未熟先黄，早期脱落，造成严重的落果现象，严重损害水果蔬菜的品质和产量。

主要鉴别特征：

①成虫主要鉴别特征：成虫体长4～5 mm，体色以黄白及黑褐色为主。胸背、腹及翅面上组成各式斑纹。头部黄色，复眼呈紫红色且带闪光。额区淡黄色，有黑色具光的单眼3个。雄虫头部有1对额侧鬃特化成剑状，长且末端膨大。胸部的中胸背板稍隆起略有光泽，背部有乳白至浅黄色的微细刚毛覆盖。小盾片呈黑色具光泽，雄虫小盾片被一条淡黄色的波状带分隔，将后2/3处形成“元宝形”黑斑，雌虫小盾片淡黄色。第2、4腹节背后缘各有一条银

灰横带。产卵器针状，基节扁平且长大于宽。前翅短宽透明，翅前缘脉（C）端具黑色粗壮的前缘刺 1 根，亚前缘脉（SC）向翅缘急剧弯曲近 90° 角，逐渐细弱并与前缘翅的基底相接。

② 幼虫主要鉴别特征：老熟幼虫体长 6～9 mm。体色乳白或浅黄色不等，头部有高度骨化的黑色口钩，无端前齿。口脊 9～12 条。

③ 蛹主要鉴别特征：椭圆形，长 4 mm 左右，宽 2～2.5 mm，黄褐至深褐色，蛹前端留有突出的前气门一对。

④ 卵主要鉴别特征：卵长 0.7～0.9 mm，白色，纺锤形，端部尖锐。

生物学特性：地中海实蝇在具备寄主的条件下，温度在 16～32℃，相对湿度在 75%～80%，世代可连续发生，完成一个世代需 18～33 d。

① 成虫的生物学特性：在温暖的季节，成虫羽化大多出现在早上。雌虫羽化 4 天后性成熟，雄虫羽化 2 d 后性成熟。两性成虫的交尾可在白天的任何时间进行。日平均温度 24.4～25.6℃条件下，多数雌虫羽化后 6～8 d 可交尾。单雌平均产卵量为 500 ~ 600 粒，最多可产 800 粒卵。25℃条件下，地中海实蝇雄性成虫的平均寿命为 36.1 d；雌虫平均寿命为 31 d。成虫有正趋光性。

② 卵的生物学特性：卵的发育起点温度是 11℃，22℃时卵期最长为 65.1 h。

幼虫的生物学特性：幼虫有 3 个龄期。平均温度为 25～26.1℃时，幼虫期 6～10 d；5℃时，幼虫停止发育。

③ 蛹的生物学特性：相对湿度 60% 时，蛹的发育起点温度为 13℃；温度于 22～30℃时，蛹期随温度的升高而缩短。在 24.4℃下，蛹期为 9～11 d。过低的土壤湿度对蛹的生存不利。

传播途径：地中海实蝇的各个虫态均可随寄主果蔬的贸易、携带等人为活动作远距离传播。该害虫的成虫具有较强的飞行能力，飞行距离可达 3212 km。因此，其可通过气流、季风、迁飞等自然传播途径传播。

◎ **检疫措施与实践**：

① **风险分析**：地中海实蝇是全球分布范围最广、危害最大的害虫之一。利用 MaxEnt 模型预测其适生区，并结合我国进境口岸截获数据及寄主分布情况评估其入侵风险。结果显示：该害虫在越南、老挝、缅甸、印度、不丹和尼泊尔等我国邻国的多地适生，且在我国南部地区适生。随着我国对外交流的日益频繁，航空、水路、铁路、邮寄的口岸检疫风险增加，我国进境口岸也每年均有截获，因此我国具备了该虫进入、定殖的适生条件，该虫在我国具有较高的扩散风险。

② **植物检疫**：针对地中海实蝇的检疫鉴定，目前有两项国家标准和一项行业标准。国家标准 GB/T 18084—2000《地中海实蝇检疫鉴定方法》规定了基于生物学和形态学特征的地中海实蝇的鉴定方法，适用于进境水果、蔬菜（限番茄、茄子、辣椒等）中地中海实蝇成虫的检疫鉴定。行业标准《地中海实蝇检疫鉴定方法 -PCR 法》（SN/T 2039—2007）规定了地中海实蝇常规 PCR 和 SYBR Green 实时荧光 PCR 鉴定方法，适用于该虫成虫、卵、幼虫和蛹的种类鉴定，打破了形态学鉴定的虫态限制。而国家标准《地中海实蝇生物芯片检测方法》（GB/T 28065—2011）则适用于相关贸易和有害生物监测中地中海实蝇卵、幼虫、蛹的鉴定和成虫的鉴定或复核。

A. 形态学鉴定（引自 GB/T 18084—2000）

表面检验：在现场或室内用肉眼或借助扩大镜直接检查水果、蔬菜表面是否有地中海实蝇的危害状，如产卵孔、软腐现象。

剖果检验：在现场或室内用解剖刀将可疑的果实剖开，仔细检查是否有蛆状幼虫，发现可疑幼虫后，进一步饲养至成虫后鉴定。

镜检：把怀疑带虫的样品置于双目解剖镜下进行检查。

饲养：将经过上述方法检验后的样品放在小号白瓷盘里，然后将小号白瓷盘放在装有自来水的大号白瓷盘内，再用防虫网罩盖及小号白瓷盘，罩的下方边缘浸没于大号白瓷盘的自来水中，在室温（25～26℃）下培养5～10 d。每天至少观察两次，如发现大号白瓷盘内的水有幼虫，则用镊子将幼虫夹起，放入盛有半干湿洁净细砂的杯状容器中化蛹，将容器移至养虫箱饲养。成虫羽化后，在养虫箱内饲养3～5 d，制成标本后解剖镜下观察。

鉴定：根据成虫的形态学特征进行种类鉴定。主要鉴别特征包括：触角的长度明显短于颜。雄虫头部第2对侧额鬃上端部特化成暗灰色匙状附器，端尖。翅斑大部分黄色或黄褐色，通常具前缘带、中横带、端前横带各1条；雄虫小盾片凸、发亮，黑色，近基部有一波纹状淡黄色横；雌虫小盾片浅黄色。

B. 分子鉴定

PCR法：使用引物序列对目的片段进行常规PCR扩增（CCCA-COI-L：5'-TCTTCACGATACTTATTATGTTGTT-3'；CCCA-COI-R：5'-ACTTGACGTTGAGAAACAAGG-3'）或SYBR Green实时荧光PCR反应扩增。扩增结束通过常规PCR使用凝胶电泳分析判定，或通过扩增曲线和溶解曲线进行判定。

生物芯片检测法：该方法使用实蝇科昆虫线粒体DNA COI基因核苷酸片段为分子标记探针，将探针按预先设置的排列固定于特定的固相支持载体的表面形成微点阵，利用反向固相杂交技术，用Cy3标记脱氧胞苷三磷酸（Cy3-dCTP）荧光标记的样品分子与微点阵上的探针杂交，实现多个分子之间的杂交反应，并通过芯片扫描信号的判读来判定结果，可准确区分地中海实蝇及其近缘种纳塔尔实蝇（*C. rosa*）和非洲杧果实蝇（*C. cosyra*）。

③ **检疫处理**：目前针对地中海实蝇的检疫处理方法包括熏蒸处理、高温处理、低温处理与辐照处理。

辐照处理：使用100 Gy对水果和蔬菜进行辐射，可阻止99.9970%以上成虫羽化。

低温处理：在95%置信水平下，低于等于2℃条件下连续处理16 d，橙子中的地中海实蝇卵和幼虫致死率不低于99.9937%，而连续处理18 d，卵和幼虫致死率不低于99.999%；在3℃或更低温度下持续处理20 d，卵和幼虫致死率不低于99.9989%。

蒸热处理：在95%置信水平下，将带虫杧果暴露在强制通风室内，最小相对湿度95%条件下，使气温由室温升至47℃及以上，持续至少2 h或直到果实中心温度达到46.5℃；随后在最小相对湿度95%的条件下，使气温在47℃及以上条件下保持10 min，并使果实中心温度最低保持在46.5℃，卵和幼虫致死率不低于99.9968%。

④ **疫情监测**：《地中海实蝇监测规范》（NY/T 2056—2011）规定了地中海实蝇的监测区域、监测时期、监测用品、监测方法等内容，适用于地中海实蝇的疫情监测。监测点应设置在进口寄主植物产品集散地和主要消费区，以及水果、蔬菜主要种植地。各地可根据气候条件、地中海实蝇生物学特性和寄主作物生长情况调整具体监测时间，一般为每年的3—11月或日平均温度10℃以上。地中海实蝇常用的引诱物为Trimedlurc（简称TML），固态蛋白诱饵；常用的诱捕器为Steiner诱捕器。尽量选择寄主植物作为诱捕器的挂着点，但不要受树叶直接

遮蔽或太阳直接暴晒。诱捕器内地中海实蝇引诱剂 TML 每月更换一次。在整个监测期间，每 7 d 收集 1 次诱捕器内的实蝇标本。当首次监测到地中海实蝇成虫时，应立即开展地中海实蝇幼虫调查。调查范围包括地中海实蝇寄主植物种植地，重点是已坐果的水果、瓜果类作物。每块样地，首先查看有无未熟先黄果与落地蛆果，若发现有疑似虫蛀果实，则随机选取样地内不少于 5% 的植株进行调查，每个植株调查 10 个果实，并将发现的可疑虫蛀果实带回室内进行鉴定；如调查到地中海实蝇幼虫的发生危害，应采用踏查方法，查清地中海实蝇发生面积与危害程度。将收集到的实蝇进行实验室鉴定，出具监测报告，保存样品并保存档案。

⑤ 检疫实例

植物检疫实例分析 7-8： 2012 年 3 月 21 日，重庆出入境检验检疫局检疫人员在卡塔尔多哈至重庆的 QR848 航班上例行查验时，发现其中一名旅客所携带的行李中含有国家明令禁止的携带物——释迦水果 4 枚，将其扣留后并送往重庆局技术中心进行实验室检测，并检出重要的检疫性有害生物 – 地中海实蝇，数量高达 49 头。这是重庆局首次从旅检中截获地中海实蝇，也是旅检中截获数量最大的昆虫疫情。为防止疫情扩散，重庆局对查获的这批水果采取了严格的隔离存放措施，并对昆虫和样品进行了灭活无害化处理。我国水果资源丰富，水果进出口贸易频繁，更应进一步加强针对地中海实蝇的进境检疫。

2）橘小实蝇

检疫地位： 果实蝇属是属于《中华人民共和国进境植物检疫性有害生物名录》中的检疫性害虫，橘小实蝇是该属的重要种类；该虫曾被列入《全国农业植物检疫性有害生物名单》，自 2009 年起被移除。

学名： *Bactrocera dorsalis* (Hendel)。

英文名： Oriental Fruit Fly。

分类地位： 隶属于节肢动物门（Arthropoda），昆虫纲（Insecta），双翅目（Diptera），实蝇科（Tephritidae），果实蝇属（*Bactrocera*）。

地理分布： 橘小实蝇原产于印度南部，目前主要分布于亚洲及太平洋地区。国外分布于印度、孟加拉国、不丹、柬埔寨、印度尼西亚、老挝、缅甸、尼泊尔、巴基斯坦、斯里兰卡、泰国、越南、阿拉伯、美国（夏威夷、佛罗里达州和加利福尼亚州偶尔发生）等。在我国，海南、广东、广西、云南、福建、湖南、贵州、四川、台湾、江西、浙江、江苏、上海、湖北等省份均有分布；近年北方地区（如北京、山东等）有夏秋季发生危害报道，但相关研究显示橘小实蝇尚不能在这些地区自然越冬，北京地区夏季首次出现的橘小实蝇来自我国南方地区。

寄主植物： 橘小实蝇为杂食性害虫，寄主范围广，可危害柑橘、番石榴、杨桃、杧果、香蕉、茄子、辣椒、瓜类等 46 个科 250 多种水果和蔬菜。

危害症状： 橘小实蝇对果实危害方式同其他实蝇类害虫。成虫产卵时在果实表面形成伤口，致使汁液大量溢出，伤口愈合后在果实表面形成疤痕，影响果品外观质量；成虫产卵所形成的伤口还易导致病原微生物的侵入，使果实腐烂落果。其中，橘小实蝇对番石榴的平均危害率在 50% ～ 60%，在橘小实蝇生长盛期，自然状态下对成熟番石榴果实的危害率甚至可达 80% ～ 100%。一般每果内有幼虫 10 头左右，严重的有 20 ～ 30 头幼虫。

主要鉴别特征：

① 成虫：体长约 8.0 mm，翅长 6.4 mm 左右。头部颜面黄褐色，具黑色、圆形中等大小的颜面斑 1 对；具 1 对上侧额鬃和 2 对下侧额鬃，额鬃基部具褐色斑。中胸背板为黑色，但缝后侧色条的下方及其之后，横缝周围、肩胛与背侧板胛间及肩胛内侧均为褐色，后背片的后方 1/3 为黑色。缝后侧黄色条 2 条，宽且平行，并位于翅内鬃之后；小盾片黄色，具狭窄的黑色基带。足腿节大部黄褐色。翅透明，前缘带狭窄，暗褐色，与 R_{2+3} 脉汇合，在 R_{4+5} 脉与 M 脉端部之间处横向略变宽；臀条狭窄，暗褐色，不达后缘。腹部橙褐色，第 1 背板色泽多为橙褐色，其侧淡褐色或全为黑褐色；第 2 背板具一不规则的暗褐到黑褐的横带（不达侧缘），前缘有一黑色狭纵条；第 3 背板的前半部有一黑色宽横带；第 3 至第 5 腹节背板中纵条狭窄（图 7–22）。

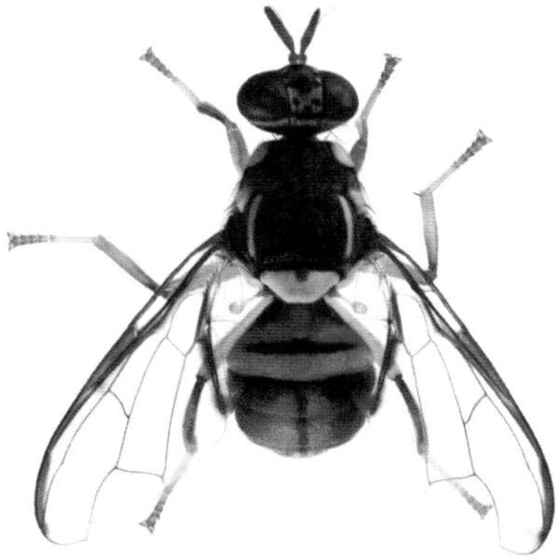

图 7–22 橘小实蝇成虫形态特征图（郭腾达 摄）

② 幼虫：幼虫乳白色，蛆形，共 3 龄。3 龄期幼虫体长 10.0 ～ 11.0 mm。头部感觉器 3 ～ 4 个，不分枝或具少量短分枝，前气门开口呈环状，有 8 ～ 12 个指状突，排成单一直行；后气门板 1 对，新月形，其上有 3 个椭圆形气门裂；后气门裂长为宽的 2.5 ～ 3 倍，侧气门突 8 ～ 15 个。尾节周缘有乳突 6 对，感觉器 10 对（图 7–23）。

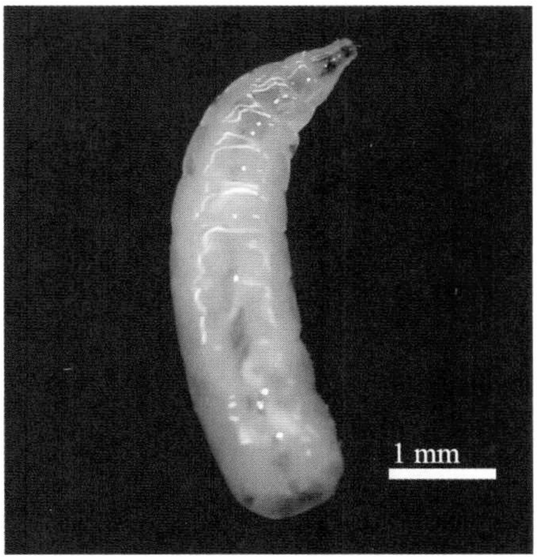

图 7–23 橘小实蝇的幼虫（赵紫华 摄）

生物学特性：

① 成虫生物学特性

羽化和取食：橘小实蝇成虫寿命 65 ～ 90 d，具有一定的趋光性，爱动、喜栖阴凉环境。成虫在羽化后 25 ～ 34 d 开始产卵，产卵前需吸食蛋白质、糖类才能发育成熟。室内温度高于 36℃和低于 11℃时成虫会大量死亡。刚羽化的成虫色浅爬行缓慢，约 40 min 翅逐渐展开，体色加深，1 h 后开始飞行或取食。羽化高峰期为 9:00 ～ 10:00。成虫活动高峰在 9:00 ～ 11:30 和 14:00 ～ 19:30。成虫集中在 8:00 ～ 10:30 和 15:00 ～ 18:00 取食。此外，该虫抗逆能力极强、竞争能力极强，在美国夏威夷曾有取代地中海实蝇的记录，对新侵入区的果蔬生产构成严重威胁。

交尾：成虫羽化后要经20多天的营养补充后开始进行交尾。交尾一般皆在日落黄昏时进行。多数成虫只交尾1次，交尾高峰期为19:30～22:30。每次交尾持续时间为2～3 h，交尾后2～4 d可见到雌虫产卵。

产卵：橘小实蝇在15℃以上开始产卵，18℃以下产卵不活跃，且产卵时间长。雌虫产卵前先在果实表面爬行，用产卵管在其表面选择产卵部位，找好位置后把产卵管刺入果肉内，产卵。每次产卵3～10粒，持续时间约1 min。卵常聚集成堆或连接成串。下午16:00～18:30及产卵开始后约20 d是产卵高峰期。成虫羽化后10～15 d开始产卵，并延续至雌虫生命终结。卵发育的最适温度为25～30℃，其孵化率均在90%以上。超出这一温度范围，孵化率降低。当温度在25℃时，孵化历期为1～2 d，平均为1.5 d；低于25℃时，孵化历期延长，孵化率降低；高于30℃时，孵化率急剧下降。

② 幼虫生物学特性：刚孵化的幼虫乳白色，具群居性和负趋光性。经2～3 d体色由乳白色变为淡橙黄色。随着龄期的增加食量增大。幼虫成熟后具趋光性，跳跃能力很强，跳跃距离可达15～20 cm，高度可达10～15 cm，并可连续跳跃多次。25～30℃为幼虫发育的最适温度。25℃时，其历期为14～25 d，平均19.5 d。

③ 蛹生物学特性：老熟幼虫经爬行或弹跳到潮湿疏松土下2～8 cm深处，经12 d预蛹期后化蛹；幼虫化蛹前，身体收缩成圆筒状，不吃不动。化蛹要求一定的温度和湿度，土壤含水量在60%～70%时有利于老熟幼虫钻入土中化蛹，地温在6℃以上有利于蛹安全越冬。在25℃下，蛹历期为11～14 d，平均12.5 d；温度升高时，历期变短，羽化率下降。

传播途径：橘小实蝇可以通过人为传播（如果蔬贸易、旅客携带物等）和自然传播（如气流、季风等）两种途径在全球范围内扩散，主要以幼虫随被害果实作远距离传播，其卵也可随果实传播，围蛹则可随果实的包装物或寄主植物所带土壤传播。

◎ **检疫措施与实践：**

① **风险分析：**橘小实蝇是东南亚国家和地区实蝇种群结构中的优势种，是我国进境检疫工作中重点关注的检疫性害虫。该种实蝇寄主广泛，极易随进口水果进行远距离传播，入侵非疫区。根据橘小实蝇在中国适生性预测结果表明，其在中国大陆有较大范围的适生区。即便是已传入数十年的橘小实蝇，因气候等条件的变化，其在中国适生区也在扩大。基于SOM的橘小实蝇定殖风险研究结果表明，橘小实蝇对其尚未定殖的国家，例如日本、澳大利亚、加拿大、墨西哥、法国、智利等国都有很高的入侵风险。基于MaxEnt的橘小实蝇潜在地理分布研究结果显示，橘小实蝇的适生区范围基本贯穿了整个热带地区以及部分亚热带地区，包括北美洲的美国西部沿岸地区、美国的东南部弗罗里达州等地。

② **检疫鉴定：**针对橘小实蝇的检疫鉴定，中华人民共和国出入境检验检疫行业标准《桔小实蝇检疫鉴定方法》（SN/T 2031—2007）规定了橘小实蝇的鉴定方法，适用于进境橘小实蝇寄主植物及其果实中橘小实蝇的形态学鉴定。ISPM27《针对限制性有害生物的检疫鉴定规程》的29号附件，表明通过成虫的形态特征可实现果实蝇属6种经济实蝇的种类鉴定，涉及橘小实蝇，杨桃实蝇（*B. carambolae*），胡桃实蝇（*B. caryeae*），斯里兰卡实蝇（*B. kandiensis*），杧果实蝇（*B. occipitalis*）和梨果实蝇（*B. pyrifoliae*）。该标准同时对橘小实蝇的诱捕和饲养方法做了描述。

A. 形态学鉴定（引自行业标准 SN/T 2031—2007）

进行现场查验时，检查果实表面有无产卵刻点或产卵痕迹，或果实是否有腐软的现象，必要时剖果检查是否有蛆状幼虫。将怀疑带虫的果实进行饲养鉴定。

饲养：具体饲养方法同地中海实蝇。饲养温度为 22 ～ 28℃，相对湿度为 50% ～ 90%，饲养 5 ～ 10 d 至幼虫老熟。取一盛有半干湿（含水量约 5%）洁净细沙的养虫杯，将老熟幼虫置于细沙表面，幼虫将钻入沙中化蛹，约 1 d 后形成围蛹，然后置于养虫箱中，在温度为 22 ～ 28℃，相对湿度为 50% ～ 90% 条件下饲养，直至成虫羽化。成虫羽化后，悬挂相应寄主果实切片于养虫箱内供其取食，待成虫斑纹的色泽和大小稳定后（约 5 d），收集成虫制作标本后于解剖镜下观察鉴定。

鉴定：主要鉴别特征包括：头部有 1 对黑色椭圆形颜面斑；翅前缘带狭长；中胸背板后半部具有 1 对黄色侧条；腹部有 T 形斑。

B. 分子鉴定

为满足快速鉴定的要求，除传统形态学鉴定方外，越来越多针对实蝇类害虫的分子鉴定方法被建立。分子鉴定打破了形态学鉴定的虫态限制，可以在靶标物种的全生育时期进行物种鉴定。ISPM27（DP29）表明了通过 ITS 序列可以实现橘小实蝇和杨桃实蝇的有效鉴别。在我国，已有针对重要检疫性实蝇的 DNA 条形码技术、PCR 技术、实时荧光 PCR 技术及集成流路芯片技术研究与应用的报道。如姜帆等采用集成流路芯片技术开发了一个标准化反应体系，该反应体系可以快速检测 27 种检疫性实蝇，涉及橘小实蝇、番石榴果实蝇（*B. correcta*）、桃实蝇（*B. zonata*）、杨桃实蝇等。

③ 检疫处理：橘小实蝇检疫处理技术包括溴甲烷熏蒸处理、辐照处理、冷处理、热处理等。ISPM28《针对限制性有害生物的检疫处理措施》的 32 号附件指出，处理果实的核心温度需达到 46℃并保持至少 70 min，可实现番木瓜中橘小实蝇的有效处理。詹开瑞等研究表明，橘小实蝇 2 龄和 3 龄幼虫的混合虫态最耐受低温；1.5℃下处理 12 d，可完全杀死枇杷果实中的橘小实蝇，并且低温处理对枇杷果实无损伤。方焱等研究表明 1.7℃处理 15 d 的低温检疫处理技术指标，对脐橙果实品质无不良影响；建议将脐橙果实中心温度保持在 1.7℃以下至少 15 d 可以作为控制脐橙中橘小实蝇的有效检疫处理措施。

④ 疫情监测：为了掌握橘小实蝇的发生动态，有针对性地对其进行防控，需采取科学正确的方法对橘小实蝇进行监测。根据《柑橘小实蝇疫情监测规程》（GB/T 2319—2009），对橘小实蝇进行监测前需要收集当地橘小实蝇及其寄主相关的信息并进行整理和分析，然后制定监测计划，划定发生区及未发生区，重点监测发生疫情的有代表性地块、发生边缘和高风险区域。主要监测柑橘、柚、桃、杨桃、杧果、番石榴等植物。

目前，开展监测工作需要对橘小实蝇进行诱捕，主要使用圆柱形硬塑料制成的诱捕器，搭配甲基丁香酚（methyl eugenol, ME）作为引诱剂，诱捕器应优先选择悬挂在实蝇交配的场所，也可挂在能够为实蝇提供庇护的场所。针对食物诱饵（如蛋白类实蝇诱饵）诱捕器则悬挂在寄主植物背光（阴暗）的一面。悬挂好诱捕器的同时，需要记录诱捕器的具体位置。在美国、澳大利亚和智利等国家，全球定位系统（GPS）已广泛应用于诱捕器的定位。监测结果检查时应记录相关的信息，并做好监测到的实蝇标本鉴定工作，一旦诱捕到可疑的检疫性实蝇时，应立即联系相关部门。

⑤ 检疫实例

植物检疫实例分析 7-9：2018 年，沈阳桃仙机场海关工作人员在来自越南进境旅客的分离运输行李中发现重达 100 kg 的水果，现场查验发现大量活蛆，经实验室鉴定为检疫性有害生物橘小实蝇，这也是沈阳桃仙机场海关首次截获橘小实蝇，并依法对这些水果作截留和销毁处理。橘小实蝇危害严重，适生区广，尤其是我国水果的主要贸易区东南亚也是该虫的高度适生区和分布区，我国更需要重点防控该地区橘小实蝇的传入，同时避免我国橘小实蝇传出至其尚未定殖的国家及地区，重点加强针对该毁灭性害虫的进出境检疫。

3）黑森瘿蚊

检疫地位：黑森瘿蚊是属于《中华人民共和国进境植物检疫性有害生物名录》中的检疫性害虫，曾被列入《全国农业植物检疫性有害生物名单》，自 2006 年起被移除。

学名：*Mayetiola destruotor*（Say）。

英文名：Hessian fly。

分类地位：隶属于节肢动物门（Arthropoda），昆虫纲（Insecta），双翅目（Diptera），瘿蚊科（Cecidomyiidae），瘿蚊亚科（Cecidomyiinae），喙瘿蚊属（*Mayetiola*）。

地理分布：原产于西亚幼发拉底河流域，主要分布于北美洲、欧洲、西亚、北非和大洋洲。包括北美洲（加拿大、美国），欧洲（塞浦路斯、比利时、奥地利、捷克、丹麦、芬兰、法国、德国、希腊、意大利、荷兰、挪威、波兰、葡萄牙、罗马尼亚、西班牙、瑞典、瑞士、英国等），亚洲（伊拉克、以色列、叙利亚、土耳其、巴勒斯坦、哈萨克斯坦），非洲（阿尔及利亚、摩洛哥、突尼斯），以及大洋洲（新西兰）。我国只在新疆伊犁哈萨克自治州和博尔塔拉蒙古自治州局部分布。

寄主：黑森瘿蚊的寄主范围较窄，寄主有小麦、大麦、黑麦、冰草属、匍匐龙牙草以及其他禾本科牧草和杂草。黑森瘿蚊的原始寄主为匍匐冰草，现在主要危害麦类作物，其中，以小麦受害最重，大麦次之，黑麦最轻，在我国新疆仅严重危害小麦，基本不在其他作物和杂草上产卵和危害。

危害及症状：黑森瘿蚊以幼虫潜藏在茎秆与叶鞘间取食危害。田间害状表现与小麦的生育期有关。小麦苗期幼虫在表土下的茎秆上取食，受害麦苗生长受阻，植株矮小，叶片变厚而脆，颜色变暗绿或青绿色，心叶不能抽出，不能拔节，有的直接死亡。小麦拔节后幼虫多数在地面上的 1、2 节危害，造成节间短缩，茎秆弯折呈祈祷状倒伏，严重田块折秆率达 50%～75%，妨碍机械收割；受害株麦穗短小、籽粒空瘪，可造成减产 25%～30%。冬小麦秋季受害后抗逆性下降，遇严寒或干旱极易死亡。黑森瘿蚊自传人美国以来，一直是各小麦产区的主要害虫，20 世纪 50 年代，每年造成的经济损失达 1 亿美元，1989 在乔治亚州曾造成 12.4 万 hm^2 小麦绝收。该虫在我国最早于 1975 年在新疆霍城县发现，1980 年在伊宁县局部麦田发生，造成减产 60% 以上，同年在博尔塔拉蒙古自治州造成翻耕改种 200 hm^2。2009 年来在博尔塔拉蒙古自治州多次局部暴发成灾。黑森瘿蚊造成的危害损失与虫量有关，单株虫口 1～6 头，冬麦减产 46%～77%，春麦减产 65%～84%。

主要鉴别特征

① 成虫：体形似小蚊，灰黑色。体长 3～4 mm，雌虫大于雄虫。头、复眼和胸部背面黑色，胸侧和腹部黄褐色或红褐色。触角黄色或黄褐色，16～18 节，雄虫多为 17 节，雌虫多

为16节；基节铁钻形，梗节球形，鞭节圆锥形，有环丝，具有直立短毛，雄虫触角鞭节有近透明的细长柄。胸部背面有2条明显的纵纹；小盾片黑色，具有黑毛。翅较宽，翅面密布短毛，后缘毛较长。翅脉简单，前缘脉（C）淡褐色，基部粉红色；第1纵脉（R1）很短，几乎与前缘脉合并，与翅前缘中部相接；第2纵脉（Rs）较发达且直，至近翅尖时稍向下弯，在翅尖之前与后缘相接。平衡棒发达，淡红色，覆不均匀的黑色鳞片。足细长，跗节5节，具1对爪，弯曲细长，两爪间有1爪间突，有爪垫1个。腹部各节背板两侧各具有一大方形黑斑点（图7–24）。

② 卵：长0.4～0.5 mm，长纺锤形，头、尾圆形。初产时红色，有光泽，随日龄增加颜色变深（图7–24）。

③ 幼虫：共3龄。体呈不对称梭形，前端较钝，后端较尖，体表光滑无毛。1龄幼虫体长0.5～1.7 mm，初孵时红褐色，后变乳白色或半透明；2龄幼虫体长1.7～4.0 mm，3龄体长与2龄末期等长。2、3龄幼虫身体也呈乳白色或半透明，背中央可见一条半透明的绿色纵条纹，为消化道。3龄幼虫在前胸腹面后缘有一"Y"形胸叉（剑骨片）（图7–24）。

④ 蛹：围蛹，色泽、大小似亚麻籽。初期黄褐色，后变深褐色，平均体长4.4 mm。前端小而钝圆，后端大，具凹缘（图7–24）。

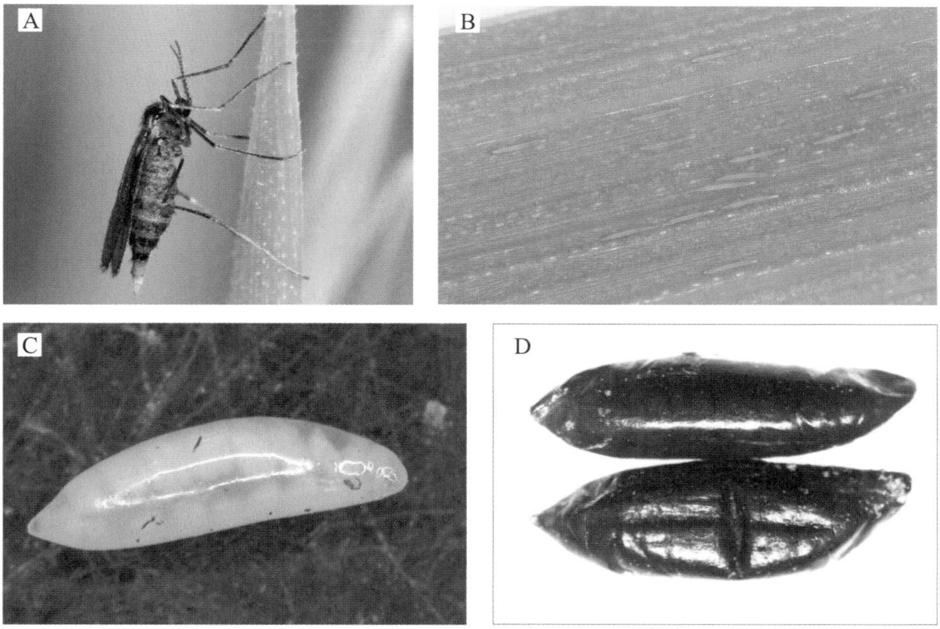

图7–24 黑森瘿蚊各虫态（B、C、D均由张皓 摄）

（A. 雌性成虫，陆平 提供；B. 卵，C. 二龄幼虫，D. 蛹）

生物学特性：

① 生活史：黑森瘿蚊一年发生1～6代。在加拿大和美国加州一年发生1代，在堪萨斯州一年可发生5代，在欧洲大部分地区一年发生3代。在新疆冬麦和春麦混栽区，一年多发生3代，少数2代或4代。以3龄幼虫在围蛹内越冬，越冬部位或为田间残留的根茬内，或为自生麦苗和早播小麦基部的叶鞘与茎秆间。春季世代和秋季世代为主要危害世代。每年3月中下旬，越冬代老熟幼虫开始化蛹，4月上旬成虫羽化并交配产卵，4月中下旬进入羽化盛

期。4 月中旬至 5 月下旬为第 1 代幼虫发生期，5 月下旬至 6 月下旬为第 1 代成虫发生期。6 月上旬至 7 月中旬为第 2 代幼虫发生期，此时，因寄主老化，后又进入夏季高温季节，大部分幼虫直接进入滞育越夏，少量化蛹、羽化，成虫 6 月下旬至 8 月中旬出现。7 月中旬至 9 月上旬为第 3 代幼虫发生期，幼虫多在田间自生麦苗上取食，部分老熟后化蛹、羽化，部分则直接进入滞育越冬。此代成虫发生期为 8 月下旬至 10 月上旬。成虫产下第 4 代的卵。9 月上旬至 11 月上旬为第 4 代幼虫发生危害期，大部分幼虫老熟后进入围蛹滞育越冬，部分幼虫不能发育至 3 龄期而死亡。干旱年份不仅数量减少，而且世代数也减少。小麦连作、冬小麦与春小麦邻作种植，均有利于其发生危害。耕作粗放、土壤肥力低、植株柔弱，易招致成虫产卵，受害加重。

② 滞育：黑森瘿蚊具有兼性滞育、多年滞育习性，夏季高温或冬季低温每个世代都有一部分个体进入滞育，因此，完成一个世代的时间短则 20 d，长则 49 个月。

③ 成虫生物学特性

羽化和取食：成虫多于 20:00 至次日 9:00 羽化，大部分雄虫在 15:00 ～ 18:00 羽化，少部分在 6:00 ～ 8:00 羽化，雌虫则在 5:00 ～ 8:00 羽化。成虫不取食，对绿光有明显趋性，飞翔力弱，可随风进行近距离扩散，但在强风条件下（风速 ≥ 0.9 m/s）不飞行，在微风下可被带吹 8 km 之远。晴天无风和微风时活跃，多在距地面 5 ～ 10 cm 处的麦株基部飞翔，风大时潜伏在麦株下部或地缝中躲避。成虫最适发育温度为 21.1℃。春季多雨、温度较高，利于成虫羽化。在不同季节种群的性比会有差异，春季雌雄比例为 4 : 6，秋季为 5 : 5。

交尾：雌虫羽化后不久，即爬在麦株上伸出产卵管释放性信息素引诱雄虫交尾，交尾时间持续 15 ～ 30 s，交尾后产卵管缩回。雌虫一生只交尾一次，雄虫可多次交尾。交尾的雌虫可作较长距离的飞行。雄虫在每天 12:00～18:00 最活跃，交尾后活动力减弱。成虫寿命 1～6 d，雄虫和交尾的雌虫寿命较短，未交尾的雌虫较长。

产卵：雌虫羽化后 3～4 h 开始交尾产卵，雌虫交尾后 1 h 即可产卵，1～2 d 可将卵产完。产卵初期雌虫活泼，飞到麦叶上产卵。正常情况下，成虫头向叶尖，尾向叶基，产出的卵末端朝向茎秆；少数情况下，雌虫或头朝植株基部产卵，这样产出的卵末端朝向叶尖。卵大多产在叶片正面的脉沟里，通常 2 ～ 5 粒相连，头尾相接，状若小麦条锈菌孢子，少数产于叶背或茎秆上。雌虫喜欢选择在幼嫩的叶片上产卵，单雌产卵量 40 ～ 500 粒。雌虫产卵前腹部红褐色，较粗，产完卵后腹部变细、变黑。

④ 卵生物学特性

卵多在 17:00 至次日 8:00 孵化。卵期 3 ～ 12 d，与温湿度有关。春季多雨高温利于卵孵化。温度适宜的条件下，孵化率达到 90% 以上。卵对低温有一定的抵抗力，在早晚结冰（晚上温度降至 –5 ～ –4℃）、中午融化的变温条件下孵化率仍可达 85% 以上。卵的孵化率与着卵叶片的幼嫩程度有关，老叶片皮厚干燥而卵易失水死亡，嫩叶片柔软保湿，卵的孵化率高。未受精的卵不会孵化。卵完成发育需要平均温度 12.2℃以上 27 日度。

⑤ 幼虫生物学特性

幼虫期一般 14 ～ 21 d，秋季气温较低时为 28 ～ 42 d，冬季低温或夏季平均气温 26℃以上时则处于滞育状态，不化蛹或不能化蛹。1、2 龄幼虫取食，3 龄幼虫不取食。初孵幼虫有身体倒转 180° 后开始爬行的习性。幼虫一般沿叶片脉沟爬向叶鞘内的适当位置固着吸食汁液危害。初孵幼虫的爬行能力很弱。1 龄幼虫在叶鞘的侵入率与着卵的部位和方位有关。成虫头朝叶尖产出的卵孵出的幼虫身体倒转后朝叶鞘爬去，侵入率高；而雌虫头朝叶基产下的卵孵出的幼虫身体倒转后会爬向叶尖，到达叶尖后有的会折回爬向叶鞘，大大增加了幼虫暴露在叶面的时间，导致侵入率下降。在叶片正面孵出的幼虫侵入叶鞘的成功率高，而在叶片背面或茎秆上孵出的幼虫不能侵入叶鞘。幼虫的发育起点温度为 1.6℃，完成发育所需有效积温为 343 日度。

⑥ 蛹的生物学特性：围蛹蛹期 6～33 d，取决于环境温度，5℃为 30 d，10℃为 15 d，16℃为 11 d，19℃ 为 7 d，24℃以上时不能化蛹。尽管围蛹具有一定的抗干燥和抗碾压能力，夏季高温干旱，会造成围蛹不能发育羽化为成虫。

传播途径

主要以围蛹随麦秸秆和麦秆制品（如草垫）、包装物、填充物和禾本科饲草的调运远距离传播。少数围蛹也可以夹杂在麦粒中随小麦的调运传播。观赏用的禾本科植物如鹅冠草也可能携带传播。

◎ **检疫措施与实践：**

① **风险分析：**黑森瘿蚊被称为世界小麦的第一大害，是许多国家关注的检疫性害虫，中国也将其列入进境检疫性有害生物名录。根据黑森瘿蚊在中国的适生性预测结果，其适生区面积占全国的 66.45%，从 30° N～60° N，即从长江流域到黑龙江漠河，我国的小麦主产区均在其适生范围内，其中高度适生区主要分布在中西部地区。目前，该虫仅在新疆局部发生，一旦传入内地，后果严重。因此，应采取有效措施防范其传入。

② **检疫鉴定：**针对黑森瘿蚊的检疫鉴定，中华人民共和国出入境检验检疫行业标准《黑森瘿蚊检疫鉴定方法》（SN/T 1483.2—2004）规定了黑森瘿蚊的鉴定方法。但该标准中对脉相的图片有误，黑森瘿蚊无 M 脉，鉴定中需要加以注意。

A. 形态学鉴定（引用行业标准 SN/T1483.2—2004）

田间调查时，检查田间小麦是否出现颜色加深、拔节受阻、无法抽穗等受害状，进行剥茎秆查验；口岸查验中，检查进境小麦秸秆及其制品、小麦种子是否携带幼虫或蛹。将无法确定的虫体带回室内饲养至成虫进行形态鉴定，或进行分子鉴定。

饲养：将带回的老熟幼虫及围蛹放入养虫瓶内，用滤纸保湿。在 21℃下饲养至成虫。成虫羽化后，用 0 号毛笔蘸取 80% 乙醇溶液轻轻粘住成虫，移入 80% 乙醇中保存，即可获得完整的成虫标本。根据需要决定是否制作玻片标本。

鉴定：根据成虫形态特征进行种类鉴定。

B. 分子鉴定

目前已有特异性分子标记用于黑森瘿蚊快速检测。

③ **检疫处理**

禁止从黑森瘿蚊发生的区域输入麦类作物及其秸秆；从发生区输出的包装物不能用麦类植株或禾本科寄主杂草作为填充物、铺垫物。国内发生区禁止麦秆制品、麦种、原粮调出，需调出的，必须做除害处理。

④ **疫情监测**

田间可利用性诱剂诱捕雄虫进行监测，也可利用绿光诱捕雌虫和雄虫。雌虫对 502 nm、525 nm 的绿光趋性尤其明显。利用卫星遥感技术可在大范围内对黑森瘿蚊发生危害后的成灾面积和发生程度进行监测，但不能对危害发生情况进行预警。

⑤ 检疫实例

植物检疫实例分析 7-10： 日本为防止黑森瘿蚊传入而采取了严格的检疫措施。曾因发现美国科特拉斯河谷和华盛顿州的哥伦比亚盆地输往日本的梯牧草中混有冰草属植物的茎秆以及小麦和大麦的植株，而拒收价值 700 万～1000 万美元的贸易性饲草，后经磷化铝彻底熏蒸杀虫，才准予入境。

小结

植物检疫性双翅类害虫种类较多，其中我国进境植物检疫性双翅类有 14 个种（属）、全国农业植物检疫性双翅类有 1 种、全国林业植物检疫性双翅类有 1 种。地中海实蝇、橘小实蝇、蜜柑大实蝇、枣实蝇、瓜实蝇、欧洲樱桃绕实蝇、南美按实蝇、黑森瘿蚊为代表性种类，掌握其基础知识和检疫方法具有重要意义。

7.6 其他类植物检疫性害虫

学习重点

- 掌握其他类植物检疫性害虫的代表性种类；
- 掌握其他类植物检疫性害虫的基础知识和检疫方法。

7.6.1 其他类植物检疫性害虫种类概况

本教材将膜翅目、缨翅目和蜚蠊目的检疫性昆虫和软体动物统称为其他类植物检疫性害虫。其中，《中华人民共和国进境植物检疫性有害生物名录》包括膜翅目检疫性昆虫 8 种、缨翅目 1 种、蜚蠊目 4 种和软体动物 9 种；《全国农业植物检疫性有害生物名单》和《全国林业检疫性有害生物名单》各包括检疫性昆虫 1 种，均为红火蚁。

本节针对 2 种具有代表性的检疫性昆虫——松树蜂（*Sirex noctilio* Fabricius）和大唇乳白蚁（*Coptotermes frenchi* Hill），和 2 种具有代表性的软体动物——非洲大蜗牛［*Lissachatina fulica*（Bowditch）］和玫瑰蜗牛［*Euglandina rosea*（Férussac）］进行简单介绍，并针对 1 种具有代表性的检疫性昆虫——红火蚁（*Solenopsis invicta* Buren）和 1 种具有代表性的检疫性软体动物——地中海白蜗牛［*Cernuella virgata*（Da Costa）］进行详述介绍。

7.6.2 其他类代表性植物检疫性害虫简介

1）松树蜂

检疫地位： 松树蜂，曾用名云杉树蜂，是被列入《中华人民共和国进境植物检疫性有害生物名录》中的检疫性害虫。

学名： *Sirex noctilio* Fabricius。

分类地位： 膜翅目（Hymenoptera），树蜂科（Siricidae），树蜂属（*Sirex*）。

地理分布： 松树蜂原产于欧洲、蒙古、格鲁吉亚与北非国家，在除南极洲外的各大洲均有入侵为害记录。国外分布于新西兰、南非、澳大利亚、巴西、阿根廷、英国、法国、德国、希腊、蒙古、意大利、阿尔及利亚、摩洛哥、突尼斯等国家和地区。我国于2013年在黑龙江省杜尔伯特蒙古族自治县樟子松人工林中首次发现松树蜂，目前松树蜂在黑龙江省、吉林省、辽宁省以及内蒙古自治区有分布。

寄主植物：松树蜂目前在我国主要危害樟子松，但在不同地区，危害的主要松属植物种类不同。在松树蜂原产地，欧洲赤松是松树蜂的主要寄主。在新西兰和澳大利亚，主要危害辐射松。全球范围内的其他入侵地，火炬松和墨西哥松是松树蜂易感树种。除此之外，文献中报道的寄主还有脂松、美国五针松、加勒比松、小干松、短叶松、湿地松、思茅松、欧洲黑松、长叶松、海岸松和意大利松等。另外，还可危害云杉、冷杉属、落叶松属的少量树种，在英国，就有该虫危害银枞和云杉的报道。

危害特点：松树蜂雌虫羽化后即可产卵，在选定的寄主树干上，松树蜂雌虫利用产卵器将卵产于树皮下约1 cm处，产卵孔直径约为0.5 mm，产卵约0.5 h后可明显观察到树脂从产卵处流出，长时间流脂凝聚呈泪滴状。松树蜂危害的寄主多树势衰弱，很少危害健康树。松树蜂雌成虫体内携带有共生真菌孢子和植物性毒素，当松树蜂雌成虫把毒素注入寄主树干后，毒素随着水分运输到针叶，并在针叶细胞发生一系列反应，例如：使针叶细胞停止有丝分裂，然后停止生长；增加呼吸作用，加快营养消耗；破坏叶绿素，使针叶枯黄，最终掉落。在“虫－菌－毒”的共同作用下，被害寄主一般1～2年即变黄枯死。

2）大唇乳白蚁

检疫地位：乳白蚁属（非中国种）是列入《中华人民共和国进境植物检疫性有害生物名录》的检疫性有害生物，大唇乳白蚁为该属的重要种类。该虫在新西兰被列为限定的有害生物。

学名：*Coptotermes frenchi* Hill。

异名：*Coptotermes labiosus* Hill。

英文名：Australian subterranean termite。

分类地位：隶属于真核生物中的节肢动物门（Arthropoda），昆虫纲（Insecta），等翅目（Isoptera），鼻白蚁科（Rhinotermitidae），乳白蚁属（*Coptotermes*）。

地理分布：原产地为澳大利亚，分布在墨尔本、新南威尔士和昆士兰，后传入新西兰（1938年首次发现）。我国尚无分布。

寄主植物：大唇乳白蚁是一种严重危害桉树的害虫。在澳大利亚的堪培拉，该虫与象白蚁属的 *Nasutitermes exitiosus* 称为最具危险性的白蚁；在新南威尔士东部和接近维多利亚的地区，该虫严重危害经济树种桉树；在维多利亚地区危害马铃薯和苹果树；在南昆士兰危害柠檬树；其他寄主还有桉属的树脂桉、大喙桉、蜜味桉、粗糙桉、黄纤皮桉、多花桉、圆锥花桉、王桉、白桃花心桉、罗氏辐射桉、小果灰桉、小帽桉、南洋杉等。也能危害死树、杆柱、栅栏柱架、树桩、原木、建筑物里的硬木和软木。

危害症状：分飞的成虫常在活的树木的树杈或树桩上做巢，也可在废旧的火车枕木上和建筑物里潮湿的墙面等地方做巢；在土中做巢可在地下，也可在地表以上。当在木材内修筑巢穴时，常有蚁道与土壤相连。该白蚁很容易由于人为的运输携带或随其他物品、包装箱、原木等传播到其他地区。当一个巢群中的部分工蚁和兵蚁离开群体后，经过一段时间生活和适应，能在新的环境下重新建立新的巢群，从而形成一个完整的独立巢群，应在检疫上引起足够的重视。

3）非洲大蜗牛

检疫地位：非洲大蜗牛是属于《中华人民共和国进境植物检疫性有害生物名录》中的检疫性软体动物。

学名：*Lissachatina fulica*（Bowdich）。

英文名：Giant African snail，African giant snail。

分类地位：隶属于真核生物中的软体动物门（Mollusca），腹足纲（Gastropoda），肺螺亚纲（Pulmonata），柄眼目（Stylommatophora），玛瑙螺科（Achatinidae），玛瑙螺属（*Lissachatina*）。

地理分布：非洲大蜗牛原产于东非，现已广泛入侵亚太地区（如日本、越南、老挝、柬埔寨、马来西亚、新加坡、菲律宾、印度尼西亚、印度等），北美洲、南美洲、非洲少数国家亦有分布，包括美国、危地马拉、巴西、摩洛哥、马达加斯加、毛里求斯、塞舌尔等。在我国分布于台湾、海南、福建、广东、广西、云南等省（自治区）。

寄主植物：非洲大蜗牛取食范围广，可危害草本、木本、藤本等植物500余种，如木瓜、木薯、仙人掌、面包果、橡胶、可可、茶、柑橘、椰子、菠萝、香蕉、竹芋、番薯、花生、菜豆、落地生根、铁角蕨、黄瓜以及谷类植物等。

危害症状：非洲大蜗牛一般生活于热带和亚热带，喜欢栖息于阴暗潮湿的杂草丛、农田等荫蔽处及腐殖质多而疏松的土壤表层、枯草堆中、乱石穴下。产卵最适土壤含水量50%～75%，土壤pH 6.3～6.7。具群居性，昼伏夜出。雌雄同体，异体交配，繁殖力强，每年可产卵4次，每次产卵150～300粒，卵孵化后，经5个月性发育成熟。成螺寿命一般为5～6年，最长可达9年。既直接严重危害农业、园艺等经济作物，又是人畜寄生虫的重要中间宿主，尤其是传播结核病和嗜酸性脑膜炎，对人类健康危害极大。此外，由于非洲大蜗牛爬行后留下黏液痕迹，降低了产品的商业价值，造成经济损失。

4）玫瑰蜗牛

检疫地位：玫瑰蜗牛是2021年4月增补列入《中华人民共和国进境植物检疫性有害生物名录》中的检疫性软体动物。

学名：*Euglandina rosea* (Férussac) 。

英文名：Rosy wolfsnail ；Cannibal snail ；Rosy predator snail。

分类地位：隶属于软体动物门（Mollusca），腹足纲（Gastropoda），柄眼目（Stylommatophora），橡子螺科（Spiraxidae），真橡蜗牛属（*Euglandina*）。

地理分布：玫瑰蜗牛原产于美国东南部，已传入世界许多国家和地区，如亚洲（中国台湾、印度、日本、斯里兰卡、安达曼群岛），北美洲［美国（东南部地区，如路易斯安那、密西西比、北卡罗来纳、加利福尼亚、佛罗里达）、巴哈马、百慕大群岛］，太平洋地区（夏威夷、基里巴斯、所罗门群岛、帕劳、关岛、巴布亚新几内亚、娑罗洲等），非洲（马达加斯加、塞舌尔、毛里求斯、留尼汪岛）等。

寄主：捕食各类陆生软体动物。

危害症状：玫瑰蜗牛是国际自然保护联盟（IUCN）公布的全球100种最具破坏力的入侵物种之一，对入侵地的无脊椎动物区系构成严重威胁，导致本土物种大量灭绝。玫瑰蜗牛是一种肉食性螺类，可直接吞食个体较小的蜗牛，通过贝壳缝隙潜入软体部分取食个体大的蜗牛，也会潜入水中寻找猎物。刚孵化的幼螺即可捕食比自己个体大的其他蜗牛。玫瑰蜗牛有1对长的、可移动的扩唇，能够搜寻到其他蜗牛爬行后留下的黏液痕迹，并沿着痕迹捕食猎物。玫瑰蜗牛雌雄同体、异体交配，每次产卵 25 ~ 40 粒；昼伏夜出，白天常栖息于落叶层、石缝、树叶背面等阴暗处，夜间出来捕食、交配等活动，在阴雨天也常出来活动；有一定的树栖习性，常爬到树上捕食树栖蜗牛。当天气干燥或环境恶劣时，玫瑰蜗牛会分泌白色的黏液膜封住壳口，进入休眠状态，以抵抗不良环境。

7.6.3 其他类代表性植物检疫性害虫详解

1）红火蚁

检疫地位：红火蚁是被列入《中华人民共和国进境植物检疫性有害生物名录》《全国农业植物检疫性有害生物名单》和《全国林业检疫性有害生物名单》中的检疫性害虫。

学名：*Solenopsis invicta* Buren。

英文名：Red imported fire ant。

分类地位：隶属于节肢动物门（Arthropoda），昆虫纲（Insecta），膜翅目（Hymenoptera），蚁总科（Formicide），切叶蚁亚科（Myrmicinae），火蚁属（*Solenopsis*）。

地理分布：红火蚁原产地为南美洲巴拉那河流域。20 世纪 30 年代入侵美国后，不断地传播扩散。目前红火蚁入侵的国家和地区包括美国、澳大利亚、中国等。中国于 2003 年 9—10 月在台湾桃园和嘉义首次发现红火蚁入侵危害，大陆于 2004 年 9 月在广东省吴川县首次发现，之后陆续在广西、福建、浙江等地发现红火蚁危害。目前红火蚁已经入侵了中国大陆 12 个省（自治区、直辖市）的 579 个县（区、市）（农业农村部《全国农业植物检疫性有害生物分布行政区名录》，2022）。

寄主：红火蚁为杂食性害虫，危害范围广。除了可以取食植物的种子、果实、幼芽、嫩茎与根系等，红火蚁还会捕食无脊椎动物，攻击取食海龟、蟾蜍、蜥蜴、鸟类以及小型哺乳动物等。

危害症状：红火蚁入侵可对生态系统、人体健康、农林业生产和公共安全等造成危害。

① 对生态系统造成危害。红火蚁的入侵导致荔枝园树冠、地表植被、地表及土壤中的无脊椎动物群落的物种数和个体数出现明显下降，同时还可以导致荒草地和草坪上蚂蚁丰富度分别下降 33% 和 46%（图 7–25）。

图 7–25 红火蚁工蚁在攻击本地蚂蚁
（刘彦鸣 摄）

② 对人体健康造成危害。红火蚁具有很强的攻击性，当其受到外界干扰时，会通过蜇针向入侵者体内注入了毒蛋白，并造成受伤者出现伤口痛痒、红肿，被叮蜇处一般会出现白色小脓包（图 7–26）；对毒蛋白敏感者会出现发冷、发热、头晕、头痛、淋巴结肿大、甚至休克等严重过敏反应。在我国大陆红火蚁发生区，超过 30% 的居民被红火蚁叮蜇过，10% 左右被叮蜇居民出现发热等症状，少数出现了休克等严重过敏症状，也有少许人出现过发烧、暂时性失明、荨麻疹或者其他系统性的反应，例如休克，甚至是死亡。

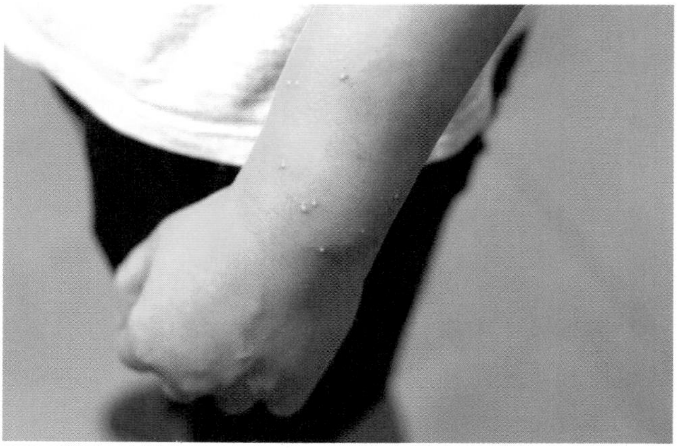

图 7-26　红火蚁叮蜇后形成的脓包（王磊 摄）

③ 对农林业生产造成危害。红火蚁可通过取食作物的嫩芽、嫩茎、花、种子等对作物的产量和质量造成负面影响（图 7-27）。播种的种子会因为红火蚁的取食和破坏而导致发芽率降低等。红火蚁可以使土豆产量降低 12.2% ～ 26.1%，使绿豆产量下降约 35%，而蚜虫 - 红火蚁共生会导致油菜产量下降 45%。

图 7-27　红火蚁工蚁危害豇豆（王磊 摄）

④ 对公共安全造成危害。蚂蚁常把蚁巢筑在户外与居家附近或室内电器相关的设备中，如电表、交通机电设备箱、机场跑道指示灯、空调器等，造成电线短路或设施故障。据统计，美国因红火蚁对相关电器设施的危害每年损失就达 1120 万美元。在我国也有发现红火蚁危害公共设施的报道。例如，佛山发生了一起红火蚁咬穿 PE 燃气管道导致管道天然气泄漏事件。

主要鉴别特征：

红火蚁蚁群中的品级包括雌性生殖蚁（蚁后）、雄性生殖蚁、工蚁（大型工蚁、小型工蚁）、幼蚁、蛹、幼虫、卵。红火蚁的鉴定以工蚁的形态特征为基础，参考蚁巢结构和蚂蚁的攻击行为。

① 成虫主要鉴别特征：工蚁体型大小呈连续性分布，体长在 2.5 ～ 7.0 mm。小型工蚁体

长 2.5 ～ 4.0 mm（图 7–36）。体色红褐色，腹部呈黑褐色体表略光滑。复眼黑色。触角 10 节，鞭节端部两节膨大呈棒状。额下方连接唇基明显，两侧各有齿 1 个，唇基内缘中央具三角形小齿 1 个，齿基部上方着生刚毛 1 根。前胸背板前端隆起，前、中胸背板的节间缝不明显，中、后胸背板的节间缝则明显；胸腹连接处有 2 个腹柄结。腹部卵圆形，可见 4 节，腹部末端有螯刺伸出。大型工蚁体长 6 ～ 7 mm，形态与小型工蚁相似（图 7–28）。

雄性生殖蚁：体长 7 ～ 8 mm，体黑色，着生翅 2 对，头部细小，触角呈丝状，胸部发达，前胸背板显著隆起（图 7–28）。

雌性生殖蚁：有翅型雌蚁体长 8 ～ 10 mm，头及胸部棕褐色，腹部黑褐色，着生翅 2 对。头部细小，触角呈膝状，胸部发达，前胸背板也显著隆起（图 7–28）。

蚁后：蚁后没有翅膀，其他识别特征与雌性生殖蚁 一致。其体型（特别是腹部）可随寿命的增长不断增大（图 7–29）。

② 幼虫主要鉴别特征：共 4 龄，各龄均为乳白色。发育为工蚁的 4 龄幼虫 0.79 ～ 1.20 mm，发育为有性生殖蚁的 4 龄幼虫可达 4 ～ 5 mm。

③ 蛹主要鉴别特征：为裸蛹，乳白色。工蚁蛹体长 0.70 ～ 0.80 mm，有性生殖蚁蛹体长 5 ～ 7 mm，触角、足均外露。

④ 蚁巢鉴别特征：红火蚁为完全地栖性蚁巢的蚂蚁种类，成熟蚁巢是以土壤堆成高 10 ～ 30 cm，直径 30 ～ 50 cm 的蚁丘。蚁丘表面土壤疏松（图 7–30），内部结构呈蜂窝状。

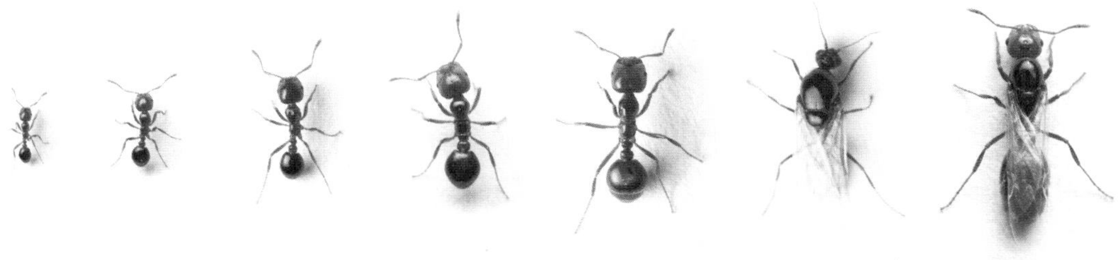

图 7–28 红火蚁工蚁和生殖蚁（刘彦鸣 摄）
（从右至左分别为雌性生殖蚁、雄性生殖蚁和不同大小的工蚁）

图 7–29 红火蚁蚁后与红火蚁幼蚁（刘彦鸣 摄）

图 7–30 成熟的红火蚁蚁巢（王磊 摄）

生物学特性：

① 社会型：红火蚁有单蚁后和多蚁后两种社会型。单蚁后和多蚁后的社会型在我国均有发现，其中以多蚁后型为主。

② 婚飞：红火蚁全年都可以婚飞，但主要在春秋季，盛期为3—5月。婚飞时雌、雄蚁飞到空中交配。交尾后大部分雌蚁在距离原巢几米或几十米、上百米远处降落、筑巢，少数随气流飞行几百米甚至数千米降落。婚飞交配后雌性生殖蚁落地脱去翅膀，寻觅适合筑巢的地点。

③ 蚁群结构与繁殖能力：一个成熟的红火蚁种群由20万～50万头多形态的蚁组成，包括一头或多头蚁后、工蚁、雌性生殖蚁、雄蚁、幼蚁等。蚁群中绝大部分是工蚁，雌性生殖蚁、雄性生殖蚁、幼蚁（卵、幼虫、蛹）比例较少。工蚁无生殖能力，负责照看后代、修建和清理巢穴、外出觅食，其中的大型工蚁负责保卫和攻击工作。

婚飞后的新蚁后在找到合适筑巢地点后，向下挖掘7～20 cm隧道，并封住出口，然后在隧道内产卵。第一批幼虫发育成虫后，开始负责觅食、新建蚁巢、照看饲喂蚁后、幼蚁等工作，一般6个月以后，蚁群数量可发展到几千至上万头，地面上的蚁丘开始显现出来。成熟蚁巢中的蚁后每日产卵1500～5000粒。

④ 觅食行为和攻击行为：红火蚁工蚁会在蚁巢周围地下挖出辐射状通道，沿路每隔50～100 cm有一个通向地面的出口供工蚁外出觅食。红火蚁的觅食范围半径从几米到十几米不等，大小与蚁群规模相关。觅食区域内不允许其他种群的红火蚁进入。

红火蚁具有较强的攻击性。在蚁群受到扰动时，红火蚁工蚁会迅速从蚁巢内冲出，在60～90 s时工蚁数量达到高峰，之后的20～60 s内工蚁缓慢退回蚁巢。

传播途径：红火蚁通过人为传播（苗木调运、肥料调运等）和自然传播（婚飞、水流等）两种途径进行扩散。我国口岸截获信息显示，废纸、原木等进口材料上截获红火蚁的比例最高。在国内，红火蚁主要随着苗木、草皮、废旧物品等运输作长距离扩散传播，传播速度在26.5～48.1 km/年。目前，红火蚁在我国处于快速扩散传播期，在防治措施和检疫效果不佳的条件下，每年新增红火蚁入侵的县区数量为20～30个。

◎ **检疫措施与实践**：

① **风险分析**：降水和温度是决定红火蚁分布区域的关键因素。对红火蚁在中国适生区预测的研究均表明，我国长江以南区域较适宜红火蚁定殖，但是红火蚁在我国自然扩散的北界目前还存在争议。

② **检疫鉴定**：针对红火蚁的检疫鉴定，中华人民共和国国家标准《红火蚁检疫鉴定方法》（GB/T 200477—2006），规定红火蚁的鉴定以工蚁的形态特征为基础，并参考蚁巢结构和蚂蚁的攻击行为特征。

③ **检疫处理**：针对红火蚁的检疫处理，中华人民共和国国家标准《红火蚁检疫规程》（GB/T 23634—2009）规定，首先要对防治区内的厂家、企业进行调查登记，了解其原料供应渠道及产品出口情况，对高风险物品及其生产场地、交通运输工具等进行监测、检疫和处理。禁止发生区内垃圾、堆肥、种植介质等物品的外运。对于交通工具、货柜等喷施农药灭蚁。巡查发生区内的江河堤岸，铲除沿岸蚁巢，防止蚁群随水流传播。

随着苗木等的调运是红火蚁长距离传播的主要方式。来自红火蚁发生区的苗木、花卉等植物栽植前，须经杀虫剂药液的浸渍或灌注处理。

④ **疫情监测**：为了掌握红火蚁的发生动态，有针对性地对其进行防控，需采取科学正确的方法对红火蚁进行监测。对红火蚁的疫情监测主要包括划定监测区域、监测地点类型和监测时期，选择合适的监测用品和监测方法，最后对样本进行鉴定和疫情判定。重点监测发生疫情的有代表性地块和发生边缘地带，掌握红火蚁的发生动态和扩散趋势。重点监测草坪、绿化带、苗圃、果园、荒地、堤坝、垃圾场、废品回收加工场、高尔夫球场、货场以及可能调入绿化植被、回收废品、木材、肥料等的场所。目前，红火蚁的监测主要采取问卷调查法、蚁巢踏查法和工蚁诱捕法。踏查法是指结合问卷调查法结果，在调查区域内察看有无可疑的蚁丘，对可疑蚁丘则使用干扰法破坏蚁丘，观察是否有蚁群迅速出巢并表现出攻击行为的现象，并对采集蚂蚁标本，进行现场鉴定或室内鉴定。工蚁诱捕法可采用陷阱法、诱饵法等。目前主要是使用新鲜火腿肠作为诱饵，将火腿肠切成约 1 cm 厚、直径 2 cm 的薄片，放入专用或自制的监测瓶，放置在地面进行诱集，一旦诱捕到可疑的红火蚁工蚁时，应立即联系相关部门。

⑤ **检疫实例**

植物检疫实例分析 7-11：2019 年，汕头海关所属汕头港海关在来自香港的 8 个进境空集装箱标箱中检出检疫性有害生物红火蚁。工作人员在汕头港国际集装箱码头对该批空箱体实施检疫查验时，发现集装箱内有大量活体红火蚁和遍布的蚁路蚁窝，同时还携带杂草籽、树枝树叶、土壤等禁止进境物。为有效防止疫情传播，汕头港海关依法对该批集装箱实施了严格的熏蒸检疫处理，有效切断了外来有害生物的传播途径。同时，要求相关企业加强进境集装箱的源头管理，杜绝空箱携带外来有害生物入境，保障国门生物安全。

2）**地中海白蜗牛**

检疫地位：地中海白蜗牛又称普通白蜗牛，是 2012 年新增列入《中华人民共和国进境植物检疫性有害生物名录》中的检疫性软体动物。

学名：*Cernuella virgata* (Da Costa)。

英文名：Mediterranean snail, Common white snail, Striped snail, Vineyard snail。

分类地位：隶属于软体动物门（Mollusca），腹足纲（Gastropoda），肺螺亚纲（Pulmonata），柄眼目（Stylommatophora），湿螺科（Hygromiidae），白蜗牛属（*Cernuella*）。

地理分布：地中海白蜗牛原产于地中海和西欧地区，分布于阿尔巴尼亚、安道尔、奥地利、比利时、保加利亚、克罗地亚、法国、希腊、爱尔兰、意大利、马其顿、马耳他、黑山、荷兰、葡萄牙、罗马尼亚、西班牙、乌克兰和英国等国家和地区，现已传入澳大利亚和美国。我国尚无分布。

寄主植物：地中海白蜗牛为杂食性，可危害谷类（大麦和小麦）、豆类（苜蓿、三叶草和豌豆）的幼苗、果蔬类（柑橘、大葱、胡萝卜）、牧场植被以及新生长的藤蔓、灌木和树木等。

危害症状：地中海白蜗牛刚孵化的蜗牛取食土壤腐殖质，幼螺以腐殖质和嫩叶嫩芽为食，生长螺或成螺除了直接危害农林作物，还常大量附着于大麦、小麦、玉米等禾谷类农作物上，对收割作业造成障碍，损坏农机具。此外，农作物被收割后它们仍然存活在其中，导致粮食储存中湿度增加，滋生病原菌并分泌代谢毒素，污染农产品。地中海白蜗牛还是许多人畜共患寄生虫的中间宿主，对人体健康造成巨大潜在危害。

主要鉴别特征：

白蜗牛属鉴别特征：贝壳低矮陀螺形，有 $5 \sim 6\frac{1}{2}$ 个螺层，各螺层稍膨胀；贝壳白色、灰色或黄褐色，常有黄褐色的色带，色带常断续。胚螺层有放射状的细螺纹。壳口圆形，稍倾斜，多有白色、褐色或红褐色十分明显的内环肋，脐孔稍窄，可透视。壳口内侧常为棕色或黄褐色。鞭状体短，黏液腺管状。地中海白蜗牛的主要形态鉴别特征包括：

卵：圆形，白色，直径 1.5 mm 左右。

贝壳特征：成螺贝壳白色、微黄色或棕褐色，不同产地的标本贝壳颜色多变；壳高 6 ～ 19 mm，壳宽 8 ～ 25 mm，壳层扁平，有明显的圆锥形螺旋部；通常有 6 ～ 7 个螺层，各螺层膨胀略成凸形，最后一个螺层（体螺层）略呈角形或圆形，其周缘圆滑。体螺层上有无数不规则排列的，从细到中等粗细的轴向生长线，有些个体体螺层下部有螺纹。壳口一般为圆形，少数非常大的个体壳口为椭圆形，有中等厚度的内环肋。唇内壁白色、深棕色或鲜红色，边缘稍外折，不反转。脐孔通常圆形，直径为壳宽的 1/10 ～ 1/6，有时不位于中心，中等深度，通常是开放的，有的群体在完全成年时唇外张，部分遮盖脐。幼螺贝壳在外形上与成螺基本一致，壳质薄，易碎，壳口内侧无环唇肋（图 7–31）。

软体特征：腹足灰色、锈色或淡黄色，背侧颜色较深，有大的结节，外套膜红棕色，触角灰色半透明，长约 8 mm。

生殖系统特征：阴茎牵引肌短，阴茎本体长，通常是鞭状体的 3 ～ 4 倍。输精管细长，约为阴茎本体的 1.5 倍。矢囊大，插入腔室内。黏液腺多，从副矢囊长出，4 支，每支有分叉，中等长度，不卷曲。受精囊柄粗短，宽大，受精囊大。

图 7–31　地中海白蜗牛成螺贝壳形态特征（杨倩倩 摄）

生物学特性：地中海白蜗牛是一种适宜在温带气候条件下生栖危害的有害生物，生殖力和抗逆性强。成螺在秋冬季交配产卵，并把卵埋入浅层土表，产卵多发生在雨天，单次产卵几十到上百粒。卵直径约 1.5 mm，卵孵化历期为 15 ～ 20 d，幼螺在春季生长发育至性成熟。在不同地区的生活史为一年 1 ～ 2 代或两年一代。地中海白蜗牛在土壤潮湿和空气相对湿度高的情况下活跃。为减少地面高温的影响，它们爬上植物及各种垂直物体，形成集群状。在高温干燥的夏季，地中海蜗牛爬到植物、栅栏及其他结构物的顶端进入休眠。

传播途径：地中海白蜗牛主要通过人为传播进行远距离扩散，易随粮食、水果、蔬菜、花卉、盆景等以及木质包装材料、集装箱、运输工具等传播。同时，地中海白蜗牛可通过爬行等进行自然传播。

◎ **检疫措施与实践**：

① **风险分析**：地中海白蜗牛起源于地中海盆地，现已传入澳大利亚和美国，对入侵地的贸易和农业生产造成巨大经济损失。近年来，中国口岸多次截获地中海白蜗牛，表明该蜗牛具有较高的传入风险。应用生物气候相似距方法建立数学模型对地中海白蜗牛在中国的潜在适生区进行预测，结果表明，该蜗牛在中国的适生性分布区可分为高度适生区、适生区、轻度适生区和非适生区。其中，高度适生区和适生区面积约占全国的 45%，中国黄河流域、长江流域和西南地区为地中海白蜗牛的高度适生区，高度适生区周边和新疆大部分地区及内蒙古部分地区为地中海白蜗牛的适生区，是防御该蜗牛入侵的重点地区。

② **检疫鉴定**：中华人民共和国出入境检验检疫行业标准《软体动物常规检疫规范》（SN/T 3067—2011）规定了植物检疫中软体动物的常规检疫方法与要求；并于 2016 年发布了行业标准《地中海白蜗牛检疫鉴定方法》（SN/T 4637—2016），规定了地中海白蜗牛的检疫鉴定方法。《地中海白蜗牛检疫鉴定方法》规定了基于贝壳形态、软体特征和 COI 条形码序列鉴定地中海白蜗牛的方法，并将地中海白蜗牛与近缘种忽视白蜗牛和竣氏白蜗牛进行鉴别特征比较。

A. 形态学鉴定（引自行业标准 SN/T 3067—2011 和 SN/T 4637—2016）

用游标卡尺测量蜗牛贝壳的壳高和壳宽、卵粒直径。用肉眼或放大镜或体视显微镜仔细观察贝壳和卵的形态特征，观察膜靡、腹足、触角、外套膜等形态特征。

饲养：将查获的卵粒，孵化和饲养为成螺后，再做鉴定。将卵粒置于培养皿中，在 18 ～ 25℃条件下孵化，孵化的幼螺可在常温下饲养，保持相对空气湿度 65% ～ 85%。饲养后的蜗牛被水或硫酸镁闷杀后用于标本制作。

鉴定：根据成螺贝壳和解剖学形态特征进行种类鉴定。

B. 分子鉴定（引自行业标准 SN/T 4637—2016）

COI 基因片段序列鉴定：使用 SDS 方法或者 DNA 提取试剂盒方法提取蜗牛基因组 DNA，利用通用引物对 LCO1490/HCO2198 扩增线粒体 COI 序列，将所测序列与已知地中海白蜗牛的 COI 基因序列（Genbank 登录号：KF927148）进行比对，相似度≥ 95%。

此外，我国研究学者先后发明了基于特异引物 PCR 及实时荧光 PCR 快速鉴定地中海白蜗牛的方法。

③ **检疫处理**：研究表明，在 30 g/m^3 的溴甲烷浓度下，24 h 可完全灭杀地中海白蜗牛；在 80% 二氧化碳或 1% 氧气浓度下，25℃及以上温度下，完全灭杀该螺需要 10 d 以上；高温处理 100% 灭杀该螺害需达 67℃以上。针对地中海白蜗牛等温带陆生腹足类，可采用冷处理、冷处理熏蒸、真空熏蒸、杀螺剂处理、气调等方法。

④ **疫情监测**：地中海白蜗牛在中国尚未分布，加强检疫是防止其入侵最为经济有效的技术措施。在地中海白蜗牛入侵风险较高地区的港口、车站、货场等地及周边进行诱捕，做好这些重点地区、重点部位的监测工作，一旦发现疫情立即启动应急预案，予以彻底扑灭。

⑤ **检疫实例**

植物检疫实例分析 7-12：2015 年 12 月，江苏南通出入境检验检疫局在对一批来自澳大利亚的进口绵羊毛进行现场检疫时，检出大量软体动物，经南通局植检实验室形态鉴定后，送至江苏出入境检验检疫局动植食中心实验室复核，确认为检疫性软体动物地中海白蜗牛，这是我国口岸首次从进境绵羊毛中截获该检疫性软体动物。

小结

其他类植物检疫性害虫包括昆虫纲的膜翅目、缨翅目和蜚蠊目以及软体动物，其中我国其他类进境植物检疫性害虫有18种、全国农业和全国林业其他类植物检疫性害虫各有1种。红火蚁、松树蜂、大唇乳白蚁、非洲大蜗牛、地中海白蜗牛、玫瑰蜗牛为代表性种类，掌握其基础知识和检疫方法具有重要意义。

【课后习题】

1. 植物检疫性害虫有哪几大类？不同类别间有什么异同？
2. 请结合国内外检疫截获实例及植物检疫性半翅类的基础知识，分析其检疫重要性、目前及未来的检疫方法和技术。
3. 请结合国内外检疫截获实例及植物检疫性鳞翅类的基础知识，分析其检疫重要性、目前及未来的检疫方法和技术。
4. 请结合国内外检疫截获实例及植物检疫性鞘翅类的基础知识，分析其检疫重要性、目前及未来的检疫方法和技术。
5. 请结合国内外检疫截获实例及植物检疫性双翅类的基础知识，分析其检疫重要性、目前及未来的检疫方法和技术。
6. 请结合国内外检疫截获实例及其他类植物检疫性害虫的基础知识，分析其检疫重要性、目前及未来的检疫方法和技术。
7. 我国从俄罗斯进口大麦、从南非进口柑橘、从加拿大进口松木，分别需关注哪几种检疫性害虫？需采取哪些检疫方法和技术？

【参考文献】

安榆林. 2012. 外来森林有害生物检疫. 北京：科学出版社.

白桦，魏晓棠，梁炜，等. 2011. 实时荧光PCR快速检测苹果蠹蛾. 植物检疫，25 (2): 48–51.

曾玲，陆永跃，陈忠南. 2005. 红火蚁监测与防治. 广州：广东科技出版社.

陈乃中. 2009. 中国进境植物检疫性有害生物（昆虫卷）. 北京：中国农业出版社.

陈岩，朱水芳，陈克. 2010. 谷斑皮蠹分子检测方法. 植物检疫，24 (1): 22–23.

高美须，王传耀，李淑荣，等. 2004. 辐照对谷物和豆类中谷斑皮蠹的影响（英文）. 植物保护学报，(4): 377–382.

郭海波，申光伟. 2012. 重庆局从旅客携带物中首次截获检疫性有害生物——地中海实蝇. 植物检疫，26(4): 91.

李爱平，梁晓虹. 2017. 中国首次从俄罗斯进口油菜籽中截获马铃薯甲虫. 11月7日，http://www.nmg.chinanews.com.cn/news/20171107/7347.html

李大林，岳俭宣. 2015. 广东口岸截获马铃薯甲虫，为毁灭性害虫. 9月23日，https://www.sohu.

com/a/33009789_114812.
李腾，蔡波，宋文，等. 2013. 苹果蠹蛾幼虫的形态与分子鉴定. 植物检疫，27(4): 58–61.
李志红，姜帆，马兴莉，等. 2013. 实蝇科害虫入侵防控技术研究进展. 植物检疫，27(2): 1–10.
李志红. 2015. 生物入侵防控：重要经济实蝇潜在地理分布研究. 北京：中国农业大学出版社.
李志红. 2022. 生物入侵防控：重要经济实蝇潜在经济损失研究. 北京：中国农业大学出版社.
刘涛，李丽，李柏树，等. 2011. 苹果蠹蛾磷化氢熏蒸技术研究. 植物检疫，25(1): 13–15.
刘玮琦，陈超，袁淑珍，等. 2019. 欧洲樱桃实蝇风险评估及管理对策. 植物检疫，33(1): 69–72.
马菲，姚红梅，何友元，等. 2014. 基于 CLIMEX 的葡萄根瘤蚜在中国的适生性分析. 环境昆虫学报，36(3): 293–297.
马骏，胡学难，彭正强，等. 2011. 基于 CLIMEX 模型的扶桑绵粉蚧在中国潜在地理分布预测. 植物检疫，25(1): 5–8.
马平，蒋小龙，李正跃，等. 2009. 基于 GIS 与气候相似性的谷斑皮蠹在云南适生区的预测. 植物保护，35 (4): 44–48.
齐国君，高燕，黄德超，等. 2012. 基于 MAXENT 的稻水象甲在中国的入侵扩散动态及适生性分析. 植物保护学报，39(2): 129–136.
齐静. 2010. 马铃薯甲虫遥感监测技术研究. 北京：中国农业科学院 .
秦誉嘉，吕文诚，赵守歧，等. 2018. 考虑灌溉及气候变化条件下葡萄花翅小卷蛾在中国的潜在地理分布. 植物保护学报，45(3): 599–605.
商鸿生. 2017. 植物检疫学 . 2 版. 北京：中国农业出版社.
王聪. 2017. 马铃薯甲虫全球扩散趋势研究. 北京：中国农业大学 .
王艳平，武三安，张润志. 2009. 入侵害虫扶桑绵粉蚧在中国的风险分析. 昆虫知识，46(1): 101–106.
吴福中，王徐玫，李惠萍，等. 2020. 扶桑绵粉蚧及其近似种的 DNA 条形码鉴定. 植物检疫，34(2): 42–47.
吴佳教，顾渝娟，刘海军，等. 2009. 实蝇监测技术要素Ⅱ. 植物检疫，23 (2): 41–45.
武目涛，邵思，周慧，等. 2018. 2030 年气候条件下苹果蠹蛾全球适生区预测. 检验检疫学刊，(2): 38–41.
武三安，张润志 . 2009. 威胁棉花生产的外来入侵新害虫——扶桑绵粉蚧. 昆虫知识，46(1): 159–162+169.
武威，李志红，杭小溪. 2015. 基于 CLIMEX 的黑森瘿蚊在我国的潜在适生区预测. 植物检疫，29(1): 20–24.
徐森锋，张卫东，权永兵，等. 2015. 检疫性害虫石榴螟的危害及鉴定. 植物检疫，29(3): 82–84.
徐强，曹丽君，马金萍，等. 2018. 松树蜂形态及危害特点的研究. 环境昆虫学报，40(2): 299–305.
徐文兴，王英超. 2018. 植物检疫原理与方法. 北京：科学出版社.
杨海芳，肖琼，崔俊霞，等. 2012. 警惕地中海白蜗牛的入侵. 植物保护，38(4): 185–188.
于昕，王玉晗，李红卫，等. 2020. 苹果蠹蛾的发生现状、监测技术及防治方法研究进展. 植物检疫，(1): 1–6.

詹开瑞，叶剑雄，陈艳，等. 2013. 低温处理对枇杷中橘小实蝇的杀灭效果. 生物安全学报，22(2): 132–135.
张婧 . 2009. 5 种重要异翅长蠹属害虫的鉴定特征对比及分布危害. 植物检疫，23 (S1): 44–46.
张丽杰，杨星科. 2002. 警惕危险性害虫——玉米根萤叶甲传入我国.昆虫知识 .
张强，张绍红，周培，等. 2006. 从来自澳大利亚的桉树上截获大唇乳白蚁. 植物检疫，20(1): 61–62.
张润志. 2011. 扶桑绵粉蚧 *Phenacoccus solenopsis* Tinsley. 应用昆虫学报，48 (2): 434.
张生芳，樊新华，高渊，等. 2016. 储藏物甲虫. 北京：科学出版社.
张生芳，刘海峰，管维. 2007. 8 种重要斑皮蠹属幼虫的鉴别. 植物检疫，21(5): 284–286
张祥林，李京，罗明，等. 2017. 基于 16S rDNA 基因的谷斑皮蠹 PCR 检测技术. 生物安全学报，26 (1): 75–79.
张岳，李永青，陈吉祥，等. 2019. 云南昭通蜜柑大实蝇和橘大实蝇的 DNA 条形码鉴定. 植物检疫，33(4): 41–45.
中国国家有害生物检疫信息系统平台. 海关总署动植物检疫司、进出口食品安全局与标准法规研究中心. 北京，中国 . http://www.pestchina.com/SitePages/Home.aspx
中华人民共和国国家质量技术监督局，中国国家标准化管理委员会. 2004. 葡萄根瘤蚜的检疫鉴定方法 : SN/T 1366—2004. 北京：中国标准出版社.
中华人民共和国国家质量技术监督局，中国国家标准化管理委员会. 2006. 柑橘小实蝇疫情监测规程 : GB/T 23619—2009. 北京：中国标准出版社.
中华人民共和国国家质量技术监督局，中国国家标准化管理委员会. 2009. 马铃薯甲虫疫情监测规程 : GB/T 23620—2009. 北京：中国标准出版社.
中华人民共和国国家质量技术监督局，中国国家标准化管理委员会. 2000. 植物检疫地中海实蝇检疫鉴定方法 : GB/T 18084—2000. 北京：中国标准出版社.
中华人民共和国国家质量技术监督局，中国国家标准化管理委员会. 2000. 植物检疫谷斑皮蠹检疫鉴定方法 : GB/T 18087—2000. 北京：中国标准出版社.
中华人民共和国国家质量技术监督局，中国国家标准化管理委员会. 2002. 苹果蠹蛾检疫鉴定方法 : SN/T 1120—2002. 北京：中国标准出版社.
中华人民共和国国家质量技术监督局，中国国家标准化管理委员会. 2003. 马铃薯甲虫检疫鉴定方法 : SN/T 1178—2003. 北京：中国标准出版社.
中华人民共和国国家质量技术监督局，中国国家标准化管理委员会. 2004. 二硫化碳熏蒸香梨中苹果蠹蛾的操作规程 : SN/T 1425—2004. 北京：中国标准出版社.
中华人民共和国国家质量技术监督局，中国国家标准化管理委员会. 2006. 红火蚁检疫鉴定方法 : GB/T 200477—2006. 北京：中国标准出版社.
中华人民共和国国家质量技术监督局，中国国家标准化管理委员会. 2007. 地中海实蝇检疫鉴定方法 PCR 法 : SN/T 2039—2007. 北京：中国标准出版社.
中华人民共和国国家质量技术监督局，中国国家标准化管理委员会. 2007. 桔小实蝇检疫鉴定方法 : SN/T 2031—2007. 北京：中国标准出版社.
中华人民共和国国家质量技术监督局，中国国家标准化管理委员会. 2009. 美国白蛾检疫技术规程 : GB/T 23474—2009. 北京：中国标准出版社.

中华人民共和国国家质量技术监督局，中国国家标准化管理委员会. 2009. 红火蚁检疫规程：GB/T 23626—2009. 北京：中国标准出版社.
中华人民共和国国家质量技术监督局，中国国家标准化管理委员会. 2011. 地中海实蝇生物芯片检测方法：GB/T 28065—2011. 北京：中国标准出版社.
中华人民共和国国家质量技术监督局，中国国家标准化管理委员会. 2011. 中华人民共和国农业部 . 地中海实蝇监测规范：NY/T 2056—2011. 北京：中国标准出版社.
中华人民共和国国家质量技术监督局，中国国家标准化管理委员会. 2014. 玫瑰蜗牛检疫鉴定方法：SN/T 3968—2014. 北京：中国标准出版社.
中华人民共和国国家质量技术监督局，中国国家标准化管理委员会. 2015. 苹果蠹蛾辐照处理技术指南：SN/T 4409—2015. 北京：中国标准出版社.
中华人民共和国国家质量技术监督局，中国国家标准化管理委员会. 2015. 美国白蛾检疫鉴定方法：SN/T 1374—2015. 北京：中国标准出版社.
中华人民共和国国家质量技术监督局，中国国家标准化管理委员会. 2015. 苹果蠹蛾检疫技术规程：LY/T 2424—2015. 北京：中国标准出版社.
中华人民共和国国家质量技术监督局，中国国家标准化管理委员会. 2016. 地中海白蜗牛检疫鉴定方法：SN/T 4637—2016. 北京：中国标准出版社.
中华人民共和国国家质量技术监督局，中国国家标准化管理委员会. 2016. 扶桑绵粉蚧检疫技术规程：LY/T 2778—2016. 北京：中国标准出版社.
中华人民共和国国家质量技术监督局，中国国家标准化管理委员会. 2016. 荷兰石竹卷蛾检疫鉴定方法：GB/T 33125—2016. 北京：中国标准出版社.
中华人民共和国国家质量技术监督局，中国国家标准化管理委员会. 2017. 香蕉灰粉蚧和新菠萝灰粉蚧检疫鉴定方法：SN/T 1277—2017. 北京：中国标准出版社.
中华人民共和国农业部公告第 862 号（《中华人民共和国进境植物检疫性有害生物名录》）. http://www.moa.gov.cn/ztzl/gjzwbhgy/tjxx/201205/t20120506_2617764.htm.
中华人民共和国农业农村部办公厅关于印发《全国农业植物检疫性有害生物分布行政区名录（2021）》. 2022. http://www.moa.gov.cn/govpublic/ZZYGLS/202207/t20220707_6404284.htm.
周卫川，王沛，李伟东. 2014. 地中海白蜗牛在中国的潜在适生区预测. 植物保护，40(1): 122–124.
周卫川. 2006. 非洲大蜗牛种群生物学研究. 植物保护，32(2): 86–88.
周卫川. 2012. 玫瑰蜗牛. 植物检疫，26(6): 38–40.
Alvarez N, Mckey D, Mckey MH, et al. 2005. Ancient and recent evolutionary history of the bruchid beetle, *Acanthoscelides obtectus* (Say), a smopolitan pest of beans. Molecular Ecology, 14: 1015–1024.
Anderson KM, Hillbur Y, Reber J, Hanson B, et al. 2012. Using sex pheromone trapping to explore threats to wheat from Hessian fly (Diptera: Cecidomyiidae) in the upper great plains. Journal of Economic Entomology, 105(6): 1988–1997.
Athanassiou CG, Phillips TW, Wakil W, et al. 2019. Biology and control of the khapra beetle, *Trogoderma granarium*, a major quarantine threat to global food security. Annual Review of Entomology. 64, 131–148.
Baker PS, Barrera JF, Rivas A. 1992. Life-history studies of the coffee berry borer (*Hypothenemus*

hampei, Scolytidae) on coffee trees in southern Mexico. Journal of Applied Ecology, 29(3): 656–662; 26 ref.

Bhattarai GP, Schmid RB, Mccornack BP. 2019. Remote sensing data to detect Hessian fly infestation in commercial wheat fields. Scientific Reports, (9): 6109, 1–8.

Boller EF, Prokopy RJ. 1976. Bionomics and management of *Rhagoletis*. Annual Review of Entomology, 21: 223–246.

Bookwalter JD, Riggins JJ, Dean JFD, et al. 2019. Colonization and development of *Sirex noctilio* (Hymenoptera: Siricidae) in bolts of a native pine host and six species of pine grown in the Southeastern United States[J]. Journal of Entomological Science, 54(1): 1–18.

Bruce J, Lamb DW, Hoffmann AA, et al. 2011. Towards improved early detection of grapevine phylloxera (*Daktulosphaira vitifoliae* Fitch) using a risk-based assessment. Acta Horticulturae, 904 (904): 123–131.

CABI. Crop Protection Compendium. Wallingford, UK: CAB International. https://www.cabi.org/cpc/

CABI. Invasive Species Compendium. Centre Agriculture Bioscience International. https://www.cabi.org/isc/datasheet/30992.

Chen JS, Shen CH, Lee HJ. 2015. Monogynous and polygynous red imported fire ants, *Solenopsis invicta* Buren (Hymenoptera: Formicidae), in Taiwan. Environmental Entomology, 35(1): 167–172.

Chen MH, Dorn S. 2009. Reliable and Efficient Discrimination of Four Internal Fruit-Feeding Cydia and *Grapholita Species* (Lepidoptera: Tortricidae) by Polymerase Chain Reaction-Restriction Fragment Length Polymorphism. Journal of Economic Entomology, 102 (6): 2209–2216.

Clifford KT, Gross L, Johnson K, et al. 2003. Slime-trail tracking in the predatory snail, *Euglandina rosea*. Behavioral Neuroscience, 117(5): 1086–1095.

EPPO Bulletin. *Cacoecimorpha pronubana*, 2010, https://onlinelibrary.wiley.com/doi/full/10.1046/j.1365-2338.2002.00587.x

EPPO European and Mediterranean Plant Protection Organization. PM 10/20 (1) Phosphine fumigation of grapevine to control *Viteus vitifoliae* , 2012, OEPP/EPPO Bulletin 42: 496–497.

EPPO, PQR Database. European and Mediterranean Plant Protection Organization. Paris, France, https://gd.eppo.int/taxon/LISSOR/distribution.

EPPO, PQR Database. European and Mediterranean Plant Protection Organization. Paris, France, https://gd.eppo.int/taxon/CRYPMA.

EPPO, PQR Database. European and Mediterranean Plant Protection Organization. Paris, France, http://www.eppo.int/DATABASES/pqr/pqr.htm/.

Eurpean Cherry Fruit Fly Cooperative Control Program. [2018-05-08] . https: //www.aphis.usda.gov/plant_health/ea/downloads/2018/european-cherry-fruit-fly-niagara-newyork-ea.pdf.

Fang Y, Kang F, Zhan G, et al. 2019. The effects of a cold disinfestation on *Bactrocera dorsalis* survival and navel orange quality. Insects, 10(12).

FAO. 1989. Presence of the giant African snail, *Achatina fulica* [in Martinique]. FAO Plant Protection Bulletin, 37(2): 97.

GBIF, Occurrences. Global Biodiversity Information Facility. https://www.gbif.org/

Hajek AE, Nielsen C, Kepler RM, et al. 2013. Fidelity among sirex wood wasps and their fungal symbionts. Microbial Ecology, 65(3): 753–762.

Herbert K, Powell K, Mckay A, et al. 2015. Developing and testing a diagnostic probe for grape phylloxera applicable to soil samples. Journal of Economic Entomology, 101(6): 1934–1943.

Ireland KB, Bulman L, Hoskins AJ, et al. 2018. Estimating the potential geographical range of *Sirvex noctilio*: comparison with an existing model and relationship with field severity[J]. Biological invasions, 20(9): 2599–2622.

ISPM 27. 2019. Diagnostic protocols for regulated pests DP 29: *Bactrocera dorsalis*. Rome, IPPC, FAO.

ISPM 27. 2016. Diagnostic protocols for regulated pests DP 3: *Trogoderma granarium* Everts. Rome, IPPC, FAO.

ISPM 28. PT 32. 2018. Vapour heat treatment for *Bactrocera dorsalis* on Carica papaya. Rome, IPPC, FAO.

ISPM 28. PT 14. 2011. Irradiation treatment for *Ceratitis capitata*. Rome, IPPC, FAO.

ISPM 28. PT 24. 2017. Cold treatment for *Ceratitis capitata* on *Citrus sinensis*. Rome, IPPC, FAO.

ISPM 28. PT 30. 2017. Vapour heat treatment for *Ceratitis capitata* on *Mangifera indica*. Rome, IPPC, FAO.

Jiang F, Fu W, Clarke AR, et al. 2016. A high–throughput detection method for invasive fruit fly (Diptera: Tephritidae) species based on microfluidic dynamic array. Molecular Ecology Resources, 16(6): 1378–1388.

Kinzie III R A. 1992. Predation by the introduced carnivorous snail *Euglandina rosea* (Ferussac) on endemic aquatic lymnaeid snails in Hawaii. Biological Conservation, 60, 149–155.

Knutson AE, Giles KL, Royer TA, et al. 2017. Application of pheromone traps for managing Hessian fly (Diptera: Cecidomyiidae) in the southern Great Plains. Journal of Economic Entomology, 110: 1052–1061.

Lofgren CS, Banks WA & Glancey BM. 1975. Biology and control of imported fire ants. Annual Review of Entomology, 20: 1–30.

Pfaffenberger, GS. 1985. Description, differentiation and biology of the four larval instars of *Acanthoscelides obtectus* (Say) (Coleoptera: Bruchidae). Coleopt. Bull, 39: 239–256.

Rhagoletis cerasi. 2018–05–06. http: //www.cabi.org/isc/datasheet/47050.

Schwarting HN, Whitworth RJ, Cramer G et al, Pheromone trapping to determine Hessian fly (Diptera: Cecidomyiidae) activity in Kansas. 2015. Journal of the Kansas Entomological Society, 88: 411–417.

Sugiura S, Holland BS, Cowie RH. 2011. Predatory behaviour of newly hatched *Euglandina rosea*. Journal of Molluscan Studies, 71: 101–102.

Wesseler J, Fall EH. 2010. Potential damage costs of *Diabrotica virgifera* infestation in Europe – the ‘no control’ scenario. Journal of Applied Entomology, 134(5): 385–394.

Zhao Z, Lu Z, Reddy GV, et al. 2018. Using Hydrogen Stable Isotope Ratios to Trace the Geographic

Origin of the Population of *Bactrocera dorsalis* (Diptera: Tephritidae) Trapped in Northern China. Florida Entomologist, 101(2): 244–248.

Zhu H, Sun Q, Du Y, et al. 2015. Detection of grape phylloxera on grapevine roots with diagnostic polymerase chain reaction methods targeted to the internal transcribed space region 2 nuclear gene. Australian Journal of Grape & Wine Research, 21(1): 143–146.

第 8 章 检疫性杂草及其防控

本章简介

检疫性杂草主要包括寄生型杂草和非寄生型杂草两大类别，我国主要涉及进境检疫性杂草、全国农业检疫性杂草和全国林业检疫性杂草，在植物、植物产品、集装箱等检疫中多有截获。本章在介绍检疫性杂草基本类别的基础上，针对寄生型检疫性杂草和非寄生型检疫性杂草，简介了 9 种检疫性杂草的检疫地位、学名与分类地位、地理分布、危害特点，详解了 9 种检疫性杂草代表种类的检疫地位、学名、分类地位、英文名、地理分布、危害特点、形态特征、生物学特性、传播途径、检疫措施与实践。

学习目的

掌握检疫性杂草的类别，掌握寄生型检疫性杂草和非寄生型检疫性杂草代表性种类的基础知识和检疫方法。

思维导图

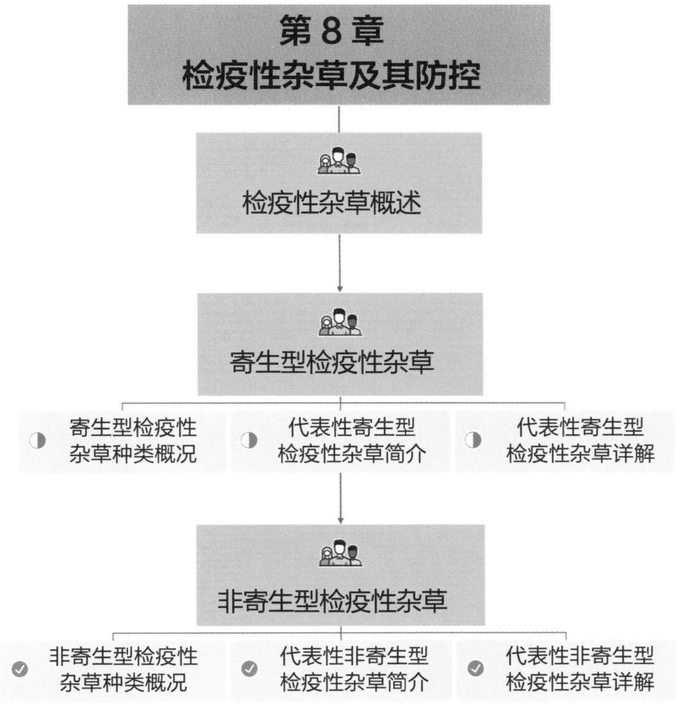

课前思考

❖ **两大类别**：检疫性杂草有哪两大类别？不同类别的检疫性杂草有哪些代表种类？
❖ **两个如何**：检疫性杂草代表种类的特点特性如何？如何实施检疫？
❖ **两个为什么**：为什么检疫性杂草的种类相对少？为什么检疫性杂草的截获相对多？

8.1 检疫性杂草概述

学习重点

- 掌握我国检疫性杂草的主要类别和种类。

检疫性杂草分为寄生型检疫性杂草和非寄生型检疫性杂草两大类。寄生型检疫性杂草自身不能合成营养，主要通过寄生在其他植物上并吸收其营养来生存，分为全寄生型和半寄生型。非寄生型检疫性杂草无寄主植物，可靠自身进行光合作用合成营养来生存，主要通过与其他植物竞争资源造成危害，是检疫性杂草中的主要类别。截至 2021 年 6 月，现用的《中华人民共和国进境植物检疫性有害生物名录》（2007 年颁布）包含检疫性有害生物 446 种，其中检疫性杂草有 42 种（属），寄生型杂草有 3 个种（属），占检疫性杂草的 7.14%，具体种类为菟丝子属、列当属和独脚金属；非寄生型杂草有 39 个种（属），具体种类有豚草属、毒麦、假高粱、刺萼龙葵、异株苋亚属等。现用的《全国农业植物检疫性有害生物名单》（2020 年颁布）包含检疫性杂草 3 种（属），具体种类是列当、毒麦和假高粱。《全国林业检疫性有害生物名单》包含检疫性杂草 1 种，是薇甘菊。

检疫性杂草可通过引种、贸易、旅客携带、交通工具等人为途径进行人为传播，也可借助风、水流等自然条件进行自然传播。在进境的植物、植物产品，甚至动物和动物产品中，都会携带大量的检疫性和非检疫性杂草种子。口岸截获有害生物信息显示，在截获的所有检疫性有害生物中，检疫性杂草截获种次数占比最高，截获种类数仅次于检疫性昆虫，位于第二位。检疫性杂草的鉴定技术包括形态鉴定和分子鉴定。其中，最常用的技术为形态鉴定，种子的外部和内部形态、幼苗形态和成株形态特征都可以作为鉴定依据。可以通过目测或借助解剖镜观察杂草种子，根据其外观形态特征，例如，形状、大小、颜色、斑纹、种脐以及附属物特征等进行鉴定；必要时，将种子浸泡软化后解剖检查其内部形态、结构、颜色，胚乳的质地和色泽，胚的形状、尺度、位置、颜色和子叶数目等特征。根据种子的外部和内部特征均不能完成鉴定时，还可进行幼苗鉴定，检查其萌发方式以及胚芽鞘、上胚轴、下胚轴、子叶和初生叶的形态，幼苗期的气味和分泌物有时也有重要鉴定价值。以上特征均不能实现鉴定的，还应进行种植观察，根据植株体（根、茎、叶、花 、果实等）特征进行鉴定。目前，DNA 条形码技术已在检疫性杂草的鉴定上有应用，但是并未在口岸进行大规模的应用。目前可用于检疫性杂草鉴定的 DNA 条形码序列包括：*ITS*（内转录间隔区），*ITS2*（内转录间隔区 2），*matK*（叶绿体中成熟酶 K），*rbcL*（编码叶绿体中核酮糖 -1,5- 双磷酸羧化酶 / 加氧酶的大亚基），*psbA-trnH*（叶绿体中非编码区中的间隔序列）。

本章按照检疫性杂草的类别，分别针对具有代表性的 3 种寄生型杂草和 6 种非寄生型杂草进行简单介绍，针对 2 种寄生型杂草和 7 种非寄生型杂草进行详细介绍。

小结

检疫性杂草包括寄生型检疫性杂草和非寄生型检疫性杂草两大类别。《中华人民共和国进境植物检疫性有害生物名录》中包括 42 种（属）检疫性杂草；《全国农业植物检疫性有害生物名单》中检疫性杂草有 3 个种（属），《全国林业检疫性有害生物名单》中检疫性杂草有 1 种。

8.2 寄生型检疫性杂草

学习重点

- 掌握寄生型检疫性杂草的代表性种类；
- 掌握寄生型检疫性杂草的基础知识和检疫方法。

8.2.1 寄生型检疫性杂草种类概况

寄生型检疫性杂草包括列当属，菟丝子属和独脚金属，其中《中华人民共和国进境植物检疫性有害生物名录》中有 3 个属，《全国农业植物检疫性有害生物名单》中有 1 个属，《全国林业检疫性有害生物名单》中没有寄生型检疫性杂草。

本节将对 3 种具有代表性的寄生型检疫性杂草：欧洲菟丝子（*Cuscuta europaea* L.）、分枝列当（*Orobanche ramosa* L.）和埃及独脚金[*Striga hermonthica* (Delile) Benth.]进行简单介绍；对 2 种具有代表性的寄生型检疫性杂草：田野菟丝子（*Cuscuta campestris* Yuncker）和向日葵列当（*Orobanche cumana* Wallr.）进行详细介绍。

8.2.2 代表性寄生型检疫性杂草简介

1）欧洲菟丝子

检疫地位：菟丝子属属于《中华人民共和国进境植物检疫性有害生物名录》中的检疫性杂草，欧洲菟丝子是该属重要种类。

学名：*Cuscuta europaea* L.。

分类地位：隶属于被子植物门（Angiospermae），双子叶植物纲（Magnoliopsida），茄目（Solanales），旋花科（Convolvulaceae），菟丝子亚科（Cuscutaceae），菟丝子属（*Cuscuta*）。

地理分布：欧洲菟丝子原产于欧洲，目前分布在非洲的阿尔及利亚，亚洲的阿富汗、亚美尼亚、阿塞拜疆、不丹、格鲁吉亚、印度、日本、哈萨克斯坦、吉尔吉斯斯坦、尼泊尔、巴基斯坦、塔吉克斯坦、土耳其，欧洲的阿尔巴尼亚、奥地利、比利时、保加利亚、捷克、斯洛伐克、丹麦、爱沙尼亚、芬兰、法国、德国、希腊、匈牙利、意大利、拉脱维亚、摩尔多瓦、荷兰、挪威、波兰、罗马尼亚、俄罗斯、瑞士、瑞典、乌克兰、英国，美洲的美国和大洋洲的新西兰（CABI，2019，https://www.cabi.org/isc/datasheet/17113）。在我国主要分布于甘肃、河北、黑龙江、内蒙古、陕西、山西、青海、四川、西藏、新疆、云南等省（自治区）。

危害特点：欧洲菟丝子主要危害大豆、苜蓿、马铃薯等。寄生豆科、菊科、藜科、蓼科、茄科等草本植物。在我国的寄主包括芦苇、大蒜、菊花、桃树、连翘、节节草、甜菜、蚕豆、马铃薯、胡萝卜、亚麻、锦葵、辣椒、绿豆、苦豆子、苣荬菜、东北茵陈蒿、抱茎苦荬、艾蒿、籽瓜、香瓜、葱、韭菜、蒜、猪毛菜、糙苏、胡麻、稗、刺藜、苍耳、多德草等。

欧洲菟丝子为一年生全寄生草本植物，主要通过幼苗缠绕到寄主体后，在与寄主接触部分产生吸器伸入寄主植物茎部或叶片组织内，吸取寄主植物的营养和水分，最终导致寄主长势不良，甚至死亡，对被寄生的农作物、林木等造成不同程度的经济损失。同时，该杂草植株还可以传播病毒等植物病害。欧洲菟丝子具有很强的繁殖力，平均每株能产生2500～3000粒种子，且种子在土中可存活数年；其对环境有极强的适应能力且寄主广泛。欧洲菟丝子传播途径多样，其种子小而多，寿命长，易混杂在农作物种子、牧草或饲料中进行远距离传播，也可以借风力、水流、农具及鸟兽远距离传播；同时，欧洲菟丝子还可以通过断茎繁殖进行传播。以上生物学特性均对其防治造成困难。

2）**分枝列当**

检疫地位：列当属属于《中华人民共和国进境植物检疫性有害生物名录》《全国农业植物检疫性有害生物名单》中的检疫性杂草，分枝列当是该属的重要种类。

学名：*Orobanche ramosa* L.。

分类地位：隶属于被子植物门（Angiospermae）、双子叶植物纲（Dicotyledoneae）、列当科（Orobanchaceae）、列当属（*Orobanche.*）。

地理分布：国外分布区包括尼泊尔、印度、阿富汗、黎巴嫩、约旦、以色列、土耳其、波兰、匈牙利、捷克、斯洛伐克、德国、奥地利、瑞士、英国、法国、意大利、罗马尼亚、保加利亚、希腊、埃及、苏丹、南非、美国、古巴等国。在我国主要分布在新疆和甘肃。

危害特点：分枝列当为全寄生植物，主要危害大麻、烟草、番茄、胡萝卜、甜瓜等17科50余种植物，也可危害果树和森林树木。当寄主被分枝列当寄生后，植株生长缓慢、矮化、黄化、萎蔫或枯死，给农作物产量和品质造成严重损失。寄生在西瓜、甜瓜上可导致两种瓜类产量直接下降，轻者减产40%，严重者甚至绝收。

3）**埃及独脚金**

检疫地位：独脚金（非中国种）属于《中华人民共和国进境植物检疫性有害生物名录》的检疫性杂草，埃及独脚金是该属的重要种类。

学名：*Striga hermonthica* (Delile) Benth.

分类地位：隶属于被子植物门（Angiospermae），双子叶植物纲（Dicotyledoneae），管状花目（Tubiflorae），列当科（Orobanchaceae），独脚金属（*Striga*）。

地理分布：埃及独脚金分布于亚洲和非洲。亚洲有柬埔寨、沙特阿拉伯、也门，非洲有埃及、埃塞俄比亚、安哥拉、贝宁、布基纳法索、布隆迪、厄立特里亚、冈比亚、刚果（布）、吉布提、几内亚、几内亚比绍、加纳、喀麦隆、科特迪瓦、肯尼亚、卢旺达、马达加斯加、马里、莫桑比克、纳米比亚、尼日尔、尼日利亚、塞内加尔、苏丹、索马里、坦桑尼亚、乌干达、扎伊尔、乍得、中非。我国无分布。

危害特点：埃及独脚金为半寄生植物，可对高粱、谷子造成巨大危害，也对玉米、水稻、甘蔗等禾本科农作物造成危害。其生活周期分为全寄生的幼苗期和具叶绿素的成株期。

以吸器附着在寄主植物根部吸取养分和水分，严重影响寄主植物的生长。当其出苗和开花时，寄主植物则已死亡。因其生态适应性强，以及种子小（0.2 ～ 0.6 mm）、产量大（单株可产 5 万粒）、寿命长（在土壤中存活 5 年，休眠期 1 年），一旦入侵至农田便难以根除。造成寄主植物枯萎死亡，导致农作物大幅减产甚至绝产，产量损失率 40% ～ 100%。

8.2.3 代表性寄生型检疫性杂草详解

1）田野菟丝子

检疫地位：菟丝子属属于《中华人民共和国进境植物检疫性有害生物名录》中的检疫性杂草，田野菟丝子是该属重要种类。

学名：*Cuscuta campestris* Yuncker。

英文名：Field dodder。

分类地位：隶属于被子植物门（Angiospermae），双子叶植物纲（Dicotyledons），茄目（Solanales），旋花科（Convolvulaceae），菟丝子亚科（Cuseutoideas），菟丝子属（*Cuscuta*）。

地理分布：主要分布在亚洲的中、南、东部以及大洋洲、欧洲。具体包括亚洲（日本、韩国、马来西亚、印度尼西亚、尼泊尔）；大洋洲（澳大利亚、美拉尼西亚）；欧洲（丹麦、芬兰、德国、法国、意大利）；以及美洲的美国。中国分布于吉林、河北、山东、甘肃、新疆、浙江、福建、江西、湖北、湖南、四川、云南、广东和台湾。

危害特点：田野菟丝子是全寄生植物，为茎叶寄生性杂草（图 8-1）。种子萌发并缠绕到寄主上后即长出吸器，一方面借助吸器固着寄主，吸收寄主的养料和水分，同时给寄主的输导组织造成机械性障碍；另一方面与寄主争夺阳光，致使寄主生长不良，降低产量与品质，甚至成片死亡（图 8-2）。此外，田野菟丝子为农作物病虫害提供中间寄主，助长病虫害的发生。据观察，其寄主主要有空心菜、葱、韭菜、番茄、杏菜、三角梅、葎草、牛筋草等。田野菟丝子在万年青上缠绕 2 ～ 3 圈即可致寄主死亡。

形态特征：一年生寄生缠绕草本植物，无根、无叶，茎线形，光滑，无毛。幼苗时淡绿

图 8-1 菟丝子寄生图（付卫东 摄）

色，寄生后，茎呈淡黄色。茎缠绕后长出吸器。其花小，白色，无花梗（图 8-3）。花序为穗状，紧缩呈总状花序。苞片小或缺。花为 5 出数，少有 4 出数。萼片近相等，基部或多或少连合成杯状、壶状或钟状，包围在花冠的周围。花冠管状、壶状、球状或钟状，花冠裂片宽三角形，顶端锐尖，常反折，冠筒内流苏状鳞片大型，与冠筒等长。雄蕊着生在花冠筒喉部或在花冠裂片相邻处，通常略有伸出，具短的花丝及内向花药。子房近球形，2 室，花柱 2，分离或连合为 1 个，柱头 2，蒴果近球形，周裂，附有宿存的花冠。种子 1～4 粒。种子无毛，无胚根和子叶。

图 8-2　菟丝子危害状（付卫东 摄）

图 8-3　菟丝子花（付卫东 摄）

生物学特性：

A. 繁殖特性：田野菟丝子主要以种子繁殖，混杂在寄主种子中的田野菟丝子种子的萌发与寄主同步；散落在土壤中的田野菟丝子种子在次年春季温湿度适宜时萌发。自然条件下的萌发时间为 3 月下旬至 4 月初；塑料棚内的萌发时间一般为 3 月初。在生长过程中，田野菟丝子既能以散落在土壤中的成熟种子萌发繁殖，也可以通过茎丝进行营养繁殖。据观察，田野菟丝子的营养体具有很强的再生能力，依附在寄主上的田野菟丝子在寄主被拔除并干枯后，它的茎丝仍可缠绕到其他寄主上并建立寄生关系。

B. 营养生长与生殖生长特性：田野菟丝子种子萌芽后，即长出绿色的细长茎丝，2～3 d 后缠绕到寄主上，5～7 d 后与寄主建立寄生关系，此时下部自行干枯与土壤分离；从长出新苗到现蕾需 1 个月以上，现蕾到开花约 10 d；自开花到果实成熟约需 20 d。因此，田野菟丝子从出土至种子成熟需 80～90 d。田野菟丝子从下向上陆续现蕾、开花、结果、成熟。田野菟丝子具有连续结实性，且结果时间长，数量多，一棵植株能结数千粒种子。在空心菜、葱等生长周期短的寄主上，田野菟丝子随寄主死亡、采摘而死亡；在三角梅上，田野菟丝子连续生长至冬日降雪（日均温 2.2～5.2℃）死亡（种子则存活至次年 4 月初直接在枝条上萌发）。

传播途径：田野菟丝子以种子为主要的传播方式。其种子混杂在商品粮以及种子或饲料中进行远距离传播，缠绕在寄主上的菟丝子片段也能随寄主远征，蔓延繁殖。

◎ **检疫措施与实践：**

① 检疫制度：加强苗木、种子的检疫与监管，防止菟丝子随植物产品的调运人为传播蔓延。一旦发现引进的种子、苗木携带菟丝子，应坚决予以销毁。在掌握菟丝子发生的地点、

寄主类型以及可能传播的途径的前提下，加强对这些苗木的严格检验，研究有效的检疫器材、方法和程序，对提高检疫的精确性具有重要意义。种子苗木调运前必须经过检疫，调入地植物检疫机构有权对调入的种子苗木查验调运检疫证书，必要时可以进行复检。

② 检疫鉴定：中华人民共和国国家质量监督检验检疫总局发布了中华人民共和国出入境检验检疫行业标准《菟丝子属植物的检疫鉴定方法》（SN/T 1385—2004）。该方法主要是依据形态特征的鉴定方法，适用于进出境种子、粮食、烟草及其他用途的植物和植物产品中的菟丝子属的检疫和鉴定。此外，基于 *ITS* 序列的菟丝子 PCR 鉴定方法、应用 EST-ILPs 分子标记技术快速鉴定菟丝子属种子等分子生物学鉴定方法也不断被建立。

A：形态学鉴定（引自行业标准 SN/T 1385—2004）

该方法主要借助体视显微镜、放大镜等工具，以菟丝子的植株和花部特征、蒴果和种子的特征等作为鉴定菟丝子属植物的依据。首先，将进出口种子和粮食等植物样品倒入套筛充分过筛，从筛出物中检查有无菟丝子植株或种子。其次，把挑取的杂草种子或植株体放入培养皿中，在解剖镜或放大镜下镜检。按照菟丝子属植物茎、花、果、种子的鉴定特征确定该样品是否为田野菟丝子。最后，将样品加贴标签，置放于恒温、恒湿、防霉、防蛀处保存，保存期限 6 个月，保存期满，样品须作灭活处理。

田野菟丝子的主要形态学鉴定特征如下：花通常簇生成小伞形或小团伞花序，茎纤细。柱头球状或头状，不伸长。花萼裂片背部平滑无脊；蒴果仅下半部被宿存花冠所包被，顶部花柱裂开成深的凹陷，花萼裂片在交界处不形成角块形状，花冠裂片不尖锐内弯。种子长径小于 2.0 mm，大于 1.0 mm，种子萌发时可见胚卷旋三周，种皮表面不具白色微颗粒。种子近圆形，种脐明显。

B：分子鉴定

郭琼霞等应用 EST-ILPs 分子标记技术选取旋花科番薯属已经设计好的引物 10 对，对菟丝子样品进行 PCR，寻找菟丝子种间特异性条带，通过菟丝子内含子基因型的多态性特征可以区分供试的 5 种菟丝子，其中包括田野菟丝子。

③ 检疫实例

植物检疫实例分析 8-1：2009 年 10 月，珠海出入境检验检疫局九洲办事处检疫人员在对一批来自印度的调味料原料实施查验时，从送检的枯茗子（又名香旱芹籽）中截获田野菟丝子，这是珠海口岸首次截获该种杂草；九洲办事处依法对该批枯茗子进行封存，派检疫人员到公司跟踪监管，进行有效除害处理，防止了疫情的传入。2018 年 3 月，天津出入境检验检疫局从进境的来自苏丹的芝麻中也截获田野菟丝子。我国进口粮谷类贸易多，需进一步加强针对菟丝子属特别是田野菟丝子的进境检疫。

2）向日葵列当

检疫地位：列当属属于《中华人民共和国进境植物检疫性有害生物名录》《全国农业植物检疫性有害生物名单》中的检疫性杂草，向日葵列当是该属的重要种类。

学名：*Orobanche cumana* Wallr.。

分类地位：隶属于被子植物门（Angiospermae），双子叶植物纲（Dicotyledoneae），列当科（Orobanchaceae），列当属（*Orobanche*）。

英文名：Sunflower broomrape。

地理分布：国外分布于匈牙利、捷克、斯洛伐克、保加利亚、希腊、意大利、缅甸、印度、哥伦比亚和美国等。国内分布于新疆、甘肃、内蒙古、吉林、黑龙江、河北、山西、陕西和青海。

危害症状：向日葵列当是全寄生植物，为向日葵种植区重要的根寄生性杂草。以短发状吸根寄生于向日葵根部，因而又称独根草、毒根草。向日葵整个生育期间都能被列当寄生。向日葵被列当寄生后，由于养分和水分被列当夺取，生长发育受到严重抑制，植株矮小，叶片变黄，花盘直径变小，籽实瘪粒数增加。有的不能形成花盘，甚至干枯死亡。一般一株向日葵被寄生 15 株列当，可导致 30% ～ 40% 的瘪粒，寄生数量多者导致向日葵早期死亡。单株向日葵寄生 5 株列当就明显减产，寄生 10 ～ 20 株减产 70% 左右，寄生 30 株以上减产超过 80%。除向日葵外，向日葵列当还可危害烟草、番茄、红花和亚麻等作物，野生寄主中有苍耳和蒿等。

形态特征：

A. 植株的形态特征：向日葵列当是一年生根寄生草本植物，无真正的根，以短须状的吸根寄生在向日葵的根上，茎单生，直立，肉质，有纵棱，淡黄色或紫褐色，地下部分为黄白色，高度变化较大，一般在 20 cm 左右。叶片退化成鳞片状，无柄，无叶绿素，螺旋排列于茎秆上（图 8–4）。

图 8–4　向日葵列当的形态特征（陈卫民 提供）

A. 向日葵列当成株；B. 向日葵列当根寄生状

B. 花部形态特征：花序排列紧密呈穗状，每株有花 20 ～ 70 朵，花两性，蓝紫色，花冠呈屈膝状，花萼五裂，苞叶狭长披针状，雄蕊 4 枚、2 长 2 短，雌蕊 1 枚（图 8–5）。

C. 种子和果实的形态特征：果实为蒴果，长圆形至椭圆形，3 ～ 4 纵裂，干时深褐色，长 10.0 ～ 12.0 mm，先端具宿存花萼，室背开裂，内含大量深褐色粉末状的微小种子。种子细小，呈倒卵形或长椭圆形，有时不规则，坚硬，种皮表面凹凸不平，构成规则或不规则的网纹，长 0.4 ～ 0.5 mm，种皮亮褐色。每株列当可产生 10 多万粒种子，种子重量极轻，可随风到处飘落，千粒重 15 ～ 25 mg（图 8–6）。

图 8-5 向日葵列当的花（陈卫民 提供）

图 8-6 向日葵列当的种子形态图（陈卫民 提供）

生物学特性：向日葵列当以种子繁殖，其种子主要在土壤中越冬，也可在向日葵种子内越冬。向日葵列当种子在土中只要条件合适就可发芽，在向日葵现蕾期（播种后 35 ～ 45 d）开始出土，开花期（播种后 60 ～ 75 d）大量出土。种子多分布在 5 ～ 10 cm 耕作层内，在土壤中保持生活力达 10 年之久。向日葵列当的开花习性是无限的，在向日葵的整个生育期都可开花，只要温度适宜可一直开花，田间 7—9 月下旬为开花期，此期均可发芽、出土、现蕾、开花、结实（自下而上顺序成熟）。每株向日葵列当历经发芽至种子成熟整个过程需要 28 ～ 30 d。向日葵列当在连作地、碱性土壤、沙壤土及阴湿的地块发病较重。

传播途径：向日葵列当种子很小，重量极轻，因此极易随风、流水和耕作农具传播，或随向日葵种子调运远距离传播。

◎ **检疫措施与实践**

① **检疫制度**：向日葵列当的种子可随向日葵种子远距离传播，由于各地向日葵列当生理小种不同，而且一旦传入，迅速蔓延，不易清除。因此要禁止从发生向日葵列当的区域调运向日葵种子，以杜绝向日葵列当的蔓延；对调运的种子进行严格检疫，若发现向日葵列当种子，则这批向日葵不得做种子用。

② **检疫鉴定**

A：在原国家质量监督检验检疫总局发布的中华人民共和国出入境检验检疫行业标准《植物检疫 - 列当的检疫鉴定方法》（SN/T 1144—2002）中规定了以色列学者 Jacorsohn 和 Marcus 建立的一种检验方法。

a. 设计并制作一个漏斗状的容器，漏斗的上口直径约 20 cm，下口直径约 10 cm，在下口安上 500 目的金属筛网，上口安上 100 目的金属筛网并用尼龙网加围，以便能筛种子样品。

b. 将检验的样品倒入 1000 mL 烧杯中，加入含有 1% 表面活性剂的水溶液直至覆盖检验样品为止，静止 10 min 后，轻轻摇晃 1 ～ 2 min。

c. 用自来水从漏斗口冲洗筛网，然后将烧杯中的水连同被检物一起倒入漏斗上口。

d. 用自来水冲洗筛网 7 ～ 8 次。这样，被检物留在上口网上，列当种子被冲到下口网上。

e. 移开上口筛网，用洗瓶再仔细冲洗漏斗壁，将所有列当种子都冲到下口筛网上。

f. 将下口筛网直接在体视显微镜下观察，发现有列当种子时，需要移至显微镜下确定。

B. 回旋筛选法，即取被检样品 1 kg，将筛下的杂屑用四分法多次取舍，约剩 0.5 g 时全部分批于双目解剖镜下检查。

③ 检疫实例

植物检疫实例分析 8-2：自 1959 年黑龙江省肇州县发现向日葵列当以来，随着向日葵大面积连作、贸易流通等，导致向日葵列当在向日葵种植地发生和危害程度加重，单株向日葵上的列当寄生量严重加大。1993 年，沙头角动植物检疫局在检疫惠东县粮化食品加工厂进口的 16000 kg 美国大豆时，首次截获向日葵列当种子。我国进境粮谷数量大、国内粮谷调运频繁，须进一步加强针对列当属特别是向日葵列当的进境检疫和调运检疫等。

小结

寄生型检疫性杂草种类相对较少，其中我国进境寄生型检疫性杂草有 3 个属、全国农业寄生型检疫性杂草有 1 个属。欧洲菟丝子、田野菟丝子、向日葵列当、分枝列当、埃及独脚金为代表性种类，掌握其基础知识和检疫方法具有重要意义。

8.3 非寄生型检疫性杂草

学习重点

- 掌握非寄生型检疫性杂草的代表性种类；
- 掌握非寄生型检疫性杂草的基础知识和检疫方法。

8.3.1 非寄生型检疫性杂草种类概况

非寄生型检疫性杂草是检疫性杂草中重要的类别，其中《中华人民共和国进境植物检疫性有害生物名录》中非寄生型杂草有 39 个种（属），占检疫性杂草的 92.86%。《全国农业植物检疫性有害生物名单》中有 2 种，《全国林业检疫性有害生物名单》中有 1 种非寄生型检疫性杂草。

本节将对 6 种具有代表性的非寄生型检疫性杂草：疣果匙荠（*Bunias orientalis* L.）、齿裂大戟（*Euphorbia dentata* Michx.）、宽叶高加利（*Caucalis latifolia* L.）、毒莴苣（*Lactuca serriola* L.）、意大利苍耳［*Xanthium orientale* subsp. *italicum* (Moretti) Greuter］和法国野燕麦［*Avena sterilis* subsp. *ludoviciana* (Durieu) Nyman］进行简单介绍；对 7 种具有代表性的非寄生型检疫性杂草：长芒苋（*Amaranthus palmeri* S. Watson）、刺萼龙葵（*Solanum rostratum* Dunal）、豚草（*Ambrosia artemisiifolia* L.）、薇甘菊（*Minkania micrantha* Kunth）、毒麦（*Lolium temulentum* L.）、假高粱［*Sorghum halepense* (L.) Pers.］和少花蒺藜草（*Cenchrus spinifex* Cav.）进行详细介绍。

8.3.2 代表性非寄生型检疫性杂草简介

1）疣果匙荠

检疫地位：疣果匙荠是属于《中华人民共和国进境植物检疫性有害生物名录》中的检疫性杂草。

学名：*Bunias orientalis* L.。

分类地位：隶属于种子植物门（Spermatophyta），被子植物亚门（Angiospermae），双子叶植物纲（Dicotyledonae），白花菜目（Capparidales），十字花科（Brassicaceae），匙荠属（*Bunias*）。

地理分布：原产于南高加索亚美尼亚高地以及西亚部分地区。现分布于哈萨克斯坦、蒙古、德国、法国、加拿大、美国等欧洲、北美洲 30 多个国家和地区。在我国辽宁、黑龙江有分布。

危害特点：主要入侵于草地、休耕地、牧场、铁路、垃圾场等人工干扰生境。危害农田、草场和葡萄园。

2）齿裂大戟

检疫地位：齿裂大戟是属于《中华人民共和国进境植物检疫性有害生物名录》中的检疫性杂草。

学名：*Euphorbia dentata* Michx.。

分类地位：隶属于被子植物门（Angiospermae），双子叶植物纲（Dicotyledoneae），蓼目（Polygonales），大戟科（Euphorbiaceae），大戟属（*Euphorbia*）。

地理分布：齿裂大戟原产北美洲，现分布于北美洲的美国、墨西哥、加拿大，以及南美洲的阿根廷和巴拉圭。我国主要分布于北京（中科院植物研究所植物园及附近地区）、河北（保定市南郊、曲阳县、易县，石家庄市鹿泉区）、湖南（长沙）。

危害特点：齿裂大戟可侵入农田对多种农作物造成危害，也常见于苗圃、花圃附近，亦能在路边、沟渠边、草地、荒地、林缘地带等处生长。特别适合于在温暖、潮湿、多雨的亚热带地区生存。繁殖力、适应性和竞争力强，扩散蔓延比较迅速，易于形成单一种群，排挤土著杂草。

3）宽叶高加利

检疫地位：宽叶高加利是属于《中华人民共和国进境植物检疫性有害生物名录》的检疫性杂草。

学名：*Caucalis latifolia* L.。

分类地位：隶属于被子植物门（Angiospermae），双子叶植物纲（Dicotyledoneae），中央种子目（Centrospermae），伞形科（Apiaceae），欧芹属（*Caucalis*）。

地理分布：宽叶高加利分布于亚洲、欧洲、大洋洲和北美洲。具体包括亚洲的中国（新疆天山北部草原）、伊朗、阿富汗、哈萨克斯坦、巴基斯坦，横跨欧亚大陆的俄罗斯，非洲的摩洛哥、阿尔及利亚、坦桑尼亚、南非。

危害特点：宽叶高加利危害小麦，与小麦争夺光、肥、水等，造成小麦减产。宽叶高加利种子萌发时间和小麦相似，收割时其果实易混杂于小麦籽粒中，难以清除，使商品小麦品级下降、面粉质量下降。生产上尚缺乏有效的防除措施，故常造成严重损失。

4）毒莴苣

检疫地位：毒莴苣是属于《中华人民共和国进境植物检疫性有害生物名录》的检疫性杂草。

学名：*Lactuca serriola* L.。

分类地位：隶属于被子植物门（Angiospermae），双子叶植物纲（Dicotyledoneae），桔梗目（Campanulales），菊科（Asteraceae），莴苣属（*Lactuca*）。

地理分布：现国外主要分布于亚洲、欧洲、大洋洲和北美洲。具体包括亚洲（印度、伊朗、黎巴嫩、伊拉克、蒙古、沙特阿拉伯、阿富汗、以色列、约旦、叙利亚、土耳其、哈萨克斯坦、吉尔吉斯斯坦、塔吉克斯坦、土库曼斯坦、乌兹别克斯坦、巴基斯坦），欧洲（塞浦路斯、荷兰、丹麦、英国、捷克、法国、德国、意大利、瑞士、斯堪迪那维亚半岛、俄罗斯、白俄罗斯、摩尔瓦多、乌克兰、比利时、匈牙利、斯洛伐克、阿尔巴尼亚、保加利亚、克罗地亚、希腊、马其顿、罗马尼亚、塞尔维亚、斯洛文尼亚、葡萄牙、西班牙、芬兰、爱尔兰、挪瑞、瑞典、波兰、爱沙尼亚、拉脱维亚、立陶宛），非洲（埃及、南非、摩洛哥、马德拉群岛、加那利群岛、阿尔及利亚、突尼斯、埃塞俄比亚、博茨瓦纳、莱索托、津巴布韦），大洋洲（澳大利亚、新西兰），北美洲（美国、加拿大、墨西哥，南美洲智利、阿根廷、巴西、巴拉圭、乌拉圭），国内主要分布于新疆、浙江、辽宁、台湾等。

危害特点：毒莴苣是对牧场、果园、菜园、大田作物危害较为严重的杂草。其植株高大，繁殖力强，萌发率高，易在入侵地形成优势种群，降低作物的产量和品质。种子具冠毛易于随风传播，且易混杂在农作物籽粒中通过调运而传播。毒莴苣全株有毒，牛误食毒莴苣可导致呼吸道疾病、慢性肺气肿。同时它还是黄瓜花叶病毒、番茄斑枯病、紫菀黄化病、莴苣花叶病毒和烟草环斑病毒的寄主。

5）意大利苍耳

检疫地位：意大利苍耳是属于《中华人民共和国进境植物检疫性有害生物名录》中苍耳属（非中国种）的检疫性杂草。

学名：*Xanthium orientale* subsp. *italicum* (Moretti) Greuter。

分类地位：双子叶植物纲（Dicotyledoneae），合瓣花亚纲（Sympetalae），桔梗目（Campanulales），菊科（Compositae），苍耳属（*Xanthium*）。

地理分布：意大利苍耳分布于欧洲、美洲及亚洲。曾在北美、南美的大豆、玉米、小麦以及欧洲的羊毛中发现。我国于1991年9月首次在北京发现，现已广泛分布于我国的东北、华北、西北地区。

危害特点：意大利苍耳主要依靠种子传播，一株植株可以结出150～2000粒种子，从而促进了它的繁衍和传播。意大利苍耳与一年生植物竞争激烈，在发生严重的地区呈现一定面积的成片分布，其各部位以及其挥发物在自然挥发条件下还表现出较强的化感作用。意大利苍耳8%的覆盖率能造成作物减产达到60%，此外，它的果实有刺，容易黏附在羊毛上，且较难清除，能显著减少羊毛产量和降低质量。在我国，意大利苍耳主要危害玉米、棉花、大豆等农作物，对我国农业生产造成了重大的经济损失。

6）法国野燕麦

检疫地位：法国野燕麦是属于《中华人民共和国进境植物检疫性有害生物名录》中的检疫性杂草。

学名：*Avena sterilis* subsp. *ludoviciana* (Durieu) Nyman。

分类地位：隶属于被子植物门（Angiospermae），单子叶植物纲（Monocotyledoneae），禾本目（Graminales），禾本科（Gramineae），早熟禾亚科（Pooideae），燕麦族（Aveneae），燕麦属（*Avena*）。

地理分布：法国野燕麦分布于欧洲、中亚及远东，澳大利亚也有分布。曾在美国、法国、加拿大、澳大利亚、沙特的小麦、大麦和麦芽中发现。我国无分布。

危害特点：法国野燕麦可危害大麦、小麦、稻谷、豌豆、小扁豆、高粱、油菜、西红柿等作物。其入侵农田后，不仅会与作物争夺资源，降低田间作物产量，污染谷物和种子，降低作物产收质量，还对除草剂有抗性，难以防治。法国野燕麦在后期比小麦高 27 ～ 34 cm，印度曾报道产量损失高达 34.8%～ 43.7%。目前它还被确定为东非小麦和大麦生产的最严重威胁之一。

8.3.3 代表性非寄生型检疫性杂草详解

1）长芒苋

检疫地位：异株苋亚属属于《中华人民共和国进境植物检疫性有害生物名录》中的检疫性杂草，长芒苋是该属重要种类。

学名：*Amaranthus palmeri* S. Watson。

英文名：Carelessweed，Dioecious amaranth，Palmer's pigweed，Pigweed

分类地位：隶属于种子植物门（Spermatophyta），被子植物亚门（Angiospermae），双子叶植物纲（Dicotyledonae），石竹目（Caryophyllales），苋科（Amaranthaceae），苋属（*Amaranthus*）。

地理分布：原产于北美洲墨西哥西北部、美国加利福尼亚州南部至新墨西哥州和得克萨斯州，西印度群岛（古巴、海地和多米尼加）也可能是其原产地。在非洲（埃及、埃塞俄比亚、塞内加尔、南非和突尼斯）、亚洲（中国、印度、以色列、日本、约旦、巴勒斯坦、韩国和土耳其）、欧洲（奥地利、白俄罗斯、比利时、塞浦路斯、捷克、斯洛伐克、丹麦、芬兰、法国、德国、希腊、意大利、拉脱维亚、列支敦士登、立陶宛、卢森堡、摩尔多瓦、荷兰、挪威、波兰、葡萄牙、罗马尼亚、俄罗斯、西班牙、瑞典、乌克兰和英国）、北美洲（加拿大）和南美洲（阿根廷、巴西和乌拉圭）也有分布。我国 2003 年发现于北京大兴范庄子村荒地，此后，相继在天津、河北、江苏、浙江、福建等地发现。

危害特点：几乎可以危害热带、亚热带地区种植的所有重要作物，与作物争夺生长空间和资源，导致作物严重减产。同时因其抗多种常用除草剂，目前已成为美国农业生产中（玉米、大豆和棉花）的主要问题，造成的经济损失难以评估。据在美国堪萨斯州进行的实验表明，长芒苋在玉米田间每米栽培垄的株数从 0.5 ～ 8 株，则玉米作为青饲的减产量为 1%～ 44%，作为谷物时的减产量为 11%～ 74%。美国南部北卡罗来纳州番薯田内，每米栽培垄间长芒苋发生植株从 0.5 ～ 6.5 株，则不同番薯品种的产量损失率分别是 56%～ 94%、30%～ 85%、36%～ 81%。在阿肯色州，在大豆田内，每米栽培垄间长芒苋发生植株为 0.33、0.66、1、2、3.33、10 株，大豆减产量分别是 17%、27%、32%、48%、64%、68%。在得克萨斯州棉田内，每 9.1 m 栽培垄间长芒苋发生株数为 1 ～ 10 株时，棉花减产量为 13%～ 54%。

形态特征：

A. 植株、茎和叶的形态特征：一年生草本，高（0.3 ～）0.5 ～ 1.5（～ 3）m。茎直立，粗壮，具角，黄绿色，具绿色条纹，有时变淡红褐色，无毛或上部散生短柔毛；多分支，近轴分支常斜升。叶无毛；叶片卵形至菱状卵形，近轴端为椭圆状，茎上部叶有时呈披针形，长

1.5～8 cm，宽（0.5）1～4 cm，先端钝、急尖或微凹，常具小短尖，基部楔形，略下延，边全缘，平滑；叶柄长（0.7）4～8 cm（图 8–7）。

图 8–7　长芒苋植株（左为雄株，右为雌株）（徐晗 摄）

B. 花序及花部形态特征：穗状花序生茎和侧枝顶端，幼时直立，常俯垂，长（7 cm～）10～25 cm，宽 1～1.2 cm，腋生花序较短，短圆柱状或球状（图 8–8）。雌花苞片具外延中脉，4～6 mm 长，长于花被片，先端渐尖或具小短尖。雄花苞片长 4 mm，等长或长于外侧花被片，先端具长渐尖。雌花花被片 5，稍反曲，不等长，最外侧一枚倒披针形，长 1.7～3.8 mm 长，

图 8–8　长芒苋花序（A 雄株，B 雌株）（徐晗 摄）

先端渐尖，具小短尖，其余花被片匙形，长 2～2.5 mm，先端截形至微凹，先端边缘啮蚀状，中间具小短尖；花柱分支平展；柱头 2（～3）（图 8–9）。雄花花被片 5，不等长，长圆形，先端急尖，最外侧花被片长约 5 mm，中脉粗，伸出呈长芒尖；内侧花被片长 3.5～4 mm，具突出外延成硬尖的中脉，先端长渐尖或小短尖；雄蕊 5，短于内侧花被片。近球形，黄褐色至棕褐色，有时红棕色，长 1.5～2 mm，短于花被片，成熟时壁薄，近光滑或不明显皱缩，周裂。种子近圆形至阔卵形、阔椭圆形，长 1～1.2 mm，深红褐色至褐色，有光泽（图 8–10）。

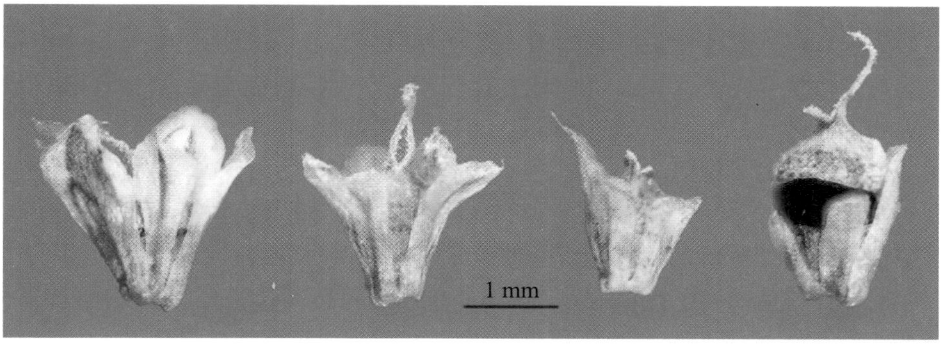

图 8–9　长芒苋花部形态特征（徐晗 摄）

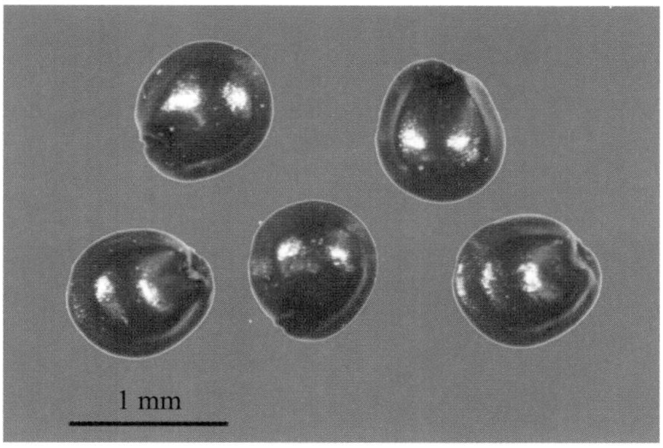

图 8–10　长芒苋种子（徐晗 摄）

生物学特性：一年生草本 C4 高光效植物，喜光照，喜肥沃疏松土壤、耐盐碱地，适应性强，在高温、低温等逆境条件有较好的抗逆生长，能保持较高的光合作用。一年四季均可开花，主要花期在夏季。雌株每株可产生种子 20 万～60 万粒，在土壤中可存活数年。种子在 5～35℃时均能发芽，生长速度快，在全光照时，生长速率可达 5 cm/d，有效地与作物争夺阳光、水、营养和空间。有人统计在棉田里，长芒苋 3 天就可长 5～13 cm，几周就达 30～47 cm，而同期的棉花仅有 13～20 cm。

传播途径：风媒传粉植物，空气中每立方米花粉含量高达 371 粒，秋季空气花粉负载的主要贡献者，最远可传播至离传粉源 46 km 以外地区。此外，长芒苋种子小型（约 1 mm），易通过风媒，也可通过灌溉和其他水流传播，借助鸟类和哺乳动物的运动，以及农耕等土壤调运远距离传播扩散。

◎ 检疫措施与实践

① 检疫制度：对进口粮食及种子（特别是进口自美洲的大豆、玉米），要严格依法实施

检验，把疫情拒之门外，一旦发现长芒苋必须依有关规定对该批粮食做除害处理；带有疫情的长芒苋不能下乡，不能做种用，在指定地点进行除害处理加工，下脚料一定要销毁；加强种子的管理及检验，杜绝长芒苋在调运过程中扩散传播，建立无植检对象的良种繁殖基地，严格产地检疫。

② **检疫鉴定**：国家市场监督管理总局、中国国家标准化管理委员会发布的推荐性国家标准《长芒苋检疫鉴定方法》（GB/T 40193—2021）规定了长芒苋及其近似种的检疫鉴定方法，包括形态法和 *ITS* 序列鉴别方法。

A：形态学鉴定（引自国家标准 GB/T 40193—2021）

主要通过肉眼或借助放大镜、解剖镜等对长芒苋花部特征和胞果内部特征进行观察，具体鉴定方法如下：

目测鉴定：用肉眼或借助放大镜将挑拣的杂草籽实进行分类鉴定，挑取单性花、具 1 ～ 2 小苞片、花被片 0 ～ 5，果实为胞果，1 ～ 2 mm 大小且双凸透镜状种子者备检。

镜检鉴定：将疑似苋属的植物组织置放解剖镜下，观察花序、花、胞果、种子的外部形态特征。并依据长芒苋花序、花、胞果、种子等的形态特征及长芒苋及其近似种分种检索表，对疑似籽实进行种类鉴定。符合花序雌雄异株、单性花；花被片 5 且成熟后反折、不等长、最外侧一枚倒披针形；胞果周裂；种子近圆形至阔卵形，长 0.90 ～ 1.12 mm，深红褐色至褐色，具宽厚的环状边等特征者，为长芒苋。

B. 分子鉴定

与标准中提及长芒苋 *ITS* 参考序列（Genbank: KY-968865.1）一致性在 99.70% 以上时，可判定为长芒苋。

③ 检疫实例

植物检疫实例分析 8-3：我国南京、黄埔、广州等 20 多个海关从来自美国、巴西、加拿大等 40 多个国家和地区的大宗粮谷等产品及有关运输工具中多有截获。我国进口粮谷数量大，在现场查验、实验室监测、检疫处理、疫情监管等程序中，须进一步加强对异株苋亚属特别是长芒苋的检疫。

2）**刺萼龙葵**

检疫地位：刺萼龙葵是属于《中华人民共和国进境植物检疫性有害生物名录》中的检疫性杂草，俄罗斯将其列入境内限制传播的检疫性杂草。

学名：*Solanum rostratum* Dunal。

英文名：Buffalobur nightshade, Buffalo-bur, Kansas-thistle。

分类地位：隶属于被子植物门（Angiospermae），双子叶植物纲（Dicotyledoneae），管状花目（Tubiflorae），茄科（Solanaceae），茄属（*Solanum*）。

地理分布：原产于北美洲。现分布于北美洲、大洋洲、欧洲、非洲及亚洲。我国的辽宁、吉林、河北、北京、山西和新疆等省（自治区、直辖市）的局部地区有分布。

危害特点：刺萼龙葵入侵性强，具有适应性强、种子产量大、繁殖力强、蔓延速度快等特点，可严重破坏入侵地的生态系统。其植株和果实多刺，可扎进牲畜的皮毛，降低皮毛的价值。刺萼龙葵各生长时期均含有生物碱，对家畜的健康影响较大，牲畜误食可引起严重的肠炎和出血，甚至导致中毒死亡。另外，刺萼龙葵如果混入饲料中，其长刺会损伤牲畜的口腔和肠胃消化道。刺萼龙葵还是茄科病虫害（例如：马铃薯甲虫）的替代寄主，帮助有害生物建立和维持种群。

形态特征：

A. 茎的形态特征：一年生草本，高 30 ～ 80 cm，基部稍木质化，植株多分枝。整体密布长短不一的黄色皮刺，刺长 3 ～ 8 mm，茎秆上分布星状毛（具柄或无柄）。

B. 叶的形态特征：单叶互生，卵形或椭圆形，1 ～ 2 回羽状半裂，近基部通常羽状全裂，末回裂片为圆或钝圆；叶长 7 ～ 16 cm，叶片两面被星状毛，脉具刺；叶柄密被刺，长为叶片的 1/3 ～ 2/3。

C. 花的形态特征：蝎尾状聚伞花序腋外生，花期花轴伸长呈总状。花冠黄色，5 裂，辐射对称，萼筒钟状，密被刺及星状毛；雄蕊异型，1 大 4 小，大型雄蕊花药长 10 ～ 14 mm，向内弯曲成弓形，后期常带红色或紫色斑；小型雄蕊花药长 6 ～ 8 mm，黄色。子房无毛，紧裹在增大的萼筒内；花柱 1 ～ 1.4 cm，细弱，通常紫色，柱头不增大，稍弯曲，淡黄色（图 8–11）。

图 8–11　刺萼龙葵植株（徐瑛 摄）

D. 果实的形态特征：浆果球形，初为绿色，成熟后变为黄褐色或黑色，直径 5 ～ 12 mm，外被紧而多刺的宿存果萼包被，果皮薄，与萼合生。随着果实逐渐膨大，果实在顶端萼片连合处开裂，种子散出（图 8–12）。

图 8–12　刺萼龙葵的果实（伏建国 摄）

E. 种子的形态特征：种子深褐色至黑色，不规则阔卵形或卵状肾性，厚扁平状；长

1.8～2.6 mm，宽 2～3.2 mm，厚 1～1.2 mm。表面凹凸不平并布满蜂窝状凹坑，周缘凹凸不平，背面弓形，背侧缘和顶端稍厚，有明显的脊棱；腹面近平截或中拱，近腹面的基部变薄。下部具凹缺，胚根突出；种脐位于缺刻处，正对胚根尖端，洞穴状，近圆形，深凹入；胚环状卷曲，有丰富的胚乳（图 8-13）。

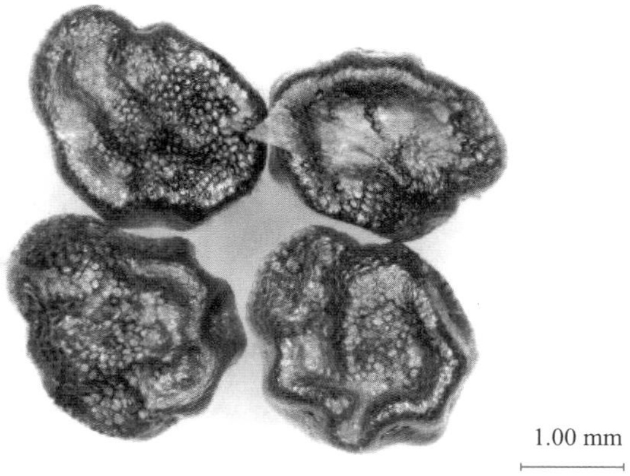

图 8-13　刺萼龙葵的种子（伏建国 摄）

生物学特性：刺萼龙葵适应性广，生长速度快，特别是在 4 叶的幼苗期后便快速生长；既耐干旱，又可在潮湿的环境中生长，广泛分布于农田、村落附近、路旁、荒地，较广的生态幅使之在新生态环境中可以轻易占据合适的生态位，并有效地获得资源，与本地物种争夺光照、养分和生长空间。

刺萼龙葵繁殖力强，花多，花期长，花粉量大，花粉萌发时间较短，提高了传粉和受精的概率；种子数量大，提高了延续后代的概率。果实具刺，易随动物及人类的活动传播。刺萼龙葵种子小，容易混杂于作物种子中进行传播。种子具有休眠性，虽然萌发率低，萌发时间长，这种特性不利于其种群在新的生境中快速大量繁殖，但是致密而坚厚的种皮可使胚得到更好的保护，能够抵抗不良的环境，使之在恶劣的条件下长期保持活力。

传播途径：刺萼龙葵可以通过风、水流、人和动物的活动进行近距离传播，通过动物皮毛、粮谷、草料、土壤等进行远距离传播。成熟后，植株主茎近地面处断裂，断裂的植株形成风滚草样，以滚动的方式传播种子，增加了其进入新的生境的途径。

◎ 检疫措施与实践

① 风险分析：我国多次从美国、阿根廷、巴西、法国等国家的进口粮谷中截获刺萼龙葵的种子，证明刺萼龙葵随进口货物传入我国的风险为高。刺萼龙葵适生和繁殖能力强，种子可通过风媒、水媒、动物等进行自然传播，也可以通过粮谷调运和农业机械进行远距离传播。近年来，刺萼龙葵在我国吉林、河北、山西、北京、新疆和内蒙古等省（自治区、直辖市）相继发现，并且蔓延的趋势还在不断扩大。适生性分析结果表明，我国大部分地区适合刺萼龙葵的生长，鉴于刺萼龙葵的传入和扩散也已经对我国农业生产及生态环境安全造成了严重危害。

② 检疫制度：刺萼龙葵的种子可以混杂在粮谷（如大豆、玉米等）中进行远距离传播，因此，对于进口的粮谷产品，要严格依法实施检验检疫，把疫情拒之门外，一旦发现刺萼龙葵，必须依有关规定对该批粮食做相关处理。对进口粮谷的码头、运输路线、储存及加工场

所实施监管，定期进行杂草监测，发现刺萼龙葵应及时进行铲除和无害化处理。

③ **检疫鉴定**：在原国家质量监督检验检疫总局发布的中华人民共和国国家标准《刺萼龙葵检疫鉴定方法》（GB/T 28088—2011）中规定了刺萼龙葵及其近似种的植株、花、果实及种子的形态学检疫鉴定方法。

形态学鉴定（引自国家标准 GB/T 28088—2011）

主要通过肉眼或借助放大镜、解剖镜等对刺萼龙葵的植株、果实及种子进行鉴定，具体鉴定方法如下：

目测鉴定：用肉眼或借助扩大镜将挑拣的杂草籽实进行分类鉴定，挑取疑似刺萼龙葵的果实或种子，根据形态特征描述进行种类鉴定 。

镜检鉴定：将疑似刺萼龙葵的果实或种子放解剖镜下，观察果实颜色、刺形态，种子的颜色、形态、表面的凹坑、皱褶、网脊等形态特征，根据标准提供的刺萼龙葵及其近似种特征描述及分种检索表，对疑似籽实进行种类鉴定。刺萼龙葵种子卵形，扁平，深褐色至黑色，长 2.0～2.6 mm，表面布满蜂窝状凹坑。从外观上难以鉴别时，可采用解剖法对种子进行解剖，观察其籽实内部横切面及其种胚等主要形态特征。

④ **检疫实例**：

植物检疫实例分析 8-4：我国最早于 1981 年在辽宁朝阳发现刺萼龙葵，后传入吉林、河北、北京等省（直辖市）。在口岸检疫过程中，多次从进口美国的大豆中截获刺萼龙葵的种子。我国进境大豆等粮谷数量大，在其现场查验、实验室监测、检疫处理、疫情监管等程序中应加强针对刺萼龙葵的防控。

3）**豚草**

检疫地位：豚草是属于《中华人民共和国进境植物检疫性有害生物名录》的检疫性杂草。澳大利亚和罗马尼亚等将其列为检疫性杂草。

学名：*Ambrosia artemisiifolia* L. 。

英文名：Bitterweed, Blackweed, Common ragweed。

分类地位：隶属于被子植物门（Angiospermae），双子叶植物纲（Dicotyledoneae），桔梗目（Campanulales），菊科（Compositae），豚草属（*Ambrosia*）。

地理分布：原产于北美洲。现分布于美洲、欧洲、亚洲、非洲等多个国家及地区。具体包括欧洲（匈牙利、德国、奥地利、瑞士、瑞典、法国、意大利），北美洲和南美洲（加拿大、美国、百慕大、墨西哥、危地马拉、古巴、牙买加、阿根廷、巴拉圭、巴西、智利），非洲（毛里求斯），亚洲（日本、俄罗斯（亚洲部分）及中亚地区）。在中国，辽宁、吉林、黑龙江、河北、山东、江苏、浙江、江西、安徽、湖南、湖北、内蒙古、四川、贵州、西藏等省（自治区）有分布。

危害特点：豚草开花期会散发大量花粉，能引起过敏者产生哮喘，眼、耳、鼻奇痒，喷嚏流泪等“枯草热病”病症，病情很像感冒，重者丧失劳动力，有时伴有支气管的痉挛，再严重者导致死亡。此病潜伏期 3～5 年，已成为世界性的公害。短毛也可引起人体过敏、哮喘、过敏性皮炎等症，对人体也有危害。奶牛吃豚草叶子后，可使牛奶和奶制品产生不良的气味和不适口的味道。豚草对于土壤动物具有抑制作用，对线虫类和蚯蚓类的抑制作用更强。豚草吸肥能力和再生能力极强，它侵入各种农作物田，如大麻、玉米、大豆等，吸收大量的肥、水，造成土壤干旱贫瘠，还遮挡阳光，压抑作物，阻碍农业操作，使作物不能正常生长，影响作物产量。豚草能够产生化感物质，对其他植物的萌发及生长均有不同程度的抑制作用。

形态特征：

A. 植株：豚草为一年生草本植物，茎直立，株高 20～250 cm，具细棱，常于上方分枝，被展开或贴附有糙毛状柔毛（图 8–14）。

B. 叶片：下部叶片对生，具短叶柄，2 回羽状分裂，裂片狭小，长圆形至倒卵状披针形，全缘，有明显的中脉，叶上面深绿色，被细短伏毛或近无毛，背面灰绿色，密被短糙毛；上部叶为互生，无柄，羽状分裂。

C. 花：头状花序单性，雌雄花序同株，雄头状花序居多，半球形或卵形，具细柄，下垂，于茎顶排成总状，长 5～15 cm；总苞浅碟形，径 2～2.5 cm，边缘浅裂，具缘毛，具雄花 15～20 朵；雄花高脚碟状，黄色，长 2 mm 左右，顶端 5 裂，雄蕊 5 枚，微有连合，药隔向顶端延伸成尾状。雌头状花序无梗，生在雄头状花序下部叶腋处，2～3 朵簇生或单生，各具一没有花被的雌花，总苞略成纺锤形，顶端尖锐，上方周围具 5～8 枚细齿，内包 1 雌花，雌花仅具一个雌蕊，花柱 2 裂，伸出总苞外方约 2 mm。

图 8–14　豚草的植株（周明华 摄）

D. 子实：瘦果倒卵形，不开裂，无冠毛，长约 2.5 mm，宽约 2 mm，黄褐色、褐色至棕褐色，光滑有光泽，果皮坚硬，骨质，内含一粒种子。种子灰白色、淡黄色或黄白色，倒卵形，表面有稀少的纵脉纹，种子胚大，直生，无胚乳。瘦果包被于倒卵形的总苞内，总苞浅灰褐色、浅黄褐色至红褐色，有时具黑褐色的斑纹，苞顶具一短粗的锥状喙，于其下方有 5～8 个直立的尖刺；苞体具稀疏的网状脉，且常有疏柔毛（图 8–15）。

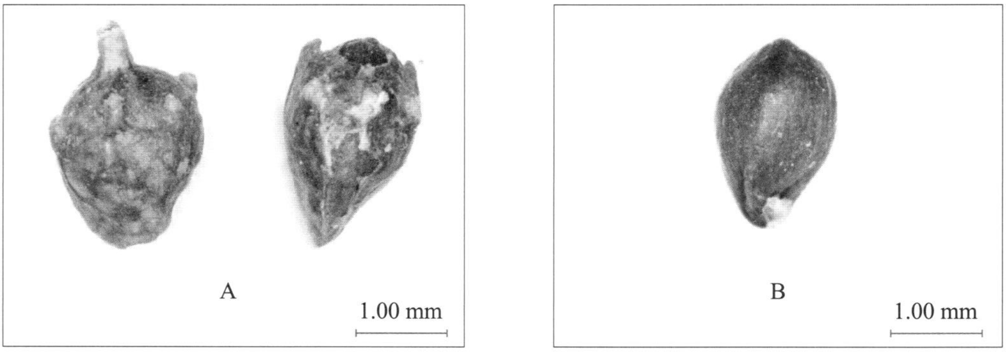

图 8–15　豚草的总苞和果实（伏建国 摄）

A. 总苞　B. 果实

生物学特性：豚草为短日照喜光一年生草本植物，生活力强，适应性广，繁殖力强，耗水量和营养物质高，生长旺盛，耐贫瘠；喜疏松、肥力较好的土壤，但在砂砾土壤中生长亦旺盛。豚草每株结实 2000～8000 粒，种子的生命力极强，在土表下 9 cm 以内的种子均可发芽，以 1～5 cm 为最适。刚成熟的种子在任何温度下，给予光照或连续黑暗均不发芽。经过 4～5℃低温层积 8 周以上或经过冬季 1～3 个月的低温，可诱导豚草种子发芽，经低温层积的种子在光下发芽率显著高于持续黑暗中的种子，黑暗中不发芽的种子则进入二次休眠。豚草种子休眠程度随生育地的纬度不同而有变化，纬度越高，种子成熟后进入休眠状态的比例越大，解除休眠所需的低温层积时间也越长。此外，豚草再生能力特别强，经几次割掉后仍能很好地生长，割的越高，新枝形成的越多，当根发育特别好时，甚至在蕾期从基部割掉也不死亡，而从基部长出新枝。

传播途径：豚草果实易混杂于作物种子中传播，特别易随小麦、大豆等作物种子调运传播扩散。另外，果实顶端的尖角会刺入轮胎或其他物品上，随交通工具带入散布；种子还可随流水、鸟类、牲畜携带等途径传播。

◎ 检疫措施与实践

① 风险分析：豚草在全球范围内广泛分布，目前已传入我国湖北、江苏、湖南等地区。豚草主要通过果实混杂在粮谷中进行远距离传播，我国曾在进口国外的小麦、大豆、玉米、高粱、荞麦、亚麻、羊毛等多种货物中截获过豚草，证明豚草随进境货物传入我国的风险较高。豚草繁殖力强，适应性极广，能在各种不同肥力、酸碱度土壤，以及不同的温度、光照等自然条件生长，我国大部分地区是其适生区。因此，豚草在我国传播扩散的风险也很高。花粉能诱发皮炎、枯草高热病、过敏性鼻炎和支气管哮喘等人类病症。奶牛等家畜吃了豚草，会影响奶的质量，出现苦味。另外，豚草还会引起作物严重减产。

② 检疫制度：豚草种子易混杂于作物种子中传播，特别易随小麦、大豆等作物种子调运传播扩散。对进口粮食及种子，要严格依法实施检疫，把疫情拒之门外，一旦发现豚草必须依有关规定对该批粮食加强监管并做除害处理；加强种子的管理及检疫，杜绝豚草在调运过程中扩散传播，建立无植检对象的良种繁殖基地，严格产地检疫。

③ 检疫鉴定：中华人民共和国国家标准《豚草属检疫鉴定方法》（GB/T 36839—2018）中规定了豚草属植株、总苞、瘦果的检疫鉴定方法。

形态学鉴定（引自国家标准 GB/T 36839—2018）

主要通过肉眼或借助放大镜、解剖镜等对豚草的总苞、瘦果及种子进行鉴定，具体鉴定方法如下：

目测鉴定：用肉眼或借助扩大镜将挑拣的杂草籽实进行分类鉴定，挑取疑似豚草属的籽实（具有倒卵形苞果）。

镜检鉴定：将疑似豚草属的籽实置放解剖镜下，观察总苞、瘦果、种子的外部形态特征。并依据豚草总苞、瘦果、种子等的形态特征，对疑似籽实进行种类鉴定。豚草总苞倒卵形，长 2.0～4.0 mm，顶端中央有一圆锥形的长喙，周围有 4～6 个较细的刺棘状突起。

④ 检疫实例

植物检疫实例分析 8-5：豚草于 20 世纪 30 年代经苏联传入中国的东北，后向南扩散。最早的标本见于南京植物园植物标本馆，1935 年传入杭州。曾在美国、土耳其进境小麦，美国、巴西、阿根廷、加拿大、澳大利亚、俄罗斯进境大豆，美国、加拿大、日本进境玉米，韩国进境波斯菊，俄罗斯进境荞麦，美国进境亚麻籽，澳大利亚进境羊毛等多种货物中截获过豚草。我国进境粮谷数量大，在其现场查验、实验室检测、检疫处理、疫情监管等程序中应加强针对豚草的防控。

4）薇甘菊

检疫地位：薇甘菊是列入《中华人民共和国进境植物检疫性有害生物名录》和《全国林业检疫性有害生物名单》的检疫性杂草。

学名：*Minkania micrantha* Kunth。

英文名：Mile-a-minute weed。

分类地位：隶属于被子植物门（Angiospermae），双子叶植物纲（Dicotyledoneae），桔梗目（Campanulales），菊科（Compositae），假泽兰属（*Minkania*）。

地理分布：薇甘菊，又名小花假泽兰，多年生草质或稍木质藤本植物，是目前全球热带、亚热带地区危害最严重的一种杂草，也是世界自然保护联盟（International Union for Conservation of Nature，IUCN）所公布的全球100种最具威胁的入侵种之一。该植物原产于南美洲和中美洲的热带地区，现已遍布于南亚、东南亚、太平洋岛屿和大洋洲，主要包括印度、孟加拉国、斯里兰卡、泰国、菲律宾、印度尼西亚、斐济、库克岛、所罗门群岛、新不列颠岛和澳大利亚等国家或地区，在南美洲圭亚那、印度洋岛国毛里求斯等地区有分布。在我国，薇甘菊的最早记录可追溯到1884年采自香港动植物公园的标本，大陆的首次记录是1984年采集于深圳的标本。20世纪90年代后，东莞、珠海、中山和惠州等地先后遭受到薇甘菊危害。国内目前分布于台湾、香港、澳门、广东、广西、海南和云南等地。

危害特点：在其适生地攀缘缠绕于乔灌木植物，重压于其冠层顶部，阻碍附主植物的光合作用继而导致附主死亡，严重威胁本地植物的生存，因而被称为“植物杀手”。此外，薇甘菊还常与其他藤本植物如葛、五爪金龙、买麻藤、刺果藤、锡叶藤等相伴而生，共同通过盖幕作用加重对附主植物的危害（图8-16）。

图8-16 薇甘菊危害状（付卫东 摄）

两张图均为危害状。A. 远景 B. 近景

在我国广东，薇甘菊主要危害天然次生林和人工林；在云南德宏州，薇甘菊还入侵甘蔗

园、柠檬园、杧果园，与作物果树争夺资源，使农作物、果树生长受阻，产量下降。

形态特征： 茎细长，匍匐或攀缘，多分枝，被短柔毛或近无毛，幼时绿色，近圆柱形，老茎淡褐色，具多条肋纹。茎中部叶三角状、至卵形，长 4～13 cm，宽 2～9 cm，基部心形，偶近戟形，先端渐尖，边缘具数个粗齿或浅波状圆锯齿，两面无毛，基出 3～7 脉；叶柄长 2～8 cm，上部的叶渐小，叶柄也短。头状花序，多数在枝端排成复伞房花序状，花序梗纤细，顶部的花序先开放，依次向下逐渐开放，头状花序长 4.5～6.0 mm，含小花 4 朵，全为结实的两性花。总苞片 4 枚，狭长椭圆形，顶端渐尖，部分急尖，绿色，长 2.0～4.5 mm，总苞基部有一线状椭圆形的小苞叶（外苞片），长 1～2 mm。花有香气；花冠白色，管状，长 3.0～3.5 mm，檐部钟状，5 齿裂。瘦果长 1.5～2.0 mm，黑色，被毛，具 5 棱，被腺体，冠毛由 32～38（～40）条刺毛组成，白色，长 2.0～3.5（～4）mm。花果期在广东南部从 8 月至翌年 2 月（图 8-17）。

图 8-17　薇甘菊生长状及茎叶和花序（张国良 摄）

A. 生长状　B. 茎叶　C. 花序

生物学特性： 薇甘菊可以无性或有性生殖，茎节以至节间都能生根，每个节的叶腋都可长出 1 对新枝。侧分枝和主枝一样，生命力强，可以扩展成新根和叶系统，形成新植株，生长极其迅速。 种子细小，可借风力、水流、动物、昆虫以及人类的活动而进行较远距离的传播，种子在 25～30℃条件下 6～8 d 完全萌发，总萌发率超过 95%。薇甘菊开花数量很大，在 0.25 m^2 内有 13 万～20 万朵小花。花的生物量占地上部分总生物量的 38.4%～42.8%。同时，薇甘菊营养茎可进行营养繁殖，而且较种子生长要快得多。由于薇甘菊的快速生长，遇灌木或小乔木则缠绕而上，数年后，老茎及当年叶片形成厚覆盖层，阻止覆盖层下其他植物的生长，最终导致其攀附植物的死亡。在东南亚地区，薇甘菊严重危害树木作物，如油棕、椰子、可可、茶叶、橡胶、柚木等。薇甘菊在中国的深圳沿海、广东沿海地区主要入侵对象是天然次生林、水源保护林、农田区、耕荒地、海岸滩涂、红树林林缘滩地等。在广东内伶仃岛，发育典型的“白桂木、刺葵、油椎群落”常绿阔叶林几乎被薇甘菊覆盖，除高大的白桂木外，刺葵以下灌木全被覆盖，长势受到严重影响，群落中灌丛、草木的种类组成明显减少。疏林树木、林缘木被薇甘菊缠绕，出现枝枯、茎枯现象，乔灌丛林逆行演替成草丛。

薇甘菊具有较强的光合能力，即使在光照极低的条件下，薇甘菊仍维持 2 μmol/ (cm^2 · s) CO 左右的净光合速率，光合作用光量子效率（QUE）仍较高，光补偿点则较低，表明薇甘菊具有适应阴生环境的能力或特性。同时，薇甘菊具有化感作用，能抑制多种植物的种子萌发和生长，这一能力也提高了其竞争优势。

传播途径：薇甘菊的传播有自然扩散和人为扩散两个途径，两者常相互关联，可借风力、水流、人畜活动、交通运输等途径传播。薇甘菊的生长非常迅速，繁殖力甚强，每年开花结果产生的种子数量很大，小而轻盈的风媒种子极易扩散。每个节茎乃至节间均可产生不定根，每个节的叶腋均可长出一对新枝，另生成新的植株。人为的农产品的运输、作物引种、园林花卉的交流、交通工具的往来等是薇甘菊远距离快速传播的主要途径。现今公路、街道边土地开发利用增多，土壤裸露，适合薇甘菊生长的废弃地在增加；而随着交通运输的日益发达，从疫区调运农产品、苗木、土壤等的汽车、火车、船只等交通工具都有可能成为薇甘菊的主要传播媒介，这一切都加剧了薇甘菊的扩散。

◎ **检疫措施与实践**

① 风险分析

薇甘菊具有超强繁殖能力，根系极为发达，易形成连片的单优群落，形成强大的生长优势，能覆盖6～8 m 高的树木，造成连片死亡，给经济及生态景观带来严重破坏。在马来西亚，薇甘菊覆盖橡胶导致其种子发芽率降低 27%，产量减少 27% ～ 29%。

薇甘菊是喜阳性植物，喜生长在光照和水分条件较好、年均温度在 21℃以上的地区；不耐阴和土壤干瘠。薇甘菊对生态环境的要求低，土壤肥力和土壤酸碱性对薇甘菊生长的影响较小，据报道：在 pH 为 4.03 ～ 8.34、有机质含量为 2.16 ～ 334.0 mg/g 的土壤中，薇甘菊都能迅速旺盛生长。在原产地，薇甘菊常分布在弃耕地、沼泽地，极少在贫瘠的土壤中生长。在我国，薇甘菊在广州、深圳和珠海等光照强和水分条件较好的入侵地区生长旺盛。薇甘菊多发生在居民区附近的洼地、沟地、路旁和丢荒地，以及疏于管理的公园、果园、苗圃地；在山地，多出现在低洼山谷，对草丛、灌木丛和新植林地危害较大。在光照条件较差的林内，则生长不旺盛。适生性分析结果表明：薇甘菊在我国的适生区占全国国土面积的 85% 左右，包括新疆和宁夏的大部分地区，内蒙古、甘肃、青海和西藏的局部地区。2008 年后，薇甘菊在广东、广西、福建、海南及云南省快速扩散蔓延，已成为珠三角区域及大湄公河次区域的重要外来入侵物种。

② 检疫鉴定

采用“淘洗过筛法”检测介质土中薇甘菊瘦果，将抽检的每个混合土样充分混匀，采取四分法，取平均土样的 1/2 ～ 3/4 作为检测样品置于孔径 150 目的纱网中，用水冲洗，去除泥土，烘干后过 10 目（1700 μm）、20 目（830 μm）、40 目（380 μm）、60 目（250 μm）、80 目（180 μm）、100 目（150 μm）组合套筛，用肉眼或放大镜将各层筛下物置于白瓷盘中进行分类，挑出其中疑似薇甘菊瘦果。剩余土样作为保存样品贴标签保存。

发现的可疑植株或薇甘菊瘦果应采集标本，参照薇甘菊的形态特征和生物学特性进行现场鉴定，对于现场鉴定不了的疑似瘦果，可带回实验室放入培养皿内置于体视显微镜下，观察其形态特征，依据薇甘菊瘦果的形态特征进行鉴定，鉴定特征参照《薇甘菊检疫鉴定方法》（GB/T 28109—2011）；不能准确鉴定的，应及时送请上级检疫机构或有关专家鉴定。

③ 检疫处理

人工持续清除：对于薇甘菊新入侵发生地、已实施除治后的再发生地或不适宜使用药剂防治的菜园地、苗圃地、种苗繁育基地等，可选择在 4—10 月人工持续清除 3 次，每次间隔约 2 个月，清除后的藤茎要离地悬挂晒干或集中烧毁。对于种苗繁育基地等发现的薇甘菊幼苗及其他杂草，应及时人工清除，而对于从介质土中抽检发现带有薇甘菊种子的该批次货物要禁止苗木带土出圃。

检疫除害处理：在调运检疫和复检中，一旦发现薇甘菊的植物活体、藤茎、种子应立即进行清除；在非发生区发现调入薇甘菊附主苗木携带薇甘菊的种子和藤茎，应就地进行销毁。

产地检疫：在疫情发生区，植物检疫机构应严格对种苗繁育地、种植地、苗圃等进行定期检疫检查，对种植、经营、销售花卉、苗木的单位和个人应登记备案，实施检疫监管，一旦发现疫情应及时进行严格调运检疫和检疫复检。

对从疫情发生区调出的苗木及其制品等，要提出相关检疫要求。在疫情未发生区，植物检疫机构应对来自薇甘菊发生区及其毗邻地区或途经疫情发生区的花卉、苗木等实施检疫，发现疫情时应做好记录，保存抽检样品和标本，实施除害处理，并上报上级植物检疫机构。

④ 监测

对那些尚未受到薇甘菊蔓延危害的地区，要高度警惕，密切监测，一旦发现其危害应该立即采取措施予以灭除。尤其是农田、经济作物园等要精耕细作，使之难以入侵。在薇甘菊植株发生点，将所在地外围 1 km 范围划定为监测区；在划定边界时若遇到田埂等障碍物，则以障碍物为界。根据薇甘菊的传播扩散特性，在每个监测区设置不少于 10 个固定监测点，每个监测点选 10 m^2，悬挂明显监测位点牌，一般每月观察一次。在调查中如发现可疑薇甘菊，可根据前文描述的薇甘菊形态特征，鉴定是否为该物种。

⑤ 检疫实例

植物检疫实例分析 8-6：20 世纪 80 年代初，在云南省德宏州盈江县铜壁关自然保护区最早发现薇甘菊。目前，已在德宏州及临近的保山市、怒江州、临仓市部分县（市）发现有分布。广西壮族自治区最早证实有薇甘菊分布是在 2008 年，当时是在陆川县铁路沿线发现的。2012 年，广东惠州出入境检验检疫局工作人员在惠州惠东港口从德国进口经中国香港中转的废旧塑料植物铺垫材料中截获薇甘菊，这是惠州口岸首次截获该种进境检疫性有害生物。我国林业苗木进境贸易和国内调运多，针对薇甘菊，既要加强进境林业苗木的检疫，也要加强国内林业苗木的产地检疫和调运检疫等。

5）**毒麦**

检疫地位：毒麦是属于《中华人民共和国进境植物检疫性有害生物名录》和《全国农业植物检疫性有害生物名单》的检疫性杂草。

学名：*Lolium temulentum* L.。

英文名：Darnel ryegrass, Darnel, Poison ryegrass。

分类地位：隶属于被子植物门（Angiospermae），单子叶植物纲（Monocotyledoneae），禾本目（Graminales），禾本科（Graminales），早熟禾亚科（Pooideae），黑麦草族（Lolieae）黑麦草属（*Lolium*）。

地理分布：原产于欧洲。现分布于南北美洲、大洋洲、非洲及东南亚地区。农业农村部2022年公布的监测信息显示，2021年分布于内蒙古、江苏、安徽、湖北、湖南、四川、陕西和甘肃8个省（自治区）的26个县（区、市）。

危害特点：毒麦是一种冬季作物中危害十分严重的杂草，特别是小麦、冬季蔬菜作物、亚麻和太阳花。毒麦为有毒杂草。多混生于小麦、大麦、燕麦田里；颖果内种皮与淀粉层之间寄生有毒麦菌的菌丝，它含有一种毒麦碱（$C_7H_{12}N_{20}$），人、畜食后都能中毒，轻者则引起头晕、昏迷、呕吐、痉挛等症状，重者则中枢神经系统麻痹以至死亡。毒麦的毒麦碱只含于种子里，茎、叶内并无毒素；未成熟时或多雨潮湿季节收获的种子毒力最强。毒麦通常也被认为是一种竞争性杂草。Hollies发现在小麦和大麦中的毒麦类禾本科杂草能够造成产量下降高达17%，净收益下降高达25%，毒麦感染的小麦还对氮肥有削弱反应。Bansal和Singh的研究表明毒麦的根提取物比芽和花的提取物对水稻的发芽和生长抑制作用更强，表现出化感作用。此外，毒麦还是多种植物病害的重要选择性寄主，例如小麦条锈病、黄穗病、秆锈病和小麦腥黑穗病等。

形态特征：

A. 植株的形态特征：秆成疏丛，高20～120 cm，具3～5节，无毛。叶鞘长于其节间，疏松；叶舌长1～2 mm；叶片扁平，质地较薄，长10～25 cm，宽4～10 mm，无毛，顶端渐尖，边缘微粗糙（图8-18）。

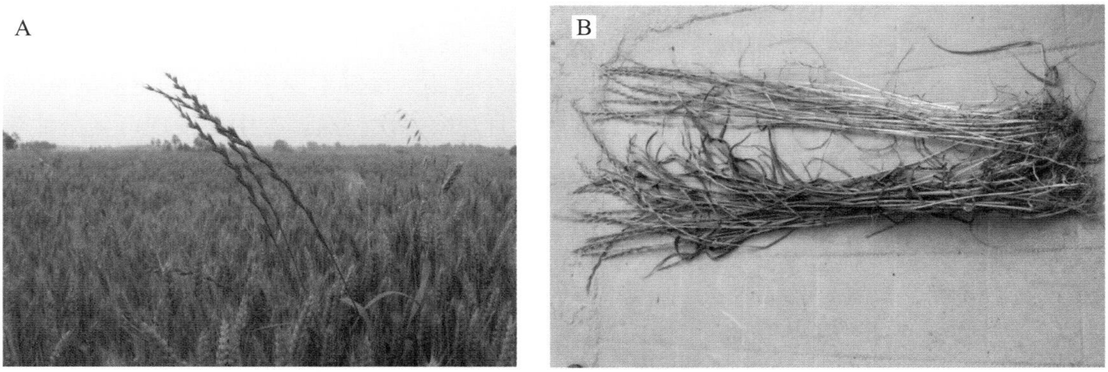

图8-18　毒麦植株的形态特征图（上海海关提供）

A. 毒麦田间生长图　B. 毒麦植株图

B. 小穗的形态特征：穗形总状花序长10～15 cm，宽1～1.5 cm；穗轴增厚，质硬，节间长5～10 mm，无毛；小穗含4～10小花，长8～10 mm，宽3～8 mm；小穗轴节间长1～1.5 mm，平滑无毛。

C. 颖果的形态特征：颖较宽大，与其小穗近等长，质地硬，长8～10 mm，宽约2 mm，有5～9脉，具狭膜质边缘；外稃长5～8 mm，椭圆形至卵形，成熟时肿胀，质地较薄，具5脉，顶端膜质透明，基盘微小，芒近外稃顶端伸出，长1～2 cm，粗糙；内稃约等长于外稃，脊上具微小纤毛。颖果长4～7 mm，为其宽的2～3倍，厚1.5～2 mm（图8-19）。

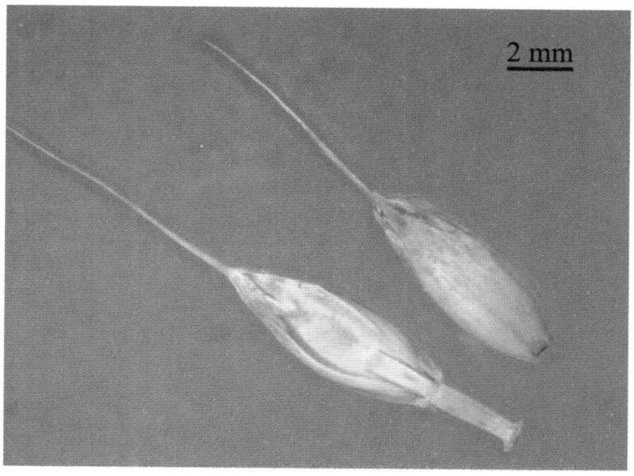

图 8–19 毒麦颖果的形态特征图（傅怡宁 摄）

生物学特性：一年生或越年生草本，播种至出苗约需 10 d，孕穗至抽穗约 25 d，抽穗至成熟约 30 d，全生育期约 223 d。种子繁殖，幼苗或种子越冬，夏季抽穗。在土内 10 cm 深处尚能出土，在室内贮藏 2 年仍有萌芽力。同期播下的种子，毒麦比小麦出苗迟 5～7 d，但毒麦出土后生长迅速。种子成熟后随颖片脱落，毒麦平均单株落粒率 27.14%。毒麦必须完全成熟，经过冬眠期后，才能充分发芽。从播种到萌芽需 5 d，萌芽势较小麦缓慢。在我国长江中下游麦区，毒麦当年 11 月中旬左右出土，比小麦晚 2～3 d，但出土后生长迅速，12 月中下旬分蘖，翌年 2 月中下旬返青，4 月上旬拔节，4 月末 5 月初抽穗，抽穗期比小麦迟约 5 d，6 月上旬成熟，成熟期比小麦迟 3～8 d。经试验调查，毒麦发育的起点温度为 9℃，有效积温为 15.97 日度，从播种到出苗活动积温为 80 日度。

传播途径：毒麦生于荒地、路边、沟旁或农田中，适应性强，种子产量高，主要靠水、鸟和人为携带传播，抗逆力极强。毒麦种子常混于进口的小麦、大麦等粮食或种子中做远距离传播。

◎ **检疫措施与实践**

① 检疫制度：对进口粮食及种子（特别是进口小麦），要严格依法实施检疫，把疫情拒之门外，一旦发现毒麦必须依有关规定对该批粮食做除害处理；带有疫情的小麦不能下乡，不能做种用，在指定地点进行除害处理加工，下脚料一定要销毁；加强种子的管理及检疫，杜绝毒麦在调运过程中扩散传播，建立无植检对象的良种繁殖基地，严格产地检疫；发生过毒麦的麦茬地，可与其他作物经过 2 年以上的轮作，以防除毒麦，统一改换小麦良种，严禁毒麦发生区农户自留小麦种子和相互串换小麦种子，杜绝疫区的小麦种子外流外调，做到全面彻底更换品种。

② 检疫鉴定：在原国家质量监督检验检疫总局发布的中华人民共和国出入境检验检疫行业标准《毒麦检疫鉴定方法》（SN/T 1154—2015）中规定了毒麦及其近似种的植株、小穗、小花及颖果的检疫鉴定方法，包括形态法和 PCR 引物探针检测方法。

A. 形态学鉴定（引自行业标准 SN/T 1154—2015）

主要通过肉眼或借助放大镜、解剖镜等对毒麦的小穗、小花及颖果进行鉴定，具体鉴定方法如下：

目测鉴定：用肉眼或借助扩大镜将挑拣的杂草籽实进行分类鉴定，挑取疑似黑麦草属的小穗、小花（带稃颖果）。

镜检鉴定：将疑似黑麦草属的果实置放解剖镜下，观察小穗、小花（带稃颖果）、颖果的外部形态特征。并依据毒麦小穗、小花（带稃颖果）、颖果等的形态特征及毒麦及其近似种分种检索表，对疑似籽实进行种类鉴定。从外观上难于鉴别时，可采用解剖法对果实进行解剖，观察其籽实内部横切面及其种胚等主要形态特征。具体操作方法是：将小穗、小花放在体视显微镜的操作台上，用解剖刀、解剖针，对其籽实进行解剖，观察其横切面、种胚的主要形态特征。

称取千粒重：将鉴定检出的毒麦的小花（带稃颖果），放在电子天平上称其重量，并换算为千粒重（单位：g）。

B. 分子鉴定

采用基于 SNP 位点设计的 VIC 探针以提取的毒麦 DNA 为模板，进行实时荧光定量 PCR 反应，在 VIC 探针出现扩增信号时即可评定为毒麦，可判断为阳性。

③ **检疫实例：**

植物检疫实例分析 8-7： 目前学界普遍认为毒麦是于 20 世纪 50 年代随国外引种或进口粮食时传入中国的，黑龙江等地为最初发生地，后于湖北、江苏等华东地区蔓延。1954 年，即有从保加利亚进口小麦中截获的记录。2019 年，大连海关、南宁海关和青岛海关接连从来自巴西的大豆、来自乌克兰和加拿大的大麦中截获检疫性有害杂草毒麦。我国既要加强进境粮谷的检疫，也要加强国内粮谷繁殖材料的产地检疫和调运检疫等。

6）假高粱

检疫地位：假高粱是属于《中华人民共和国进境植物检疫性有害生物名录》《全国农业植物检疫性有害生物名单》中的检疫性杂草，被美国、澳大利亚和欧洲大部分国家列为检疫性杂草。

学名：*Sorghum halepense* (L.) Pers. 。

异名：*Andropogon halepensis* Brot., *Holcus halepensis* L.。

英文名：Johnsongrass; Aleppo Milletgrass。

中文别名：约翰逊草、阿拉伯高粱、石茅高粱、窗棂高粱

分类地位：隶属于被子植物门（Angiospermae），单子叶植物纲（Monocotyledoneae），禾本目（Graminales），禾本科（Graminales），蜀黍属（高粱属）（*Sorghum*）。

地理分布：原产于欧洲地中海东南部和亚洲叙利亚。现分布于欧洲、亚洲、非洲、美洲和大洋洲。农业农村部 2022 年发布的监测信息显示，2021 年假高粱分布于我国天津、江苏、浙江、湖北、湖南、海南 6 个省份的 34 个县（区、市）。

危害特点：假高粱是世界农业地区最危险的十大恶性杂草之一，它不仅使作物产量下降，还迅速侵占耕地。其生长蔓延非常迅速，具有很强的繁殖力和竞争点，是谷类、豆类、麻类、棉花、苜蓿、甘蔗、果树等 30 多种作物田里的主要杂草。在含假高粱的土壤中，小麦、棉花、莴苣的种子发芽率被抑制 40% 以上；小麦、玉米、棉花地上部分生长被抑制 9.8% 以上。据 Colbert（1979）研究，阿根廷大豆田因为假高粱大量发生每年损失高达 30 亿比索。

假高粱是很多害虫和植物病害的转主寄主，其花粉易与留种的高粱属作物杂交，使产量降低，品种变劣，给农业生产带来极大危害。

假高粱具有一定毒性，苗期和在高温干旱等不良条件下，植物体内产生氢氰酸，牲畜取

食后会发生中毒现象。

形态特征：

A. 植株的形态特征：

① 成株：茎秆直立，粗壮，高 100～150 cm，径约 5 mm（图 8-20）。

② 根茎：地下具匍匐根茎，根茎分布深度一般为 5～40 cm，最深的可达 50～70 cm。根茎直径为 0.3～1.8 cm，一般 0.5 cm 左右。根茎各节除长有须根外，都有腋芽（图 8-21）。

③ 叶片：叶舌膜质，长 2～5 mm。叶片阔线形至线状披针形，长 20～70 cm，宽 1～4 cm，顶端长渐尖，基部渐狭，无毛，中脉白色粗厚，边缘粗糙。

④ 花：圆锥花序疏散，矩圆形或卵状矩圆形，长 10～50 cm，分枝开展，近轮生，在其基部与主轴交接处常有白色柔毛，上部常数次分出小枝，小枝顶端着生总状花序，穗轴与小穗轴纤细，两侧被纤毛（图 8-22）。

⑤ 小穗：小穗孪生，穗轴顶节为 3 枚共生，无柄小穗两性，椭圆形，长 4.8～5.5 mm，宽 2.6～3 mm，成熟时为淡黄色带淡紫色，基盘被短毛，两颖近革质，具光泽，基部、边缘及顶部 1/3 具纤毛。

⑥ 颖片：颖等长或第二颖略长，背部皆被硬毛，或成熟时下半部毛渐脱落，第一颖顶端有微小而明显的 3 齿，上部 1/3 处具 2 脊，脊上有狭翼，翼缘有短刺毛。第二颖舟形，上部具 1 脊，无毛。

⑦ 小花：第一小花外稃长圆状披针形，稍短于颖，透明膜质近缘有纤毛。第二小花外稃长圆形，长为颖的 1/3～1/2，透明，顶端微 2 裂，主脉由齿间伸出成芒，芒长 5～11 mm，膝曲扭转，也可全缘均无芒。内稃狭，长为颖之半，有柄小穗较窄，披针形，长 5～6 mm，稍长于无柄小穗，颖均草质，雄蕊 3，无芒。

B. 子实的形态特征：颖果倒卵形，长 2.6～3.2 mm，宽 1.5～1.8 mm，棕褐色。顶端钝圆，具宿存花柱。背圆形，深紫褐色。腹面扁平。胚椭圆形或倒卵形，长占颖果的 1/3～1/2（图 8-23）。

图 8-20 假高粱植株（张朝贤 摄）

图 8-21 假高粱根状茎（张朝贤 摄）

图 8-22　假高粱花序（张国良 摄）

图 8-23　假高粱种子（傅怡宁 摄）

生物学特性：假高粱染色体数目为 $2n=40$，4 倍体。多年生宿根性草本植物，以根茎和子实繁殖，单株一个生长季节可结 28 000 粒子实和生 70 m 长的地下茎。颖片对假高粱种子的萌发具有物理阻碍和化学抑制，是导致其种子休眠的原因，休眠时间为 90 d 左右。高粱种子萌发需要一定光照条件，最适温度为 30℃，0～4 cm 深土层适宜种子萌发出苗，但在 20 cm 和 25 cm 深的土层中也能出苗。种子在土壤中保存 3～4 年仍能萌发，在干燥适温下可存活 7 年之久。地下茎在 15 cm 以上土层萌芽生长良好，即使在较深土层中也有萌发能力。春季土温 15～20℃时，根状茎开始活动，30℃左右发芽。假高粱 5 月中旬以前为苗期，5 月下旬至 6 月中旬为分蘖期，6 月下旬至 7 月初为孕穗期，7 月中旬至 8 月初为抽穗期，8 月中旬为扬花灌浆期，10 月底以后地上部生长逐渐减慢并停止。

传播途径：假高粱主要生长于路边、农田、果园、草地以及河岸、沟渠、山谷、湖岸湿处，在国内主要分布在港口、公路边、公路边农田及粮食加工厂附近。假高粱主要通过种子混杂于粮食中，在贸易或引种过程中，随交通工具进行远距离传输，近距离扩散蔓延除自然扩散外还可借助风力、水流、农用器械、动物及人类活动实现。

◎ 检疫措施与实践

① 检疫制度：对进口粮食及种子（特别是进口小麦、大豆、玉米），要严格依法实施检验，把疫情拒之门外，一旦发现假高粱必须依有关规定对该批粮食做除害处理；带有疫情的种子不能下乡，不能做种用，在指定地点进行除害处理加工，下脚料一定要销毁；在调运的植物、植物产品或其他检疫物实施检疫或复检中，发现假高粱种子或其他繁殖体（根茎）时，应严格按照植物检疫法律法规的规定对货物进行处理。同时立即追溯该批植物、植物产品或其他检疫物和来源，并将相关调查情况上报调运目的地的外来入侵生物管理部门；对口岸、港口、码头、机场、交通要道及与国外有大宗粮食贸易或国内调运活动频繁高风险场所进行定点监测。

② 风险分析：通过对假高粱的生态学特性、传播方式、繁殖能力、适生环境、经济及生态影响、防治难度等方面进行研究，构建假高粱风险评估量化指标体系，从国内分布状况（P1）、潜在的经济重要性（P2）、受害对象的重要性（P3）、传人可能性（P4）、风险管理的难度（P5）进行了风险评估，假高粱传入中国的风险值 $R=2.38$。当 $R>1.5$ 时有害生物可以被列为检疫性有害生物进行管理，因此假高粱属于高危险性的有害生物。

③ **检疫鉴定**：在原国家质量监督检验检疫总局发布的中华人民共和国出入境检验检疫行业标准《假高粱检疫鉴定方法》（SN/T 1362—2011）中规定了假高粱及其近似种的小穗、带稃颖果、颖果的检疫鉴定方法

形态学鉴定（引自行业标准 SN/T 1362—2011）

主要通过肉眼或借助放大镜、解剖镜等对假高粱的小穗、小穗轴、稃片、颖果进行鉴定，具体鉴定方法如下：

目测鉴定：用肉眼或借助体视显微镜对杂草籽进行分类，将蜀黍属小穗、带稃颖果、颖果等挑选出来。主要形态特征：小穗孪生，但在穗轴顶端之一节则为三枚共生。有柄小穗为雄性或中性，常退化而不孕；无柄小穗为两性结实，背腹压扁，基盘短而钝圆，第一颖下部呈革质，平滑而有光泽。小穗通常有明显的芒，芒自第二外稃顶端二裂齿间伸出，芒膝曲扭转，极易脱落，第二颖背面有两枚小穗轴，顶端有关节或不明显。

镜检鉴定：将蜀黍属杂草籽放在体视显微镜下，观察其小穗、小穗轴、稃片、颖果的外部形态特征进行鉴定。假高粱与其近似种的特征比较如表 8-1 所示。

表 8-1 假高粱与其近似种的特征比较

种类	假高粱	黑高粱	苏丹草	光高粱	似高粱
无柄小穗	长 3.5～5.0 mm，顶端稍钝形，无芒或有芒，卵状披针形	长 5.0～5.5 mm，宽 2.3～2.5 mm，厚约 1.8 mm，小穗或无关节，成熟小穗轴折断而分离，折断处不整齐	长 6.0～6.5 mm，顶端稍尖，阔椭圆形，芒易脱落，有柄小穗呈披针形	长 3.0～5. 0 mm，顶端稍钝形，卵状披针形，芒长	长 4.0～5.0 mm，顶端突然尖锐，具短小尖头，无芒，菱状披针形
颖片	革质，呈黄褐色、红褐色或紫黑色，有光泽，先端锐尖	革质，呈黄褐色、红褐色或紫黑色，有光泽，先端锐尖	革质，有光泽，呈黄褐色、红褐色至紫黑色	革质，黑色	革质，下部红褐色，上部或顶端黄色
第 1 颖	背部近扁平，具二脊，脊和边缘上具纤毛	背部近扁平，具二脊，脊和边缘上具短纤毛	颖具二脊，脊上有短纤毛	顶端近膜质；上端具二脊，有 3～5 条纵脉；背部密被纤毛	扁平，顶端无齿或齿不显著，脉不明显，边缘包第二颖，二侧脊及背部密被纤毛
第 2 颖	具一脊，舟形，脊上有短纤毛	具一脊，舟形，脊上有短纤毛	具一脊，脊近顶端有纤毛	顶端具短尖，具三至五条纵脉，背部微隆起	中脊突出，基部穗轴节间和小穗柄各一枚，顶端膨大内陷具白色长柔毛
第 1 小花	仅有外稃，膜质，具三脉，长圆状披针形	仅有外稃，膜质，具三脉，长圆状披针形	内、外稃均膜质透明	仅有外稃，厚膜质，卵状披针形	仅有外稃，膜质，具一脉，三角状披针形
第 2 小花	膜质的内外稃边缘被毛；外稃三角状披针形，长约 2.0 mm，顶端微二裂，主脉由齿间伸出芒，芒长约 3.5 mm，有时呈小尖头而无芒；内稃线形或不规则	外稃三角状披针形，顶端微二裂，主脉由齿间伸出芒，有时无芒；内稃线形或不规则	内外稃膜质；外稃先端二裂，芒从齿裂中间伸出，芒长 8. 5～12 mm	外稃宽披针形，透明膜质，边缘被毛，顶端二齿裂，芒自齿间伸出，膝曲扭转，芒长可达 20 mm 以上	膜质的内外稃边缘被毛；外稃披针形，长 3. 5 mm，顶端无芒；内稃线形

续表表 8-1

种类	假高粱	黑高粱	苏丹草	光高粱	似高粱
颖果	颖果长 2.6～3.2 mm，宽 1.5～1.8 mm，厚约 1.0 mm；倒卵形或椭圆形。暗红褐色或棕色，表面乌暗而无光泽；侧面观，背面钝圆，腹面扁平，全长近等厚；先端钝圆，具宿存花柱二枚；基部钝尖，种脐微小，圆形，深褐色	颖果长 3.0～3.5 mm，宽 1.8～2.0 mm，厚约 1.1 mm	颖果倒卵形，长 4.0～4.5 mm，宽 2.5～2.8 mm，顶端钝圆，基部稍尖，果皮赤褐色，胚体大 . 近椭圆形，长占果体近 1/2～4/5；脐紫褐色圆形 . 位于果实腹面基部	颖果椭圆形，长约 2.2 mm，宽约 1.0 mm，棕红色，胚体大，长约占果体近 1/2，脐回形，黑褐色，位于果实腹面基部	颖果倒卵形，平凸；紫褐至棕褐色；长 2.5 mm，宽 1.8 mm；顶具二枚花柱合生的残基；胚长为颖果的 2/3

④ 检疫监测：监测方法包括访问调查和实地调查两种。

A. 访问调查：向当地居民询问是否发现疑似假高粱的物种、发生地点、发生时间、危害情况、传入途径等信息；每个社区或行政村询问调查人员应≥ 30 人；对发现假高粱可疑存在地区，进行深入重点调查。

B. 实地调查：选择典型生境设置样地，样地面积（S）应≥ 667 m^2；采用样方法进行监测，抽样方法可采用随机取样、棋盘式取样等；每块样地设置样方数应≥ 10 个，样方规格应≥ 1 m^2（1 m × 1 m），两样方之间的间隔应≥ 20 m；在假高粱营养生长期或花期进行监测；观察有无假高粱危害，记录假高粱发生面积、危害植物、覆盖度及样地信息（经纬度、海拔、样地地理信息、生境类型、物种组成）。

⑤ 检疫实例

植物检疫实例分析 8-8：假高粱大约于 20 世纪 80 年代以籽实混在进口粮食中传入中国的华南、华中、华北及西南的局部地区。1995 年，防城动植物检疫局从美国进口玉米中发现假高粱；2002 年 1—7 月，湛江口岸从自美国、阿根廷、巴西等进口的大豆中截获假高粱 4 批次；2003 年 5 月，上海出入境检验检疫局对薰衣草香料进行检验检疫时发现假高粱；2008 年 7 月，福清口岸在进境空箱中截获假高粱。近年来，我国农业植物检疫领域在海南等地加强针对假高粱的联防联控。从上述实例可以看出，假高粱传播扩散途径多样，我国既要加强进境植物检疫，也需加强国内与假高粱有关的植物及植物产品的产地检疫和调运检疫等。

7）少花蒺藜草

检疫地位：少花蒺藜草是属于《中华人民共和国进境植物检疫性有害生物名录》的检疫性杂草。

学名：*Cenchrus spinifex* Cav.。

异 名：*Cenchrus pauciflorus* Benth、*Cenchrus incertus* M. A. Curtis、*Cenchrus carolinianus* Walt.、*Cenchrus parviceps* Shinners。

英文名：Field sandbur, Coast sandbur。

分类地位：隶属于被子植物门（Angiospermae），单子叶植物纲（Monocotyledoneae），禾本目（Graminales），禾本科（Graminales），黍亚科（Panicoideae），黍族（Paniceae），蒺藜草亚族（Cenchrinae），蒺藜草属（*Cenchrus*）。

地理分布：原产于北美洲及热带沿海地区的沙质土壤。现国外主要分布于美国、墨西哥、西印度群岛、阿根廷、智利、乌拉圭、澳大利亚、阿富汗、印度、孟加拉国、黎巴嫩、葡萄牙、南非等国家和地区。国内主要分布于辽宁（铁岭、铁法、朝阳、锦州、旅顺、阜新、葫芦岛、沈阳）、内蒙古（通辽、赤峰、兴安盟、巴彦淖尔）、吉林（双辽、白城通榆）。

危害特点：少花蒺藜草主要以成熟的刺苞造成危害。在刺果成熟期，发生区内人畜难行。其侵害草场、农田、林地和果园，在牧场、庭院、荒地、沟渠堤上也可发生，适应环境的能力极强，繁殖迅速，是一种非常有害的入侵杂草。入侵农田，与作物争光、争水、争肥，抑制其生长，导致减产；入侵草场，导致草场品质下降，牧草产量降低。少花蒺藜草成熟时，形成带硬刺的刺苞，能伤害牲畜，使牲畜发生病症。在草场生长的少花蒺藜草刺苞，可刮掉羊身上腹毛和腿毛，减少羊的产毛量；使得羊群不同程度地发生乳腺炎、阴囊炎、蹄夹炎等病症。羊取食少花蒺藜草的刺苞后容易刺伤口腔，引起溃疡；刺伤肠胃黏膜形成草结，影响正常的消化吸收功能，严重时造成肠胃穿孔引起死亡。

少花蒺藜草在入侵地生长快、繁殖迅速、抑制本地植物生长，易形成单一的群落，从而降低生物多样性。

少花蒺藜草的刺苞给农民的生产、生活、出行带来不便。在秋收农事操作时，刺苞会刺伤皮肤，引起红肿、瘙痒。刺苞能扎破自行车、摩托车的轮胎，造成交通事故。

形态特征：

少花蒺藜草是一年生草本植物，株高 15 ～ 100 cm（图 8–24）。

A. 根：一年生，须根较短粗，须根分布在 5 ～ 20 cm 的土层里，具沙套（图 8–25）。

B. 茎：圆柱形中空，半匍匐状，茎高 15 ～ 100 cm，有明显的节和节间，基部分蘖呈丛，茎横向匍匐后直立生长，近地面数节具根，茎节处稍有膝曲，各节常分枝，秆扁圆形（图 8–26）。

图 8–24　少花蒺藜草植株
（付卫东 摄，王忠辉 处理）

图 8–25　少花蒺藜草根系（付卫东 摄）

图 8–26　少花蒺藜草茎（付卫东 摄）

C. 叶

叶鞘具脊，基部包茎，上部松弛，近边缘疏生细长柔毛，下部边缘无毛，膜质；叶舌具一圈短纤毛，长 0.5～1.4 mm；叶片线形或狭长披针形，叶狭长，叶长 3～28 cm，叶宽 3～7.2 mm，先端细长。

D. 花

总状花序，小穗被包在苞叶内；可育小穗无柄，常 2 枚簇生成束；刺状总苞下部愈合成杯状，卵形或球形，长 5.5～10.2 mm，下部倒圆锥形。苞刺长 2～5.8 mm、扁平、刚硬、后翻、粗皱、下部具绒毛、和可育小穗一起脱落。小穗长 3.5～5.9 mm，由一个不育小花和一个可育小花组成，卵形，背面扁平，先端尖、无毛。颖片短于小穗，下颖长 1～3.5 mm，披针状、顶端急尖，膜质，有 1 脉；上颖 3.5～5 mm 卵形，顶端急尖，膜质，有 5～7 脉；下外稃 3～5 mm，有 5～7 脉，质硬，背面平坦，先端尖。下部小花为不育雄花，或退化，内稃无或不明显；外稃卵形，膜质长 3～5（～5.9）mm，有 5～7 脉，先端尖；可育花的外稃卵形，长 3.5～5（～5.8）mm，皮质、边缘较薄凸起，内稃皮质。花药 3 个，长 0.5～1.2 mm（图 8–27）。

图 8–27　少花蒺藜草果穗（A）及刺苞（B）（付卫东 摄）

E. 果实和种子

颖果椭圆状扁球形，背腹压扁颖果长 2.7～3.7 mm，宽 2.4～2.6 mm，初熟色泽似小麦，逐渐为棕褐色；背面鱼脊状，腹面凹起似勺，顶端残存长 5～8 mm 的丝状花柱，脐大明显、褐色，下方具种柄残余；胚极大，圆形，几乎占颖果的整个背面（图 8–28）。

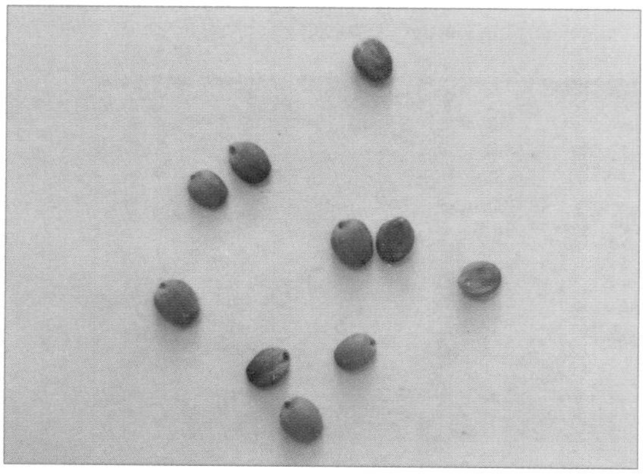

图 8–28　少花蒺藜草种子（王忠辉 摄）

生物学特性：少花蒺藜草为旱生一年生草本植物，容易入侵的生境有高燥、干旱沙质土壤的丘陵、沙岗、沙佗、堤坝、坟地、道路两旁、地头地边、荒格、撂荒地、林间空地，甚至农田、菜园、果园和草坪都有少花蒺藜草呈点状、带状、片状分布。一般 4 月下旬 5～8 cm 土温达 3～5℃时种子开始萌发，

6月中下旬达出苗盛期；6月初开始抽茎分蘖，7月初到盛期；7月中旬始见抽穗，8月上旬达到盛期；果实于8月上旬始见成熟，9月下旬为种子成熟盛期；10月10日左右严霜后停止发育。

少花蒺藜草以种子繁殖，繁殖量随生长环境条件不同而变化，在板结的草地结籽量为10～15粒，在农田菜地生长旺盛可结籽1000粒以上，平均每株结籽70～80粒。种子的原生体眠性不强，但次生休眠性强，在土壤中可存活3年。籽粒成熟1～1.5月后发芽率接近50%，2—3月后发芽率可达85%以上。光可抑制少花蒺藜草种子的萌发，诱导次生休眠。少花蒺藜草种子的适宜发芽温度为20～25℃。浅表土层中的少花蒺藜草种子在立春后遇到适宜的温度，湿度时可随时出苗。每个刺苞中的2粒种子在遇到适宜条件时，其中只有一粒种子吸收萌发形成植株，另一粒被抑制，处于休眠状态，保持生命力，当萌发形成的植株受损死亡时，另一粒未萌发的种子很快打破休眠，萌发形成植株，繁殖。少花蒺藜草生长喜光、抗旱能力强，干旱时虽然分蘖减少，但植株能够结实，完成生活周期。

传播途径：少花蒺藜草20世纪40年代在国内被发现。刺苞主要通过农产品和牲畜的贸易、交通工具进行远距离传播，通过人畜活动、水流和风进行近距离的扩散。

◎ 检疫措施与与实践

① 检疫制度：在海关口岸，对进口粮食及种子（特别是进口大豆），要严格依法实施检验，把疫情拒国门之外，一旦发现少花蒺藜草必须依有关规定对该批粮食做除害处理；带有疫情的大豆不能下乡，不能做种用，在指定地点进行除害处理加工，下脚料一定要销毁；在调运的动物、植物、动物产品、植物产品或其他检疫物实施检疫或复检中，发现少花蒺藜草植物或刺苞时，应严格按照植物检疫法律法规的规定对货物进行处理。同时立即追溯该批动物、植物、动物产品、植物产品或其他检疫物和来源，并将相关调查情况上报调运目的地的外来入侵生物管理部门；对口岸、港口、码头、机场、交通要道及与国外有大宗农产品贸易或国内调运活动频繁高风险场所进行定点监测。

② 风险评估：研究了少花蒺藜草生物学生态学特性。根据检疫性有害生物风险分析程序，从地理评估和管理标准、定殖及定殖后扩散和入侵可能性、传播途径和危害性、防控的可能性和难度等几个方面对少花蒺藜草的入侵风险进行分析。结果表明：少花蒺藜草在我国的适生面积广，定殖、传播、扩散能力强；种子量大，危害性大，防控难，一旦进一步传入、扩散，将对我国的国民经济、生态环境和农业生产造成极大的破坏，所以少花蒺藜草属于高风险的恶性入侵植物。

③ 检疫鉴定：在原国家质量监督检验检疫总局发布的中华人民共和国出入境检验检疫行业标准《蒺藜草属检疫鉴定方法》（SN/T 2760—2011）中规定了蒺藜草属杂草的植株、刺苞、小穗、种子的检疫鉴定方法。并对刺蒺藜草、长刺蒺藜草、少花蒺藜草鉴定特征进行了对比详细说明。

形态学鉴定（引自行业标准SN/T 2760—2011）

主要通过肉眼或借助放大镜、解剖镜等对少花蒺藜草的小穗、种子进行鉴定，具体鉴定方法如下：

目测鉴定：用肉眼或借助扩大镜将挑拣的杂草籽实进行分类鉴定，挑取疑似蒺藜草属的刺苞、小穗、种子。特征：小穗一至数枚簇生于刺状总苞内，总苞球状，常具多枚硬刺或刚毛，刺苞球形，其裂片于中部以下连合，背部被细毛，边缘被白色纤毛，顶端具倒向糙毛，基部具一圈小刺毛，裂片直立或反曲，但彼此不相连接；小穗无柄，披针形；第一颖薄膜质，狭小，卵状披针形，具一脉；第二颖卵状披针形，具 3～5 脉；第一小花的外稃具 5 脉，与小穗近等长，外稃成熟后质硬，先端渐尖，边缘包卷同质内稃。内稃狭长，长与外稃近等；第二小花的外稃质地较厚，具 5 脉；内稃稍短。颖果，卵圆形或近卵圆形，背腹略扁，胚部大而明显，种脐褐色。

镜检鉴定：将疑似蒺藜草属的果实置放解剖镜下，观察小穗、颖果的外部形态特征。并依据少花蒺藜草小穗、颖果等的形态特征，对疑似籽实进行种类鉴定。从外观上难于鉴别时，可用解剖刀及解剖针对刺苞及种子进行解剖，观察小花、颖片、颖果的形态特征。少花蒺藜草与近缘种的特征比较见表 8–2 所示。

表 8-2　少花蒺藜草与近缘种的特征比较表

种　名			刺蒺藜草 *C. echinutus* L.	长刺蒺藜草 *C. longispinus* (Hack.) Fern.	少花蒺藜草 *C. spinifex* Cav.
刺状总苞	数量		60 个	40 个	8～20 个
	刺		刚毛状，下部苞片较纤细，呈刚毛状，上部苞片较硬	刺状；最长的刺通常大于 5.0 mm	刺状；最长的刺通常小于 5.0 mm
	刺边缘		密生长柔毛	通常无毛	刺苞及刺的下部具柔毛
	刺的数量		密生	10 余个	通常 10 个左右
	大小（mm）		5～6	4～5	6～8
小穗	数量		2～7	2～4	2～4
	不育小穗	颖片	膜质	膜质	膜质
		小花	仅存内外稃	仅存内外稃	仅存内外稃
	可育小穗	颖片	第 1 颖三角状卵形，长约 2 mm，先端渐尖；第 2 颖卵状披针形，长 3.5～5.0 mm，具 5 脉	颖片膜质，第 1 颖三角形，短于小穗，具 1 脉；第 2 颖与小穗等长，具 5 脉	第 1 颖三角形，短于小穗；第 2 颖具 3～5 脉
		不育小花	外稃卵状披针形，膜质，与小穗等长或稍短，具 5 脉；内稃线状披针形，具 2 脉	外稃狭卵形，膜质，与小穗等长，具 5 脉；内稃狭卵形，膜质，短于外稃，具 2 脉	外稃，膜质，与小穗等长，具 5 脉；内稃，膜质，短于外稃，具 2 脉
		结实小花	外稃卵状披针形，与小穗等长，革质，具 5 脉，先端渐尖，边缘卷曲紧抱同质内稃，基部表面有 U 形隆起；内稃具 2 脉，背面光滑，有时近顶端于 2 脉之间疏生向上的短刺毛	外稃革质，表面光滑，有光泽，具 5 脉，基部中央有 U 形隆起；内稃革质，具 2 脉	外稃质硬，背部平坦，先端尖，具 5 脉，上部明显，边缘薄，包卷内稃；内稃突起，具 2 脉，稍成脊
		颖果	阔卵形，长 2.0～3.0 mm，宽 1.5～2.0 mm，呈淡黄褐色；胚体长，约占果体的五分之四；脐卵形，呈黑褐色	阔卵形，长 2.0～3.0 mm，宽 2.5 mm，两端钝圆，或基部急尖；胚体大；脐褐色	几呈圆形，长 2.7～3.0 mm，宽 2.4～2.7 mm，黄褐色或深褐色；胚极大，圆形，几乎占果体整个背面；脐深灰色

④ 检疫监测：少花蒺藜草监测方法包括访问调查和实地调查。

A 访问调查：向当地居民询问是否发现疑似少花蒺藜草的植物及发生地点、发生时间、危害情况、传入途径等信息；每个社区或行政村询问调查人员应≥ 30 人；对发现少花蒺藜草可疑存在的地区，进行深入重点调查。

B 实地调查：选择典型生境设置样地，样地面积应≥ 667 m^2；采用样方法进行监测，抽样方法可采用随机取样、棋盘式取样等；每块样地设置样方数应≥ 10 个，样方规格为 0.25 m^2（0.5 m × 0.5 m）、1 m^2（1 m × 1 m），两样方之间的间隔应≥ 20 m；在少花蒺藜草营养生长期或花期进行监测；观察有无少花蒺藜草危害，记录少花蒺藜草发生面积、密度、危害植物、覆盖度及样地信息（经纬度、海拔、样地地理信息、生境类型、物种组成）。

⑤ 检疫实例：

植物检疫实例分析 8-9：2014 年 9 月，福建出入境检验检疫局从来自阿根廷满载大豆轮船中截获少花蒺藜草、黑高粱等检疫性有害生物，其中少花蒺藜草为福建辖区首次截获。2015 年 6 月，深圳蛇口出入境检验检疫局从来自阿根廷满载 68389 t 大豆的轮船中截获少花蒺藜草、黑高粱、假高粱等检疫性有害生物，其中少花蒺藜草为深圳地区首次截获。我国进口大豆等粮谷数量大，需进一步加强对少花蒺藜草的检疫工作。

小结

非寄生型检疫性杂草种类相对较多，其中我国进境非寄生型检疫性杂草有 39 个种（属）、全国农业非寄生型检疫性杂草有 2 种，全国农业寄生型检疫性杂草仅有 1 种。毒麦、假高粱、长芒苋、法国野燕麦、刺萼龙葵、豚草、薇甘菊、少花蒺藜草、疣果匙荠、齿裂大戟、宽叶高加利、毒莴苣和意大利苍耳等为代表性种类，掌握其基础知识和检疫方法具有重要意义。

【课后习题】

1. 检疫性杂草有哪几大类？不同类别间有什么异同？

2. 请结合国内外检疫截获实例及寄生型检疫性杂草的基础知识，分析其检疫重要性、目前及未来的检疫方法和技术。

3. 请结合国内外检疫截获实例及非寄生型检疫性杂草的基础知识，分析其检疫重要性、目前及未来的检疫方法和技术。

4. 我国从欧洲、北美洲和南美洲进口粮食作物，分别需关注哪些检疫性杂草？需要采取哪些检疫方法和技术？

【参考文献】

Monaghan N，黄宝华.1981. 假高粱的生物学. 植物检疫，(1): 36–40.

安瑞军. 2013. 外来入侵植物—少花蒺藜草学名的考证，植物保护，39(2): 82–85.

蔡志伟，邓琼，李太虎，等. 1996. 沙头角口岸首次截获向日葵列当. 植物检疫，(1): 62.

车晋滇，刘全儒，胡彬 . 2006. 外来入侵杂草刺萼龙葵. 杂草科学，(3): 58–60.

陈卫民. 2008. 新疆向日葵有害生物. 北京：科学普及出版社.

董文勇，林谷园，吕问贤. 2009. 福清口岸在进境空箱中截获检疫性杂草假高粱和三裂叶豚草. 植物检疫, 23(1): 17.

福建检验检疫局. 福建检验检疫局首次截获检疫性有害生物少花蒺藜草，中国质量新闻网，2014–09–14，http://www.cqn.com.cn/news/zjpd/dfdt/951256.html.

付卫东，张国良，王忠辉. 2018. 花蒺藜草监测与防治. 北京：中国农业出版社.

高芳，徐驰. 2005. 潜在危险性外来物种——刺萼龙葵. 生物学通报, 40(9): 11–12.

关广清，张玉茹，孙国友，等. 2000. 杂草种子图鉴. 北京：科学出版社.

关广清，印丽萍. 1997. 杂草种子图鉴. 北京：科学出版社.

郭静敏. 1998. 内蒙古自治区菟丝子种类分布和寄主范围调查初报. 植物检疫，12(6): 3–5.

郭琼霞，庄蓉，黄振，等. 2012. 应用 EST–ILPs 分子标记技术快速鉴定菟丝子属种子 [J]. 植物保护，38(6): 101–104.

郭琼霞. 1998. 杂草种子彩色鉴定图鉴 . 北京：中国农业出版社.

郭水良，方芳，倪丽萍，等. 2006. 检疫性杂草毒莴苣的光合特征及其入侵地群落学生态调查 . 应用生态学报, 17(12): 2316–2320.

国家市场监督管理总局、中国国家标准化管理委员会. 2021. 长芒苋检疫鉴定方法 : GB/T 40193—2021. 北京：中国标准出版社.

何影，马森. 2018. 入侵植物意大利苍耳种子萌发对环境因子的响应. 生态学报，38(4): 1226–1234.

黄世水，古谨. 1996. 从进口美国玉米中检出假高粱和三裂叶豚草. 植物检疫, (6): 60.

康林，黄佩卿，王颖，等. 2000. 深圳发现有害杂草——薇甘菊. 植物检疫, (4): 215–216.

李书心. 1992. 辽宁植物志 (下册). 沈阳 : 辽宁科学技术出版社.

李扬汉. 1998. 中国杂草志. 北京：中国农业出版社.

李振宇. 2003. 长芒苋——中国苋属一新归化种. 植物学通报, 20(6): 734–735.

林玉，谭敦炎. 2007. 一种潜在的外来入侵植物：黄花刺茄. 植物分类学报，45(5): 675–685.

刘慧圆，明冠华. 2008. 外来入侵种意大利苍耳的分布现状及防控措施. 生物学通报, 43(5): 15–16.

刘晓红. 2009. 黑龙江省菟丝子种类及寄主范围. 植物检疫，23(3): 60.

邵华，彭少麟，刘运笑，等. 2002. 薇甘菊的生物防治及其天敌在中国的新发现. 生态科学，21(1): 33–36.

万方浩，刘全儒，谢明. 2012. 生物入侵：中国外来入侵植物图鉴. 北京：科学出版社.

万方浩，侯有明，蒋明星. 2015. 入侵生物学. 北京：科学出版社.

王志西，刘祥君，高亦珂，等. 1999. 豚草和三裂叶豚草种子休眠规律研究. 植物研究，19(2): 159–164.

薇甘菊的入侵、危害与防控技术研究. http://swrq. jpkc. cc / swrq / showindex /175 /102.

魏守辉，张朝贤，黎春花. 2008. 外来恶性杂草假高粱种子萌发特性研究. 中国农业科学，(1): 116–121.

吴海荣，强胜，段惠 . 2004. 假高粱的特征特性及控制. 杂草科学, (1): 54–56.

席佳文，娄魏. 1995. 独脚金的生物学及危害. 植物检疫, 93(2): 97–98.

徐海根，强胜 . 2011. 中国外来入侵生物. 北京：科学出版社.

徐晗. 2010. 中国苋属植物的研究. 北京：中国科学院植物研究所 .

徐晗，李振宇，李俊生. 2017. 基于 ITS 序列的中国外来苋属植物系统关系分析. 广西植物，37(2): 139– 144.
徐军，李青丰，王树彦. 2011. 科尔沁沙地蒺藜草属植物种名使用建议. 杂草科学，29(4): 1– 4.
印丽萍，刘勇，范晓虹，等. 2011. 疾黎草属检疫鉴定方法: SN/T 2760—2011. 北京：中国标准出版社.
印丽萍，叶军，华兆强，等. 2004. 上海局在进口薰衣草香料里发现假高粱. 植物检疫，(2): 72.
印丽萍. 1995. 菟丝子属主要种的分类记述 (三). 植物检疫，9(5): 290–296.
印丽萍. 2018. 中国进境植物检疫性有害生物–杂草卷. 北京：中国农业出版社.
袁淑珍，张永宏. 2008. 检疫杂草——菟丝子. 生物学通报，43(11): 15–17.
张国良，曹坳程，付卫东. 2010. 农业重大外来入侵生物应急防控技术指南. 北京：中国科学出版社.
张国良，付卫东，张衍雷，等. 2015. 外来入侵植物监测技术规程少花蒺藜草 : NY/T 2689. 北京：中国标准出版社.
张路，马丽清，高颖，等. 2012. 外来入侵植物齿裂大戟的生物学特性及其防治. 生物学通报，47(12): 43–45.
张学坤，姚兆群，赵思峰，等. 2012. 分枝列当在新疆的分布、危害及其风险评估. 植物检疫，(6): 31–33.
张裕君，刘跃庭，廖芳，等. 2009. 基于 *rbcL* 基因序列的欧洲菟丝子分子检测. 植物保护，35(4): 110–113.
郑雪浩，蒋自珍，章丽华. 2008. 假高粱种籽休眠期新探. 植物检疫，(3): 150–152.
中国科学院中国植物志编辑委员会. 1979. 中国植物志. 北京：科学出版社.
中华人民共和国国家质量监督检验检疫总局，中国国家标准化管理委员会. 2011. 刺萼龙葵检疫鉴定方法: GB/T 28088—2011. 北京：中国标准出版社.
中华人民共和国国家质量监督检验检疫总局，中国国家标准化管理委员会. 2011. 薇甘菊检疫鉴定方法: GBT 28109—2011. 北京：中国标准出版社.
中华人民共和国国家质量监督检验检疫总局，中国国家标准化管理委员会. 2013. 法国野燕麦检疫鉴定方法: GB/T 29575—2013. 北京：中国标准出版社.
中华人民共和国国家质量监督检验检疫总局，中国国家标准化管理委员会. 2018. 豚草属检疫鉴定方法: GB/T 36839—2018. 北京：中国标准出版社.
中华人民共和国国家质量监督检验检疫总局，中国国家标准化管理委员会. 2004. 菟丝子属的检疫鉴定方法: SN/T 1385—2004. 北京：中国标准出版社.
中华人民共和国国家质量监督检验检疫总局，中国国家标准化管理委员会. 2011. 假高粱检疫鉴定方法: SN/T 1362—2011. 北京：中国标准出版社.
中华人民共和国国家质量监督检验检疫总局，中国国家标准化管理委员会. 2012. 独脚金属检疫鉴定方法: SN/T 3442—2012. 北京：中国标准出版社.
中华人民共和国国家质量监督检验检疫总局. 2015. 齿裂大戟检疫鉴定方法: GB/T 32142—2015. 北京：中国标准出版社.
中华人民共和国国家质量监督检验检疫总局. 2002. 植物检疫 – 列当的检疫鉴定方法: SN/T 1144—2002. 北京：中国标准出版社.

中华人民共和国国家质量监督检验检疫总局. 2009. 毒莴苣检疫鉴定方法: SN/T 2339—2009. 北京：中国标准出版社.

中华人民共和国国家质量监督检验检疫总局. 2011. 疣果匙荠检疫鉴定方法: GB/T 28110—2011. 北京：中国标准出版社.

中华人民共和国国家质量监督检验检疫总局. 2012. 宽叶高加利检疫鉴定方法: SN/T 3285—2012. 北京：中国标准出版社.

中华人民共和国国家质量监督检验检疫总局. 2015. 毒麦检疫鉴定方法: SN/T 1154—2015. 北京：中国标准出版社.

CABI. 2019. *Cuscuta europaea* (European dodder). https://www.cabi.org/isc/datasheet/17113.

Colbert B. 1979. Johnsongrass, a major weed in soybeans, Hacienda, 74(3): 21–35

ISAAA. https://gd.eppo.int/taxon/AVELU.

ISAAA. https://www.plants.usda.gov/core/profile?symbol=LOTE2

第9章
植物检疫学面对的挑战、机遇与对策

本章简介

新时代、新征程，高质量发展是全面建设社会主义现代化国家的首要任务。植物检疫在落实总体国家安全观工作中发挥着重要作用，同样需要高质量发展。植物检疫学是研究植物检疫的科学，更需与时俱进、守正创新，在生物安全、高质量共建“一带一路”、人类命运共同体构建中做出更大贡献。本章结合植物检疫实例，系统分析了植物检疫学面对的挑战、拥有的机遇和发展的对策，旨在理实并重、勇毅前行，预防生物入侵、保护生物安全、促进经贸发展。

学习目的

使学习者认识、掌握植物检疫学面对的挑战、拥有的机遇和发展的对策，并做到理论联系实际。

思维导图

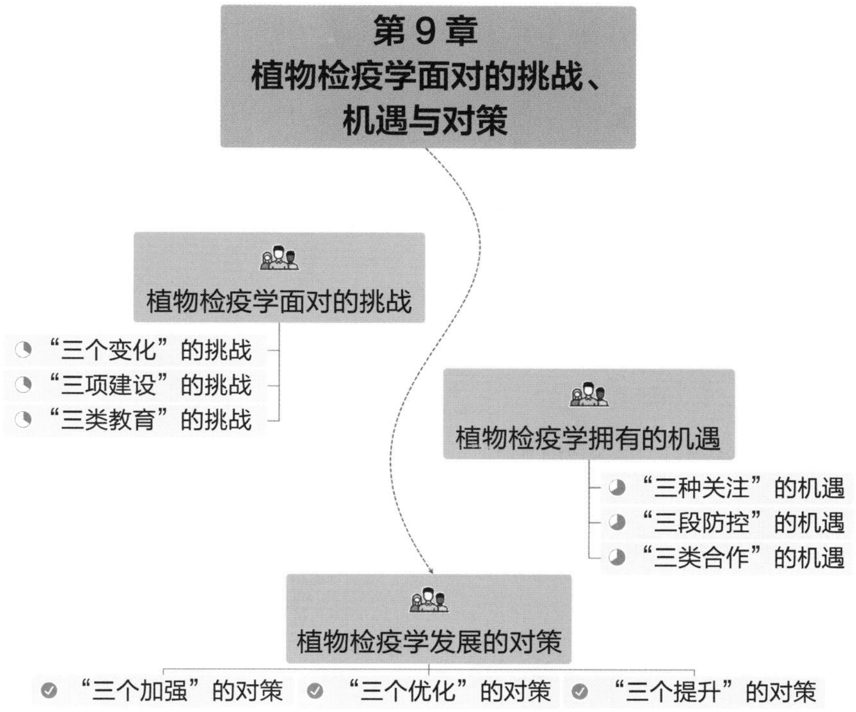

课前思考

❖ **一个为什么**：为什么植物检疫和植物检疫学离不开人类命运共同体的构建？

❖ **三个是什么**：植物检疫学面对的挑战是什么？植物检疫学拥有的机遇是什么？植物检疫学发展的对策是什么？

❖ **两个怎么办**：怎么推进植物检疫学的高质量发展？怎么推进全球植物检疫的高质量发展？

9.1 植物检疫学面对的挑战

学习重点

- 明确植物检疫学所面对的主要挑战；
- 掌握分析植物检疫学面对挑战的主要方法。

世界是运动变化着的，植物检疫以及植物检疫学也在不断发展前行中。在某个发展阶段，任何科学都会面对相关的挑战，植物检疫学也不例外。当前，植物检疫学面对哪些挑战？结合当前全球发展和植物检疫实际，从“三个变化”“三项建设”和“三类教育”的角度（图 9–1），分析、明确植物检疫学所面对的主要挑战，是进一步思考、讨论植物检疫学所拥有机遇及发展对策的基础。

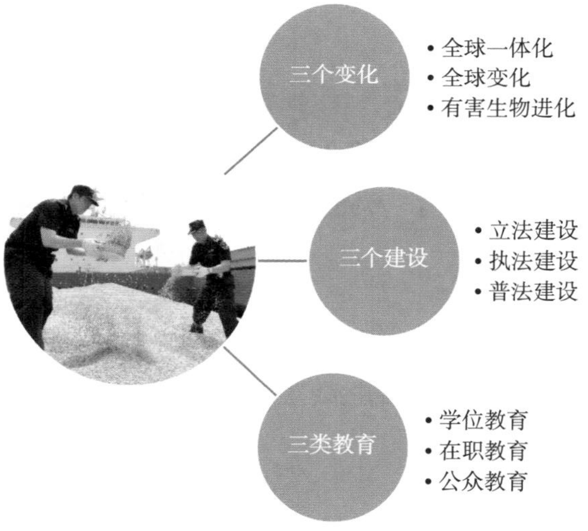

图 9–1　植物检疫学面对的主要挑战示意图（李志红制作）

9.1.1 “三个变化”的挑战

“三个变化”，是植物检疫学正在面对的主要挑战之一。何谓“三个变化”？第一，是全球一体化；第二，是全球变化；第三，是有害生物进化。“三个变化”给全球植物检疫和植物检疫学带来了新的挑战。

1）来自全球一体化的挑战

全球一体化（global integration），也称全球化（globalization），是 20 世纪 80 年代以来在世界范围日益凸现的新现象，主要表现为全球经济一体化，即各国经济彼此相互开放，并形成相互联系、相互依赖的有机体。在全球化背景下，进出口贸易和人员往来均快速发展，越来越多的农产品、铺垫材料和包装物、装载容器、运输工具以及人口在世界范围内流动。通过相关的统计数据，能够认识到全球化的发展趋势，同时能够认识到植物检疫、植物检疫学所面对的挑战：① 农产品进出口贸易的相关数据。依据来自世界贸易组织（WTO）的数据，统计了 2000—2019 年的全球农产品进出口贸易数额，结果显示，进口贸易数额从 5939.8 亿美元增长为 18277.5 亿美元，出口贸易数额从 5498.5 亿美元增长为 17828.8 亿美元（图 9-2）。那么，我国近年的农产品进出口情况如何呢？来自海关总署的信息显示，2019 年我国农产品进出口额为 2300.7 亿美元，同比增 5.7%；2022 年我国农产品进出口额达到 3343.2 亿美元，同比增长 9.9%。②人员往来的相关数据。依据来自世界银行（WB）的数据，统计了 2000—2019 年的世界旅游收入数额，结果显示，相关数额从 5962.6 亿美元增长至 18600 亿美元（图 9-3）。来自我国国家移民管理局数据显示，2019 年我国边检机关检查出入境人员 6.7 亿人次，同比增长 3.8%；检查出入境交通运输 3623.5 万辆（架、列、艘）次，同比增长 3.4%；全年，内地居民出入境 3.5 亿人次，香港、澳门、台湾居民来往内地（大陆）分别为 1.6 亿、5358.7

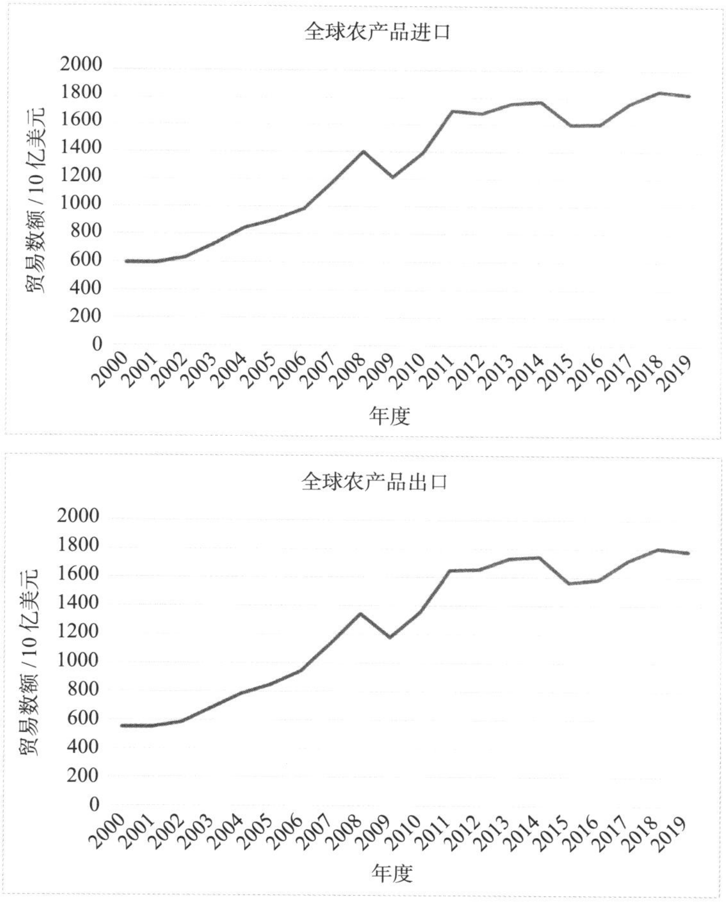

图 9-2　2000—2019 年全球农产品进出口贸易数额走势（数据来自 WTO）

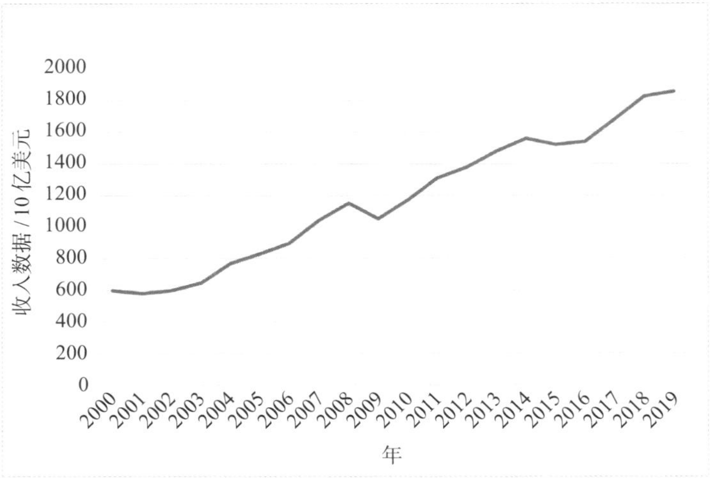

图 9–3　2000—2019 年世界旅游收入数额走势（数据来自 WB）

万、1227.8 万人次，外国人入出境 9767.5 万人次。③我国进出境货运、运输工具及人员的相关数据。来自我国海关总署的综合性数据显示，2013—2019 年，我国进出口货运量及货值、进出境集装箱和运输工具、进出境人数，均不断攀升（表 9–1）。

表 9-1　我国 2013—2019 年进出境货物、工具及人员信息

年份	进出口货运量 / 亿 t	进出口货值 / 万亿美元	进出境集装箱 / 万箱次	进出境船舶 / 万艘次	进出境汽车 / 万辆次	进出境火车 / 万节次	进出境飞机 / 万架次	进出境人数 / 亿人次
2013	36.0	4.3	9275.0	64.8	2883.0	265.0	66.0	4.5
2014	38.9	4.5	9790.0	63.8	2922.0	220.0	72.0	4.9
2015	39.5	4.1	9843.0	63.7	2889.0	179.0	83.0	5.2
2016	39.8	3.9	10315.0	62.6	3308.0	197.0	95.0	5.7
2017	42.7	4.4	11165.0	64.6	3436.0	249.0	98.0	6.0
2018	44.5	4.9	11361.0	60.2	3441.0	299.0	110.0	6.5
2019	45.8	4.7	11496.0	61.0	3581.0	416.0	117.0	6.7

（引自李志红、杨汉春，2021）

通过上述三方面的信息可见，全球一体化促进了发展，同时也给植物检疫和植物检疫学带来了更大挑战。全球一体化给植物检疫、植物检疫学带来的主要挑战包括：①外来有害生物进入风险增高：进出口货运量及货值，进出境集装箱、船舶、汽车、火车、飞机及人员数量的不断增长，使植物病原物、害虫及杂草，特别是检疫性有害生物随着这些载体从输出国抵达输入国口岸的频次更多、数量更大、进入风险更高；②植物检疫监管任务增多：货物及人员往来大大增加了检疫许可、检疫申报、现场查验、实验室检测、检疫处理以及疫情监测、隔离检疫、境外预检、产地检疫、调运检疫等的监管任务；③植物检疫监管难度增大：进境旅客携带物的多样性、跨境电商邮寄物的隐蔽性、集装箱等装载容器的重复性、火车等运输工具的流动性等，均增大了植物检疫监管的难度。

2）来自全球变化的挑战

全球变化（global change），一般指整个地球系统及其支持生命的环境，在生命活动特别是人类活动影响下所发生的一系列变化，包括气候变化、氮沉降、温室气体浓度增加、生物多样性减少、生物入侵增加等表现形式，其中，气候变化是全球变化的主要表现形式，包括气候变暖、极端气候事件频发、大气环流改变等。在过去的 100 年间，全球温度上升了约 1℃，气候变暖以前所未有的速度影响了全球的生态系统，驱动了生态系统功能改变。国内外研究表明，气候变暖促进了外来有害生物的分布范围扩大、生长加速、繁殖增多，从而给农作物带来更大的损失。例如，2018 年 8 月，美国华盛顿大学的 Deutsch 等在国际顶尖学术期刊 *Science* 上发表题为 *Increase in crop losses to insect pests in a warming climate* 的论文，即《气候变暖增加害虫带来的作物损失》。该文利用所建立的温度与害虫种群增长及代谢率的关系模型，研究气候变暖如何且引起害虫危害而带来的水稻、玉米和小麦的损失（Deutsch et al., 2018）（图 9–4）。该研究发现，气候变暖有利于害虫的发生和危害；平均温度每升高 1℃，害虫危害增加造成的全球农作物产量的损失将增加 10%～25%；平均温度升高 2℃，全球小麦、水稻、玉米的产量损失中位数增长分别为 46%、19% 及 31%。在我国，同样能够体会到气候

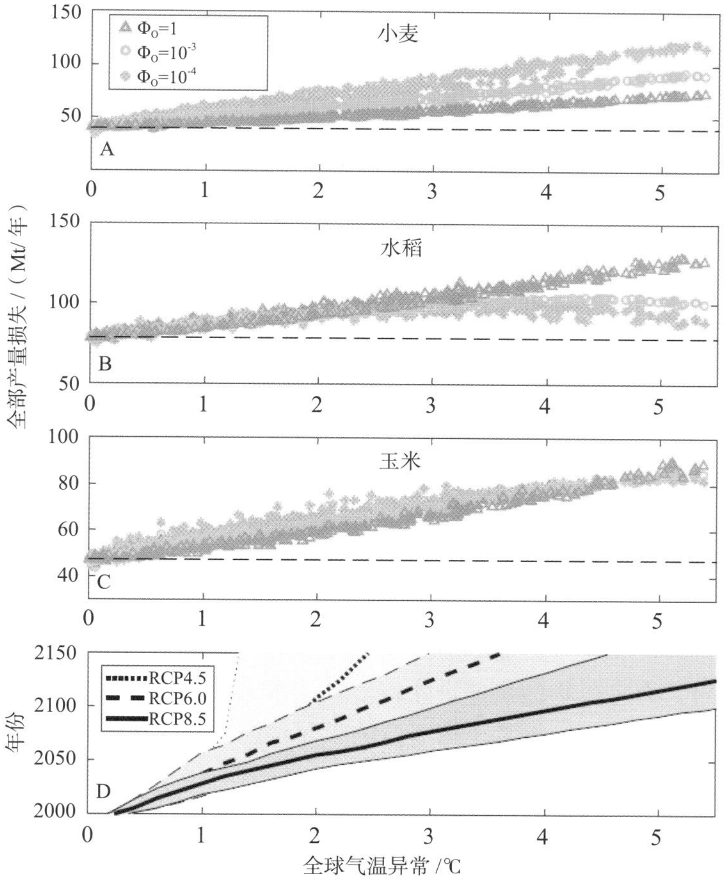

图 9–4　气候变暖增加害虫带来的主要作物损失（引自 Deutsch et al., 2018）

RCP4.5，是另一种政府干预下的气候情景，总辐射强迫在 2100 年之后稳定在 4.5 W·m^{-2}
RCP6.0，是有政府干预下的气候情景，总辐射强迫在 2100 年之后稳定在 6.0 W·m^{-2}；
RCP8.5，是无政府干预下的气候情景，总辐射强迫在 2100 年之后稳定在 8.5 W·m^{-2}；
Φ_O 为滞育存活率

变暖带来的影响，暖冬频次越来越多，原本发生在热带和亚热带地区的有害生物越来越多地出现在温带地区，向高纬度地区进一步扩散的风险仍在加剧，如橘小实蝇等检疫性有害生物。

从国内外相关研究和外来有害生物入侵实际来看，全球变化给植物检疫、植物检疫学带来更多的挑战，主要包括：①外来有害生物的潜在分布范围加大：在气候变化的背景下，更多的植物有害生物在新区的定殖可能性增加，潜在分布范围加大，潜在危害加剧；②外来有害生物的自然传播风险增高：气候变化带来的极端天气增加，使更多的植物有害生物通过气流、风、雨等自然传播途径入侵的可能性加大，远距离传播风险增高；③植物检疫监管效能降低：气候变化可能影响植物检疫原有措施，导致其效能降低，从而影响检疫性有害生物的阻截及根除效率。

3）**来自有害生物进化的挑战**

有害生物进化（pest evolution），是一切植物病原物、害虫、杂草等发生、发展的演变过程，种群是有害生物进化的最小单位。长期以来，关于生物进化时间，早期的生物学家认为进化本身是一个漫长（数千年）的过程，不能在生物入侵新环境的短期内发生。近年来，国内外研究发现，适应性进化可以在时间非常短的生态尺度（如数年）下发生。通过第 2 章的学习，已掌握了植物有害生物及其主要入侵机制。在有害生物入侵速率日趋加快的今天，理解有害生物进化如何在其进入、定殖、扩散、暴发各阶段发挥的作用，将有助于预测有害生物入侵的可能性并预防其入侵。有害生物进化机制在其入侵中的作用，主要表现在三个方面：①外来有害生物在原区域的进化和对新区域的提前适应。外来有害生物在原区域已经进化产生了易于被人类活动传播的表型，且可以在由运输及新区域环境产生的选择压力下生存。②外来有害生物在新区域的进化：外来有害生物需要经历二次或多次入侵、杂交、染色体和基因复制才能产生足够的基因多样性以应对新环境的选择，而产生这些基因多样性需要一定时间。对于生活史短的有害生物，在新区域能够在更短时间内产生适应性进化。③外来有害生物对于本地有害生物产生的选择压力：外来有害生物可以直接对新区域的有害生物施加选择压力，也可通过快速改变新区域的自然环境间接对新区域本地物种施加选择压力。

从国内外相关研究及有害生物入侵防控实际来看，有害生物进化给植物检疫、植物检疫学带来更多的挑战，主要包括：①更大的进入风险：有害生物在原区域的进化使其具有更强的耐受力，有利于更多繁殖体的进入，从而增加有害生物的进入风险。②更大的定殖风险：有害生物在原区域和 / 或在新区域的快速适应性进化，均有利于其适应这一新环境并建立种群，从而增加有害生物的定殖风险。③更大的扩散风险：在扩散过程中，有害生物的快速进化有助于其进一步扩散至更新的区域，适应更新的环境，从而增加有害生物的扩散风险。④更大的暴发风险：有害生物的快速进化将使其抗逆力不断增强，种群数量大幅增长，从而增加暴发成灾的风险。通过第 1 章至第 8 章的学习，已掌握植物检疫更注重预防、植物检疫学更注重预防的原理、方法与技术的研究，因此，针对有害生物进化，更大的进入风险、更大的定殖风险和更大的扩散风险是植物检疫、植物检疫学面对的更为突出的挑战。

综上所述，植物检疫、植物检疫学正在面对“三个变化”的挑战。第一，全球化带来的挑战，特别是全球经济一体化，极大地促进了国际贸易和旅行的发展，为外来有害生物提供了越来越多的传播途径；从货检、旅检以及邮检三种方式，能够体会到相应的进出口货物、进出境的人口以及新贸易形式越来越多，外来有害生物的传播风险越来越大。第二，全球变化带来的挑战，特别是全球气候变暖极大地改变了植物和有害生物的生存环境，为外来有害生物提供了越来越好的发生条件；检疫性病原物（菌物、原核生物、病毒与类病毒、线虫等）、害虫（昆虫、软体动物等）和杂草（寄生型杂草、非寄生型杂草），在全球的适生范围越来越宽了。第三，有害生物进化带来的挑战，特别是人类活动干预、环境条件的变化以及有害生物与寄主植物的协同进化，极大地促进了有害生物抗逆性、耐受性和适应性的提高，进一步促进了外来有害生物致害机理及入侵机制的形成，使有害生物具备了越来越强的危害能力。

9.1.2 “三项建设”的挑战

“三项建设”对植物检疫学提出了新挑战。何谓“三项建设”？一是立法建设；二是执法建设；三是普法建设。“三项建设”，特别是如何高质量开展“三项建设”，对全球植物检疫和植物检疫学提出了新挑战。

1）来自立法建设的挑战

通过第 1 章、第 3 章的学习，已认识到法制性是植物检疫的最基本属性，并已掌握了国内外植物检疫的主要法规。不同国家的植物检疫法规立法建设，尽管开启时间、发展历程各有不同，但法规体系基本一致。随着更大范围的生物入侵防控等生物安全的需要，一些国家先后颁布了生物安全法，这些法规中包括了针对植物检疫的相关规定。例如，1993 年，新西兰制定了世界上第一部生物安全法；2015 年，澳大利亚颁布了其生物安全法并取代了以前的检疫法；2020 年，我国公布了生物安全法。近年来，我国学者撰文分析了澳大利亚的植物检疫机构及相关法律法规，从中能够把握其生物安全法给植物检疫工作带来的变化（孙双艳等，2018）。长期以来，澳大利亚的植物检疫制度比较健全，植物检疫措施较为严格。1908 年，澳大利亚颁布了世界上首部检疫法，构建了严格的动植物检疫体系；为适应生物安全风险变化及日益严峻的疫病和有害生物传入风险，2015 年，澳大利亚颁布了新的生物安全法，并取代了沿用一百多年的检疫法，该法已于 2016 年 6 月全面生效。相对于其检疫法而言，生物安全法所辖的范围更广，管理的理念更加先进；该法共包含 11 篇 66 章，主体部分围绕人类健康、货物、运输工具、压舱水沉积物等风险对象展开，并按照风险管理行为进行了相关的表述，如监测、控制、应急响应、风险管理方案批准、紧急事件应对、合规执法等。从主管机构来看，2015 年前，澳大利亚主管农业和检疫的机构是农林渔业部；2015 年后，调整为农业与水资源部（Department of Agriculture and Water Resources, DAWR），负责其全国的进出境动植物检验检疫工作。DAWR 内设 16 个司局，其中 5 个司与动植物检验检疫相关，即动物生物安全司、植物生物安全司、生物安全法规与执行司、出口司、市场贸易司；原澳大利亚检验检疫局已撤销，业务已移至上述 5 个司。生物安全法的公布及施行，将会促进植物检疫立法建设向前发展。

我国的植物检疫法规体系，主要包括进出境植物检疫法规、全国农业植物检疫法规、全国林业植物检疫法规以及《中华人民共和国生物安全法》。表 9-2 比较了我国主要植物检疫法规的公布或发布时间和修订时间。从中，能够认识到我国植物检疫法规建设所面对的两大挑战：①法规体系急需优化：随着 1991 年《中华人民共和国进出境动植物检疫法》的公布、2020 年《中华人民共和国生物安全法》的公布，全国农业和林业植物检疫法规的立法建设更为迫切，如植物检疫法或植物保护法的立法工作。②部分法规亟须修订：《中华人民共和国进出境动植物检疫法》《中华人民共和国进出境动植物检疫法实施条例》自 1991 年公布及 1996

年发布后，一直未修订，生物安全法的公布、施行等，对进出境动植物检疫法及其实施条例的修订提出了更多需求。

表 9-2　我国植物检疫主要法规公布和修订时间的比较

序号	法规名称	公布 / 发布时间	最新修订时间
1	《中华人民共和国生物安全法》	2020 年 10 月 17 日	无修订
2	《中华人民共和国进出境动植物检疫法》	1991 年 10 月 30 日	无修订
3	《中华人民共和国进出境动植物检疫法实施条例》	1996 年 12 月 2 日	无修订
4	《植物检疫条例》	1983 年 1 月 3 日	2017 年 10 月 7 日
5	《植物检疫条例实施细则（农业部分）》	1983 年 10 月 20 日	2007 年 11 月 8 日
6	《植物检疫条例实施细则（林业部分）》	1984 年 9 月 17 日	2011 年 1 月 25 日

2）来自执法建设的挑战

植物检疫执法建设备受 FAO–IPPC 及各个缔约方的关注。如第 3 章所述，在 FAO–IPPC 实施过程中，执行与能力建设（implementation & capacity development）是五项核心活动之一，主要包括：① IPPC 缔约方向其他缔约方提供技术援助，以促进公约的实施；② IPPC 鼓励向发展中国家提供资助，以提高其 NPPOs 的能力；③ IPPC 鼓励缔约方参加相关 RPPOs，提高区域能力建设水平。尽管 FAO–IPPC 开展了大量的执法建设工作，但由于 185 个缔约方自身的特点，有关国家的植物检疫执法条件、能力和水平仍有待提升。由于各个国家经济发展水平不同，其植物检疫执法建设投入及效果有较大区别。相对于发达国家来说，大部分发展中国家在植物检疫执法建设中的投入偏少，这就会影响执法队伍、执法设施、执法能力及执法效力。当前，面对全球一体化等的快速发展需求，发展中国家在植物检疫执法建设方面的挑战普遍更大。

我国植物检疫执法建设也同样面对挑战，相对于进出境植物检疫来说，国内植物检疫所面对的挑战更大。近年来，我国植物检疫工作者对新时期农业植物检疫工作的形势与任务进行了分析（冯晓东等，2019）。该研究阐述了我国农业植物检疫工作的基础条件及面对的形势，如境外疫情传入风险增加，国内疫情扩散形势严峻等；分析了我国农业植物检疫在法治基础、履职能力、基础支撑和公众意识方面的工作短板；提出了立足保护产业发展，围绕重点区域理顺职责分工，统筹推进各项任务的工作思路。其中，在履职能力方面，该研究特别指出，管理分散、人员不足、能力欠缺是当前所面对的主要问题和挑战。①农业植物检疫力量分散：目前，农业植物检疫队伍体系仍存在行政执法、行政管理、技术支撑 3 个方面的机构，这些机构之间如不能建立有效的协调机制，则难以形成更大的合力。②农业植物检疫人员不足：基层植物保护植物检疫站人员严重不足，这是共性问题。③农业植物检疫能力欠缺：特别是在产地检疫、调运检疫、疫情监测调查方面，基本上还是以目测检查手段为主，精准、快速、灵敏的检测手段不足，疫情防控处置主要采取的是销毁、扑灭、高强度药剂防控等手段，缺乏除害处理、绿色防控等更加科学、更加经济的技术方法。上述 3 方面的挑战，也存在于我国林业植物检疫中。

同时，随着生物安全法的公布和施行，与植物检疫密切相关的外来入侵物种防控工作受到我国高度关注。例如，《外来入侵物种管理办法》已于 2022 年 5 月 31 日由农业农村部、自然资源部、生态环境部、海关总署公布，并自 2022 年 8 月 1 日起施行。针对外来入侵物种执法建设，我国海关系统面对更多挑战，主要表现在三个方面：①现场查验等监管任务倍增。“异宠”“海淘”等为外来物种提供了进入我国众多口岸的更多机会，从而给各个口岸带来查验及后续监管任务倍增的新挑战；②现场查验等监管技术欠缺。全球物种种类多样、鉴定难度加大，“异宠”更是如此，我国尚缺乏智能化、自动化的外来物种快速识别设备及软件，从而形成技术上的新挑战；③现场查验等监管能力不足。外来物种、外来入侵物种、外来有害生物、检疫性有害生物、限定的非检疫性有害生物等，对于具有植物保护、植物病理学、农业昆虫与害虫防治、植物检疫与农业生态健康等专业背景的海关关员来说，尚需加强学习并不断提升现场查验等监管能力，那么对于不具有生物学科背景的海关关员来说，无疑更是巨大的挑战。

3）**来自普法建设的挑战**

植物检疫普法建设是做好外来有害生物特别是检疫性有害生物入侵防控的重要一环。在《中华人民共和国生物安全法》中，规定了应加强生物安全法律法规和生物安全知识宣传普及工作，促进全社会生物安全意识的提升。通过第 3 章等章节的学习，已经掌握了一些违法案例，从中能够认识到普法建设的必要性和挑战性。最新信息显示，2023 年自然资源部国家林业和草原局、公安部、海关总署在全国范围内部署开展“护松 2023”专项整治行动，用以打击涉松材线虫病疫木违法犯罪行为；处置、销毁进口松木 1076.84 m^3、国内疫木 11233.49 m^3；查办案件 937 起，其中行政案件立案 842 起、罚款 269.81 万元，刑事案件立案 95 起，打击处理犯罪人员 103 名。

通过分析来自 2018—2019 年我国海关的截获报道，能够进一步提高对植物检疫普法建设面对挑战的认识。第 1 篇报道，来自济南海关，是有关旅客携带水果入境的案例；济南海关驻机场办事处发现 1 名自泰国入境的旅客携带了 24 盒榴梿，这是当年单一旅客携带水果数量最多的一次；此外，还发现 1 名香港的旅客携带了多达 21 种共 19.5 kg 的水果。第 2 篇报道，来自日照海关，是有关旅客携带植物种子入境的案例；3 名旅客的行李箱重量异常，通过 CT 机检查，图像显示是袋装颗粒物，开箱后查获了违规携带入境的白萝卜种子 223 包，重达 111.5 kg；这是日照口岸查获的最大一起植物种子违规携带入境事件。第 3 篇报道，来自广州白云机场海关，是有关旅客携带检疫性有害生物入境的案例（见第 1 章植物检疫实例分析 1-1）；外国留学生出于饲养宠物的目的携带两只活体非洲大蜗牛入境，而该蜗牛是我国规定的进境检疫性有害生物。通常，进境航班降落前会反复播放进境国的卫生检疫、动物检疫和植物检疫法规，且会特别提醒禁止携带的进境物有哪些。从上述实例中，能够认识到公众对植物检疫法规的不了解、不熟悉或某些公众存在“闯关”的侥幸心理。

近年来，“异宠”问题更为突出，生物安全普法建设面对巨大挑战。我国“异宠”爱好者一般通过网络联系国外卖家，卖家再通过寄递的方式将所购“异宠”发送至我国。来自海关总署的数据显示，2022 年全国海关开展“跨境电商寄递‘异宠’综合治理”专项行动，截获“异宠”等外来物种 991 种 2012 次，涉及蚂蚁、甲虫、蜗牛等多种害虫。例如，2021 年 5 月，广州海关在白云机场空港进境快件查获 2 批共 50 只巨人恐蚁（*Dinomyrmex gigas*），申报品名为“儿童帐篷 1 件”，但内有多只试管，每支试管中均有 1 只带翅的活体蚂蚁，长 20 mm 左右，巨人恐蚁是世界上体型最大的蚂蚁之一，原产于东南亚地区，可致人灼伤。又如，2022 年 10 月，上海海关所属邮局海关在一件申报品名为“纪念品”的进境邮件中，截获 62 只活体森林葱蜗牛（*Cepaea nemoralis*），该蜗牛主要分布于中欧、北欧和美国等地，危害各种蔬菜、瓜果、花卉等农作物。从上述实例中，同样能够认识到公众对生物安全法规及外来入侵物种的不了解或不熟悉或某些公众存在“闯关”的侥幸心理。

综上所述，“三项建设”对植物检疫、植物检疫学提出了新挑战。第一个挑战，是来自立法建设的挑战；特别是我国植物检疫法规体系不完善的挑战，以及综合性法规公布施行后植物检疫法规修订不及时带来的新挑战。第二个挑战，是来自执法建设的挑战；特别是我国植物检疫执法机构自 2018 年改革之后，需要一定的适应优化期，新形势下执法能力不足带来的新挑战；海关总署及其下属机构、农业农村部、国家林业与草原局及其下属机构等在新的形势下，相应的管理人员、技术人员的执法能力都亟须提高；全国农业及林业的基层植物检疫机构，其执法条件也亟须改善。第三个挑战，是来自普法建设的挑战；特别是针对我国植物检疫法律法规，部分企事业单位以及普通的百姓不知法、不懂法或者不自觉守法带来的新挑战；经常会发现旅客携带的禁止进境物或者邮寄进境的植物繁殖材料或新型“异宠”。立法、执法、普法是系统性的工程，当前植物检疫、植物检疫学面对的来自立法建设、执法建设、普法建设的新挑战，需要深入思考、充分应对。

9.1.3 “三类教育”的挑战

“三类教育”对植物检疫学提出了新挑战。何谓“三类教育”？一是学位教育；二是在职教育；三是公众教育。“三类教育”，特别是如何高质量开展“三类教育”，对全球植物检疫和植物检疫学提出了新挑战。

1）来自学位教育的挑战

在我国，学位教育主要由大学及科研院所来完成，大学涉及学士、硕士及博士学位，科研院所涉及硕士和博士学位。当前，在植物保护一级学科中，本科生为四年制项目，所对应的是农学学士学位；硕士研究生，有两年制和三年制项目，所对应的是硕士学位；博士研究生，有三年制和四年制项目，所对应的是博士学位；硕博连读研究生，为五年制项目，所对应的是博士学位。通过第一章的学习，已掌握当前我国农业高等院校本科生多以“植物保护专业”进行培养，部分高校开设了“动植物检疫专业”植物检疫方向，中国农业大学于 2023 年在“植物保护专业”首次设置了“植物生物安全微专业”。在研究生培养中，中国农业大学于 2004 年自主设置了“植物检疫与农业生态健康”专业并下设“植物检疫与入侵生物学”方向专门培养植物检疫等生物入侵防控高级专业人才，包括中文培养和全英文培养两种类型；少数高校和科研院所设置了“入侵生物学专业”“生物安全专业”培养生物入侵防控类人才；一些高校分别在“植物病理学专业”“农业昆虫与害虫防治专业”培养植物检疫类人才；而更多的农林院校及科研院所目前尚缺乏开展植物检疫学硕士学位和博士学位的专门培养条件。

通过前面章节的学习，能够认识到社会对植物检疫学专业人才的迫切需求，特别是高质量的专业人才。从国内外植物检疫实践来看，植物检疫学专业人才主要包括三个类别。一是管理型人才，如在检疫准入以及植物检疫法规的制定、实施和监管的过程中，更需要管理型的专业人才；二是应用型人才，如在有害生物风险分析、检疫抽样、检测鉴定、检疫处理及疫情监测等技术的推广应用中，更需要应用型的专业人才；三是研究型人才，如在外来有害生物入侵机制研究和有害生物风险分析、检疫抽样、检测鉴定、检疫处理及疫情监测等技术的研发创制过程中，更需要研究型的专业人才。当前，从全球来看，三类植物检疫学专业人才的培养不均衡，特别是大部分发展中国家缺乏培养硕士、博士人才的基础条件；在我国，对三类植物检疫学专业人才的培养尚不全面、不充分，人才培养质量尚需进一步提高。在培养植物检疫学三类人才的过程中，科技创新和高质量发展是我国面对的重大挑战。如前所述，随着全球经济一体化、全球变化、有害生物进化的发展，外来有害生物的入侵风险加大，而大部分进境检疫性有害生物、全国农业和林业检疫性有害生物尚缺乏入侵机制的专项研究，有害生物风险分析、检疫抽样、检测鉴定、检疫处理及疫情监测等自主知识产权的技术和产品的创制开发尚不充分。如何利用组学技术（图 9–5）、大数据技术以及人工智能技术等，来进一步促进外来有害生物入侵机制、定量智能型风险评估与风险管理技术、自动智能型检疫抽样技术、精准便捷型检测鉴定技术、环保高效型检疫处理技术以及实时智能型疫情监测技术研究与应用的提升？这些问题都是我国植物检疫学学位教育中亟须应对的挑战。

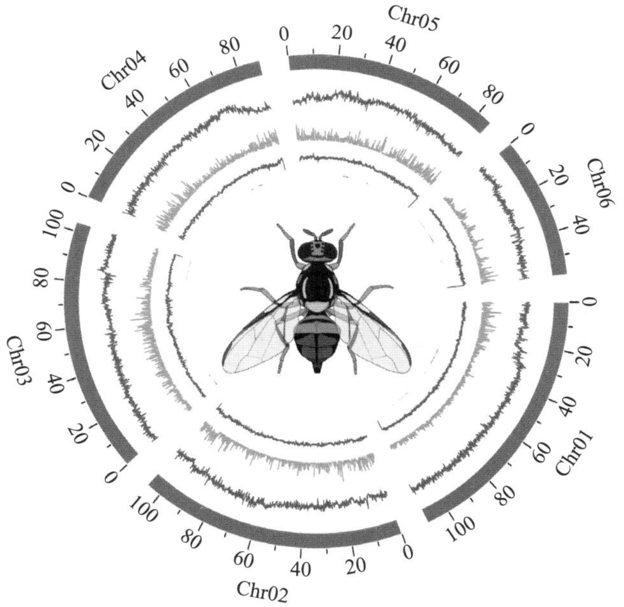

图 9–5　基于基因组学的橘小实蝇研究（引自 Zhang et al., 2022）

2）来自在职教育的挑战

植物检疫学在职教育，其对象是在植物检疫相关机构工作的管理人员、技术应用人员和技术研发人员，主要由植物检疫机构、高等院校及科研院所合作完成，多为短期培训的方式。在我国，海关总署、农业农村部、自然资源部国家林业和草原局下属机构经常组织在职人员进行植物检疫学方面的培训。例如，2023 年，针对检疫性有害生物红火蚁等防控与风险预警，全国农业技术推广服务中心组织了系列相关培训。

植物检疫实例分析 9–1：红火蚁防控与风险预警培训

背景：红火蚁被我国列为进境检疫性有害生物、全国农业检疫性有害生物和全国林业检疫性有害生物，为了进一步提高基层植物检疫人员的防控能力，2023 年 4 月和 9 月全国农业技术推广服务中心组织了相关培训。

简介：2023年4月，在浙江金华组织红火蚁应急处置工作推进现场暨风险预警技术培训，来自浙江省、上海市、江苏省和安徽省的100余名植物检疫技术人员参加了培训；培训活动邀请了中国科学院、中国农业大学和浙江农业科学院等有关专家，分别就红火蚁入侵扩散历史、风险预警及防控做了专题讲座，有关单位交流了红火蚁监测防控技术，此外还组织学员现场观摩了红火蚁根除和除害处理现场（图9-6）。2023年9月，在陕西延安组织全国红火蚁农业保护地风险预警和应急处置技术培训班，来自全国17省（自治区、直辖市）100余名植物检疫技术人员参加了培训；培训活动邀请了华南农业大学、中国农业大学和中国科学院有关专家就红火蚁入侵危害现状与趋势、定量风险评估技术及其应用、我国红火蚁新发生地的分布特征进行了理论授课，福建省植保检疫与农药管理总站介绍了该省红火蚁监测与防控的经验，有关企业针对红火蚁智能预警系统、防治及根除技术做了交流。学员们表示，培训时间安排紧凑、内容丰富、成效明显，既有理论授课，又有现场教学，不仅学习了红火蚁种类识别和风险预警方法，还普及了红火蚁监测与防控技术。

图9-6　红火蚁应急处置工作推进现场暨风险预警技术培训（李志红摄，2023年）

A. 浙江金华的红火蚁蚁巢；B. 学员们正在浙江金华一公园参加红火蚁防控现场教学

随着植物疫情、检疫法规、检疫技术等的发展，在职教育面对更多挑战。主要挑战表现在三个方面：①培训内容的挑战。植物检疫、植物检疫学与时俱进，原理、方法与技术方面的研究不断发展，需要为植物检疫相关机构的管理人员、技术应用人员和技术研发人员提供的培训内容越来越多，所带来的培训挑战度愈来愈大。②培训方式的挑战。以往的植物检疫学在职教育，多采用培训会、培训班的方式，由专家授课、现场观摩为主，而受训人员实际操作相对较少；随着植物检疫科学技术的发展，有关有害生物风险分析、检疫抽样、检测鉴定、检疫处理及疫情监测等新方法、新技术的应用类培训更为迫切，有关外来有害生物入侵机制及关键检疫技术研究的研发类培训更受关注。③培训效能的挑战。以往的植物检疫学在职培训一般为短期培训，在短期培训后，受训的管理人员、技术应用人员和技术研发人员的能力是否得到了提升？提升程度如何？能否解决植物检疫实际工作中管理、应用和研发的迫切需求？这些也是国内外植物检疫学在职培训面对的新挑战。

3）**来自公众教育的挑战**

植物检疫学公众教育至关重要，直接关系到预防生物入侵的宗旨能否实现，涉及检疫性有害生物、外来入侵物种及“异宠”等的预防与控制。植物检疫学公众教育的对象众多，主要包括三类人员：①企业工作人员。涉及国外引进、国内调运的种子、种苗等植物繁殖材料，也涉及进口、出口的植物、植物产品及其他相关货物。②高等院校和科研院所的工作人员。涉及植物育种及植物有害生物防治的研究材料，如携带有害生物、植物繁殖材料进境等。③普通民众。涉及携带和邮寄水果、种子、鲜花、“异宠”等进境，涉及植物繁殖材料国内调运及从疫区携带相关植物和植物产品到其他地区，也涉及饲养外来入侵物种及“异宠”等。植物检疫学公众教育通常由植物检疫机构、高等院校、科研院所以及相关媒体来开展，一般是定期进行集中宣传和经常性宣传相结合。例如，2023 年 4 月 15 日，是我国第 8 个全民国家安全教育日，各地海关、农业及林业植物检疫机构、高校及科研院所、电视台、电台等均开展了有关生物安全的集中宣传教育，涉及社区居民、中小学生等。

随着植物及植物产品贸易、科学技术研究以及生物安全的发展需要，公众教育面对的挑战度增加，主要涉及下述 3 个方面。①宣传教育对象的挑战：植物检疫公众教育对象众多，涉及不同的职业、不同的年龄以及不同的专业背景，针对众多群体如何开展高质量的公众教育，其挑战度日益增长。②宣传教育内容的挑战：绝大多数公众对外来物种、外来入侵物种、检疫性有害生物等知之甚少，加之近年来“异宠”问题格外突出，例如自 2020 年《中华人民共和国生物安全法》公布以来，尽管国家大力开展了生物安全方面的公众教育，但“异宠”问题仍很严峻（见植物检疫实例分析 9-2）。③宣传教育方式的挑战：相对于传统的以文字、图片为主要媒介的宣传教育方式，微信推送、抖音等新媒体的出现给植物检疫学公众教育带来更多挑战。

植物检疫实例分析 9-2：北京海关截获多种异宠甲虫

背景：甲虫是代表性的“异宠”，爱好者从海外购买并邮寄到中国，有的卖家或爱好者以“玩具”“个人用品”等名义虚假申报，企图“闯关”。

简介：2023 年 4 月，北京海关所属邮局海关在对进境邮件进行查验时，发现某申报为“玩具模型”的邮件内容物为两头活体甲虫；经鉴定，为四星角雏兜（*Brachysiderus quadorimaculata*）（图 9-7），雌雄各 1 头；该虫原产于南美洲秘鲁，在十余年前于日本流通，近年来逐渐成为我国“异宠”的新热点。此外，北京海关已截获进境“异宠”甲虫多种，如澳洲金锹（*Lamprima aurata*）、法布利斯锯锹（*Prosopocoilus fabricei*）、卡斯特鬼艳锹甲（*Odontolabis castelnaudi*）、马来螃蟹锯锹（*Prosopocoilus kannegieteri*）（图 9-8），有的也是虚假申报。从植物检疫截获实例中，能够认识到部分“异宠”爱好者属于不了解《中华人民共和国生物安全法》《中华人民共和国进出境动植物检疫法》等法规规定，部分“异宠”爱好者是存在侥幸心理，企图通过虚假申报等方式逃避海关监管，因此，公众教育亟须加强、惩处力度亟须加大。

图 9-7　北京海关截获的四星角雏兜
（张丽杰、刘若思提供，2023）

图 9–8 北京海关截获的其他“异宠”甲虫（张丽杰、刘若思提供，2023）

A. 澳洲金锹 B. 法布利斯锯锹 C. 卡斯特鬼艳锹甲 D. 马来螃蟹锯锹

综上所述，“三类教育”对植物检疫学提出的新挑战，包括来自学位教育、在职教育和公众教育的挑战，它们是互相关联、融为一体的。在学位教育中，针对本科生、硕士生和博士生的专业教育均面对挑战，质量急需提高，特别是通过检疫性有害生物入侵机制研究以及有害生物风险分析、检疫抽样、检测鉴定、检疫处理及疫情监测等自主知识产权技术和产品创新培养高质量专业人才面对更大挑战。在在职教育中，针对植物检疫管理人员、技术应用人员和技术研发人员的在职培训均需加强，培训内容、方式及效能均存在较大挑战。在公众教育中，针对企业工作人员、高等院校和科研院所的工作人员以及普通民众的宣传教育需进一步强化，植物检疫学公众宣传教育对象、内容及方式等存在更多挑战。

小结

在全面建设社会主义现代化国家的新阶段，植物检疫、植物检疫学所面对的挑战包括“三个变化”带来的挑战，“三项建设”提出的挑战、以及“三类教育”提出的挑战。“三个变化”的挑战，涉及来自全球一体化、全球变化和有害生物进化的新挑战；“三项建设”的挑战，包括立法建设、执法建设和普法建设提出的新挑战；“三类教育”的挑战，主要指学位教育、在职教育和公众教育提出的新挑战。分析、明确这些主要挑战，将为进一步认识植物检疫学拥有的机遇和发展的对策奠定基础。

9.2 植物检疫学拥有的机遇

学习重点

- 明确植物检疫学所拥有的主要机遇；
- 掌握分析植物检疫学拥有机遇的主要方法。

纵观全球，植物检疫以及研究它的植物检疫学的发展与时俱进。植物检疫学和其他科学一样，也拥有相关的机遇。当前，植物检疫学拥有哪些机遇？结合国内外发展和植物检疫实际，从“三种关注”“三段防控”和“三类合作”的角度（图 9–9），分析、明确植物检疫学所拥有的主要机遇，是进一步思考、讨论植物检疫学发展对策的基础。

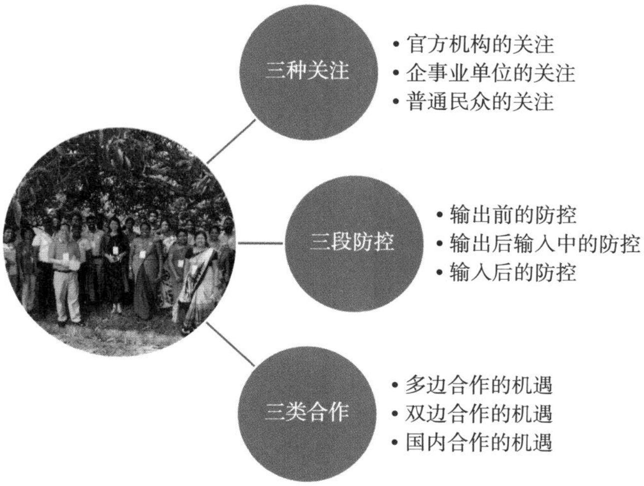

图 9-9 植物检疫学拥有的机遇示意图（李志红制作）

9.2.1 “三种关注”的机遇

“三种关注”是植物检疫学正在拥有的主要机遇之一。何谓“三种关注”？一是官方机构的关注；二是企事业单位的关注；三是普通民众的关注。“三种关注”给全球植物检疫和植物检疫学带来了新的机遇。

1）*来自官方机构关注的机遇*

来自官方机构的关注是植物检疫、植物检疫学所拥有的第一个机遇。FAO 高度关注植物保护和植物检疫工作，通过 FAO-IPPC 的新闻报道（图 9-10），能够认识到该国际组织对植物检疫工作的重视。该报道显示，2019 年 8 月 1 日，刚刚上任的 FAO 总干事屈冬玉先生在履职的第一天对《国际植物保护公约》秘书处进行了官方访问。时任 IPPC 秘书长的夏敬源先生代表 IPPC 共同体（IPPC community）以及全体工作人员表达了最热烈的欢迎，并介绍了 IPPC 的历史使命及作用，特别强调了近期需要 FAO 给予更多支持的两项重要工作，一个是推进 2020 年国际植物健康年，另一个是更大范围推广植物检疫电子证书方案。该报道进一步指出，屈冬玉先生出任 FAO 总干事之前任职中国农业农村部副部长，曾支持并批准了 IPPC 能力发展全球项目。该项目是 FAO 与中国南南合作框架下（FAO-China SSC）的合作项目，包括四个计划，总投资超

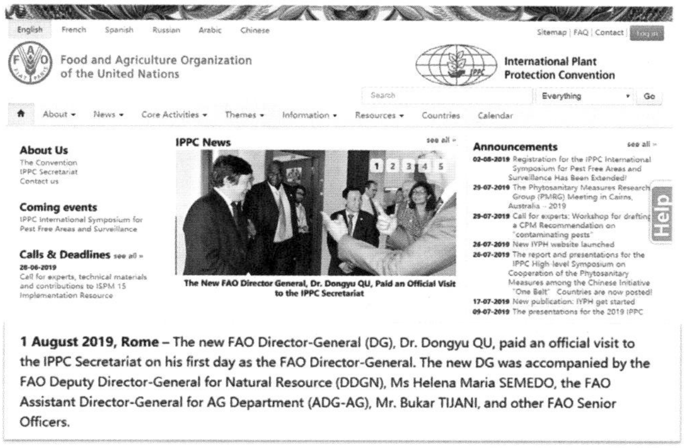

图 9-10 FAO 总干事屈冬玉先生访问 IPPC 秘书处（引自 IPPC 网站）（http://www.ippc.int）

过200万美元，其主要目的是强化IPPC缔约方中发展中国家的能力，以更好地实施IPPC及其标准。该报道进一步强调，在2019年6月22日的第41届FAO会议上，屈冬玉先生在其演讲中曾承诺，他将领导FAO成员国（成员组织）一起工作，加强技术合作、能力建设、联合培训，并将政策、准则（如IPPC）及技术转换为实践成果。

2023年10月11日，索马里成为IPPC的第185个缔约方，这标志着对IPPC共同体和预防有害生物、促进植物及植物产品安全贸易的全球努力的重大推动，同时促进区域和国际合作。FAO-IPPC的185个缔约方对植物检疫、植物检疫学均给予了高度关注。IPPC与每个缔约方政府的官方联络点开展工作，联系点是各国政府在IPPC相关问题上的官方发言人，并通过与其他缔约方的发言人、IPPC秘书处共享信息、经验和技术来提升区域和国际植物检疫能力。例如，我国高度关注植物检疫工作，专设3个部委分别负责进出境植物检疫、全国农业植物检疫和全国林业植物检疫工作；我国IPPC联络点设在农业农村部，由种植业管理司具体负责，协调海关总署、自然资源部国家林业和草原局以及我国高等院校、科研院所等共同开展IPPC相关工作，发挥了中国的作用。又如，2016年11月21日至23日，FAO-IPPC在意大利罗马组织召开IPPC能力发展项目规划专题研讨会（Formulation Workshop on the IPPC Project of Capacity Development under the Framework of FAO-China South-South Cooperation Programme），邀请FAO-中国南南合作项目、亚太区域植物保护委员会、太平洋植物保护组织、近东植物保护组织、非洲植物卫生委员会、中国、印度、巴西、南非及巴基斯坦等代表参会，中方代表来自农业部、全国农业技术推广服务中心、中国农业科学院和中国农业大学并受邀介绍了我国植物保护和植物检疫管理体系、植物健康教育体系及“植物检疫与入侵生物学”人才培养探索与经验（图9-11）。

图9-11　中方代表受邀参加FAO-IPPC能力发展项目规划专题研讨会（李志红提供）

A. 全体参会代表，B. IPPC秘书长夏敬源先生致辞，C. 来自中国农业科学院的代表做有关“一带一路”倡议与外来入侵物种防控的口头报告，D. 来自中国农业大学的代表做有关植物健康教育体系的口头报告

2）来自企事业单位关注的机遇

来自企事业单位的关注是植物检疫、植物检疫学所拥有的第 2 个机遇。例如，来自国际种子联盟（International Seed Federation，ISF）网站的信息（图 9–12）显示，ISF 成立于 1924 年，是非官方非营利组织，能够代表全世界种子企业的声音。从 ISF 网页信息中，能够认识到其对 IPPC 给予了特别关注。按照 IPPC 的规定，种子出境前，必须经出口方官方机构检疫，保证种子健康并符合进口方植物检疫要求后，才能签署《植物检疫证书》并允许出口；种子到达进口方口岸时，进口方官方机构进行检疫合格后才能允许进境。ISF 重视植物检疫工作，并促进种子国际贸易。又如，植物和植物产品进出口企业高度关注双边植物检疫要求和植物检疫程序，并按照相关要求，配合植物检疫官方机构做好植物和植物产品进出口的各项工作，促进贸易的进行。我国海关总署（GACC）官方网站上定期公布注册企业资料，这些企业都是经过官方植物检疫机构遴选后符合要求的企业，可见这些企业对植物检疫工作的关注。2019 年 9 月，GACC 公布了“南非输华玉米注册企业名单”，该名单包括两个名单，第 1 个是“南非输华玉米注册出口企业名单”，第 2 个是“南非输华玉米注册仓储企业名单”；第 1 个名单中有 3 家出口企业并包括出口企业代码、名称及地址，第 2 个名单有 36 家仓储企业并包括仓储企业代码、名称、地址及所属省份。

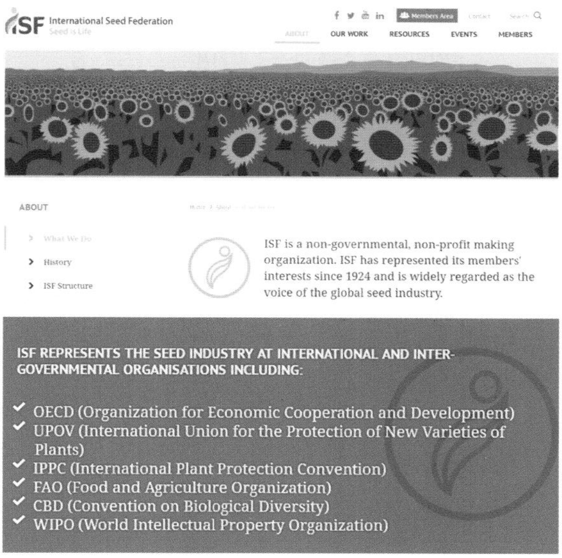

图 9–12　国际种子联盟网页（引自 ISF 网站）

事业单位，特别是我国高等院校以及科研单位，高度关注植物保护特别是植物检疫学专业人才培养、科学技术研究以及社会服务工作。例如，中国农业大学历经 20 余年的建设，已形成面向本科生、硕士生、博士生的植物检疫学课程体系，包括 14 门本科生课程（含 7 门植物保护专业课程、7 门植物生物安全微专业课程）和 6 门研究生课程（含 2 门全英文授课课程）（表 9–3），并荣获北京市高等学校教学名师（2021 年）、北京高校优秀本科育人团队（2022 年）、北京高校优质本科教材（2022 年）、北京高等教育精品教材（2007 年）等教学奖励。再如，近年来，我国多所高校和科研院所承担农业农村部检疫性有害生物监测检测委托服务、农业外来入侵物种监测调查，承担全国农业技术推广服务中心的有害生物风险分析、检疫性有害生物检测鉴定等委托任务、植物检疫在职培训和援外培训任务，承担海关部门的有害生物风险分析、检疫性有害生物检测鉴定及监测溯源，以及植物检疫在职培训等委托任务。

表 9-3 中国农业大学本科生和研究生植物检疫学课程体系

序号	课程名称	类别	学分	学时
1	植物检疫学	植物保护专业，本科生，核心课	2	32
2	农药学与植物检疫学实验	植物保护专业，本科生，必修课	1.5	48
3	动植物检疫概论	各专业，本科生，选修课	1.5	24
4	检疫鉴定技术	各专业，本科生，选修课	1.5	24
5	检疫处理技术	各专业，本科生，选修课	1.5	24
6	病虫测报	各专业，本科生，选修课	1.5	24
7	入侵生物学	各专业，本科生，选修课	1.5	24
8	生物安全导论	植物生物安全微专业，本科生，必修课	2	32
9	生物入侵与检疫	植物生物安全微专业，本科生，必修课	2	32
10	生物灾害安全防控	植物生物安全微专业，本科生，必修课	2	32
11	生物安全实践	植物生物安全微专业，本科生，必修课	2	32
12	生物技术安全	植物生物安全微专业，本科生，必修课	2	32
13	生物安全信息技术	植物生物安全微专业，本科生，必修课	2	32
14	植物疫情检测与处置技术	植物生物安全微专业，本科生，必修课	2	32
15	植物生物安全 Seminars	植物检疫与农业生态健康专业，博士生，学位课	2	32
16	高级植物生物安全	植物检疫与农业生态健康专业，硕士生，学位课	2	32
17	植检专业英语与科技写作	植物检疫与农业生态健康等专业，研究生，选修课	1	16
18	植物检疫原理与技术	植物检疫与农业生态健康等专业，研究生，选修课	3	48
19	IPPC and Plant Quarantine	植物检疫与农业生态健康等专业，研究生，全英文课程，选修课	1.5	24
20	Invasion Biology	植物检疫与农业生态健康等专业，研究生，全英文课程，选修课	2	32

3）来自普通民众关注的机遇

来自普通民众的关注是植物检疫、植物检疫学所拥有的第 3 个机遇。通过我国植物检疫宣传及现场咨询的三篇报道，能够认识到来自普通民众对于植物检疫的高度关注。第 1 篇报道，是来自江苏省 2016 年 11 月的报道，题目为“全省植物检疫宣传月活动取得明显成效”；我国自 20 世纪 90 年代起，每年都会举行植物检疫宣传月活动，普通民众正是通过现场咨询走进植物检疫；该篇报道显示，全省共举办现场咨询 244 场，咨询的人次数达到了 3.25 万。第 2 篇报道，是来自广西百色那坡县 2019 年 9 月的报道，题目为“我县认真开展植物检疫宣传月活动”；该活动的主题是“普及植物检疫知识，强化检疫监管措施，严防疫情扩散危害，保障农业生产安全”；此次宣传月活动累计发放宣传单 5660 份、发送植物检疫知识手机短信 566 条、张贴宣传画 362 份，全县共有 2373 人次参加了现场咨询、986 人参加了检疫培训班。第 3 篇报道，是来自南京海关 2019 年的报道，题目为“关注国门生物安全　同做国门安全卫士”；报道显示，在海关法治宣传日的当天，有 20 多位小朋友积极参加活动，观看标本达 850 余件，并通过显微镜对检疫性有害生物标本进行仔细观察。同时，通过慕课学习的统计数据，也能够认识到普通民众对植物检疫学的关注。例如，2019 年 6 月，中国农业大学与学堂在线合作，完成了植物检疫学在线课程建设；2022 年 8 月，该慕课被推荐至“学习强国”（图 9–13），截至 2023 年 11 月学员累计达 15817 人、累计播放量 100 余万次。此外，从招生工作中本科生、硕士生、博士生专业选择和研究方向选择来看，更多的考生及家长们对植物检疫学类的专业兴趣浓厚并积极参加招生咨询等活动，越来越多的考生很早立志未来从事植物检疫等生物安全工作，从中不难看出普通民众更加关注植物检疫学以及生物安全。

图 9–13　学习强国平台上的植物检疫学慕课

综上所述，植物检疫、植物检疫学正在拥有“三种关注”的机遇：①来自官方机构的关注，特别是 FAO–IPPC 及其 185 个缔约方对植物检疫、植物健康、生物入侵防控的更多关注。②来自企事业单位的关注，特别是生产厂商、贸易企业、高等院校和科研院所对植物检疫、植物检疫学给予了更多的关注，生产厂商尤其关注预检、隔离检疫以及后续监管等检疫措施，贸易企业尤其关注检疫许可、检疫申报、检疫处理、隔离检疫、后续监管等检疫措施，高等院校和科研院所尤其关注植物检疫学专业人才培养、科技创新和社会服务。③来自普通民众的关注，百姓对出国旅游、国际购物以及植物检疫学知识学习和专业选择的更多关注，旅客携带物检疫、邮寄物检疫、植物检疫与入侵生物学专业知识及高等教育等受到普通公众的更多关注。

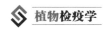

9.2.2 “三段防控”的机遇

“三段防控”是植物检疫学正在拥有的主要机遇之二。何谓“三段防控”？一是输出前的防控；二是输出后输入中的防控；三是输入后的防控。“三段防控”给全球植物检疫和植物检疫学带来了更多的机遇。

在学习了第 3 章至第 8 章的基础上，本节以《进口俄罗斯大麦植物检疫要求》为例（植物检疫实例分析 9–3），进一步分析、掌握“三段防控”给植物检疫、植物检疫学带来的机遇。2019 年 7 月 29 日，海关总署发布公告（图 9–14），允许符合要求的俄罗斯大麦进口并公布了具体的植物检疫要求。在《进口俄罗斯大麦植物检疫要求》中，共包括 7 部分内容：①检验检疫依据，②允许进境商品名称及产地，③出口、仓储企业的批准，④关注的检疫性有害生物，⑤装运前要求，⑥进境检验检疫，⑦回顾性审查；其中，第 1 部分为所依据的相关法律法规，第 2 至第 5 部分为输出前防控，第 6 部分主要属于输出后输入中防控，第 7 部分为输入后防控。

2023年11月14日 星期二　海关电邮 · 下载中心 · 用户空间 · 无障碍 · 繁體版 · English　请输入搜索关键字

中华人民共和国海关总署
General Administration of Customs of the People's Republic of China
守国门　促发展
当好让党放心　让人民满意的国门卫士

首页 | 机构设置 | 新闻发布 | 政务公开 | 互联网+海关 | 互动交流 | 专题专栏

您的位置：首页 > 政务公开 > 海关法规

【法规类型】海关规范性文件　【内容类别】进出口货物监管类
【文　　号】公告〔2019〕126 号　【发文机关】海关总署
【发布日期】2019-07-29　【生效日期】2019-07-29
【效力】有效
【效力说明】

海关总署公告2019年第126号（关于进口俄罗斯大麦植物检疫要求的公告）

公告〔2019〕126 号

根据我国相关法律法规和《中华人民共和国海关总署与俄罗斯联邦兽医和植物检疫监督局关于俄罗斯大麦输华植物检疫要求议定书》规定，自本公告发布之日起，允许符合相关要求的俄罗斯大麦进口。现将具体植物检疫要求予以公布（见附件）。

特此公告。

附件：进口俄罗斯大麦植物检疫要求

图 9–14　海关总署发布关于进口俄罗斯大麦植物检疫要求的公告

（引自：http://www.customs.gov.cn/）

植物检疫实例分析 9–3：我国进口俄罗斯大麦的植物检疫要求

二维码 9–1　我国进口俄罗斯大麦的植物检疫要求

1）来自输出前防控的机遇

俄罗斯大麦输出前的防控，给俄罗斯境内的生产企业、出口企业、仓储企业、包装企业、装运企业、除害处理企业以及俄罗斯检疫机构带来更多机遇，同时也给中国检疫机构、进口企业等带来更多机遇。例如，输华大麦须产自俄罗斯没有发生小麦矮腥黑穗病的七个地区，即车里雅宾斯克州、鄂木斯克州、新西伯利亚州、库尔干州、阿尔泰边疆区、克拉斯诺亚尔斯克边疆区和阿穆尔州，那么这些地区的农户和生产企业获得了出口其大麦的生产机遇；同时，在大麦输出前，俄罗斯的相关出口、仓储、包装、装运以及除害处理企业等也获得了一系列的贸易机遇。又如，针对我国所关注的检疫性有害生物，包括黑斑皮蠹、小麦叶疫病菌、豚草等 23 种，俄罗斯检疫机构对大麦实施出口前的官方检验检疫和监督管理，合格后出具植物检疫证书，这为俄罗斯检疫机构及其工作人员带来了更多的业务机遇以提高检疫能力。再如，俄罗斯大麦输华前，需经过检疫准入和检疫许可，俄罗斯对符合条件的输华大麦出口和仓储企业实施注册登记，并向中国海关总署提供推荐名单，该名单经审核确认后予以注册登记；海关总署核查俄罗斯提供的有害生物监测结果和防治信息；这同样也为中国检疫机构及其工作人员带来了更多的业务机遇以提高检疫能力。

2）来自输出后输入中防控的机遇

俄罗斯大麦输出后输入中的防控，指到达所指定的中国口岸时的植物检疫，主要给中国境内的装运企业、除害处理企业以及中国海关带来更多机遇。例如，依据进境检疫许可意见，俄罗斯大麦从中国海关指定的口岸进境，海关执行现场查验任务，需核查进境大麦是否附有《进境动植物检疫许可证》，需核查是否来自俄罗斯注册登记的出口和仓储企业，需核查俄方出具的“植物检疫证书”是否真实有效，同时要进行检疫抽样并将样品送交实验室。又如，中国海关执行输华俄罗斯大麦的实验室检测任务，特别针对 23 种检疫性有害生物进行检测鉴定，包括斑皮蠹属害虫、小麦矮腥黑穗病菌、法国野燕麦、毒麦、假高粱及刺萼龙葵等。再如，在口岸检疫过程中，如果发现小麦矮腥黑穗病菌则该批大麦将被退回或销毁，如果发现其他活的检疫性有害生物或其他违规情况时则该批大麦将被依法作退回或销毁或除害处理。这些进境中防控为中国检疫机构及其工作人员带来了更多的业务机遇，也为中国境内的装运企业和除害处理企业等带来了更多的商业机遇。

3）来自输入后防控的机遇

俄罗斯大麦输入后的防控，主要涉及运输、仓储、加工过程中的检疫监管以及回顾性审查，主要给中国境内的装运企业、仓储企业、加工企业、除害处理企业以及中国海关带来更多机遇。例如，俄罗斯大麦经口岸检疫合格后，中国海关执行其运输过程中的监管任务，防止运输过程中的撒漏。又如，俄罗斯大麦运抵仓储、加工场所后，中国海关执行其仓储、加工过程中的监管任务，进口大麦严禁作种用，储存和加工过程防止撒漏，未经加工处理的进口大麦不得直接进入流通市场，如发现上述检疫性有害生物，将作退回或销毁或除害处理。再如，俄罗斯大麦输入后，中国海关要根据大麦指定输华产地疫情的信息和进境口岸截获的检疫性有害生物情况，进一步开展风险评估，并且对上述植物检疫的要求进行回顾性审查。这些不仅给中国海关及海关关员带来了更多的业务机遇，也给相关企业带来了更多商机。

综上所述，植物检疫、植物检疫学正在拥有的“三段防控”机遇。第一是输出前防控带来的机遇，包括输出方的植物和植物产品生产、加工、包装、运输以及现场查验、实验室检测、检疫处理、检疫出证等，也包括输入方的风险分析、市场准入、检疫许可等，给检疫机构和相关企业带来了更多机遇。第二是输出后输入中防控带来的机遇，特别是输入方现场查验、实验室检测、检疫处理等，给检疫机构和相关企业也带来了更多机遇。第三是输入后防控带来的机遇，特别是后续监管、隔离检疫、疫情监测、回顾性审查等，同样给检疫机构和相关企业带来了更多机遇。“三段防控”彼此衔接，发挥植物检疫防控检疫性有害生物入侵的作用。随着国际植物和植物产品贸易的发展，“三段防控”带来的机遇将进一步促进全球植物检疫的发展、进一步提升全球检疫人员的能力，同时，“三段防控”带来的机遇也将进一步增加相关企业的商机。

9.2.3 “三类合作”的机遇

“三类合作”，是植物检疫学正在拥有的主要机遇之三。何谓“三类合作”？一是多边合作；二是双边合作；三是国内合作。“三类合作”给全球植物检疫和植物检疫学带来了更大机遇。

1）来自多边合作的机遇

植物检疫离不开国际合作，多边合作是国际合作的主要类别之一，“一带一路”合作是具有代表性的多边合作，为植物检疫、植物检疫学带来了新的机遇，让中国与各国一起践行人类命运共同体理念。2013 年，我国提出了“一带一路”倡议（the Belt and Road Initiative），该倡议为国际合作提供了新思想、新平台，同时也为全球植物检疫带来了更多机遇。例如，FAO–IPPC 高度关注“一带一路”倡议，2018 年、2019 年分别在广西南宁（图 9–15）和陕西西安（图 9–16）组织召开高级别研讨会，共商“一带一路”沿线国家的植物检疫国际合作，农业农村部、中国海关总署、自然资源部国家林业和草原局、全国农业技术推广服务中心、中国农业科学院、中国农业大学、西北农林科技大学等代表受邀参会，促进了我国植物检疫、植物检疫学的发展。又如，“一带一路“合作为我国检疫机构提供了更多机遇，进一步促进了沿线国家粮食、水果等进出口贸易的发展（植物检疫实例分析 9–4、9–5）。历经十年建设，“一带一路”合作网络从亚欧大陆延伸到非洲和拉美，150 多个国家、30 多个国际组织和中国签署了“一带一路”合作文件，其中包括了诸多的植物检疫领域的合作。

2023 年 10 月 18 日，第三届“一带一路”国际合作高峰论坛在北京举行，共 150 多个国家的代表参会；习近平主席在开幕式发表主旨演讲，宣布了中国支持高质量共建“一带一路”的八项行动，即构建“一带一路”立体互联互通网络、支持建设开放型世界经济、开展务实合作、促进绿色发展、推动科技创新、支持民间交往、建设廉洁之路、完善“一带一路”国际合作机制。此届高峰论坛，也为生物安全，特别是植物检疫、植物检疫学的发展带来了更

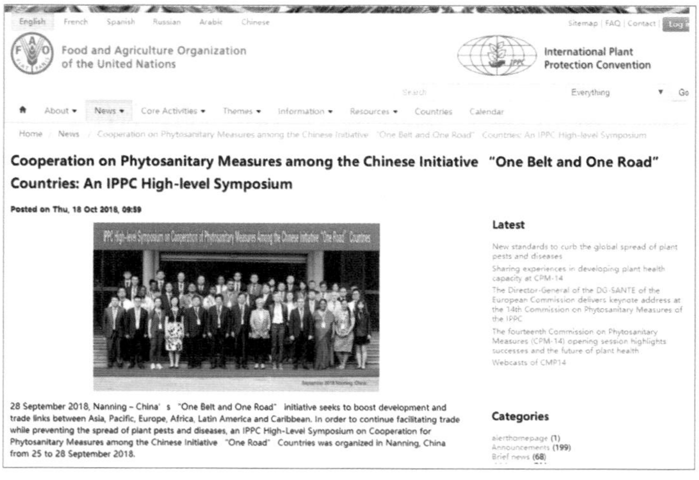

图 9–15 “一路”沿线国家植物检疫措施合作高级别研讨会（引自 IPPC 网站）（http://www.ippc.int/）

图 9–16 “一带”沿线国家植物检疫措施合作高级别研讨会（引自 IPPC 网站）
（http://www.ippc.int/）

多的新机遇。例如，中方将加快推进中欧班列高质量发展，积极推进“丝路海运”港航贸一体化发展；中方将创建“丝路电商”合作先行区，同更多国家商签自由贸易协定和投资保护协定；中方将继续实施“一带一路”科技创新行动计划，举办首届“一带一路”科技交流大会，未来 5 年把同各方共建的联合实验室扩大到 100 家，支持各国青年科学家来华短期工作；中方继续实施“丝绸之路”中国政府奖学金项目。这些新的规划将进一步促进植物检疫学高质量发展，在国际检疫人才培养、入侵机制与检疫技术科技创新、植物健康全球合作服务等方面再上新台阶。

植物检疫实例分析 9–4：西安海关积极构筑进境粮食安全屏障

背景：粮食进口在我国植物和植物产品进口贸易中占有比较突出的地位，夹带检疫性病原物、害虫和杂草的风险高。中欧班列“长安号”是中国西安始发的国际货运班列，自 2013 年 11 月 28 日至 2023 年 10 月 31 日，累计开行 20397 列。“一带一路”建设给陕西省及西安海关等带来了更多机遇。

简介：自 2013 年以来，西安海关深度融入共建“一带一路”大格局，积极拓展口岸功能，推进西安铁路物流集散中心建设，支持中欧班列“长安号”双向开行，助推西安国际港务区获批成为内陆首个进境粮食指定口岸，并充分发挥“长安号”重要载体和进境粮食指定口岸的功能作用，构建中亚乃至欧洲到中国内陆的国际粮食物流通道，提升陕西进境粮食的竞争优势，助推粮食贸易和加工等产业发展。西安海关积极指导和支持符合条件的企业开展进境粮食存放、加工指定企业备案，辅导企业建立有效的质量安全及溯源管理体系。截至 2022 年 7 月，官方网站已公布陕西省进口粮食加工企业 24 家。持续抓好“创新监管模式”的落实，积极优化作业流程，打通口岸海关和目的地海关之间的监管堵点，简化通关手续，不断压缩企业申报时间和成本，畅通进境粮食调运通道。对进境粮食装卸（图 9–17）、运输、加工等环节实施检疫监督，对加工下脚料开展有效的热处理（图 9–18）、粉碎或者焚烧（图 9–19）等除害处理监督，将检验检疫风险降低到最低程度，为确保粮食安全和国门生物安全构筑一道道坚实屏障。

图 9-17　进境粮食运抵指定加工企业后卸粮（王巧铃提供）

图 9-18　进境粮食加工下脚料高温灭活处理（王巧铃提供）

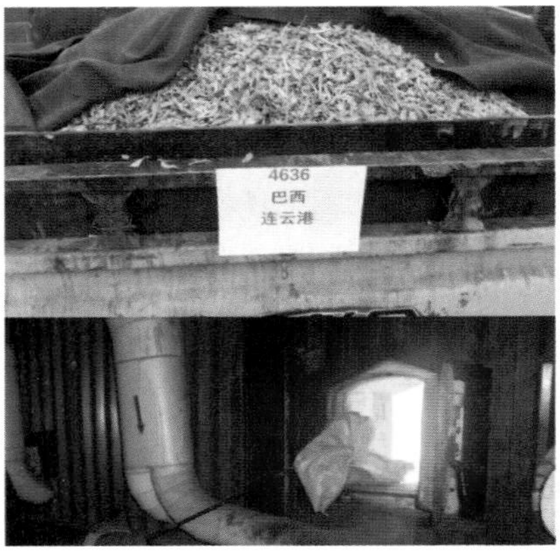

图 9-19　进境粮食加工下脚料焚烧处理（王巧铃提供）

植物检疫实例分析 9-5：西安海关助推陕西水果扩大出口

背景：水果出口在我国植物和植物产品出口贸易中占有比较突出的地位。陕西是中国水果大省，水果种植面积、产量连年位居全国第一。“一带一路”建设给陕西水果出口及西安海关带来了更多机遇。

简介：近年来，西安海关积极参与我国与“一带一路”沿线国家在通关便利、检验检疫、降低非关税壁垒等多方面开展的深层次合作，全力支持陕西水果等特色农产品不断扩大国际市场“朋友圈”，助力地方乡村振兴和陕西外贸高质量发展。通过夯实出境水果质量安全基础，织密监测监控网络，把检疫监管延伸到水果种植、生产、加工全链条，科学指导出境果园及包装厂企业建立健全质量管理体系；简化程序加快企业注册办理，加强水果认证和检验检疫（图 9-20）；持续开展中国猕猴桃出口韩国、菲律宾等解禁研究，帮助企业应对技术壁垒；设立出境水果查验绿色通道等多举措，保证出口果品符合进口国标准，助推陕西水果扩大出口，促进陕西外贸保稳提质。据陕西省统计局及海关系统发布数据显示，2021 年陕西水果种植面积 116.97 万 hm^2，比上年增长 1.32%，水果产量 1896.48 万 t，增长 4.89%，其中水果出口总量 4.98 万 t，比上年增长 5.81%，出境水果注册果园 316 家，同比增长 2.27%，注册包装厂 106 家，同比增长 2.91%，水果主要出口国家有越南、缅甸、菲律宾、马来西亚、印度尼西亚、新加坡、泰国、俄罗斯等。

图 9-20　海关关员对出境水果开展现场查验（王巧铃提供）

2）来自双边合作的机遇

双边合作，也是植物检疫国际合作的主要方式之一。通过第 3 章的学习，能够认识到在“一带一路”建设中我国与诸多共建国家签署了植物检疫双边议定书或开展了其他植物检疫双边合作。这些双边合作，给植物检疫、植物检疫学带来了更多机遇，给两国的经济贸易发展带来了互利共赢。例如，针对东南亚水果进出口，中国与泰国之间签署了多项植物检疫议定书，泰国水果拥有了更多的机遇进入中国市场（植物检疫实例分析 9-6），同时也让中国水果拥有了更多的机遇进入泰国市场（植物检疫实例分析 9-7）。2023 年 10 月 23 日，中泰双边植物检疫合作又取得了新进展；根据我国相关法律法规以及海关总署与泰国农业与合作社部有关泰国鲜食西番莲输华植物检疫要求的规定，即日起允许符合相关要求的泰国鲜食西番莲进口，该协议给中泰双方的相关企业、检疫机构等提供了新的机遇。又如，针对非洲水果进口，贝宁输华菠萝格外引人瞩目。2023 年 9 月 5 日，海关总署发布公告，根据《中华人民共和国生物安全法》《中华人民共和国进出境动植物检疫法》及其实施条例、《中华人民共和国海关总署与贝宁共和国农业、畜牧业和渔业部关于贝宁鲜食菠萝输华植物检疫要求议定书》等，即日起，允许符合相关植物检疫要求的贝宁鲜食菠萝进口。2023 年 11 月 5—10 日，第六届中国国际进口博览会（进博会）于上海举办；首批 1 t 贝宁菠萝在贝宁和我国上海海关完成植物检疫程序后，参展此次进博会（图 9-21，详见植物检疫实例分析 9-8）。来自海关总署和上海海关的信息显示，截至目前，获得中国准入的非洲水果已拓展至 8 个国家的 15 个品种。

植物检疫实例分析 9-6：泰国水果输华首次乘火车从凭祥口岸入境

二维码 9-2　泰国水果输华首次乘火车从凭祥口岸入境

植物检疫实例分析 9-7：龙口海关助力我国苹果出口泰国

二维码 9-3　龙口海关助力我国苹果出口泰国

植物检疫实例分析 9-8：海关助力首批贝宁菠萝参展第六届进博会

背景：菠萝是贝宁主要的出口农产品之一，素有非洲“甜面包”的称号。2023 年 9 月，签署了《中华人民共和国海关总署与贝宁共和国农业、畜牧业和渔业部关于贝宁鲜食菠萝输华植物检疫要求议定书》，贝宁菠萝正式获得我国检疫准入。2023 年 11 月 5—10 日，第六届进博会在上海举行，海关助力各国产品参展。

简介：2023 年 11 月 3 日，贝宁驻华大使在上海浦东国际机场海关检疫现场迎接首批贝宁菠萝入境中国并参展第六届进博会。来自海关总署的报道显示，贝宁菠萝抵港当日，主运代理商通过展览品无纸化通关形式，在企业端通过“单一窗口”上报电子信息、上传电子证书、申请检疫许可证核销，上海海关全程线上审单，实现申报放行无缝对接。海关在保障快速通关的同时，依法对检疫性有害生物和农药残留进行检疫检验，确保展出的菠萝安全。2023 年 11 月 5 日，在第六届中国国际进口博览会上，空运来华的 1 t 贝宁菠萝正式与公众见面。入境中国的首批贝宁菠萝，受到特别关注。2023 年是习近平主席提出真实亲诚对非政策理念 10 周年，海关总署坚决贯彻落实，支持更多非洲农产品对华出口，享受中国市场更多机遇（图 9-2）。

图 9-21　贝宁菠萝参展第六届中国国际进口博览会（陈仲兵提供）

A. 进博会上贝宁菠萝展台　B. 首批进境的贝宁菠萝

3）来自国内合作的机遇

国内合作，特别是来自我国检疫机构、高等院校、科研院所以及相关企业的合作，为植物检疫、植物检疫学的发展带来了新机遇。在国家重点研发计划项目、国家自然科学基金项目等支持下，通过国内合作，植物检疫人才培养、科技创新、疫情防控等取得了相关突破，进一步促进检疫性有害生物等外来有害生物入侵防控的高质量发展。

在植物检疫人才培养方面，我国高等院校、检疫机构、科研院所以及相关企业开展了多种方式的合作。例如，我国高等院校已开设“植物检疫学”“动植物检疫概论”“植物检验检疫法规”“植物虫害检疫学”“植物病害检疫学”“有害生物风险分析”“检疫鉴定技术”“检疫处理技术”“植检专业英语与科技写作”“植物检疫原理与技术”“IPPC and Plant Quarantine”“Invasion Biology”等系列课程，已开展学士、硕士、博士植物检疫专业人才培养，在课程教学、学位论文研究等人才培养过程中，高等院校得到了植物检疫机构、科研院所以及相关企业的大力支持与合作。通过兼职导师、检疫专家专题报告、检疫实践经验介绍、检疫机构参访调研、教材编写、产品展示等多种方式，理实并重、答疑解惑，进一步提高了课程的高阶性、创新性和挑战度，进一步提高了植物检疫专业人才的培养质量。又如，自2023年5月起，由中国农业大学牵头与我国30余所高等院校共建“植物检疫学课程群虚拟教研室”，其建设目标为全面贯彻落实立德树人根本任务，通过加强全国性跨校和跨地域的植物检疫学系列课程教研交流活动，进一步提升一线教师教书育人能力，进一步提升教学团队现代信息技术运用能力，进一步推动植物检疫学精品教学资源库、优秀教学案例库、精品课程思政元素库、优质教师培训资源库等高质量教学资源的建设和共享，建设一个理念体系先进、覆盖范围全面、教学功能完备的在全国及国际具有引领性的植物检疫学虚拟教研室，创新可推广可复制的植物检疫学教研新形态，打造一批高水平植物检疫学教学团队，培育一批植物检疫学教研成果，形成全国植物检疫教师教学发展共同体，为构建符合时代需求的、具有自主创新能力的植物保护及动植物检疫专业拔尖人才培养、科学研究和社会服务体系提供支撑。截至目前，该虚拟教研室已特邀来自进出境植物检疫、全国农业植物检疫、全国林业植物检疫机构以及中国科学院等科研院所的专家们做了专题指导报告，各校师生学习收获很大。再如，我国高等院校、科研院所的专家们经常受邀为植物检疫人员进行在职培训，涉及植物检疫基本原理与关键技术，如检疫性有害生物入侵机制以及有害生物风险分析、检疫抽样、检测鉴定、检疫处理、疫情监测技术研究进展，进一步提高了海关总署、农业农村部、自然资源部国家林业和草原局及其下属机构植物检疫人员的业务能力。

在植物检疫科技创新方面，我国科研院所、高等院校、植物检疫机构、相关企业等密切合作、协同创新，获得了更多的发展机遇。例如，在“十四五”国家重点研发计划项目生物安全专项以及国家质量基础设施体系专项中，来自植物检疫机构、高等院校、科研院所的专家们分别牵头负责相关项目［如重大外来入侵物种前瞻性风险预警和实时控制关键技术研究（2021YFC2600400）、外来病虫害高效检测关键技术与装备研发（2021YFD1400100）、重大入侵生物甄别技术与现场侦测处置关键设备研制（2022YFC2601500）、农食产品质量控制及分级国际标准研究（2021YFF0601900）等］，并带领来自全国的科研团队进行合作攻关与创新，内容涉及检疫性有害生物及外来入侵物种的致害机理/入侵机制、风险分析技术、检测鉴定技术、处理处置技术、疫情监测技术等研究与应用，在相关技术研究与应用中已有来自企业的参与。又如，2022年1月，获批农业农村部植物检疫性有害生物监测防控重点实验室，由中国农业大学牵头，中国农业科学院植物保护研究所、南京农业大学共建；该实验室的总体目标是紧密围绕国家生物安全重大需求，聚焦植物检疫性有害生物监测防控科学问题和关键技术，集中三家共建单位等的优势力量联合攻关，取得重大植物检疫性有害生物致害机理/入侵机制、新发突发及潜在植物疫情防控关键技术标志性成果，为我国植物检疫等生物入侵防控机构提供决策支持、技术服务并输送优秀专业人才，防控生物入侵、保护生物安全、促进经贸发展。近期，该实验室已在谷斑皮蠹、橘小实蝇、玉米褪绿斑驳病毒、番茄褐色皱果病毒、梨火疫病菌等检疫性有害生物入侵机制、检测鉴定技术及疫情监测技术等研究方面取得了重要进展。

在植物检疫疫情防控方面，我国植物检疫机构、其他管理部门、高等院校、科研院所及相关企业多方合作、共同防控，促进了检疫性有害生物等限定性有害生物入侵防控的持续发展。例如，农业农村部、海关总署、自然资源部国家林业和草原局等植物检疫机构成立了相关委员会（如全国植物检疫性有害生物审定委员会），委员来自我国植物检疫机构、高等院校、科研院所，合作开展相关工作；近年来，我国植物检疫机构委托高等院校和科研院所等承担部分植物有害生物的疫情监测任务，合作开展检疫性有害生物发生调查、定界调查和监测调查。又如，近年来我国植物检疫机构与其他管理部门的合作越来越紧密，《关于加强红火蚁阻截防控工作的通知》是最具代表性的例子。2021 年 3 月 12 日，农业农村部、住房和城乡建设部、交通运输部、水利部、卫生健康委员会、海关总署、国家林业和草原局、国家铁路局、国家邮政局等九部门联合印发《关于加强红火蚁阻截防控工作的通知》（图 9–22），要求各地坚持政府主导，强化部门协同，建立联防工作机制，落实防控任务，齐抓共管，形成合力，切实强化对红火蚁防控及检疫工作，保障农林业生产、生态环境和人民生命安全。九部门的分工如下：①地方各级农业农村、林业和草原部门要严格检疫监管及执法检查，重点加强从疫情发生县（市、区）调运的带土农作物苗木、带土绿化苗木、草坪草等检疫，发现疫情的要停止调出，确有需要的，经检疫处理合格方可调离；②各海关要加强来源于红火蚁发生国家和地区的进境货物（苗木、木材、饲草等）、物品、集装箱检验检疫，防范疫情传播入境；③交通运输、铁路和邮政部门要督促道路货运经营企业、铁路运输企业、邮政企业、快递企业做好疫情发生县（区）承运或收寄相关货物、邮件、快件的植物检疫证书查验，确保疫情发生区无证不承运、不收寄；④有关部门及单位要配合做好疫情发生区内建筑材料、有机堆肥等染疫物品的处置，采取防范措施，降低疫情传播风险。2021 年 3 月 26 日，九部门在广东省广州市增城区联合举行全国红火蚁联合防控行动启动仪式，全力阻截防控红火蚁蔓延危害，保护农林业生产、生态环境和人民生命安全。来自农业农村部的疫情防控信息显示，通过两年多的九部门联防联控，红火蚁疫情已得到有效控制。

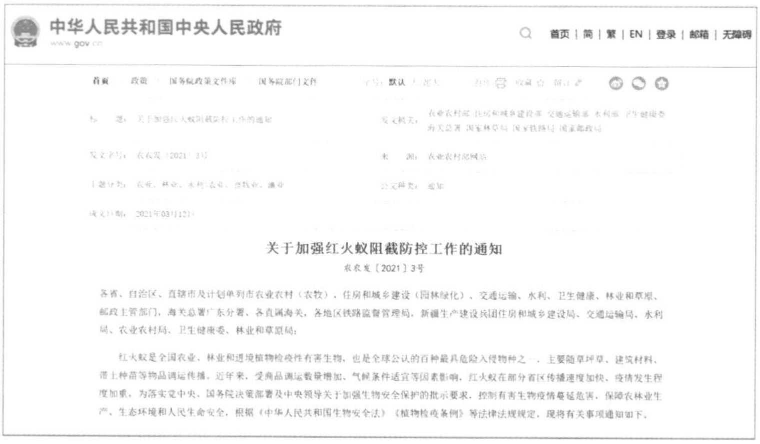
中华人民共和国中央人民政府
www.gov.cn
首页 | 简 | 繁 | EN | 登录 | 邮箱 | 无障碍

关于加强红火蚁阻截防控工作的通知

农农发〔2021〕3号

各省、自治区、直辖市及计划单列市农业农村（农牧）、住房和城乡建设（园林绿化）、交通运输、水利、卫生健康、林业和草原、邮政主管部门，海关总署广东分署、各直属海关，各地区铁路监督管理局，新疆生产建设兵团住房和城乡建设局、交通运输局、水利局、农业农村局、卫生健康委、林业和草原局：

红火蚁是全国农业、林业和进境植物检疫性有害生物，也是全球公认的百种最具危险入侵物种之一，主要随草坪草、建筑材料、带土种苗等物品调运传播。近年来，受商品调运数量增加、气候条件适宜等因素影响，红火蚁在部分省区传播速度加快、疫情发生程度加重。为落实党中央、国务院决策部署及中央领导关于加强生物安全保护的批示要求，控制有害生物疫情蔓延危害，保障农林业生产、生态环境和人民生命安全，根据《中华人民共和国生物安全法》《植物检疫条例》等法律法规规定，现将有关事项通知如下。

图 9–22 《关于加强红火蚁阻截防控工作的通知》
（引自中华人民共和国中央人民政府网站）
（https://www.gov.cn/）

综上所述，植物检疫、植物检疫学正在拥有“三类合作”的新机遇。第一，是多边合作的机遇，“一带一路”建设让更多的国际组织、更多的国家拥有了经济贸易和植物检疫合作的新机遇，让中国与各国一起践行人类命运共同体理念。第二，是双边合作的机遇，特别是我国与更多的“一带一路”

共建国家拥有了植物检疫合作的新机遇。第三，是国内合作的机遇，特别是我国植物检疫机构、高等院校及科研院所之间拥有了更多的植物检疫、植物检疫学的合作新机遇，涉及人才培养、科技创新及疫情防控等各个方面。多边合作、双边合作和国内合作，相互关联、相互促进，为植物检疫、植物检疫学带来了更多的发展机遇。

小结

在全面建设社会主义现代化国家的新阶段，植物检疫、植物检疫学所拥有的机遇包括“三种关注”机遇，“三段防控”机遇和“三类合作”机遇。“三种关注”机遇，涉及官方机构关注的机遇、企事业单位关注的机遇、以及普通民众关注的机遇；“三段防控”机遇，包括输出前防控的机遇、输出后输入中防控的机遇、以及输入后防控的机遇；“三类合作”机遇，主要指多边合作的机遇、双边合作的机遇、以及国内合作的机遇。分析、明确这些主要机遇，将为进一步认识植物检疫学发展的对策奠定基础。

9.3 植物检疫学发展的对策

学习重点

- 明确植物检疫学未来发展的主要对策；
- 掌握分析植物检疫学未来发展对策的主要方法。

近 20 年来，我国多位植物检疫专家曾撰文论述植物检疫、植物检疫学的特色与发展（姚文国等，2002；梁忆冰，2002；顾忠盈等，2009；王福祥等，2012；黄冠胜等，2013；赵宇翔等，2015；冯晓东等，2019；梁忆冰，2019；胡白石和许志刚，2023），这些真知灼见启发后人进一步思考与前行。在全面建设社会主义现代化国家的新阶段，在掌握植物检疫面对挑战和拥有机遇的基础上，结合当前国内外实际，讨论、分析我国植物检疫学发展的对策尤为重要。在此，本教材抛砖引玉，从“三个加强““三个优化”和“三个提升”的角度（图 9–23），分析、明确植物检疫学发展的主要对策，目的是不忘初心、勇毅前行，进一步推进以“防入侵、保安全、促发展”为宗旨的植物检疫共同体的高质量发展。

三个加强
• 加强植检科学研究
• 加强植检科技创新
• 加强植检科技应用
三个优化
• 优化植检法律制度
• 优化植检执法队伍
• 优化植检普法方式
三个提升
• 提升国内合作效能
• 提升双边合作质量
• 提升多边合作水平

图 9–23 植物检疫学发展的对策示意图（李志红制作）

9.3.1 “三个加强”的对策

新时代、新征程，以我国科学技术高水平创新发展为契机，大力推进植物检疫学科学、技术及其应用的高质量发展。“三个加强”是植物检疫学发展的主要对策之一，一是加强植物检疫科学研究；二是加强植物检疫技术创新；三是加强植物检疫科技应用。“三个加强”将进一步提高植物检疫和植物检疫学的发展质量，也将进一步提升植物检疫和植物检疫学的发展水平。

1）**加强植物检疫科学研究**

“三个加强”的对策，首先是加强植物检疫科学研究，特别是加强植物检疫学科学问题的研究与探索。那么，植物检疫学的主要科学问题到底是什么？在全球化、全球变化、有害生物进化的背景下，外来有害生物特别是检疫性有害生物的入侵机制与致害机理究竟如何？这是植物检疫学亟须解决的主要科学问题，是进一步研发植物检疫关键技术的基础，需加大投入、加强创新。例如，在培养研究生特别是博士生的过程中，建议着力开展高水平植物检疫科学研究，提高研究生创新能力和培养质量，为国家和全球植物检疫共同体输送从事高等教育和科技创新工作的高水平研究类专业人才。

具体建议包括三个方面：①进一步强化植物检疫重点实验室建设。在夯实省部级植物检疫重点实验室高质量建设的基础上，建立、建设国家级植物检疫重点实验室和“一带一路”植物检疫联合实验室，创建植物检疫新理论、新方法，解决植物检疫科学问题，为全球植物检疫共同体发展提供更多的科学依据和决策支持。②进一步加大植物检疫科学研究支持力度。在国家重大和重点科技项目、国家自然科学基金重点项目中系统性地增设重要检疫性有害生物的基础性研究，特别是有关全球入侵机制和致害机理研究项目，大力支持植物检疫研究团队开展中长期科学研究和探索。③进一步加强植物检疫科学研究理论创新。通过双边或多边合作，采用先进的组学技术、大数据技术等，研究重要外来有害生物的全球入侵路径、入侵机制、致害机理、致死机理及防御机制，建立入侵致害模型和入侵机制假说。

2）**加强植物检疫技术创新**

“三个加强”的对策，第二是加强植物检疫技术创新，特别是加强植物检疫自主知识产权技术及产品的创制与开发。那么，植物检疫学亟须解决的核心技术问题是什么？在经济贸易、人员往来飞速发展的当下，具有自主知识产权的更精准、更便捷、更智能的植物检疫技术及产品，这是植物检疫学亟须解决的核心技术问题，也是进一步加强植物检疫科技应用的基础，需继续加大投入、加强创新。例如，在培养研究生过程中，建议着力开展高水平植物检疫技术创制与开发，提高研究生创新能力和培养质量，为国家和全球植物检疫共同体输送从事技术研发和创制的高水平应用类专业人才。

具体建议包括三个方面：①进一步加强高效智能型风险分析和疫情监测技术与装备研发。在国家级植物有害生物基础信息库、疫情监测信息库、口岸截获信息库高质量建设的基础上，全力开展定量风险管理新方法、智能监测新产品、快速溯源新技术的创制。②进一步加强多模态快速检测甄别技术与装备研发。全力开展现场查验和实验室检测技术与装备创新，研发查验检测机器人及自动识别系统，研发基于 eDNA 和 RPA 的快速精准检测技术与方法，创制适用于一线的精准便捷型试纸条和试剂盒。③进一步加强环境友好型检疫处理技术与装备研发。针对水果、粮食、林木等高频多发检疫性有害生物，全面加强溴甲烷替代技术研究与装备开发，研发溴甲烷替代熏蒸剂，研究辐照处理、控温处理、气调处理及复合处理新技术，研发检疫处理智能化装备。

3）加强植物检疫科技应用

“三个加强”的对策，第三是加强植物检疫科技应用，特别是植物检疫学科学理论、便捷智能型技术与产品的应用。那么，植物检疫学亟须解决的科技应用问题是什么？在外来有害生物入侵形势严峻、工作任务繁重而基层植物检疫队伍薄弱的当下，数据、技术、产品跨部门、跨国家的全球共享，这是植物检疫学亟须解决的科技应用问题，也是进一步加强植物检疫科技应用的基础，需继续加大投入、加强创新。例如，在本科生培养以及植物检疫在职人员培训过程中，建议着力开展植物检疫科技推广应用训练与培养，提高本科生和在职人员的技术应用创新能力和培养质量，为国家和全球植物检疫共同体输送从事技术推广应用的专业人才。

具体建议包括 3 个方面：①进一步加强跨部门检疫性有害生物基础信息、入侵机制与关键检疫技术应用。例如，国家检疫性有害生物和外来入侵物种基础信息的共享，检疫性有害生物和外来入侵物种入侵机制研究成果的利用，有害生物风险分析技术、检疫抽样技术、检测鉴定技术、检疫处理技术、疫情监测技术成果的转化。②进一步加强进出境检疫一线和国内基层植保森保检疫站的基础设施建设和技术推广应用。例如，市县级植保森保检疫站、西部沿边海关等疫情监测、检测鉴定和检疫处理软硬件条件建设，具有自主知识产权的更精准、更便捷、更智能的植物检疫技术及产品的推广应用。③进一步加强我国检疫技术和产品服务于植物检疫共同体的推广工作。例如，组织好我国植物检疫领域专家、学者及管理人员，系统性优化植物检疫国家标准和行业标准，全面参与 ISPM 制修订，并通过 FAO-IPPC、南南合作及高质量共建“一带一路”等，大力支持发展中国家和最不发达国家及时掌握和应用植物检疫先进技术与产品。

综上所述，针对植物检疫学未来发展，首先是“三个加强”的对策。建议加强植物检疫科学研究，加强植物检疫技术创新，加强植物检疫科技应用，为进一步促进我国和全球植物检疫共同体高质量发展提供决策依据和技术支持。

9.3.2 “三个优化”的对策

新挑战、新机遇，以《中华人民共和国国家安全法》《中华人民共和国生物安全法》等的公布和施行为契机，大力推进植物检疫立法、执法和普法的高质量发展，保护国家安全。“三个优化”，是植物检疫学发展的主要对策之二，一是优化植物检疫制度；二是优化植物检疫执法队伍；三是优化植物检疫普法方式。“三个优化”将进一步提高植物检疫和植物检疫学的发展质量、提升植物检疫和植物检疫学的发展水平。

1）优化植物检疫法律制度

在“三个优化”的对策中，第一是优化植物检疫法律制度，特别是在《中华人民共和国国家安全法》《中华人民共和国生物安全法》的基础上进一步修订、优化植物检疫法规。近十年来，总体国家安全观备受关注。我国必须坚持总体国家安全观，统筹内部安全和外部安全、国土安全和国民安全、传统安全和非传统安全、生存安全和发展安全、自身安全和共同安全，走中国特色国家安全道路。2015 年 7 月 1 日，《中华人民共和国国家安全法》公布，并自公布之日起施行。生物安全属非传统安全，同样备受关注。2020 年 10 月 17 日，《中华人民共和国生物安全法》公布，并自 2021 年 4 月 15 日起施行。植物检疫，作为非传统安全的一部分，在守卫国家安全中发挥着重要作用。植物检疫法律制度的制修订，亟须开展。

具体建议包括三个方面：①进一步优化我国植物保护和植物检疫法规体系。在《中华人民共和国国家安全法》《中华人民共和国生物安全法》的基础上，进一步统筹《中华人民共和国进出境动植物检疫法》及其实施条例、《植物检疫条例》及其实施细则，以及《农作物病虫害防治条例》《外来入侵物种管理办法》等与进出境植物检疫、全国农业植物检疫、全国林业植物检疫相关的法律法规，优化形成植物保护和植物检疫的法规新体系，例如《中华人民共和国进出境动植物检疫法》的修订以及与植物保护相关的法律等受到更多关注。②进一步优化我国植物检疫性有害生物名录 / 名单的修订工作。当前，我国有 3 个植物检疫性有害生物名录 / 名单，即《中华人民共和国进境植物检疫性有害生物名录》《全国农业植物检疫性有害生物名单》《全国林业检疫性有害生物名单》，同时林业检疫还有《全国林业危险性有害生物名单》，建议在全国外来入侵物种调查的基础上，进一步优化检疫性有害生物名录 / 名单，例如名称、具体种类、修订时间等。③进一步优化各省（自治区、直辖市）植物检疫相关规定。在完成我国植物保护和植物检疫法规体系、检疫性有害生物名录 / 名单的优化后，各省（自治区、直辖市）需在此基础上调整、优化相关规定，如检疫性有害生物补充名单等。

2）**优化植物检疫执法队伍**

在“三个优化”的对策中，第二是优化植物检疫执法队伍，特别是植物检疫基层执法队伍的建设和优化。2023 年 9 月 5 日，国务院办公厅印发《提升行政执法质量三年行动计划（2023—2025 年）》的通知；第一项重点任务就是“全面提升行政执法人员能力素质”，涉及着力提高政治能力、大力提升业务能力、切实加强全方位管理；同时，特别强调要加强队伍建设，例如，根据行政执法机构所承担的执法职责和工作任务，合理配备行政执法力量，并注重行政执法机构队伍梯队建设。植物检疫是一个专业技术执法的领域，执法者需具备一定的专业知识和专业技能，同时执法者队伍也需具备一定的数量和良好的结构。当前，外来有害生物的入侵风险大大增加，植物检疫面对诸多挑战，进一步优化植物检疫执法队伍势在必行，特别是基层植物检疫执法队伍建设亟须加强，以保证植物检疫执法的质量和效能。

具体建议包括三个方面：①进一步优化我国植物检疫执法人员编制。建议在我国进出境植物检疫、全国农业植物检疫以及全国林业植物检疫领域，统一技术人员编制为参公管理编制；建议根据植物检疫执法任务，增补编制，扩大基层执法队伍规模，彻底解决基层植物保护植物检疫站人员严重不足的突出问题。②进一步优化植物检疫执法队伍的结构。建议落实《提升行政执法质量三年行动计划（2023—2025 年）》精神，结合解决应届生、往届生就业等问题，优化执法队伍的年龄结构、专业结构以及技术结构。③进一步优化植物检疫执法队伍的能力。建议针对海关、农业及林业从事植物检疫工作的人员，开展高质量在职教育和定期轮训，强化风险分析、检疫抽样、检测鉴定、检疫处理、疫情监测新知识、新技能，全面提升植物检疫执法人员能力素质。

3）**优化植物检疫普法方式**

在“三个优化”的对策中，第三是优化植物检疫普法方式，特别是植物检疫公众普法方式的挖掘与优化。植物检疫普法对象复杂，涉及不同的人群、年龄、教育背景和职业属性等，普法的方式方法就需因人而异、各有其道。同时，新媒体（new media），相对于报刊、广播、电视等传统媒体而言，更受到大众特别是年轻人的欢迎；新媒体是利用数字技术、网络技术、移动技术，通过互联网、无线通信网、卫星等渠道以及电脑、手机、数字电视机等终端，向用户提供信息和服务的传播形态和媒体形态；随着传统媒体和新媒体的快速发展，植物检疫普法方式更需兼容并蓄、与时俱进，以提高普法的质量和效果。

具体建议包括三个方面：①进一步优化我国植物检疫普法机制。植物检疫普法工作，需要植物检疫普法部门、企事业单位、社区等共同来完成。建议进一步优化现有工作机制，由植物检疫普法部门统筹，形成全社会共同参与的普法工作机制，广泛开展植物检疫普法工作。②进一步优化植物检疫普法平台。建议进一步发挥新媒体和传统媒体的作用，特别是新媒体的特殊作用，针对不同对象优化植物检疫普法平台，如图书、期刊、报纸、广播、电视、互联网、手机、微信等，长期开展植物检疫普法工作。③进一步优化植物检疫普法方法。建议针对不同对象和需求，采取相应方法，如折纸、漫画、动画、微电影、现场咨询、在线咨询、现场培训、在线培训、在线课程等，常年实时开展植物检疫普法宣传。

综上所述，针对植物检疫学未来发展，第二是“三个优化”的对策。建议优化植物检疫法律制度、优化植物检疫执法队伍、优化植物检疫普法方式，为进一步促进我国和全球植物检疫共同体高质量发展提供执法保障和群众基础。

9.3.3 “三个提升”的对策

新征程、新求索，以高质量共建“一带一路“和高质量发展植物检疫共同体为契机，大力推进植物检疫国内合作、双边合作和多边合作，保护世界安全。“三个提升”是植物检疫学发展的主要对策之三：一是提升植物检疫国内合作效能；二是提升植物检疫双边合作质量；三是提升植物检疫多边合作水平。“三个提升”将进一步促进我国植物检疫、植物检疫学的高质量发展，也将进一步促进全球植物检疫共同体的高质量发展。

1）提升植物检疫国内合作效能

在“三个提升”的对策中，第一是提升植物检疫国内合作效能，特别是国家植物检疫机构之间以及植物检疫机构与有关单位间的合作效能。部际联席会议，是为了协商办理涉及国务院多个部门职责的事项，由国务院批准建立，各成员单位按照共同商定的工作制度，及时沟通情况，协调不同意见，以推动某项任务顺利落实的工作机制。2015 年 6 月 5 日，我国建立了国务院口岸工作部际联席会议制度，其主要职能是在国务院领导下统筹协调全国口岸工作，联席会议由农业部、海关总署、国家质量监督检验检疫总局、国家林业局、环境保护部等 21 个部门和单位组成，联席会议办公室设在海关总署。2018 年机构改革后，海关总署、农业农村部、自然资源部国家林业和草原局分别负责我国进出境植物检疫、全国农业植物检疫和全国林业植物检疫工作。部际联席会议制度，有利于提升植物检疫国内合作效能。另外，中国进出境生物安全研究会（2017 年获民政部正式注册）、全国植物检疫标准化技术委员会（2023 年完成第三届委员会换届工作）、全国植物检疫性有害生物审定委员会（2020 年完成第五届委员会换届工作）等，委员由来自检疫机构、高等院校、科研院所等专家担任，在提升植物检疫国内合作效能中同样发挥了重要作用。

具体建议包括三个方面：①进一步提升国家植物检疫机构等之间的合作效能。建议充分发挥国务院口岸工作部际联席会议制度的作用，针对检疫性有害生物和外来入侵物种防控，进一步加强海关总署、农业农村部、自然资源部国家林业和草原局、生态环境部之间的合作，提高植物检疫等生物安全的效能。②进一步提升国家植物检疫机构与有关团体的合作效能。建议充分发挥中国进出境生物安全研究会、全国植物检疫标准化技术委员会、全国植物检疫性有害生物审定委员会等作用，针对生物安全、植物检疫重要问题，进一步担当政府决策智囊、社会共治纽带，提高合作效能。③进一步提升国家植物检疫机构与高等院校及科研院所间的合作效能。建议在已有农业农村部植物检疫性有害生物监测防控重点实验室的基础上，依托高等院校和科研院所，建立海关总署植物检疫重点实验室和自然资源部植物检疫重点实验室，在人才培养、科技创新和检疫服务等方面进一步提高合作效能。

2）提升植物检疫双边合作质量

在“三个提升”的对策中，第二是提升植物检疫双边合作质量，特别是我国与“一带一路”共建国家之间的合作质量。2023 年 10 月 10 日，国务院新闻办公室发布《共建“一带一路”：构建人类命运共同体的重大实践》白皮书。白皮书信息显示，共建“一带一路”以共商共建共享为原则，积极倡导合作共赢理念与正确义利观，坚持各国都是平等的参与者、贡献者、受益者。共建国家大多属于发展中国家，各方聚力解决发展中国家基础设施落后、产业发展滞后、工业化程度低、资金和技术缺乏、人才储备不足等短板问题，促进经济社会发展。10 年来，共建“一带一路”成为深受欢迎的国际公共产品和国际合作平台，给相关国家带来实实在在的利益。根据白皮书所述，在农业领域，中国积极参与全球粮农治理，已与近 90 个共建国家和国际组织签署了 100 余份农渔业合作文件，与共建国家农产品贸易额达 1394 亿美元，派出 2000 多名农业专家和技术人员，推广示范 1500 多项农业技术。面向未来，中国将与各方一道，建设更加紧密的 6 个伙伴关系，即卫生合作伙伴关系、互联互通伙伴关系、绿色发展伙伴关系、开放包容伙伴关系、创新合作伙伴关系、廉洁共建伙伴关系，推动共建“一带一路”高质量发展。植物和植物产品，特别是水果、粮食、木材等，得到“一带一路”共建国家高度重视，进一步提升植物检疫双边合作质量已成为共识。

具体建议包括两个方面：①进一步提升我国与“一带一路”共建国家之间的植物检疫合作质量。建议继续夯实我国与俄罗斯、哈萨克斯坦、泰国、柬埔寨、巴基斯坦、斯里兰卡、埃及、肯尼亚、南非、贝宁、阿根廷、智利等共建国家的植物检疫合作，通过建设植物检疫联合实验室、开展植物检疫技术培训、以及加大政府间国际合作专项等进一步提高合作质量。②进一步提升我国与其他主要贸易国之间的植物检疫合作质量。建议继续夯实我国与美国、澳大利亚、新西兰、加拿大、德国、法国、日本、印度、巴西等主要贸易国的植物检疫合作，通过共建植物检疫联合实验室、政府间国际合作专项等进一步提高合作质量，针对彼此关注的检疫性有害生物等入侵机制及关键检疫技术进行深入合作。

3）提升植物检疫多边合作水平

在“三个提升”的对策中，第三是提升植物检疫多边合作水平，特别是我国与联合国 FAO-IPPC 框架下的植物检疫合作水平。联合国成立于 1945 年，以《联合国宪章》所载的目标和原则为指导，其宗旨之一是“促成国际合作，以解决国际间属于经济、社会、文化及人类福利性质之国际问题”，会员国数量从最初的 51 个增加到目前的 193 个，中国、俄罗斯、英国、美国、法国为常任理事国。尽管当前单边主义（unilateralism）、保护主义（protectionism）、霸权主义（hegemonism）等甚嚣尘上，国际形势日益复杂，但和平、发展、合作、共赢，始终是广大人民的共同愿望。我国高举多边主义旗帜，倡导伙伴合作精神，践行互利共赢理念，阐释共同发展主张，共建“一带一路”为推进经济全球化健康发展、破解全球发展难题和完善全球治理体系找到了道路。联合国粮农组织（FAO）是联合国组织的一员，负责全球粮食安全和营养的管理和推动。在植物保护领域，《国际植物保护公约》（IPPC）是影响力最大的国际公约，倡导全球植物检疫合作，目前已有185个缔约方。2018年，FAO-IPPC发布了《国际植物保护公约2020—2030年战略框架》（IPPC Strategic Framework 2020—2030），将帮助缔约方通过使用正确的工具和获得相关技术支持，提高其植物检疫能力，以促进植物健康，应对现有和新出现的植物检疫挑战。面向未来，更需勇敢面对挑战、积极把握机遇，进一步加强和推进植物检疫国际合作，提升植物检疫多边合作水平。

具体建议包括三个方面：①进一步提升我国与联合国、FAO-IPPC等全球项目的合作水平。建议全面参与《国际植物保护公约2020—2030年战略框架》下的全球项目、原子能机构（IAEA）全球项目等，在项目实践中，进一步加强合作、提高质量、提升水平。②进一步提升我国在国际植物检疫措施标准制修订中的合作水平。建议充分发挥我国植物检疫专家特长，系统参与有害生物风险分析、检疫抽样、检测诊断、检疫处理、疫情监测等ISPM制修订工作，更多合作、更多引领、更多提升。③进一步提升我国在国际植物检疫专业人才培养和能力建设中的合作水平。建议做强与“一带一路”密切相关的特色学科专业，根据高质量共建“一带一路”的实际需求，加大植物检疫学、植物生物安全等相关专业建设和政府奖学金力度，大力培养学士、硕士、博士高级专业人才以及在职植物检疫工作人员，提升植物检疫多边合作水平，提升全球外来有害生物入侵防控能力，为构建人类命运共同体做出特殊贡献。

综上所述，针对植物检疫学未来发展，第三是“三个提升”的对策。建议提升植物检疫国内合作效能、提升植物检疫双边合作质量、提升植物检疫多边合作水平，为进一步促进我国和全球植物检疫共同体高质量发展提供合作平台和合作经验。

小结

新格局、新担当，植物检疫、植物检疫学的发展包括“三个加强”的对策，“三个优化”的对策、以及“三个提升”的对策。在“三个加强”的对策中，建议加强植物检疫科学研究、加强植物检疫技术创新、加强植物检疫科技应用。在“三个优化”的对策中，建议优化植物检疫的法律制度、优化植物检疫的执法队伍、优化植物检疫的普法方式。在“三个提升”的对策中，建议提升植物检疫国内合作效能、提升植物检疫双边合作质量、提升植物检疫多边合作水平。分析、明确这些主要对策，将进一步促进植物检疫共同体建设，将进一步促进全球植物检疫和植物检疫学的高质量发展。

【课后习题】

1. 针对“三个变化”“三项建设”和“三类教育”给植物检疫学提出的挑战，你是如何理解的？你有哪些不同意见和建议？

2. 针对植物检疫学拥有的“三种关注”“三段防控”和“三类合作”的机遇，你是如何理解的？你有哪些不同意见和建议？

3. 针对“三个加强”“三个优化”和“三个提升”的植物检疫学发展对策建议，你是如何理解的？你有哪些不同意见和建议？

4. 请结合当前国内外新形势，分析、提出植物检疫、植物检疫学所面对的新挑战。
5. 请结合当前国内外新形势，分析、提出植物检疫、植物检疫学所拥有的新机遇。
6. 请结合当前国内外新形势，分析、提出植物检疫、植物检疫学未来发展的新对策。

【参考文献】

陈岳，蒲聘. 2017. 构建人类命运共同体. 北京：中国人民大学出版社.
冯晓东，秦萌，李潇楠，等. 2019. 新时期农业植物检疫工作的形势与任务. 中国植保导刊，39(5): 21–26.
改革开放简史编写组. 2021. 改革开放简史. 北京：人民出版社，中国社会科学出版社.
顾忠盈，周明华，吴新华. 2009. 建立中国进出境动植物检验检疫体系的思考. 植物检疫，23(增刊): 50–53.
海关总署. 2019. 进口俄罗斯大麦植物检疫要求. 08–01.
胡白石，许志刚. 2023. 植物检疫学. 4 版 . 北京：高等教育出版社.
黄冠胜，赵增连，周明华，等. 2013. 论中国特色进出境动植物检验检疫. 植物检疫，27(6): 20–29.
教育部课题组. 2019. 深入学习习近平关于教育的重要论述. 北京：人民出版社.
李尉民. 2020. 国门生物安全. 北京：科学出版社.
李志红，杨汉春. 2021. 动植物检疫概论. 2 版 . 北京：中国农业大学出版社.
梁忆冰. 2002. 植物检疫对外来有害生物入侵的防御作用. 植物检疫, 28(2): 45–47.
梁忆冰. 2019. 有害生物风险分析工作回顾. 植物检疫, 33(1): 1–5.
王福祥，冯晓东，刘慧，等. 2012. 农业植物检疫面临的形势和对策. 中国植保导刊, 32(2): 53–56.
习近平. 2017. 共同构建人类命运共同体——在联合国日内瓦总部的演讲. 1 月 18 日 .
习近平. 2023. 建设开放包容、互联互通、共同发展的世界——在第三届“一带一路”国际合作高峰论坛开幕式上的主旨演讲. 10 月 18 日 .
姚文国，陈洪俊. 2002. 防范外来生物入侵——检疫工作面临的新课题. 中国检验检疫, 2: 13–15.
赵翔宇，吴坚，骆有庆，等. 2015. 中国外来林业有害生物入侵风险源识别与防控对策研究. 植物检疫, 29(1): 42–47.
中华人民共和国国务院新闻办公室. 2011. 中国的和平发展 (白皮书). 9 月 .
中华人民共和国国务院新闻办公室. 2023. 共建“一带一路”：构建人类命运共同体的重大实践（白皮书）10 月 .
Deutsch CA, Tewksbury JJ, Tigchelaar M, et al. 2018. Increase in crop losses to insect pests in a warming climate. Science, 361: 916–919.
Elton CS. 1958. The ecology of invasions by animals and plants. Springer Nature.
Lockwood JL, hoopes MF, Marchetti MP. 2014. Invasion ecology. Wiley–Blackwell Press.
Richardson DM. 2008. Fifty years of invasion ecology. Wiley–Blackwell Press.
Rius M, Bourne S,hornsby HG, et al. 2015. Applications of next–generation sequencing to the study of biological invasions. Current Zoology ,61(3): 488–504.
Schoener TW. 2011. The newest synthesis: Understanding the interplay of evolutionary and ecological dynamics. Science, 331(6016): 426.
Suarez AV, Tsutsui ND. 2008. The evolutionary consequences of biological invasions. Molecular

Ecology,17(1): 351–360.

Zhang Y, Liu S, Meyer MD, et al. 2022. genomes of the cosmopolitan fruit pest *Bactrocera dorsalis* (Diptera: Tephritidae) reveal its global invasion history and thermal adaptation. Journal of Advanced Research, https://doi.org/10.1016/j.jare.2022.12.012

附　录

附录 1　《国际植物保护公约》（英文版）

附录 2　《国际植物保护公约》（中文版）

附录 3　《中华人民共和国生物安全法》

附录 4　《中华人民共和国进出境动植物检疫法》

附录 5　《植物检疫条例》

附录 6　《中华人民共和国进境植物检疫性有害生物名录》

附录 7　《全国农业植物检疫性有害生物名单》

附录 8　《全国林业检疫性有害生物名单》

附录 1 《国际植物保护公约》（英文版）

附录 2 《国际植物保护公约》（中文版）

附录 3 《中华人民共和国生物安全法》

附录 4 《中华人民共和国进出境动植物检疫法》

附录 5 《植物检疫条例》

附录 6 《中华人民共和国进境植物检疫性有害生物名录》

附录 7 《全国农业植物检疫性有害生物名单》

附录 8 《全国林业检疫性有害生物名单》